JN200424

超入門
改訂新版

富元秀俊／大澤龍一 著

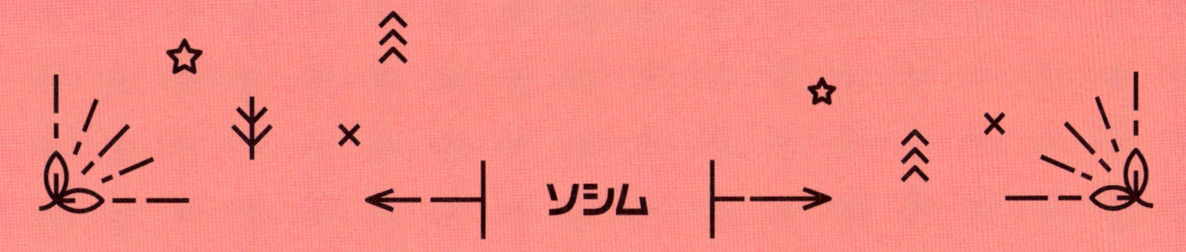

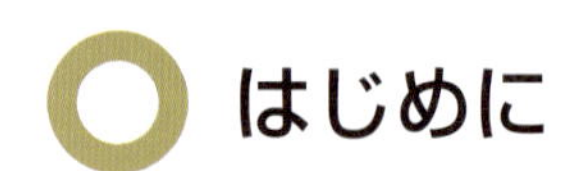

はじめに

この本は、ご好評いただいた「**はじめての3Dモデリング Blender 3 超入門**」を、Blender4に対応させた改訂版のBlenderの入門書です。
図版はほぼすべてを刷新し、Blender4で新しくなった操作方法も丁寧に解説しました。
基本的な操作を一つずつ学びながら、さまざまな3DCGの作例を制作できます。
作例を通してBlenderの機能を幅広く、そして繰り返し学ぶことで、本書を読み終えた後には、さまざまな創作活動に応用できるスキルを身につけることができます。
まずはアイソメトリック図風の小さなお部屋のモデリングを通して、Blenderの基本操作を習得しましょう。
その後は、かわいいキャラクターモデリングやライティングなど、より応用的で楽しいテーマに挑戦していきます。

Blenderはパソコンさえあれば、誰でもすぐに始められる3DCG制作ソフトです。
近年では、3DCGを駆使したVtuberやバーチャルライブが大きな注目を集め、VRChatやClusterといったメタバース/VR-SNSプラットフォーム上では、ユーザーが自ら制作した個性的なアバターやワールドを通して交流を楽しむ文化が世界中で生まれています。
本書が、皆様のBlenderでの3DCG創作の第一歩を踏み出すためのお役に立てれば幸いです。

2025年2月
富元 秀俊　大澤 龍一

免責事項

- 本書に掲載されている画面および操作説明は、著者の環境における例であり、すべての環境で再現されることを保証するものではありません。なお、OSはWindows 11、10の使用を前提にしています。
- 本書に記載されている社名、商品名、製品名などは、一般的に商標または登録商標です。
- 本文中には®、©、TMは記載していません。

本書の使い方

本書の読者対象と学習内容

本書は、3Dモデリングに初めて取り組む方、また一度挑戦したけれども途中で挫折してしまった方たちを対象に、Blenderの基本操作を習得することを目的に書かれています。

Chapter-3〜6：部屋や家具、雑貨などの作成を通じて、モデリングの基礎技術の習得を目指します。
Chapter-7〜9：簡単なキャラクターの作成と動かし方（アーマチェア）を学習します。
Chapter-10：作例を使ってライティングとレンダリングのやり方を学習します。

本書を一通りマスターすれば、次のステップに容易に進むことができるでしょう。

本書の執筆環境と学習環境

本書はOSがWindows 11、Blenderがバージョン4.2.0の環境で執筆を行い、Blender 4.2.2で動作確認を行っています。Blender 4.2.0と4.2.2ではメニュー名や項目名などに若干の違いがあります。あらかじめご了承ください。

なお、執筆時にはP.021「インターフェイスの言語を変更する」で解説している**[Blenderプリファレンス]**の**[インターフェイス]**→**[翻訳]**→**[新規データ]**をオフにしています。学習時には同様に**[新規データ]**をオフにすることをお勧めします。

Blenderの動作環境

Blenderが稼働する環境は下記の通りとなります。

対応OS

Windows 8.1、10、および11
macOS 10.13 インテル、11.0 アップルシリコン
Linux

ハードウェア要件	
最小構成	SSE2をサポートする64ビット 4コアCPU
	8GBのRAM
	フルHDディスプレイ
	マウス、トラックパッド、またはペンとタブレット
	2GB RAMを搭載したグラフィックスカード
推奨構成	64ビット 8コアCPU
	32GBのRAM
	1920×1080ディスプレイ
	3ボタンマウスまたはペン+タブレット
	8GB RAMを搭載したグラフィックスカード

詳しい仕様については下記のURLを参照してください。

https://www.blender.org/download/requirements/

素材データのダウンロード

本書の作例で使用する素材データは、下記のURLよりダウンロードすることができます。

https://www.socym.co.jp/book/1500

ダウンロードにあたっては、上記のURLの記述に従ってください。

CONTENTS

Chapter1 はじめてのBlender

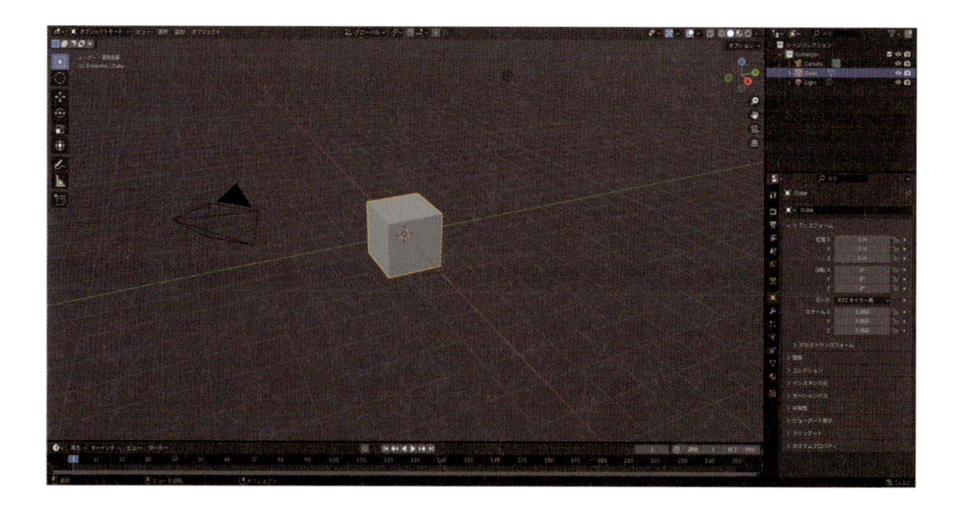

Chapter2
モデリングの基本操作

Chapter3
家具をモデリング

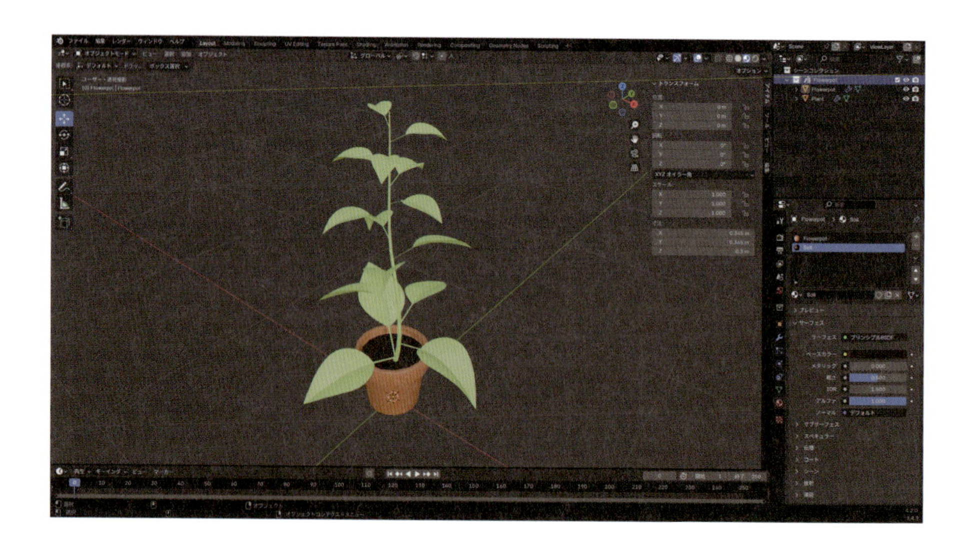

Chapter4
部屋とインテリアをモデリング

Chapter5
マテリアル設定とUV展開

Chapter6
テクスチャでマテリアル設定

Chapter7
キャラクターをモデリング

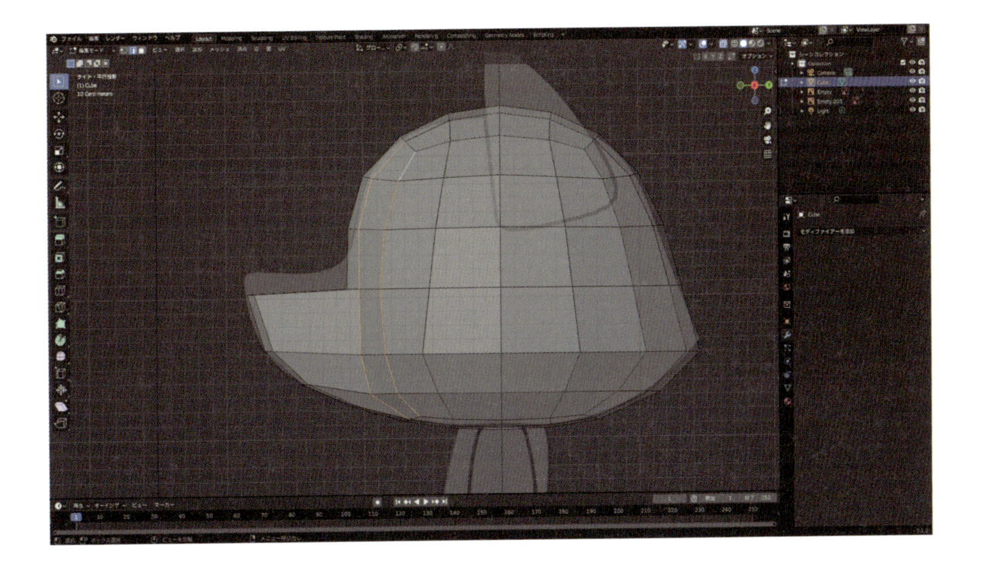

Chapter8
キャラクターにマテリアルを設定

Chapter9
キャラクターを動かす

Chapter10
ライティングとレンダリング

紙面の見方

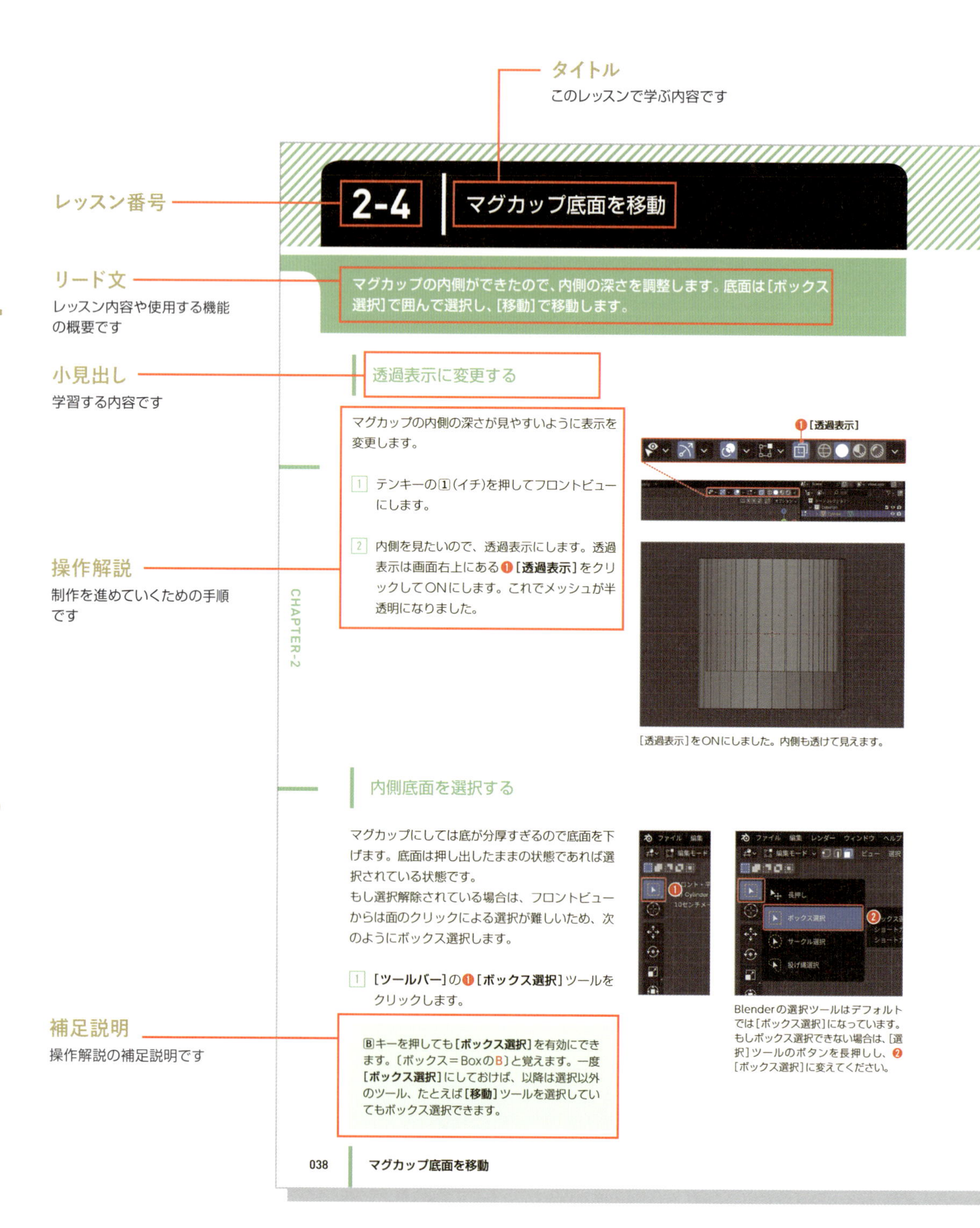

2-4 マグカップ底面を移動

マグカップの内側ができたので、内側の深さを調整します。底面は［ボックス選択］で囲んで選択し、［移動］で移動します。

透過表示に変更する

マグカップの内側の深さが見やすいように表示を変更します。

1 テンキーの1(イチ)を押してフロントビューにします。

2 内側を見たいので、透過表示にします。透過表示は画面右上にある❶［透過表示］をクリックしてONにします。これでメッシュが半透明になりました。

［透過表示］をONにしました。内側も透けて見えます。

CHAPTER-2

内側底面を選択する

マグカップにしては底が分厚すぎるので底面を下げます。底面は押し出したままの状態であれば選択されている状態です。
もし選択解除されている場合は、フロントビューからは面のクリックによる選択が難しいため、次のようにボックス選択します。

1 ［ツールバー］の❶［ボックス選択］ツールをクリックします。

Bキーを押しても［ボックス選択］を有効にできます。〔ボックス＝BoxのB〕と覚えます。一度［ボックス選択］にしておけば、以降は選択以外のツール、たとえば［移動］ツールを選択していてもボックス選択できます。

Blenderの選択ツールはデフォルトでは［ボックス選択］になっています。もしボックス選択できない場合は、［選択］ツールのボタンを長押しし、❷［ボックス選択］に変えてください。

038 マグカップ底面を移動

2 ❸内側底面をドラッグで囲むようにボックス選択します。

選択対象範囲となるボックス（長方形）の対角を結ぶようにドラッグします。面の中央にあるドットを選択対象範囲に含めてしまうと、底面以外の面も選択されてしまうことがあります。
この場合は［**頂点選択**］（数字キー①）に変更してから、ボックス選択しなおしてください。

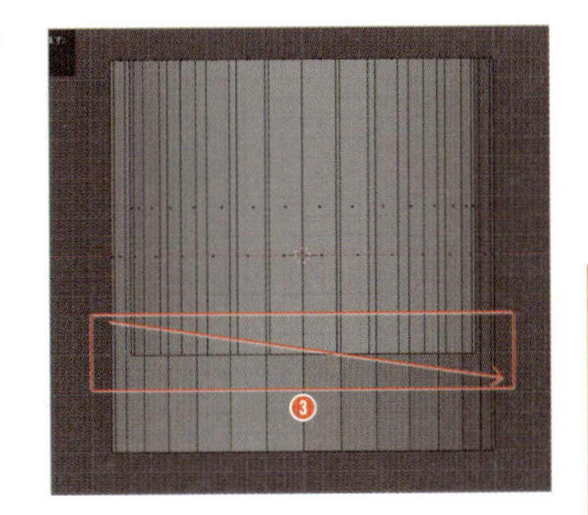

2
モデリングの基本操作

章番号とタイトル
本書は全10章で構成されています

内側底面を移動する

1 ショートカットⒼキーを押してからⓏキーを押します。マウスポインタを下方向に動かし、適度な底厚になったらクリックで確定します。

Ⓖは［**移動**］のショートカットです。［**移動**］では自由な方向に移動できますが、続けて押すキーにより、移動方向を制御できます。Ⓖに続けてⓏキーを押すのは、「Z軸方向へだけ移動」という意味です。
「Ⓖに続けてⓏキーを押す」のような操作を、以降「Ⓖ→Ⓩ」のように表記します。

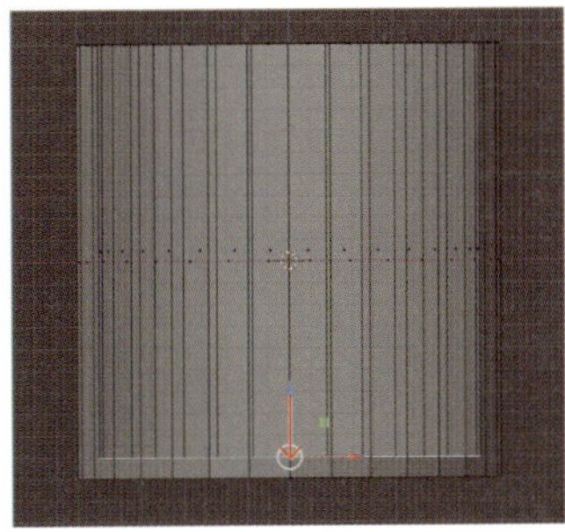

内側底面を移動しました。

ここもCheck!
［ツールバー］の［移動］ツールで移動する

ショートカット以外の移動方法もあります。［**ツールバー**］の❶［**移動**］ツールをクリックすると、選択箇所に❷マニピュレーターと呼ばれる3色の矢印が表示されます。矢印はそれぞれ軸の向きを示しています。この矢印をドラッグしても移動できます。
ショートカットで軸方向を指定した移動や回転をする場合、キーを2つ入力する必要があるため、場合によっては［**ツールバー**］の［**移動**］ツールを使うほうが操作が速いです。本書では両方併用で解説していきますので、どちらでも大丈夫と覚えておいてください。

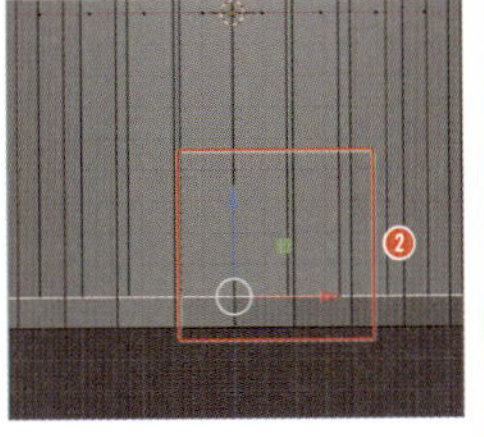

039

ここも Check
さらにレベルアップするために知っておきたい知識です。

CHAPTER 1

はじめてのBlender

1-1 Blenderをインストール

Blenderの公式サイトにアクセスしてご自身のOSに合ったBlenderをダウンロードしましょう。

Blenderをダウンロードする

Blenderの公式サイトにアクセスしてBlenderをダウンロードします。

1 URL **https://www.blender.org/**
Webブラウザなどで上記Blender公式サイトを表示します。[**Download**]をクリックします。

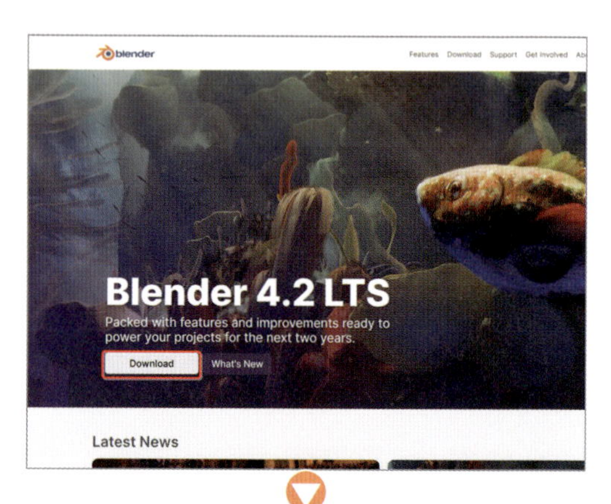

[**Download**]をクリックしてダウンロードすると、ダウンロードしているパソコンのOSに対応する最新バージョンがダウンロードされます。Blenderの開発はとても早いです。新しいバージョンがリリースされて、本書と大きくインターフェースが異なる場合は、本書と同じバージョン(Blender4.2.0)をダウンロードすることも可能です。

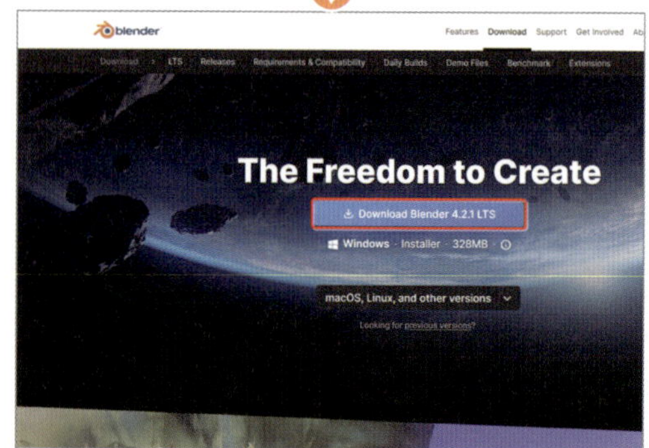

2 Blenderは無料で扱うことができますが、コミュニティからの寄付で運営されています。そのため任意で寄付を行うことができます

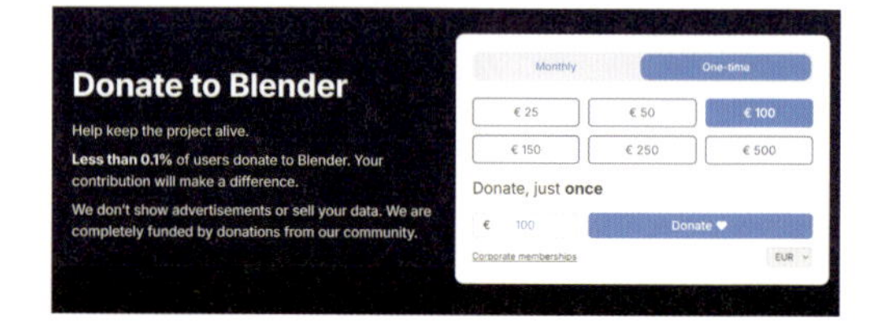

Blenderをインストールする

1 ダウンロードしたインストーラーファイルを起動してインストールします。

ダウンロードしたインストーラーファイル。
Windowsの場合、「ダウンロード」フォルダー内にダウンロードされます。

2 英語なので少し難しく感じられるかもしれませんが、表示される画面でインストールします。はじめに表示される画面では[Next]をクリックします。

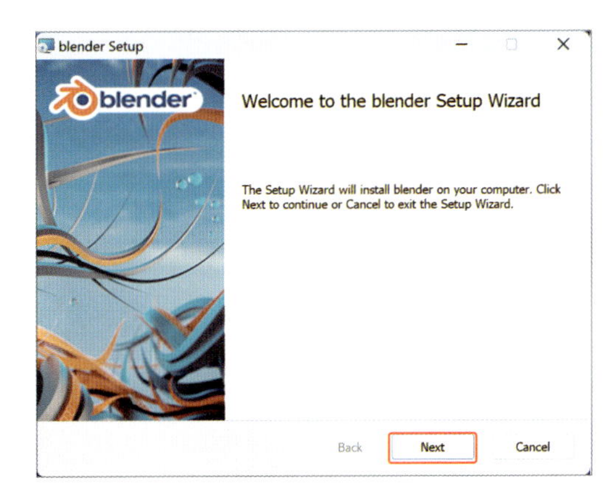

3 ライセンス規約への同意が求められます。目を通して問題なければ、[I accept the terms in the License Agreement](ライセンス契約に同意)にチェックを入れて、[Next]をクリックします。

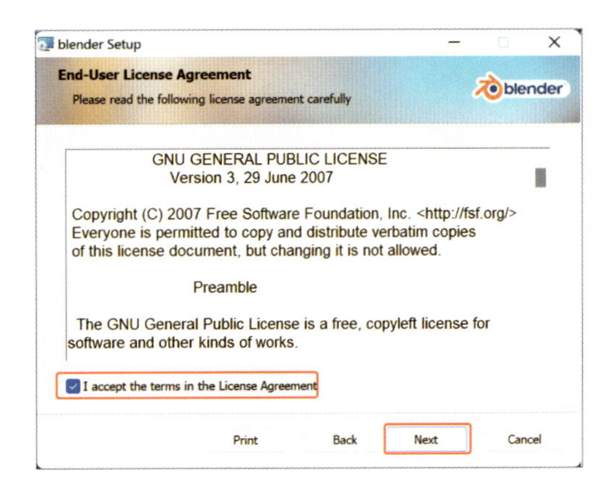

4 インストール場所を質問されますが、通常は変更せずに[Next]をクリックします。

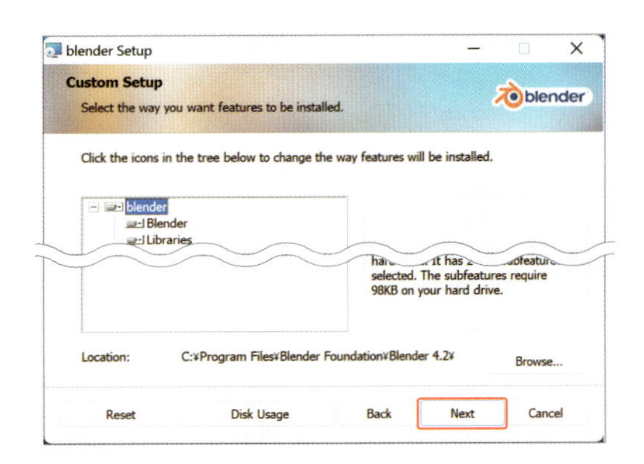

5 インストールが終了すると[Completed the blender setup Wizard]と表示されますので、[Finish]をクリックして終了すると、インストールの完了です。

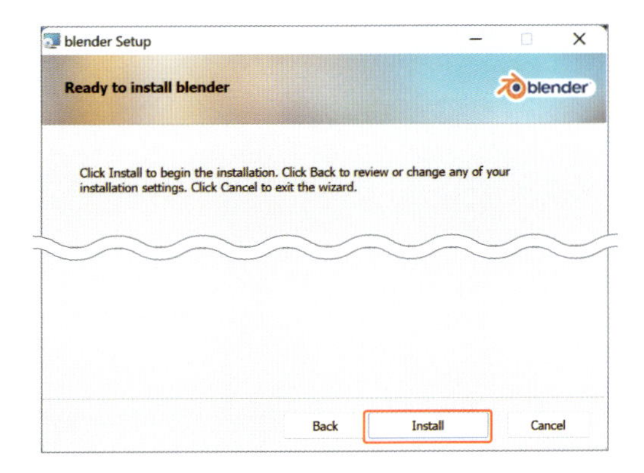

環境によっては、セキュリティの警告画面が表示されることがあります。この場合は、**[はい]**などをクリックして進めてください。

1-2 Blenderを起動

Blenderを起動してみましょう。ここでは、初回の起動時にやっておきたい初期設定を紹介します。

日本語インターフェイスに変更する

1 Blenderを起動します。初めてBlenderを起動すると、[Quick Setup]画面が表示されます。
❶[Language]をクリックし、❷[Japanese(日本語)]を選択します。

[Quick Setup]画面は、初めてBlenderを起動したときだけ表示されます。過去に起動したことがある場合は、[Quick Setup]画面は表示されず、[スプラッシュ]画面(次ページ)が表示されます。[Quick Setup]画面が表示されなかったがインターフェイスの言語を変更したい、という場合は、次ページの『ここもCheck!』を参照してください。
また、データを他のソフトで活用するなど、Blender以外のソフトと連携する可能性がある場合は、次ページの『ここもCheck!』を参照して[新規データ]のチェックを外しておいてください。なお、本書では[新規データ]のチェックを外した状態で解説しています。

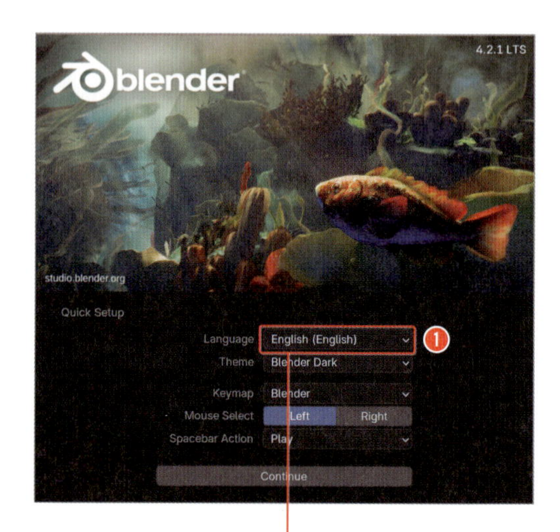

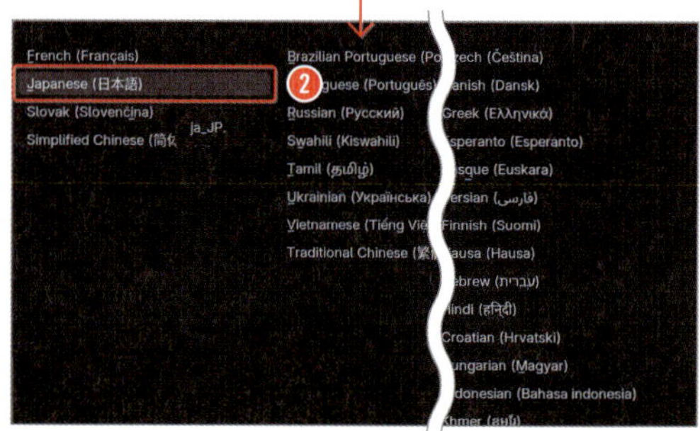

2 ❸[Language]が[日本語(Japanese)]になっていることを確認し、❹[続ける]をクリックします。

3 ［スプラッシュ］画面が表示されます。Blenderのウィンドウ内でクリックすると、［スプラッシュ］画面が閉じます。
これでBlenderの操作ができる状態になります。

インターフェイスの言語を変更する

後からインターフェイスの言語を変更する場合は、［Blenderプリファレンス］で設定変更します。トップバーのメニューから［Edit］メニュー➡❶［Preferences］を選びます（日本語表記の場合は［編集］メニュー➡［プリファレンス］）。
［Blender Preferences］画面が表示されたら❷［Interface］（インターフェイス）をクリックします。❸［Language］（言語）を［Japanese（日本語）］などに変更します。

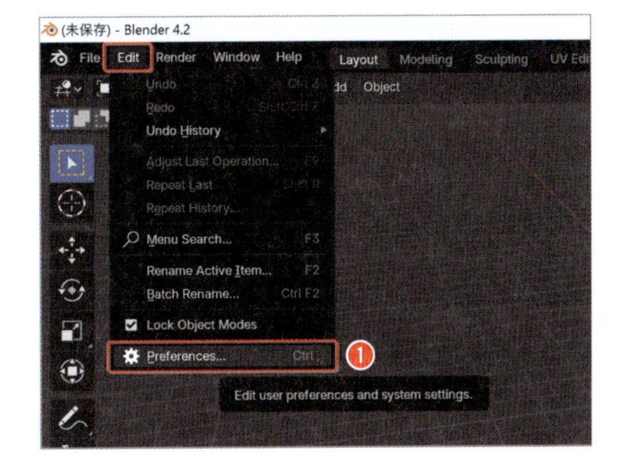

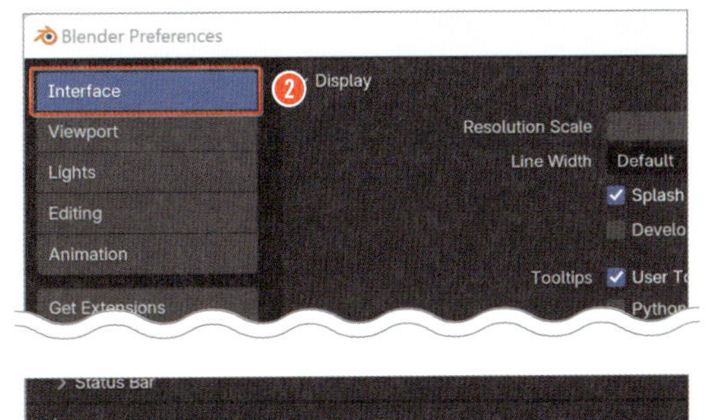

［Language］を［English］以外に設定すると、［翻訳］（Translate）を設定できるようになります。ここで翻訳対象を設定します。
後に他ソフトと連携する場合は、❹［新規データ］のチェックを外しておくことをおすすめします。チェックを外しておくと、新しく追加した立方体オブジェクトは「Cube」と英語名で追加されるため、将来Blenderの外に創作した3Dモデルを持って行く時にトラブルを回避できます（［新規データ］にチェックが入っていると、データの生成名が日本語になり、他ソフトと連携するとき不具合につながることがあります）。
設定が完了したら［Blender プリファレンス］画面右上の［×］をクリックして閉じます。

1-3 Blenderの操作画面

Blenderを起動すると下図のような画面が表示されます。
各部の名称や役割を覚えておきましょう。

Blenderの操作画面を確認する

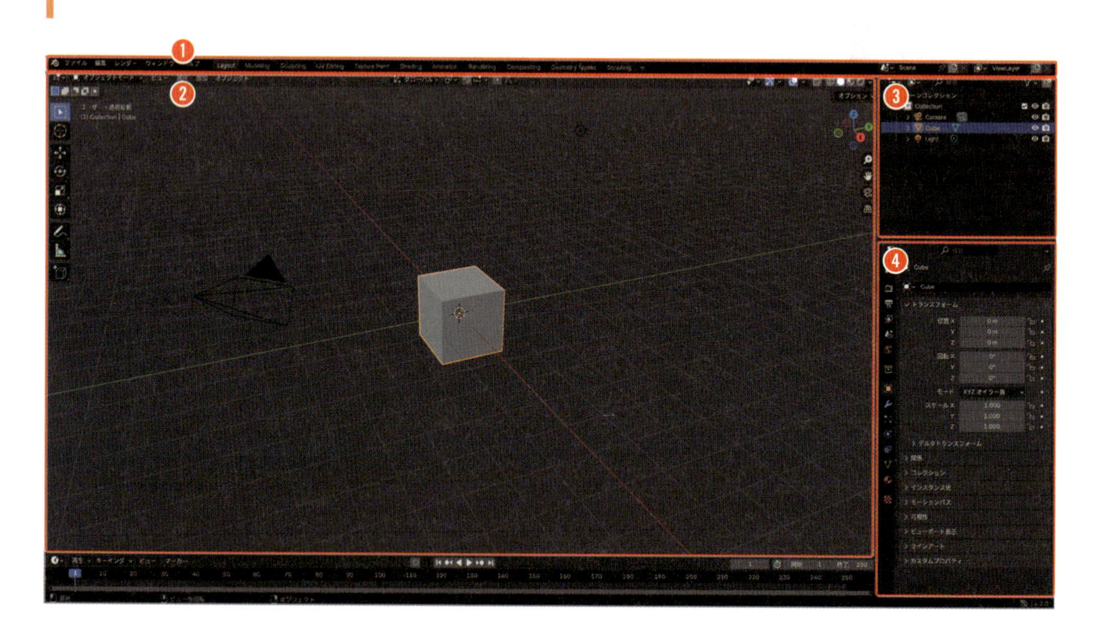

❶トップバー

トップバー左側にある**[ファイル]［編集］［レンダー］［ウィンドウ］［ヘルプ]**はトップバーメニューです。メニュー名をクリックするとメニューが表示されます。その右側ではワークスペース、さらにその右側ではシーンとビューレイヤーを選択できます。

トップバーより下に表示される内容は選択しているワークスペース([Layout]～[Scripting]までのタブ)によって変化します。ワークスペースは、本書では一部を除き[Layout]を使って説明していますので、[Layout]を選択したままにしておいてください。

❷メインエリア(上図では3Dビューポート)

メインエリア(3Dビューポート)はオブジェクトをモデリングしたりする操作領域です。

❸アウトライナー

このシーンに存在するものがここに表示されています。初期では[Collection]［Camera]［Cube]［Light]が存在します。[Collection]はオブジェクトを管理するフォルダのようなものです。

❹プロパティ

オブジェクトに対してさまざまな編集を行う機能が格納されています。

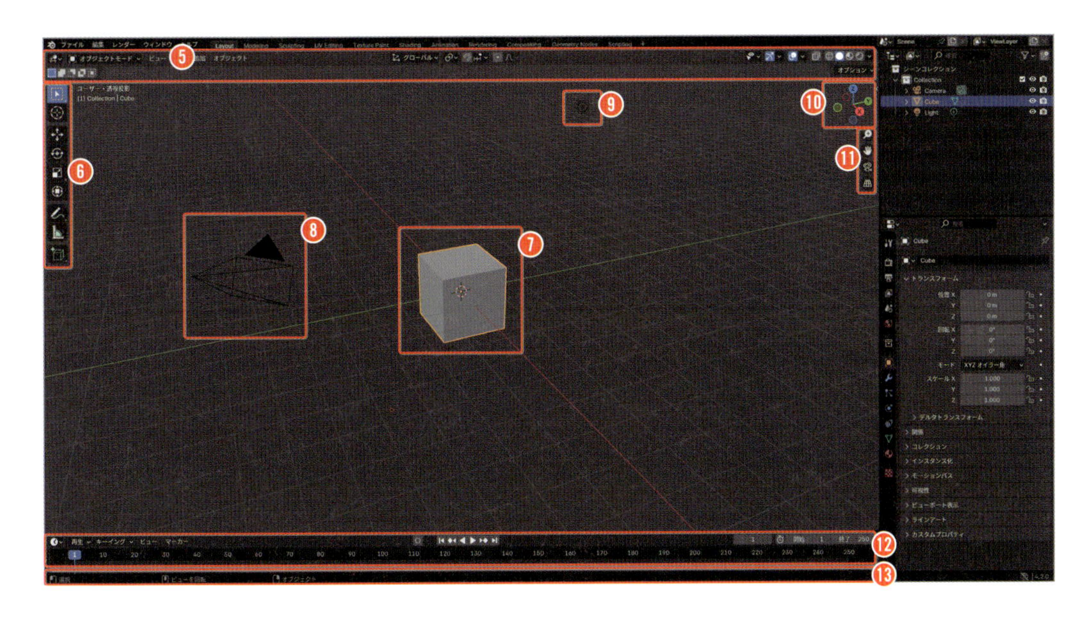

❺ヘッダー
各エリア内の一番上にヘッダーがあります（上図ではメインエリアのヘッダーを指しています）。メインエリア（上図では3Dビューポート）の場合、メニュー、ツール設定、エリア全般の設定、オブジェクトの表示方法などが含まれています。

❻ツールバー
オブジェクトを移動させたり編集したりするツールが格納されています。Photoshopなどの画像編集ソフトと同様です。

❼オブジェクト（デフォルトキューブ）
3Dビュー上に作成されているオブジェクトです。新規ファイルを作成すると、デフォルトキューブ（立方体）が1つ作成されています。［**アウトライナー**］では［Cube］という名称で表示されています。

❽カメラ
3Dビュー上に置かれているカメラです。このカメラでレンダリング（撮影）を行います。［**アウトライナー**］では［Camera］という名称で表示されています。

❾ライト
3Dビュー上に置かれているライトです。オブジェクトを光で照らすことができます。［**アウトライナー**］では［Light］という名称で表示されています。

❿ナビゲーションギズモ
3D空間は、X軸（横幅）、Y軸（奥行）、Z軸（高さ）の3軸で成り立っています。その軸の向きを表しています。丸の中にX、Y、Zと文字があるほうが正方向、ないほうが負の方向を表しています。

⓫ナビゲーションギズモ下の4つのアイコン
ズーム、視点移動など、3Dビューポートの表示変更を行うツールがまとまっています。

⓬タイムライン
アニメーションや物理演算で使用します。

⓭ステータスバー
マウスボタンでできる操作、ツールを使用中のショートカットなどさまざまな情報が表示されます。

1-4 視点移動の基本操作

3Dビューポートで視点移動をしてみましょう。視点は3Dビュー上でマウスとキーボードを操作することで動かすことができます。

視点移動とは

視点移動とは、オブジェクトを上から見たり下から見るなど、見る角度を上下左右方向に動かしたり、拡大表示、縮小表示させることです。
また、投影法を、透視投影または平行投影から指定できます。
Blenderで視点を移動するには、主に次の方法があります。

- マウスの中ボタンのスクロールやドラッグ
- キーボードのテンキーを押す
- ナビゲーションギズモでの操作
- メニューから機能を選択して変更する

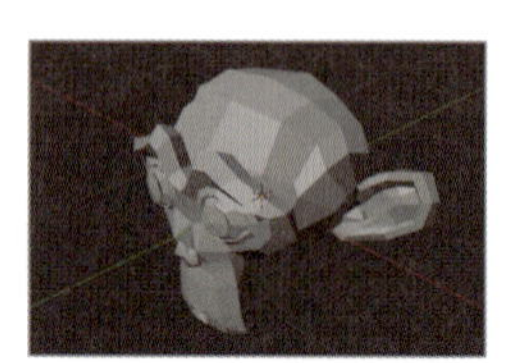

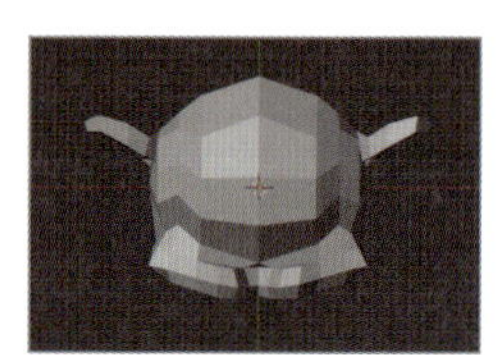

同じオブジェクトを、視点を変更してさまざまな角度で表示させた例です。

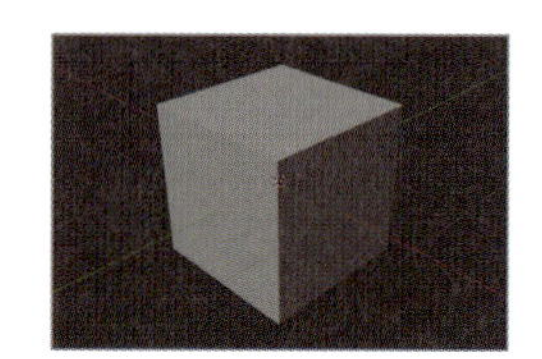

投影法を変更しています。左が透視投影の例で右が平行投影の例です。

CHAPTER-1

マウスボタンを使って視点移動する

マウスボタンを使った視点移動にはマウスホイールを使います(本書ではこれを『マウス中ボタン』と表記します)。

本書では、マウス中ボタンを押す(すぐに放す)ことを「**中ボタンのクリック**」、マウス中ボタンを押したままマウスポインタを移動させることを「**中ボタンのドラッグ**」、マウス中ボタン(ホイール)をスクロールすることを「**中ボタンを回転する**」と表記します。

マウスボタンの種類

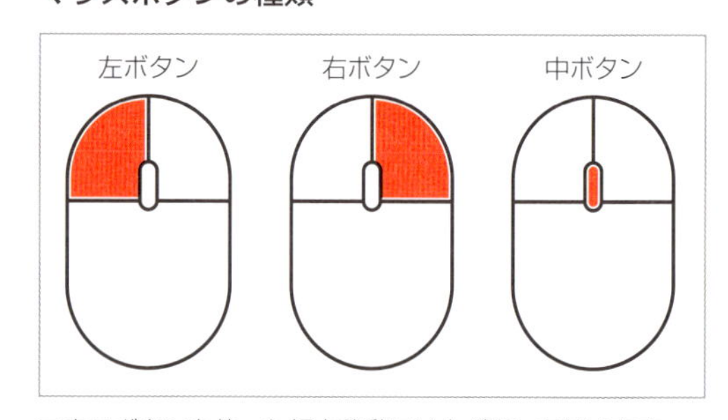

マウスボタンを使った視点移動には中ボタンを使います。

視点をスライド

3Dビューポート内で、shift を押しながら中ボタンのドラッグをすると視点がスライドします。

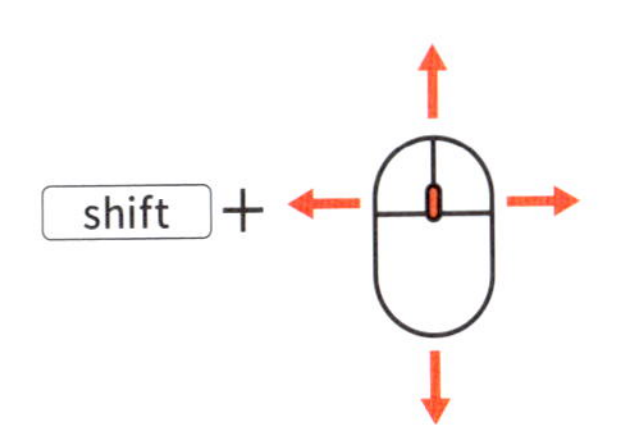

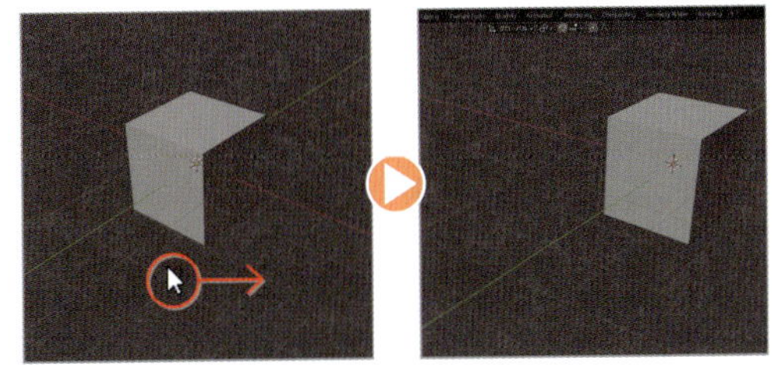

shift を押しながら中ボタンのドラッグをしてみました。視点が移動します。

視点を回転

3Dビューポート内で、中ボタンのドラッグをすると視点が上下左右に回転します。

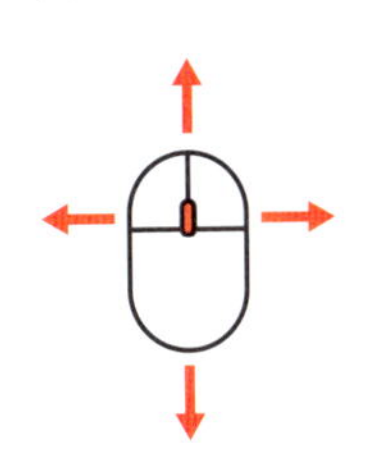

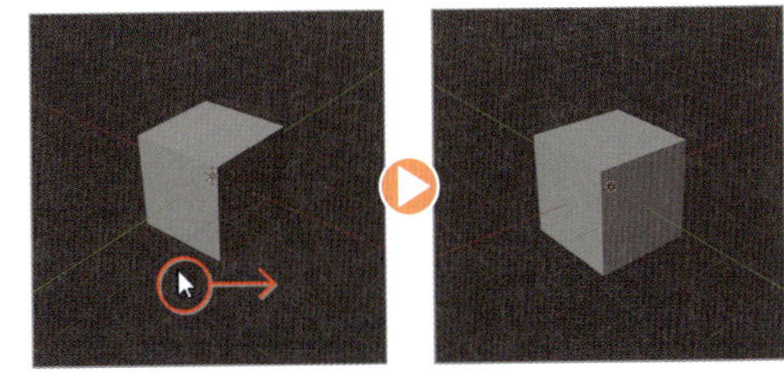

中ボタンのドラッグをしてみました。視点が回転します。

視点をズームイン／ズームアウト

中ボタンのスクロール（回転）でズームイン／ズームアウトを行います。または、ctrl ＋中ボタンを上下にドラッグしても同じ操作ができます。

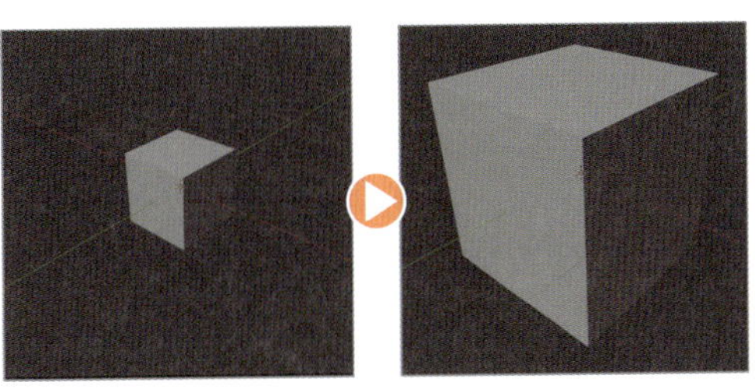

中ボタンのスクロールをしてみました。回転方向によりズームインまたはズームアウトします。

Blenderは、マウスポインタの位置により、ショートカットキーによる操作が異なります。マウス中ボタンを使った視点移動、次項で紹介するテンキーを使った視点移動だけでなく、モデリングなどでも、ショートカットキーを使用するときは、マウスポインタが**［3Dビューポート］**内にあることを確認してください。

テンキーを使って視点移動する

テンキーに視点移動の機能が割り当てられています。マウスポインタが3Dビューポート内にあることを確認してからキーを押すと視点を切り替えられます。

覚えておきたい3つのキー

よく使うのは次の3つのキーです。まずはこの3つを覚えておきましょう。

- 1キー ➡フロントビュー
- 3キー ➡サイドビュー
- 7キー ➡トップビュー

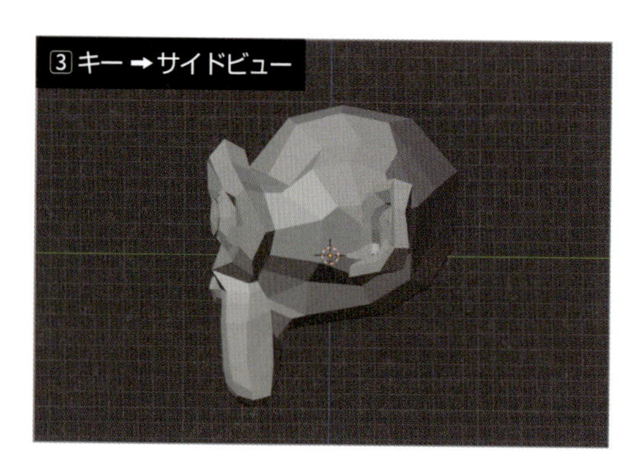

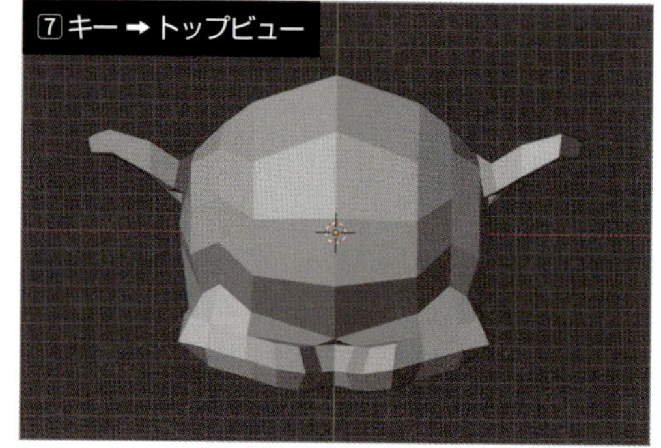

テンキーに割り当てられているその他の機能

ほかにも、0(ゼロ)キーでカメラビュー、5キーで透視投影と並行投影の切り替え、.(ピリオド)キーで選択オブジェクトに近寄って見る、の操作ができます。必要に応じてこれらのキーも使ってみましょう。

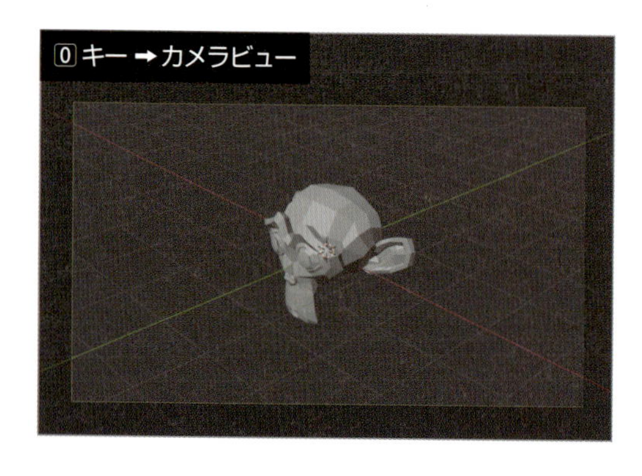

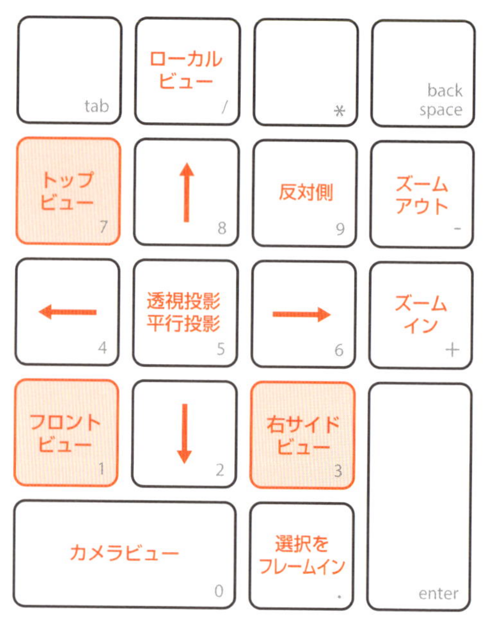

テンキーに割り当てられている視点移動関連機能。2 4 6 8の各キーは1回押すと矢印の方向へ15°ずつ回転します。

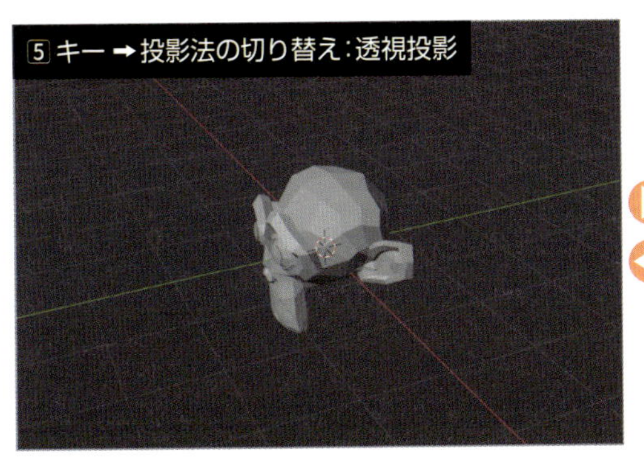

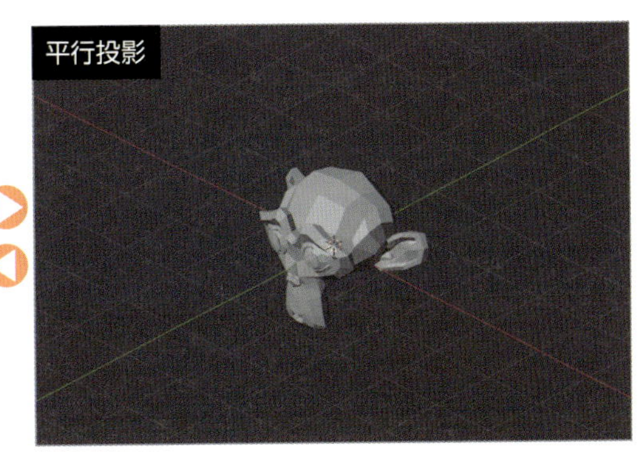

5キーを押すと、透視投影/平行投影を切り替えることができます。

[テンキーを模倣]を有効化する

使用しているキーボードにテンキーがない場合、キーボード上部にある数字キーをテンキーの代わり使えるようにできます。
トップバーのメニューから[**編集**]メニュー➡[**プリファレンス**]を選びます。[**Blenderプリファレンス**]画面で❶[**入力**]をクリックし、❷[**テンキーを模倣**]にチェックを入れます。これでキーボード上部にある数字キーをテンキーの代わりに使えます。
ただし[**テンキーを模倣**]を有効にすると、後に紹介する選択モードの切り替えがショートカットで行えなくなってしまいます。
このため、Blenderを使用する場合は、やはりテンキーを使用するのがおすすめです。

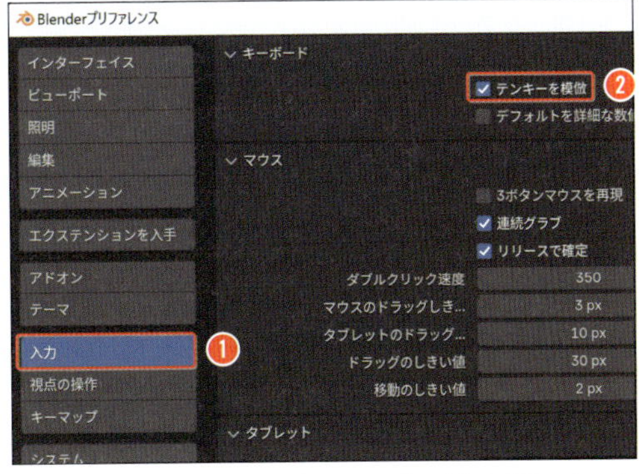

[Blenderプリファレンス]画面で、[入力]の[テンキーを模倣]にチェックを入れます。

ナビゲーションギズモを使って視点移動する

テンキーがないキーボードを使っている場合は、3Dビューポート右上にある3色の丸をクリックすることで、その方向から見た視点に移動することができます。
またその下にある4つのアイコンでも視点を操作できます。

まずはいろいろな視点移動の方法を試し、3Dの画面の操作に慣れましょう。本書では、以降視点の操作はテンキーでの操作で説明しますが、操作しやすい方法で行ってください。

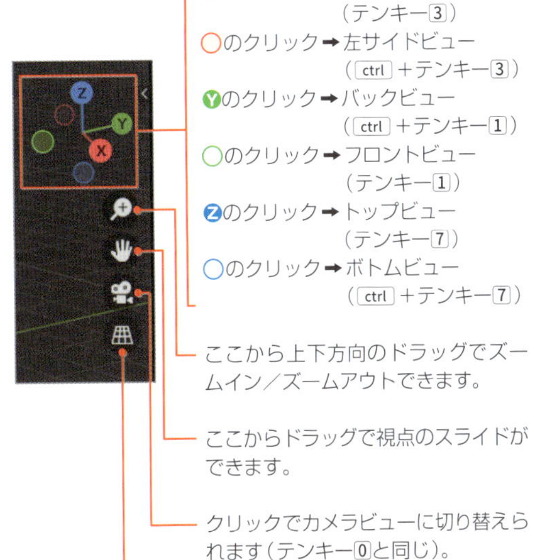

本書で作成する、お部屋と家具、キャラクター

CHAPTER-1

CHAPTER 2

モデリングの基本操作

2-1 モデリングしながら基本操作を学ぶ

ここからは、マグカップを作りながらモデリングの流れと基本的な操作方法を学びます。

制作するマグカップを確認する

ここではマグカップをモデリングしながら、基本操作とモデリングの流れを学びましょう。学ぶ基本操作は、次の項目です。

- プリミティブの配置
- **［編集モード］**を使ってプリミティブの変形（**［移動］［回転］［スケール］［面を差し込む］［押し出し］**など）

制作するマグカップ。円柱を元にして制作します。

CHAPTER-2

モデリングの準備をする（オブジェクトの削除）

1. Blenderを起動すると、デフォルトシーンにはカメラ、キューブオブジェクト、ライトが配置されています。今回はこれらは使わないので、削除します。

2. 3Dビューポート内にマウスポインタを移動してからⒶキーを押します。これで選択可能なすべてのオブジェクトを選択できます。選択されたオブジェクトは❶オレンジ色にハイライトされます。

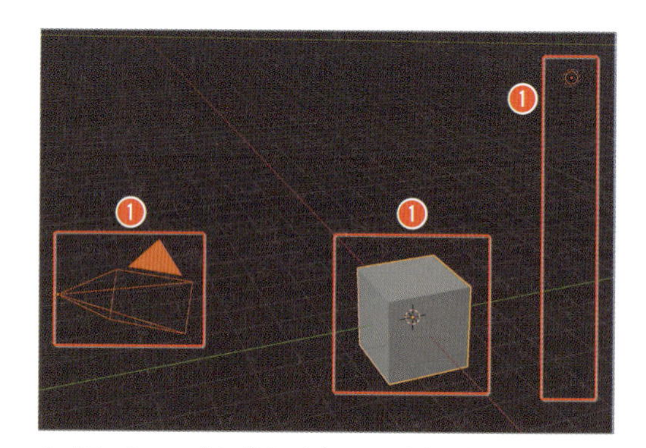

カメラ、キューブオブジェクト、ライトを選択しました。

Ⓐキーは、**［選択］**メニュー➡**［すべて］**のショートカットです。〔すべて＝AllのA〕と覚えます。

以降『3Dビューポート内にマウスポインタを移動して』のように、マウスポインタの位置について記載しませんが、ショートカットによる操作をする場合は、操作対象エリア内にマウスポインタがあることを確認してください。

3 選択できたらXまたはdeleteキーを押して削除します。

Xキーは、[オブジェクト]メニュー➡[削除]のショートカットです。deleteキーでも実行できます。deleteキーでは表示されませんが、Xキーで削除しようとすると、確認のメニューが表示されます。enterキーを押す、または❷[削除]をクリックすると削除されます。

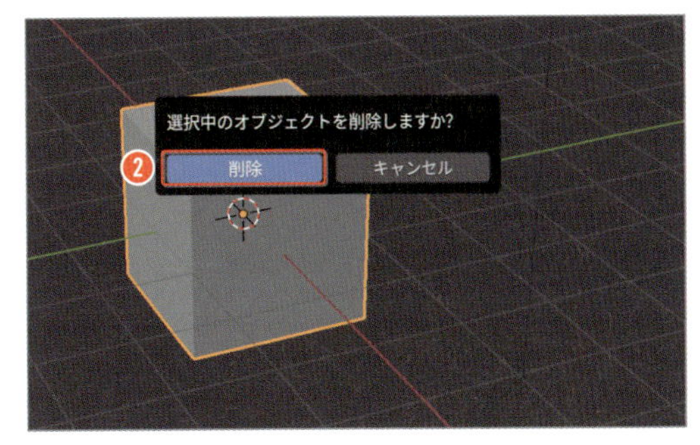

Xキーを押すと表示される確認のためのメニュー。

マグカップの元となる円柱を配置する

1 マグカップに近い形である円柱を追加します。shift+Aを押して表示されるメニューから、❶[メッシュ]➡[円柱]を選びます。

shift+Aは、[追加]メニューのショートカットです。〔shift+追加＝AddのA〕と覚えます。

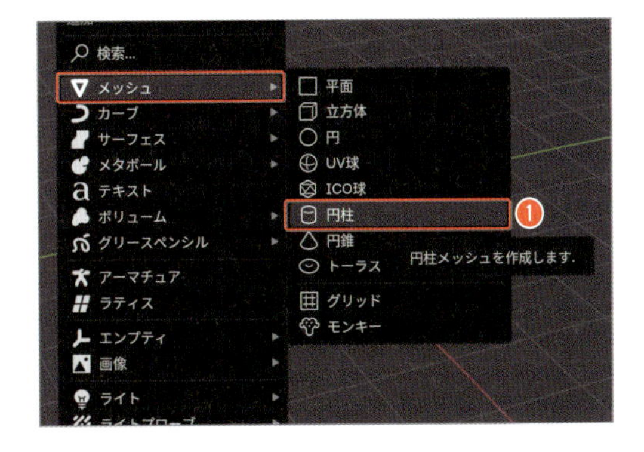

2 ❷円柱が追加されます。

[追加]メニューでは平面や立方体、UV球などいろいろ追加できます。ここで追加できる単純形状のメッシュを「**プリミティブ**」といいます。

円柱が配置された

3 プリミティブを追加すると、画面左下に❸[オペレーター]パネルが表示され、クリックして❹パネルを開くといろいろ設定できますが、ここでは初期設定のままとします。

❸[オペレーター]パネルがタイトル1行だけの場合は、ここをクリックすると❹パネルが開き、頂点数や大きさなどを設定できます。ただしこのパネルは次に何らかの操作を行うと消えてしまいます。調整前に消えてしまった場合はctrl+Zで戻ってプリミティブを追加しなおすか、F9([最後の操作を調整])で再表示して調整します。

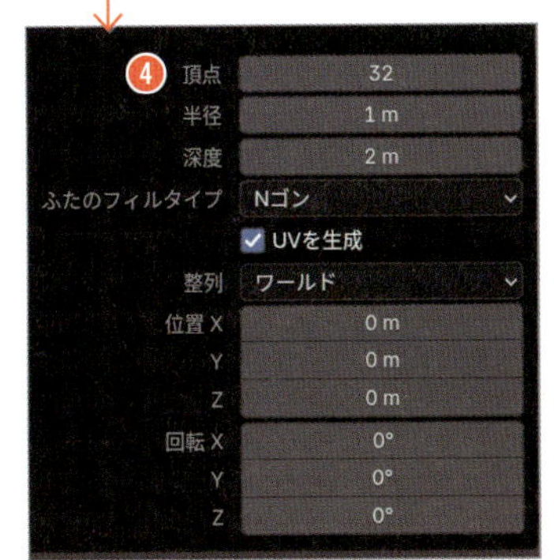

詳細を開くと、頂点数や大きさなど詳細な設定ができます。

2-2 オブジェクトモードと編集モード

オブジェクトを配置・移動するときは[オブジェクトモード]、オブジェクトの頂点や面などを編集するときは[編集モード]で行います。

[編集モード]に切り替える

円柱を追加するなど、オブジェクトの配置などを行うのが[**オブジェクトモード**]です。ここまではこのモードで操作してきました。ここからは[**編集モード**]に切り替えて、円柱をマグカップの形状に整えます。

1 円柱が選択されていることを確認し、tab キーを押します。これで❶[**編集モード**]に切り替わります。

3Dビューポート左上にある❷[**モードセレクタ**]をクリックし、モード選択メニューから❸[**編集モード**]を選択しても切り替えられます。

[**編集モード**]に切り替えるときは、編集したいオブジェクトが選択されていることを確認してください。

モデリング中の3Dビューの視点は、作業ごとで見やすい視点に変更してください。

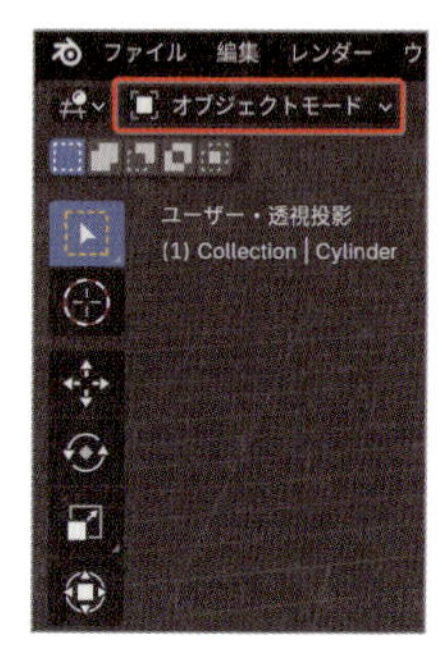

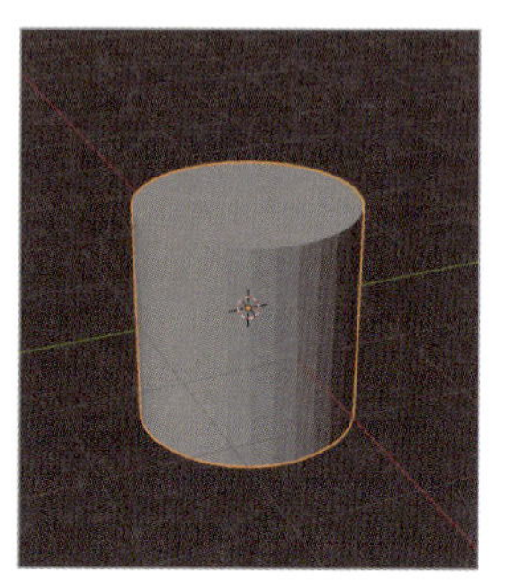

[オブジェクトモード]の状態。

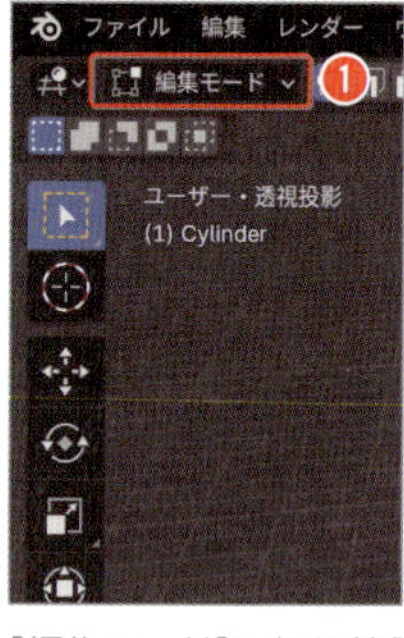

[編集モード]に切り替えました。円柱は選択されている頂点、辺、面がオレンジ色で表示されます。

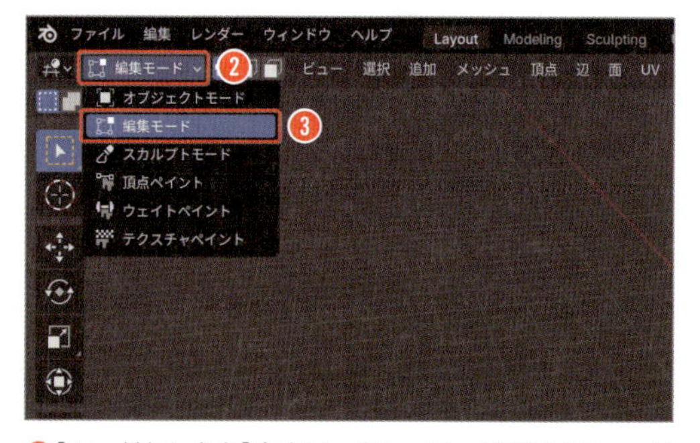

❷[モードセレクタ]をクリックし、モード選択メニューから❸[編集モード]を選択します。

現在のモードを確認するには

現在どのモードになっているかわからない場合は、❶[**モードセレクタ**]で確認します。blenderにはいくつかモードがあります。モードによって表示されるメニューやツールなどインターフェイスが変更されます。tabキーを押して見比べてみましょう。ここでは大きな変更のあるインターフェイスを確認してみます。モードを切り替えるとメニューやツールバーの内容が変更になることを覚えておきましょう。

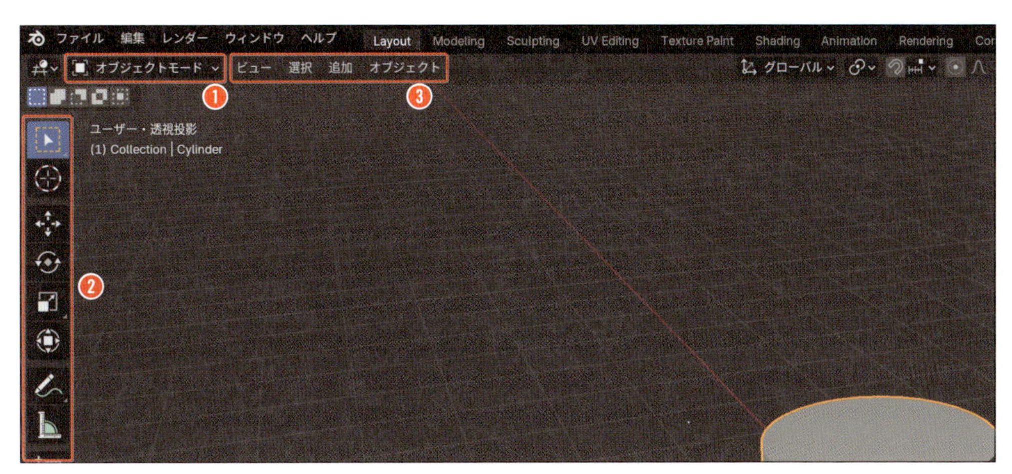

❶[**オブジェクトモード**]
オブジェクトの配置などを行うモード
❷左側の[**ツールバー**]にはオブジェクトの移動や回転といったトランスフォームを実行するツールを中心に表示されています。❸上部のメニューには[**ビュー**][**選択**][**追加**]の基本メニューに加えて[**オブジェクト**]メニューがあります。

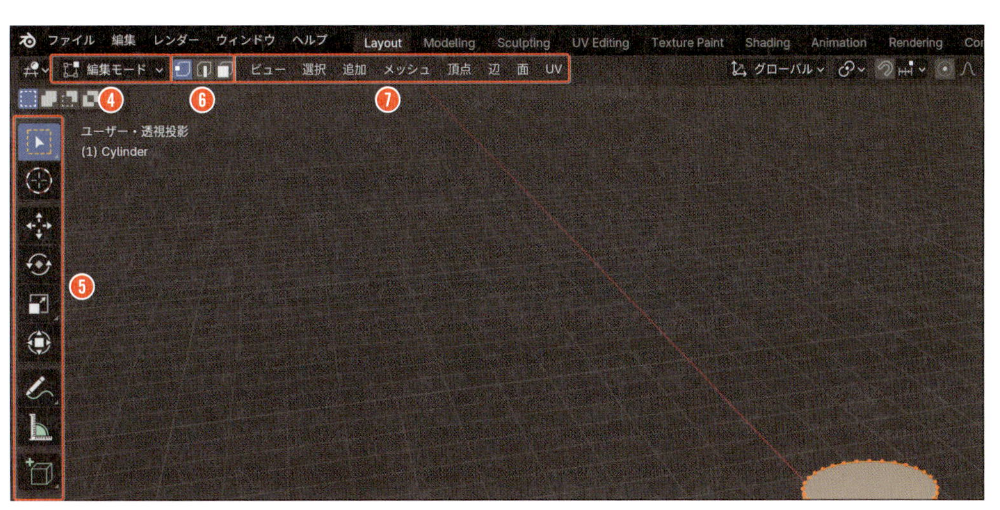

❹[**編集モード**]
メッシュの編集を行うモード
❺左側の[**ツールバー**]にはメッシュの編集を行うためのさまざまなツールが追加されています。上部には、❻[**選択モード**]ボタン、❼メニューには基本メニューに加えて[**メッシュ**][**頂点**][**辺**][**面**][**UV**]のメニューがあります。

2-3 編集モードでメッシュの一部を変形

メッシュの一部を選択して編集します。点、辺、面の選択モードを切り替えて目的部分を選択し、[面を差し込む]と[押し出し]で変形します。

頂点と辺と面について（メッシュの構成）

メッシュは頂点と辺とで構成されています。❶頂点、2つの頂点が繋がったものが❷辺、3つ以上の頂点が繋がったものが❸面です。

[編集モード]では、メッシュの一部要素だけを選択することができます。たとえば円柱を構成している頂点の1つだけを選択することができます。また、一部の辺や面だけといった選択もできます。辺や面を選択することは、その辺や面を構成する頂点をすべて選択するのと同じことです。

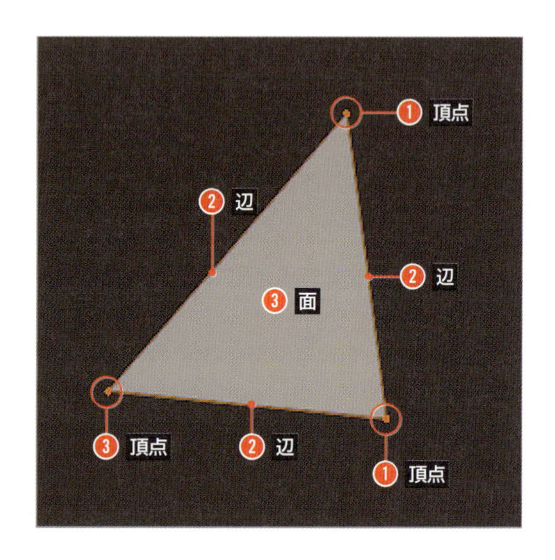

CHAPTER-2

[選択モード]を切り替える

メッシュの要素を選択するとき、選択対象を頂点、辺、面で切り替えられます。最初は**[頂点選択モード]**で頂点を選択するモードになっています。必要に応じて、**[辺選択モード]**や**[面選択モード]**に切り替えて操作します。

それぞれの選択モードを切り替えるには、3Dビューポート左上にある3つのボタンをクリックします。左から**[頂点選択モード]**、**[辺選択モード]**、**[面選択モード]**で、現在の選択モードがハイライトされています。

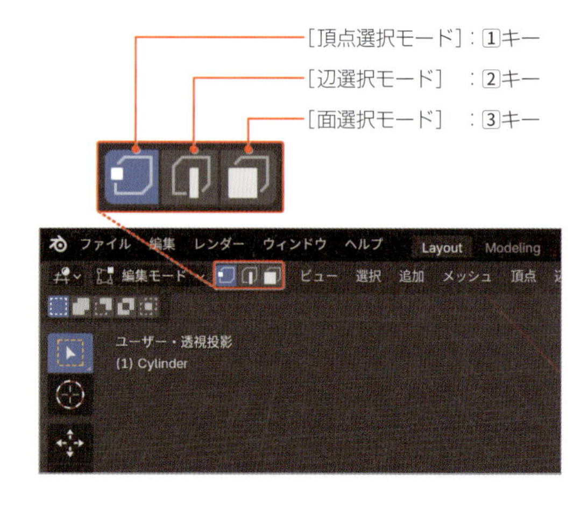

ショートカットはキーボード左上の数字キーの1、2、3キーです。テンキーは視点の操作なので間違えないようにしょう。

円柱上面を選択する

円柱を追加して［**編集モード**］にした段階では、すべての要素・頂点が選択された状態なので、メッシュがオレンジ色にハイライトされています。

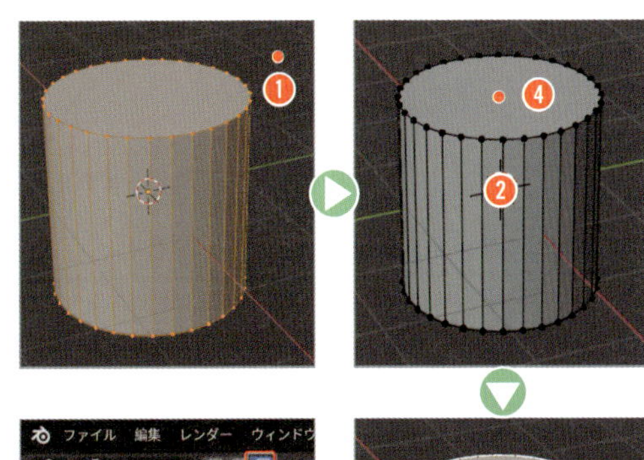

1 ［**3Dビューポート**］内の❶何もないところをクリックして、選択を解除します。❷選択解除されると、灰色になります。

2 ❸［**面選択**］（数字キー3）にしてから❹上面をクリックして選択します。❺選択されている箇所はオレンジ色にハイライトされています。

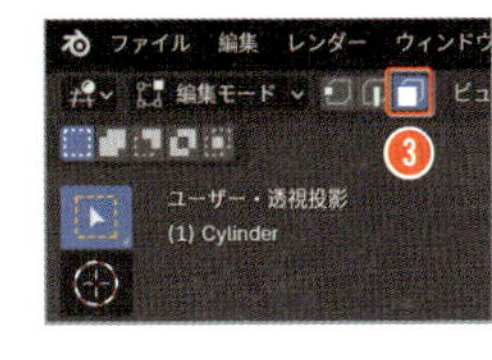

本書では以降、［**頂点選択モード**］、［**辺選択モード**］、［**面選択モード**］の各選択モードを、［**頂点選択**］、［**辺選択**］、［**面選択**］と表記します。

［面を差し込む］で面を追加する

［**面を差し込む**］を使って上面にマグカップの厚みとなる面と底になる面を作成します。底になる面は、［**押し出し**］で押し込んで穴を開けます。

1 上面が選択されていることを確認し、I（アイ）キーを押します。❶マウスを円柱上面の中心方向に少し動かします。
内側に面が挿入されるので、好きな位置でクリックをして❷確定します。右クリックするとキャンセルになります。

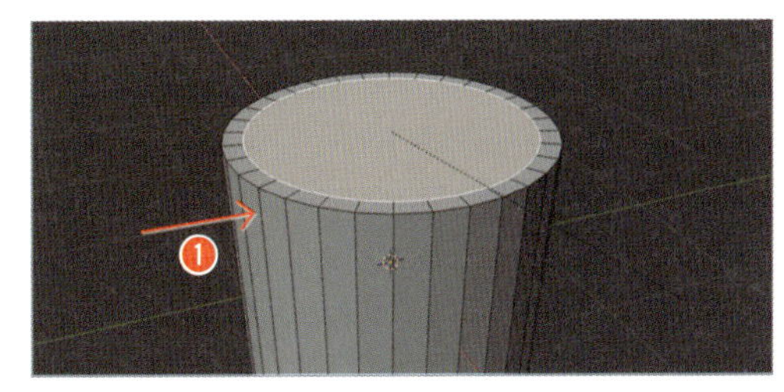

マウスを円柱上面の中心方向に少し動かします。

Iは、［**面を差し込む**］のショートカットです。
〔差し込む＝InsetのI〕と覚えます。
ショートカットではなく［**ツールバー**］の［**面を差し込む**］ツールをクリックして機能を実行した場合とは操作方向が若干異なります。

2 モデリングの基本操作

[押し出し]で面を押し込む

[面を差し込む]で挿入した面を、**[押し出し]**で下側に押し込んで、内側を作成します。

1 上面内側の面が選択されていることを確認し、Eキーを押してからマウスを下方向に動かします。位置が決まったらクリックして確定します。

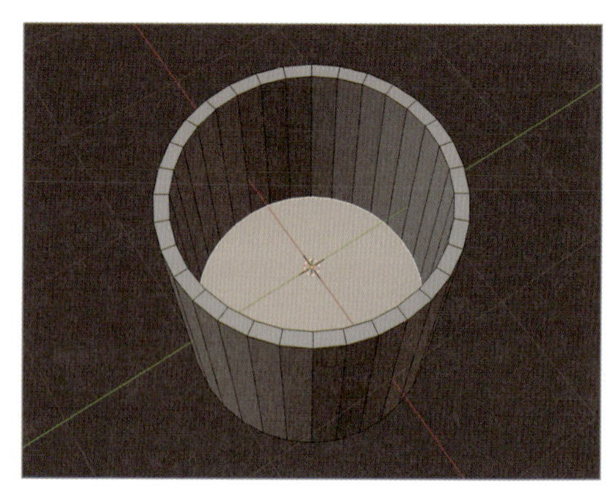
マウスを下方向に動かして面を押し込みました。

Eは、**[押し出し]**のショートカットです。〔押し出し＝ExtrudeのE〕と覚えます。**[ツールバー]**の**[押し出し]**ツールをクリックして機能を実行した場合と操作方向が若干異なります。

[押し出し]は、面を突き出す（押し出す）、面を押し込むの両方に利用できます。

オブジェクトやメッシュの一部を選択する

オブジェクトやメッシュの一部を選択するには、通常は**[ツールバー]**の一番上にある**[選択]**ツールで行います。デフォルトでは**[ボックス選択]**になっています。
[オブジェクトモード]では、対象オブジェクトのクリックで、そのオブジェクトだけが選択されます。他に選択されているオブジェクトがある場合はそれらの選択は解除されます。
オブジェクトを追加選択する場合は、shiftを押しながらオブジェクトをクリックします。すでにに選択されているオブジェクトに加えて追加選択されます。shiftを押しながら選択済みのオブジェクトをクリックすると、そのオブジェクトだけが選択解除されます。
[編集モード]でも基本的な操作方法は同じですが、対象がオブジェクトではなく、メッシュの構成要素（頂点、辺、面）になります。
[ボックス選択]では、ドラッグで囲んでまとめて選択することもできます。P.039を参照してください。

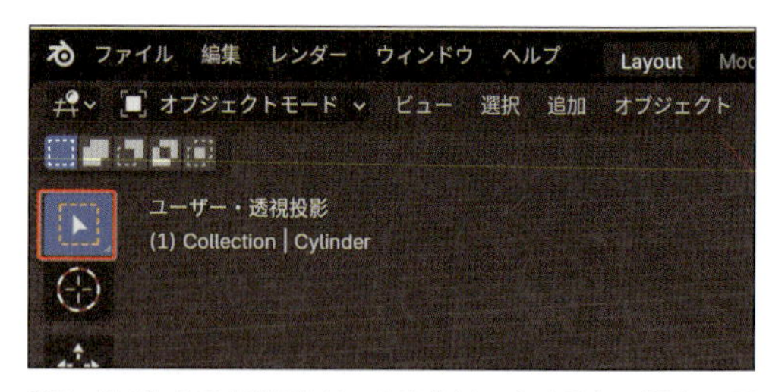

[ツールバー]の**[選択]**ツールをクリックするか、Bキーで**[ボックス選択]**が使用できる状態になります。

ショートカットを覚えよう

ショートカット（キーボードやマウスクリックなど）を使うと効率よく操作できます。本書では、頻繁に使う機能については、ショートカットを使った操作で解説しています。頻繁に使う機能のショートカットはぜひ覚えてください。
ただし、すべてを覚えていなくても大丈夫です。Blenderのショートカットは、概ね操作の英単語の頭文字になっているので、覚えやすくなっています。

よく使うショートカット操作

機能名（日本語名／英語名）	ショートカットキー	機能の内容	機能の位置
すべて／All	A	選択可能なすべてのオブジェクトを選択します。	[選択]メニュー
ループ選択／Select Loops	alt ＋クリック	選択されている辺の方向に繋がる辺を選択します。	[選択]メニュー
リンク選択／Select Linked	ctrl ＋ L または対象にマウスポインタを重ねて L	選択されている頂点、辺、面に繋がるすべてを選択します。	[選択]メニュー
モードセレクタ／Mode selector	tab	[オブジェクトモード]と[編集モード]を切り替えます。	ヘッダー
選択モード／selection mode	1：頂点選択モード 2：辺選択モード 3：面選択モード	[選択モード]を切り替えます。	ヘッダー
移動／Move	G（GrabまたはGrip＝掴むのG）	対象を移動します。	ツールバー
回転／Rotate	R	対象を回転します。	ツールバー
スケール／Scale	S	対象を尺度変更（拡大または縮小）します。	ツールバー
押し出し／Exturde	E	対象を押し出して突き出します。または面を押し込んで凹ませます。	ツールバー
面を差し込む／Inset Faces	I	面を挿入します。	ツールバー
ループカット／Loop Cut	ctrl ＋ R（Lではなく Rです。）	オブジェクトをループカットします。	ツールバー
ベベル／Bevel	ctrl ＋ B	対象の角に面を作成します。	ツールバー
元に戻す／Undo	ctrl ＋ Z	最後の操作を取り消します。	トップバーの[編集]メニュー
やり直す／Redo	ctrl ＋ shift ＋ Z	[元に戻す]で取り消した操作をやり直します。	トップバーの[編集]メニュー
追加／Add	shift ＋ A	プリミティブを追加します。	[追加]メニュー
削除／Delete	X または delete	オブジェクトを削除します。	[オブジェクト]メニュー／[メッシュ]メニュー
適用／Apply	ctrl ＋ A	トランスフォームを適用します。	[オブジェクト]メニュー

2-4 マグカップ底面を移動

マグカップの内側ができたので、内側の深さを調整します。底面は[ボックス選択]で囲んで選択し、[移動]で移動します。

透過表示に変更する

マグカップの内側の深さが見やすいように表示を変更します。

1 テンキーの1(イチ)を押してフロントビューにします。

2 内側を見たいので、透過表示にします。透過表示は画面右上にある❶**[透過表示]**をクリックしてONにします。これでメッシュが半透明になりました。

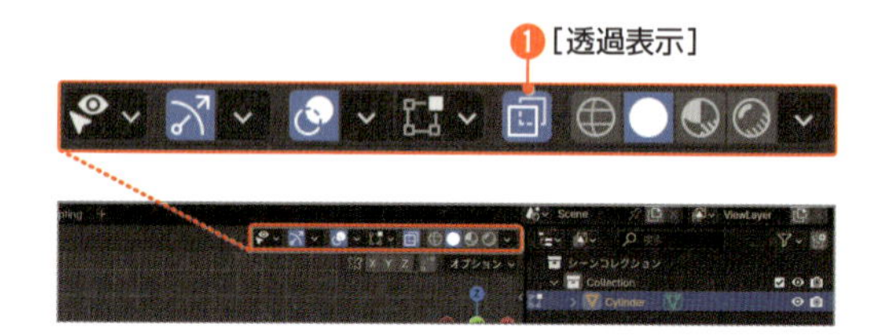

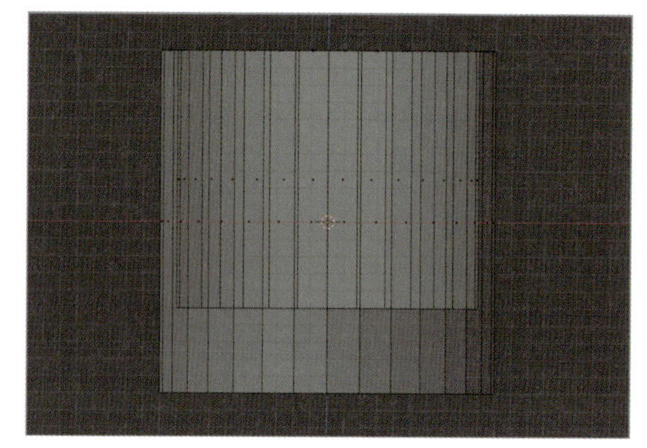

[透過表示]をONにしました。内側も透けて見えます。

内側底面を選択する

マグカップにしては底が分厚すぎるので底面を下げます。底面は押し出したままの状態であれば選択されている状態です。
もし選択解除されている場合は、フロントビューからは面のクリックによる選択が難しいため、次のようにボックス選択します。

1 **[ツールバー]**の❶**[ボックス選択]**ツールをクリックします。

Bキーを押しても**[ボックス選択]**を有効にできます。〔ボックス=BoxのB〕と覚えます。一度**[ボックス選択]**にしておけば、以降は選択以外のツール、たとえば**[移動]**ツールを選択していてもボックス選択できます。

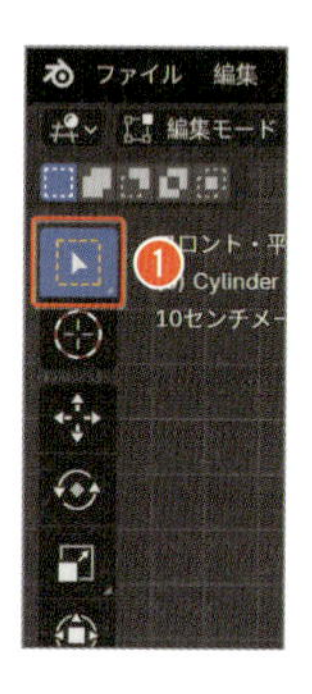

Blenderの選択ツールはデフォルトでは[ボックス選択]になっています。もしボックス選択できない場合は、[選択]ツールのボタンを長押しし、❷[ボックス選択]に変えてください。

2 ❸内側底面をドラッグで囲むようにボックス選択します。

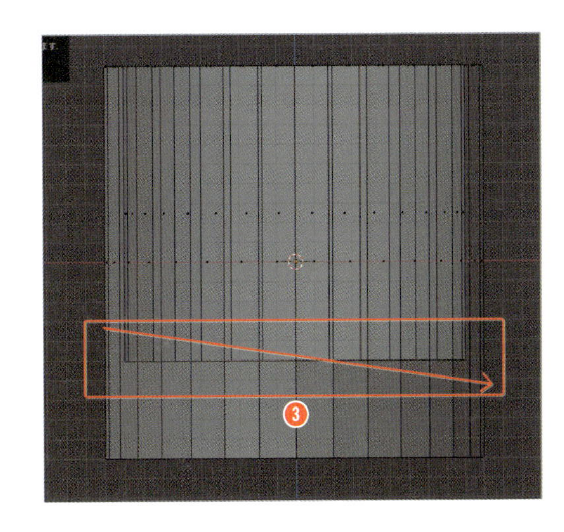

選択対象範囲となるボックス（長方形）の対角を結ぶようにドラッグします。面の中央にあるドットを選択対象範囲に含めてしまうと、底面以外の面も選択されてしまうことがあります。
この場合は［**頂点選択**］（数字キー1）に変更してから、ボックス選択しなおしてください。

内側底面を移動する

1 ショートカットGキーを押してからZキーを押します。マウスポインタを下方向に動かし、適度な底厚になったらクリックで確定します。

Gは［**移動**］のショートカットです。［**移動**］では自由な方向に移動できますが、続けて押すキーにより、移動方向を制御できます。Gに続けてZキーを押すのは、「**Z軸方向へだけ移動**」という意味です。
『Gに続けてZキーを押す』のような操作を、以降『G→Z』のように表記します。

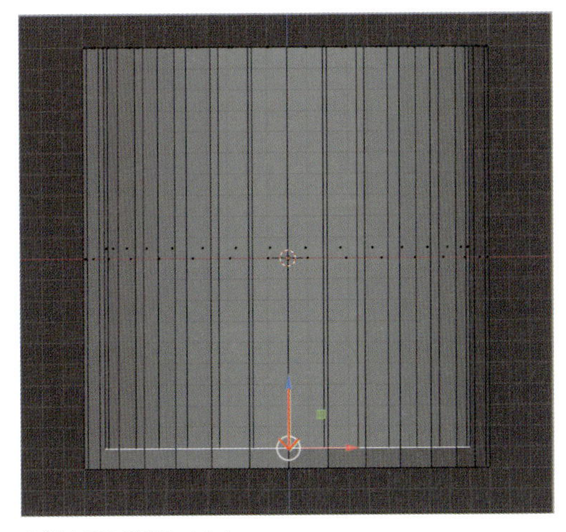

内側底面を移動しました。

［ツールバー］の［移動］ツールで移動する

ショートカット以外の移動方法もあります。
［**ツールバー**］の❶［**移動**］ツールをクリックすると、選択箇所に❷マニピュレーターと呼ばれる3色の矢印が表示されます。矢印はそれぞれ軸の向きを示しています。この矢印をドラッグしても移動できます。
ショートカットで軸方向を指定した移動や回転をする場合、キーを2つ入力する必要があるため、場合によっては［**ツールバー**］の［**移動**］ツールを使うほうが操作が速いです。本書では両方併用で解説していきますので、どちらでも大丈夫と覚えておいてください。

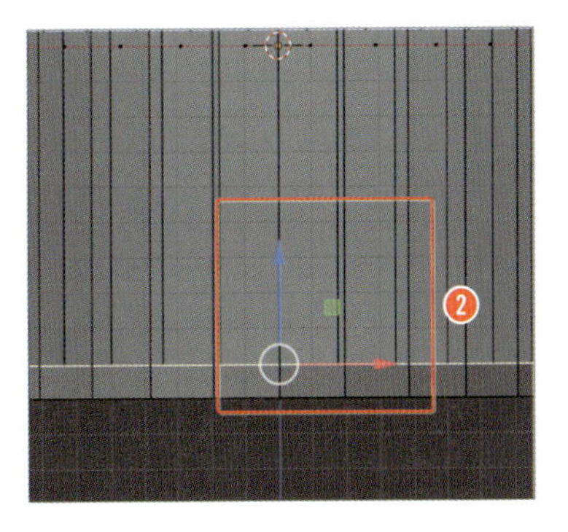

2-5 マグカップ側面の厚さを調整

側面の厚さを調整します。対象を[ループ選択]で選択し、[スケール]機能で内側の面を拡大します。

内側側面をループ選択する

底面の位置が調整できたら、次は側面の厚さを調整します。

1. 画面右上の❶[**透過表示**]をクリックしてOFFにします。❷右図のように視点も変更してください。

2. ❸[**面選択**](数字キー3)にします。❹円柱の内側の面にマウスポインタを合わせ、altキーを押しながらクリックします。繋がった面をぐるっとリング状に選択できます。

altキーを押しながらクリックによる選択を「**ループ選択**」と呼びます。[**頂点選択**]や[**辺選択**]でも使用可能で、とてもよく使用する便利な機能です。

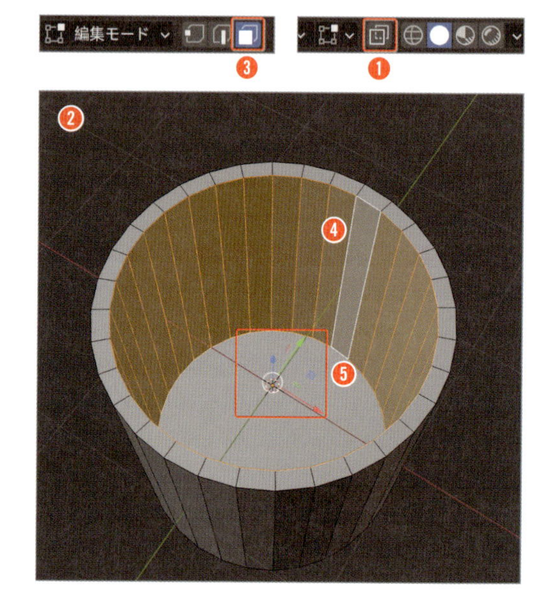

面を選択した状態。

上の図では、選択されたオブジェクトまたは頂点、辺、面の中心に、❺赤(X軸)、緑(Y軸)、青(Z軸)のマニピュレーターが表示されます。これは[**ツールバー**]で[**移動**]ツールを選んでいる状態だからです。マニピュレーターを表示させておくと、マニピュレーターの操作だけで移動できる、選択されている要素の中心がわかる、XYZ軸の正方向がわかるなどの利点があります。このため、本書の一部ではマニピュレーターを表示させた状態で解説しています。
[**移動**]ツールを選んでいる状態でも、クリックやドラッグによるオブジェクトや頂点、辺、面の選択、ショートカットを利用した他のツールが使用できます。

[スケール]で内側の面を変形する

内側の面を選択したら、[**スケール**]で選択した面を外側に向かって(上面から見た円の大きさを大きくするように)拡大させます。

[**スケール**]は拡大縮小する機能です。ここでは選択している面だけに適用します。オブジェクト全体を拡大縮小することもできます。

1 Sキーを押し、続けてshift＋Zを押します。これでZ軸方向以外にスケールをかけることができます。❶程よい薄さになるまで移動できたらクリックで確定します。

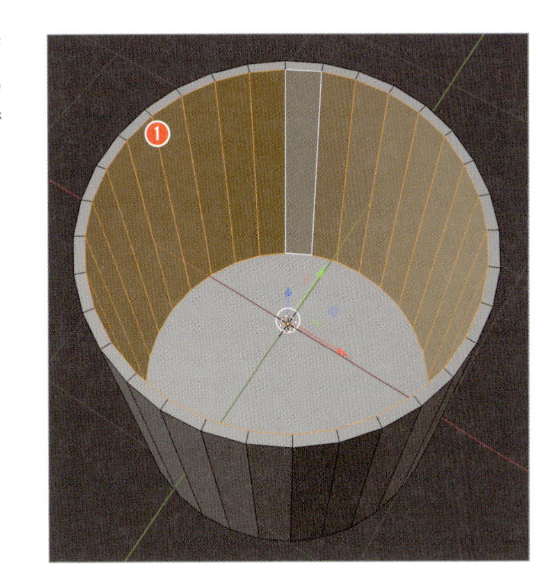

Sは、[スケール]のショートカットです。〔スケール＝ScaleのS〕と覚えます。

shift＋Zは、shiftキーを押しながらZキーを押すことを表します。

指定した軸方向に沿って移動・変形するには

ショートカットが複雑になって少し難しくなりましたね。少しでも覚えやすくなるように考え方を知っておきましょう。
GやSなどで機能を呼び出してドラッグで移動・変形する際、X、Y、Zを入力することで、軸方向の移動・変形を制御できます。
たとえばGに続けてXと入力すれば「X軸方向へだけ移動する」、Gに続けてYと入力すれば「Y軸方向へだけ移動する」となります。Gだけだとフリー移動です。
上のスケール変更ではSのあとにshift＋Zと入力しました。ここでのshiftは、反対にするというような意味になります。つまりshift＋Zだと「Z軸方向へだけ変形しない」＝「X軸とY軸方向へだけ変形できる」ということになります。
shiftの意味を知っておくと、少しわかりやすくなると思います。

[ツールバー]の[スケール]ツールで尺度変更する

[ツールバー]の❶[スケール]ツールをクリックすると、選択箇所に❷マニピュレーターが表示されます。3色の線はそれぞれ軸の向きを示しています。それぞれの線先端の■■■をドラッグするとスケール尺度が変更できます。
たとえば、■をドラッグするとX軸方向に変形できます。今回操作したようなZ軸方向以外へのスケールをしたい(X軸Y軸方向に同じ尺度で変更する)場合、X軸(赤)とY軸(緑)の間にある❸淡い青色の□をドラッグします。これで、Z軸方向以外へ尺度を変更が行えます。
ツールとショートカットはどちらを使ってもよいので、扱いやすい方を臨機応変に使ってみましょう。

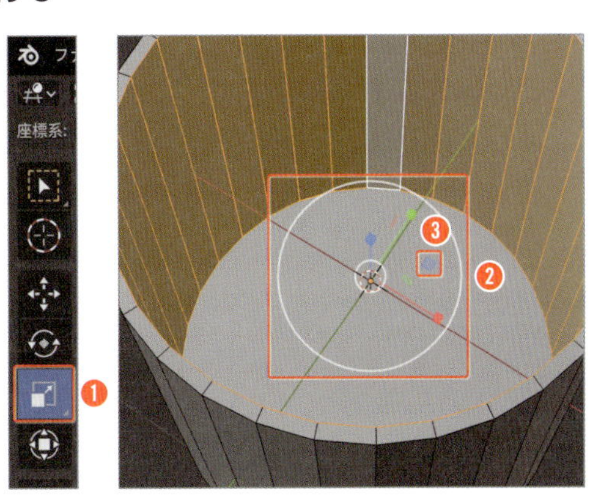

2-6 マグカップ底部の大きさを調整

[ボックス選択]と[スケール]機能を使って、マグカップ底部の大きさを変更します。P.039～P.041で実行した操作のおさらいです。

マグカップ底部を選択する

1 テンキー1でフロントビューにし、❶[**透過表示**]をONにします。❷[**ボックス選択**]で内側と外側の底面を選択します。

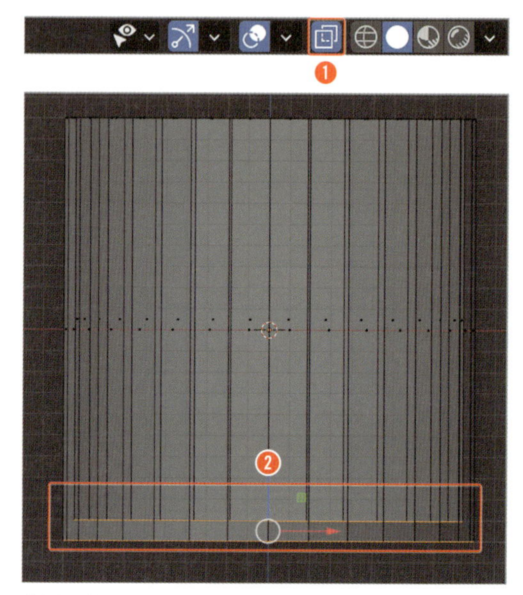

内側と外側の底面を選択しました。

マグカップ底部を縮小する

1 選択したらS→shift＋Zで内側へ縮小させて、❶円柱が底面に向かって細くなるようにします。これでマグカップ本体の形が概ねできました。縮小できたら[**透過表示**]をOFFにしておきます。

本書では、2つのキーの間を「→」で表記している場合は、「続けて」という意味です。2つのキーの間に「＋」を表記している場合は、「押しながら」という意味です。『S→shift＋Z』は、「Sキーを押し、続けてshiftを押しながらZキーを押す」を表します。

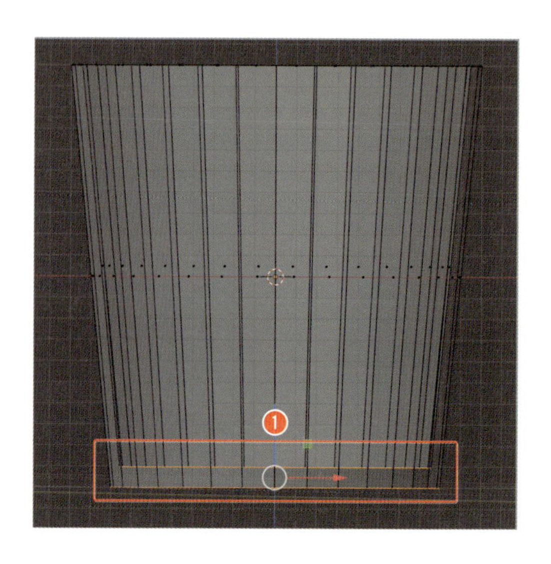

CHAPTER-2

2-7 マグカップの持ち手を作成

新しくプリミティブを追加して、マグカップの取っ手を作りましょう。追加するプリミティブはトーラスです。

トーラスを追加する

[**編集モード**]でもプリミティブを追加できますが、編集のしやすさを優先して、[**オブジェクトモード**]でプリミティブを追加します。

1 tab キーで❶[**オブジェクトモード**]に戻ります。shift + A で[**メッシュ**]➡❷[**トーラス**]と選んでトーラスを追加します。

Shift + A は、[**追加**]メニューのショートカットです。

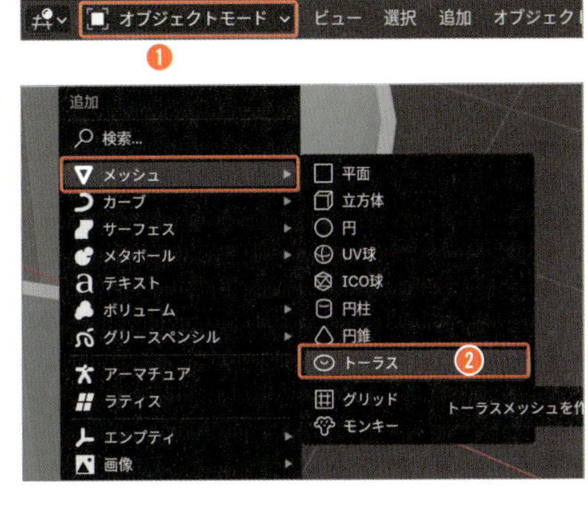

トーラス(Torus＝円環面)はドーナツ型のプリミティブのことです。

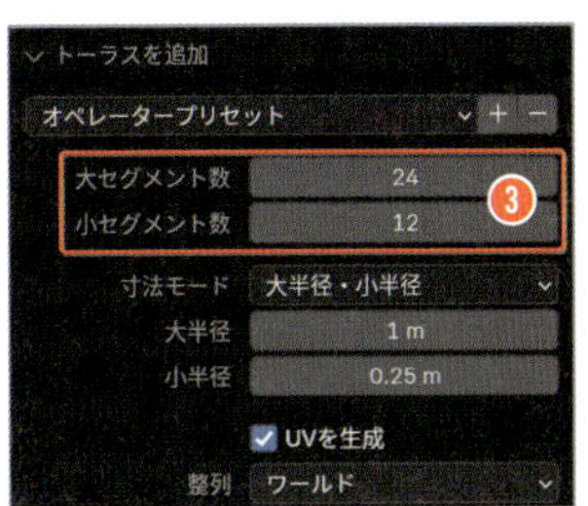

2 トーラスの分割を少なくします。画面左下の❸[**オペレーター**]パネルから大セグメントを「**24**」、小セグメントを「**12**」に変更します。

トーラスを回転する

1 トーラスをクリックで選択し、tab キーを押して❶[**編集モード**]に切り替えます。❷トーラスがすべて選択されていない場合は、A キーでトーラスすべてを選択しておきます。

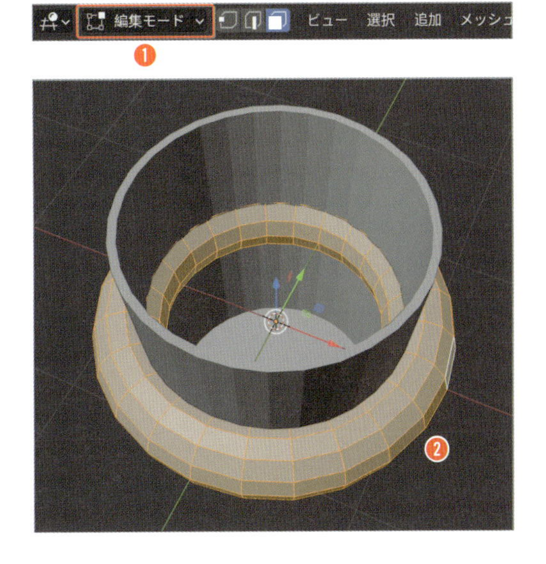

2 トーラスを90°回転させます。X軸方向に90度回転させたいのでR→Xキーを押し、続けて「**90**」と入力しenterで確定します。

Rは、**[回転]**のショートカットです。〔回転＝RotateのR〕と覚えます。
R X 9 0 と順にキーを押しています。これは、「**回転→中心軸をX軸→回転角は90°**」という意味になります。回転角は正の値にすると反時計回り、負の値にすると時計回りです。

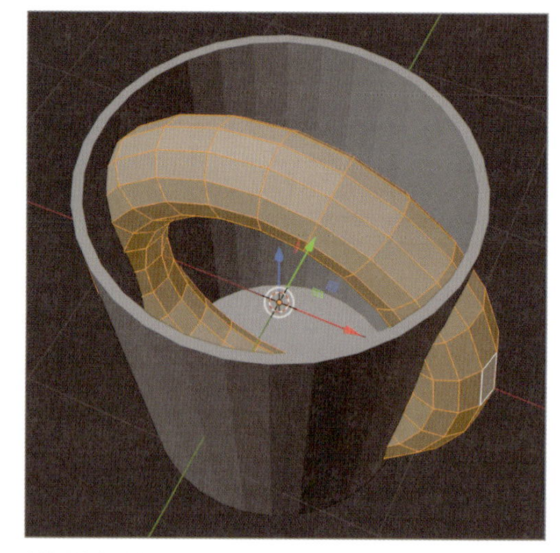
90°回転しました。

トーラスの左半分を削除する

1 テンキー1でフロントビューにし、**[3Dビューポート]**右上にある❶**[透過表示]**をONにします。何もないところをクリックして❷選択を解除します。

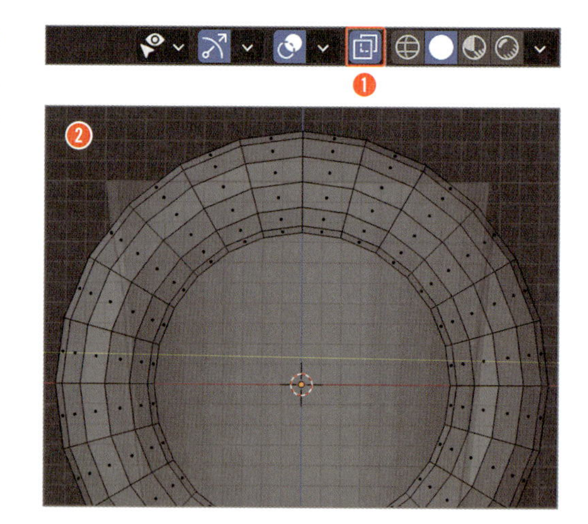

2 **[ボックス選択]**のドラッグで、❸左半分の面を選択します。

図のように左半分だけ、確実に選択してください。選択モードは**[面選択]**（数字キー3）です。もし右図と違う選択結果になった場合は、選択を解除してから選択しなおしてください。

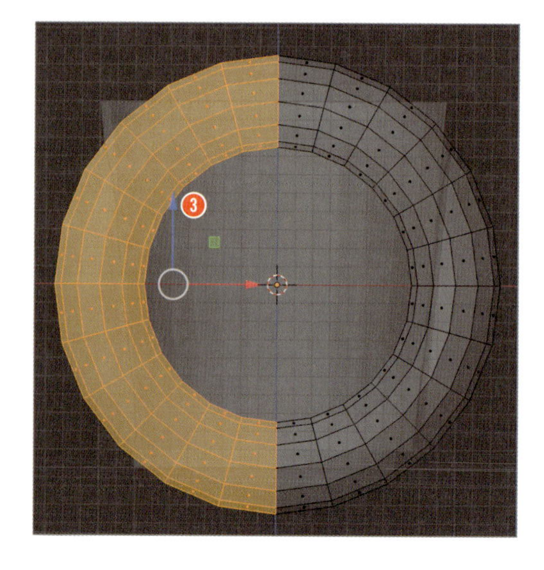

CHAPTER-2

3 Xまたはdeleteキーを押します。表示されるメニューで❹［面］を選択して削除します。

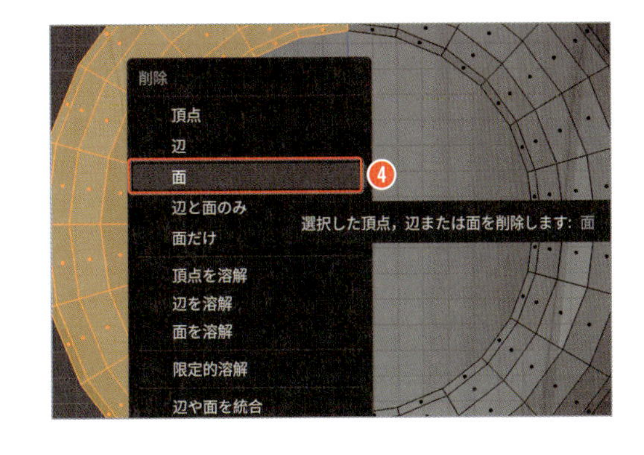

Xキーは、［**オブジェクト**］メニュー➡［**削除**］のショートカットです。

持ち手のサイズ、角度、位置を調整する

持ち手のサイズ、角度、位置を調整します。

1 Aキーですべて選択してから、Sキーを押し、マウスを動かして図のように❶マグカップの持ち手サイズに小さくし、クリックで確定します。

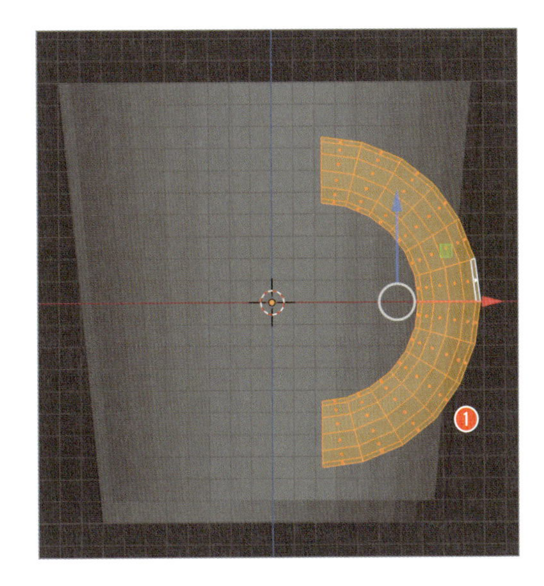

このままでは持ち手が太いので、［**収縮/膨張**］でスケールを行います。［**収縮/膨張**］は選択中の頂点を法線に沿って拡大縮小するものですが、ここでは太くしたり細くしたりできると考えておきましょう。

2 ［**収縮/膨張**］のショートカットalt＋Sを押します。❷ドラッグで持ち手を細くし、クリックで確定します。

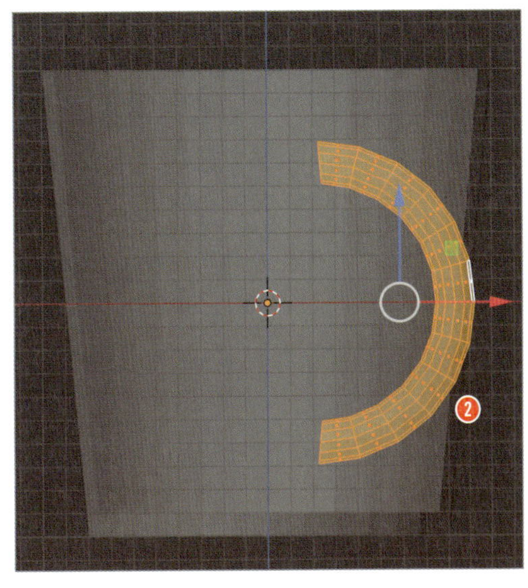

［**収縮/膨張**］は［**メッシュ**］メニュー➡［**トランスフォーム**］のサブメニューにある機能です。

3 サイズ調整できたら、**[移動]**(G)で移動させて❸マグカップ側面の位置に持っていきます。

視点がフロントビューになっているので、Gキーで移動させても、X軸またはZ軸方向だけ移動し、Y軸方向(正面から見て手前↔奥方向)は移動しません。

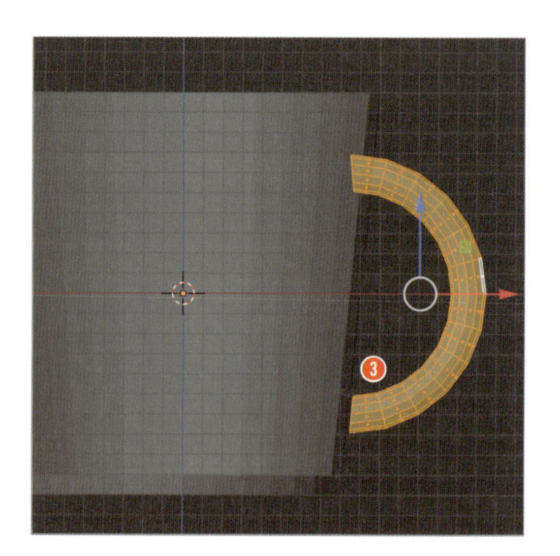

4 **[回転]**(R)で❹マグカップ側面の角度に沿うように回転します。内側に貫通してしまう場合は、**[移動]**(G)で移動させて微調整しましょう。

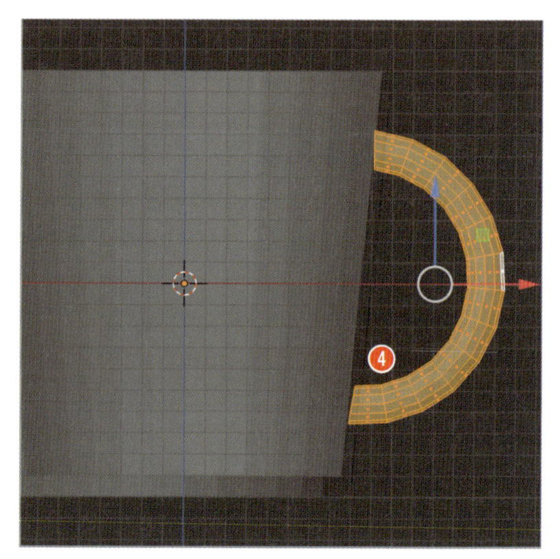

5 ❺**[透過表示]**をOFFにします。配置できたら持ち手が持ちやすいように横幅を広げます。Y軸方向にスケールをかけたいのでS→Yと押して、❻マウスを動かして程よいところでクリックで確定します。

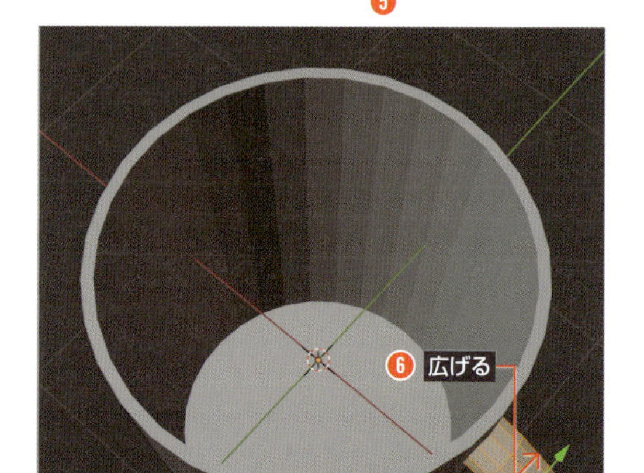

持ち手の横幅を広げました。

2-8 2つのオブジェクトを統合

持ち手ができたので、カップ部分と持ち手を統合しましょう。この後持ち手を編集しないため、ここでカップ部分と統合します。

[アクティブオブジェクト]を確認する

カップ部分と持ち手を統合します。まず統合するオブジェクトを選択します。複数のオブジェクトを選択したとき、最後に選択したオブジェクトを**[アクティブオブジェクト]**と呼びます

1. tab キーで**[オブジェクトモード]**に切り替えます。統合するオブジェクトを選択します。ここでは❶持ち手を選択し、次に❷ shift キーを押しながらカップ部分を選択します。

オブジェクトを選択すると外形線がハイライト表示されますが、**[アクティブオブジェクト]**だけ他と違う薄いオレンジ色でハイライト表示されます。

オブジェクトを統合する

2. ❸**[オブジェクト]**メニュー→**[統合]**を選ぶと結合できます。**[アクティブオブジェクト]**に他のオブジェクトが統合されます。

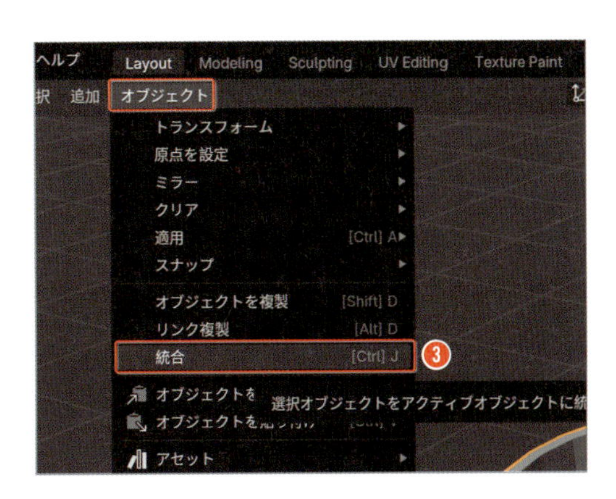

[オブジェクト]メニュー→**[統合]**のショートカットは ctrl + J です。J は〔Joinの J〕で、英語の機能名は「Join」です。Joinは日本語で、結合するや加わるといった意味になり、**[アクティブオブジェクト]**に他のオブジェクトが加わるというイメージです。

オブジェクトはバラバラのままでもかまいませんし、統合のタイミングはいつでもかまいませんが、後の配置工程や**[アウトライナー]**の整理を考えると、オブジェクト構成はシンプルにすることを心がけておくのがよいでしょう。

2-9 ベベルとスムーズシェード

概ね形状ができましたが、角がパキパキとしていて硬そうですね。そこで角を滑らかにします。角の面取りをする機能を[ベベル]といいます。

滑らかにする角の辺を選択する

1 tab キーで[**編集モード**]に切り替え、[**辺選択**](数字キー2)にします。カップの❶上面内側と❷上面外側、❸底面内側と❹底面外側をそれぞれループ選択します。

ループ選択は alt +クリックです。追加でループ選択する場合は、これに shift を加えて shift + alt +クリックです。

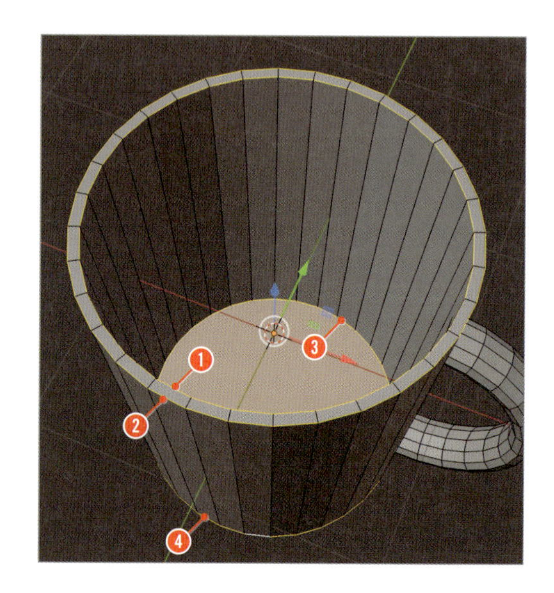

ベベルをかける

選択した辺に対してベベルをかけます。

1 ctrl + B を押してマウスを動かすと、選択した辺が面取りされていきます、程よいところでクリックして確定します。微調整はこの後で行えるため、幅は大体で大丈夫です。

[**ベベル**]ツールなどを使って角を滑らかにする操作を「**ベベルをかける**」と呼びます。[**ベベル**]のショートカットは ctrl + B です。BevelのBです。[**ツールバー**]の[**ベベル**]ツールを選んでも同様の操作を行うことができます。

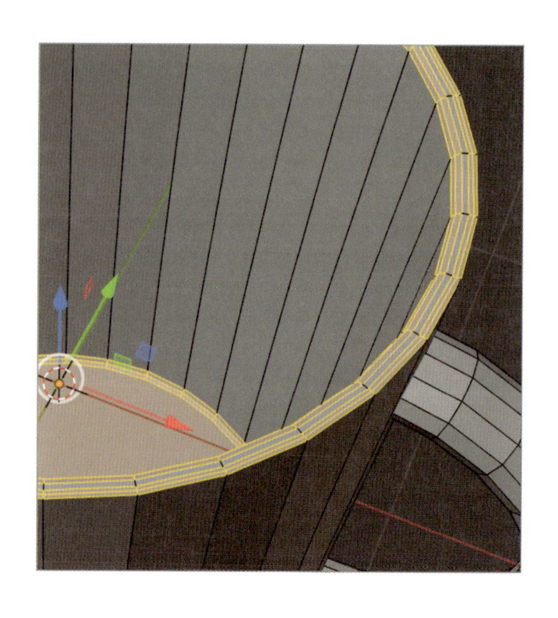

Blenderで何か操作を行うと、画面左下に[**オペレーター**]パネルが表示されます。ここでは、ベベルの幅、分割数などを調整できます。
[**オペレーター**]パネルがタイトル1行だけの場合は、クリックして開いてください。

2 [**オペレーター**]パネルで、❶[**幅**]に「0.02」m、❷[**セグメント**]に「2」と入力します。

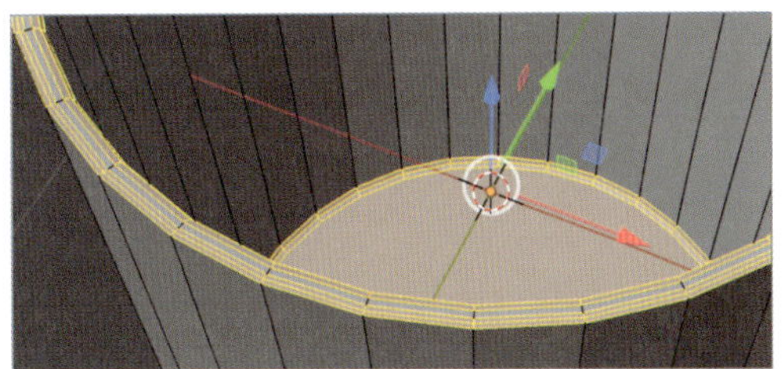

[**幅**]の単位はm(メートル)となっているので、「0.02」は2cmです。今回はマグカップをプリミティブのデフォルトサイズ(2m)から作り始めているため、大きな数字になっています。最後にマグカップのサイズを調整するので、ここでは程よい数字として「0.02」としました。
[**セグメント**]の2は、角を2分割して丸くする意味です。セグメント数は少なすぎると角張って見えますし、多すぎるとデータが重くなってしまいます。そのため、今回は程よいところで2としました。

表示を滑らかにする

ベベルができたらこのマグカップのモデリングは完成ですが、まだパキパキとしていてリアルに見えません。このパキパキとした表示のことを「フラットシェード」といいます。これに対して滑らかな表示のことを「スムーズシェード」といいます。マグカップは滑らかなモチーフなので、スムーズシェードにしましょう。

1 tab キーで[**オブジェクトモード**]に切り替えます。オブジェクトを選択して右クリックします。表示されたメニューの❶[**スムーズシェード**]を選びます。

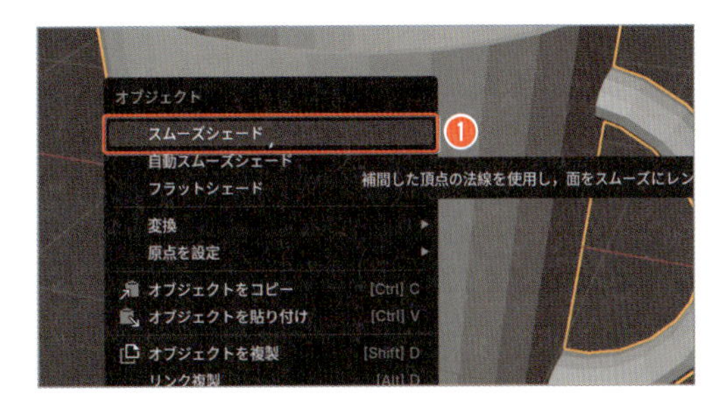

2-10 オブジェクトに名前をつける

この後、オブジェクトが増えてきたときに、どのオブジェクトがマグカップかわかるように、オブジェクトに名前をつけましょう。

［アウトライナー］を確認する

今回は円柱のプリミティブからマグカップを作成しました。❶このため画面右上にある［**アウトライナー**］に表示されているオブジェクト名は「Cylinder」（または円柱）となっています。オブジェクトが増えても、それぞれのオブジェクトが何かわかりやすくするため、オブジェクトの名前を変更しましょう。

［**3Dビューポート**］でオブジェクト（ここではマグカップ）を選択すると［**アウトライナー**］でオブジェクト名がハイライト表示されます。

CHAPTER-2

オブジェクト名を変更する

1 ［**アウトライナー**］の❶オブジェクト名（ここでは「Cylinder」）をダブルクリックします。

2 オブジェクト名を入力できる状態になるので、❷「Mugcup」と入力し、確定します。

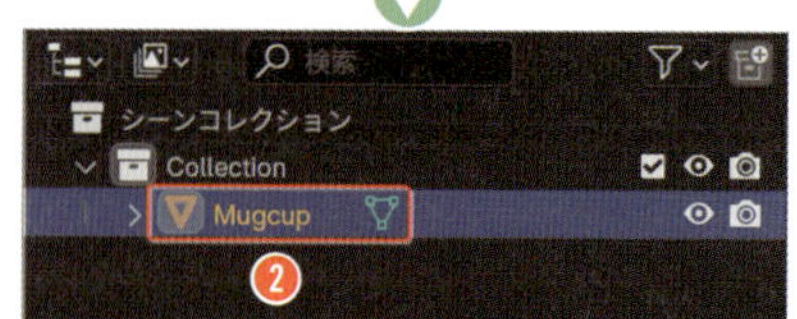

名称はわかりやすければ何でもかまいません。ただし、他のツールと連携させる場合は、半角英語かつ英単語で入力しておきましょう。
また、複数人でシーンを管理する場合などは、事前に命名規則を決めておくとよいでしょう。

2-11 マテリアルを設定

作ったマグカップに色や質感をつけます。ここでは、どのように3Dモデルにマテリアルを割り当てるのかを学びましょう。

マテリアルを割り当てる

3Dモデルに色や質感をつけるには、「マテリアル」と呼ばれる色の情報を管理する入れ物を用意して、その中に色や質感の情報を保存します。ここでは、どのように3Dモデルにマテリアルを割り当てるのかを学びましょう。

色や質感の情報は数値入力以外にも、テクスチャと呼ばれる画像を割り当てることもできます。

1 はじめに[**オブジェクトモード**]でマテリアルを割り当てるオブジェクト(Mugcup)を選択しておきます。画面右にある[**プロパティ**]パネルの❶[**マテリアルプロパティ**]タブをクリックします。

2 表示された[**マテリアルプロパティ**]タブで、❷マテリアルアイコンをクリックし、表示されるウィンドウで❸[**Material**]をクリックして選びます。

この[**Material**]はデフォルトキューブに割り当てられていたデフォルトのマテリアルです。新規で追加してもかまいませんが、ここではこれを割り当てました。

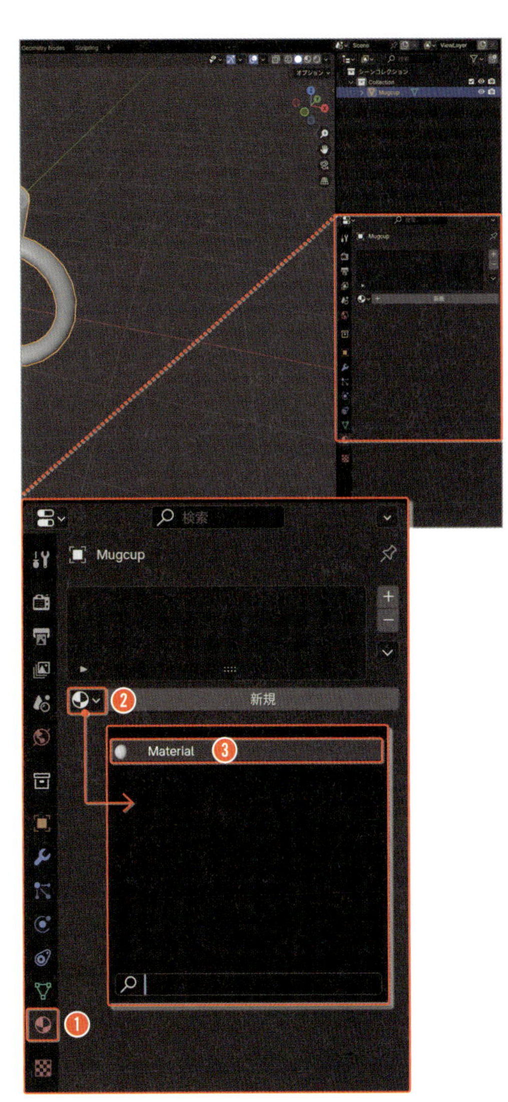

[プロパティ]パネルの[マテリアルプロパティ]タブ。[プロパティ]パネルは、パネル左側縦に並ぶタブ(アイコン)をクリックすると、表示内容が変化して設定できる機能が切り替わります。[マテリアルプロパティ]タブは下から2番目にあるアイコンです。ここをクリックするとマテリアルを設定できます。

マテリアル名を変更する

マテリアルが割り当てられました。オブジェクトごとに異なる質感を設定したマテリアルを割り当てるので、どのオブジェクトのマテリアルかわかりやすい名前に変更しておきましょう。

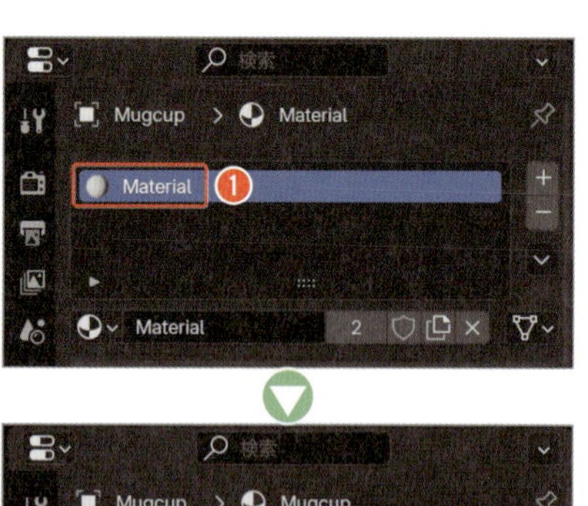

1 [**マテリアルプロパティ**]タブで❶[Material]となっているマテリアル名をダブルクリックします。名前を入力できる状態になるので、❷「Mugcup」とします。

❸サーフェスの項目にはマテリアルの種類やベースカラー、メタリック(Metalic、金属感)、粗さ(Roughness、光沢感)などの項目があります。これから、これらの設定をしていきます

[マテリアルプレビュー]にする

3Dモデルでプレビューを確認しながら調整できるように、シェーディングを変更します。

1 [**3Dビューのシェーディング**]の4つの丸いアイコンのうち、左から3つ目の❶[**マテリアルプレビュー**]をクリックして切り替えます。

[**3Dビューのシェーディング**]を[**マテリアルプレビュー**]にするとマグカップが白く表示されます。

マテリアルを編集する

マテリアルの調整をします。マグカップは陶器でできているので、やや光沢がある感じにしましょう。色は好きな色で大丈夫です。はじめに色を変更します。

1 色を変更するには、**[ベースカラー]**の横の❶スペースをクリックします。❷**[カラーピッカー]**が表示されるので好きな色を選択します。

[カラーピッカー]の設定項目は、標準ではHSV色空間で行い、色相（H）、彩度（S）、輝度（V）の組み合わせで色を指定します。Blender 3.2では図のように各項目が**[H]** **[S]** **[V]**と頭文字で表示されますが、Blender 3.4以降では**[色相]** **[彩度]** **[輝度]**と日本語名で表示されます。

次に**[粗さ]**を設定します。**[粗さ]**は**[Roughness]**（ラフネス）と呼ばれる光沢の設定のことを表しています。

2 **[粗さ]**の❸パラメーター部分をマウスドラッグでスライドさせるか、クリックして数値入力します。ここでは、陶器は少し光沢があるので「0.4」と入力しました。

質感は、作りたいモチーフをよく観察して近い見た目になるように調整しましょう。

マテリアルを設定する前。

[ベースカラー]だけ設定。

[ベースカラー]に加えて[粗さ]も設定。光沢が少し追加された。

2-12 オブジェクトのスケール

マテリアルの調整ができたら、最後にオブジェクトデータを整理します。まずはじめにサイズを調整します。

オブジェクトのサイズを確認する

今回はプリミティブのデフォルトサイズからマグカップを制作しましたので、2mのマグカップができました。これでは大きいので、マグカップのサイズを高さ10cmくらいに調整しましょう。

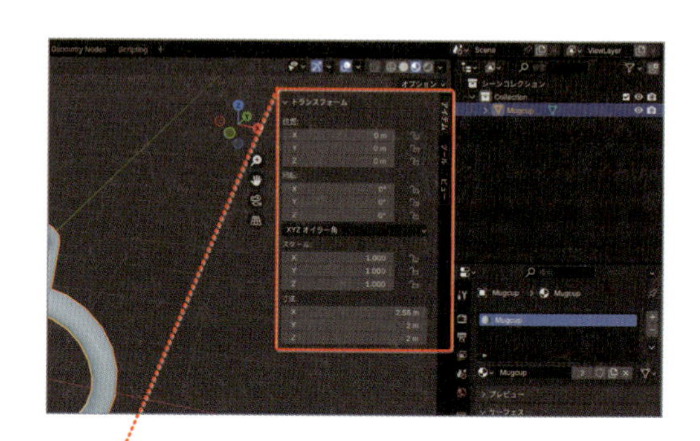

1 **[オブジェクトモード]**でNキーを押して❶**[サイドバー]**を表示します。

[サイドバー]はNキーで表示/非表示を切り替えられます。また、**[3Dビューポート]**右上にある**[<]**をクリックしてもサイドバーを開くことができます。

[サイドバー]右側に❷タブがあり、これをクリックすることで表示内容を切り替えられます。

[サイドバー]

2 **[サイドバー]**の❸**[アイテム]**タブをクリックすると、選択しているオブジェクトのトランスフォーム情報が表示されます。

[サイドバー]の**[アイテム]**タブに表示されている❹**[スケール]**と❺**[寸法]**が選択しているオブジェクトのサイズの情報です。
[スケール]には**[オブジェクトモード]**での元のサイズから何倍になっているか、寸法には実際の寸法がXYZ軸ごとに表示されています。
これまで、オブジェクトの編集は**[編集モード]**で行ってきたため、❻**[スケール]**は「1.000」です。デフォルトサイズ2mのプリミティブから制作をしたため、**[寸法]**の**[Z]**(高さ)は❼**[2m]**になっています。

オブジェクトのサイズを変更する

高さ10cmは2mの0.05倍なので、[**スケール**]に「0.05」を入力します。XYZそれぞれに値を入力することができますが、同じ値を入力する場合はXYZまとめて入力できます。

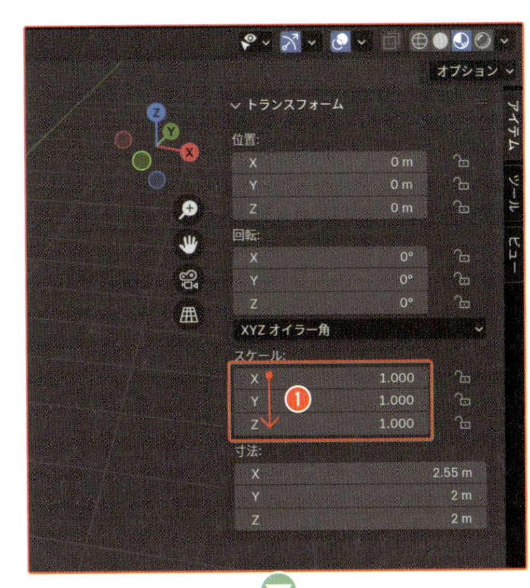

1 [**スケール**]で❶XYZの文字部分を上から下へドラッグします。

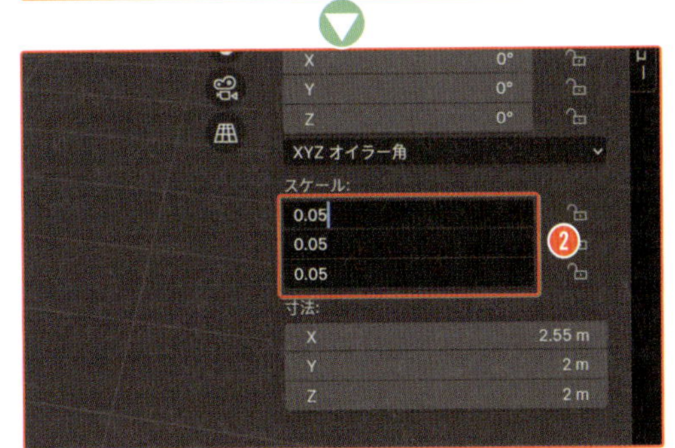

2 この状態で入力するとXYZすべての値を一括入力できます。❷ここでは「0.05」と入力し、確定します。

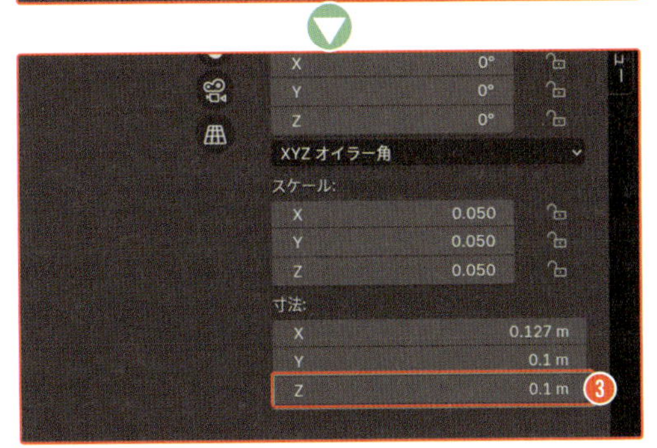

[**スケール**]を0.05にすることで❸[**寸法**]のZが0.1m(10cm)になりました。

1～2の操作の代わりに、Sキーを押してから「0.05」と入力しても同じ操作を実行できます。

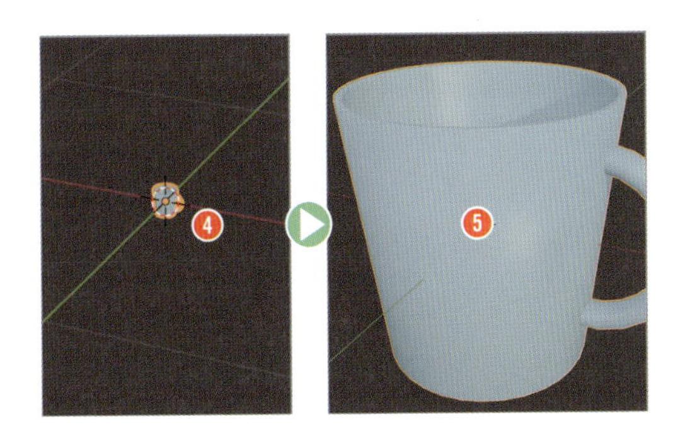

3 ❹小さくなってしまって見えにくいので、オブジェクトを選択した状態でテンキーの.(ピリオド)キーを押します。❺視点がモチーフに近寄ってくれます。

テンキーの.(ピリオド)は、[**ビュー**]メニュー➡[**選択をフレームイン**]のショートカットです。とてもよく使う便利機能なので覚えておきましょう。

2-13 トランスフォームを適用

スケールを変更するなど、[オブジェクトモード]でトランスフォームを変更したら[適用]しておきましょう。

変更したトランスフォームを[適用]する

[**オブジェクトモード**]でスケールを変更したため、[**サイドバー**]の[**アイテム**]タブの❶[**スケール**]に「1」以外の「0.05」という値が表示されています。[**オブジェクトモード**]でスケール(寸法)、回転などのトランスフォームを変更しても、変更前に戻すことができる便利な機能ですが、[**ベベル**]の[**幅**]など、スケールの値によって結果が異なるものもあります。このため、[**オブジェクトモード**]でトランスフォームを変更したら[**適用**]を実行しておきましょう。

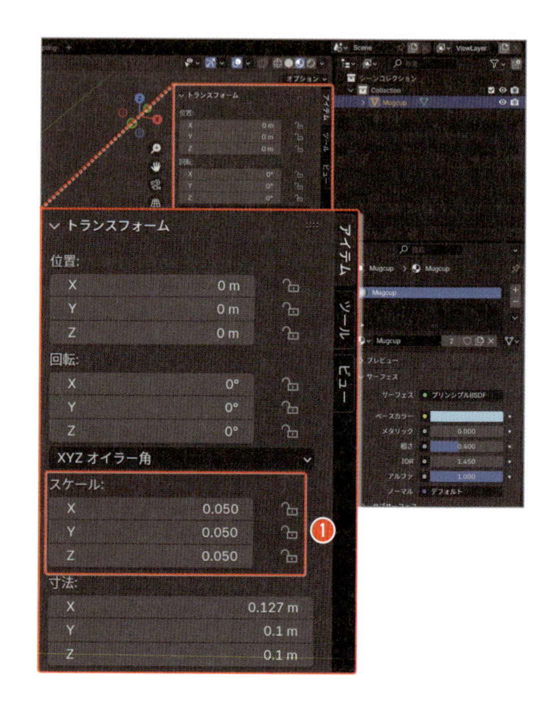

1 [**オブジェクトモード**]でオブジェクト(ここではマグカップ)を選択します。ctrl + A を押します。[**適用**]メニューが表示されます。❷[**スケール**]を選びます。

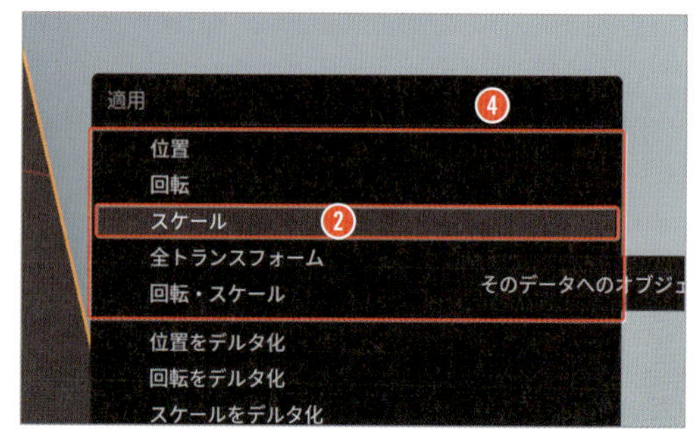

ctrl + A は、[**オブジェクト**]メニュー→[**適用**]のショートカットです〔適用する=ApplyのA〕。よく使うショートカットなので覚えておきましょう。

スケールを適用すると[**サイドバー**]の[**トランスフォーム**]の[**スケール**]が❸「1.0」になります。

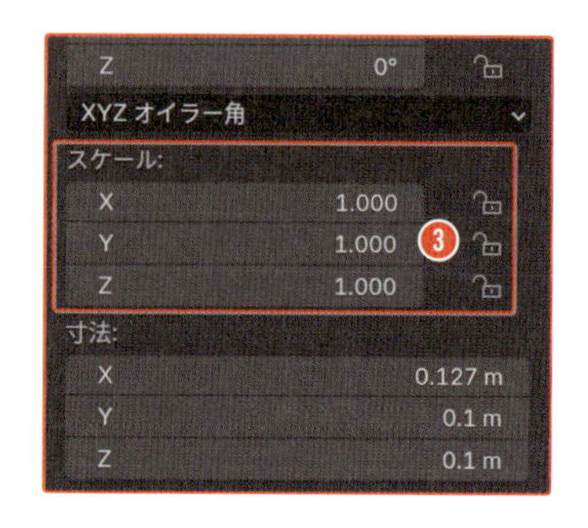

[**オブジェクトモード**]で移動や回転を行った場合も同じくそれぞれの❹[**適用**]を行います。また、移動、回転、スケールを一括で適用する場合は[**全トランスフォーム**]を選びます。

CHAPTER-2

2-14 オブジェクトの原点とワールド原点

[オブジェクトモード]や他のソフトでこのオブジェクトを扱う際の起点となるオブジェクトの原点を修正しましょう。

オブジェクトの原点を確認する

マグカップをよく見ると中央に❶オレンジ色の点があります。これは「**オブジェクトの原点**」で、[**オブジェクトモード**]や他のソフトでこのオブジェクトを扱う際の起点となる位置です。
現在はオブジェクトの原点がマグカップ中心にありますが、これをマグカップ底の中心になるように移動します。

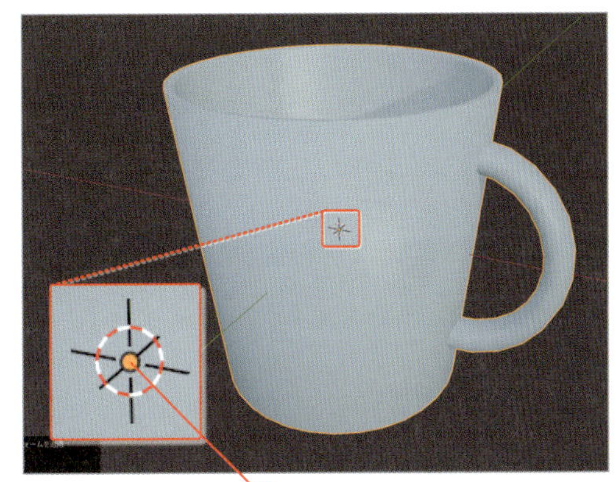
❶ オブジェクトの原点

オブジェクトの原点の周りに、十字の黒い線と赤白の破線の円が表示されています。これは[**3Dカーソル**]です。「**ワールド原点**」はXYZ軸の交点です。デフォルトでは[**3Dカーソル**]はワールド原点上にあります。

オブジェクトの原点を移動する

ここではマグカップの底面中央がオブジェクトの原点になるよう移動し、さらにそのオブジェクトの原点がワールド原点にくるように移動します。
まずはオブジェクトの原点を移動します。

1 オブジェクトを選択したら、位置がわかりやすいようにフロントビュー(テンキー1)にします。[**ツールバー**]の❶[**移動**]ツールをクリックして選び、❷マニピュレーターを表示させせます。

[**オブジェクトモード**]でオブジェクトを1つ選択した場合は、マニピュレーターはオブジェクトの原点に表示されます。

2 ［**サイドバー**］（N）の❸［**ツール**］タブをクリックして切り替え、［**オプション**］の［**トランスフォーム**］にある［**影響の限定**］で❹［**原点**］にチェックを入れます。

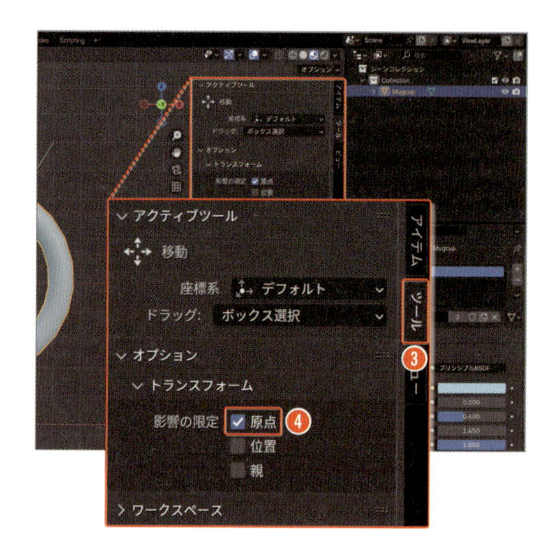

これで原点だけが動かせるようになります。

3 ctrl を押しながら❺マニピュレーターの青色の矢印をZ軸下方向にドラッグして、オブジェクトの原点が❻底面になるまで移動させます。

ctrl を押すことでグリッドにスナップさせながら原点を移動できます。

これで、原点をマグカップの底面に移動できました。

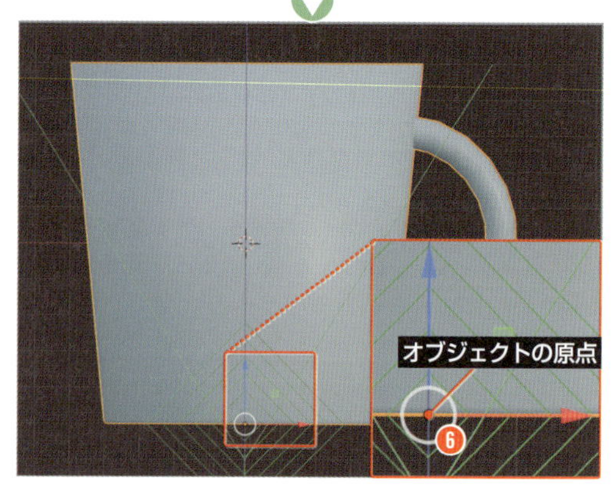

4 原点が移動できたら、［**サイドバー**］（N）の［**ツール**］タブにある［**影響の限定**］の❼［**原点**］のチェックを外しておきましょう。

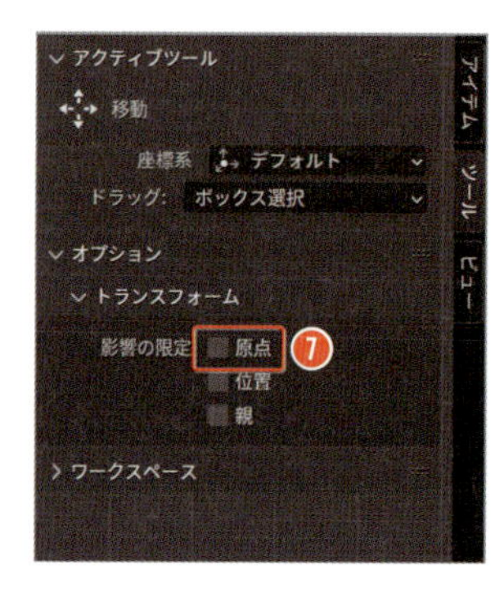

オブジェクトの原点がワールド原点に重なるように移動します。

5 オブジェクトを選択し、ctrl を押しながら❽マニピュレーターの青色の矢印をドラッグして、オブジェクトの原点がX軸（赤色の線）の位置（ワールド原点）になるまでマグカップとその原点を移動させましょう。

G→Zキーを押してctrlを押しながら移動させてもかまいません。使いやすい方法で操作しましょう。

[オブジェクトモード]でオブジェクトを移動すると、同時にオブジェクトの原点も移動します。このため、オブジェクトとオブジェクトの原点の位置関係は変わりません。

トランスフォームを適用する

[オブジェクトモード]でオブジェクトを移動させたので、スケールのときと同様にトランスフォームを適用しましょう。

1 オブジェクト（ここではマグカップ）を選択し、ctrl＋Aを押して❶[位置]を選びます。

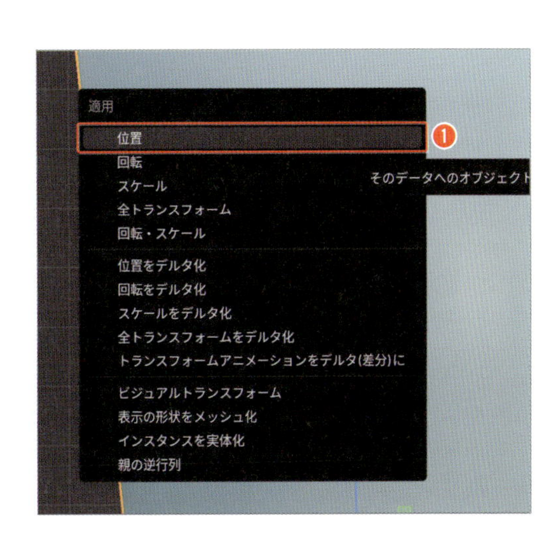

今回は、オブジェクトの原点を底面に移動させてから、その原点を元にあったワールド原点に戻しているため。この操作は行わなくても大丈夫です。
ここでは、おさらいとしてトランスフォームを適用しています。[オブジェクトモード]で移動、回転、スケールさせたら適用するというのを最初のうちは意識しておきましょう。

2-15 アセットとしてマークとファイルを保存

[アセットブラウザー]にモデルを登録するために、アセットとしてマークします。すべて完成したら最後にファイルを保存しましょう。

アセットとしてマークする

このマグカップはCHAPTER-4で作成するお部屋のオブジェクトとして配置します。
Blenderには登録しておくことで、他のファイルからモデルなどのデータをかんたんに呼び出せる[**アセットブラウザー**]という機能があります。[**アセットブラウザー**]にモデルを登録するには、アセットとしてマークしておきます。

1 [**アウトライナー**]から❶[**Mugcup**]を右クリックして、表示されるメニューの❷[**アセットとしてマーク**]を選びます。

[**アウトライナー**]で[**Mugcup**]のオブジェクト名横に❸本のアイコンが表示されたらアセットとしてマークが行われています。

ファイルを保存する

1 ❶[**ファイル**]メニュー➡[**名前をつけて保存**]（または[**保存**]）を選びます。

[**保存**]のショートカットは ctrl + S です。[**名前をつけて保存**]のショートカットは shift + ctrl + S です。

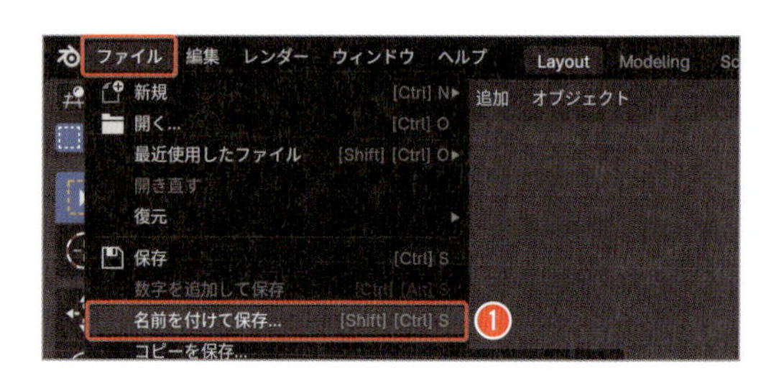

2 [**Blenderファイルビュー**]ウインドウが表示されます。保存場所を選んで、❷ファイル名を入力したら❸[**名前をつけて保存**]をクリックします。

ファイル名は中身がわかりやすい半角英数字で入力するようにしましょう。

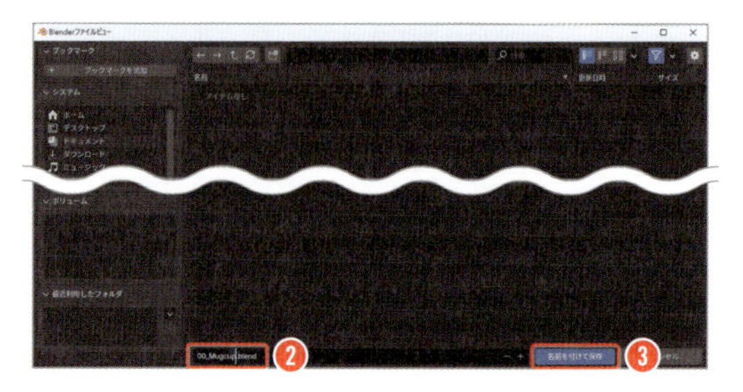

CHAPTER 3

家具をモデリング

3-1 本と本棚をモデリング〔ループカット〕

CHPTER-3では、基本的な操作を学びながらお部屋とそこに配置する家具や置物をモデリングします。まずは本と本棚のモデリングからはじめます。

作成する本と本棚を確認する

CHPTER-2で学んだモデリングの基本的な機能をおさらいしながら、本棚を作ります。3DCGの特徴の1つは作ったものを複製してバリエーションを作れることです。ここでは本のモデルを作って、ランダム配置を行います。

ここで学ぶ主な機能

- ループカット
- ベベル
- 法線に沿って面を押し出し
- ランダムトランスフォーム
- オブジェクトを複製

ここで作成する本と本棚。本は1冊作り、それをもとに複製して配置します。

本の基本形状を作成する

Blenderを起動すると開かれる新規ファイルを元に作成します。まずはハードカバーの本を1冊作成します。

1 新規ファイルにデフォルトで配置されている❶ライトと❷カメラのオブジェクトは使用しないので、Xキーまたはdeleteキーで削除します。

複数選択する場合は、2つ目以降のオブジェクトをshiftを押しながらクリックします。

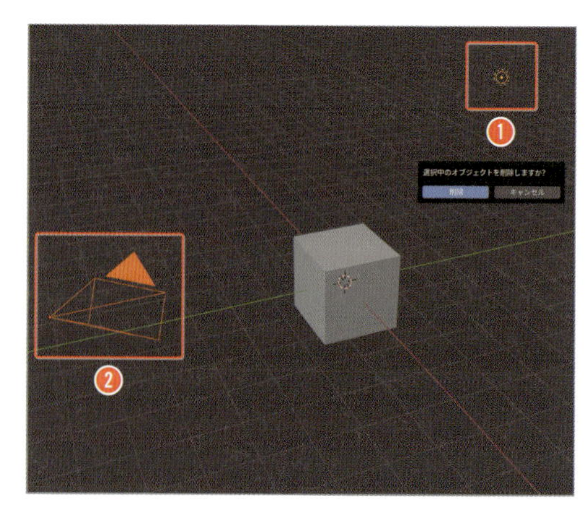

立方体は変形して本にするので、残しておきます。

2 中央にある立方体をクリックして選択します。Nキーを押して[**サイドバー**]を表示し、❸[**アイテム**]タブの[**トランスフォーム**]で、❹[**寸法**]に次のように入力します。
[X]に「0.1」m
[Y]に「0.2」m
[Z]に「0.3」m

数値を入力する場合は、半角の数字・記号で入力してください。
本書では数値入力する場合、「0.1」のように表示します。この場合、0➡.➡1 と順にキーボードを押し、続けて enter で確定します。

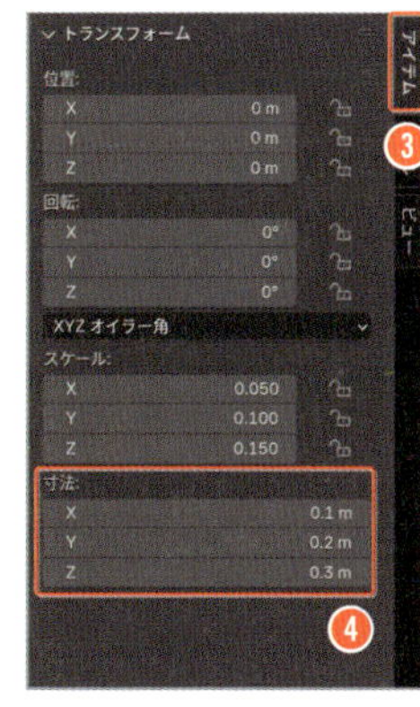

寸法を小さくしてオブジェクトが遠くなってしまった場合はテンキーの.(ピリオド)を押すと選択されているオブジェクトのフレームインをすることができます。

3 [**オブジェクトモード**]でオブジェクトを変形したので、ctrl + A を押して表示されるメニューの❺[**スケール**]を選んで適用します。

ctrl + A は、[**オブジェクト**]メニュー➡[**適用**]のショートカットです。

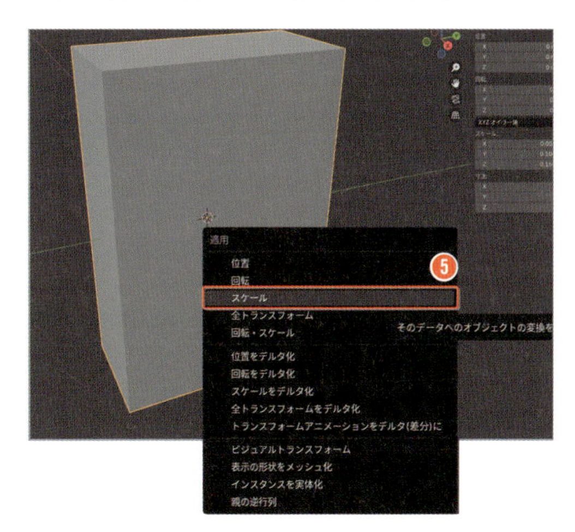

ループカットを追加する

1 [**編集モード**]に切り替え、ctrl + R キーを押します。❶マウスポインタを立方体に重ねると黄色い線が表示されます。マウスを動かしてみましょう。マウスポインタの位置で黄色い線の方向が変わります。ここでは図のように表示させます(まだクリックはしません)。

ctrl + R は、[**ループカット**]のショートカットです。[**ループカット**]は、オブジェクトを分割する1周の辺(エッジ)を追加する機能です。

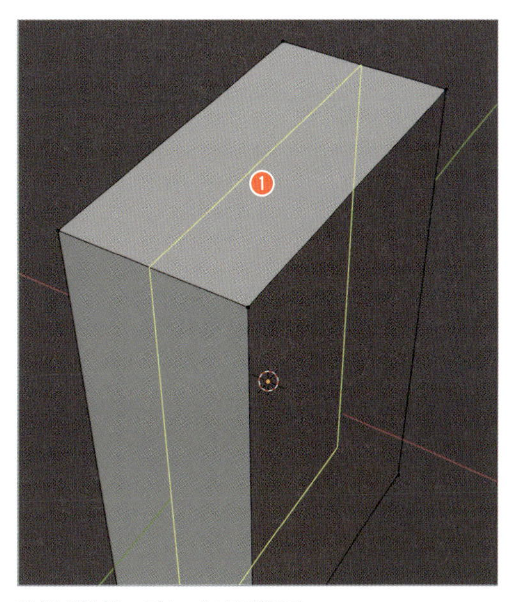

黄色い線がループカットする線です。

2 黄色い線が表示された状態でマウス中ボタンを回転すると、ループカットの分割線数を増やすことができます。❷ここでは2本になるようにします。図のようになっていることを確認し、クリックで確定します。

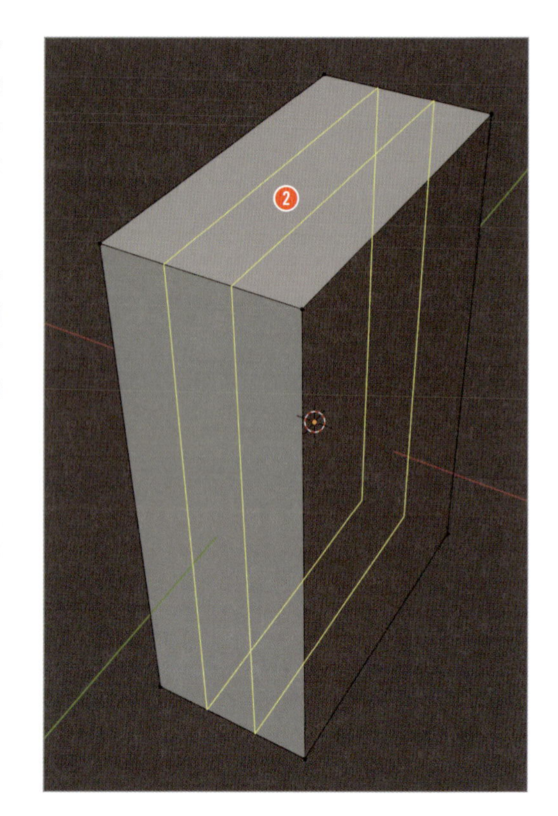

3 続いてマウスを動かすことで、ループカットを入れる位置を調整できますが、ここでは右クリックして位置の移動をキャンセルします。こうすることで中央にループカットが追加されます。

上手くいかなければ ctrl + Z で戻して、やり直しましょう。

4 ❷2つのループカットした辺が選択されていることを確認し、S➡X（**[スケール]**➡**[X軸方向]**）を押し、マウスを動かして外側に辺を移動します。❸図あたりの位置になったらクリックで確定します。

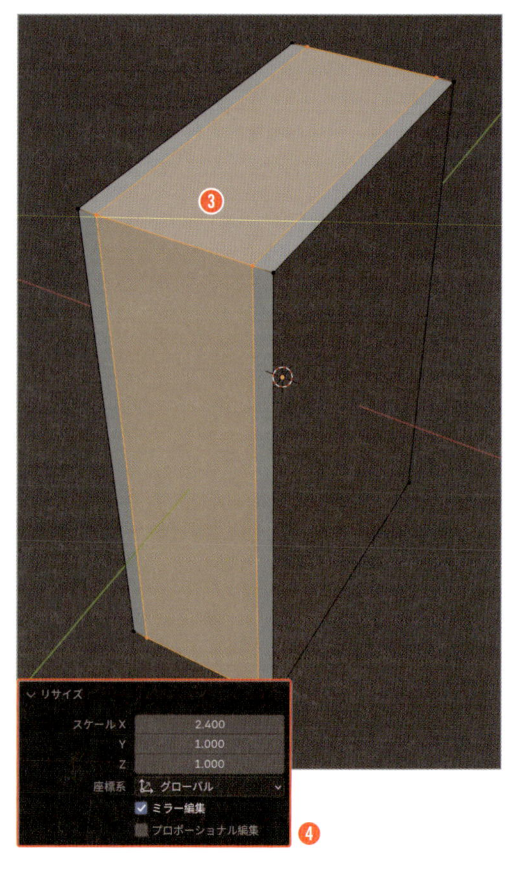

辺の選択を解除してしまった場合は、**[辺選択]**（数字キー2）で1辺を alt ＋クリックしてループ選択します。2本目の追加ループ選択は shift ＋ alt ＋クリックです。

確定後に、❹画面左下にある**[オペレーター]**パネルで**[スケール]**の[X][Y][Z]に数値入力して拡大率を指定することもできます。ここでは、[X]が「2.4」になっています。[Y]と[Z]は拡大していないので「1」です。

5 ctrl + R（[**ループカット**]）で、❹図の方向に黄色い線を表示させ、クリックで方向と分割数（ここではループカットは1本）をクリックで確定します。

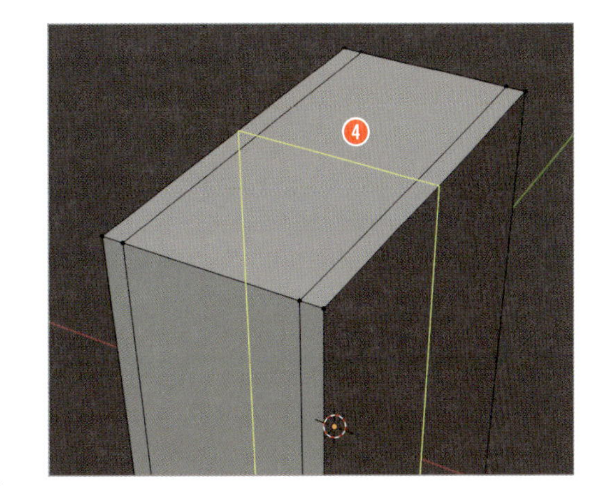

6 マウスを動かしてループカットの位置を手前側に動かして、❺図のあたりになったら、クリックで位置を確定します。

画面左下にある[**オペレーター**]パネルで、❻[**係数**]に数値入力して位置を指定することもできます。ここでは「-0.9」になっています。

alt +クリックで辺をループ選択して、[**移動**]（G➡G）で後から調整もできます。[**移動**]（G）に続けてGを押すと[**辺をスライド**]となり、移動方向を辺に沿った方向に制限できます。

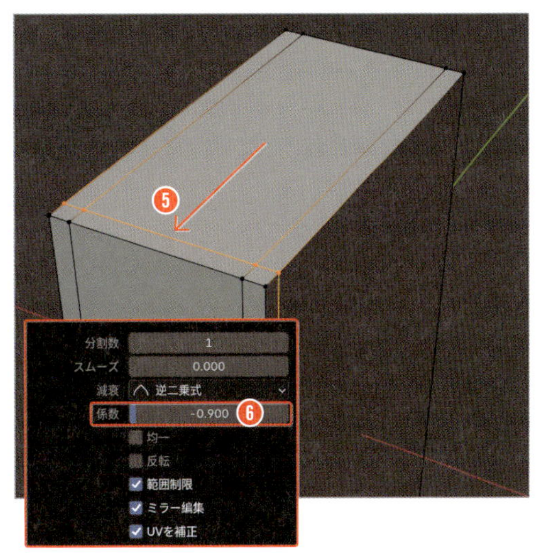

[押し出し]で面を押し込む

[**押し出し**]で面の一部を押し込んで、ハードカバーの本のようにします。

1 下面など裏側の面も同時に見たいので、❶[**透過表示**]をクリックしてONにします。❷[**面選択**]（数字キー3）に変更し、❸上面内側、下面内側、奥の面内側の3面を選択します。

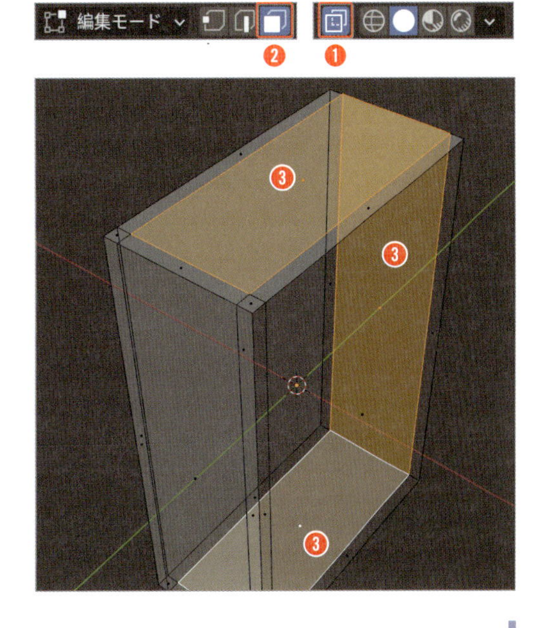

2 alt＋Eを押して[**押し出し**]メニューを出し、❹[**法線に沿って押し出し**]を選びます。

[**押し出し**]のショートカットはEですが、alt＋Eを押すと[**押し出し**]メニューが表示され、面を押し出す方法など指定できます。ここで選んだ[**法線に沿って押し出し**]では、選択した面ごとに、それぞれの面の向き（面に直交方向）に押し出すことができます。

3 内側に凹むように押し込み、❺図のようになったらクリックで確定します。画面左下にある[**オペレーター**]パネルで❻[**オフセット**]に「−0.01」mと入力し、❼[**均一オフセット**]にチェックを入れます。

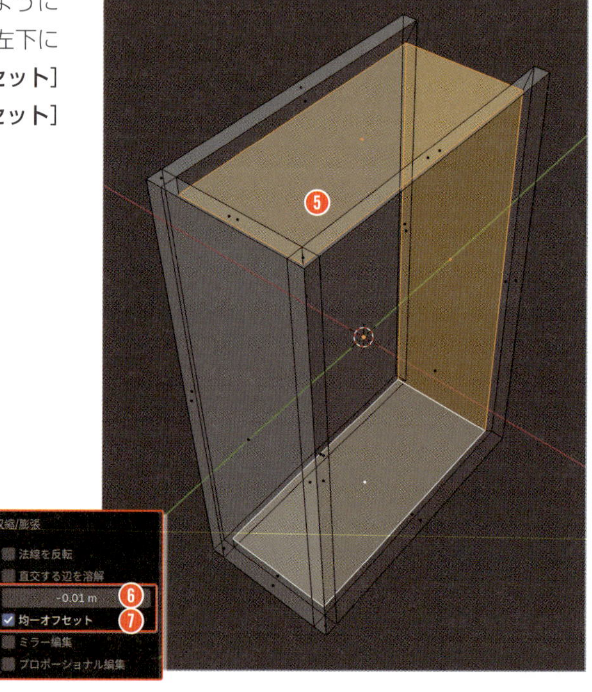

[ベベル]で本の角を丸める

ベベルをかけて角を丸めます。[**ベベル**]モディファイアーを使うのが早いですが次項で解説するので、ここでは[**モディファイアー**]を使わない方法を解説します。

1 ❶[**透過表示**]をクリックしてOFFにします。❷[**辺選択**]（数字キー2）に変更し、❸[**選択**]メニュー➡[**辺をシャープに**]を選びます。

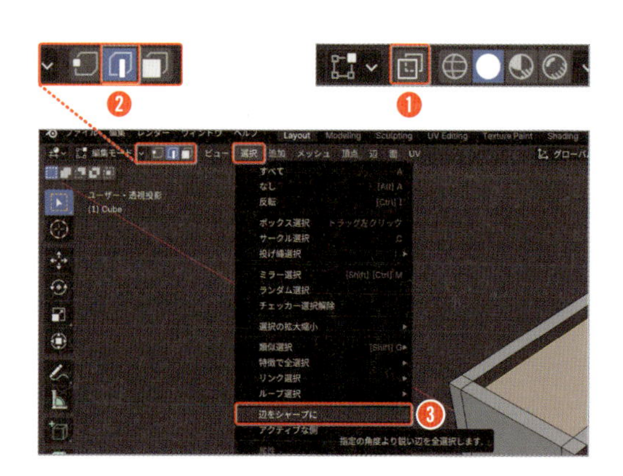

CHAPTER-3

2 隣り合う面と面の角度が鋭い部分（ここでは90°の部分）にある辺だけが選択されました。隣り合う面と面の角度が大きい部分にある辺（たとえば❹のような平面上にある辺）は選択されません。

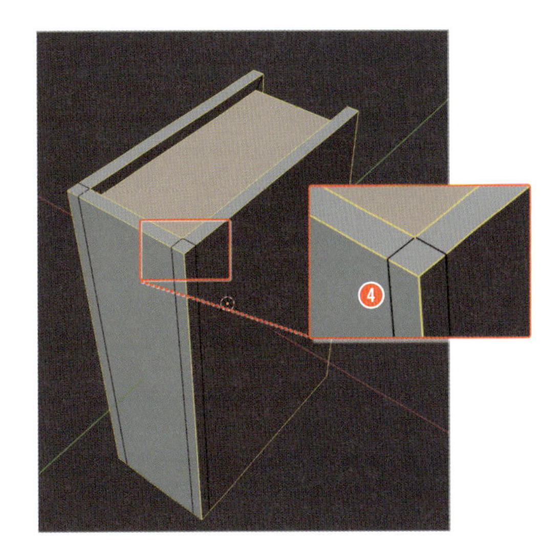

画面左下にある**［オペレーター］**パネルで、シャープ（鋭さ）を設定できます。
デフォルトでは**［角度］**で**［30°］**となっています。
これは**「外角が30°以上の角を選択する」**（＝内角150°未満の角を選択する）という設定です。
平面上の辺は外角0°（＝内角180°）です。

3 ctrl ＋ B キーを押してベベルをかけます。マウスを動かし、❺大体図のような幅になったらクリックで確定し、画面左下にある**［オペレーター］**パネルで❻**［幅］**に「0.003」m、❼**［セグメント］**に「3」と入力します。

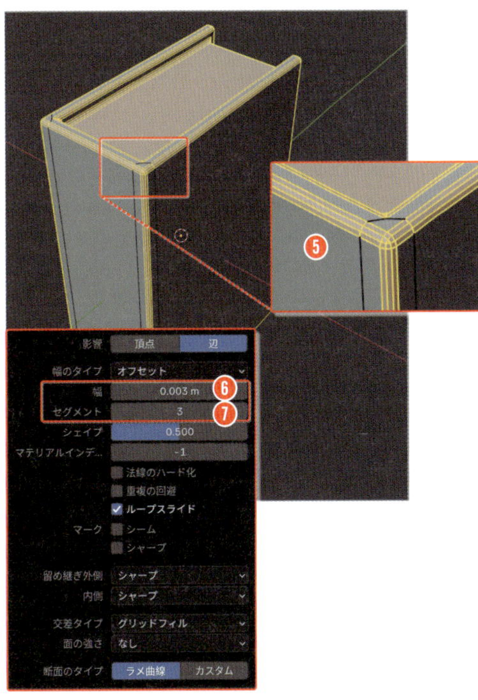

ctrl ＋ B は、**［ベベル］**のショートカットです。
〔ベベル＝BevelのB〕と覚えます。
マウスの移動量で幅、マウス中ボタンの回転でセグメント数を変更できます。ベベル幅やセグメント数がわかっている場合は、大体で確定後、**［オペレーター］**パネルで調整したほうが確実です。セグメントはベベルをかけた曲面の分割数で、「3」と入力すると曲面が3分割されます。

4 **［オブジェクトモード］**に切り替え、オブジェクトを選択した状態で右クリックします。表示されたメニューの❽**［スムーズシェード］**を選びます。滑らかな表示になります。

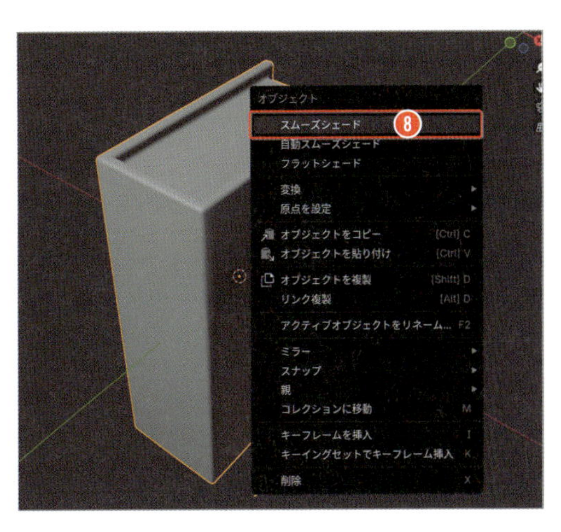

本の原点の位置を調整する

P.057では［**オブジェクトモード**］で原点を移動しましたが、ここでは［**編集モード**］で原点に合わせてメッシュを移動させる方法で原点位置を調整します。

1 ［**編集モード**］に切り替え、視点をフロントビュー（テンキー1）にします。Aキーを押して❶すべてを選択します。

2 ［**移動**］（G→Z）でZ軸方向に制限して、❷オブジェクトの底面がワールド原点の位置（X軸の赤いラインの位置）になるように上方向に移動させます。

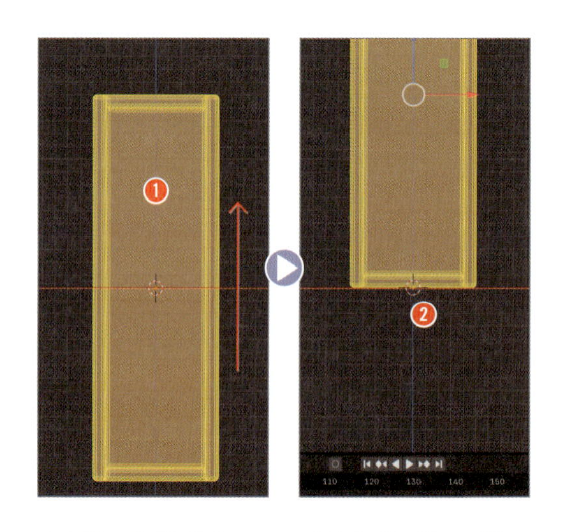

ctrl を押しながらドラッグすると、スナップさせながら移動できます。クリックで位置を確定後に ctrl を離します。

本書で、［**移動**］（G）と表現している場合は、ショートカットのG、または［**ツールバー**］の［**移動**］のどちらか、操作しやすい方法で操作してかまいません。G→Zのように移動方向を制限する場合、［**ツールバー**］の［**移動**］は、マニピュレーターで該当する移動方向の矢印をドラッグします。

3 ［**オブジェクトモード**］に切り替えます。本のモデルができました。

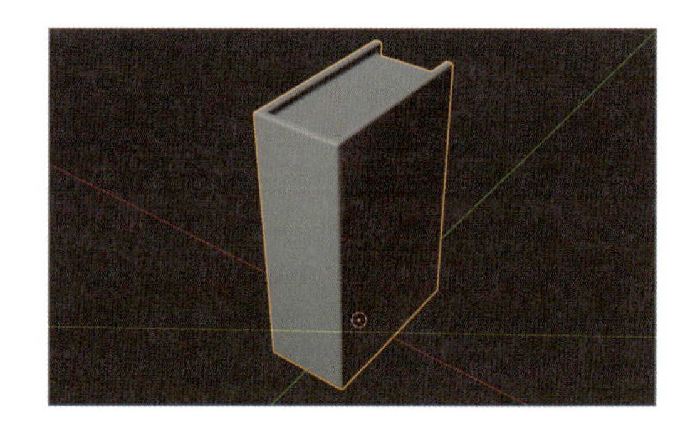

複製で本を増やす

作成したモデルを複製します。［**配列**］モディファイアーで効率よく増せますが、ここでは1つずつ複製で増やす方法を試してみましょう。

1 ［**オブジェクトモード**］でオブジェクトを選択し、shift ＋Dを押します。❶マウスを動かすと複製された本が移動できる状態になります（まだクリックで確定しません）。

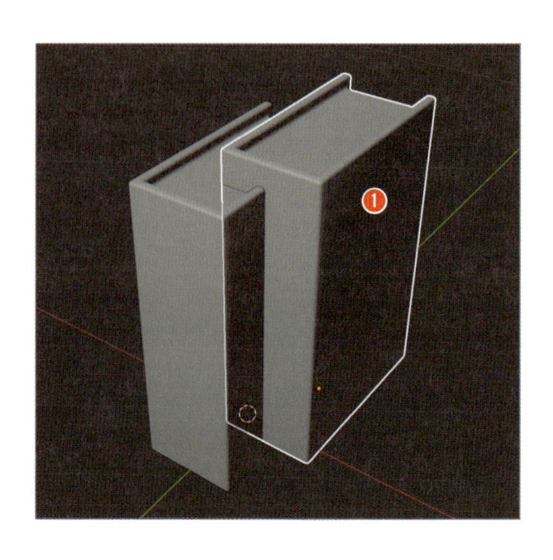

shift ＋Dは、［**オブジェクト**］メニュー→［**オブジェクトを複製**］のショートカットで、〔複製＝DuplicateのD〕です。

2 Xキーを押してX軸方向に制限して移動し、適当な位置でクリックして確定します。画面左下にある[**オペレーター**]パネルで❷[**移動**]の[X]に「0.11」mと入力します。数値入力することで移動量を確認しながら進めることができます。

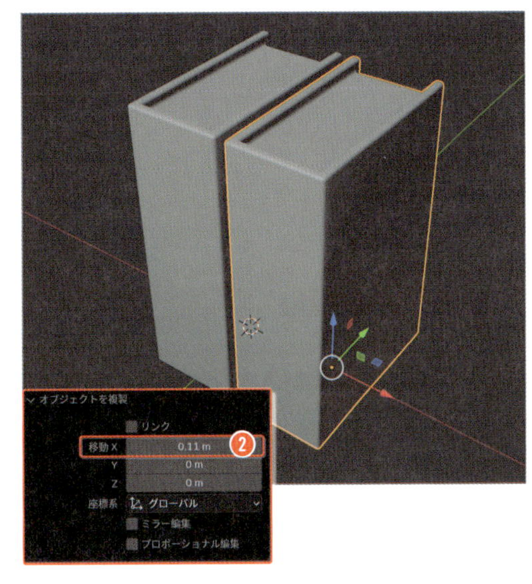

3 2つの本のオブジェクトを選択して、shift＋D➡Xと入力して同様に複製します。クリックで位置を確定したら、❸[**移動**]の[X]に「0.22」mと入力します。

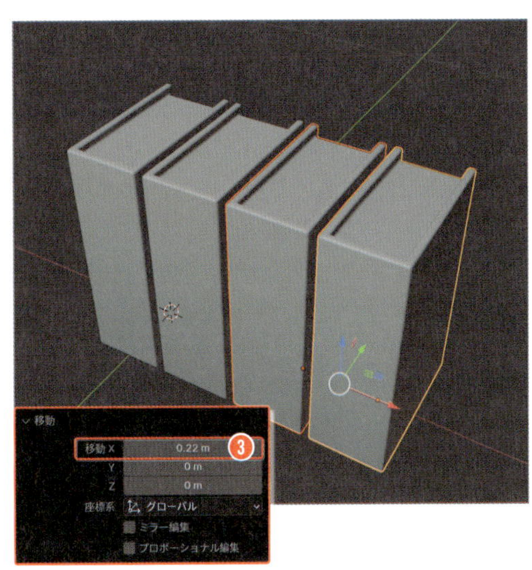

ランダムに移動・変形する

ランダムに移動や変形を加えます。

1 本のオブジェクトを4つすべて選択し、❶[**オブジェクト**]メニュー➡[**トランスフォーム**]➡[**ランダムトランスフォーム**]を選びます。

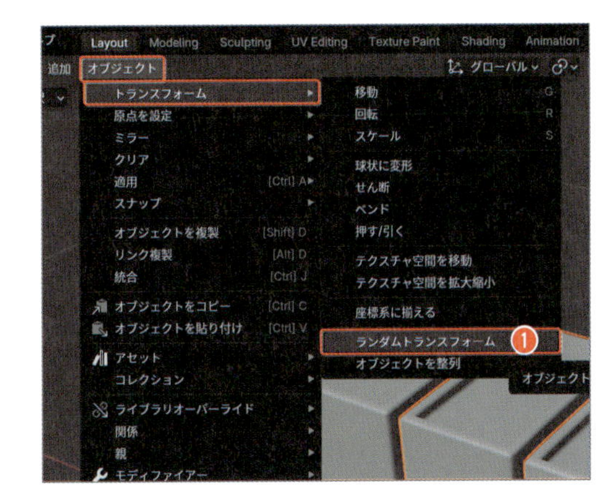

2 画面左下にある［**オペレーター**］パネルで❷［**移動**］［**回転**］［**スケール**］に入力して、いろいろな本があるようにランダム変形します。図の数値を参考に変形してみましょう。

> この操作の後、［**オブジェクトモード**］で変形をしたので、ctrl＋Aで適用してもよいですが、今回は後の工程で適用します。

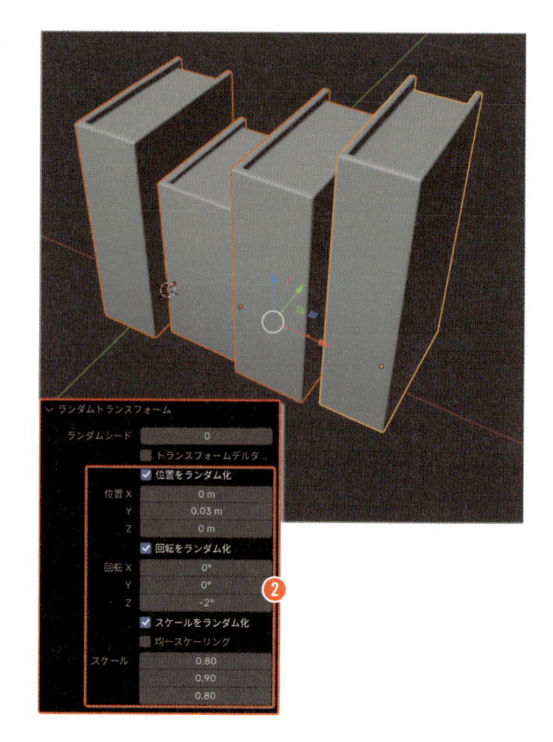

3 もう少し本が欲しかったので右側の2つの本のオブジェクトを選択して、shift＋D➡Xと押して複製と移動をさせます。［**オペレーター**］パネルで❸［**移動**］の［X］を「0.3」mとして少し離しておきました。

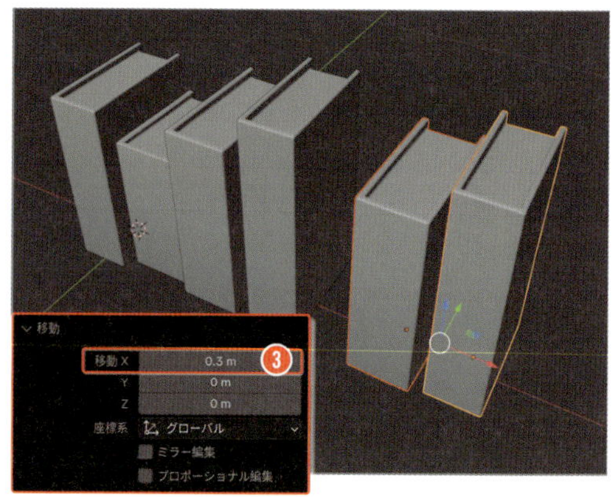

これで本のモデリングの完成です。

本棚の底板を作成する

本が置かれている棚を作成します。作成する本棚は、壁に取りつける壁掛けタイプをイメージしています。

1 ［**オブジェクトモード**］でshift＋Aを押して、❶［**メッシュ**］➡［**立方体**］を選んで追加します。

2 画面左下にある［**オペレーター**］パネルで、❷［**サイズ**］に「1」mと入力します。

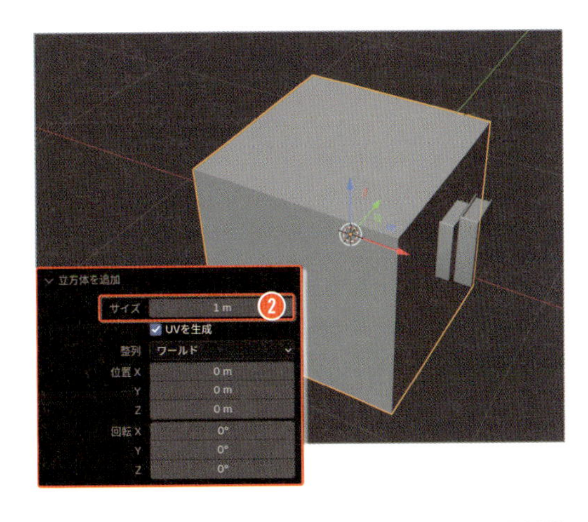

3 ［**編集モード**］に切り替え、視点をフロントビュー（テンキー1）にし、❸［**透過表示**］をONにします。

4 ❹［**頂点選択**］（数字キー1）にし、❺上面の頂点をドラッグで囲んでボックス選択します。

ドラッグで囲むボックス選択は、［**透過表示**］がOFFでは、後ろに隠れて見えない頂点などが選択対象となりません。❺のボックス選択で、手前の頂点に重なる奥の頂点も選択するには［**透過表示**］をONにしておく必要があります。

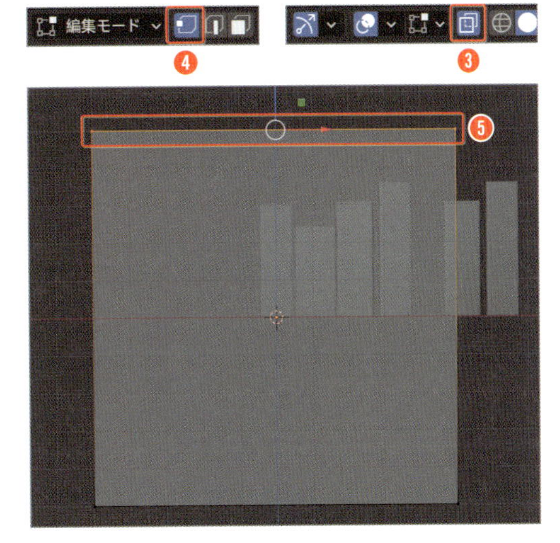

5 ［**移動**］（G→Z）で、❻上面が本の底面（赤いX軸）の位置になるよう移動します。ctrlを押しながらドラッグするとスナップさせながら移動できます。

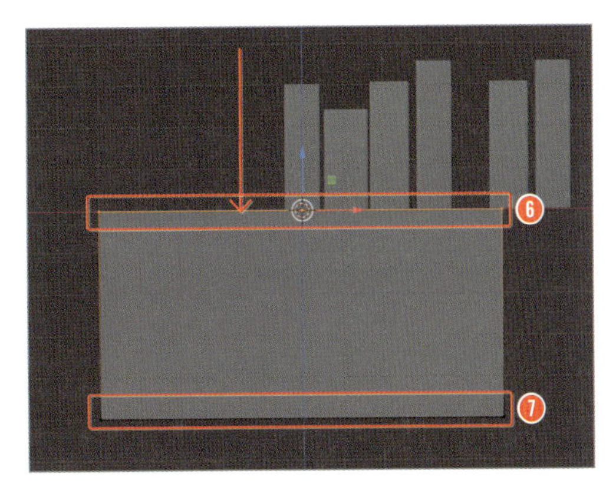

6 ❼下面の頂点をドラッグで囲んでボックス選択します。同様に［**移動**］（G→Z）で、❽棚板の厚み程度になるまで移動します。ここでは、可愛らしくしたかったので10cmと少し厚めに作っています。

表示されているグリッド（方眼）の間隔は、表示の拡大率によって変わります。同様にctrlを押してスナップする間隔も表示の拡大率で変わってきます。デフォルトでは画面左上のテキスト情報の3行目に［**10センチメートル**］のようにグリッド間隔が表示されます。

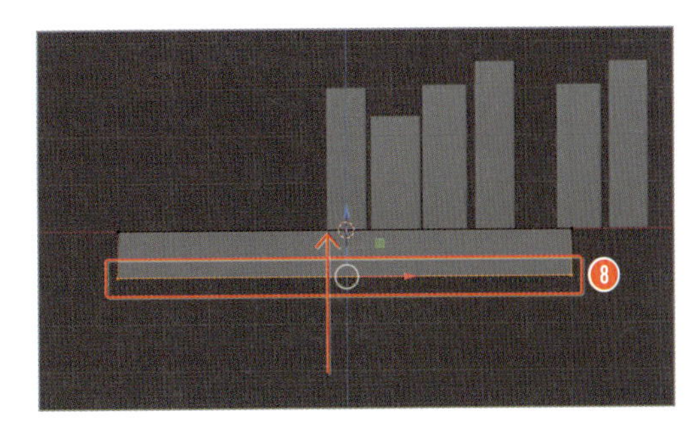

7 視点をサイドビュー（テンキー3）にし、A キーですべて選択します。

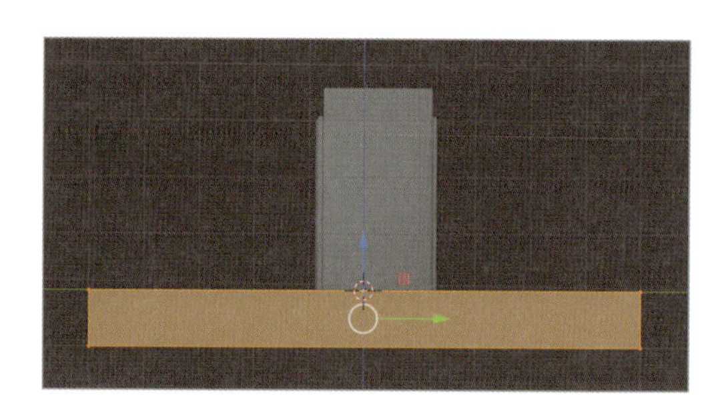

8 ここではスケールで形を整えてみましょう。S➡Y（**[スケール]➡[Y軸方向]**）を押して適度な奥行にします。ctrl を押しながらドラッグするとスナップさせて拡大縮小できます。

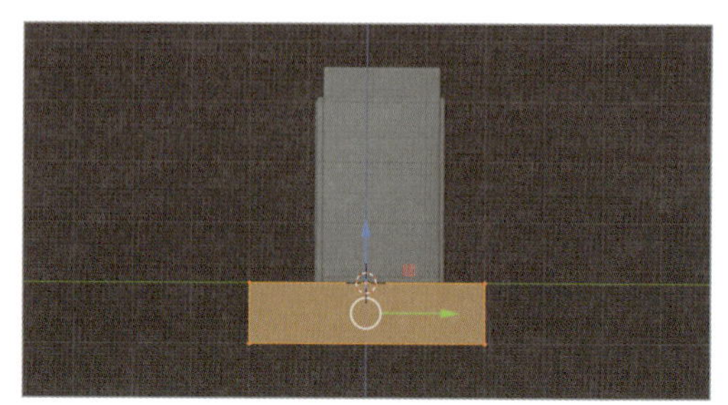

本棚の支えを作成する

棚を下から支える部分を、底板の一部を変形して作成します。

1 **[編集モード]**でループカットを追加します。ctrl ＋ R（**[ループカット]**）を押してマウスを動かし、❶図の方向の黄色い線を表示します。クリックで方向と分割数（1本）を確定します。

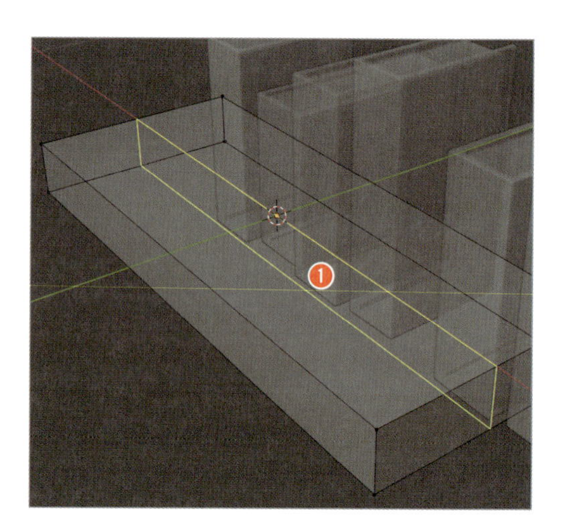

2 ❷図のように奥側にスライドしてクリックで位置を確定します。画面左下にある**[オペレーター]**パネルで、❸**[係数]**に「0.6」と入力します。

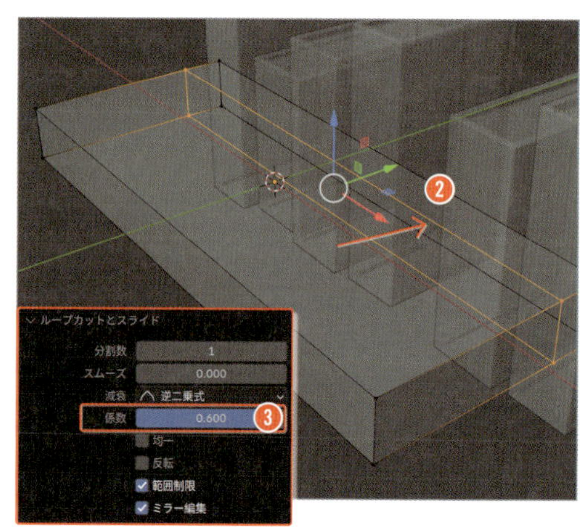

3 視点を動かして棚を下から覗き込み、❹[透過表示]をOFFにします。❺[面選択](数字キー3)で、❻[底板底面の奥側(幅の狭いほう)の面を選択します。

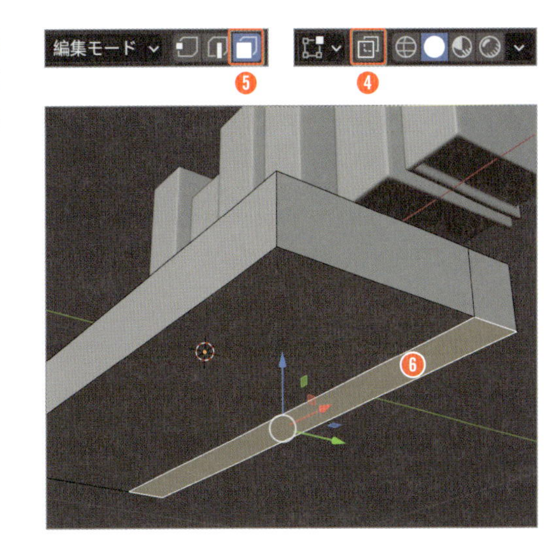

4 E([押し出し])で❼下方向に押し出します。程よい位置でクリックして確定し、画面左下にある[オペレーター]パネルで、❽[移動]の[Z]に「0.1」mと入力します。

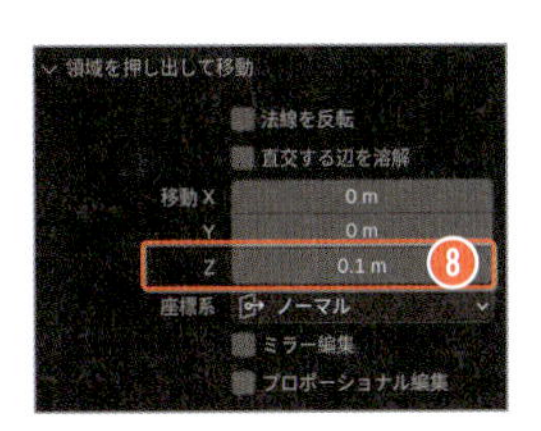

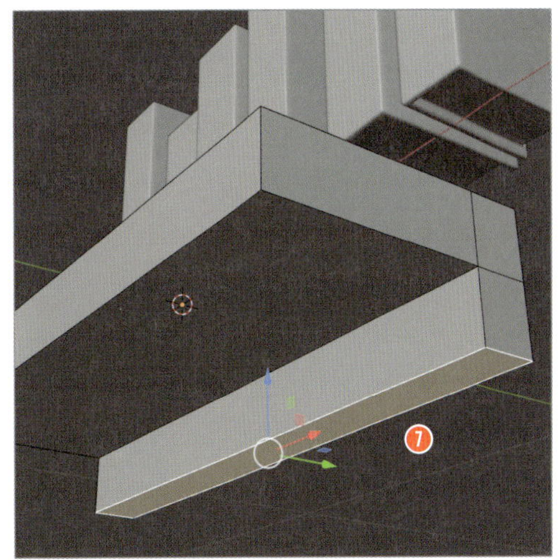

本棚の角を丸める

本と同様に全体に角を丸めるベベルをかけていきます。

1 ❶[辺選択](数字キー2)にし、❷[選択]メニュー➡[辺をシャープに]を選びます。

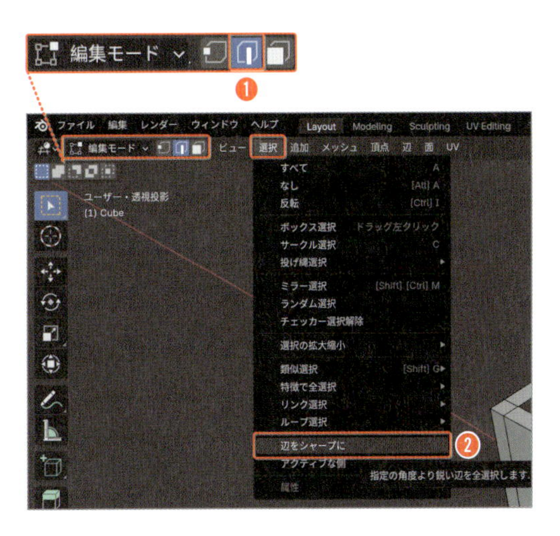

2 ctrl + B（[ベベル]）でベベルをかけます。❸ここでは程よいベベル幅にクリックで確定し、画面左下にある[オペレーター]パネルで、❹[幅]に「0.02」m、❺[セグメント]に「3」と入力します。

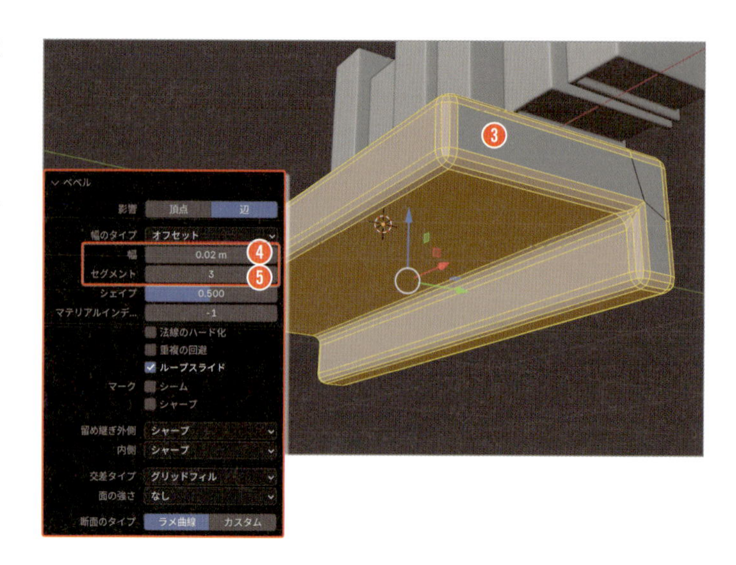

3 [オブジェクトモード]に切り替え、棚のオブジェクトを選択した状態で右クリックします。表示されたメニューの❻[スムーズシェード]を選びます。滑らかな表示になります。

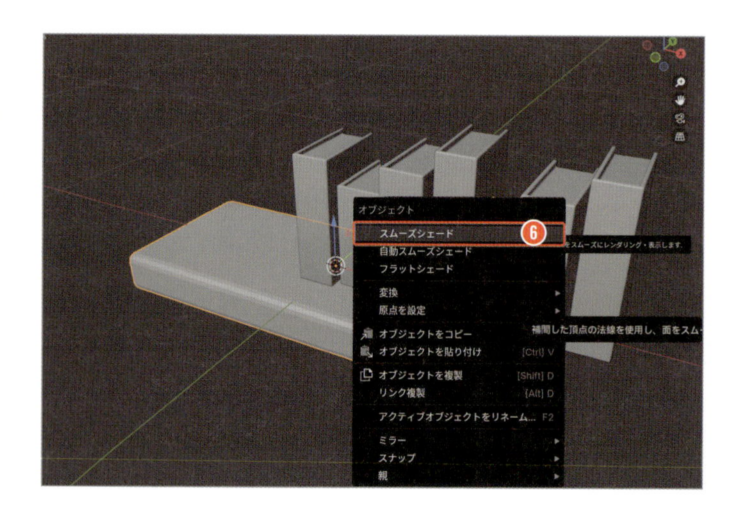

本を統合・整理する

1 [オブジェクトモード]のまま、❶本のオブジェクトを6つすべて選択し、[移動]（G）で棚の上にのるように移動させておきます。

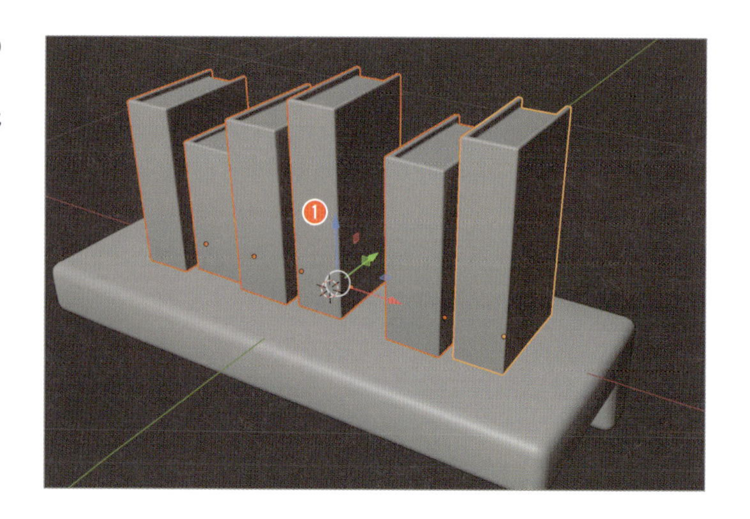

CHAPTER-3

2 本のオブジェクト6つをすべて選択した状態で、❷［オブジェクト］メニュー➡［統合］（ctrl＋J）を実行します。

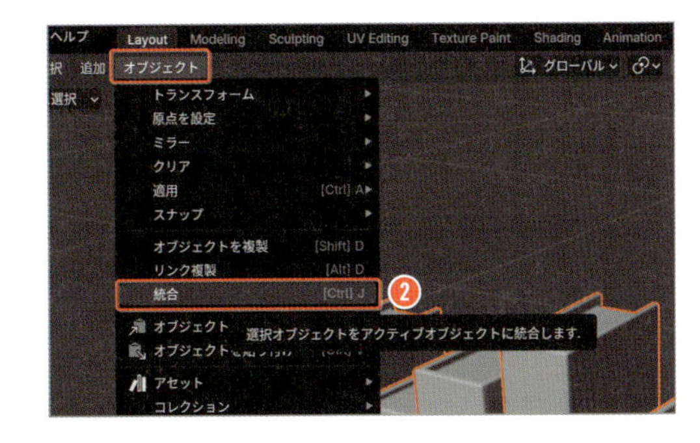

3 原点が最後に選択した本の位置になっています。また［ランダムトランスフォーム］を実行しているので、ctrl＋Aを押して、❸［全トランスフォーム］を適用します。

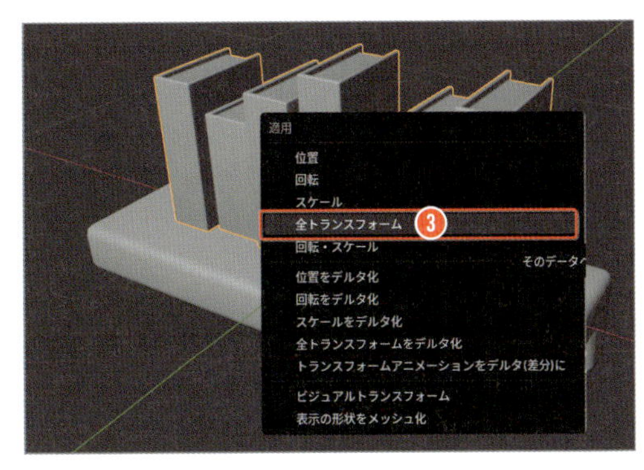

4 ❹本のオブジェクトを選択し、［アウトライナー］で❺オブジェクト名をダブルクリックして「Book」と入力します。同様に❻本棚のオブジェクトを選択し、❼オブジェクト名を「BookShelf」とします。

オブジェクトを選択しなくても名前を変更できますが、確認のため先に該当オブジェクト選択しています。

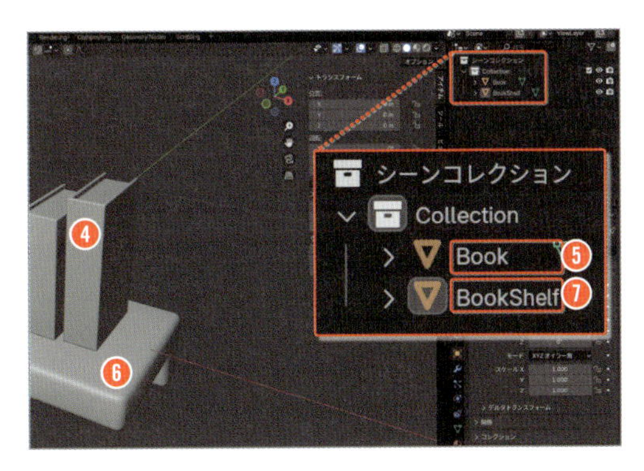

仮のマテリアルを作成する

仮マテリアルを作成していきます。

1 画面右上の［3Dビューポートのシェーディング］を、❶［マテリアルプレビュー］に変更します。

シェーディングを変更する方法は、［3Dビューのシェーディング］でする方法の他に、Zキーを押して表示される円メニューで切り替える方法もあります（P.398参照）。

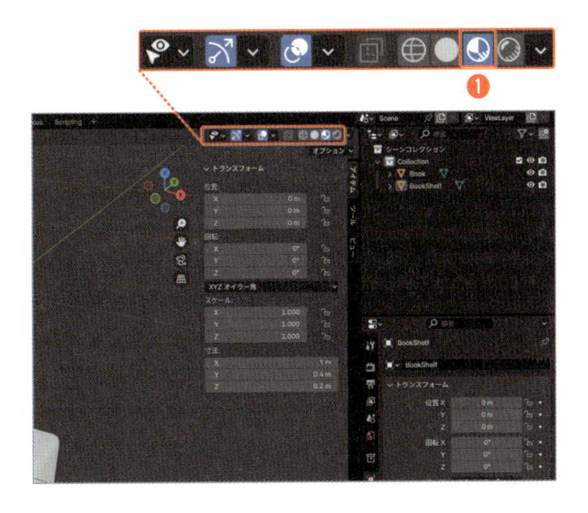

2 Bookオブジェクトを選択して、**[プロパティ]**パネルの❷**[マテリアルプロパティ]**タブで、デフォルトマテリアルの❸[Material]が割り当てられていることを確認します。

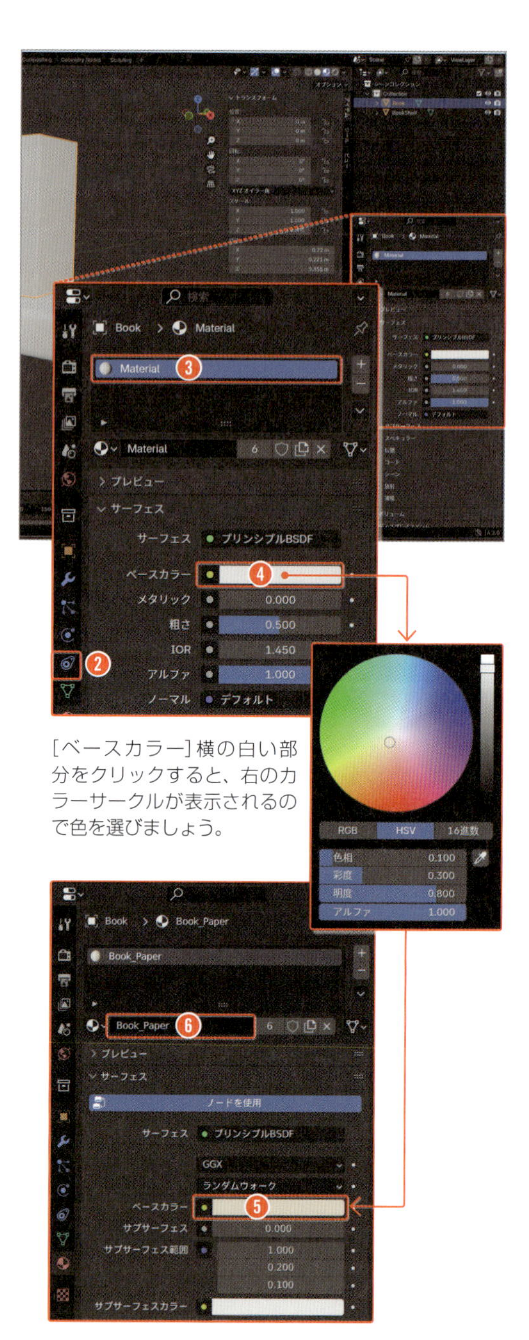

[ベースカラー]横の白い部分をクリックすると、右のカラーサークルが表示されるので色を選びましょう。

デフォルトマテリアルの[Material]がない場合は、**[新規]**(次ページの6の図の❿参照)をクリックして新しいマテリアルを追加してください。

マテリアルに関してはCHAPTER-4で詳しく解説します。

3 この[Material]を本の本文用紙(小口に見える紙の断面部分など)のマテリアルにしたいので、❹❺**[ベースカラー]**を淡いクリーム色に変更します。

4 マテリアルの❻**[名前]**に、「Book_Paper」と入力します。

デフォルトの[Material]のままだと、後でシーンに組み込んだ際に、どのマテリアルかわからなくなるため、わかりやすい名前を入力しましょう。

5 本の背表紙に3色ほど色をつけたいので、**[マテリアルプロパティ]**タブで❼[+]を3回クリックします。❽マテリアルスロットが3つ追加されます。

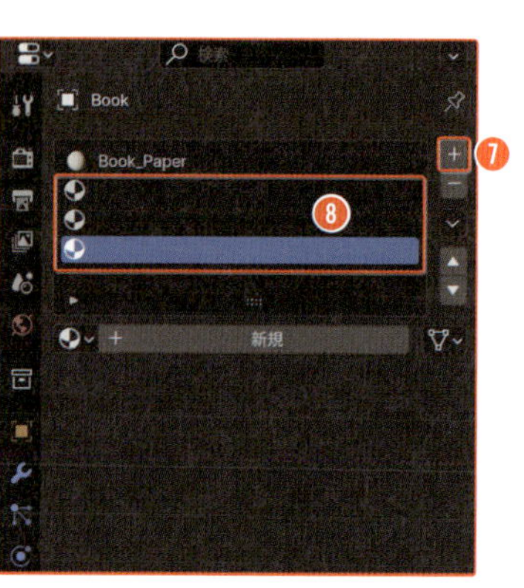

マテリアルスロットはマテリアルを入れるための容器のようなものです。

6 ❾追加したマテリアルスロットの1つをクリックで選択し、❿ **[新規]** をクリックして新しいマテリアルを作成します。他のマテリアルスロット2つでも同様に、マテリアルスロットを選択し **[新規]** をクリックして新しいマテリアルを作成します。

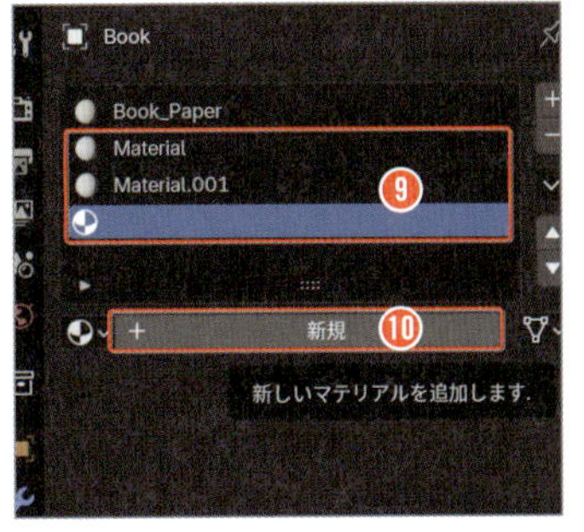

上図は、2つのマテリアルスロットにマテリアルを作成し、3つめのマテリアルスロットを選択してマテリアルを作成しようとしているところです。

7 作成したマテリアルの名前を「Book_Orange」「Book_Blue」「Book_Green」に変更します。⓫「Book_Orane」を選択し、⓬ **[ベースカラー]** をオレンジに変更します。

8 同様の手順で、⓭「Book_Blue」の⓮ **[ベースカラー]** を青色に、⓯「Book_Green」の⓰ **[ベースカラー]** を緑色に変更します。

作例と同じ色にしたい場合は、[色相] [明度] [彩度] に数値入力することもできます。

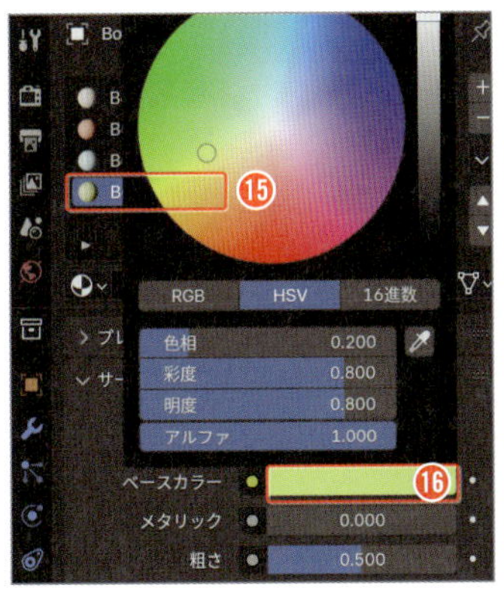

3

家具をモデリング

仮のマテリアルを表紙に割り当てる

作成したマテリアルを本の表紙に割り当てます。

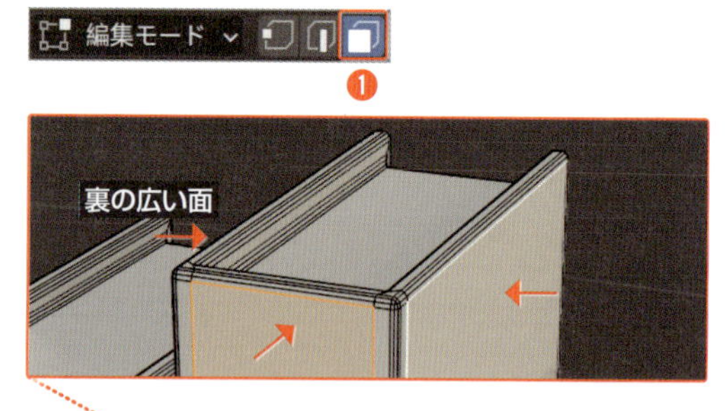

1 **[編集モード]**に切り替え、❶**[面選択]**（数字キー3）で、❷図の2つの本のモデルの表紙部分（本の表紙、背表紙、裏表紙となる面）を選択します。

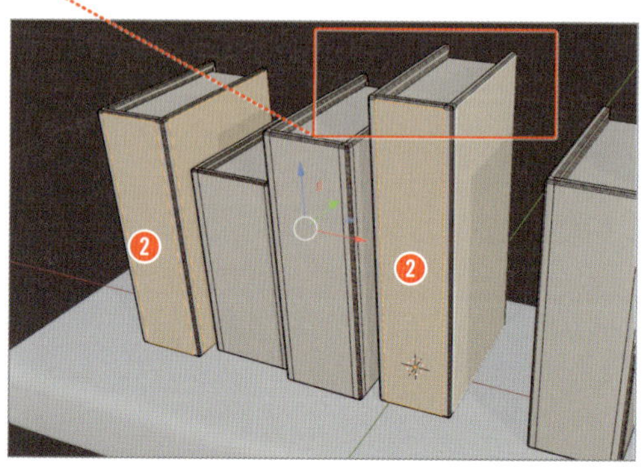

2 ctrl＋＋を繰り返し押してページ部分の手前まで選択範囲を拡大していきます。10回程度繰り返すと表紙部分がすべて選択できます。

もし本文用紙部分まで選択されてしまったら、表紙部分だけがすべて選択されるまで、ctrl＋－（マイナス）で1段階ずつ選択範囲を縮小します。

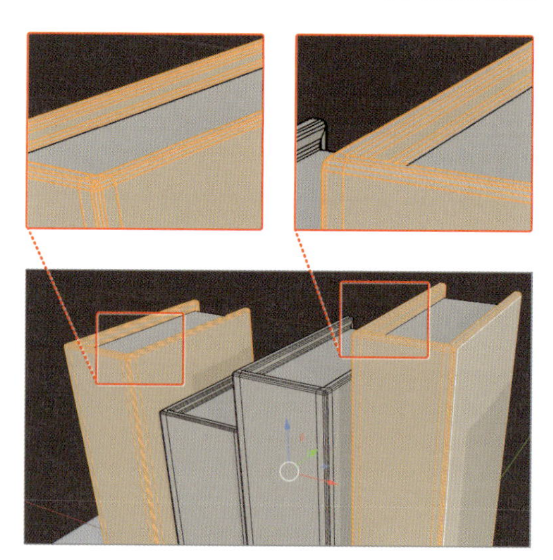

3 **[マテリアルプロパティ]**タブで❸**[Book_Orange]**のマテリアルを選択し、❹**[割り当て]**をクリックします。

4 選択している表紙に[Book_Orange]のマテリアルが割り当てられます。

[ベベル]モディファイアーを使っているともう少しマテリアルの割り当てがシンプルですが、ここでは選択範囲の拡大・縮小を体験してみましょう。

5 1〜3と同様に、❺間の2つの本のオブジェクトの表紙に、[Book_Blue]のマテリアルを割り当てます。

6 さらに同様に、❻残りの2つの本のオブジェクトの表紙に、[Book_Green]のマテリアルを割り当てます。

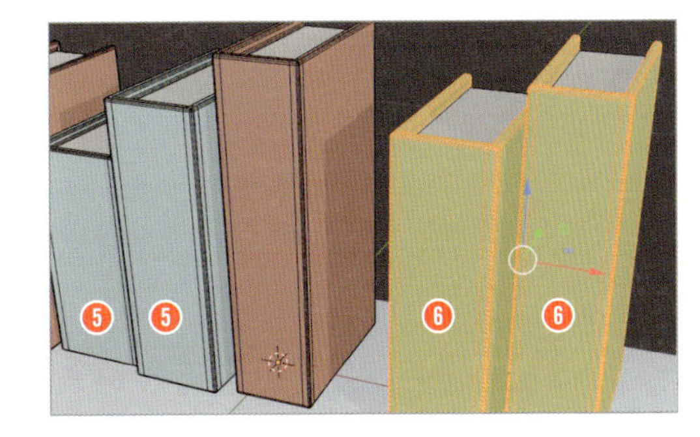

仮のマテリアルを本棚に割り当てる

BookShelfのオブジェクトにもマテリアルを割り当てします。

1 **[オブジェクトモード]**に切り替えます。BookShelfのオブジェクトを選択して**[プロパティ]**パネルの**[マテリアルプロパティ]**タブを開きます。❶割り当てられているマテリアルがないため、❷**[新規]**をクリックしてマテリアルスロットとマテリアルを作成します。

2 ❸**[ベースカラー]**を木目調の色に変更します。❹**[名前]**は「BookShelf」に変更します。

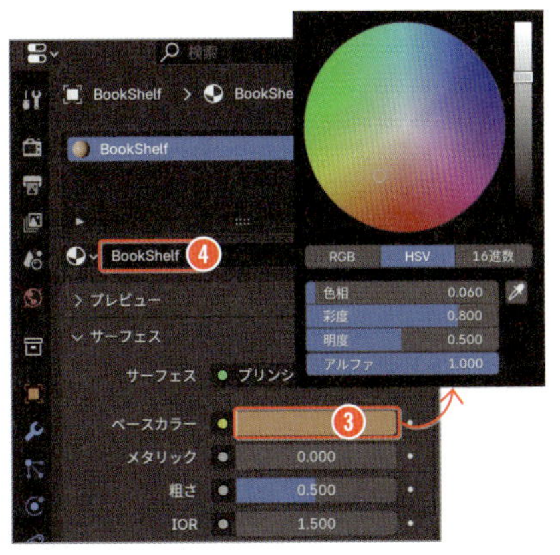

3 BookShelfのオブジェクトにマテリアルが割り当てられます。

3
家具をモデリング

[コレクション]を アセットにマークする

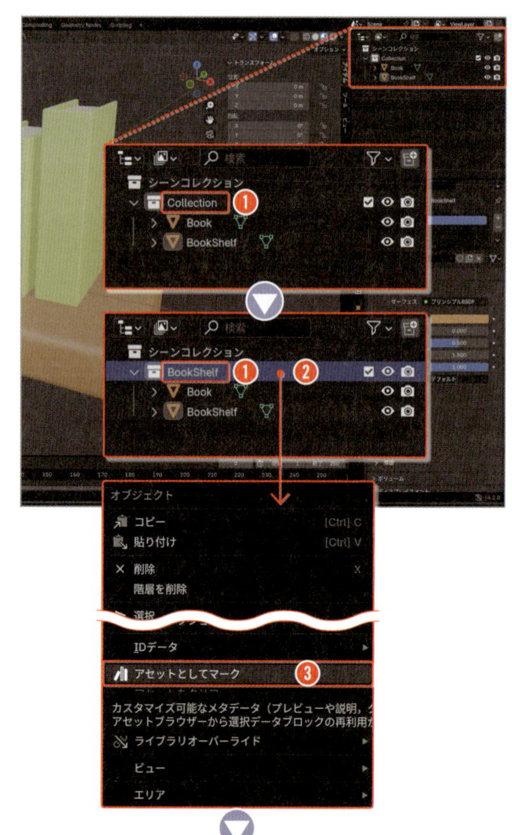

[アセットブラウザ]という機能を使って、最終的にメインのシーンに本棚のモデルを読み込むための準備をします。この設定を行うことで後で作ったモデル（＝アセット）をシーンに簡単に呼び出せるようになり、配置がとても楽になります。**[アセットブラウザ]**に登録するには、**「コレクション（またはオブジェクト）を、アセットにマークする」**必要があります。

今回はBookとBookShelfの2つのオブジェクトがあるため、まとめて読み込みができるように2つのオブジェクトが入った**[コレクション]**をアセットにマークします。

1 **[アウトライナー]**でコレクションの名前を❶「BookShelf」に変更します。**[コレクション]**（**[BookShelf]**）の下の階層に**[Book]**と**[BookShelf]**があることを確認しておきます。

コレクションの名前は、名前部分のダブルクリックで入力できるようになります。

2 **[コレクション]**の❷**[BookShelf]**を右クリックして、❸**[アセットとしてマーク]**を選びます。

コレクションのアイコンの横に❹本のアイコンがつき、アセットとしてマークできました。これで本と本棚のモデリングの完成です。

3 ctrl＋S（**[編集]**メニュー→**[保存]**）で、英数字を使ったわかりやすい名前で保存します。

CHPTER-3では家具部屋を作成しますが、これらは最終的に1つの部屋に配置します。このためCHPTER-3で作成するデータは**「同じフォルダ内」**に保存しておきましょう。

3-2 花台をモデリング〔モディファイアー〕

[モディファイアー]の使い方を覚えながら、簡単な花台を作りましょう。ここでは、[ベベル]モディファイアーと[ミラー]モディファイアーを使います。

作成する花台を確認する

[モディファイアー]は日本語でいうと手続き型操作で、オブジェクトに対して可逆性のある変化を加えることができます。
たとえば、ここで使う**[ベベル]**モディファイアーでは、後からベベルの幅を変えたり、ベベルを削除したりできます。

ここで学ぶ主な機能

- ベベルモディファイアー
- ミラーモディファイアー

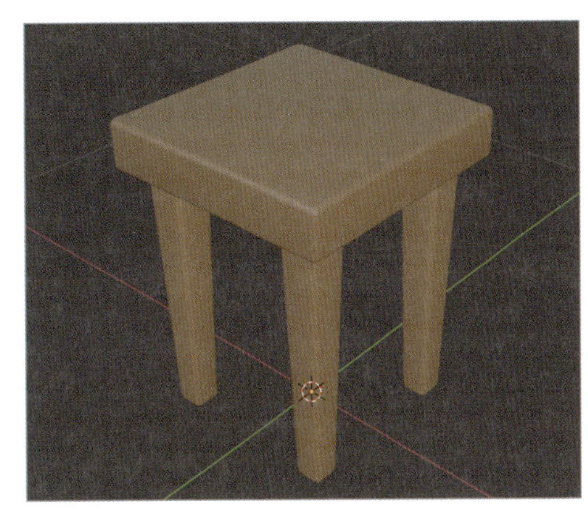

ここで作成する花台。

天板の基本形状を作成する

Blenderを起動すると開かれる新規ファイルを元に作成します。作成されている立方体を編集して天板にします。デフォルトで配置されているライトとカメラを削除したところから解説します。

1. 原点にあわせてメッシュ位置を調整します。
立方体を選択し、**[編集モード]**に切り替えます。Aキーで立方体すべての頂点を選択します。
[移動]（G➡Z）でZ軸方向に制限し、ctrlを押しながら立方体の底面がワールド原点になるよう移動します。

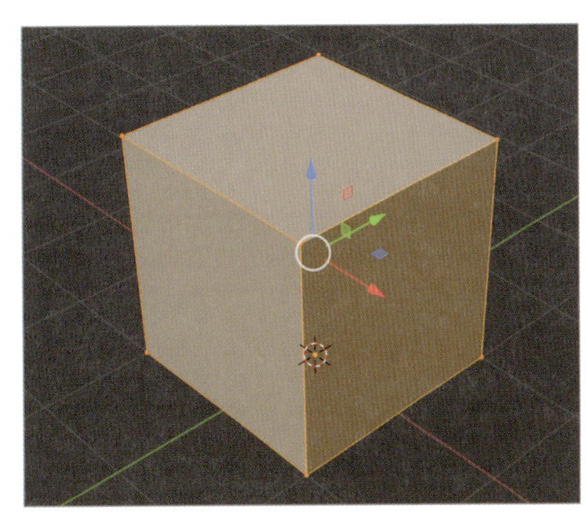

立方体の底面がワールド原点になるよう移動しました。

[オブジェクトモード]で移動するとオブジェクトの原点も移動してしまいますが、**[編集モード]**で移動すると、オブジェクトの原点を動かさずにメッシュを動かすことができます。

立方体の底面が確実にワールド原点まで移動しているか不安な場合は、視点をフロントまたはサイドビューに変更して確認してください。

立方体の寸法を調整します。

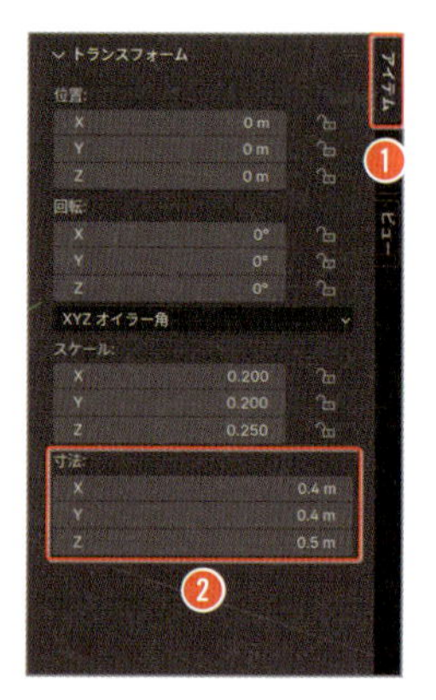

2 [オブジェクトモード]に切り替え、[サイドバー]（N）の❶[アイテム]タブで❷[寸法]の[X]に「0.4」m、[Y]に「0.4」m、[Z]に「0.5」mと入力します。

[サイドバー]はNキーで表示／非表示を切り替えられます。

作成する花台の大きさは、高さ50cm、幅と奥行をそれぞれ40cmと想定しています。

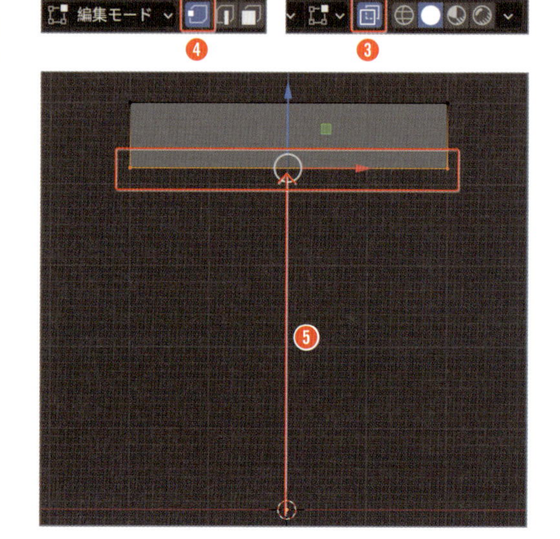

3 [編集モード]に切り替え、視点をフロントビュー（テンキー1）にし、❸[透過表示]をONにします。
❹[頂点選択]（数字キー1）で、底面の4つの頂点をボックス選択します。

4 [移動]（G➡Z）でZ軸方向に制限し、❺天板の厚みのあたりまで移動します。

脚を作成する

天板から面を複製して脚を作ります。

1 [編集モード]で、天板の底面を選択した状態で、shift＋Dを押して面を複製します。マウスを動かすと複製された面が移動できますが、右クリックで移動をキャンセルして元の面と同じ位置に配置します。

前ステップの続きでは、天板が選択されていますが、解除してしまった場合は、[面選択]（数字キー3）で、選択しなおしてください。
[編集モード]でのshift＋Dは、[メッシュ]メニュー➡[複製]のショートカットです。[複製]では、オブジェクトの一部の面だけ、辺だけといった複製ができます。

視点を下から見上げるように変更しています。天板の底面を選択し、shift＋Dを押してからマウスを動かしたところ。適当な位置でクリックするとその位置に複製した面を配置できますが、ここでは右クリックで、複製元の面と同位置に配置します。

2 複製した面が選択された状態でPキーを押し、❶[**選択**]を選びます。

Pキーは、[**メッシュ**]メニュー➡[**分離**]のショートカットです。

複製した面を別オブジェクトになるよう分離しました。これは面を編集しやすくすることが目的です。

別オブジェクトにした面は、現在のオブジェクトに含まれなくなります。

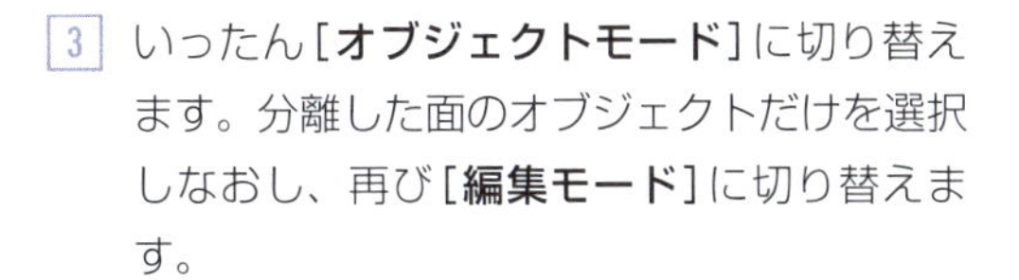

3 いったん[**オブジェクトモード**]に切り替えます。分離した面のオブジェクトだけを選択しなおし、再び[**編集モード**]に切り替えます。

分離した面をクリックで選択したとき、立方体が選択されてしまう場合は、同じ場所をもう1回クリックすると分離した面を選択できます。

[オブジェクトモード]に切り替え、分離した面を選択したところ。

4 天板のメッシュと重なって見えにくいので、テンキーの/(スラッシュ)を押してローカルビューに切り替えます。

テンキーの/は、[**ビュー**]メニュー➡[**ローカルビュー**]➡[**ローカルビュー切替え**]のショートカットです。[**編集モード**]で実行すると、編集中のメッシュだけの表示になります([**オブジェクトモード**]で実行すると選択されているオブジェクトだけ表示になります)。
この状態を[**ローカルビュー**]、元のすべてのオブジェクトを表示した状態を[**グローバルビュー**]と呼びます。
[**ローカルビュー**]から[**グローバルビュー**]に戻す場合もテンキーの/を押します。

[ローカルビュー]に切り替えたことで、編集中の面以外(ここでは天板の立方体)は非表示になりました。

X軸とY軸方向それぞれに2本ずつカットを入れて格子状にします。

5 ctrl ＋ R（**［ループカット］**）を押してマウスを動かし、黄色い線が表示されたらマウス中ボタンを回転して分割線を2本にし、クリックで確定、続いて右クリックで移動をキャンセルします。これをX軸とY軸方向にそれぞれ実行してください。

X軸とY軸方向にループカットを入れました。

6 **［面選択］**（数字キー3）にし、❷四隅の面のうち右手前の面だけを選択します。さらに1〜2（P.082〜083）と同様に、shift ＋D で複製して P キーでオブジェクトを分離します。

7 **［オブジェクトモード］**に切り替え、分離した面のオブジェクトだけを選択しなおして**［編集モード］**に切り替えます。

分割した面を選択して［編集モード］に切り替えたところ。

8 ❸**［透過表示］**をOFFにします。❹**［面選択］**（数字キー3）で面を選択し、視点をフロントビュー（テンキー1）にします。E キー（**［押し出し］**）を押して、❺ワールド原点のある床の高さまで押し出します。

CHAPTER-3

脚1本の原型ができました。もう少し形を整えてみます。

9 テンキーの/を押してから、フロントビュー（テンキー1）にします。
Aキーで脚全体を選択し、S➡shift＋Z（**[スケール]➡[Z軸以外に制限]**）で高さ以外にスケールをかけて細くします。さらに脚の底面だけを選択し、S➡shift＋Zで少し細くしました。

全体のバランスを見るときはテンキーの/を押して**[グローバルビュー]**に戻すとバランスを取りやすくなります。

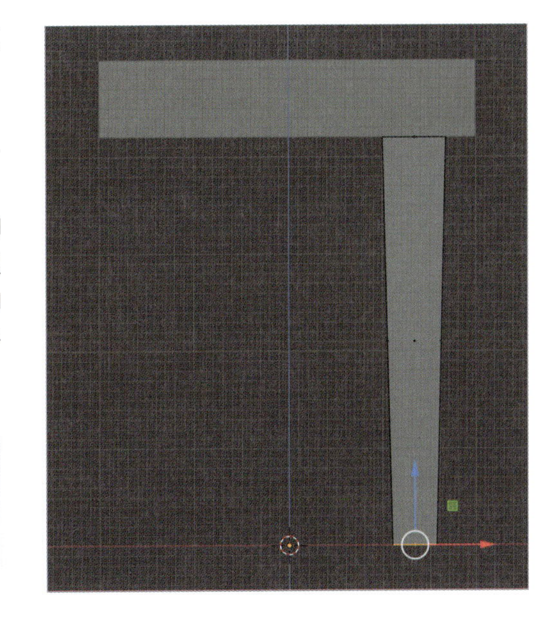

[ミラー]モディファイアーで脚を4本にする

[ミラー]モディファイアーを追加して、1本の足を4本にします。

1 **[プロパティ]**パネルの❶**[モディファイアープロパティ]**タブをクリックして表示します。❷**[モディファイアーを追加]**から❸**[生成]**➡❹**[ミラー]**を選びます。

[プロパティ]パネルは、パネル左側に並ぶアイコン（タブ）をクリックすることで、機能が切り替わります。

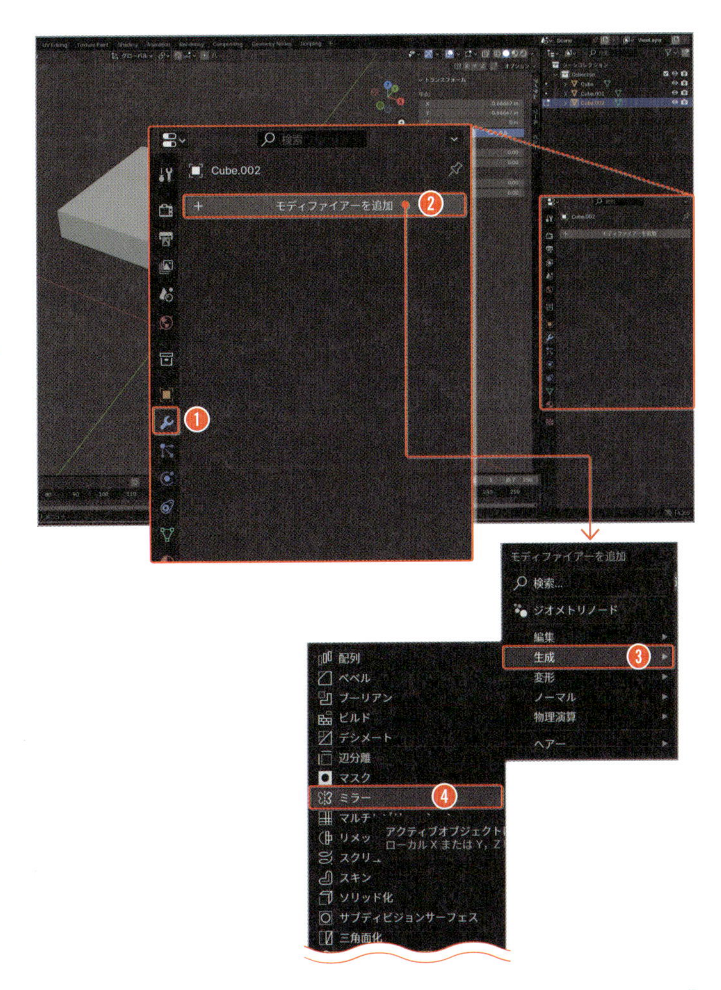

X軸方向に対称な脚が生成されました。**[モディファイアープロパティ]**タブには、❹[Mirror]モディファイアーが作成されています。これを確認すると❺**[座標軸]**の[X]だけがハイライトされています。これはX軸方向に対称になるオブジェクトを生成することを指示しています。

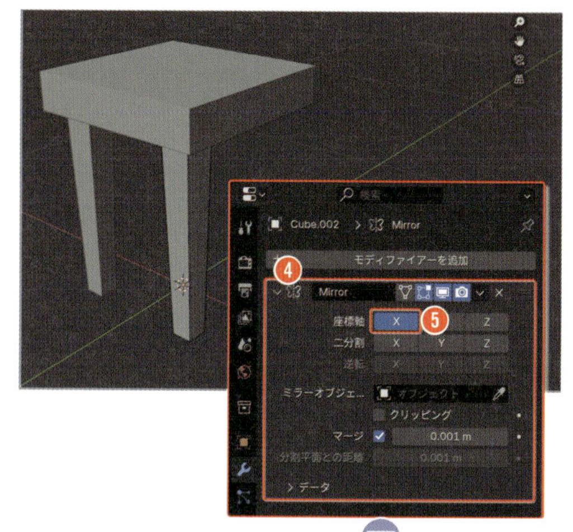

2 [Mirror]モディファイアーの**[座標軸]**の❻[Y]をクリックして有効にします。

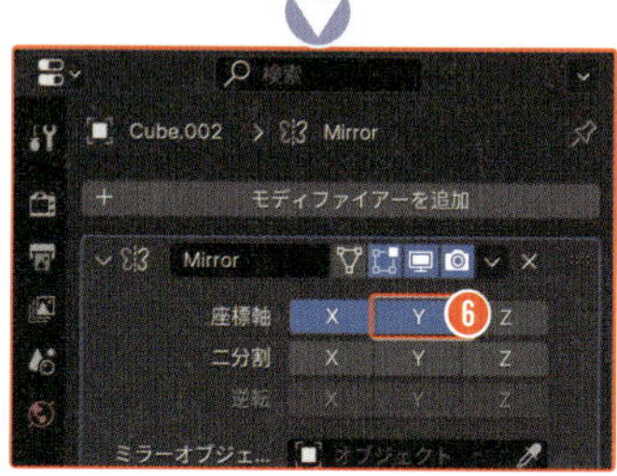

Y軸方向にもミラーが生成されました。右図は辺が見やすいように**[ビューポートオーバーレイ]**から**[ワイヤー]**(ワイヤーフレーム)をONにしています(下記『ここもCheck!』参照)。

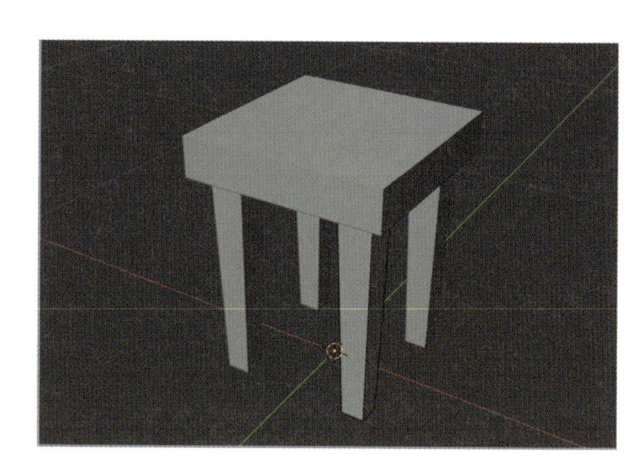

[ビューポートオーバーレイ]の[ワイヤーフレーム]

❶❷**[ビューポートオーバーレイ]**では、ビューポート画面に表示されている情報の表示/非表示を切り替えられます。❶は表示/非表示をまとめて切り替えます。❷[∨]をクリックすると、ウィンドウが表示され個別に設定できます。
❸**[ワイヤー]**(機能名は**[ワイヤーフレーム]**)にチェックを入れると、**[シェーディング]**の**[ソリッド]**や**[マテリアルプレビュー]**では通常表示されていない輪郭以外の辺も表示されるようになります。よく使う機能なので❸の左端のチェックボックス上で右クリックし、❹**[お気に入りツールに追加]**を選んでおくと、いつでもQキーを押すと呼び出せるようになります。

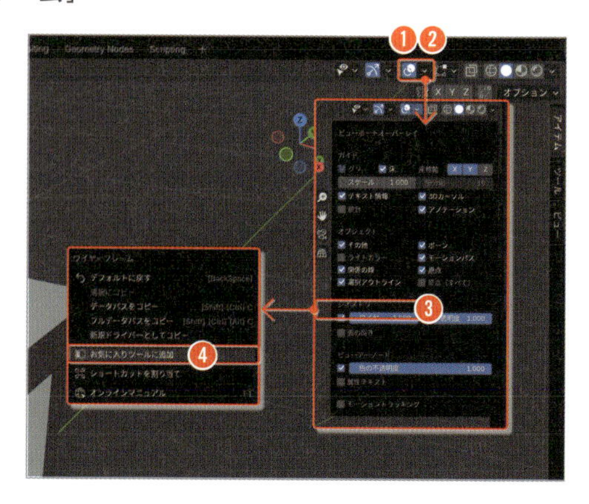

天板と脚それぞれベベルをかける

ベベルをかけるために[ベベル]モディファイアーを追加します。ベベルの幅が変わってしまうため、ベベルをかける前にスケールを適用します。

1 [オブジェクトモード]に切り替え、天板を選択します。ctrl + A を押し、[スケール]を選んで適用します。同様に脚を選択し、ctrl + A を押して❶[スケール]を選んで適用します。

2 脚を選択した状態で、[プロパティ]パネルの❷[モディファイアープロパティ]タブで、❸[モディファイアーを追加]から❹[生成]➡❺[ベベル]を選びます。

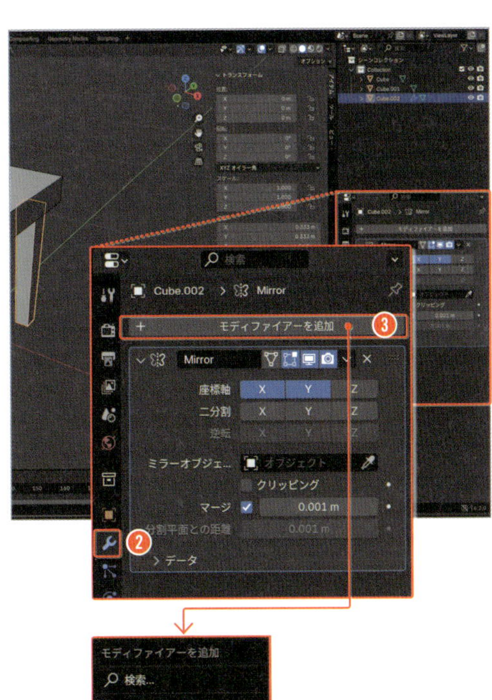

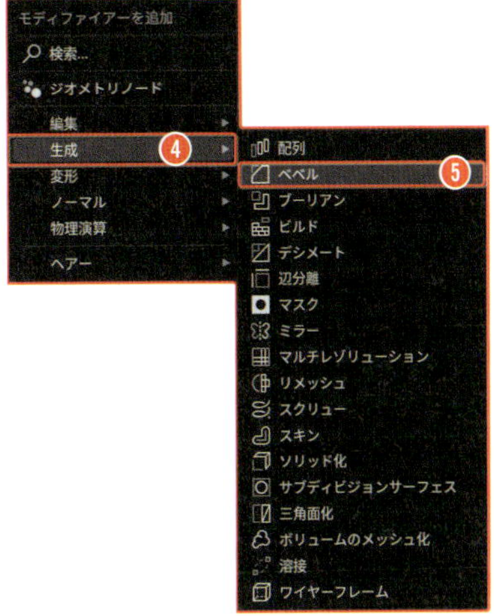

［ミラー］モディファイアーの下に❺［ベベル］モディファイアーのプロパティが追加されました。モディファイアーは手続き型という説明をしましたが、上から順番に処理が行われます。

3 ［ベベル］モディファイアーのプロパティで❻［量］を「0.01」、❼［セグメント］を「3」とします。

数値は好みで変更してかまいませんが、［**セグメント**］の値を大きくしすぎると重くなってBlenderがフリーズすることもあるので注意をしましょう。
［**量**］はベベルの幅を指していて、［**セグメント**］は分割数を指しています。
ここでは調整しませんが、❽［**制御方法**］が［**角度**］で［**30°**］となっている設定は、"外角が30°以上の角にベベルをかける"という意味です。
いろいろな制御方法で指定した箇所にベベルをかけることができます。

［ミラー］モディファイアーは以降変更しないので、適用してモデルを実体化します。

4 ❾［ミラー］モディファイアー右上の［⌄］をクリックして、表示されるメニューの❿［**適用**］を選びます。

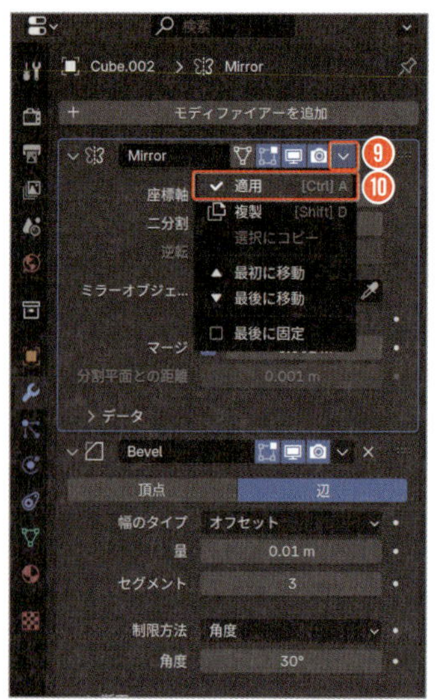

［ミラー］モディファイアーの上にマウスポインタを置いて、ctrl＋Aを押しても適用できます。
モディファイアーの適用は［**オブジェクトモード**］でしか行えないのを覚えておきましょう。

天板にも同様に[**ベベル**]モディファイアーを設定します。新しく[**ベベル**]モディファイアーを追加してもよいですが、同じモディファイアー設定にする場合は[**モディファイアー**]をコピーすることもできます。ここではコピーする方法を試してみましょう。

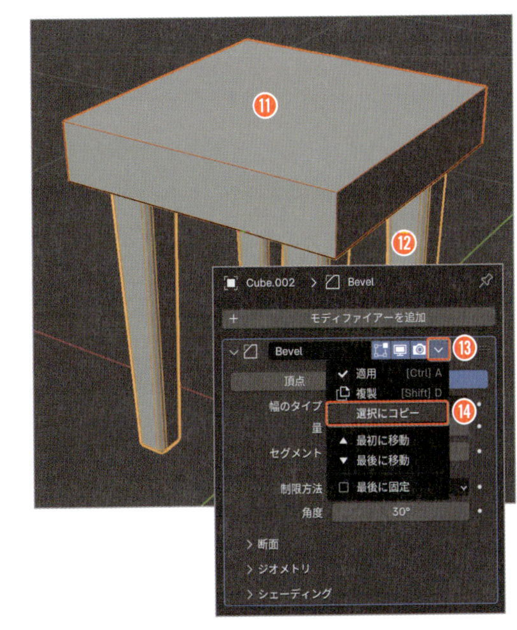

5 ⑪天板を選択してから、shiftを押しながら⑫脚を追加選択します。脚のオブジェクトをアクティブ(最後に選択したオブジェクト)にします。

6 [**ベベル**]モディファイアーのプロパティで右上の⑬[⌄]をクリックし、表示されるメニューの⑭[**選択にコピー**]を選びます。

[**ベベル**]モディファイアーがコピーされました。

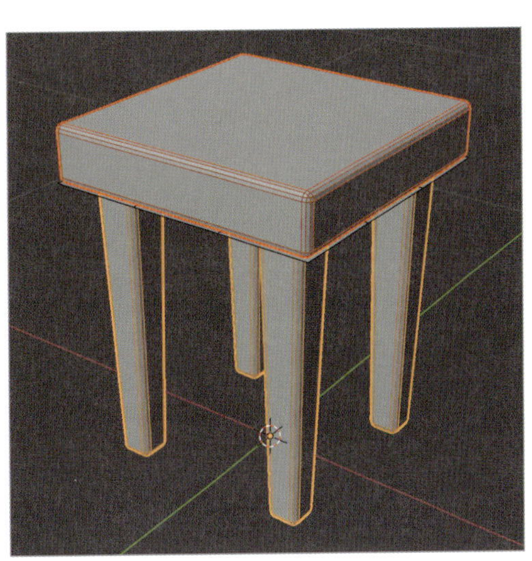

データを整理する

1 メッシュの引き剥がしに使った面のオブジェクトを選択し、不要なのでXキーで削除します。

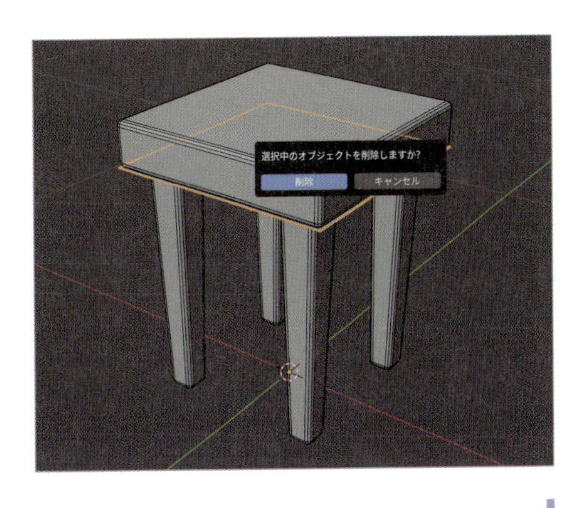

天板と脚のオブジェクトを統合します。

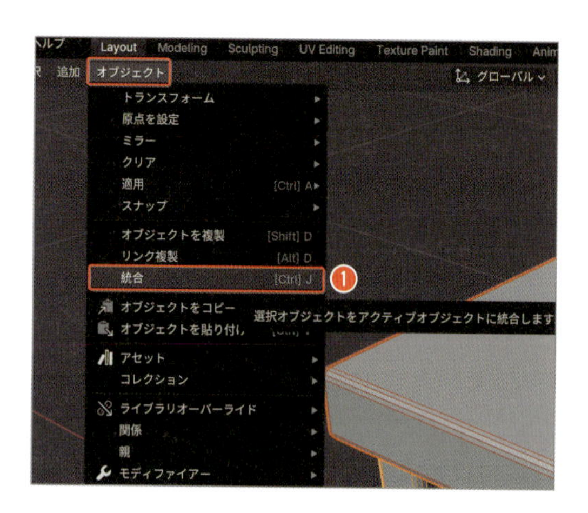

2 天板と脚の2つのオブジェクトを選択し、❶**[オブジェクト]**メニュー→**[統合]**（ctrl＋J）を実行します。

天板と脚の2つのオブジェクトが1つのオブジェクトになりました。

モディファイアーを使う際の注意点として、オブジェクトを統合するとアクティブオブジェクトのモディファイアーが優先して引き継がれます。異なるモディファイアーを持つオブジェクトを統合する際は、事前にモディファイアーを適用するなど注意しましょう。

3 花台のオブジェクトを選択した状態で右クリックします。表示されたメニューの❷**[スムーズシェード]**を選びます。滑らかな表示になります。

[ビューポートオーバーレイ]の**[ワイヤー]**（ワイヤーフレーム）のチェックを外しています。

4 花台のオブジェクトを選択し、**[アウトライナー]**で❸オブジェクト名を「FlowerStand」にします。

仮のマテリアルを作成する

仮マテリアルを作成します。

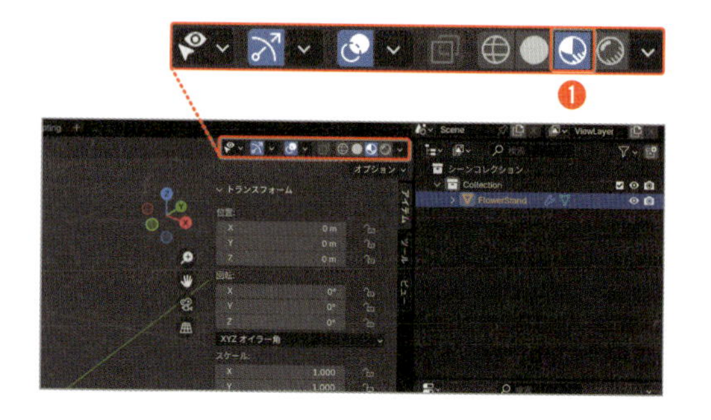

1 画面右上の**[3Dビューポートのシェーディング]**を、❶**[マテリアルプレビュー]**に変更します。

2 ［プロパティ］パネルの❷［マテリアルプロパティ］タブで、❸［Material］が割り当てられていることを確認します。

［Material］はデフォルトマテリアルです。［Material］がない場合は、［新規］をクリックして新しいマテリアルを追加してください。

3 ❹［ベースカラー］右の白い部分をクリックして、右のカラーサークルが表示されるので色を選びましょう。木製の花台をイメージしているので、茶系色にしています。

カラーサークルでは、明るさは右側のスライダーで調整します。下のHSVAのバーに直接数値入力することもできます。

4 木製の花台なので、❺［粗さ］に「0.5」と入力します。マテリアルの❻［名前］は、「FlowerStand」にします。

［粗さ］は 0〜1 の間で設定します。高光沢➡マットな質感へと光沢具合を調整できます。仮マテリアルですので、練習として入力しています。

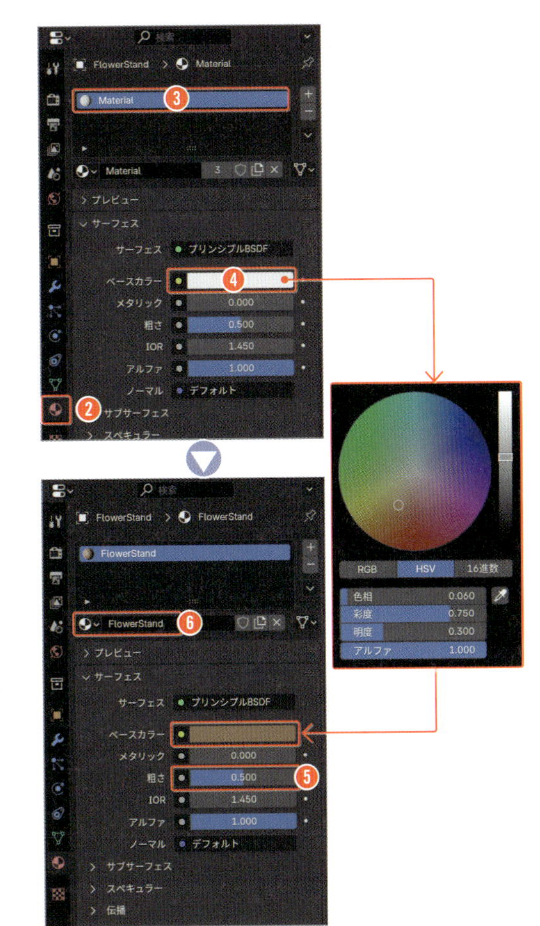

アセットにマークする

［アセットブラウザ］で最終的にメインのシーンに読み込むための準備をします。

1 ［アウトライナー］で❶［FlowerStand］のオブジェクトを右クリックして、❷［アセットとしてマーク］を選びます。

［アウトライナー］の❸オブジェクト名の前にマークがつきました。花台のモデリングの完成です。

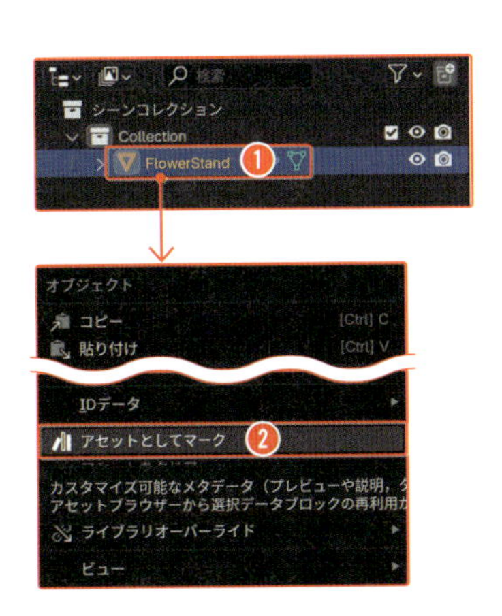

2 ctrl ＋ S（［編集］メニュー➡［保存］）で、本棚と同じフォルダ内に、英数字を使ったわかりやすい名前で保存します。

3-3 スタンドライトをモデリング〔複数のオブジェクトをまとめる〕

スタンドライトを作成します。ランプシェード、電球、台座を別オブジェクトで作成して[統合]でまとめます。仮マテリアルでは発光する設定も作成します。

作成するスタンドライトを確認する

円柱と球を使って、テーブルランプ型のスタンドライトをモデリングしてみましょう。複数のプリミティブオブジェクトを追加して1つのオブジェクトを作っていきます。

ここで学ぶ主な機能

- オブジェクトの追加
- オブジェクトの統合
- ソリッド化モディファイアー

ここで作成するスタンドライト。

CHAPTER-3

ランプシェードを作成する

新規ファイルに配置されている立方体、ライト、カメラを削除した空のシーンから解説します。

1 shift + A を押して、❶[メッシュ]→[円柱]を選んで追加します。

2 画面左下にある［**オペレーター**］パネルで、❷［**頂点**］を「16」、［**半径**］を「0.1」m、［**深度**］を「0.3」とし、［**ふたのフィルタイプ**］を［**三角の扇形**］にします。

概ね寸法を合わせてモデリングしていきたいため、ランプシェードのサイズに大体合わせた値を［**半径**］と［**深度**］に入力しました。寸法は最後に合わせてもよいですが、最初に合わせておくとスケールをイメージしやすいでしょう。
また、ここでは［**ふたのフィルタイプ**］を［**三角の扇形**］にしましたが、この作例では［**Nゴン**］でも大丈夫です。

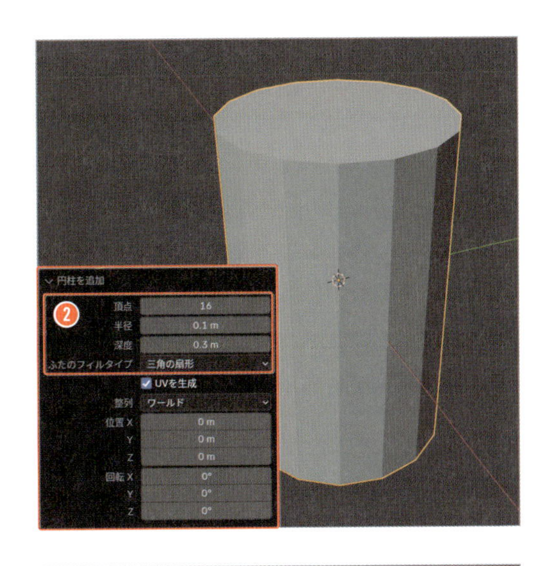

3 ［**編集モード**］に切り替え、フロントビュー（テンキー1）にします。Aキーですべて選択し、［**移動**］（G➡Z）で、❸大体のランプシェードの位置まで円柱を移動します。

ここでは、ランプシェード上端（円柱の上面）が、X軸から50cm程度になるようにしています。

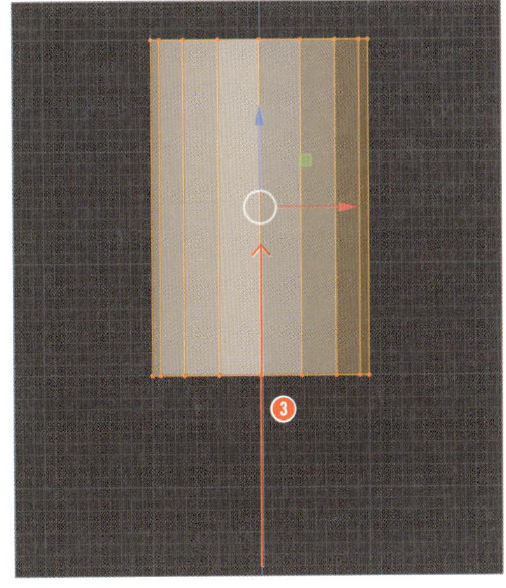

［ふたのフィルタイプ］とは

メッシュの円柱は、［**オペレーター**］パネルの［**頂点**］で指定された値の多角形を底面とする多角柱で作成されます。角度が大きい面と面の繋ぎ目を滑らかに表現することで円柱のように見えます。
［**オペレーター**］パネルにある［**ふたのフィルタイプ**］の設定は、［**なし**］［**Nゴン**］［**三角の扇形**］から円柱のふた（または底）とふた部分の面の張り方を指定します。
❶［**なし**］は円の塗りがなく、ふたと底のない筒状の円柱になります。❷［**Nゴン**］では、円は多角形の単一の面として作成されます。❸［**三角の扇形**］では、ふたと底となる多角形の各辺を底辺とし、円の中心を頂点とする三角形の集合になります。

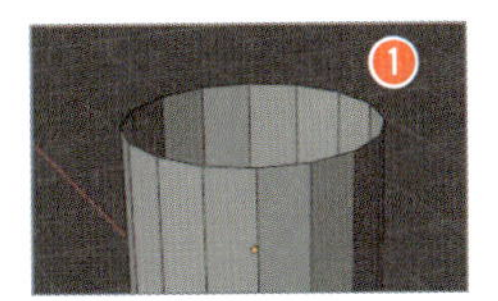
［ふたのフィルタイプ］：［なし］で作成した円柱

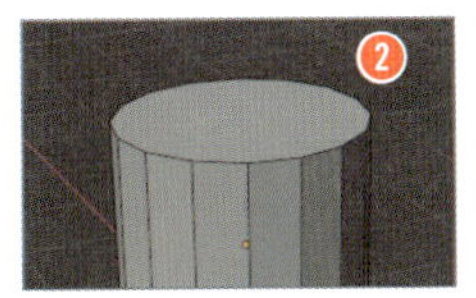
［ふたのフィルタイプ］：［Nゴン］で作成した円柱

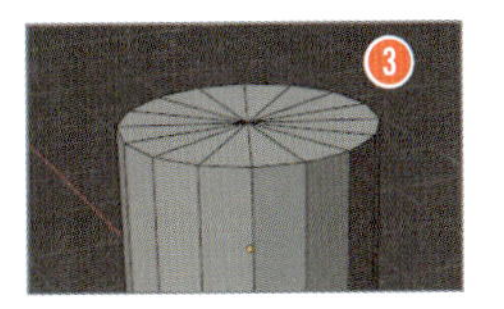
［ふたのフィルタイプ］：［三角の扇形］で作成した円柱

4 ❹［**透過表示**］をONにし、［**頂点選択**］（数字キー1）で、円柱の底面を囲むようにボックス選択で頂点を選択します。

5 ［**スケール**］（S）で❺少し広げるように拡大します。

6 底面の頂点が選択された状態でXキーを押し、❻［**面**］を選んで底面を削除します。［**透過表示**］をOFFにします。

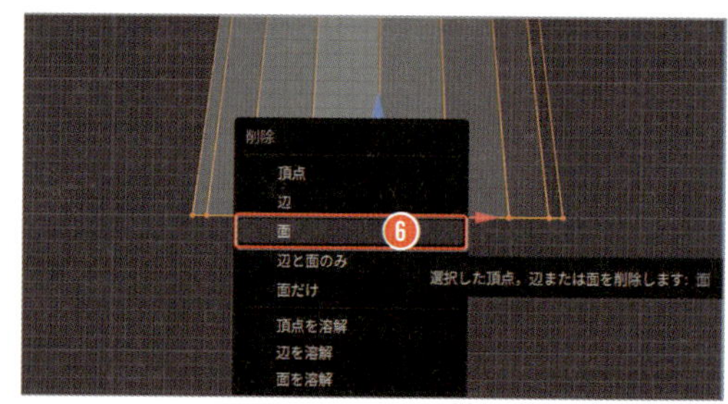

視点を下から見上げるようにして、面が削除されたことを確認しましょう。

7 ［**プロパティ**］パネルの❽［**モディファイアープロパティ**］タブで、❾［**モディファイアーを追加**］から❿［**生成**］➡［**ソリッド化**］を選びます。

［**ソリッド化**］モディファイアーで、ランプシェードに厚みをつけます。

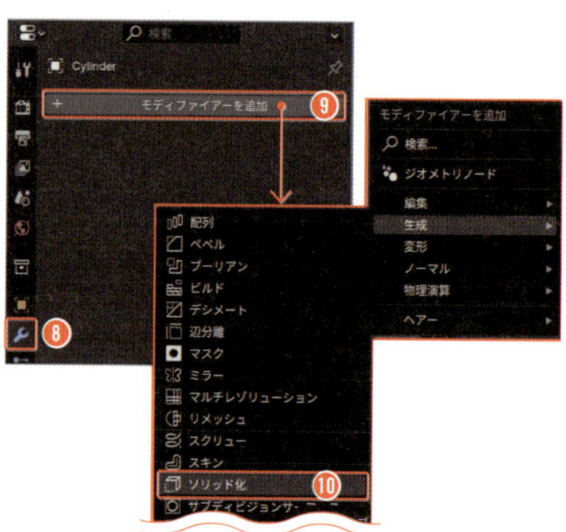

8 スタンドライトのランプシェードは薄い素材なので、[**ソリッド化**]モディファイアーのプロパティで⑪[**幅**]を「0.005」mにします。

電球を作成する

続いて、電球部分を作成します。

1 [**オブジェクトモード**]に切り替え、shift+Aを押して、❶[**メッシュ**]➡[**UV球**]を選んで追加します。

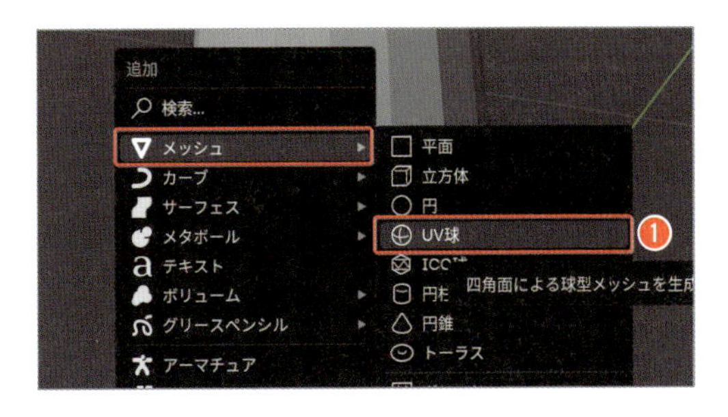

2 画面左下にある[**オペレーター**]パネルで、❷[**セグメント**]を「16」、[**リング**]を「8」にします。

[**セグメント**]は、垂直方向に分割する辺(または面)の数で、地球の経度と同じ方向です。[**リング**]は、水平方向に分割する面の数(=辺の数とはならない)です。地球の緯度と同じ方向です。[**セグメント**]の値に対し、[**リング**]の値を1/2〜2/3程度にすると、縦横で同じような分割になります。
分割数を減らすことでポリゴン数(面の数)を少なくしておくと、軽量かつモデリングで扱う頂点が少ないためより簡単にモデリングを進めることができます。

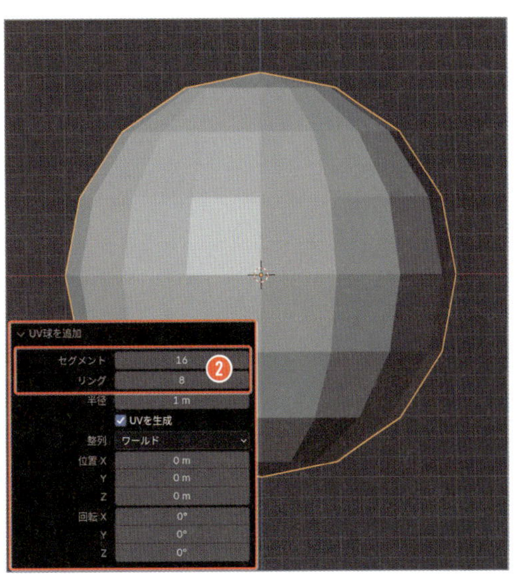

3 [編集モード]に切り替え、❸[スケール](S)で電球サイズくらいに小さくします。

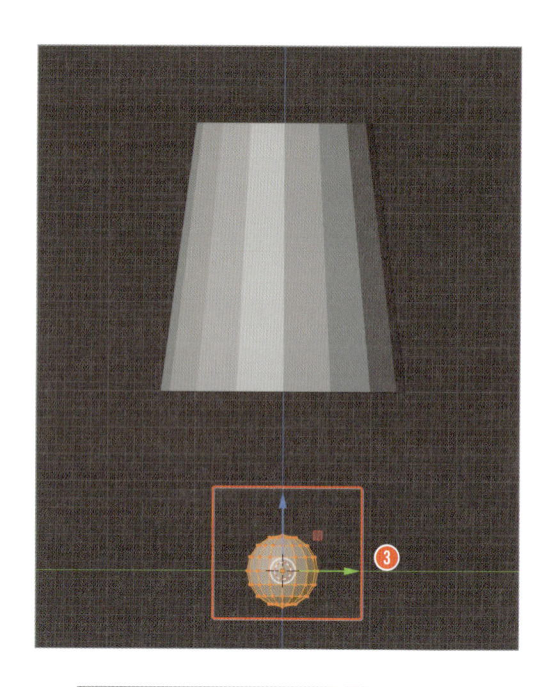

4 ❹[透過表示]をONにします。❺球を電球の位置まで[移動](G→Z)で移動します。

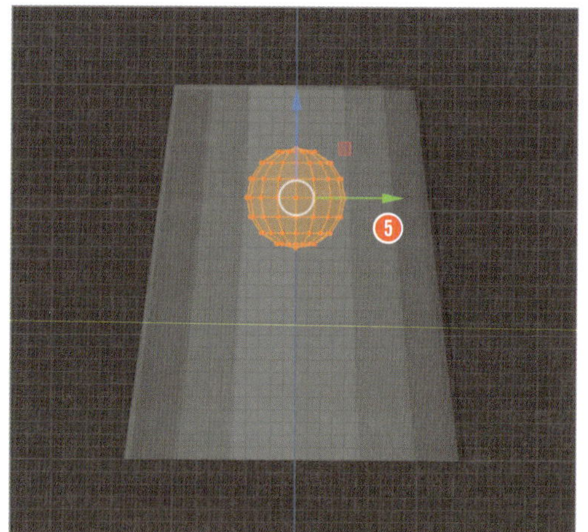

5 球の下部(下から3番目)の頂点をボックス選択で囲んで一周選択します。[スケール](S)で少し内側に小さくして、電球のくびれを作ります。

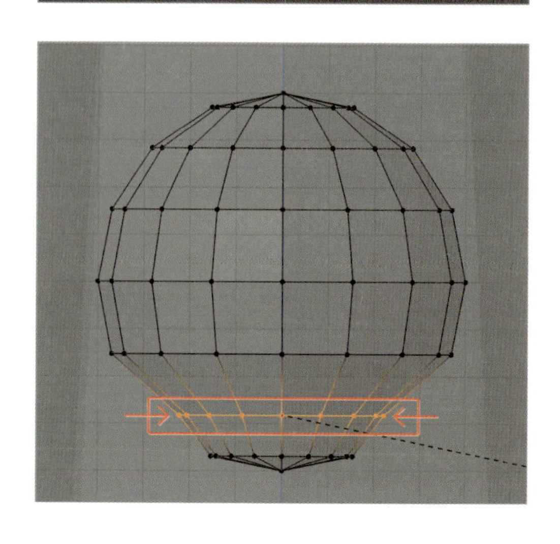

台座を作成する

台座部分を作成します。

1 ［**オブジェクトモード**］に切り替え、shift＋Aで［**メッシュ**］➡［**円柱**］を選んで追加します。

2 ❶［**オペレーター**］パネルにランプシェードを作った際の設定がそのまま残されています。❷このまま台座を作成します。

ファイルを開きなおしていなければ、設定は保存されています。

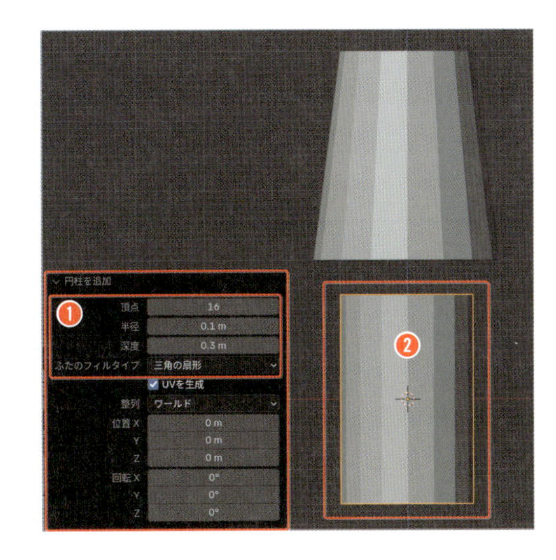

3 ［**編集モード**］に切り替え、［**透過表示**］がONなのを確認します。❸上面と❹底面を台座の厚さになるように、それぞれ移動します。それぞれボックス選択で頂点を選択し、［**移動**］（G➡Z）で移動します。

ctrlを押しながら移動すると、スナップさせて移動できます。スナップについては、下記『ここもCHECK!』を参照してください。
底面はX軸に重なる位置まで移動します。

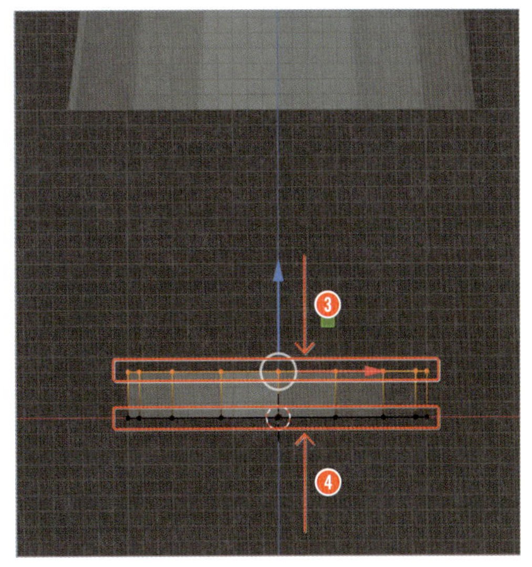

スナップ対象とスナップ間隔

［**移動**］を実行中、ctrlを押しながらドラッグすると一定間隔でスナップします。デフォルトでスナップは、1cm、10cm、1mなどの移動間隔でスナップします（グリッドにスナップするわけではありません）。
画面上部にある磁石のアイコンの右横の❶［**スナップ**］では、スナップ対象を設定できます。❷［**増分**］がデフォルトです。❸［**グリッド**］を選択すると、背景のグリッドにスナップさせることができます。グリッドの間隔は表示倍率で変わってきますが、画面左上の❹テキスト情報で現在のグリッド間隔を確認できます。

テキスト情報。
［センチメートル］（1cmのこと）、［10 センチメートル］、［メートル］（1mのこと）などと表示される

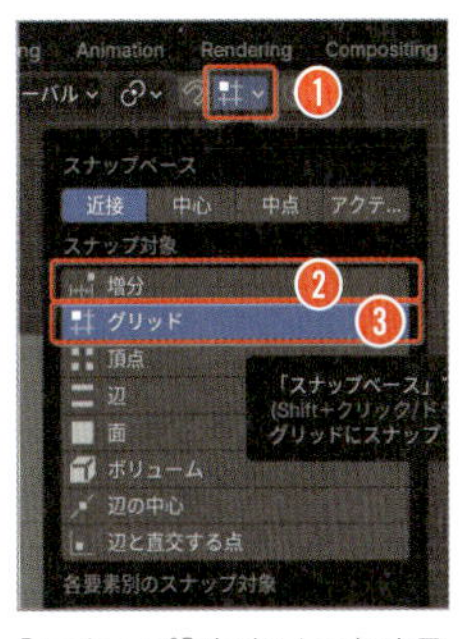

［スナップ］をクリックすると表示されるウィンドウ

ポールを作成する

台座からポールを作成します。

1 ［**面選択**］（数字キー3）にして、❶台座上面だけを選択します。

> ［**透過表示**］をOFFにして上面中心部分を囲むようにボックス選択すると選択できます。

2 I（アイ）キー（［**面を差し込む**］）を押して面を差し込みます。❷この差し込んだ面の直径がスタンドライトのポールの太さになることを意識して面の大きさを決めてください。もちろん後から太さの調節は可能なため、大体の太さでも大丈夫です。

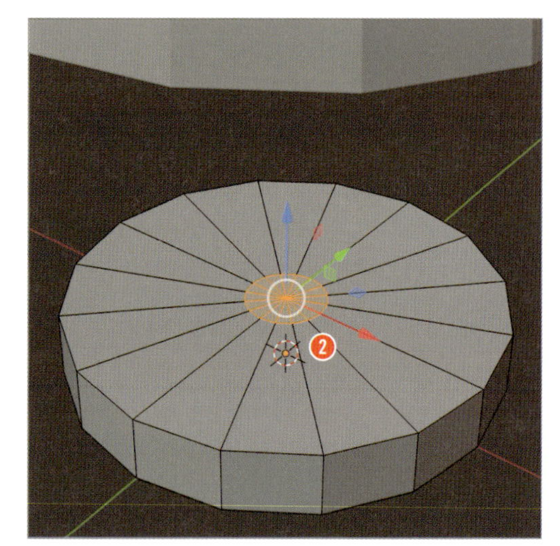

3 差し込んだ面を選択した状態で、フロントビュー（テンキー1）にします。［**透過表示**］をONにします。Eキー（［**押し出し**］）を押して❸電球の位置まで押し出します。

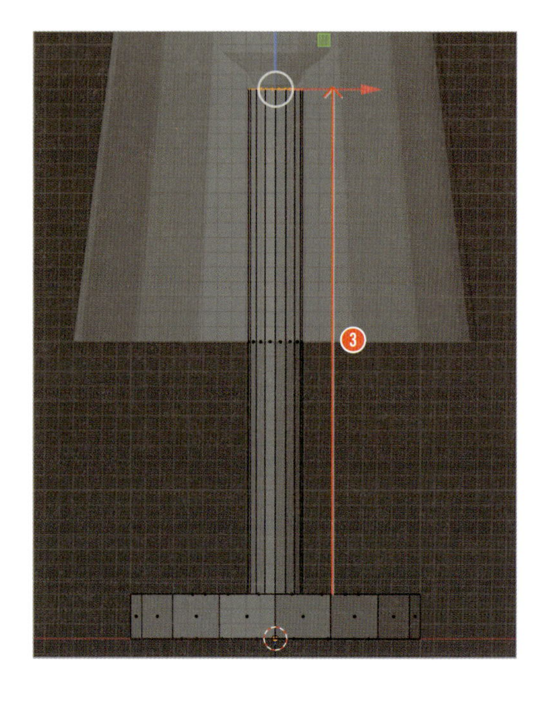

4 再度Eキー（**[押し出し]**）を押して❹少し押し出し、Sキー（**[スケール]**）で❺広げて電球の受け皿になるようにします。

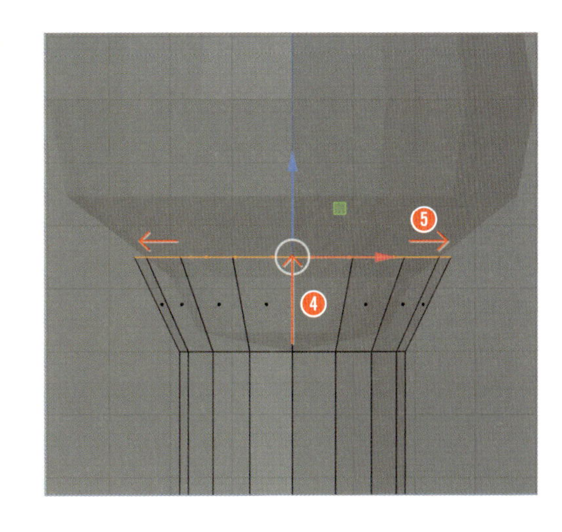

オブジェクトを統合してベベルをかける

台座（ポール含む）と電球を統合し、電球の位置をランプシェードの中間あたりに移動します。次にランプシェードも含めて統合しますが、先にモディファイアーを適用しておきます。

1 **[オブジェクトモード]**に切り替えます。❶電球と台座を選択して、❷**[オブジェクト]**メニュー➡**[統合]**（ctrl＋J）を実行します。

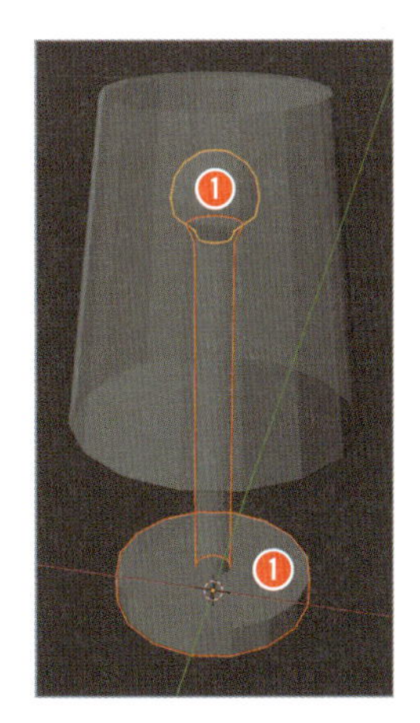

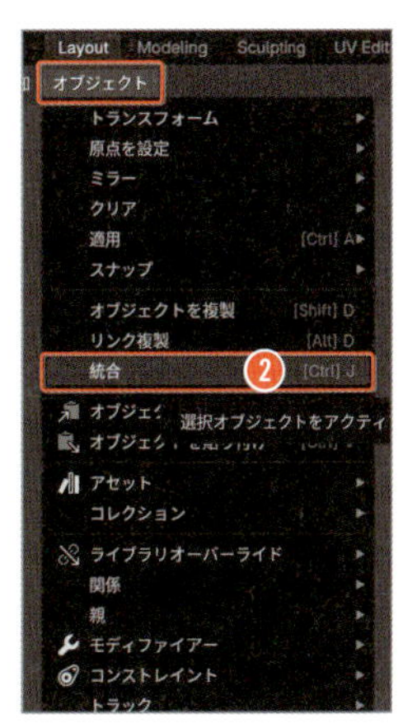

電球部分をクリックするとランプシェード、同じ部分をもう1回クリックすると電球が選択できます。このように重なっているオブジェクトを選択する場合は、この方法で奥のオブジェクトを選択します。

2 統合したオブジェクトを選択した状態で**[編集モード]**に切り替えます。❸電球とポールの上部の頂点をまとめて囲むようにボックス選択し、**[移動]**（G➡Z）でZ軸方向に少し下げます。**[選択モード]**は**[頂点]**や**[面]**など、好きな方法で大丈夫です。

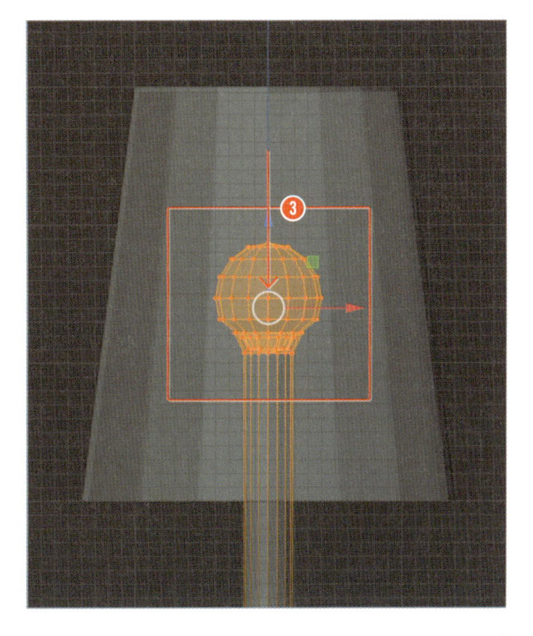

3 ［**オブジェクトモード**］に切り替え、❹［**透過表示**］をOFFにします。
ランプシェードを選択します。［**プロパティ**］パネルの❺［**モディファイアープロパティ**］タブで、［**ソリッド化**］モディファイアー右上の❻［⌄］をクリックして、表示されるメニューの❼［**適用**］を選びます。

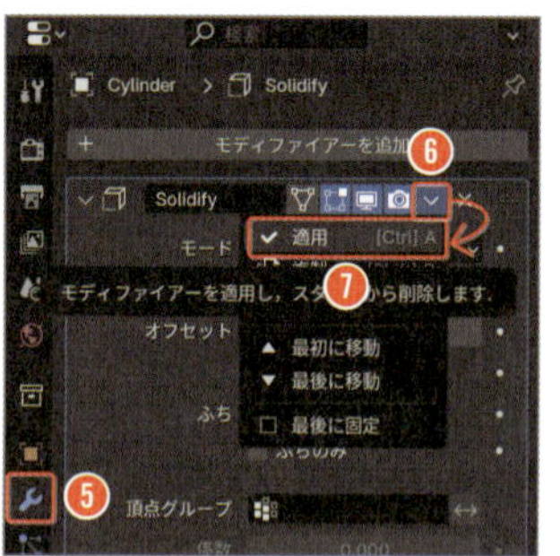

4 ❽ランプシェードと台座を選択して、❾［**オブジェクト**］メニュー➡［**統合**］（ctrl＋J）を実行します。

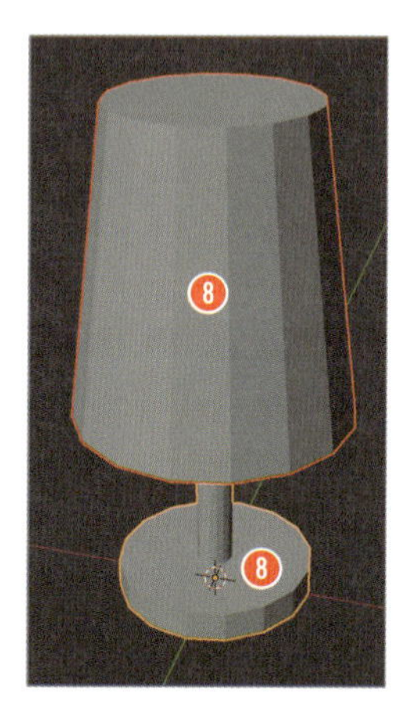

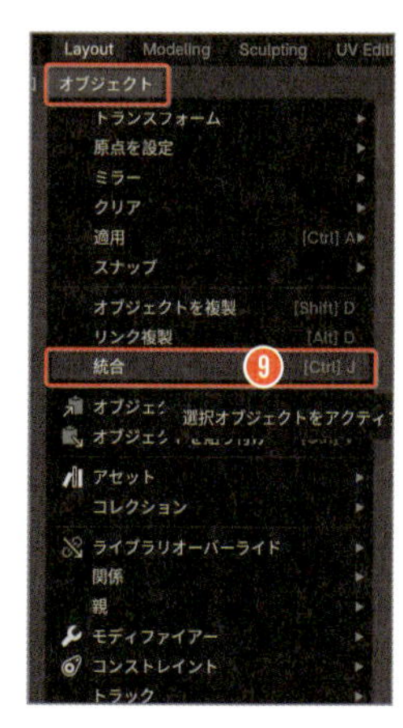

5 ❿［**モディファイアープロパティ**］タブで、⓫［**モディファイアーを追加**］から［**生成**］➡［**ベベル**］を選びます。ここでは⓬［**量**］を「0.002」m、［**セグメント**］を「2」、⓭［**角度**］を「60」°としました。

［角度］を「60」°としているのは、電球のくびれ部分にベベルが追加されないようにするためです。［角度］は外角で設定しますので、［角度］を「60」°とした場合は、「内角で120°（＝180－外角）未満の角度にだけベベルをかける」という意味です。わかりにくい場合は3Dビューで確認しても大丈夫です。

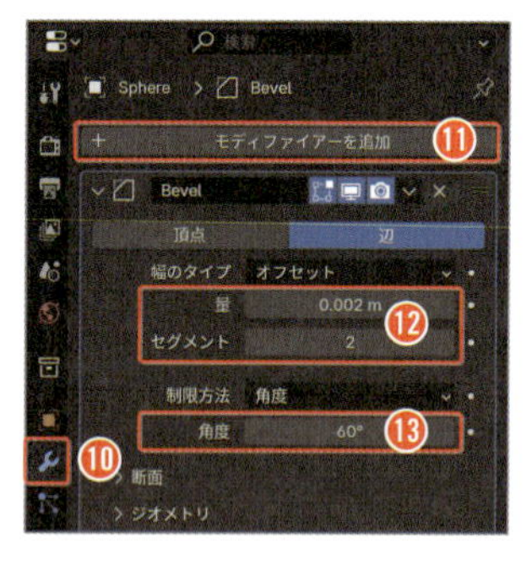

6 どこにベベルがかかるか、わかりやすく確認するため、［**ビューポートオーバーレイ**］の［**ワイヤーフレーム**］にチェックを入れています（P.086の『ここもCHECK!』参照）。確認したら［**ワイヤーフレーム**］の表示は不要なのでチェックを外しておきます。

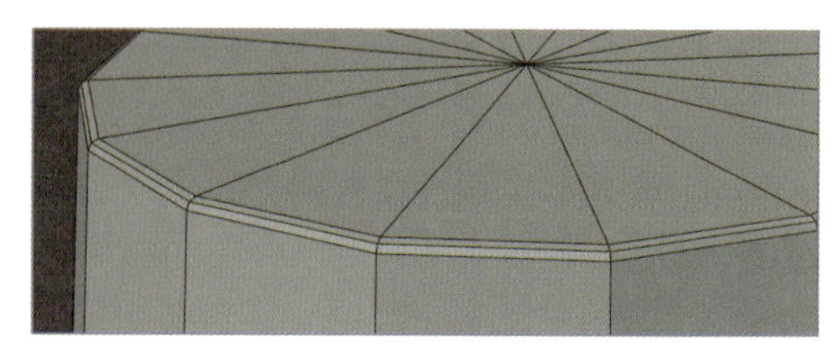

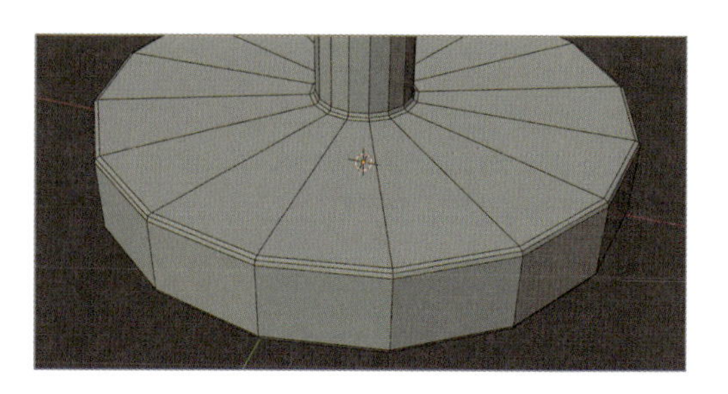

7 オブジェクトを選択した状態で右クリックします。表示されたメニューの⓮[**スムーズシェード**]を選びます。滑らかな表示になります。

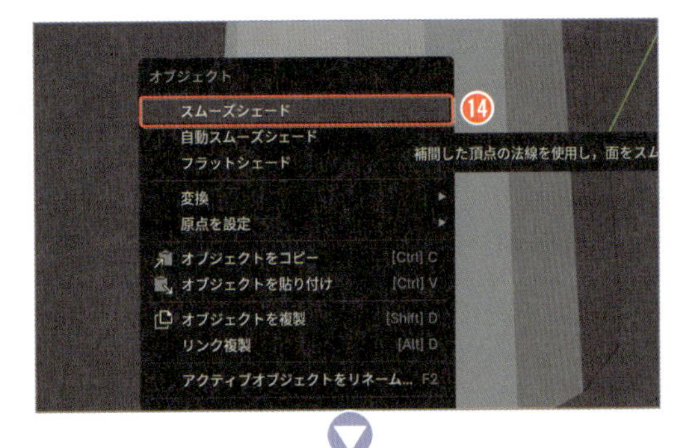

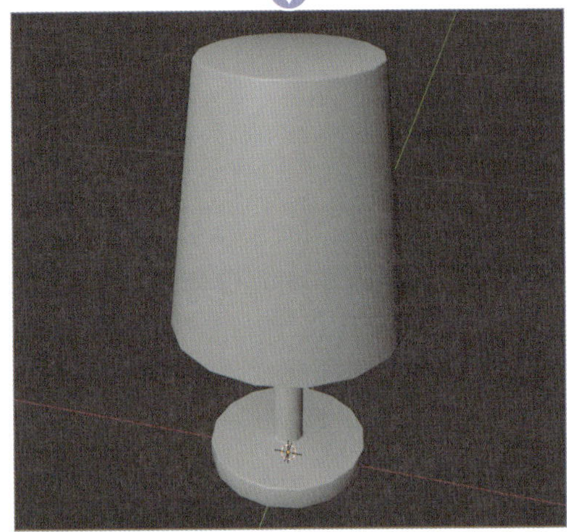

8 [**アウトライナー**]で⓯オブジェクト名を「StandLight」にします。

仮のマテリアルを作成する

仮マテリアルを作成していきます。ここでは台座に割り当てるマテリアルと、ランプシェードと電球に割り当てる発光しているマテリアルの2つを作成します。

1 画面右上の[**3Dビューポートのシェーディング**]を、❶[**マテリアルプレビュー**]に変更します。

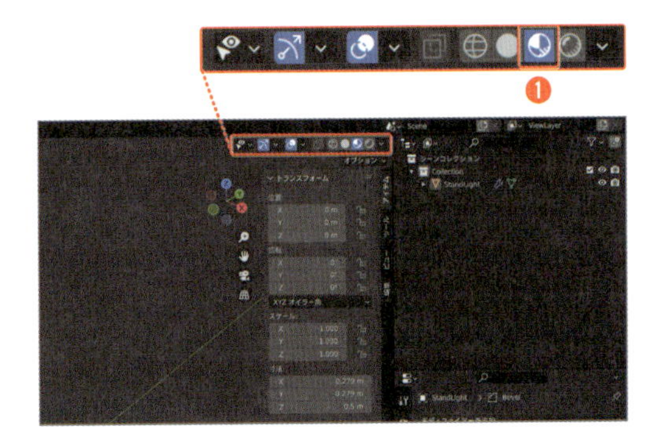

2 ［プロパティ］パネルの❷［マテリアルプロパティ］タブで、❸をクリックして表示されるメニューの❹［Material］を選びます。

［Material］は、新規ファイルを作成すると配置されているデフォルトキューブ（P.092で削除している）に割り当てられていた、デフォルトマテリアルです。

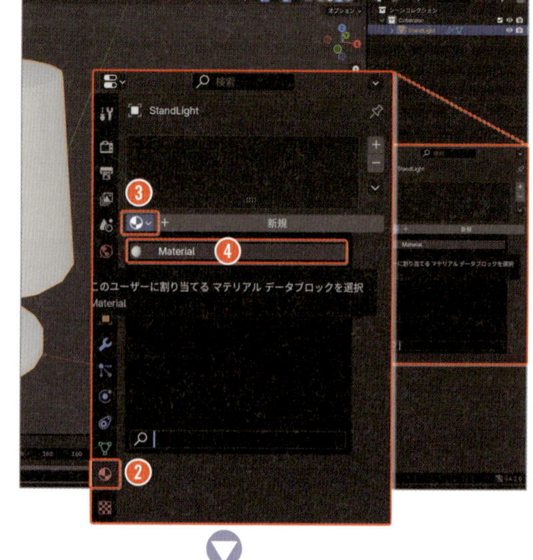

3 ❺［ベースカラー］右の白い部分をクリックして、木目調の台座をイメージしたカラーに変更します。マテリアルの❻［名前］は、「StandLight_Base」にします。

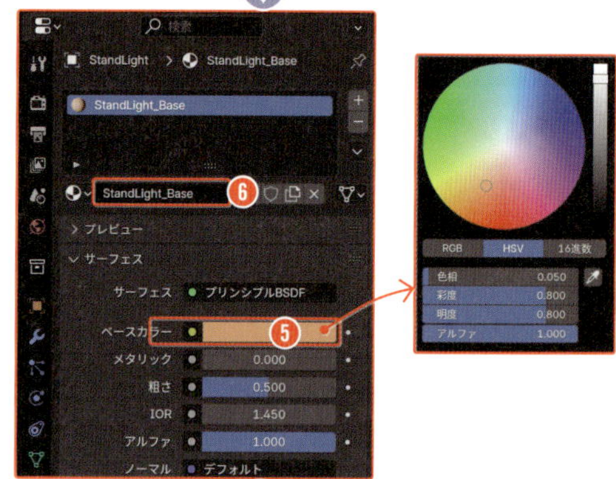

4 ［マテリアルプロパティ］タブの❼［＋］をクリックして新規マテリアルスロットを作成し、❽このマテリアルスロットを選択した状態で❾［新規］をクリックして新規マテリアルを作成します。

5 追加したマテリアルの❿［名前］を、「StandLight_Emission」にします。

仮のマテリアルを割り当てる

作成したマテリアルを割り当てます。

1 **[編集モード]**に切り替え、❶**[面選択]**(数字キー3)にします。❷ランプシェードにマウスポインタを重ねてLキーを押します。リンク選択されます。**[マテリアルプロパティ]**タブで❸**[StandLight_Emission]**のマテリアルを選び、❹**[割り当て]**をクリックして選択面にマテリアルを割り当てます。

リンク選択は繋がった面など法則性を持ってメッシュを選択することができます。

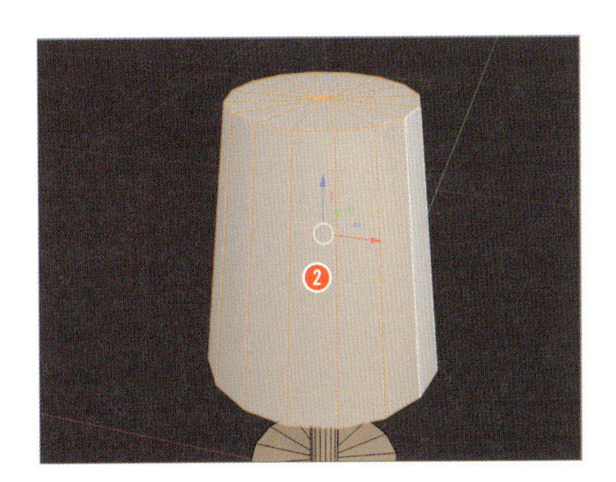

ランプシェードに[StandLight_Emission]のマテリアルが割り当てられます。

2 同様に❺電球の上でLキーを押してリンク選択します。**[マテリアルプロパティ]**タブで❸**[StandLight_Emission]**のマテリアルを選び、❹**[割り当て]**をクリックして選択面にマテリアルを割り当てます。

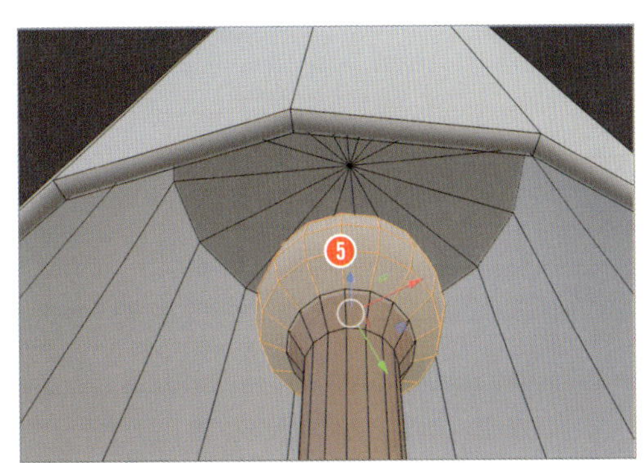

発光しているマテリアルにしたいので、[StandLight_Emission]を調整します。

3 **[オブジェクトモード]**に切り替え、**[マテリアルプロパティ]**タブで❻**[サーフェース]**をクリックして**[放射]**を選びます。❼**[マテリアルカラー]**を電球色(好みの色を設定してください)、❽**[強さ]**を「2」に変更します。

[放射]は放射シェーダー、またはエミッションシェーダーと呼ばれ、自己発光しているオブジェクトを作る際に使用します。

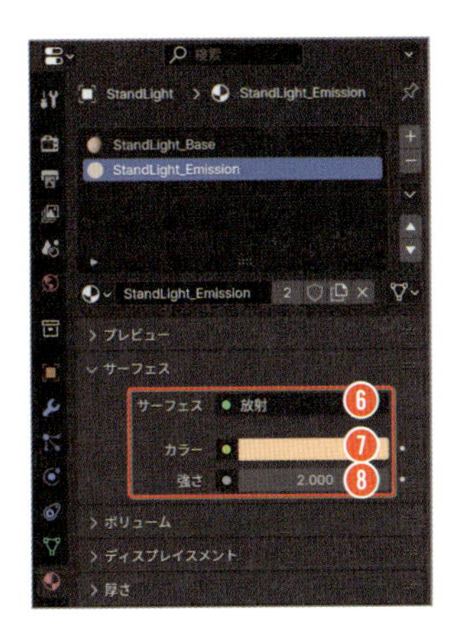

アセットにマークする

[アセットブラウザ]で最終的にメインのシーンに読み込むための準備をします。

1. [アウトライナー]で❶[StandLight]のオブジェクトを右クリックして、❷[アセットとしてマーク]を選びます。

アウトライナーの❸オブジェクト名の前に本のマークがつき、アセットとしてマークされました。

これでスタンドライトのモデリングの完成です。

2. ctrl + S([編集]メニュー➡[保存])で、本棚(P.062〜で作成)と同じフォルダ内に、英数字を使ったわかりやすい名前で保存します。

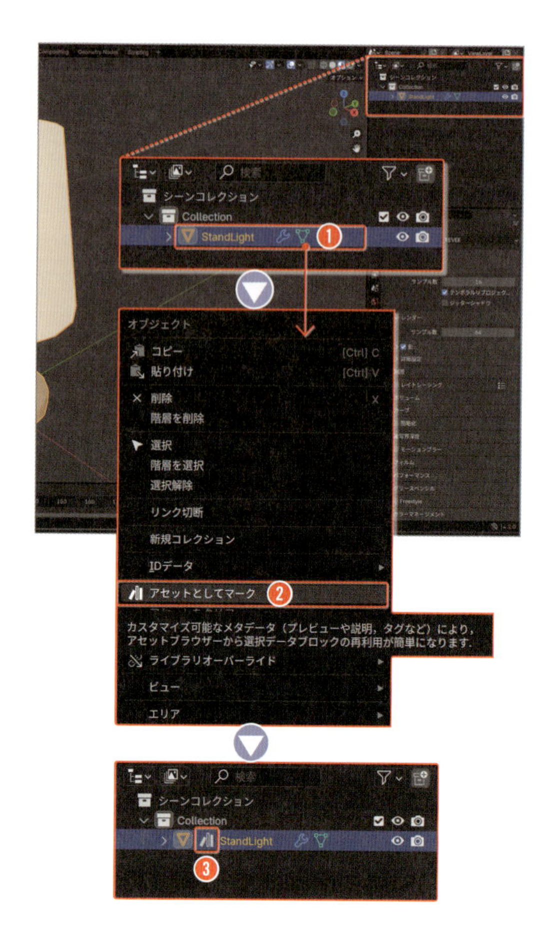

Blender4.2でのブルーム設定

Blender4.2からブルームの設定方法が変更になりました。ブルームを設定して発光の様子を確認してみましょう。なお、ブルームの設定は上級編です。そのため、難しいと感じた場合は、5章で紹介するノードの操作に慣れてから、再度チャレンジしてみてください。

1. 画面上部のタブからワークスペースを❶[Compositing]に変更します。コンポジットとは合成のことで、画像や映像を合成してより良いものにすることができます。ここではブルームの効果を追加します。

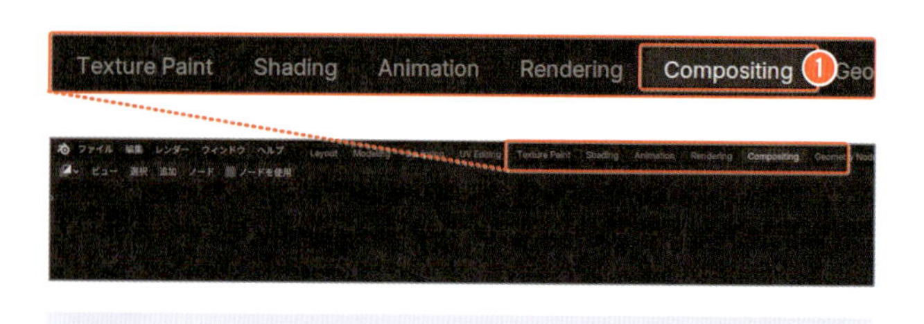

Blender4.4以降で更にブルームに設定が変更になりました。2025年4月時点での設定方法を別途追記しています。

2 ❷[**ノードを使用**]にチェックを入れます。ノードを使用して視覚的に機能を設定することができるようになります。

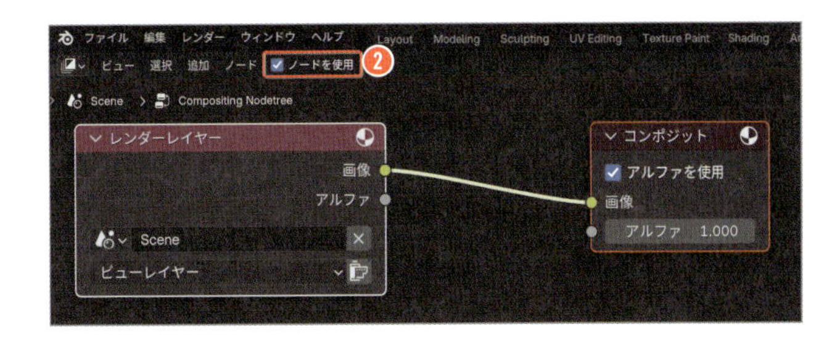

3 ノードが配置されている[**ノードエディター**]上で、shift+Aを押して、❸[**フィルター**]➡[**グレア**]を追加します。

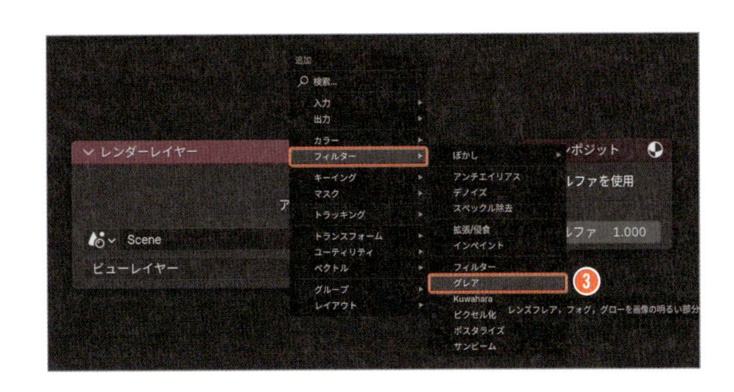

4 ❹[**グレア**]ノードがマウスカーソルについてくるので、❺[**レンダーレイヤー**]ノードと❻[**コンポジット**]ノードの中間にカーソルをあわせてクリックで確定すると自動でリンクをつないでくれます。
黄色いソケット同士をマウスドラッグで接続することもできます。

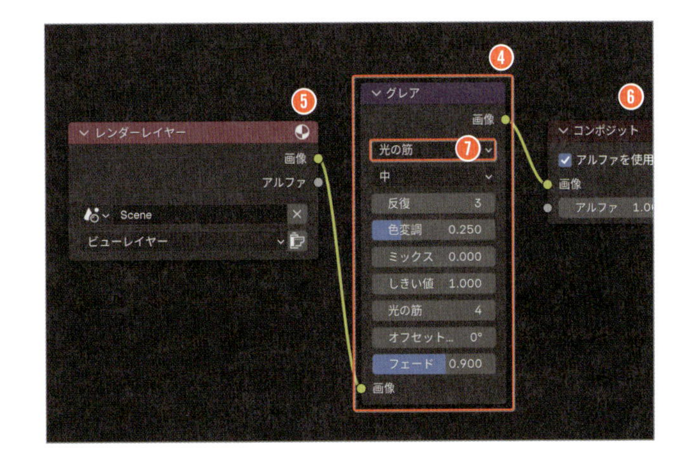

5 [**グレア**]ノードの❼「光の筋」となっている効果の種類をクリックして❽「ブルーム」に変更します。

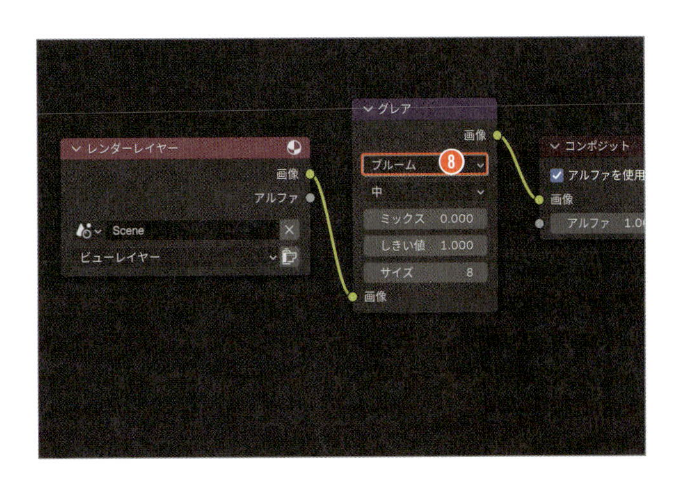

Blender4.4以降は[**グレア**]ノードの内容が変更になっていますが、同様に❼[**光の筋**]を❽[**ブルーム**]に変更します。

6 ❾[Layout]タブをクリックしてワークスペースを[Layout]に変更します。

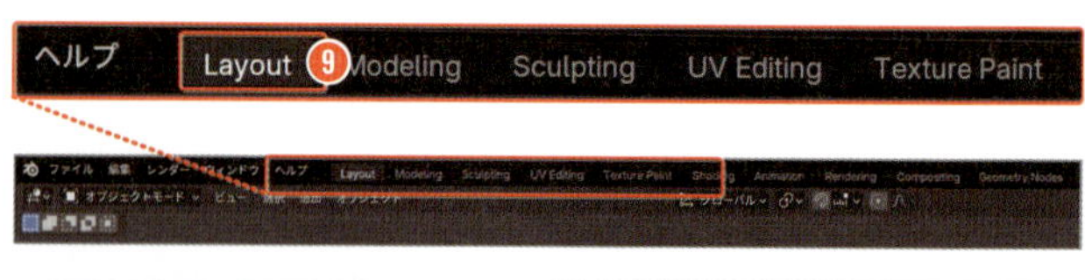

7 画面右上の❿[**シェーディング**]をクリックして、⓫[**ビューポートシェーディング**]から⓬[**コンポジター**]を「常時」に変更します。ビューポートでコンポジットの様子が確認できるようになりました。
⓭少し発光が強いので[Compositing]ワークスペースに戻って値を調整します。

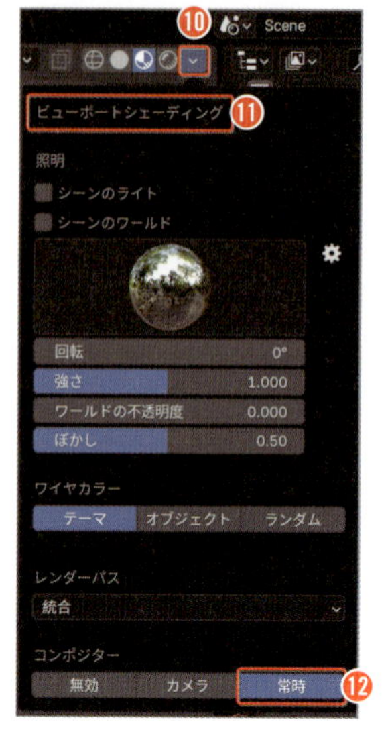

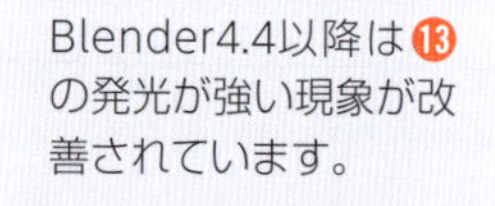
Blender4.4以降は⓭の発光が強い現象が改善されています。

8 [**グレア**]ノードの⓮[**ミックス**]の値を「-0.9」に変更しました。ミックスは「-1.0」から「+1.0」の間の数値で合成の割合を調整できます。調整が終わったら、[Layout]ワークスペースに戻しておきます。

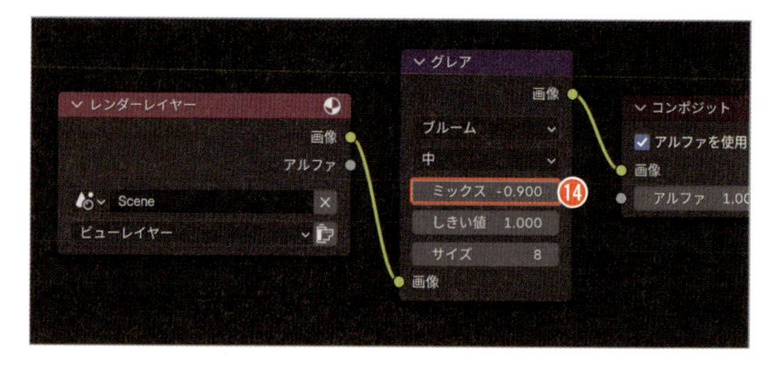

Blender4.4以降は[**ミックス**]ではなく、より直感的な[**強さ**]で設定できるようになりました。**強さ**[0.8]、**彩度**[1.0]、**サイズ**[0.5]が本書の図版と近い値です。

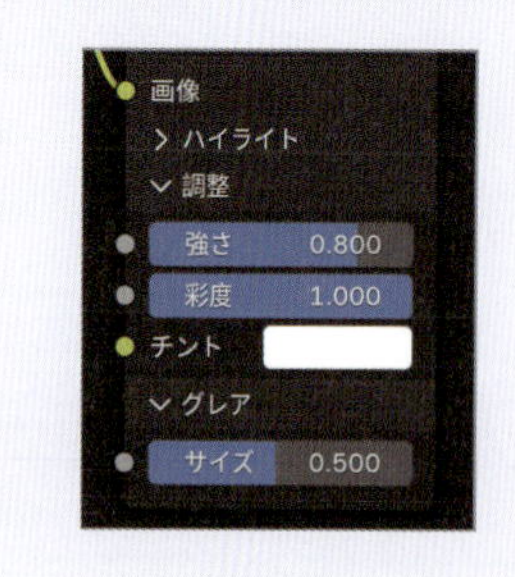

9 ブルームの大まかな調整の完了です。

3-4 テーブルをモデリング〔アドオンを使う〕

丸テーブルを作成します。エクステンションの[Auto Mirror]を使って脚を複製します。天板や複製元の脚の作成は、ここまでの操作の復習となる手順です。

作成するテーブルを確認する

シンプルなテーブルを作成しましょう。花台を制作した際は[**ミラー**]モディファイアーを使用しましたが、ここでは[**Auto Mirror**]エクステンションを使って制作してみます。

ここで作成するテーブル。

ここで学ぶ主な機能

- エクステンション[AutoMirror]

天板を作成する

新規ファイルに配置されている立方体、ライト、カメラを削除した空のシーンから解説します。

1. shift + A を押して、[**メッシュ**]➡[**円柱**]を選んで追加します。

2. 画面左下にある[**オペレーター**]パネルで、❶[**頂点**]を「32」、[**半径**]を「0.5」m、[**深度**]を「0.04」とし、[**ふたのフィルタイプ**]を[**Nゴン**]にします。

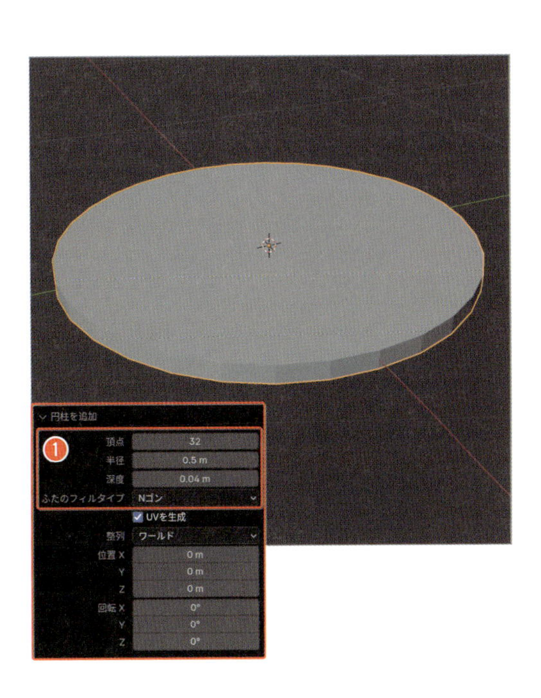

[**ふたのフィルタイプ**]は[**三角の扇形**]とするほうがポリゴンの割り方をコントロールしたモデルが作れますが、今回は平らな面のまま扱う予定なのでここでは[**Nゴン**]にしています(P.093の『ここもCHECK!』参照)。

3 **[編集モード]**に切り替え、フロントビュー(テンキー1)にします。Aキーですべて選択し、**[移動]**(G➡Z)で、❷天板が上面が70cm程の高さになるように移動します。

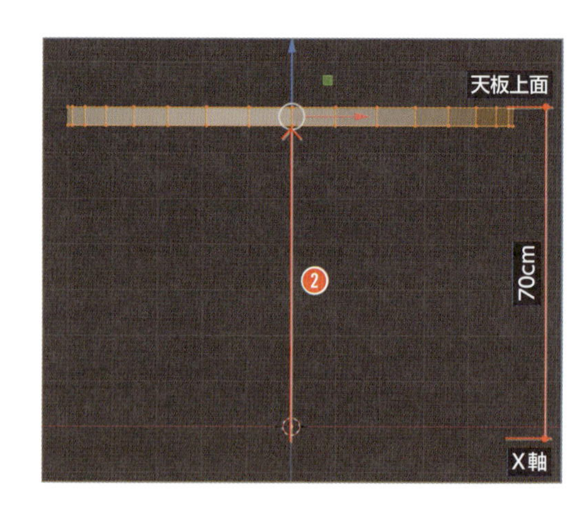

グリッドスナップ(P.097の『ここもCheck!』参照)を使うとぴったり移動できます。

4 **[オブジェクトモード]**に切り替え、**[プロパティ]**パネルの❸**[モディファイアープロパティ]**タブで、❹**[モディファイアーを追加]**から❺**[生成]**➡❻**[ベベル]**を選びます。ここでは❼**[量]**を「0.01」m、**[セグメント]**を「3」にします。

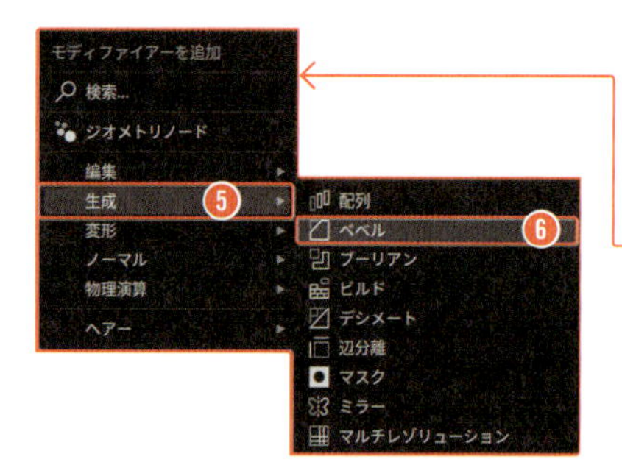

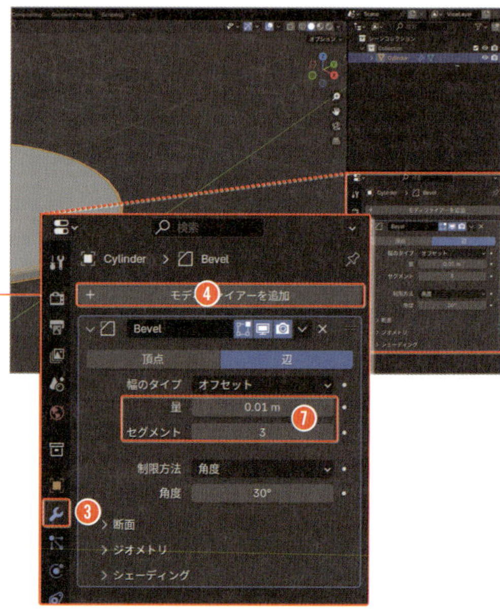

どこにベベルがかかるか、わかりやすく確認するため、**[ビューポートオーバーレイ]**の**[ワイヤーフレーム]**にチェックを入れて確認します(P.086の『ここもCHECK!』参照)。確認したら**[ワイヤーフレーム]**のチェックを外します。

支柱を作成する

1 shift＋Aを押して、**[メッシュ]**➡**[円柱]**を選んで追加します。

2 画面左下にある**[オペレーター]**パネルで、❶**[頂点]**を「12」、**[半径]**を「0.03」m、**[深度]**を「0.6」とします。
視点をフロントビュー(テンキー1)にして❷サイズを確認します。

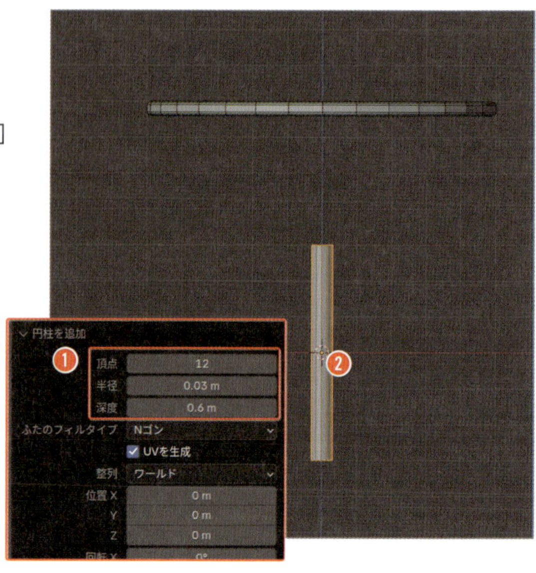

CHAPTER-3

3 ［**編集モード**］に切り替え、❸［**透過表示**］をONにします。支柱上面の頂点だけをボックス選択し、［**移動**］（G➡Z）で❹天板の位置まで持ち上げます。

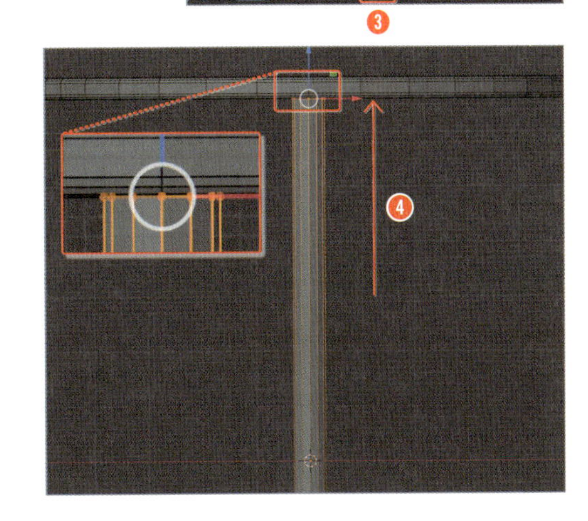

ctrl を押しながら移動すると、スナップさせて移動できます。

4 ❺支柱下面も同様に頂点だけをボックス選択し、［**移動**］（G➡Z）で移動します。大体でかまいませんが、右図ではX軸のラインから15cmの位置に移動しています。

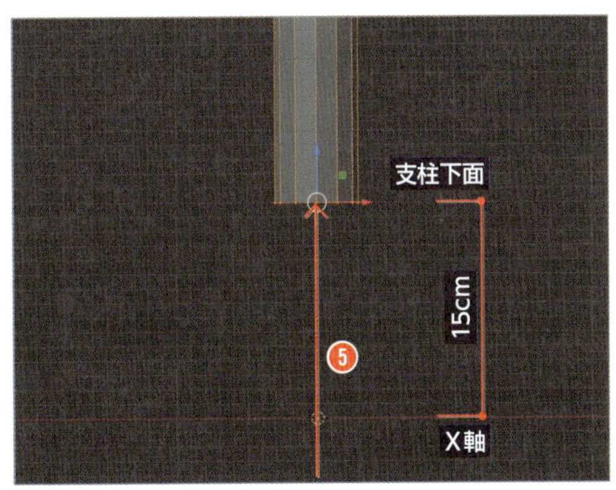

支柱に装飾を施す（膨らませる）

支柱に膨らみなどの装飾を施します。まずはループカットを追加します。

1 ctrl＋R（［**ループカット**］）を押してマウスポインタを支柱に重ね、❶水平の方向の黄色い線を表示させます。クリックで方向と分割数（1本）を確定します。右クリックで支柱の上下中央にループカットを作成します。

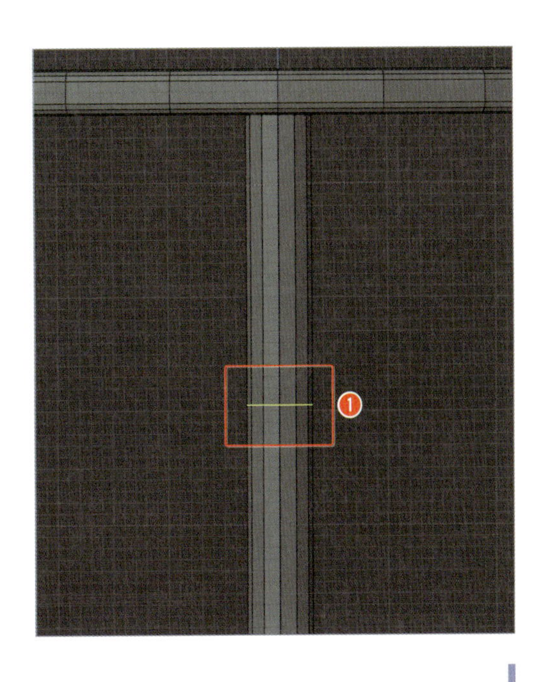

2 作成したループカットを選択し、**[移動]**（G→Z）で❷大体図の位置まで移動します。

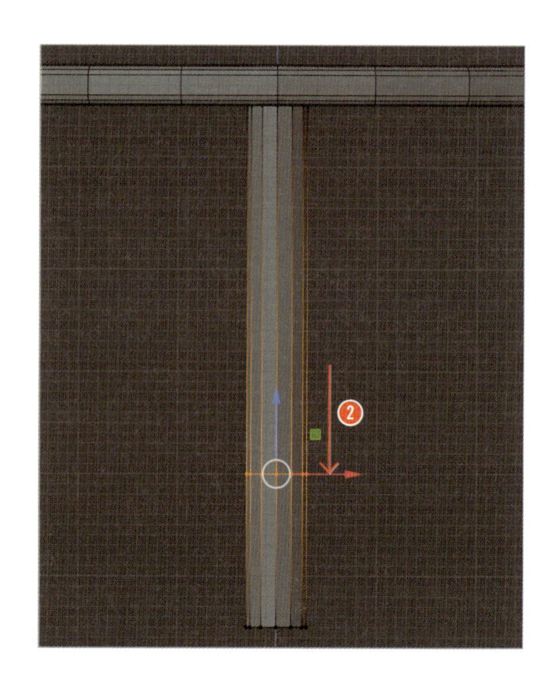

ここでは、G→Zで移動していますが、G→Gで移動してもかまいません。**[移動]**（G）に続けてGを押すと**[辺スライド]**となり、移動方向を辺に沿った方向に制限できます。

3 ❸移動した辺より上側をctrl＋R（**[ループカット]**）でループカットします。方向は水平、分割数は6本にしてクリックで確定、位置は右クリック（移動をキャンセル）で中央に確定します。

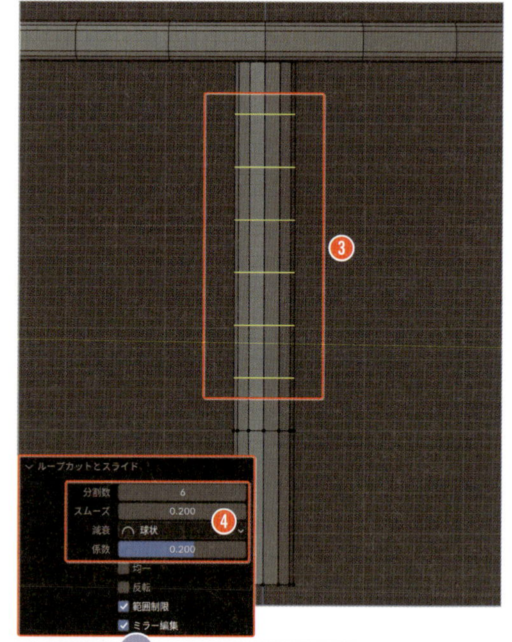

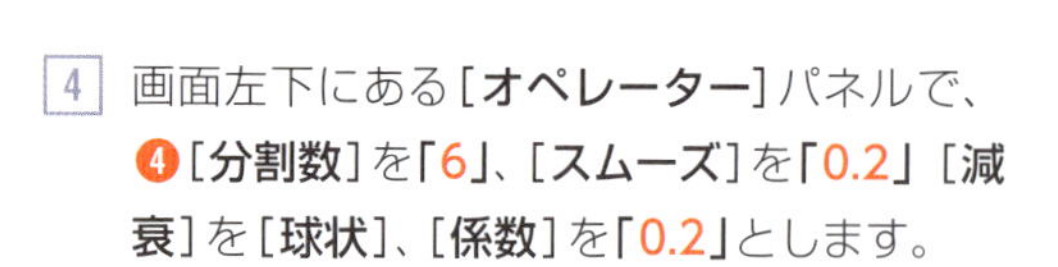

4 画面左下にある**[オペレーター]**パネルで、❹**[分割数]**を「6」、**[スムーズ]**を「0.2」**[減衰]**を**[球状]**、**[係数]**を「0.2」とします。

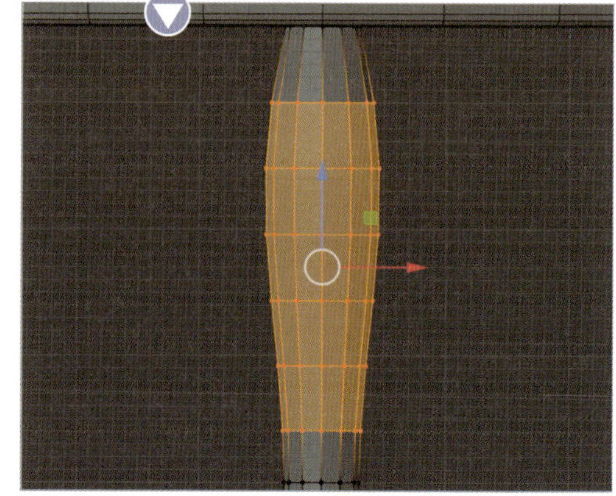

ループカットに**[オペレーター]**パネルで設定することで、ループカットをいろいろな形に変形できます。

支柱に装飾を施す

回転しながら木を削って作る挽物(ひきもの)細工の支柱のような出っ張りを作成します。

1 支柱下側も ctrl + R ([**ループカット**])でループカットします。❶方向は水平、分割数は2本にしてクリックで確定、位置は右クリック(移動をキャンセル)で中央に確定します。

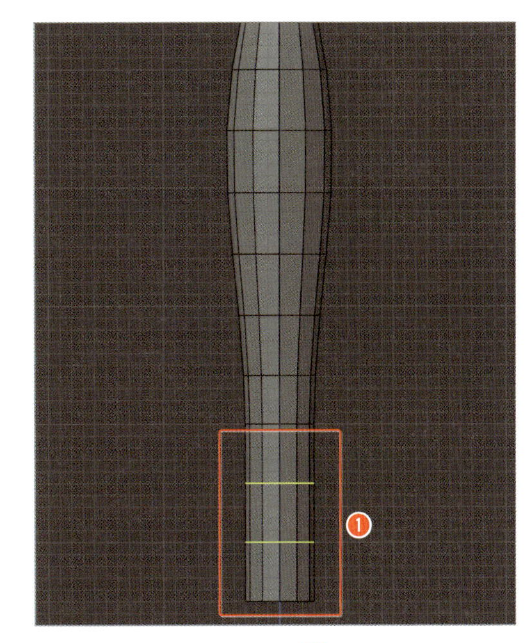

2 [**透過表示**]がONになっていることを確認し、❷[**辺選択**](数字キー 2)にします。❸追加した2本の辺をそれぞれ囲むようにボックス選択します。

alt +クリック(追加選択は shift + alt +クリック)でループ選択してもかまいません。

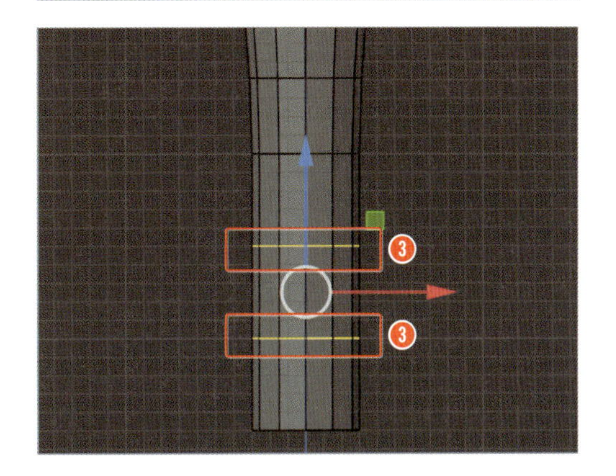

3 ❹ ctrl + B ([**ベベル**])で、選択している2つの辺にベベルをかけます。マウスを動かし、大体図のようになったらクリックで確定し、画面左下にある[**オペレーター**]パネルで、❺[**幅**]を「0.01」mとします。

[ベベル]は、モデルの角を面取りして滑らかにする機能ですが、平面上にベベルをかけることで、辺を分割するような目的でも使うことができます。

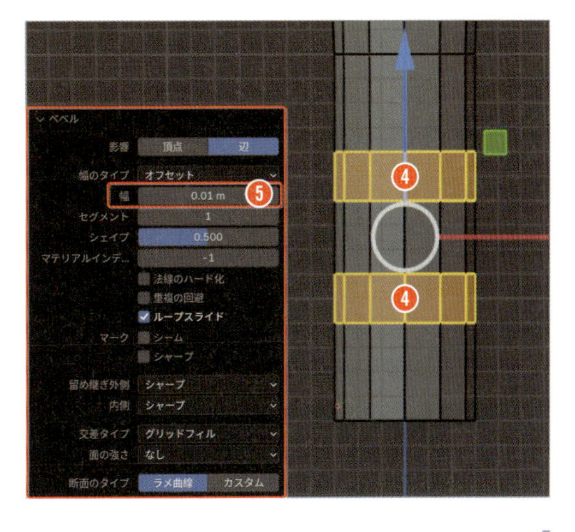

4 2本のリング状の面が選択された状態で alt ＋ E を押し、❻[**押し出し**]メニューで[**法線に沿って面を押し出し**]を選びます。

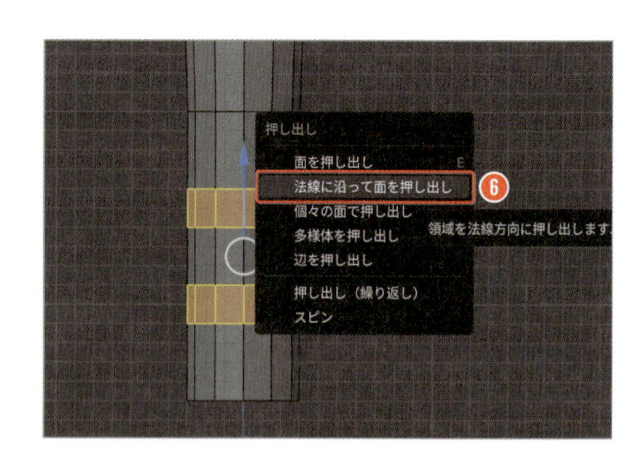

5 マウスを動かして押し出し、程よい位置でクリックして確定します。画面左下にある[**オペレーター**]パネルで、❼[**オフセット**]を「0.02」mと入力します。

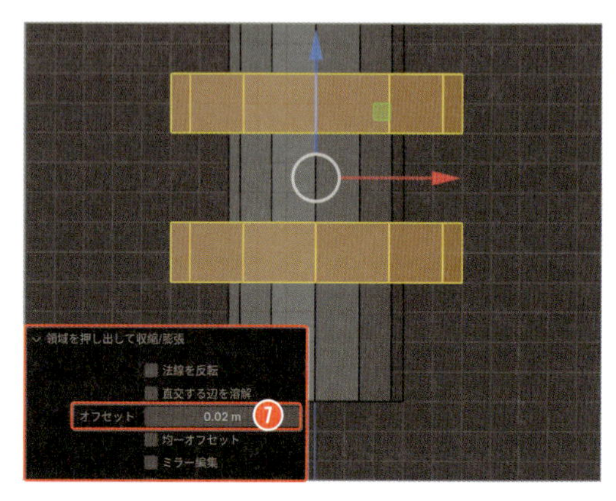

6 [**面選択**]（数字キー 3 ）にしたら、上のリングの側面を alt ＋クリックで面ループ選択します。[**スケール**]（ S ➡ shift ＋ Z ）で、Z軸以外にスケールをかけて❽少し小さくします。

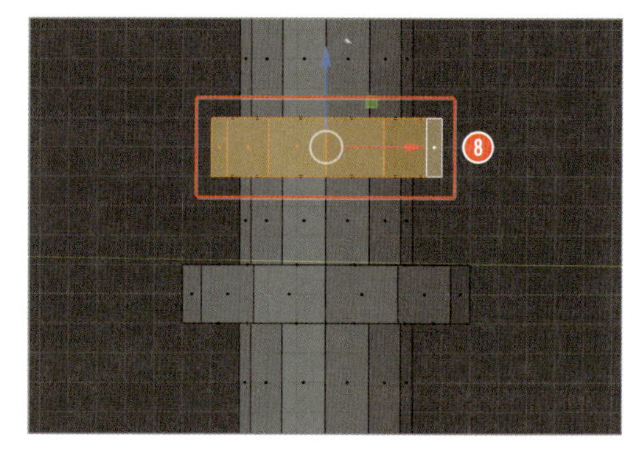

面ループ選択でクリックしたとき、クリックする位置によっては縦ループが選択されることがあります。この場合はクリックする位置を少しずらして選択しなおしてください。

7 ❾[**透過表示**]をOFFにします。❿上のリング側面を alt ＋クリックで面ループ選択し、⓫下のリング側面を shift ＋ alt ＋クリックして追加の面ループ選択をします。

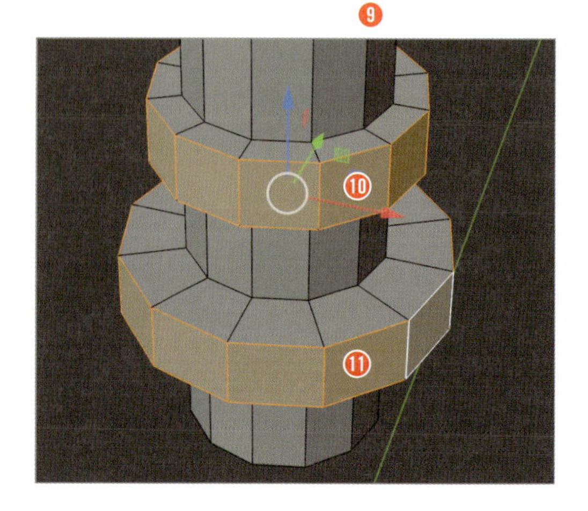

CHAPTER-3

8 ⓬画面上部の［**トランスフォームピボットポイント**］をクリックし、⓭［**それぞれの原点**］を選んで変更します。

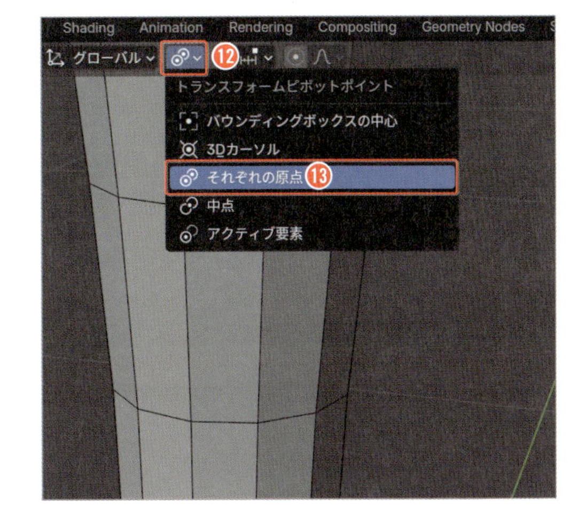

［**トランスフォームピボットポイント**］では、［**スケール**］での基準点と［**回転**］での中心を設定します。［**それぞれの原点**］にすることで、上下のリングに同時に同じスケールをかけることができます。

9 ［**スケール**］（S➡Z）で、Z軸方向にスケールをかけて⓮先端部分を細くします。

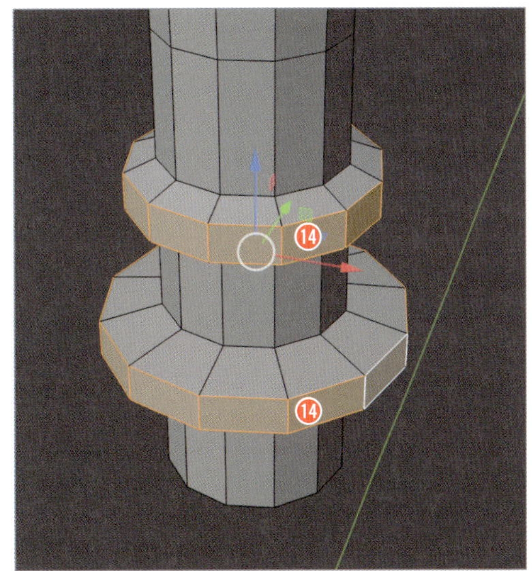

10 ［**プロパティ**］パネルの⓯［**モディファイアープロパティ**］タブで、⓰［**モディファイアーを追加**］から［**生成**］➡［**ベベル**］を選びます。ここでは⓱［**量**］を「0.005」m、［**セグメント**］を「3」、⓲［**角度**］を「60」°としました。

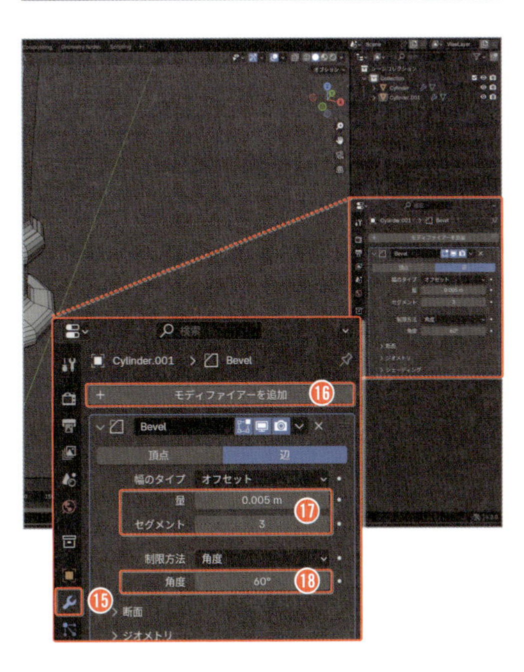

11 どのようにベベルがかかっているか、確認するため、［**オブジェクトモード**］に切り替え、［**ビューポートオーバーレイ**］の［**ワイヤーフレーム**］にチェックを入れます。

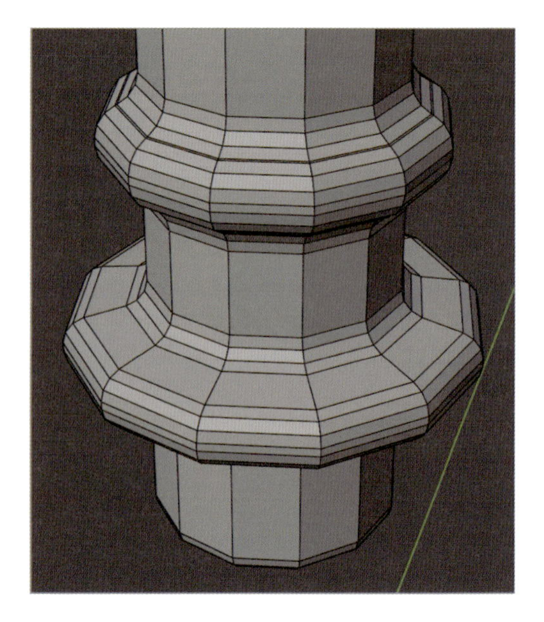

下の装飾をもう少し大きくしたいと思います。

12 ［**編集モード**］に切り替え、視点をフロントビュー（テンキー1）にし、［**透過表示**］をONにします。［**面選択**］（数字キー3）でドラッグをして、⑲下の装飾の側面と上下の面をボックス選択します。

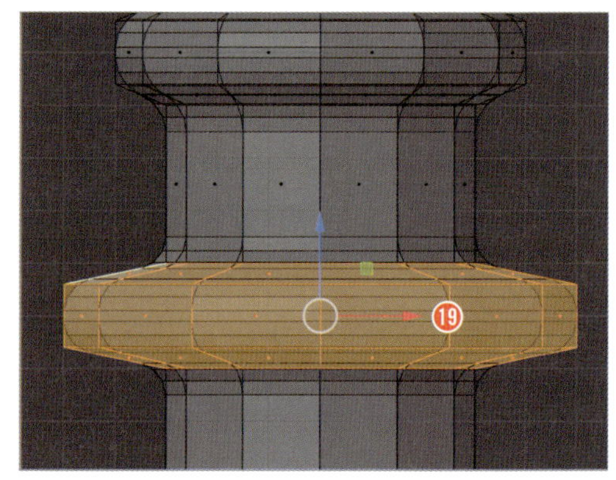

13 ［**スケール**］（S→Z）で、⑳Z軸方向にスケールをかけて大きくします。

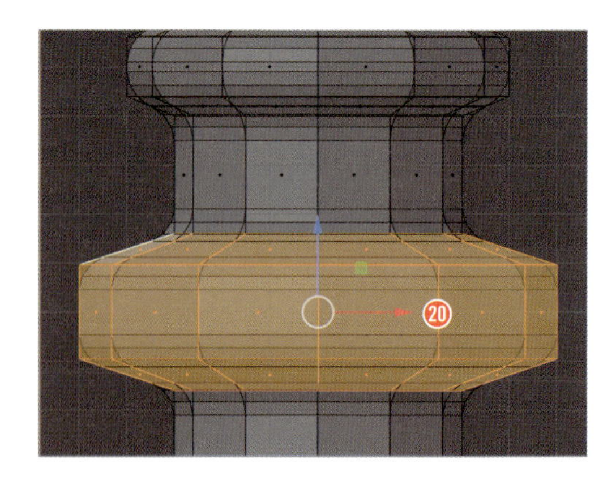

14 ㉑画面上部の［**トランスフォームピボットポイント**］をクリックし、㉒［**中点**］に戻しておきます。

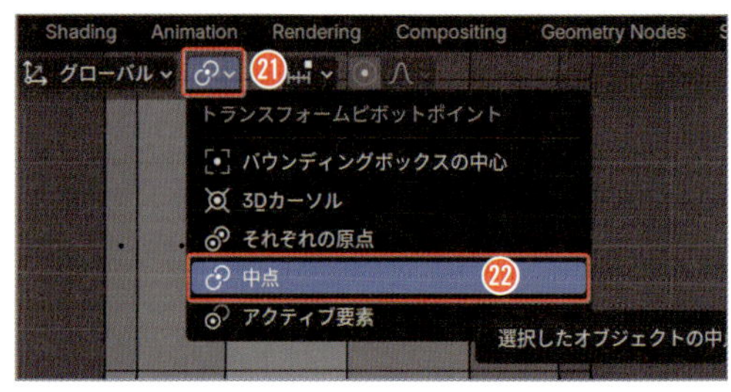

支柱と脚のジョイント部分を作成する

支柱と脚のジョイント部分は、[**押し出し**]で作成します。

1 [**透過表示**]がONになっていることを確認し、[**頂点選択**](数字キー1)で支柱下面をドラッグしてボックス選択します。E([**押し出し**])で、押し出します。ここでは、❶ジョイント下面がX軸から4cm程度としました。

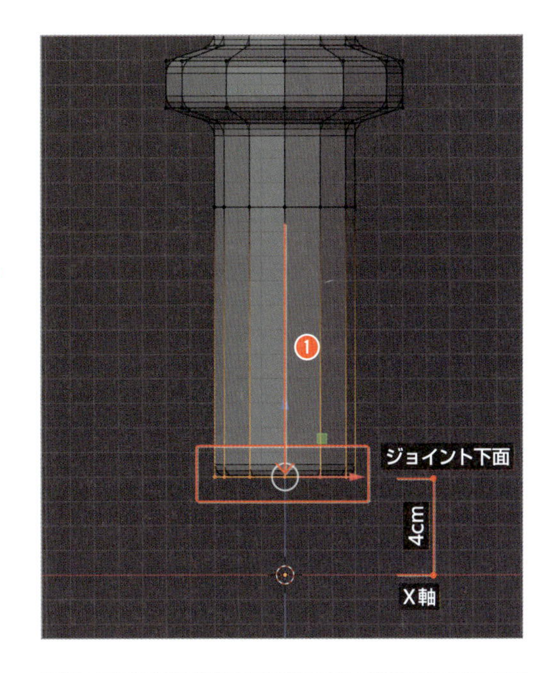

2 [**面選択**](数字キー3)にします。❷押し出した側面をドラッグで囲んでボックス選択します。alt+Eを押し、[**押し出し**]メニューから❸[**法線に沿って面を押し出し**]を選びます。

ボックス選択では底面を選択しないようにしてください。alt+クリックでループ選択してもかまいません。

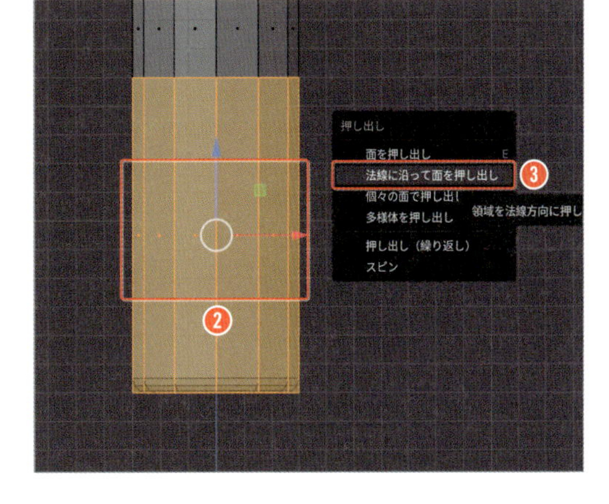

3 マウスを動かして外側に押し出します。画面左下にある[**オペレーター**]パネルで、❹[**オフセット**]を「0.02」mとして、上の装飾の張り出しと揃えています。このあたりは好みでオフセットの量を変えてかまいません。

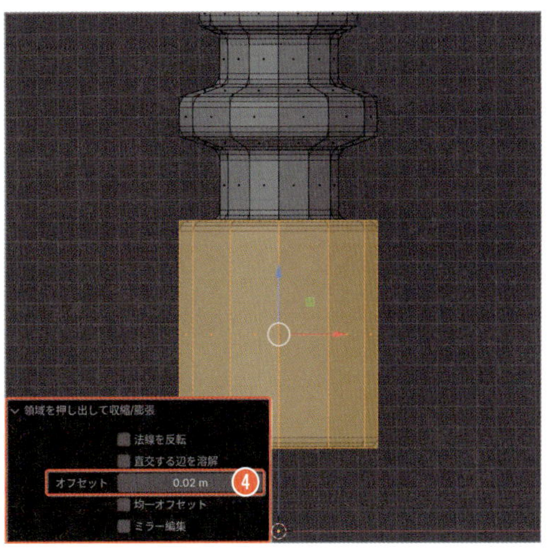

4 [**オブジェクトモード**]に切り替え、[**透過表示**]をOFFにして確認します。

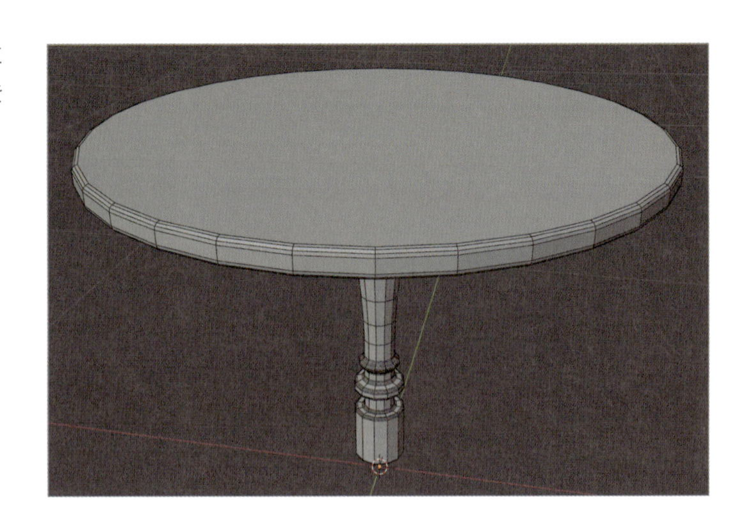

脚の基本形状を作成する

脚は右側だけ作り、ミラーで左側を作成します。まずは、右側の脚を作成します。

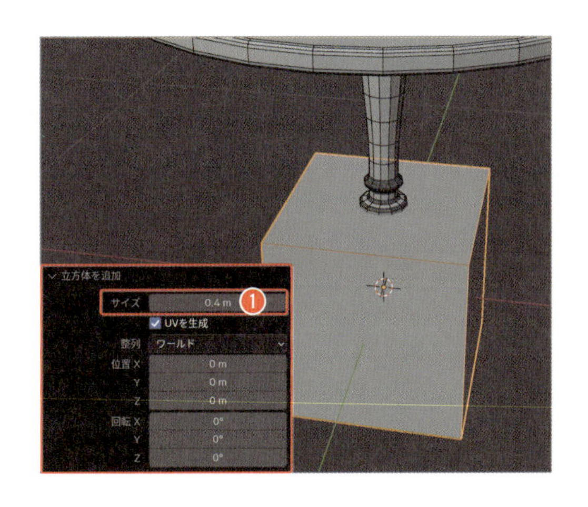

1 [**オブジェクトモード**]で shift ＋ A を押して、[**メッシュ**]➡[**立方体**]を選んで追加します。

2 画面左下にある[**オペレーター**]パネルで、❶[**サイズ**]を「0.4」mとします。

3 [**編集モード**]に切り替え、❷[**透過表示**]をON、視点をフロントビュー（テンキー1）にします。
A キーですべて選択し、[**移動**]（G➡X）で❸右に移動します。このときに立方体の左端が、テーブルの中心になるようにします。

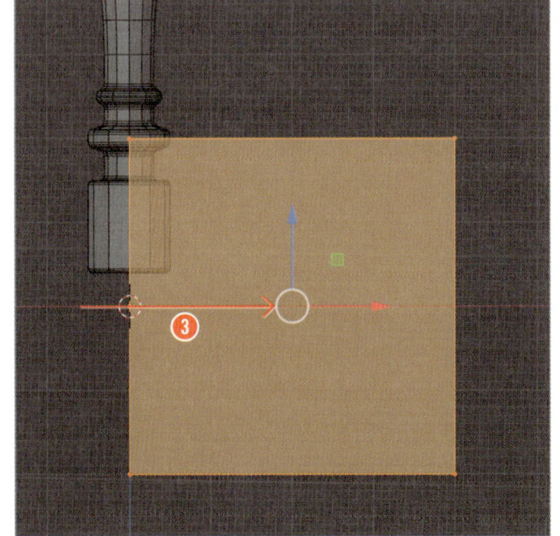

CHAPTER-3

4 ［**頂点選択**］（数字キー1）で、上面の頂点を囲むようにドラッグでボックス選択します。［**移動**］（G➡Z）で❹下に移動します。支柱と脚のジョイント部分に脚が差し込んでいるようにするため、図のような位置まで移動します。

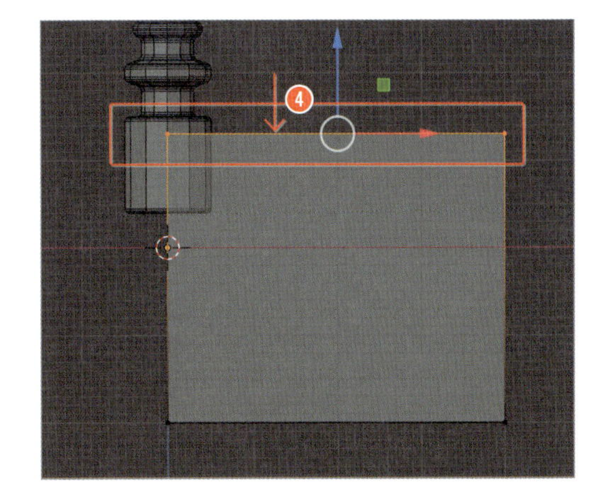

5 同様に下面を選択し、［**移動**］（G➡Z）で❺上に移動します。支柱と脚のジョイント部分に脚が差し込んでいるようにするため、図のような位置まで移動します。

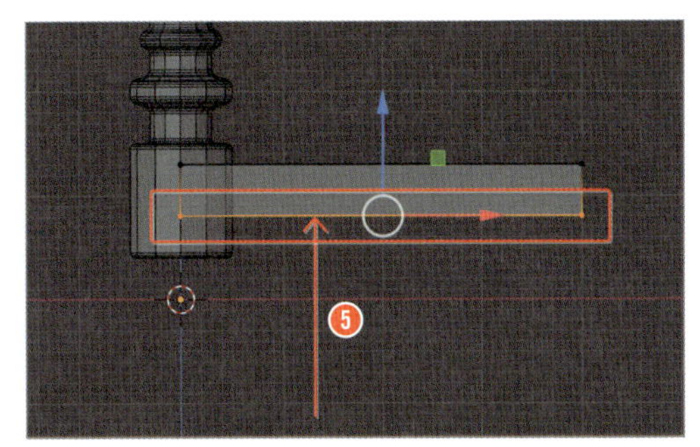

6 視点をサイドビュー（テンキー3）にします。幅を縮小します。❻左側の頂点を囲むようにドラッグでボックス選択し、［**移動**］（G➡Y）で、❼テーブル中心から1cmの位置まで移動します。

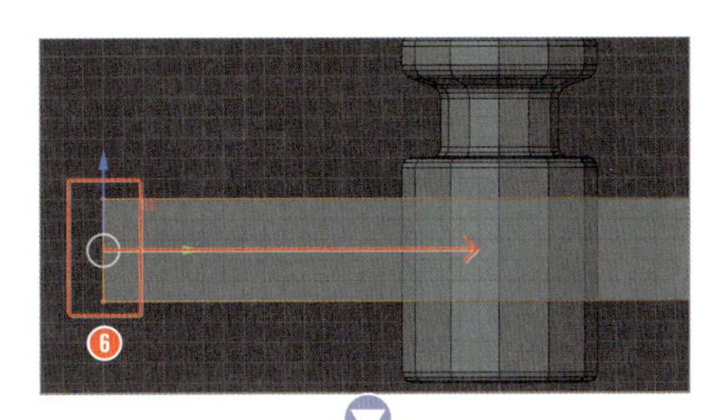

7 同様に❽右側の頂点を囲むようにドラッグでボックス選択し、［**移動**］（G➡Y）で、❾テーブル中心から1cmの位置まで移動します。脚の幅は2cmになります。

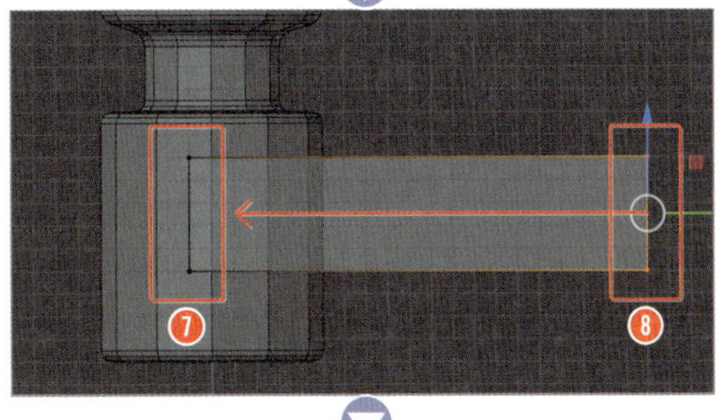

6～7の操作を［**移動**］ではなく［**スケール**］で実行してもかまいません。

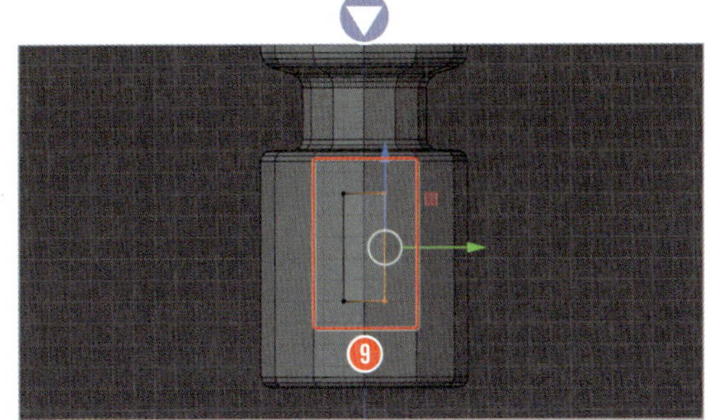

8 視点をフロントビュー(テンキー1)にします。ctrl+R([**ループカット**])で、⑩方向は垂直、分割線は2本にしてクリックで確定、位置は右クリック(移動をキャンセル)で中央に確定してループカットします。

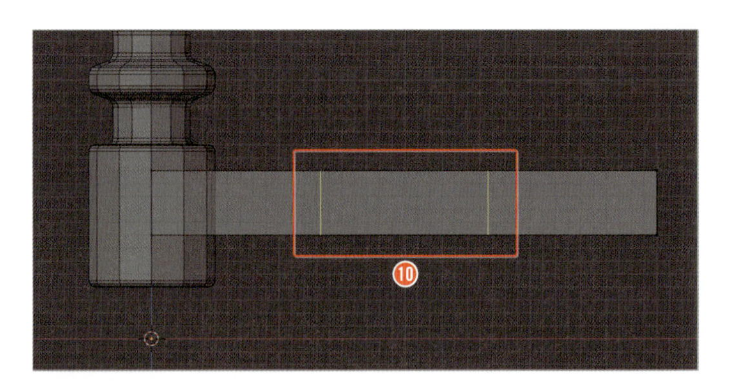

9 追加したループカットのうち右側の辺をドラッグで囲んでボックス選択します。[**移動**](G➡X)で、⑪先端のほう(図のあたり)まで移動します。

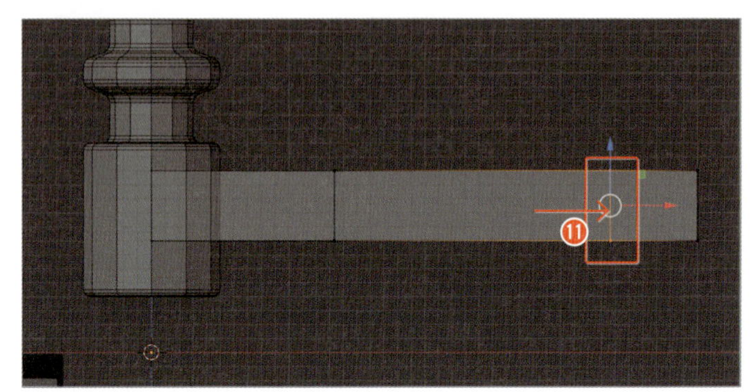

10 ⑫先端部分の頂点をドラッグで囲んでボックス選択します。[**移動**](G➡Z)で、⑬下に移動します。床面(X軸)からは少し浮かせておきます。

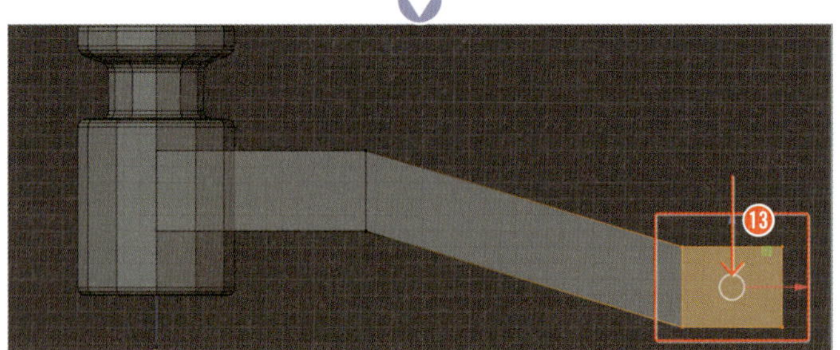

11 [**辺選択**](数字キー2)にして、⑭間の辺をalt+クリック(追加選択はshift+alt+クリック)でループ選択します。

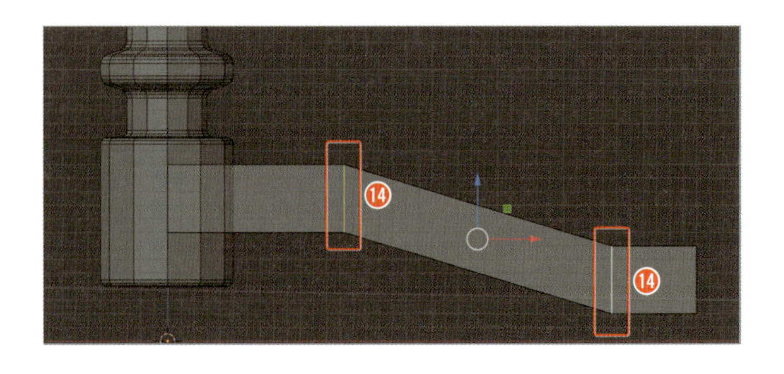

CHAPTER-3

12 ctrl + B（[ベベル]）をかけて角を丸くします。ここでは、画面左下にある[オペレーター]パネルで、⑮[幅]を「0.02」m、[セグメント]を「4」とします。

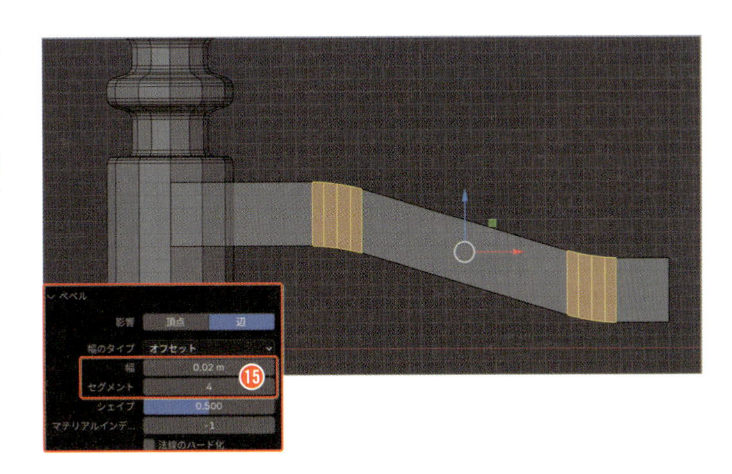

脚の接地部分を作成してベベルをかける

脚の先端に接地部分を作成します。

1 [面選択]（数字キー3）にして、❶先端の底面を選択します。

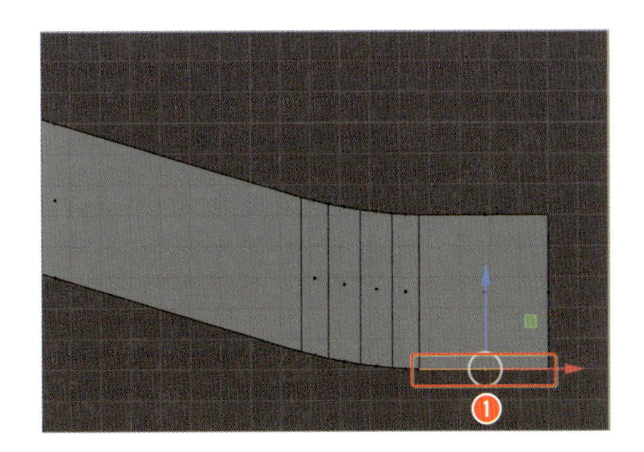

底面の線を囲むようにドラッグでボックス選択するか、いったん視点を変えて底面が見えるようにして選択するかのどちらの方法でもかまいません。

2 E（[押し出し]）で、❷床面（X軸上）に接地する位置まで押し出しします。

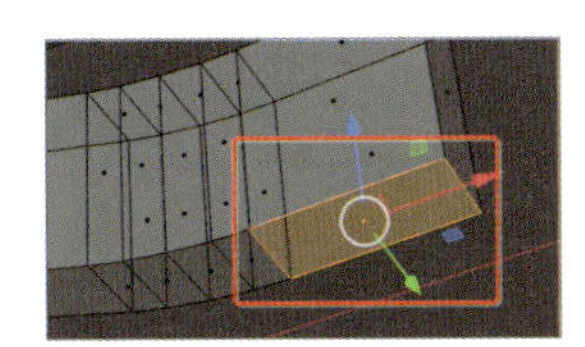
選択した面を視点を変えて確認

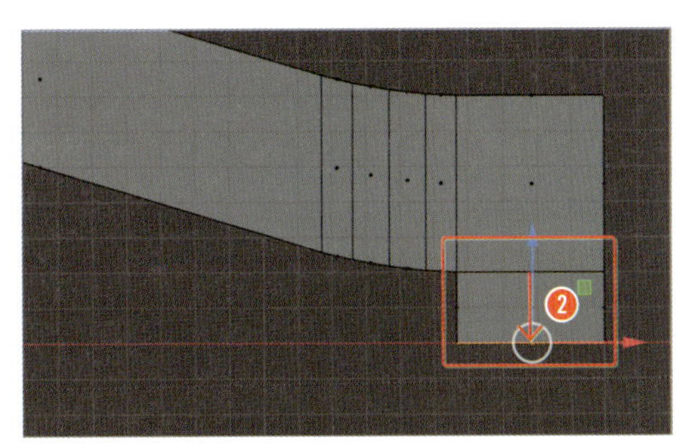

3 [辺選択]（数字キー2）にして、❸先端上部の角の辺を選択します。ctrl + B（[ベベル]）でベベルをかけて丸くします。ここでは、画面左下にある[オペレーター]パネルで、❹[幅]を「0.02」m、[セグメント]を「4」とします。

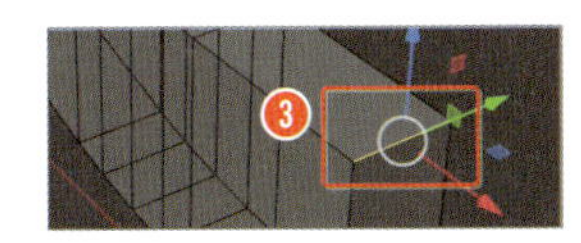
選択した辺を視点を変えて確認

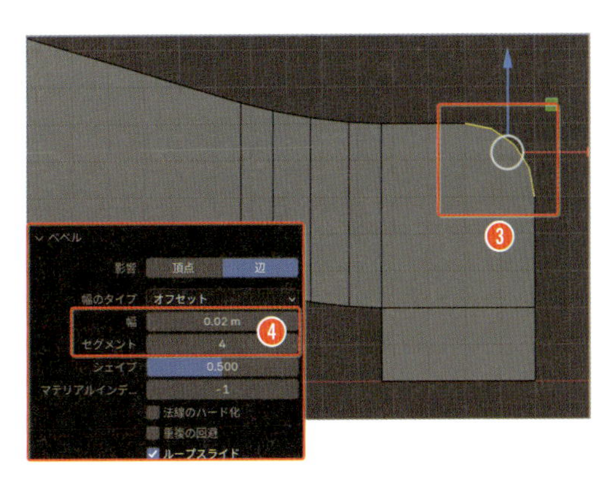

脚全体にベベルをかけます。

4 **[プロパティ]**パネルの❺**[モディファイアープロパティ]**タブで、❻**[モディファイアーを追加]**から**[ベベル]**を選びます。ここでは❼**[量]**を「0.005」m、**[セグメント]**を「3」にします。

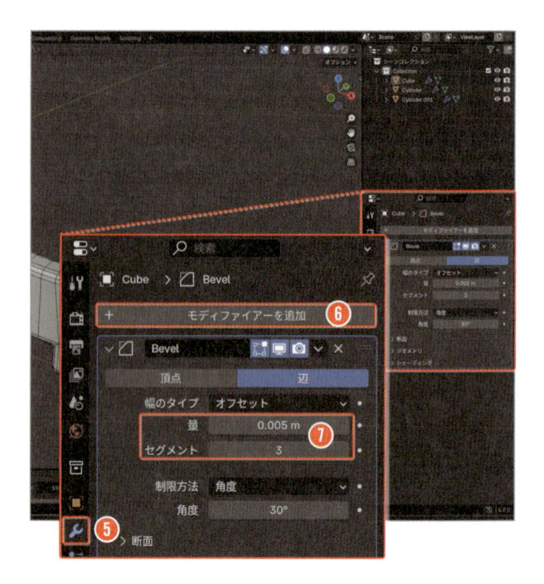

5 **[オブジェクトモード]**に切り替えて、**[透過表示]**をOFFにします。**[ビューポートオーバーレイ]**の**[ワイヤーフレーム]**にチェックを入れてベベルを確認します。

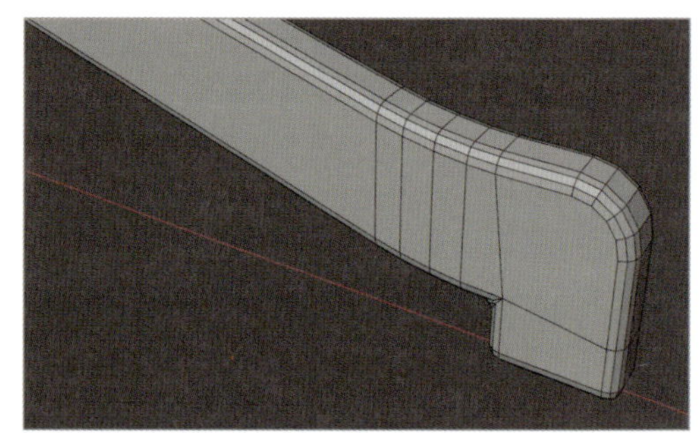

エクステンション[Auto Mirror]のインストール

Blender4.2から従来は「アドオン」(addon)と呼ばれてきた拡張機能のうちオープンソースのものをエクステンション(Extensions)として扱うようになりました。エクステンション「Auto Mirror」をオンラインから取得してインストールします。

1 ❶**[編集]**メニュー➡**[プリファレンス]**と進み、**[プリファレンス]**ウィンドウを開きます。

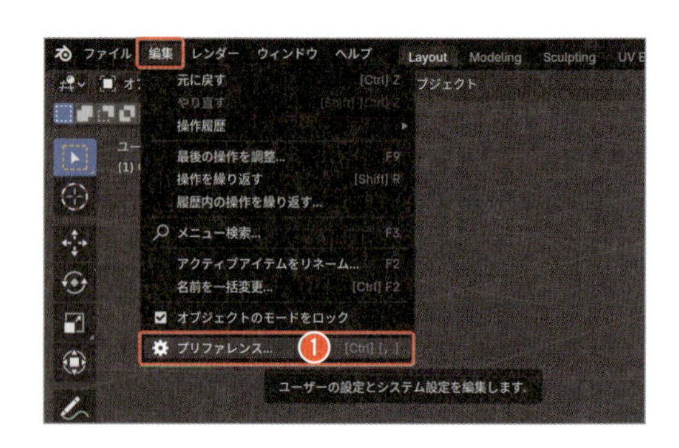

2 ❷**[エクステンションを入手]**タブを選択し、今回はオンラインからエクステンションを入手するため❸**[オンラインアクセスを許可]**をクリックします。

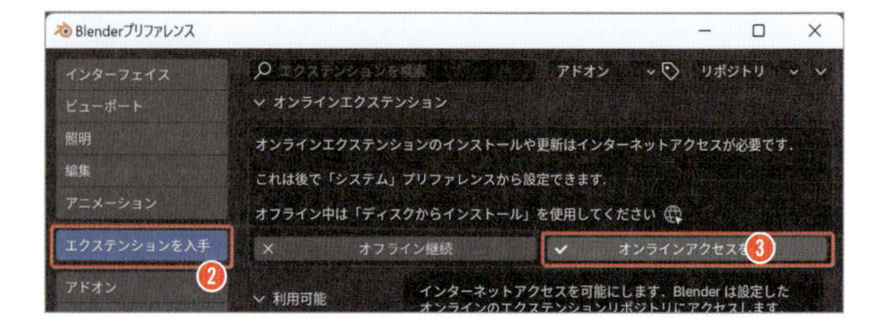

3 ❹[検索窓]に「mirror」と入力します。❺[Auto Mirror]エクステンションが表示されたら、❻[インストール]をクリックします。

4 ❼インストール済みになったことを確認します。

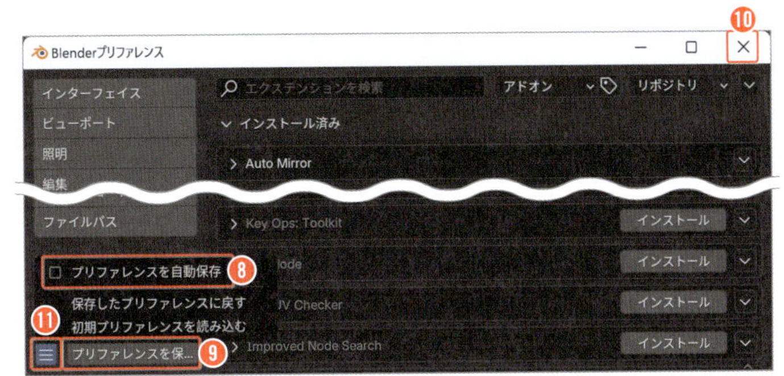

5 デフォルトではプリファレンスの変更が自動保存されるので、❿[×]をクリックしてプリファレンスウインドウを閉じます。

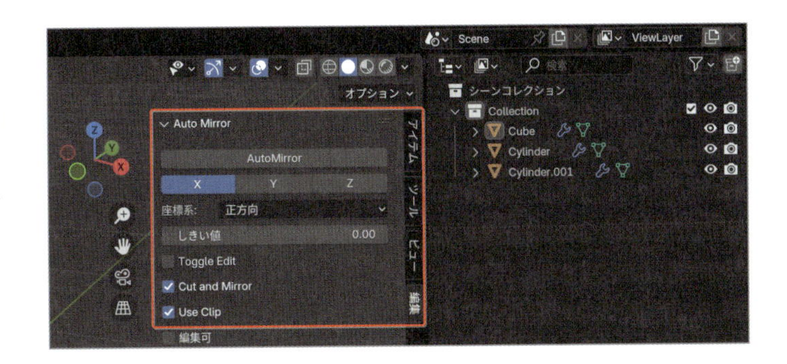

デフォルトでは、[Blenderプリファレンス]ウィンドウを[×]のクリックで閉じると、変更した設定が自動で保存されますが、❾[プリファレンスを保存]が表示されている場合は、ここをクリックしてからウィンドウを閉じてください。[プリファレンスを保存]は、⓫をクリックすると表示される[プリファレンスウィンドウ]メニューの❽[プリファレンスを自動保存]のチェックを外すと表示されます。

[Auto Mirror]が有効になっているかは、[サイドバー](N)で確認できます。[サイドバー]に[編集]タブが追加され、[Auto Mirror]の設定ができるようになっています。

ミラーで反対側の脚を作成する

[Auto Mirror]を実行する前に、脚のオブジェクトを修正します。

1 脚のオブジェクトを選択し、[編集モード]に切り替えます。❶[透過表示]をONにします。

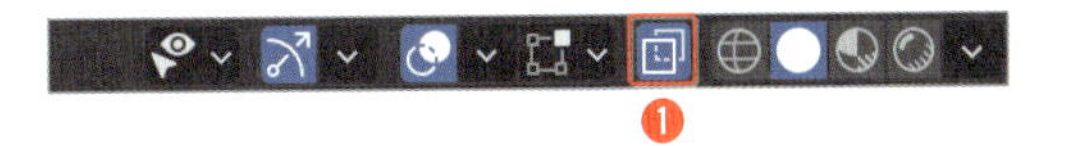

2 ❷支柱中心と重なる面を、[移動](G→X)で中心から左右どちらかに移動します。今回は正面から左側に移動しました。

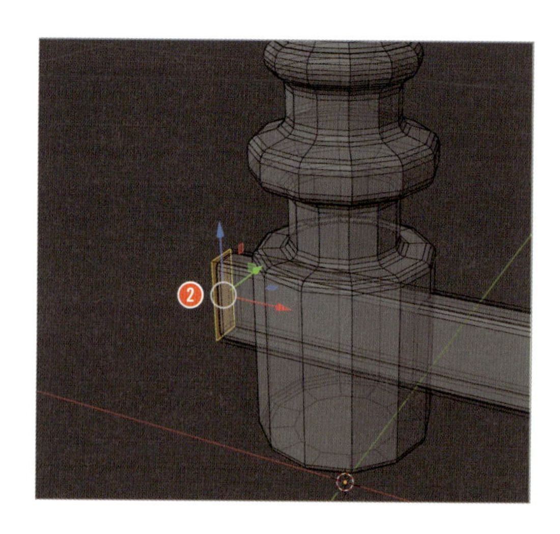

[Auto Mirror]は、[ミラー]モディファイアーを追加します。このとき対称軸(オブジェクトの原点)の反対側にあるメッシュを自動で削除するエクステンションです。ただし対称軸のオブジェクト原点に面がある場合は、この面は削除されずに維持されます。このため中心と重なる面を移動しておきました。

3 [サイドバー](N)の❸[編集]タブにある[Auto Mirror]で、❹[X]だけがON、❺[座標系]が[正方向]になっていることを確認し、❻[AutoMirror]をクリックします。

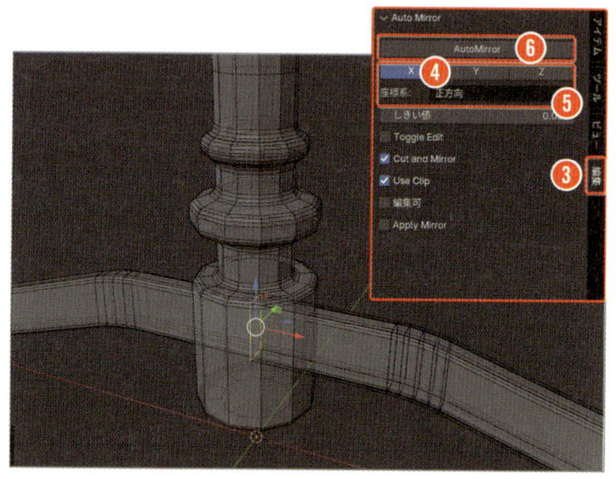

[Auto Mirror]を実行して意図した場所以外にオブジェクトが複製されるときは、オブジェクト原点がワールド原点からずれていることが考えられます。この場合はP.057の手順に従ってオブジェクト原点をワールド原点に移動します。

4 [プロパティ]パネルの❼[モディファイアープロパティ]タブで、❽❾[ミラー]モディファイアーが上になるように、[ベベル]モディファイアーとの順番を❿[⋯]をドラッグして入れ替えます。

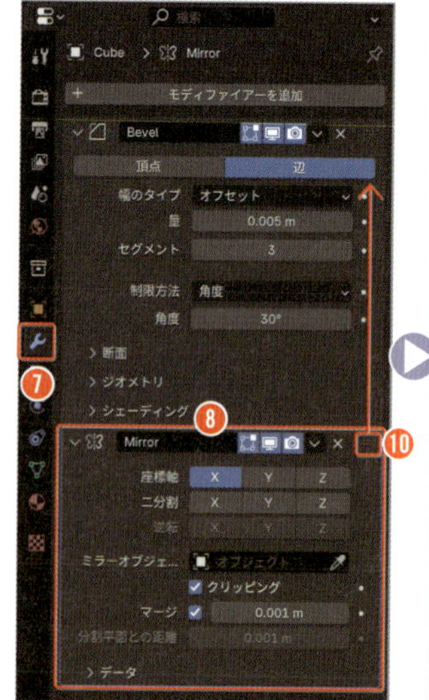

モディファイヤーは上から順番に処理が行われます。

5 [オブジェクトモード]に切り替え、⓫[ミラー]モディファイアー右上の[∨]をクリックして、表示されるメニューの⓬[適用]を選びます。

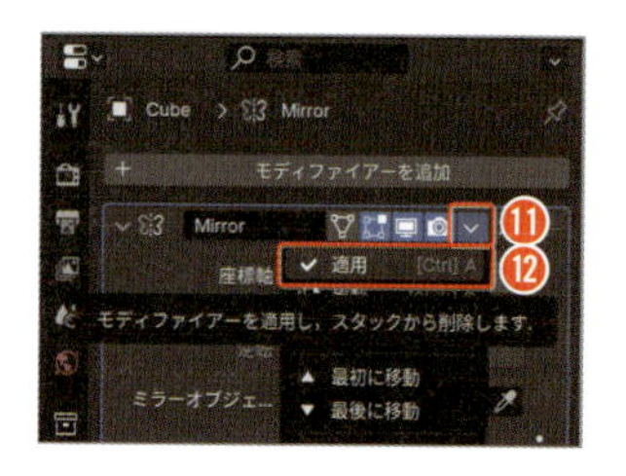

CHAPTER-3

交差する脚を作成する

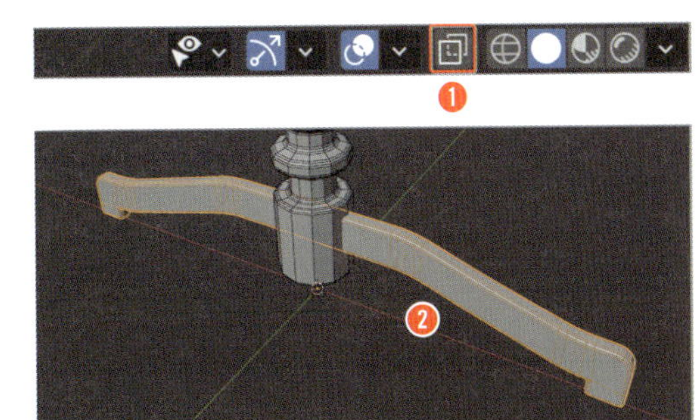

1 ❶[透過表示]をOFFにします。[**オブジェクトモード**]で脚のオブジェクトを選択し、shift＋D([**オブジェクトを複製**])を押します。❷マウスを動かすと複製された脚が移動できる状態になりますが、右クリックで移動をキャンセルし、元の脚と同位置に複製します。

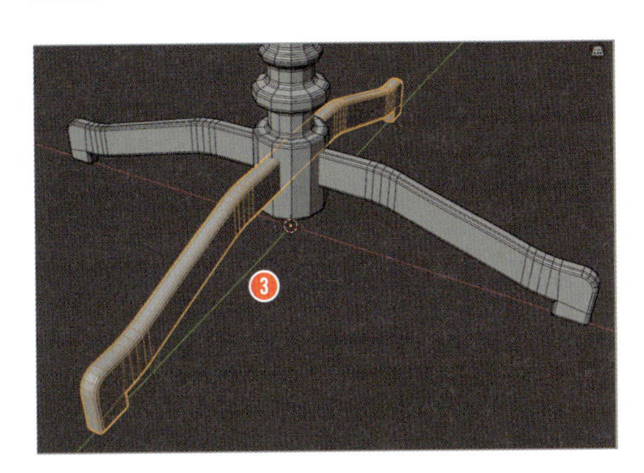

2 R➡Z➡「90」([**回転**]➡[**回転軸をZ軸**]➡[**90°回転**])を押し、❸enterで確定します。

ここでは、『R➡Z➡「90」を押しenterで確定します。』と表記していますが、本書では、以降『R➡Z➡「90」と入力します。』と表記します。必要に応じてenterを押して確定してください。

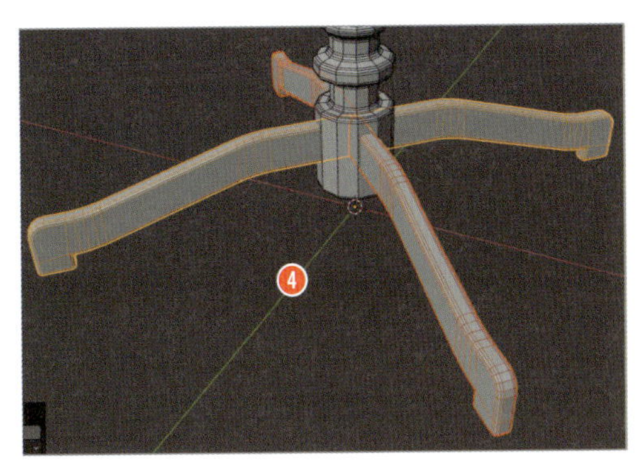

3 さらに両方の脚のオブジェクトを選択し、R➡Z➡「45」([**回転**]➡[**回転軸をZ軸**]➡[**45°回転**])を入力します。

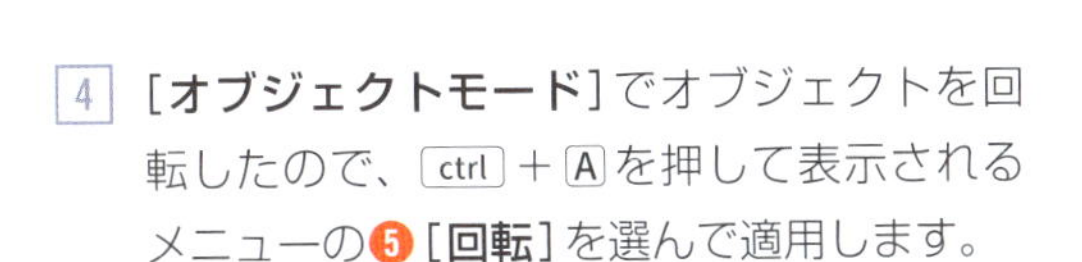

4 [**オブジェクトモード**]でオブジェクトを回転したので、ctrl＋Aを押して表示されるメニューの❺[**回転**]を選んで適用します。

オブジェクトを統合する

すべてのオブジェクトを統合しますが、その前にモディファイアーをすべて適用します。

1 ［**オブジェクトモード**］で❶天板オブジェクトを選択し、［**プロパティ**］パネルの❷［**モディファイアープロパティ**］タブで、［**ベベル**］モディファイアー右上の❸［∨］をクリックして、表示されるメニューの❹［**適用**］を選びます。

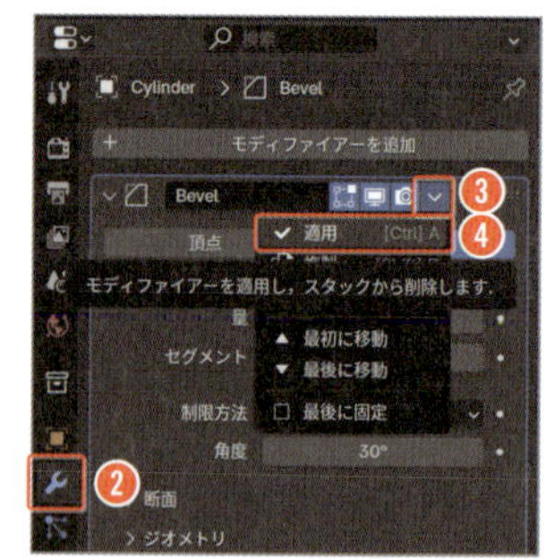

2 ❺支柱オブジェクトを選択し、［**ベベル**］モディファイアー右上の［∨］をクリックして、表示されるメニューの❻［**適用**］を選びます。同様に脚オブジェクト2つも、それぞれ［**ベベル**］モディファイアーを［**適用**］します。

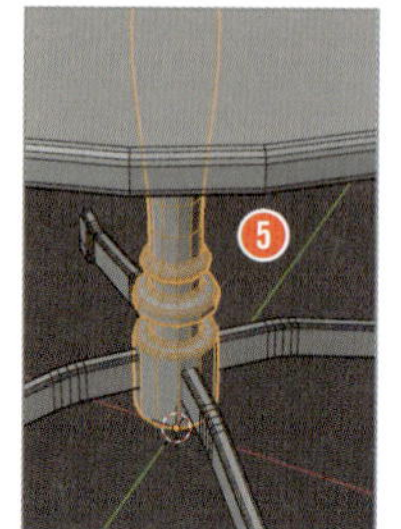

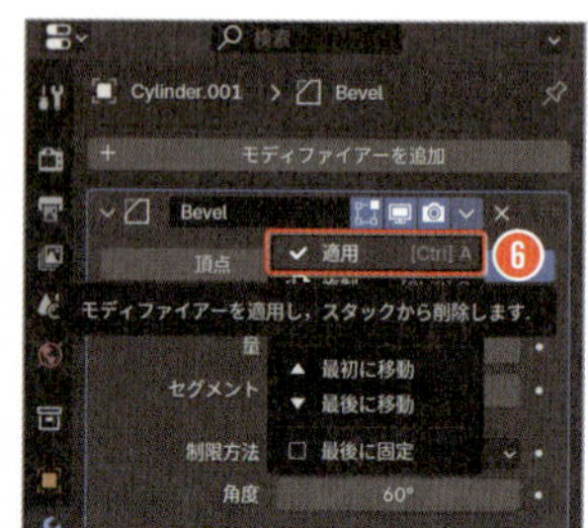

3 オブジェクトをすべて選択し、❼［**オブジェクト**］メニュー➡［**統合**］（ctrl＋J）でオブジェクトを統合します。

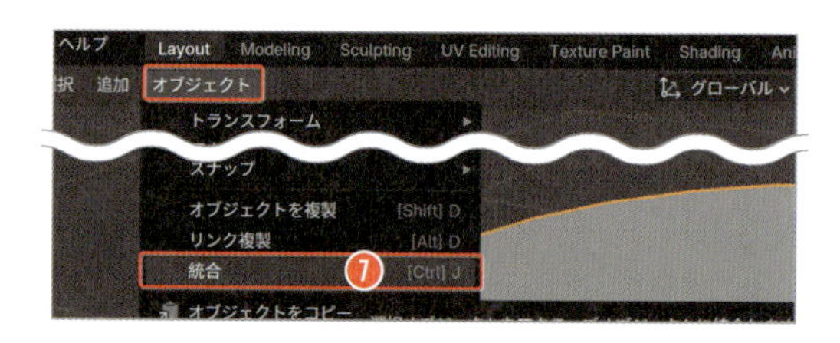

4 ［**ビューポートオーバーレイ**］の［**ワイヤーフレーム**］のチェックを外します（P.086参照）。オブジェクトを選択した状態で右クリックします。表示されたメニューの❽［**スムーズシェード**］を選びます。

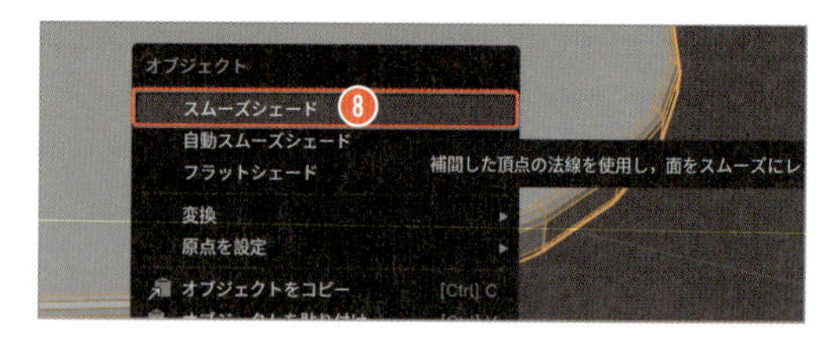

5 滑らかな表示になりました。視点を変えて確認しましょう。

6 ［**アウトライナー**］で❾オブジェクト名を「Table」にします。

CHAPTER-3

仮のマテリアルを作成する

仮マテリアルを作成します。仮マテリアルのためベースカラーだけ木目調の色に変更します。

1 画面右上の[**3Dビューポートのシェーディング**]を、[**マテリアルプレビュー**]に変更します。

2 [**プロパティ**]パネルの❶[**マテリアルプロパティ**]タブで、❷をクリックして表示されるメニューの❸[**Material**]を選びます。

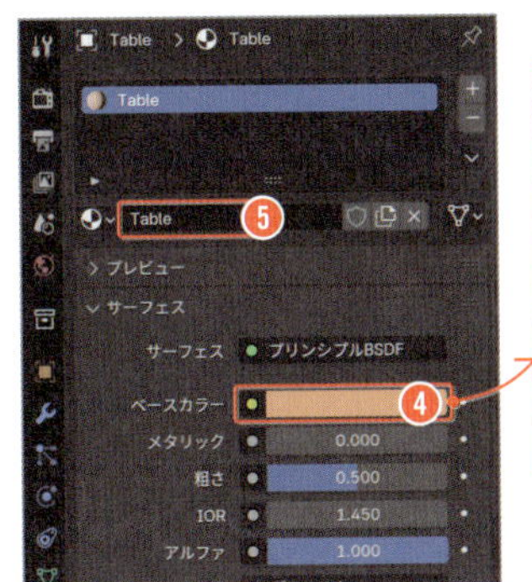

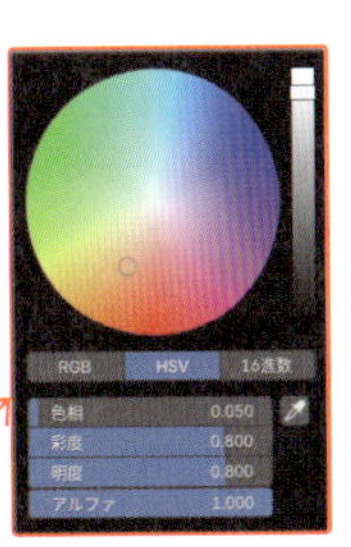

3 ❹[**ベースカラー**]右の白い部分をクリックして、木目調をイメージしたカラーに変更します。マテリアルの❺[**名前**]は、「Table」にします。

アセットにマークする

1 [**アウトライナー**]で❶[**Table**]のオブジェクトを右クリックして、[**アセットとしてマーク**]を選びます。

アウトライナーの❷オブジェクト名の前に本のマークがつき、アセットとしてマークされました。これでテーブルのモデリングの完成です。

2 ctrl + S([**編集**]メニュー➡[**保存**])で、本棚と同じフォルダ内に、英数字を使ったわかりやすい名前で保存します。

3

家具をモデリング

3-5 椅子をモデリング〔ラティスモディファイアー〕

椅子を制作してみましょう。ここでは[ラティス]モディファイアーなどいろいろな変形操作を学びます。

作成する椅子を確認する

ラティスは、オブジェクトを変形するための枠のようなものです。この枠を操作してオブジェクトを変形します。ここでは、椅子の座面と背もたれの変形に使用します。いろいろな変形を使いこなせると複雑なモデルでも簡単に作れるようになります。

ここで学ぶ主な機能

- ラティスモディファイアー
- せん断

ここで作成する椅子。

座面の基本形状を作成する

Blenderを起動すると開かれる新規ファイルを元に作成します。作成されている立方体を編集して座面にします。デフォルトで配置されているライトとカメラを削除したところから解説します。

1. 作成する椅子の座面高が40cmほどなので40cmの立方体になるように縮小します。**[オブジェクトモード]**で立方体を選択し、**[サイドバー]**（N）の❶**[アイテム]**タブの**[トランスフォーム]**で❷**[寸法]**の[X][Y][Z]にそれぞれ「0.4」mと入力します。

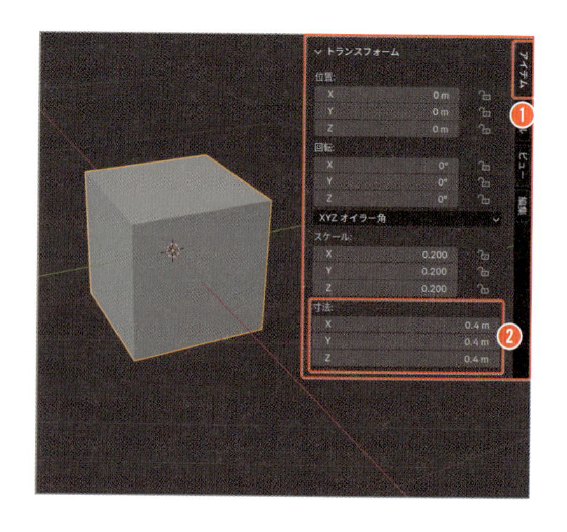

2 **[オブジェクトモード]**でスケール（大きさ）を変えたので、ctrl＋Aを押して表示されるメニューの❸**[スケール]**を選んで適用します。

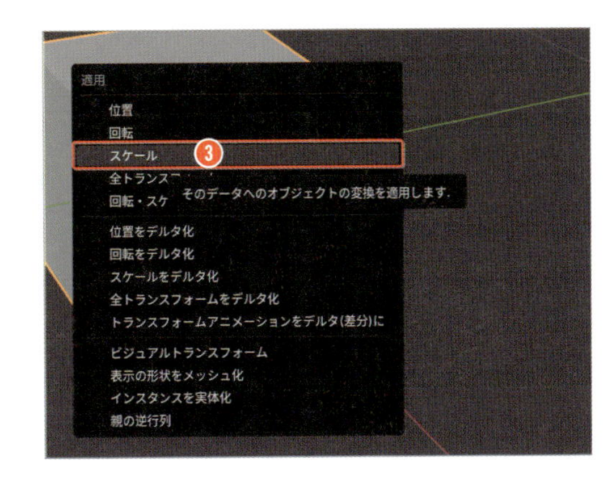

3 **[編集モード]**に切り替え、❹**[透過表示]**をON、視点をフロントビュー（テンキー1）にします。

4 グリッドスナップが便利なため、スナップを設定します。画面上部にある❺**[スナップ]**をクリックし、**[スナップ対象]**を❻**[グリッド]**にします。

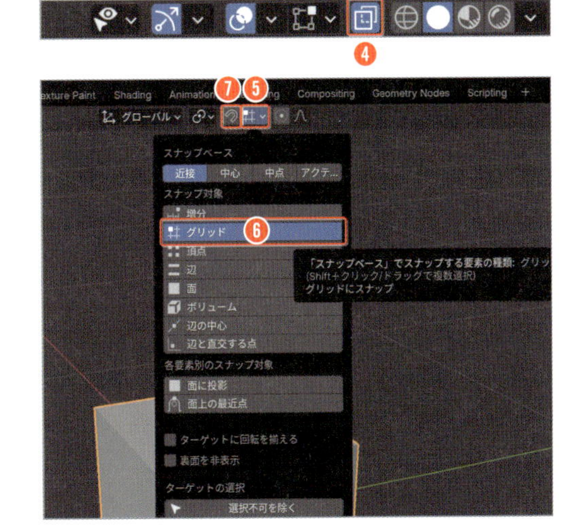

ctrlを押しながら移動すると背景のグリッドにスナップします。❼の磁石のアイコンをONにすると常時スナップになります。

5 Aキーですべて選択し、**[移動]**（G➡Z）で❽立方体の下端が、X軸に重なるように上に移動します。

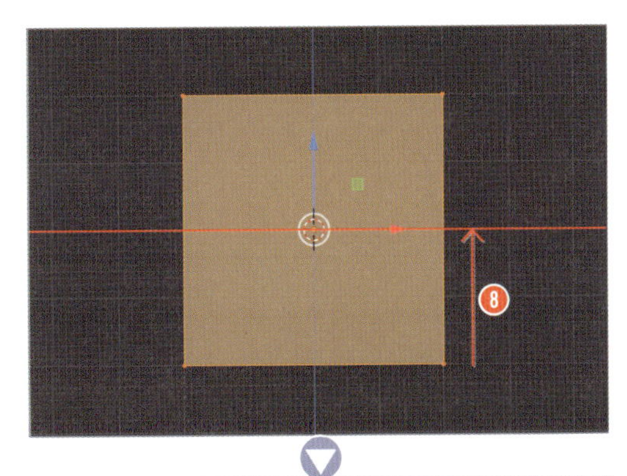

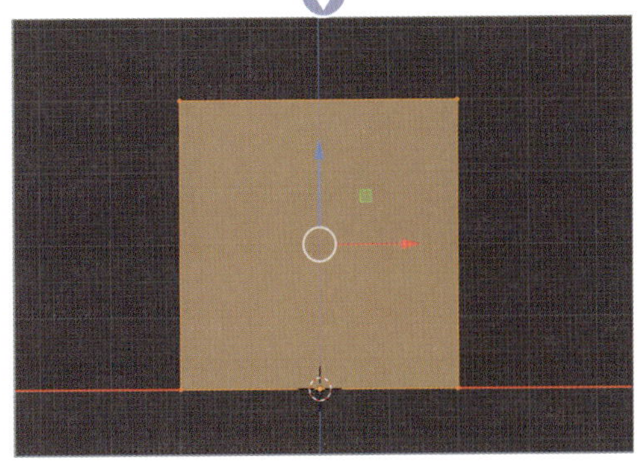

6 底面の頂点を囲むようにボックス選択し、**[移動]**（G→Z）で⑨座面の厚さが5cmの位置まで移動します。

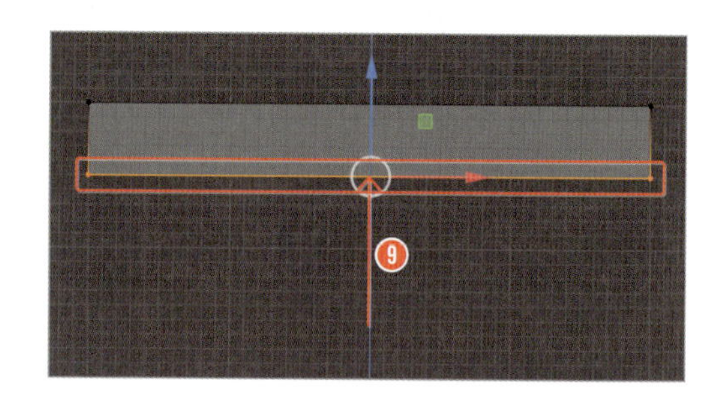

7 後ろ側の面（または後ろ面の頂点すべて）を選択して、**[スケール]**（S→X）で⑩少し縮小します。

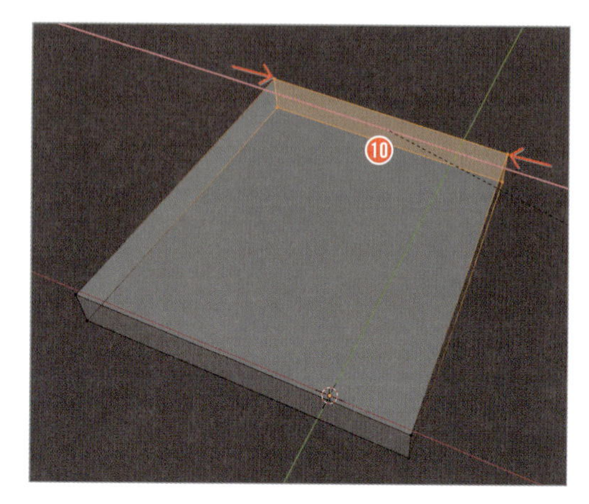

8 ctrl＋R（**[ループカット]**）でループカットします。⑪方向は前後、分割数は3本にしてクリックで確定、位置は右クリック（移動をキャンセル）で中央に確定します。

[透過表示]はONまたはOFFで見やすいほうを選んでください。

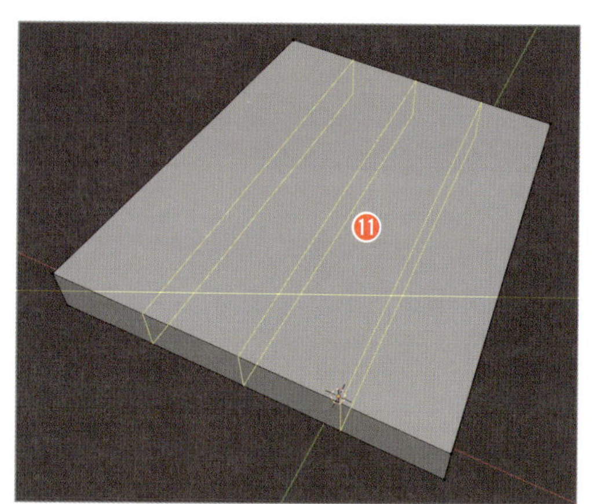

9 再びctrl＋R（**[ループカット]**）でループカットします。⑫方向は左右、分割数は3本にしてクリックで確定、位置は右クリック（移動をキャンセル）で中央に確定します。

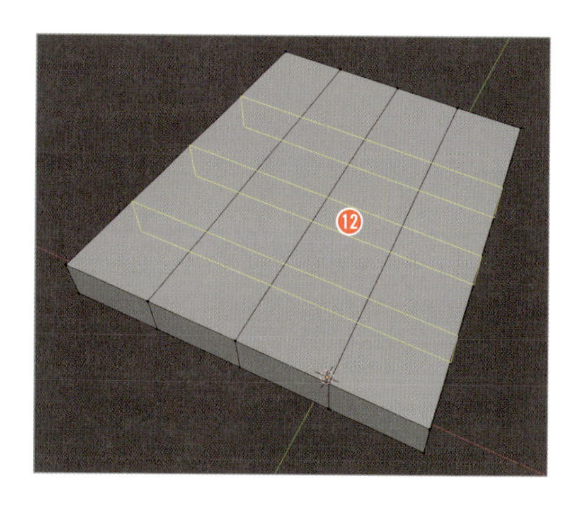

[ベベル]で座面の角を丸める

1 **[辺選択]**(数字キー2)にし、❶角の辺を4本選択します。ctrl + B(**[ベベル]**)で角を丸めます。任意の大きさでかまいませんが、ここでは、画面左下にある**[オペレーター]**パネルで、❷**[幅]**を「0.07」、**[セグメント]**を「4」としています。

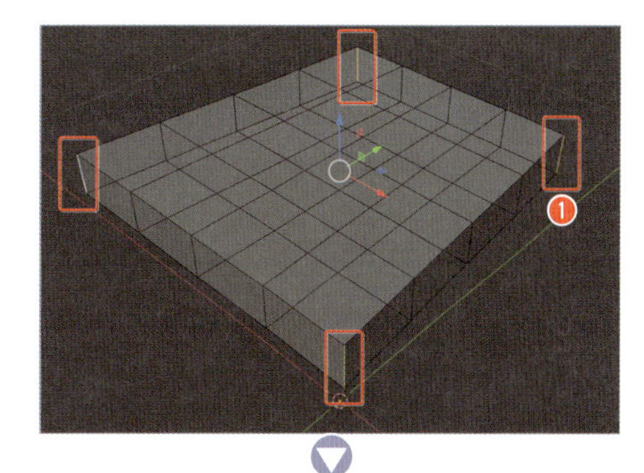

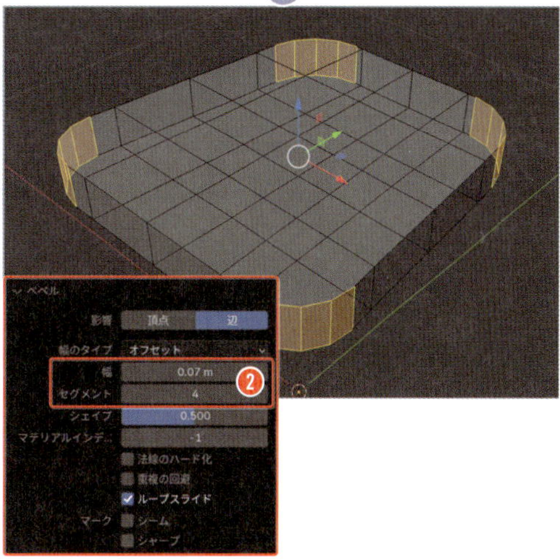

2 **[面選択]**(数字キー3)にし、❸図の裏表8面を選択します。**[面]**メニュー➡**[面を三角化]**(ctrl + T)を実行して、面を三角形に分割します。

このあと座面を変形しますが、5角形以上の多角形では意図しない折れ目が出たり、綺麗に変形できないことがあります。このため多角形をあらかじめ3角形にしておきます。ここではベベルをかけたことで生じた角の面が多角形(5角形以上)になっていますので、面を三角化しました。

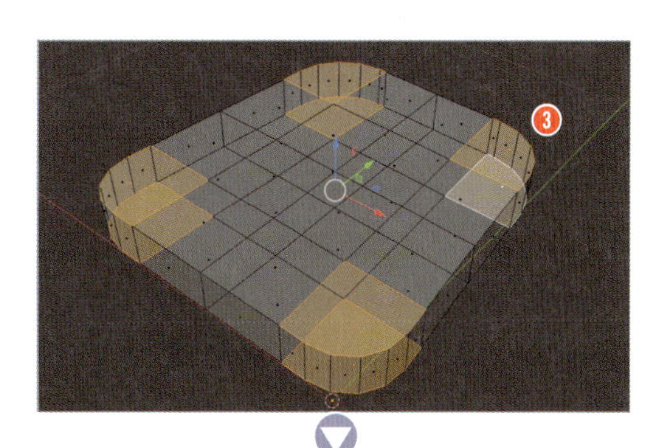

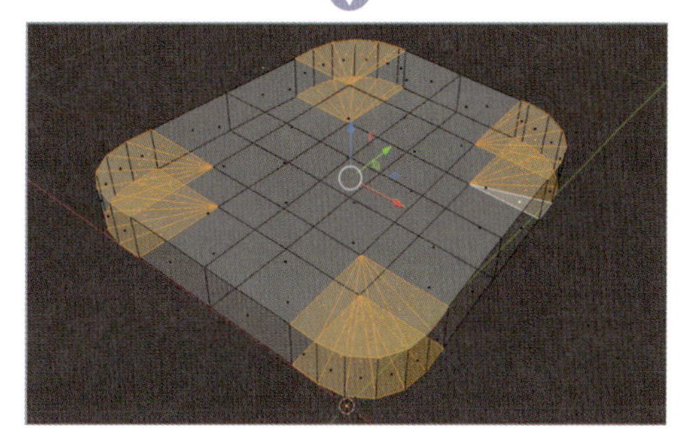

3 [**オブジェクトモード**]に切り替え、[**プロパティ**]パネルの❹[**モディファイアープロパティ**]タブで、❺[**モディファイアーを追加**]から[**生成**]➡[**ベベル**]を選びます。ここでは❻[**量**]を「0.01」m、[**セグメント**]を「3」にします。

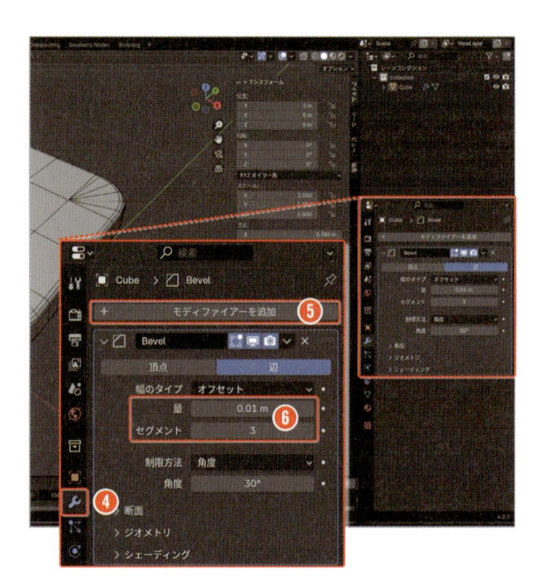

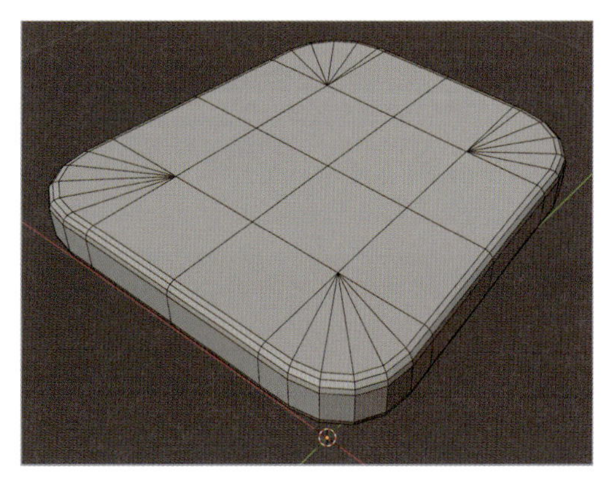

[ラティス]を追加する

[**ラティス**]モディファイアーは、より少ない頂点でオブジェクトを変形させるための枠のようなものです。今回のようなシンプルなオブジェクトの場合は、他の方法で変形させたほうが早いこともありますが、ここで練習してみましょう。

1 [**オブジェクトモード**]で、shift + A を押して❶[**ラティス**]を選んで追加します。

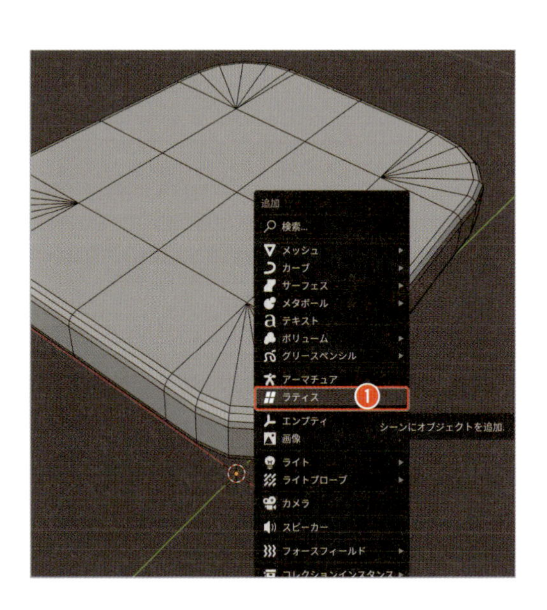

❷透明のキューブのようなものが追加されました。これがラティスになります。
座面のオブジェクトより少し大きめの枠で囲むようにしラティスの形を整えていきます。
ラティスの下準備は必ず[**オブジェクトモード**]で変形します。

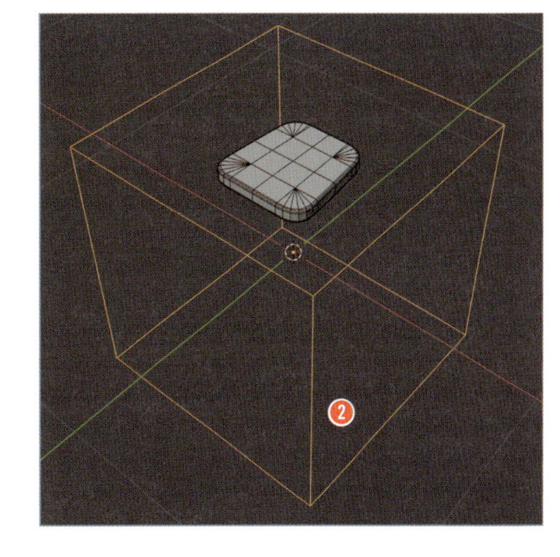

2 [**オブジェクトモード**]で、フロントビューにし、[**移動**](G➡Z)で❸ラティスの原点が座面の中央になるように移動します。

ラティスはオブジェクトを囲めていたらよいので位置は厳密でなくても大丈夫です。

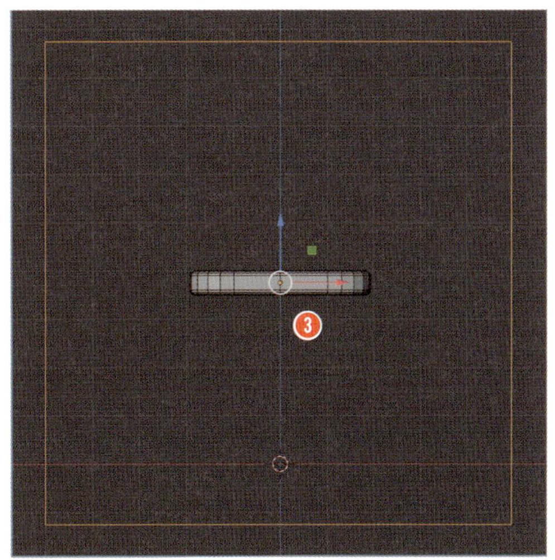

3 [**スケール**](S)で❹ラティスの横幅を座面より少しだけ大きくなるようにします。さらに[**スケール**](S➡Z)で❺ラティスの縦幅を座面より少しだけ大きくなるようにします。

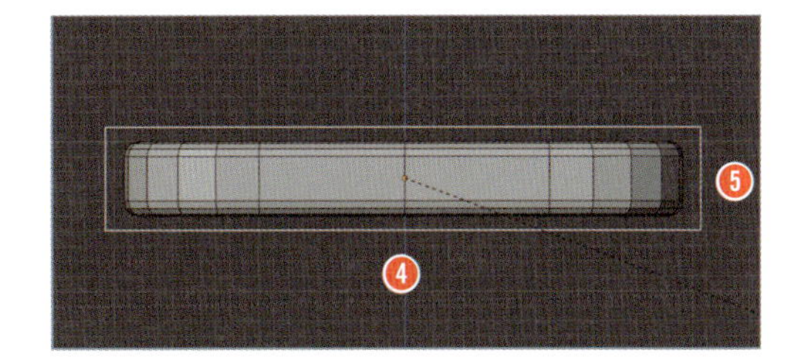

4 視点を動かして、❻少し広めにラティスがオブジェクトを囲んでいるか確認します。

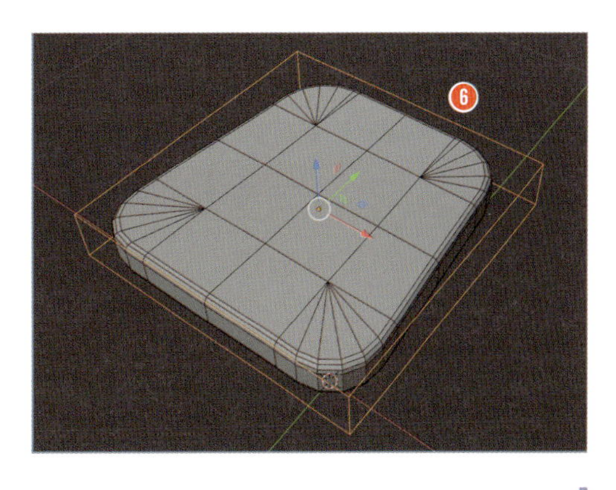

[ラティス]で座面を変形する

[ラティス]モディファイアーを追加し、座面とラティスを関連づけ、ラティスを使って座面を変形しましょう。

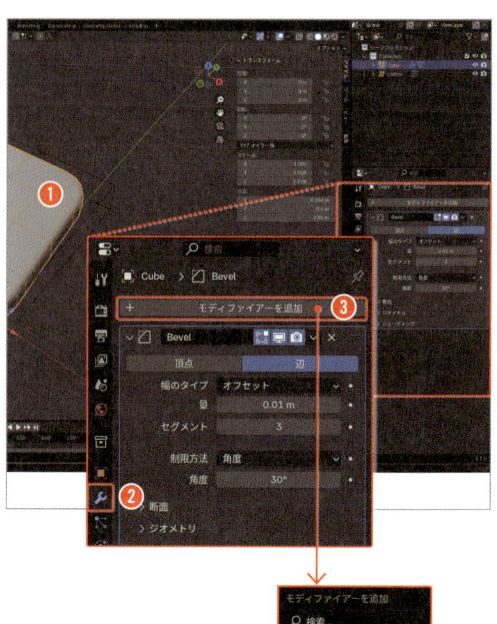

1 **[オブジェクトモード]**で、❶座面を選択します。**[プロパティ]**パネルの❷**[モディファイアープロパティ]**タブで、❸**[モディファイアーを追加]**から❹**[変形]**➡**[ラティス]**を選びます。

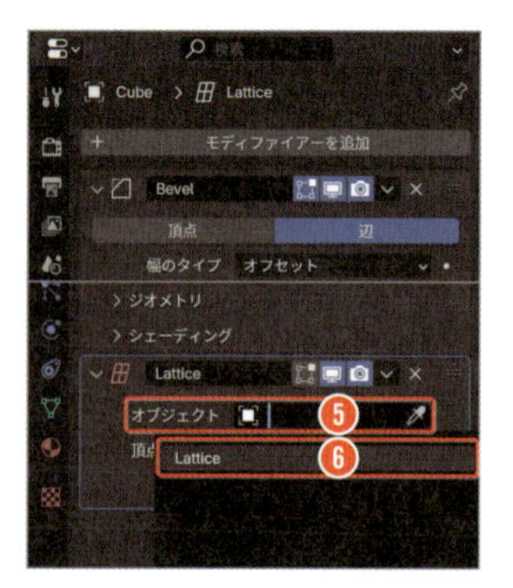

2 **[ラティス]**モディファイアーで❺**[オブジェクト]**の入力欄をクリックし、❻**[Lattice]**を選びます。

[オブジェクト]右端のスポイトアイコンをクリックして、マウスポインタがスポイトマークになったら**[3Dビューポート]**上のラティスのオブジェクトをクリックして選択することもできます(この方法は後ほど実践します)。

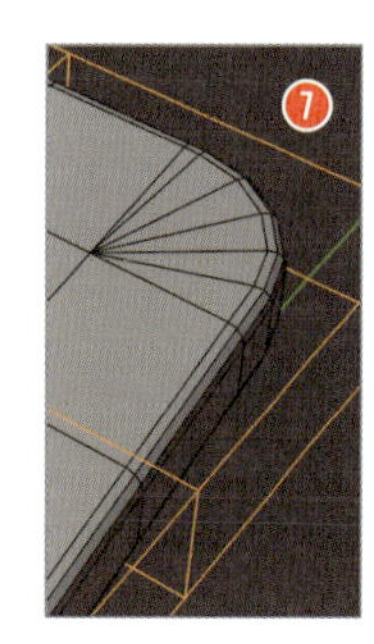

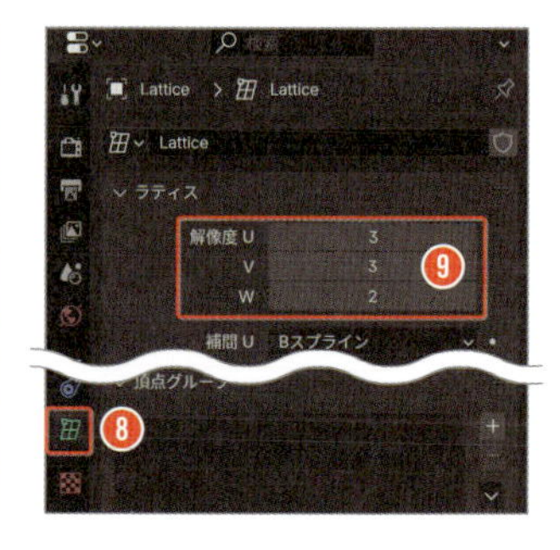

3 ラティスの分割数を調整します。❼ラティスのオブジェクトを選択し、**[プロパティ]**パネルの❽**[オブジェクトデータプロパティ]**タブを開いて、❾**[解像度]**の[U]に「3」、[V]に「3」、[W]に「2」と入力します。それぞれXYZ軸方向の分割を示しています。

CHAPTER-3

ラティスを変形して座面の窪みを作ってみましょう。

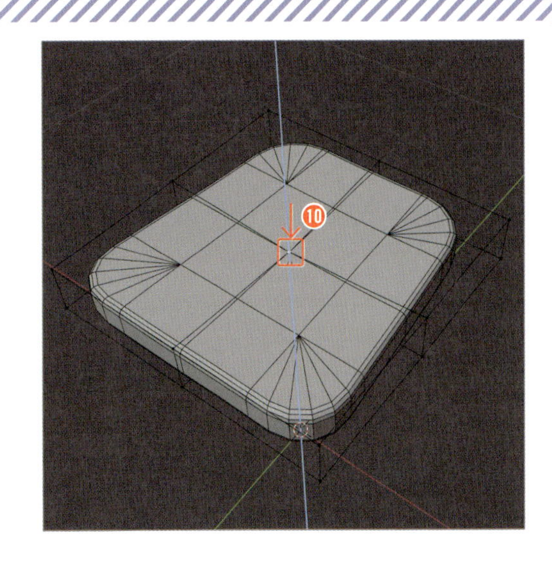

4 ラティスのオブジェクトを選択し、**[編集モード]**に切り替えます。⑩中央の頂点をクリックで選択します。**[移動]**（G➡Z）で下に少し下げてみます。

中央の頂点1つの移動で、周囲の座面の頂点も動いていることがわかります。このように少ない頂点数の移動で多くの頂点を持つモデルを変形することができます。

座面を変形します。

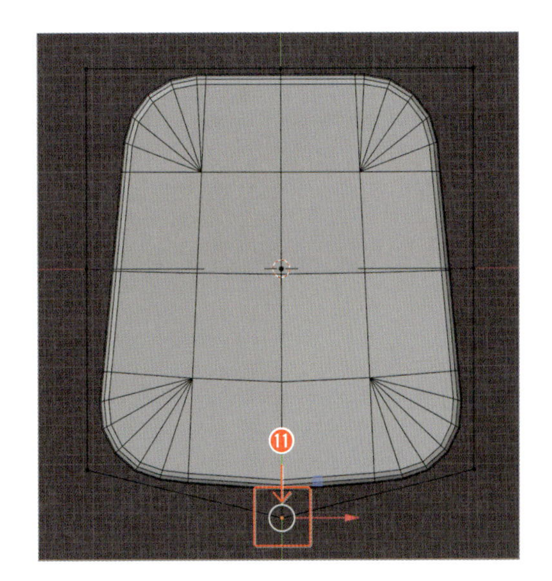

5 視点をトップビュー（テンキー7）にします。⑪座面手前中央の頂点をドラッグで囲んでボックス選択します。**[移動]**（G➡Y）で画面下方向に移動します。

ラティスを編集中は**[透過表示]**をONにしていなくても、ドラッグ選択で裏側に隠れている頂点も選択されます。

6 少し角があるように感じるので修正します。**[オブジェクトデータプロパティ]**タブで⑫**[解像度]**の**[U]**の入力欄にカーソルをあわせて現れる矢印アイコン**[>]**を2回クリックして分割数を「5」にします。自動でラティス頂点がスライドして滑らかになります。必要に応じて、座面手前中央の頂点を**[移動]**（G➡Y）で調整します。

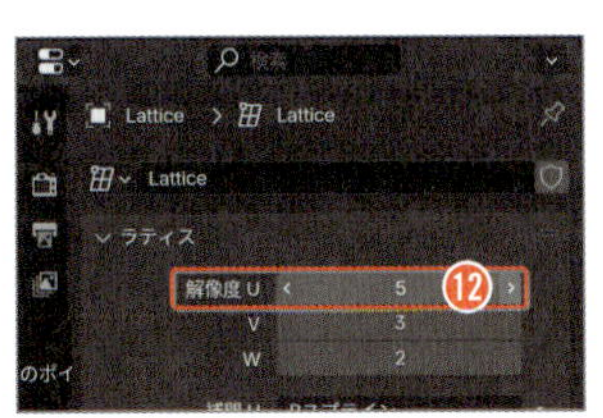

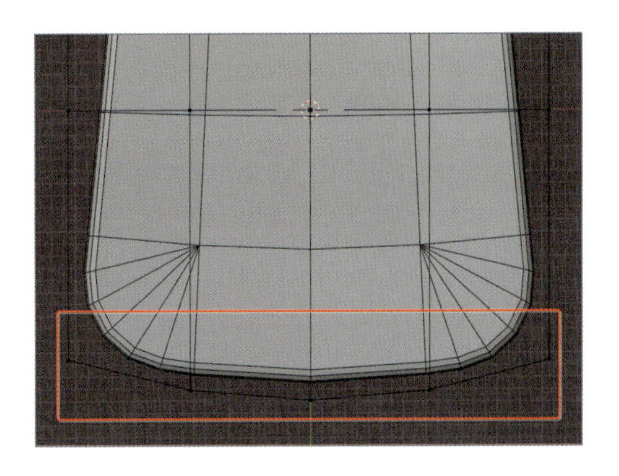

ラティスの解像度は直接数字入力する場合と、矢印アイコン**[>]**をクリックする場合で、滑らかになる挙動が異なります。

7 ⑬横中央1列の頂点をドラッグで囲んでボックス選択し、**[スケール]**（S➡X）で座面の横幅を広げます。

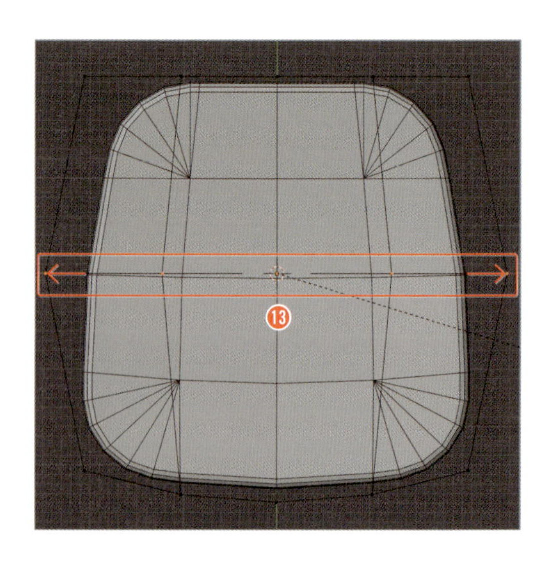

8 **[オブジェクトデータプロパティ]**タブで⑭**[解像度]**の**[V]**の入力欄にカーソルをあわせて現れる矢印アイコン**[>]**を2回クリックして分割数を「5」にします。自動でラティス頂点がスライドして滑らかになります。

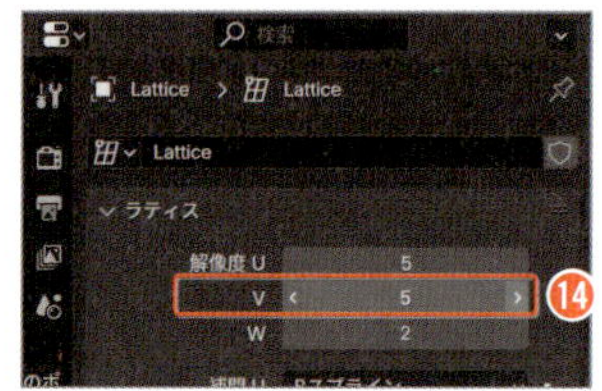

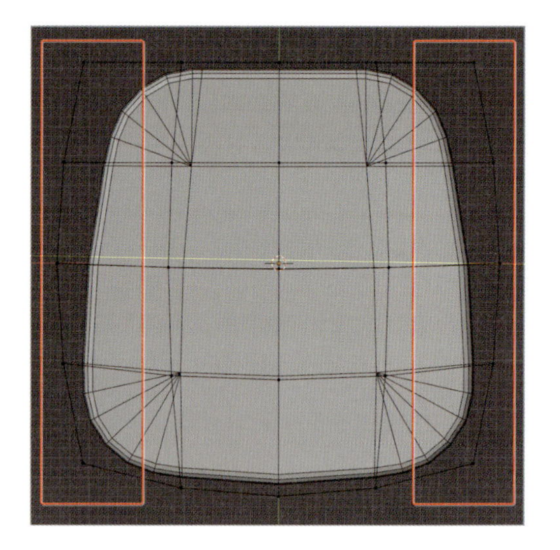

9 少し窪みのある曲面的な座面ができました。**[オブジェクトモード]**に切り替えておきます。

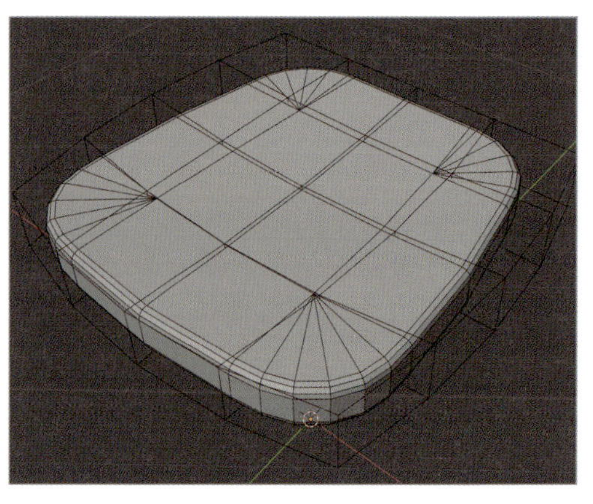

今回はシンプルなモデルでラティスを練習していますが、より複雑なモデルを作る際に便利な機能です。

脚の基本形状を作成する

1 shift + A を押して、[**メッシュ**]➡[**円柱**]を選んで追加します。

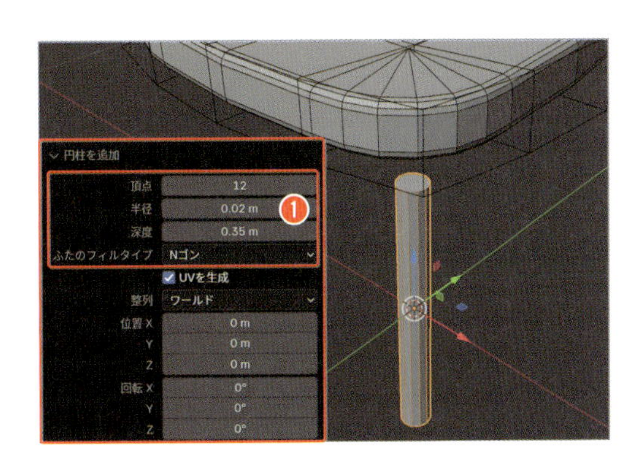

2 画面左下にある[**オペレーター**]パネルで、❶[**頂点**]を「12」、[**半径**]を「0.02」m、[**深度**]を「0.35」とします。

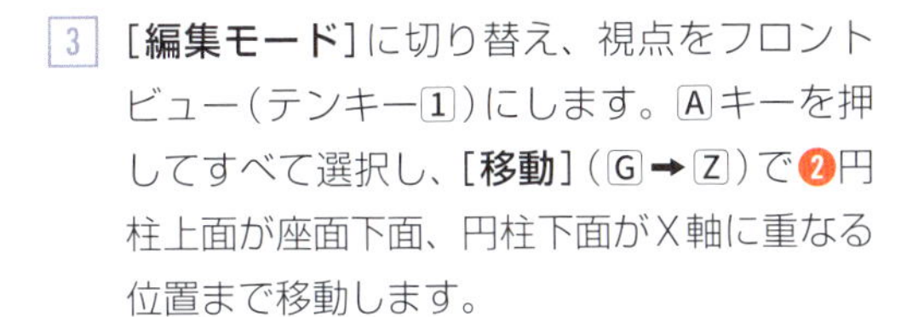

3 [**編集モード**]に切り替え、視点をフロントビュー(テンキー1)にします。Aキーを押してすべて選択し、[**移動**](G➡Z)で❷円柱上面が座面下面、円柱下面がX軸に重なる位置まで移動します。

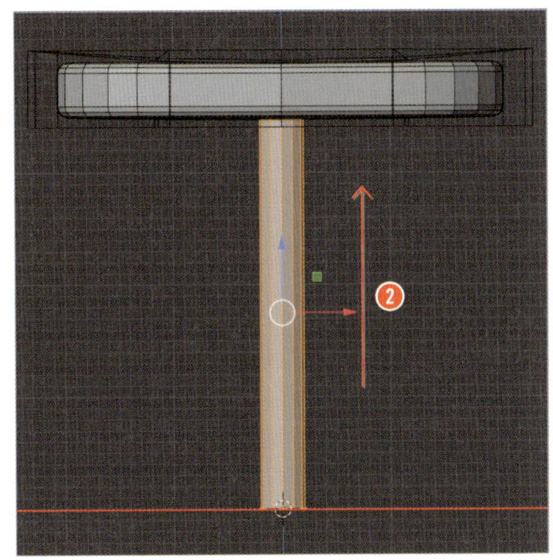

ctrl を押しながら移動すると、スナップされますが、スナップ間隔が[**センチメートル**]では目的の位置にスナップされません。この場合は、ある程度移動したのち、スナップ間隔が[**ミリメートル**]になるまで円柱上面または下面部分を拡大表示させて、目的の位置まで移動しなおしてください。難しい場合は頂点を移動させても大丈夫です。

脚にループカットを入れる

脚に膨らみなどの装飾を施しますが、そのためのループカットを追加します。

1 数字キー2を押して❶[辺選択]にします。ctrl + R([**ループカット**])を押して❷水平方向の黄色い線を表示させます。分割線を3本にしてクリックで確定します。位置は右クリック(移動をキャンセル)で中央に確定します。

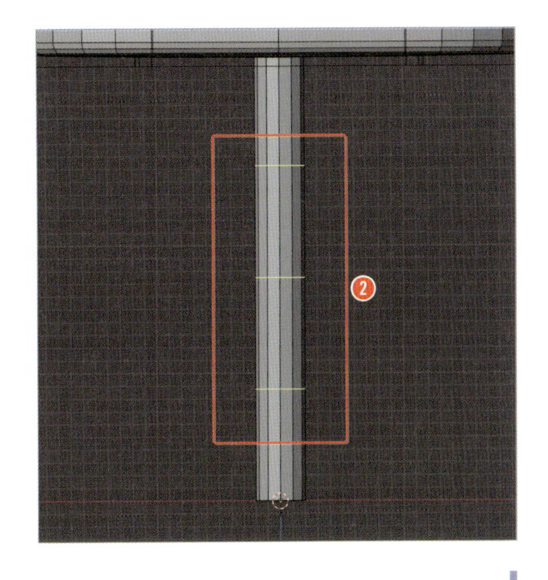

2 同様に一番上の分割部分にループカットを追加します。ctrl + R([ループカット])を押し、❸水平方向の黄色い線を表示させ、分割線を2本にしてクリックで確定します。位置は右クリック(移動をキャンセル)で中央に確定します。

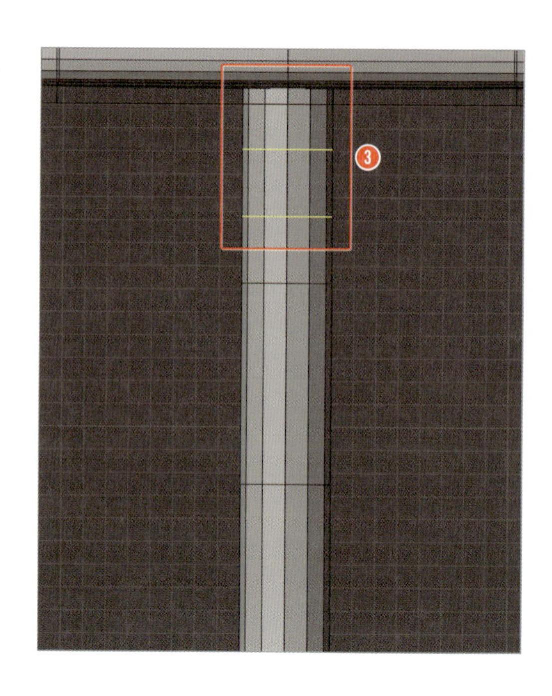

脚の突起を作成する

1 追加したループカットが2本選択されていることを確認し、ctrl + B([ベベル])を押し、❶辺を分割します。画面左下にある[**オペレーター**]パネルで、❷[**幅**]を「0.008」m、[**セグメント**]を「1」とします。

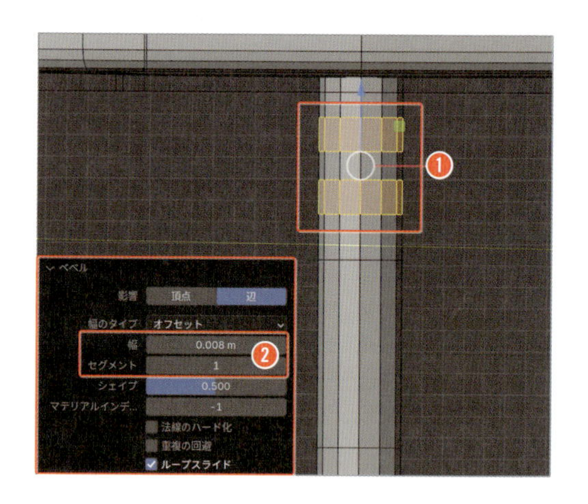

2 ベベルでできた面が選択されていることを確認し、alt + E を押し、❸[**押し出し**]メニューの[**法線に沿って面を押し出し**]を選びます。

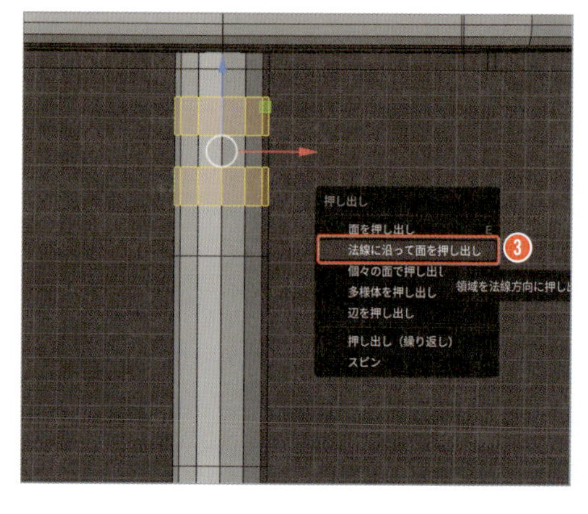

CHAPTER-3

3 ❸外側に向かって面を押し出します。ここでは、画面左下にある［**オペレーター**］パネルで❹［**オフセット**］を「0.005」m、としましたが、値は概ねでかまいません。

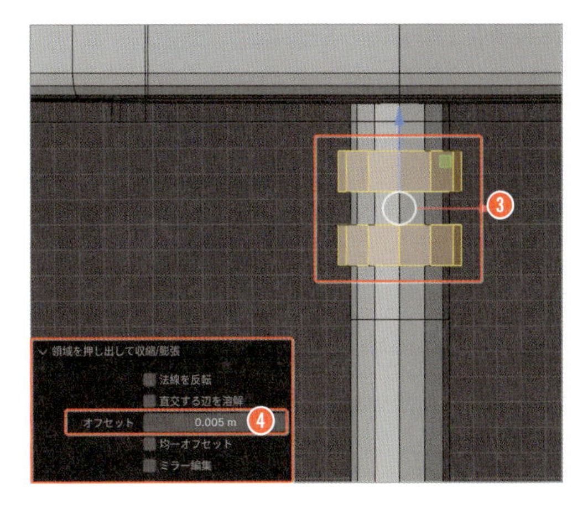

4 ［**プロパティ**］パネルの❺［**モディファイアープロパティ**］タブで、❻［**モディファイアーを追加**］から［**生成**］➡［**ベベル**］を選びます。ここでは❼［**量**］を「0.1」m、［**セグメント**］を「3」、［**角度**］を「60」°にします。

ここでは［**量**］をデフォルトの「0.1」のままとしています。これは見た目で［**量**］を特に変更する必要はないと判断したためです。実際には、突起部分の凸幅が0.1に満たないため、0.1以下で適用できる最大幅になります。

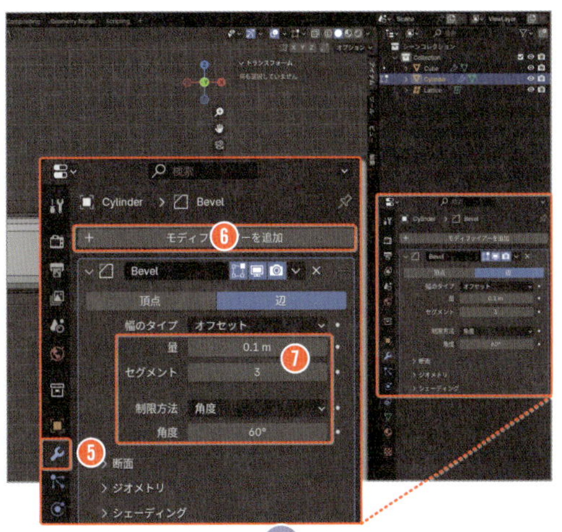

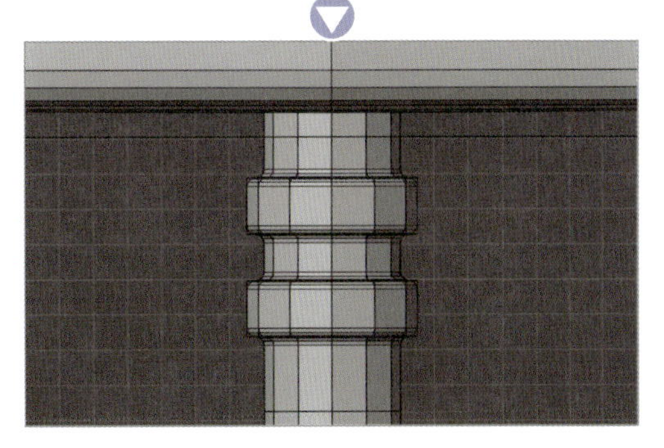

突起が少し角張っているので修正します。

5 ［**面選択**］（数字キー3）にして、❽先ほど押し出した突起2つを alt ＋クリックでループ選択します（追加のループ選択は shift ＋ alt ＋クリック）。さらに、画面上部の❾［**トランスフォームピボットポイント**］から❿［**それぞれの原点**］を選びます。

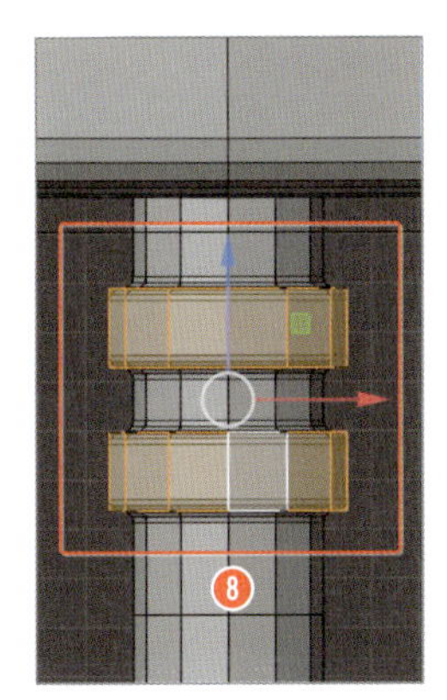

3

家具をモデリング

6 ⓫[**スケール**](S→Z)でスケールをかけます。ここでは画面左下にある[**オペレーター**]パネルで、⓬[**スケール**]の[**Z**]を「0.75」としています。

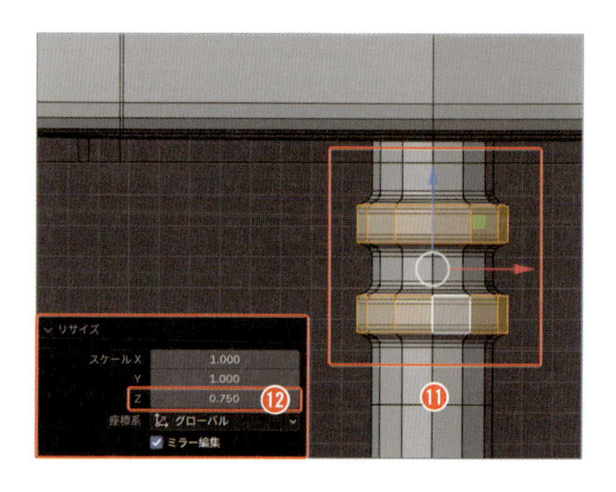

スケール量によっては[**ベベル**]モディファイアーの角度指定が破綻してしまう場合がありますが、その場合は[**モディファイアープロパティ**]タブでの[**角度**]を適宜調整をします。

7 画面上部の⓭[**トランスフォームピボットポイント**]から⓮[**中点**]に戻しておきます。

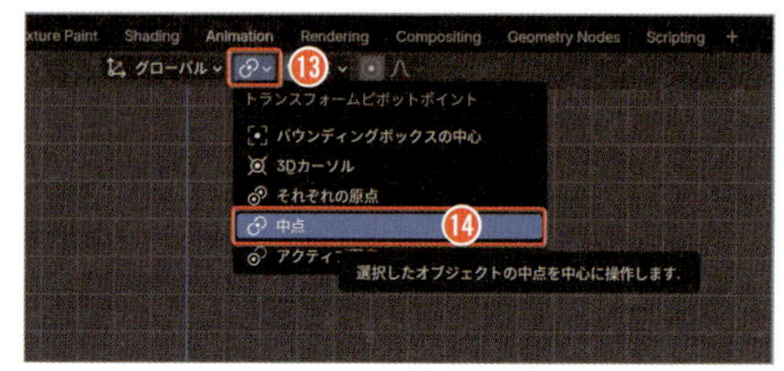

[ベベル]でカーブのある装飾を作る

1 [**辺選択**](数字キー2)にして、❶上下中央の分割の辺をalt+クリックでループ選択します。

2 ctrl+B([**ベベル**])を押し、❷辺を分割します。画面左下にある[**オペレーター**]パネルで、❸[**幅**]を「0.04」m、[**セグメント**]を「1」とします。

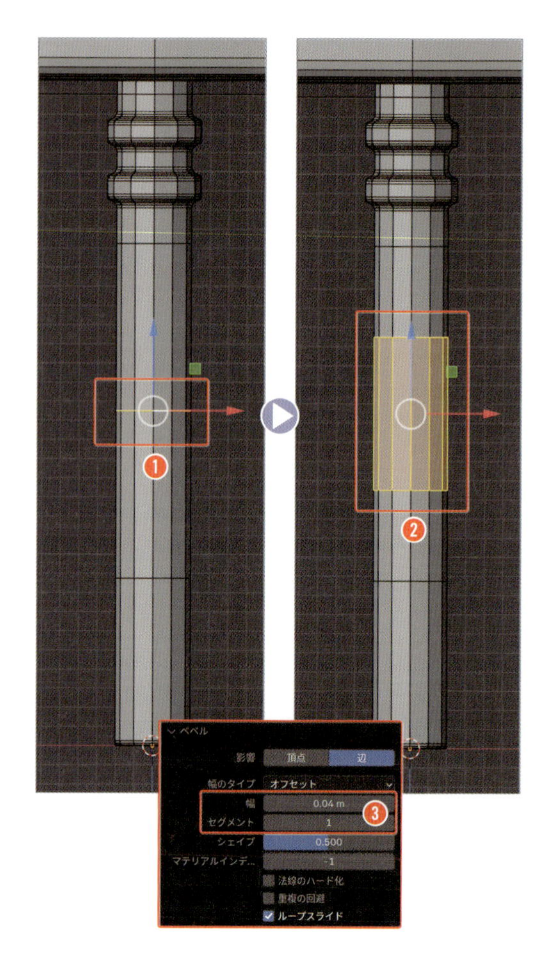

3 分割した2本の辺のうち、上の辺を alt ＋クリックでループ選択し、❹［スケール］（S）で少し細くします。下の辺を同様に alt ＋クリックでループ選択し、❺［スケール］（S）で少し太くします。

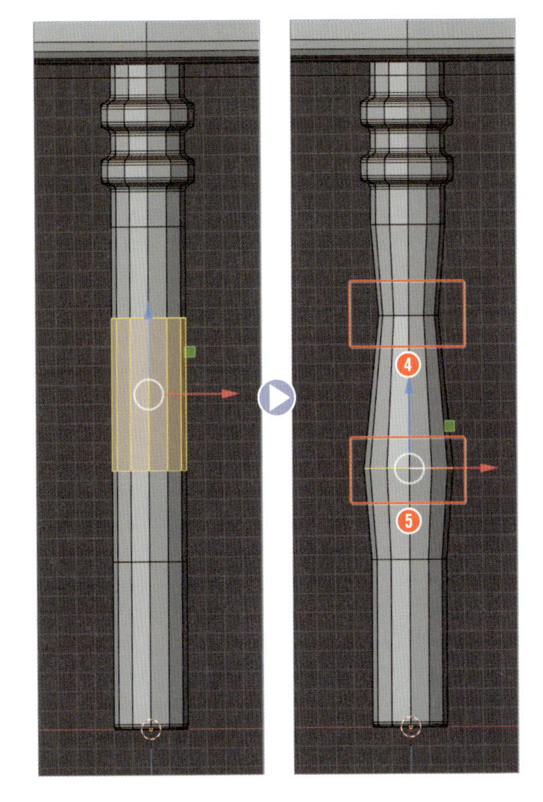

4 ❻右図の2つの辺を alt ＋クリックでループ選択します（追加のループ選択 shift ＋ alt ＋クリック）。ctrl ＋ B（［**ベベル**］）を押し、❼辺を分割します。画面左下にある［**オペレーター**］パネルで、❽［**幅**］を「0.03」m、［**セグメント**］を「4」とします。

［**ベベル**］で確定前にマウス中ボタンを回転すると分割線を増やすことができます。ここでは分割線3本にすると、ベベル幅を4分割することになり、［**セグメント**］の設定が「4」になります。

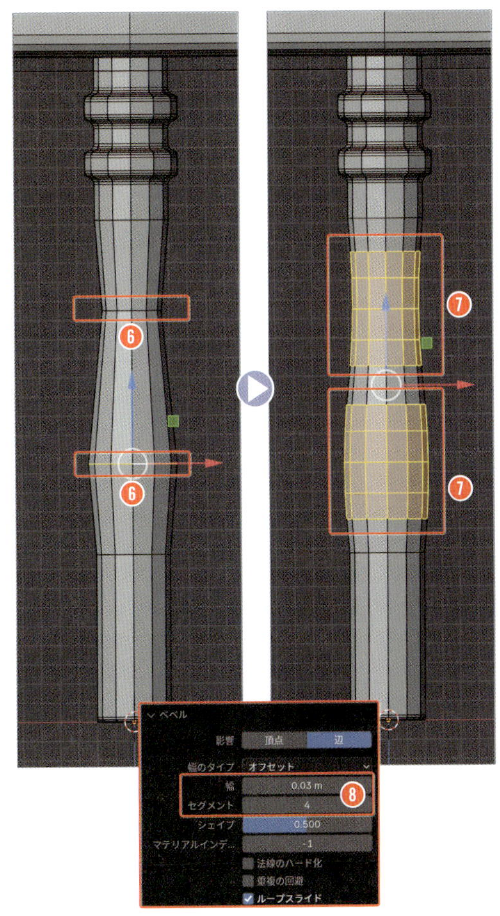

5 ❾[**透過表示**]をON、[**頂点選択**](数字キー1)にします。脚の底面の頂点をドラッグで囲んでボックス選択します。

6 ❿[**スケール**](S)で細くします。画面左下にある[**オペレーター**]パネルの⓫[**スケール**]を「0.5」としましたが、値は概ねでかまいません。

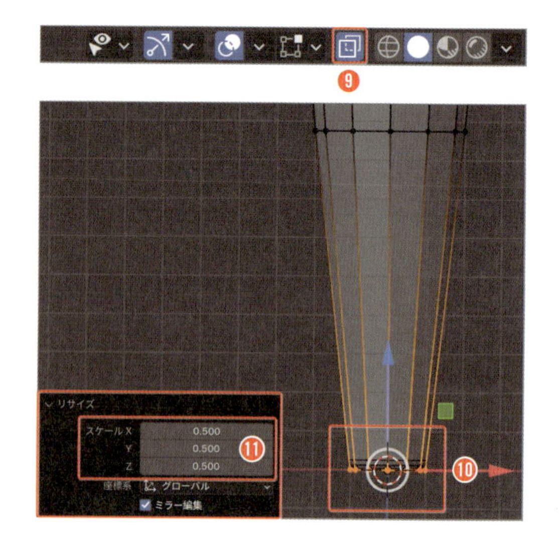

脚の位置を移動する

1 視点をトップビュー(テンキー7)にし、Aキーですべて選択します。

2 [**移動**](G)で❶脚が座面手前になるよう移動します。❷[**透過表示**]をOFFにします。

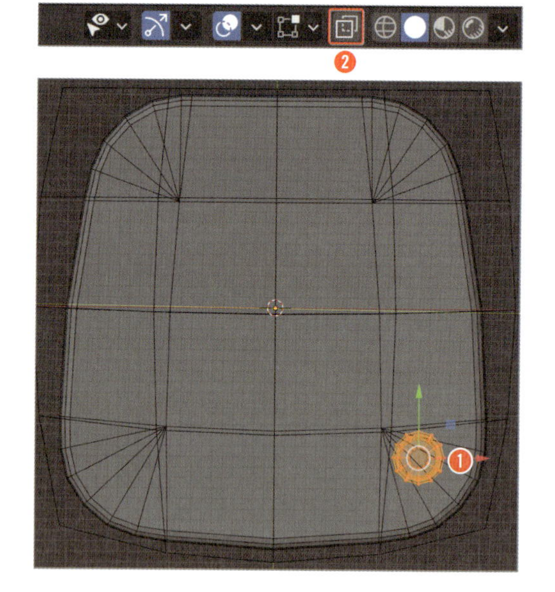

脚を斜めにする

脚に少し角度がついて斜めになっているほうがかわいいので、[**せん断**]を使って斜めに変形します。

1 視点をフロントビュー(テンキー1)にし、Aキーですべて選択します。❶[**メッシュ**]メニュー➡[**トランスフォーム**]➡[**せん断**](shift＋ctrl＋alt＋S)を選びます。

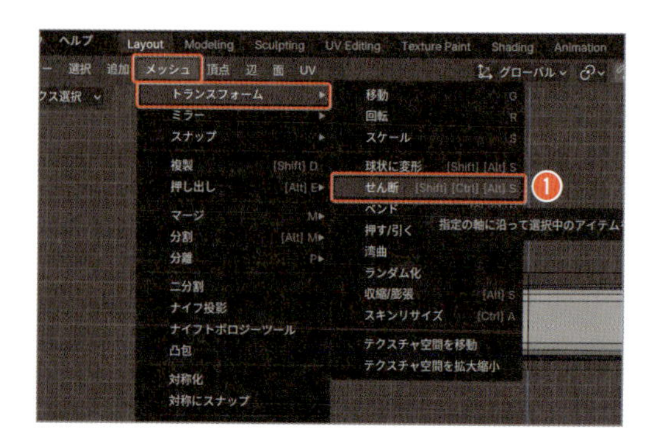

2 マウスを動かすと脚が斜めになります。❷程よい位置でクリックして確定します。画面左下にある［**オペレーター**］パネルで、❸［**オフセット**］を「0.1」とします。

ここでは正面から見てせん断していますが、次の操作で行う側面から見たせん断と同じオフセット量（同じ角度で斜め）にしたいため、ここでは数値入力で調整します。

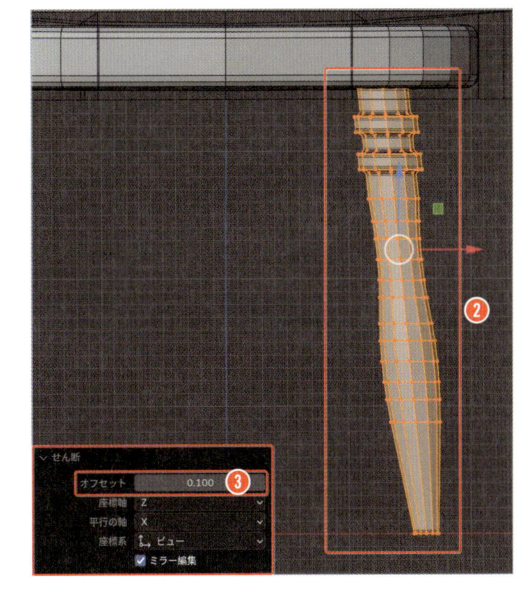

3 サイドビュー（テンキー3）にして、［**メッシュ**］メニュー➡［**トランスフォーム**］➡［**せん断**］（shift＋ctrl＋alt＋S）で斜めにします。ここでは［**オペレーター**］パネルで、❹［**オフセット**］を「-0.1」とします。

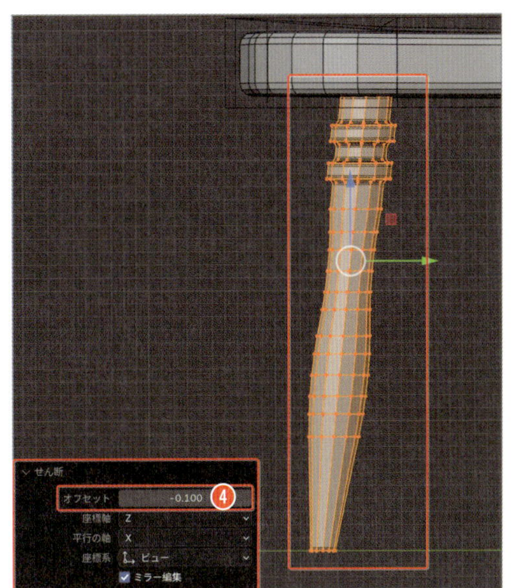

4 ［**プロパティ**］パネルの❺［**モディファイアープロパティ**］タブで、❻［**ベベル**］モディファイアーの［**角度**］を「45」°にします。

せん断を行うとベベルモディファイアーの角度が浅くなり、一部が破綻することがありますので、適宜修正します。ここでは［**角度**］を「45」°に変更しました。

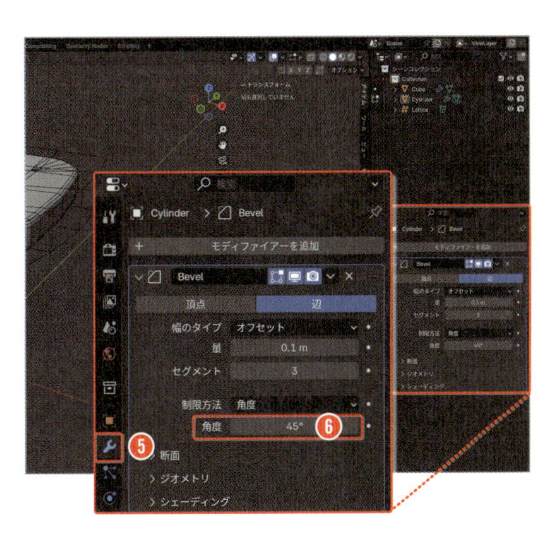

ミラーで脚を追加する

［Auto Mirror］を使って脚をX軸方向にミラー複製します。

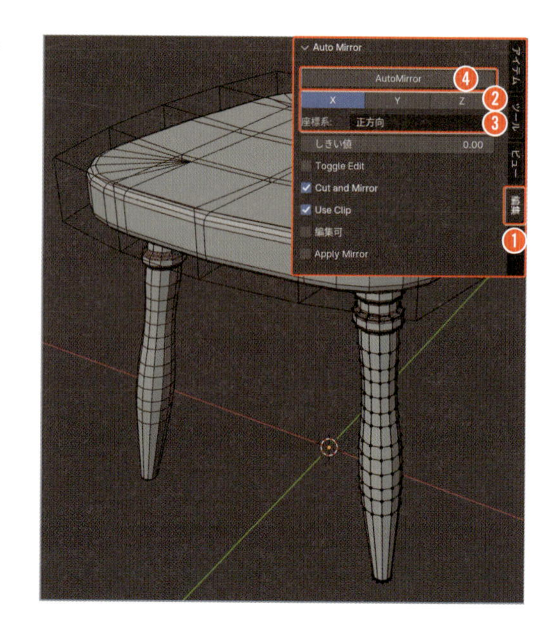

1 ［サイドバー］（N）の❶［編集］タブにある［Auto Mirror］で、❷［X］だけがON、❸［座標系］が［正方向］になっていることを確認し、❹［AutoMirror］をクリックします。

［プロパティ］パネルの［モディファイアープロパティ］タブから［生成］➡［ミラー］モディファイアーを追加してもかまいません。

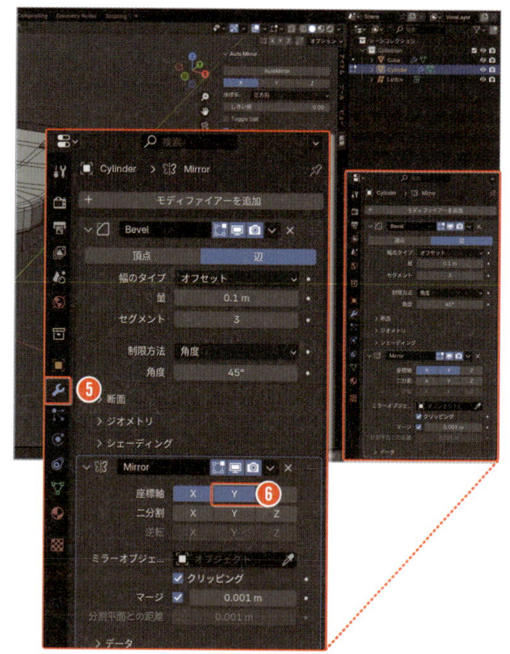

2 ［プロパティ］パネルの❺［モディファイアープロパティ］タブで、［ミラーモディファイアー］にある❻［座標軸］の［Y］を有効にしてY軸方向への脚のミラーも表示させます。

1で［Auto Mirror］を実行して意図した場所以外にオブジェクトが複製されるときは、オブジェクト原点がワールド原点からずれていることが考えられます。この場合はP.057の手順に従ってオブジェクト原点をワールド原点に移動します。

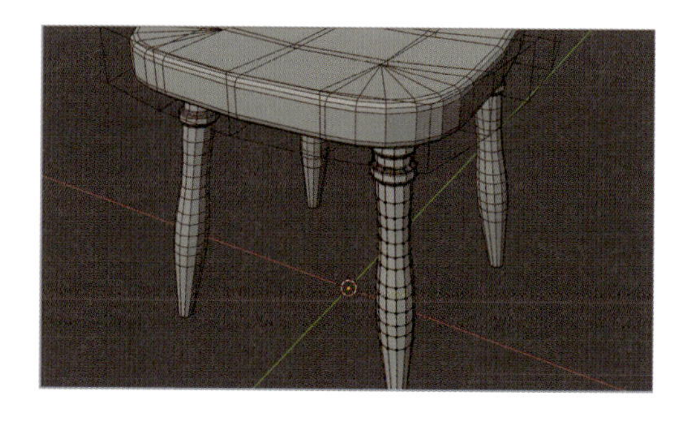

背もたれの基本形状を作成する

1 **[オブジェクトモード]**に切り替え、shift＋Aを押して、**[メッシュ]➡[立方体]**を選んで追加します。

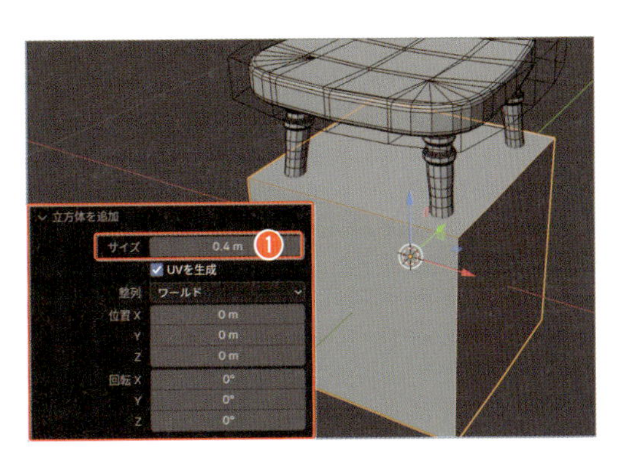

2 画面左下にある**[オペレーター]**パネルで、❶**[サイズ]**を「0.4」mとします。

3 **[編集モード]**に切り替え、視点をフロントビュー（テンキー1）にして、❷**[透過表示]**をONにします。Aキーを押してすべて選択し、**[移動]**（G➡Z）で❸立方体上面がX軸から80cmになる位置まで移動します。

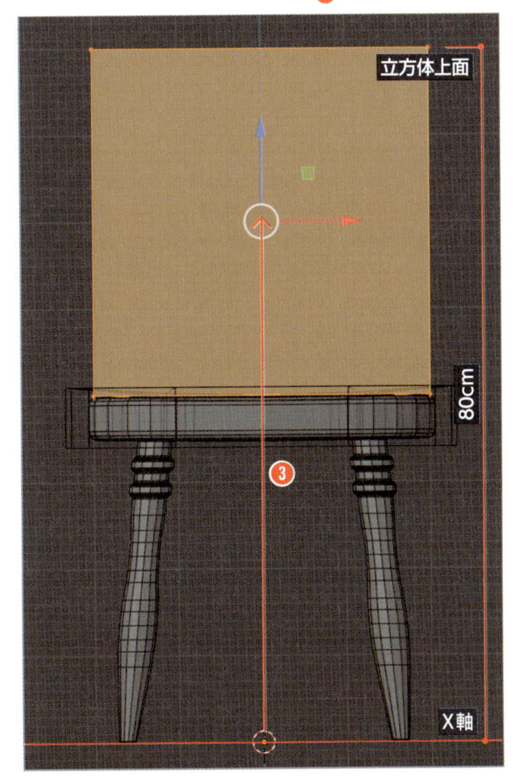

4 立方体底面の頂点を選択し、**[移動]**（G➡Z）で❹背もたれの高さ10cmになる位置まで移動します。

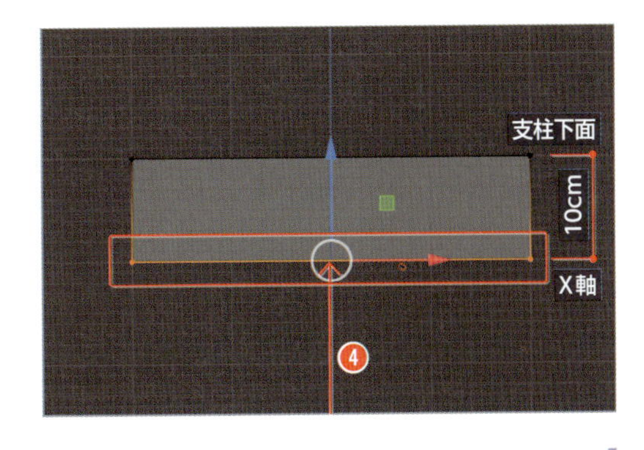

5 視点をトップビュー（テンキー7）にして、手前の頂点を選択し、**［移動］**（G→Y）で❺背もたれの厚さ3cmになる位置まで移動します。

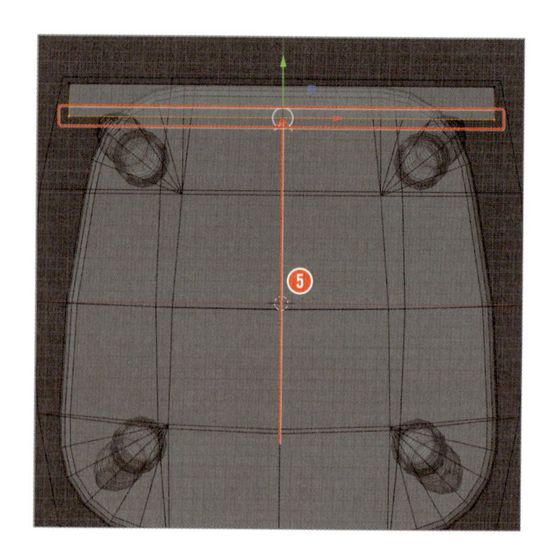

6 ctrl＋R（**［ループカット］**）でループカットします。❻方向は垂直、分割線は5本にしてクリックで確定、位置は右クリック（移動をキャンセル）で中央に確定します。

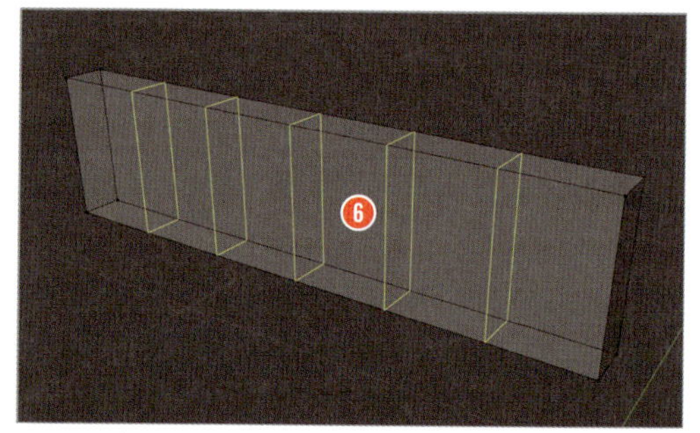

［透過表示］はONまたはOFFで見やすいほうを選んでください。

7 同様に、ctrl＋R（**［ループカット］**）で、❼方向は水平、分割線は1本のままクリックで確定、位置は右クリック（移動をキャンセル）で中央に確定します。

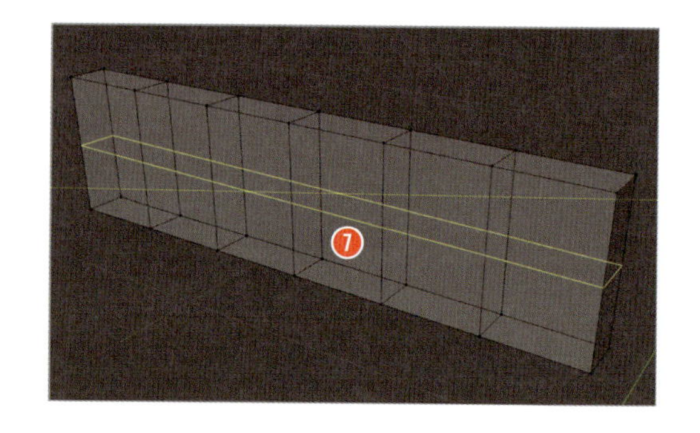

［ベベル］で背もたれの角を丸める

1 **［辺選択］**（数字キー2）にし、❶正面から見て角になる4本の辺を選択します。

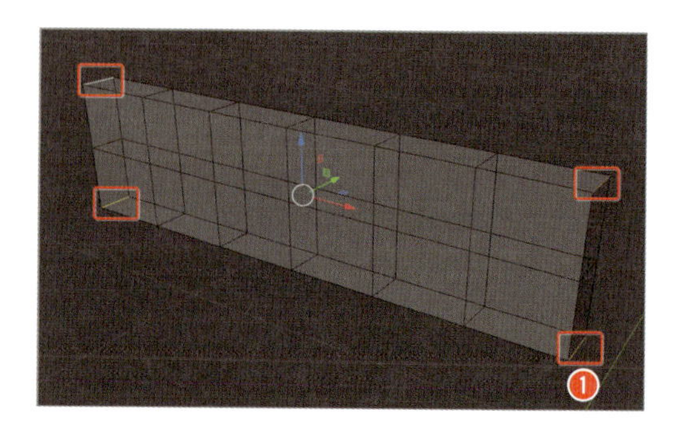

2 ctrl + B ([**ベベル**]) で角を丸めます。ここでは、画面左下にある [**オペレーター**] パネルで、❷ [**幅**] を「0.04」、[**セグメント**] を「4」としています。

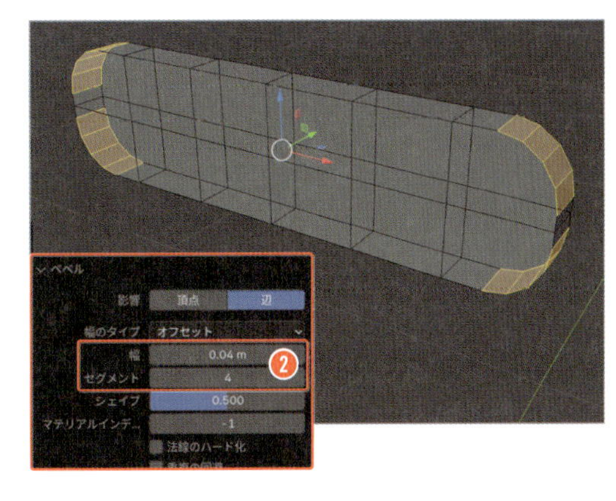

3 [**面選択**] (数字キー3) にし、❸図の裏表8面を選択します。[**面**] メニュー➡[**面を三角化**] (ctrl + T) を実行して、面を三角形に分割します。

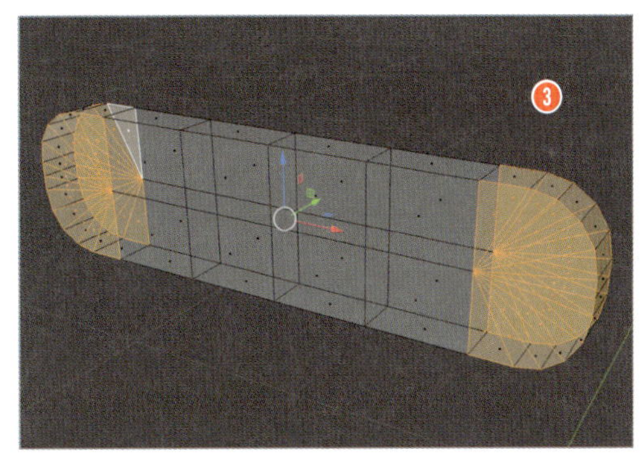

4 [**オブジェクトモード**] に切り替え、[**プロパティ**] パネルの❹ [**モディファイアープロパティ**] タブで、❺ [**モディファイアーを追加**] から [**生成**] ➡ [**ベベル**] を選びます。ここでは❻ [**量**] を「0.005」m、[**セグメント**] を「3」とします。

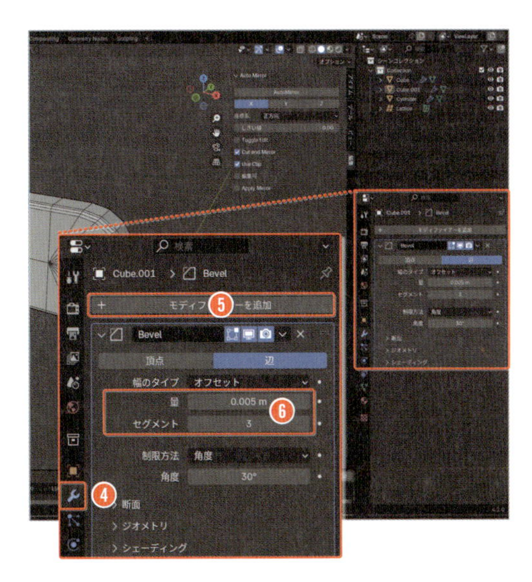

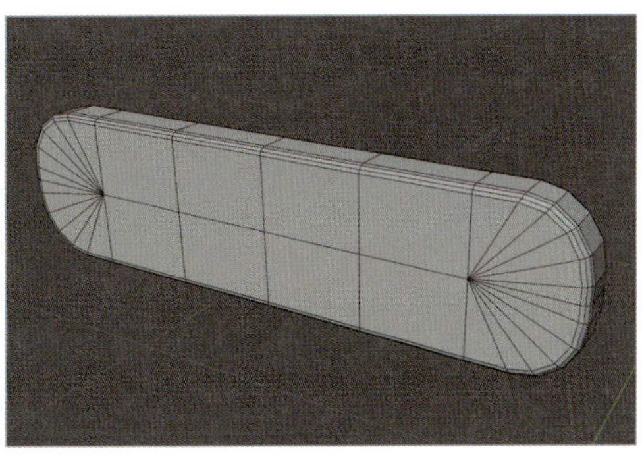

[ラティス]を追加する

座面と同様に、背もたれも**[ラティス]**を使って変形します。

1 **[オブジェクトモード]**で、shift + A を押して❶**[ラティス]**を選んで追加します。

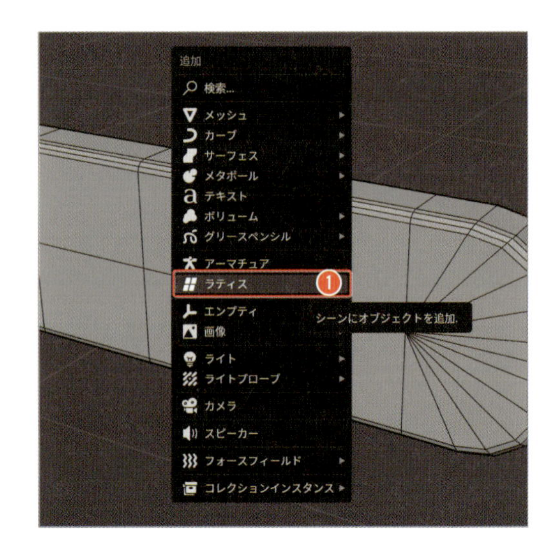

透明のキューブのようなラティスが追加されました。

2 **[オブジェクトモード]**のまま、フロントビュー(テンキー1)にし、**[移動]**(G➡Z)で❷ラティスの原点が背もたれの中央になるように移動します。

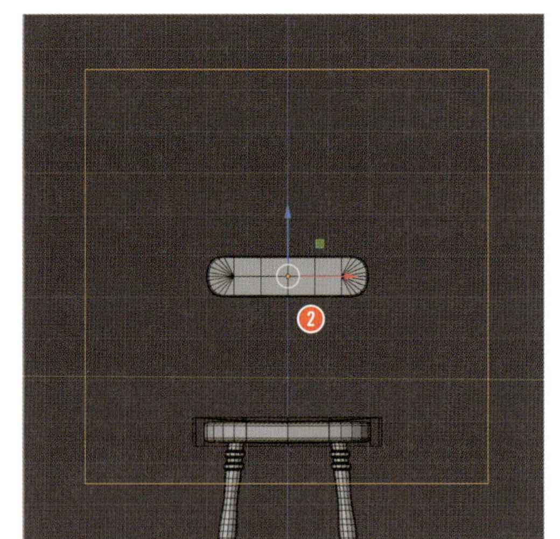

3 軸方向の制限を併用した**[スケール]**(S)または**[移動]**(G)で、❸ラティスの大きさを背もたれより少しだけ大きくなるようにします。

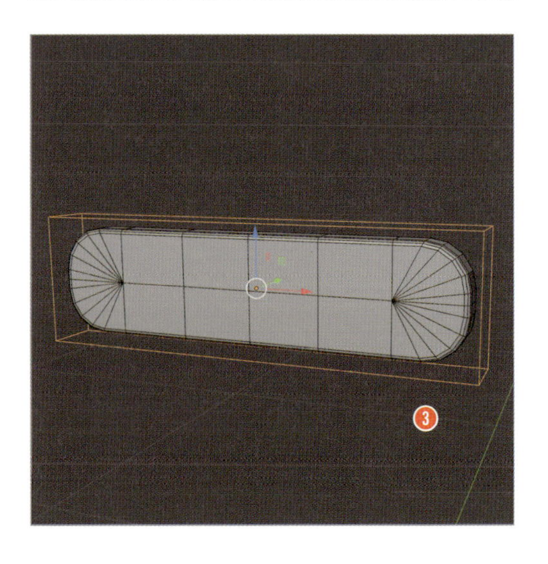

[ラティス]を関連づける

[ラティス]モディファイアーを追加し、背もたれとラティスを関連づけます。

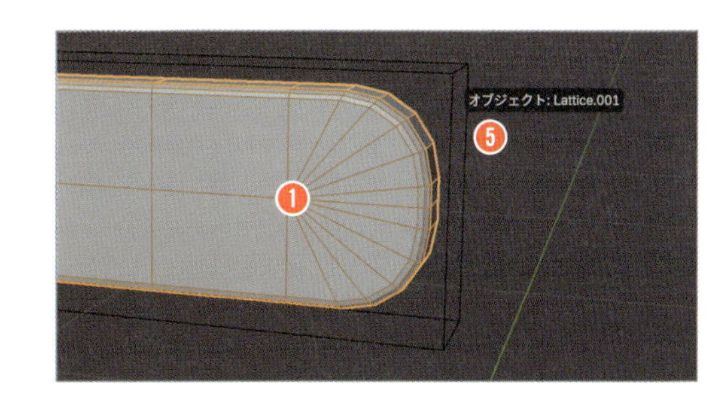

1 [**オブジェクトモード**]で、❶座面を選択します。[**プロパティ**]パネルの❷[**モディファイアープロパティ**]タブで、❸[**モディファイアーを追加**]から[**変形**]➡[**ラティス**]を選びます。

2 [**ラティス**]モディファイアーで[**オブジェクト**]右端の❹スポイトアイコンをクリックします。[**3Dビューポート**]上の❺ラティスオブジェクトをクリックして選択します。

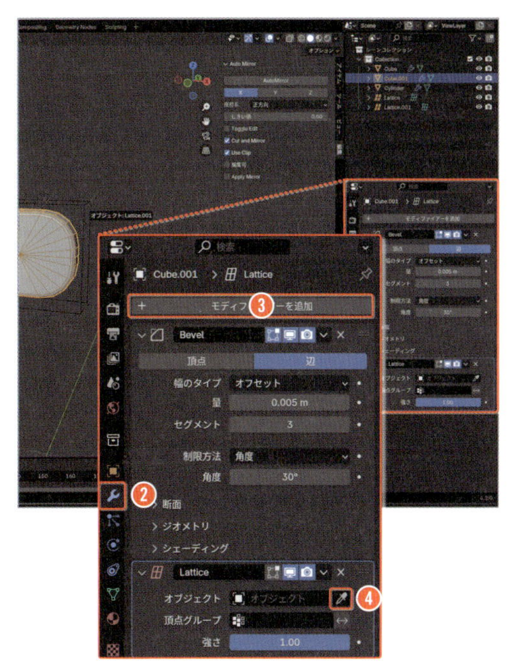

3 ラティスの分割数を調整します。❻ラティスのオブジェクトを選択し、[**プロパティ**]パネルの❼[**オブジェクトデータプロパティ**]タブを開いて、❽[**解像度**]の[U]に「3」、[V]に「2」、[W]に「2」と入力します。

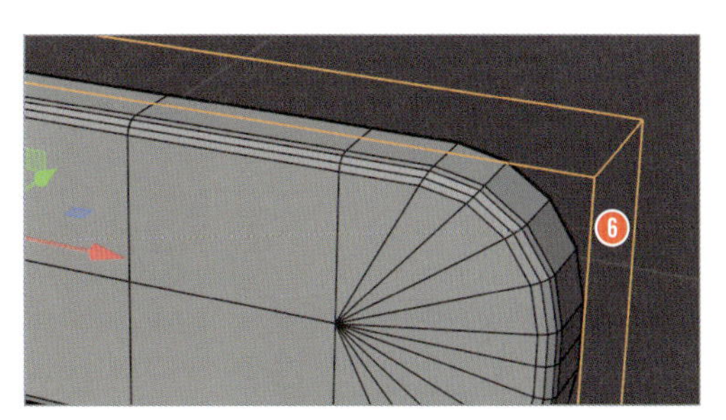

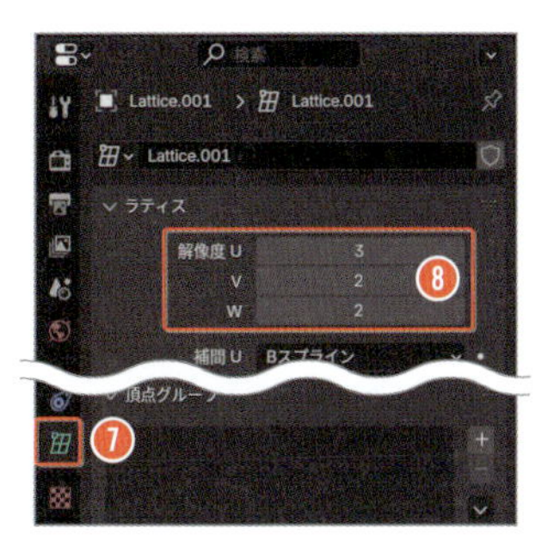

[ラティス]で背もたれを変形する

背もたれを[**ラティス**]を使って変形しましょう。

1. [**オブジェクトモード**]でラティスを選択し、[**編集モード**]に切り替えます。
視点をトップビュー(テンキー7)にします。
中央部分の頂点をドラッグで囲んでボックス選択します。[**移動**](G➡Y)で❶後ろ側に動かして、背もたれにカーブをつけます。

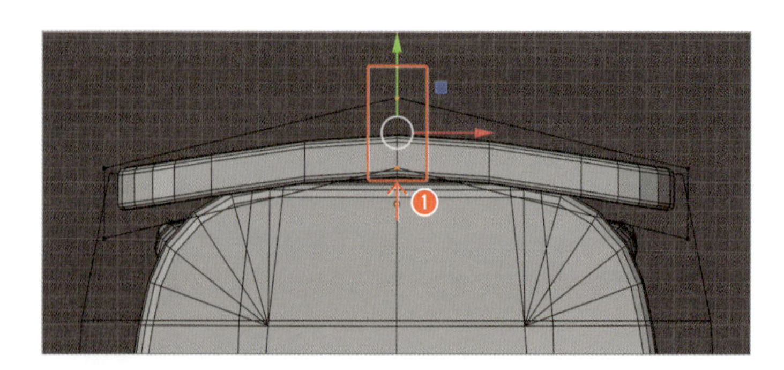

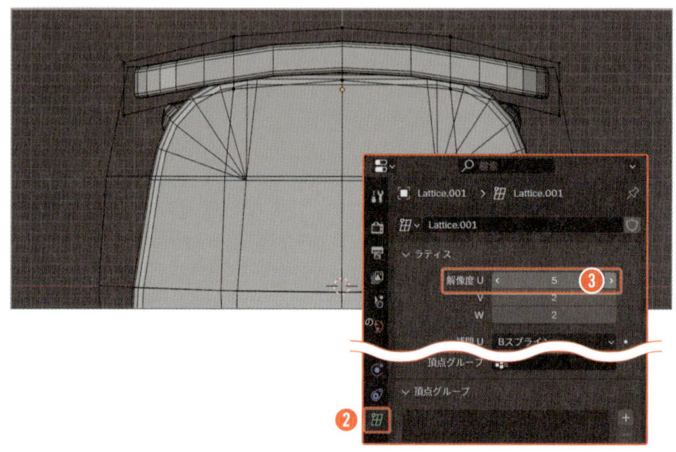

2. ❷[**オブジェクトデータプロパティ**]のラティスで❸[**解像度**]の[**U**]の入力欄の矢印アイコン[>]を2回押して「5」にして滑らかにします。

3. 視点をサイドビュー(テンキー3)にします。
底面の頂点をドラッグで囲んでボックス選択します。
[**移動**](G➡Y)で❹前側に動かして、背もたれに傾きをつけます。

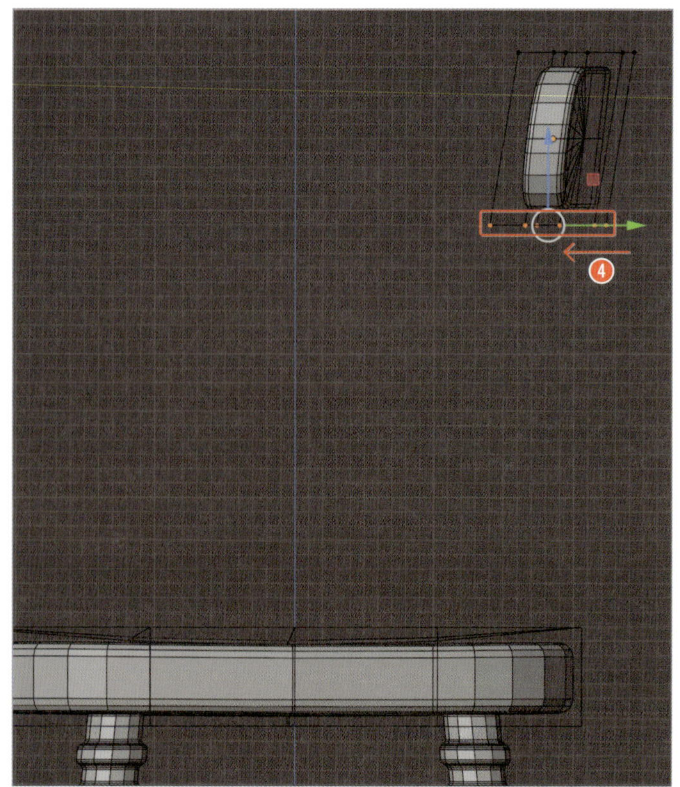

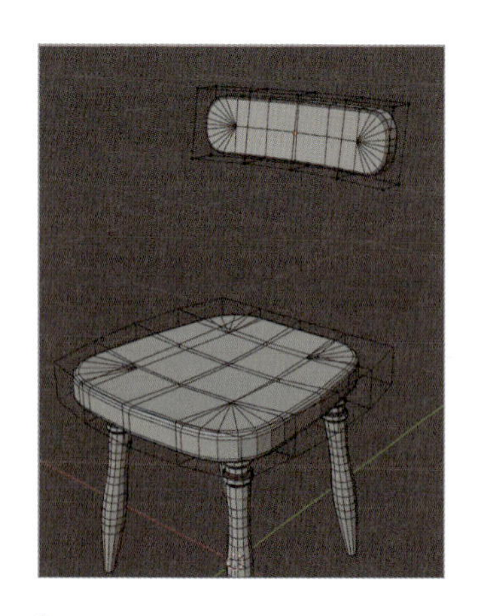

CHAPTER-3

背もたれと座面をつなぐ支柱を作成する

背もたれの支柱を作成します。

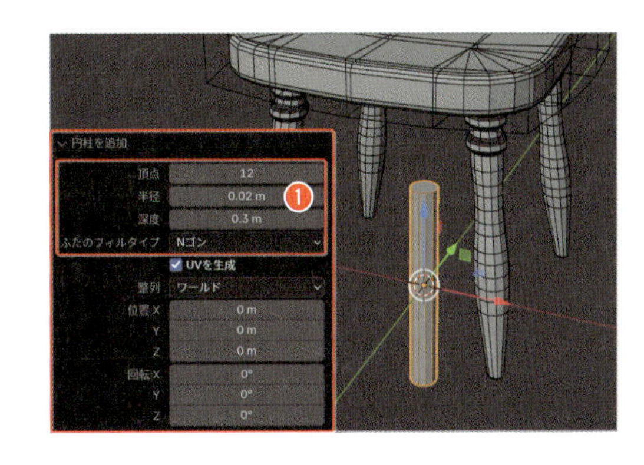

1 ［**オブジェクトモード**］に切り替えます。shift＋Aを押して、［**メッシュ**］➡［**円柱**］を選んで追加します。画面左下にある［**オペレーター**］パネルで、❶［**頂点**］を「12」、［**半径**］を「0.02」m、［**深度**］を「0.3」とします。

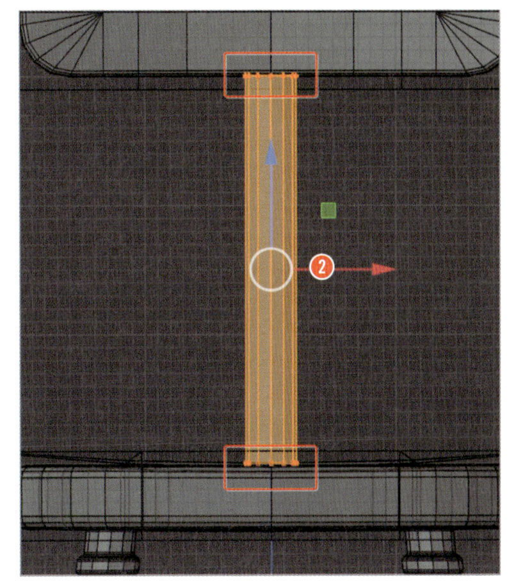

2 ［**編集モード**］に切り替え、視点をフロントビュー（テンキー1）にします。Aキーを押してすべて選択し、［**移動**］（G➡Z）で❷円柱上面が背もたれ下面、円柱下面が座面上面になる位置まで移動します。

円柱の長さが合わない、位置が揃わないなどの場合は、［**透過表示**］をONにしてから、円柱上面だけ（または下面だけ）をボックス選択し、それぞれの位置を［**移動**］（G➡Z）で整えてください。

支柱に膨らみをつける

支柱にも膨らみをつけるのでループカットを追加します。

1 ctrl＋R（［**ループカット**］）を押して❶水平の方向の黄色い線を表示させせます。分割線は1本のままクリックで確定します。位置は右クリック（移動をキャンセル）で中央に確定します。

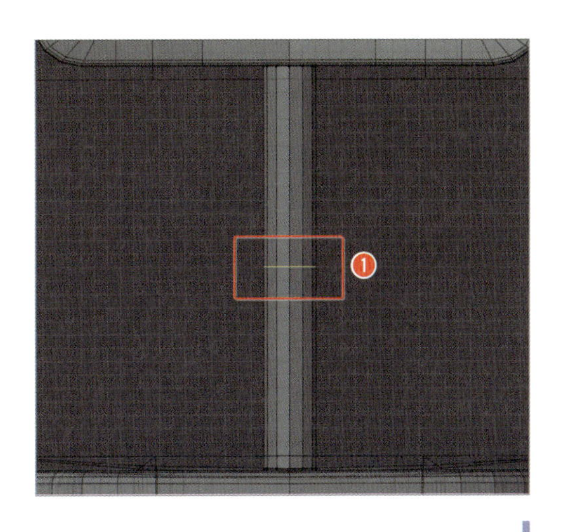

2 ❷[**透過表示**]をONにします。円柱の上面をボックス選択で選択し、下面もボックス選択で追加選択します。❸[**スケール**](S→shift+Z)で少し細くします。

shift+〔軸のキー〕を押すと、その軸以外の方向にスケールをかけることができます。

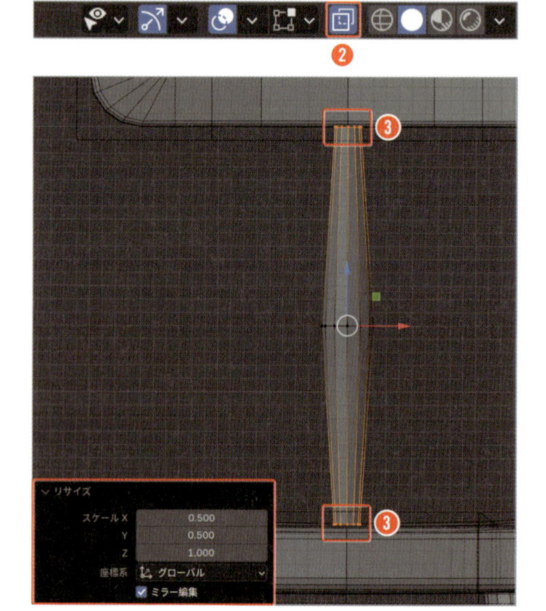

3 [**辺選択**](数字キー2)にし、中央の辺(ループカットした辺)をalt+クリックでループ選択します。ctrl+B([**ベベル**])を押し、❹辺を分割します。画面左下にある[**オペレーター**]パネルで、❺[**幅**]を「0.1」m、[**セグメント**]を「4」とします。

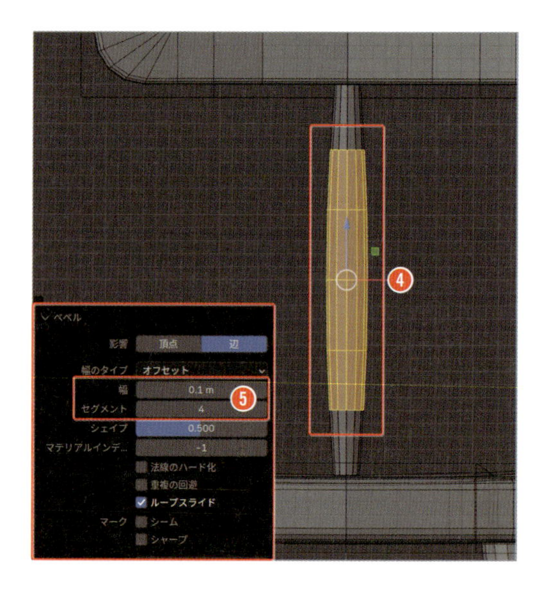

4 Aキーですべて選択し、[**移動**](G→Y)で、❻背もたれの位置に合わせて支柱を移動します。位置はまだ概ねで大丈夫です。

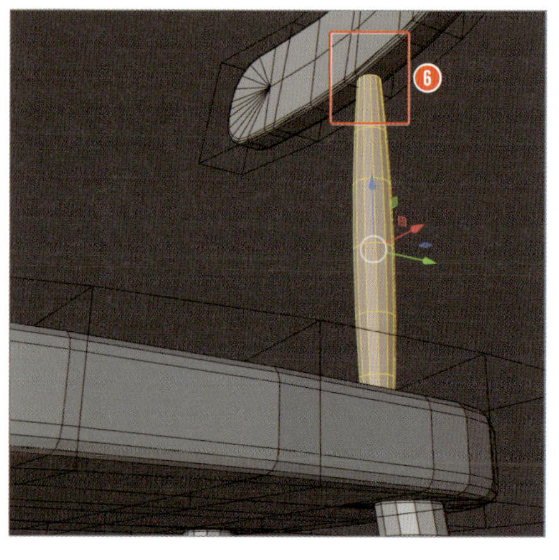

ミラーで支柱を追加する

[Auto Mirror]を使って支柱をミラー複製します。そのため支柱を少しX軸方向に移動します。

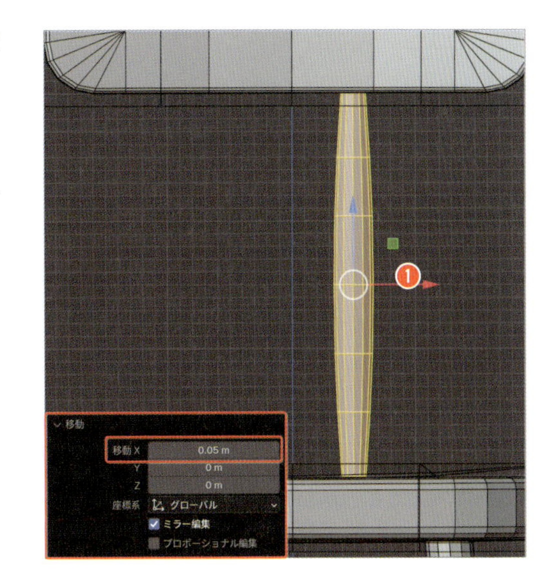

1 視点をフロントビュー(テンキー1)にし、Aキーですべて選択します。**[移動]**(G➡X)で❶X軸方向に移動します。

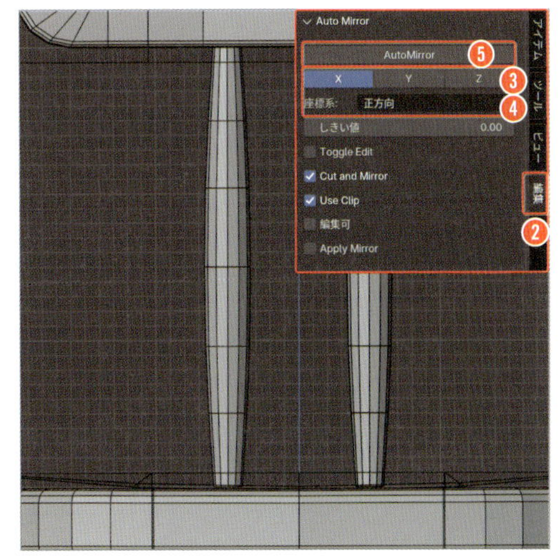

2 **[サイドバー]**(N)の❷**[編集]**タブにある[Auto Mirror]で、❸[X]だけがON、❹**[座標系]**が**[正方向]**になっていることを確認し、❺[AutoMirror]をクリックします。

支柱を斜めにする

支柱を**[せん断]**を使って斜めに変形します。**[ミラー]**モディファイアーの元のオブジェクト、ここでは向かって右側の支柱を変形・移動すれば、反対側の支柱も変形・移動します。

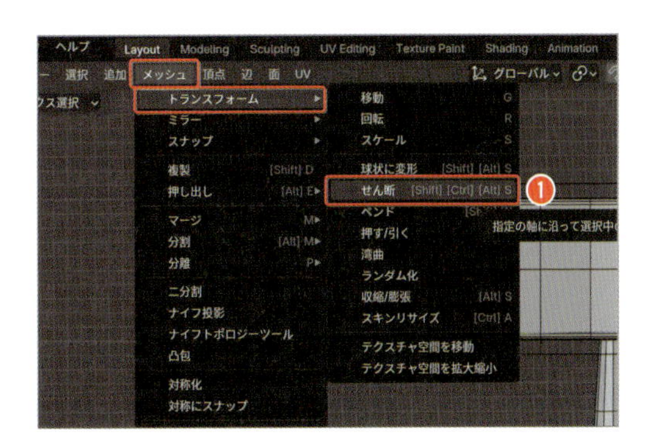

1 Aキーですべて選択します。❶**[メッシュ]**メニュー➡**[トランスフォーム]**➡**[せん断]**(shift+ctrl+alt+S)を選びます。

2 マウスを動かすと支柱が斜めになります。❷程よい位置でクリックして確定します。画面左下にある［**オペレーター**］パネルで、❸［**オフセット**］を「-0.05」とします。

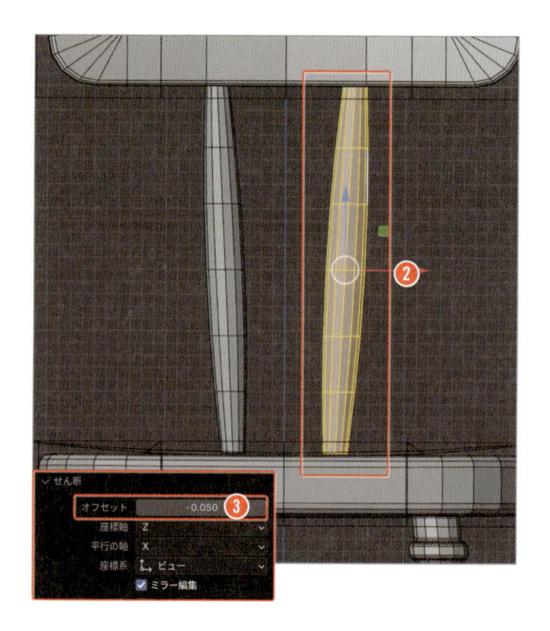

3 視点をサイドビュー（テンキー3）にし、［**メッシュ**］メニュー➡［**トランスフォーム**］➡［**せん断**］（shift＋ctrl＋alt＋S）を選びます。❹程よい位置でクリックして確定します。画面左下にある［**オペレーター**］パネルで、❺［**オフセット**］を「-0.1」とします。

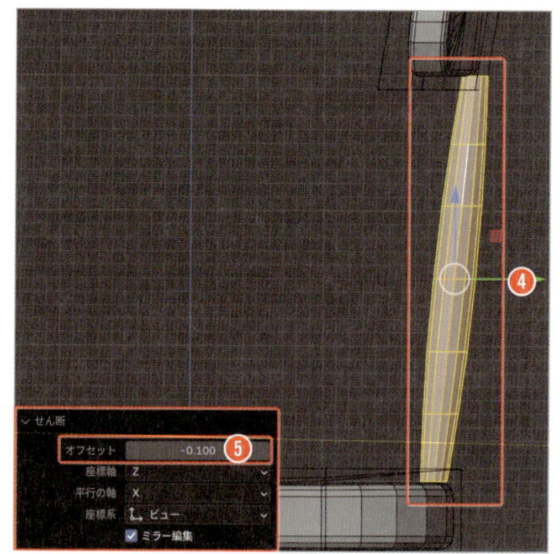

4 ［**移動**］（G➡Y）で、❻背もたれの位置に合わせて支柱を移動します。

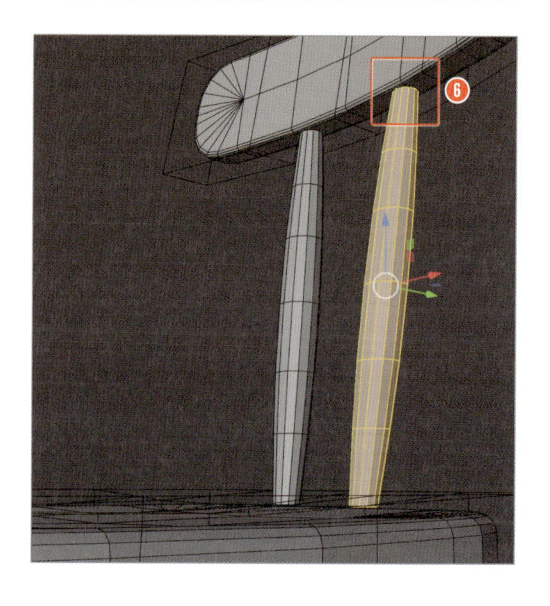

CHAPTER-3

支柱を4本にする

現在2本（片側1本）の支柱を4本（片側2本）にします。変形・移動と同様に、**[ミラー]**モディファイアーの元のオブジェクト、向かって右側の支柱を複製すると、反対側の支柱も増えます。

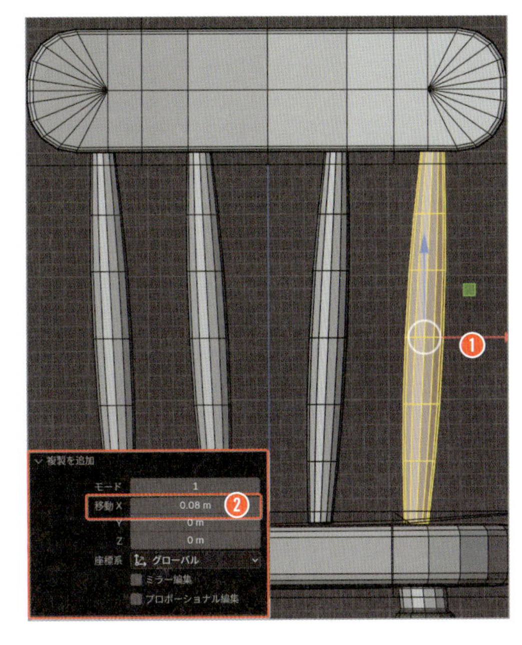

1 視点をフロントビュー（テンキー1）にし、shift＋D➡Xで、❶X軸方向に複製します。画面左下にある**[オペレーター]**パネルで、❷**[移動]**の**[X]**を「0.08」mとします。

shift＋D➡Xは、**[メッシュ]**メニュー➡**[複製]**を選び、X軸方向に制限して複製することをショートカットで実行しています。移動量は0.08mとしていますが、目分量で違和感がないようにそれぞれ配置してかまいません。

2 複製した支柱を選択したまま、背もたれとの位置関係を❸**[移動]**（G➡Y）で調整します。

選択を解除してしまった場合は、マウスポインタをメッシュの上（**[辺選択]**の場合は辺の上）に合わせてLキーを押すことで、リンク選択できます。

[ベベル]で支柱の角を丸める

1 **[プロパティ]**パネルの❶**[モディファイアープロパティ]**タブで、❷**[モディファイアーを追加]**から**[生成]**➡**[ベベル]**を選びます。ここでは❸**[量]**を「0.003」m、**[セグメント]**を「3」、❹**[角度]**を「45」°とします。

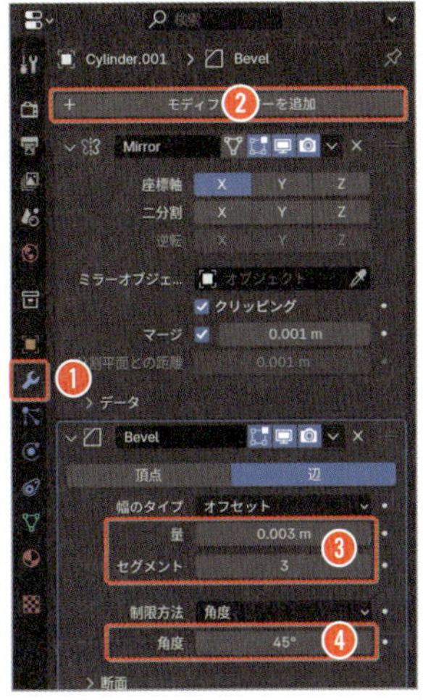

モデルを確認する

1 **[オブジェクトモード]**に切り替えて、❶モデルを確認します。
[ラティス]は不要になるため、**[アウトライナー]**で❷2つの**[ラティス]**の👁をそれぞれクリックして非表示にします。

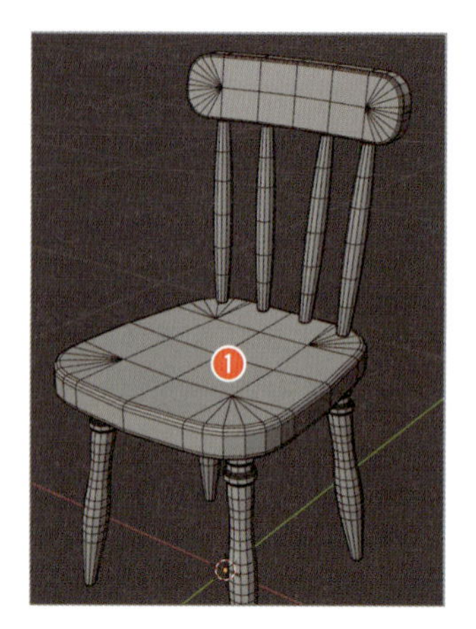

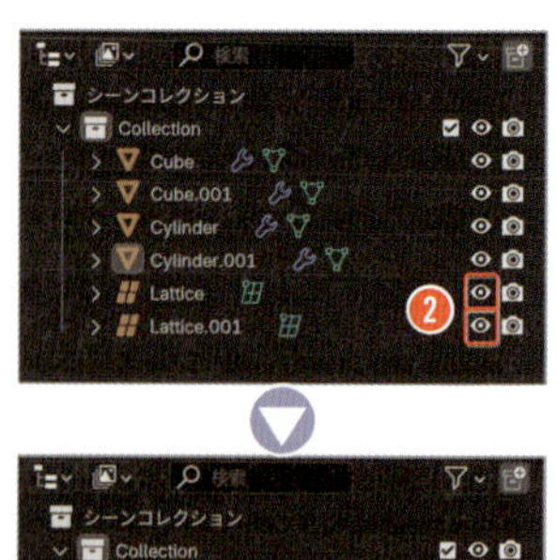

[モディファイアー]を適用してオブジェクトを統合する

すべてのオブジェクトそれぞれの**[モディファイアー]**を適用していきます。

1 ❶座面のオブジェクトを選択します。

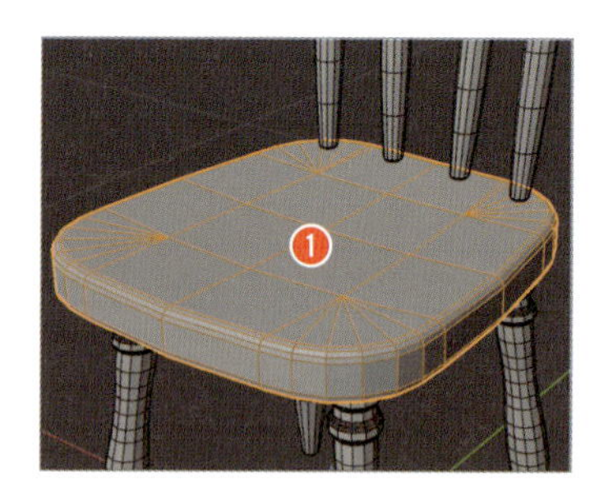

2 ❷**[モディファイアープロパティ]**タブの**[ベベル]**モディファイアー右上の❸**[∨]**をクリックして、表示されるメニューの❹**[適用]**を選びます。さらに**[ラティス]**モディファイアーも適用します。
同様に**すべてのオブジェクトに対しすべてのモディファイアーを適用**します。

各モディファイアー上にマウスポインタを重ねて、ctrl＋Aを押しても適用できます。

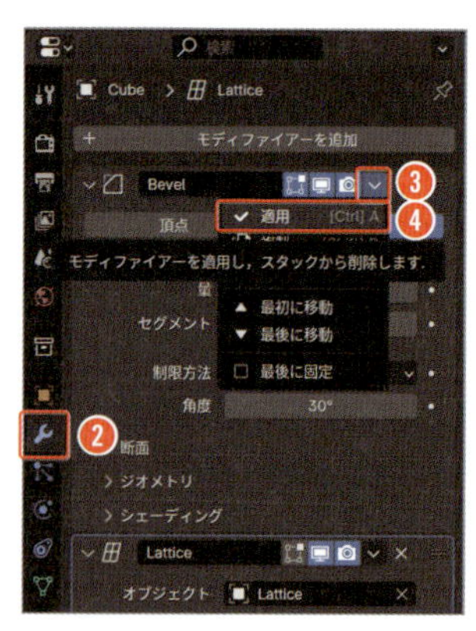

3 すべてのオブジェクトのモディファイアーを適用したら、オブジェクトをすべて選択し、❺**[オブジェクト]**メニュー➡**[統合]**（ctrl＋J）でオブジェクトを統合します。

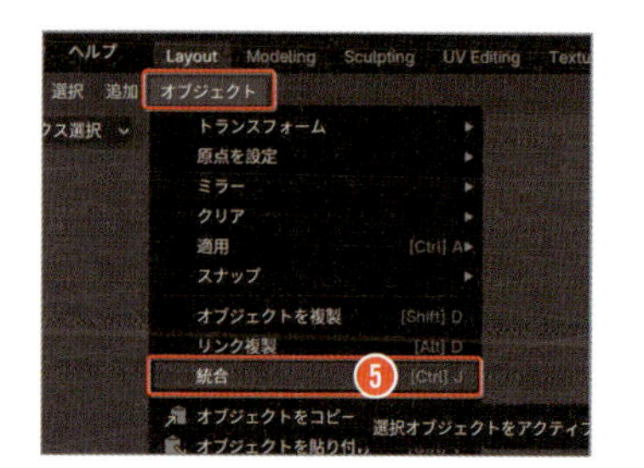

4 オブジェクトを選択した状態で右クリックします。表示されたメニューの❻[**スムーズシェード**]を選択します。

5 [**アウトライナー**]で❼オブジェクト名を「Chair」にします。非表示にしていた2つの[**ラティス**]は、それぞれ[**アウトライナー**]で名前部分を右クリックし、メニューの[**削除**]を選んで削除します。

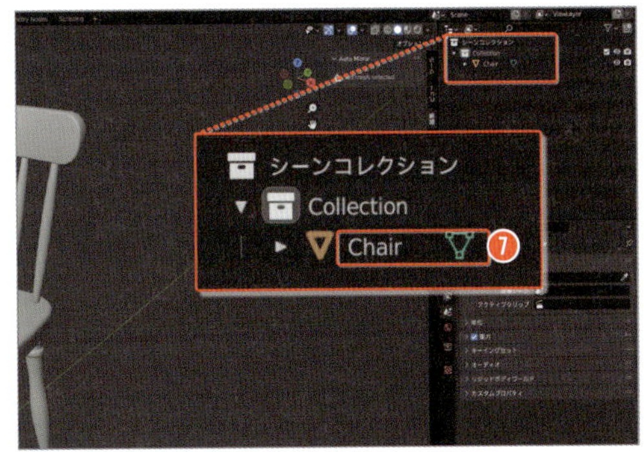

仮のマテリアルを作成する

仮マテリアルを作成します。仮マテリアルのためベースカラーだけ木目調の色に変更します。

1 画面右上の[**3Dビューポートのシェーディング**]を、❶[**マテリアルプレビュー**]に変更します。

2 [**プロパティ**]パネルの❷[**マテリアルプロパティ**]タブで、デフォルトマテリアルの❸[**Material**]が割り当てられていることを確認します。

デフォルトマテリアルの[Material]がない場合は、新しいマテリアルを追加してください。

3 ❹［ベースカラー］を木目調をイメージしたカラーに変更します。マテリアルの❺［名前］は、「Chair」にします。

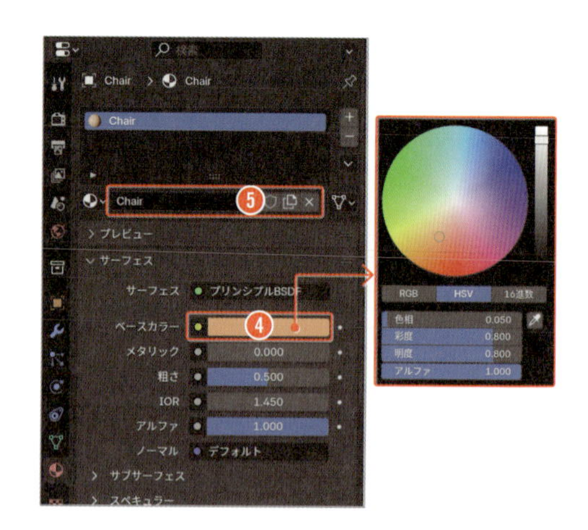

アセットにマークする

1 ［アウトライナー］で❶［Chair］のオブジェクトを右クリックして、［アセットとしてマーク］を選びます。

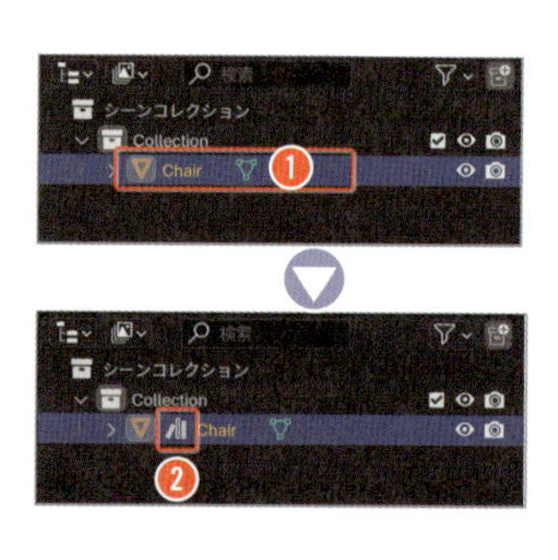

アウトライナーの❷オブジェクト名の前に本のマークがつき、アセットとしてマークされました。これで椅子のモデリングの完成です。

2 ctrl ＋ S（［編集］メニュー➡［保存］）で、本棚と同じフォルダ内に、英数字を使ったわかりやすい名前で保存します。

3-6 バネをモデリング〔スクリューモディファイアー〕

[モディファイアー]を使って、プリミティブからバネのオブジェを作ってみましょう。

3

家具をモデリング

作成するバネのオブジェを確認する

[**モディファイアー**]には[**ミラー**]や[**ベベル**]以外にも、モデルを変形したり、厚みをつけたりといったさまざまな機能のものがあります。ここでは[**スクリュー**]モディファイアーを使ってバネのオブジェを作ってみましょう。

ここで学ぶ主な機能

- スクリューモディファイアー

ここで作成するバネのオブジェ。

バネの断面を作成する

新規ファイルに配置されている立方体、ライト、カメラを削除した空のシーンから解説します。

1 shift + A を押して、[**メッシュ**]➡[**円**]を選んで追加します。画面左下にある[**オペレーター**]パネルで、❶[**頂点**]を「12」、[**フィルタイプ**]を[**なし**]にします。

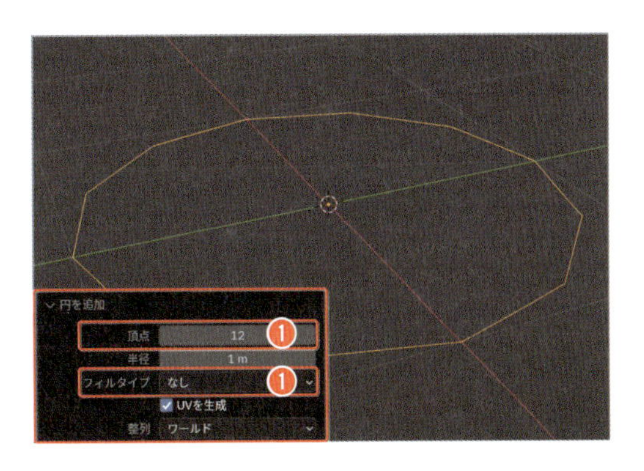

2 [**編集モード**]に切り替え、R➡X➡「90」と入力し円を回転します。さらにS➡「0.2」と入力して❷円を縮小します。

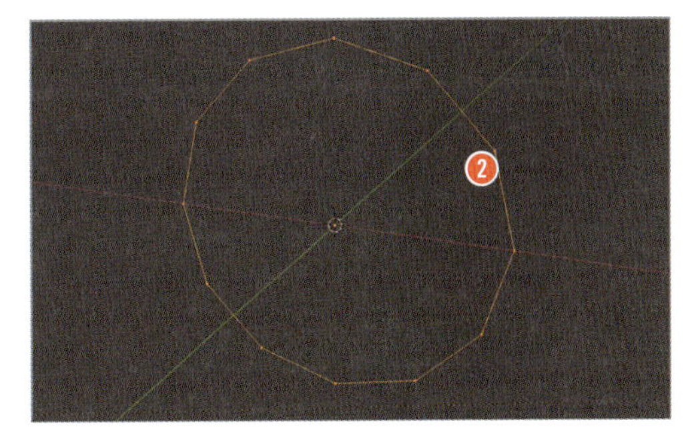

3 ［**移動**］（G➡X）で、❸円をシーンの中心からX軸方向に少しずらします。ここでは「1」m移動させました。

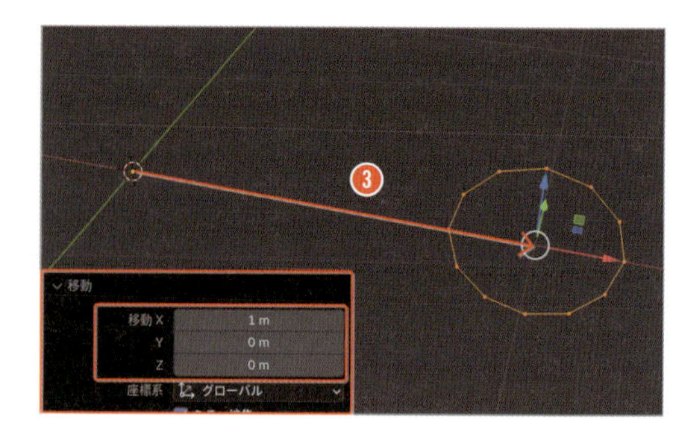

円がバネ材料の断面、円と中心までの距離がバネ外形の半径になります。バネ全体の大きさは後で変更しますので、ここで断面の大きさと、バネ外形の半径とのバランスを考えて移動します。

断面を元にバネを作成する

作成した円の断面を元に、［**スクリュー**］モディファイアーでバネのようにします。

1 ［**プロパティ**］パネルの❶［**モディファイアープロパティ**］タブで、❷［**モディファイアーを追加**］から❸［**生成**］➡［**スクリュー**］を選びます。

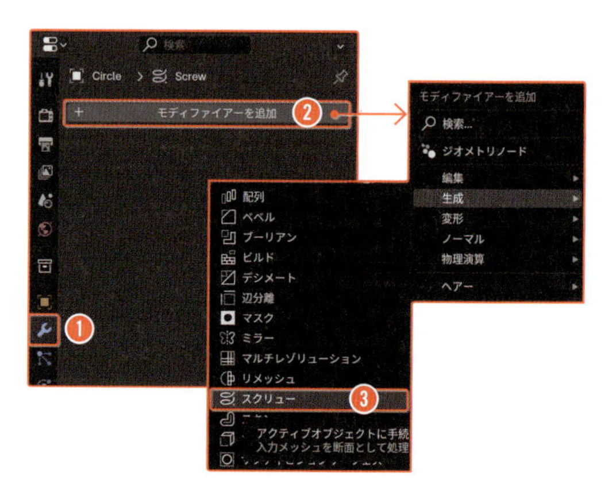

2 ［**オブジェクトモード**］に切り替えます。［**モディファイアープロパティ**］タブの［**スクリュー**］モディファイアーで❹［**角度**］を「360」°にします。❺［**スクリュー**］は「0.7」m、❻［**反復**］は「5」にします。座標軸は❼［**Z**］にします。

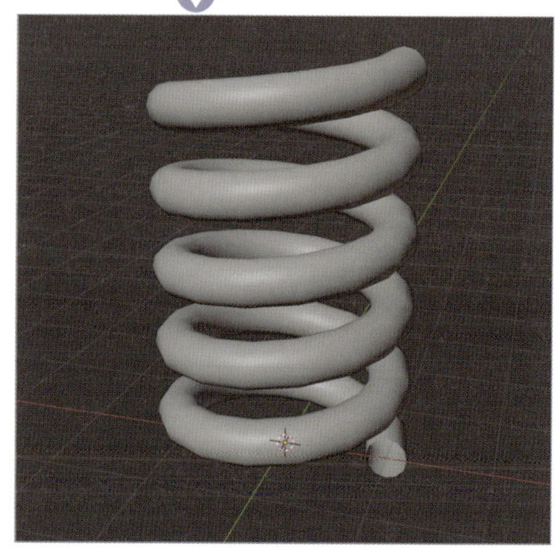

先ほど設定したスクリューの間隔で5回反復してメッシュが生成されます。

［**スクリュー**］ではバネの間隔、［**反復**］ではスクリューの反復数を指定します。

CHAPTER-3

バネ断面に厚みをつける

作成したバネにはパイプの厚みがないため、[**ソリッド化**]モディファイアーを追加して厚みをつけます。

1 [**モディファイアープロパティ**]タブで、❶[**モディファイアーを追加**]から[**生成**]➡[**ソリッド化**]を選びます。

2 [**ソリッド化**]モディファイアーの❷[**幅**]を「0.05」mにします。

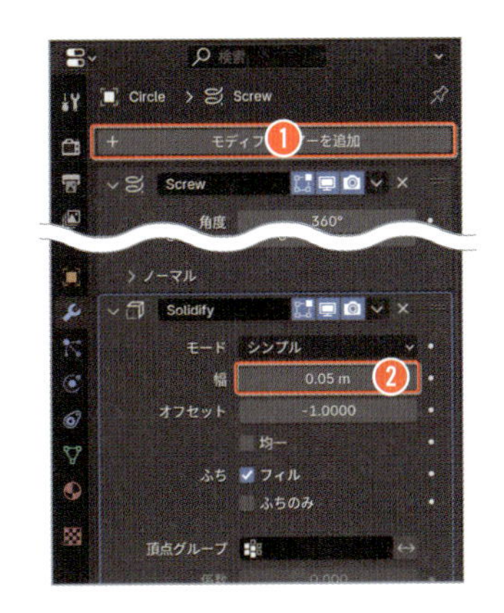

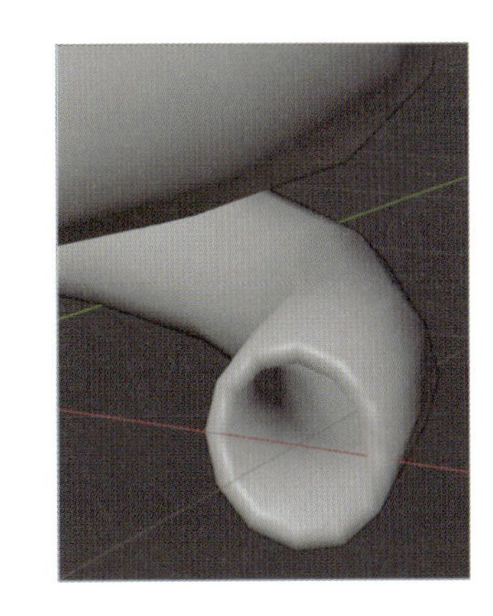

断面の角を丸くする

パイプの断面がシャープなため、[**ベベル**]モディファイアーを追加して断面にベベルを追加します。

1 [**モディファイアープロパティ**]タブで、❶[**モディファイアーを追加**]から[**生成**]➡[**ベベル**]を選びます。

2 [**ベベル**]モディファイアーの❷[**量**]を「0.01」m、❸[**セグメント**]を「2」にします。

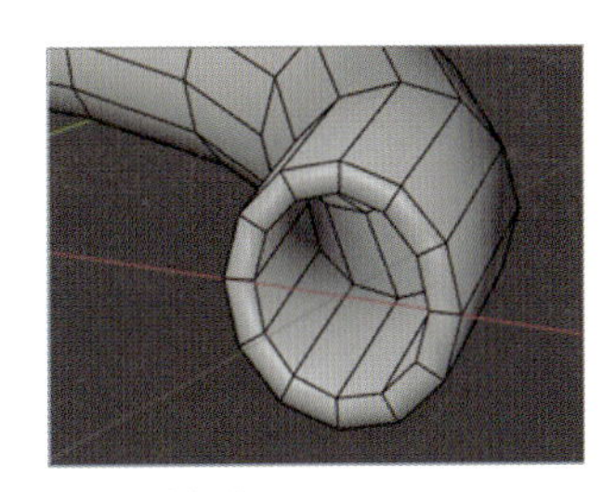
ベベル追加前。

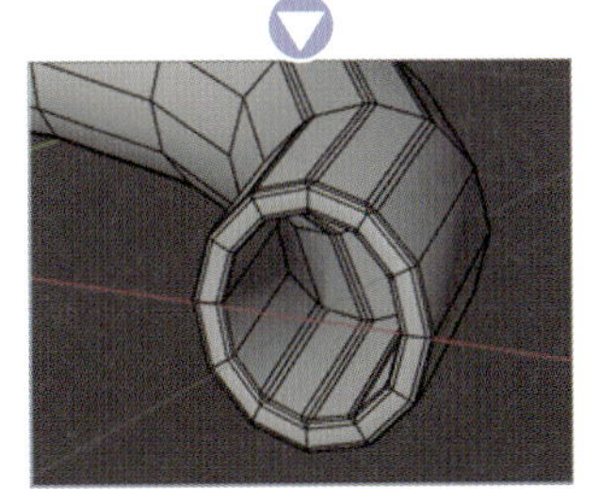
ベベル追加後。

このままでは断面以外にもベベルが入ってしまっているため、角度を調整します。

3 ❹[**角度**]を「80」°とします。

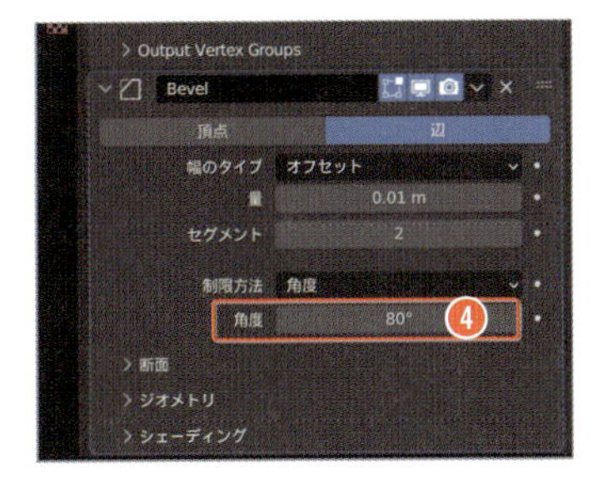

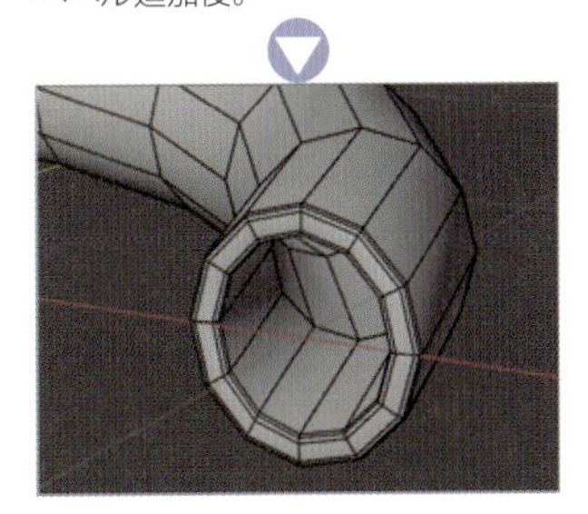
ベベルの[角度]に「80」と入力。

バネオブジェのサイズの修正する

バネのモデリングは完成しましたのでサイズを確認します。

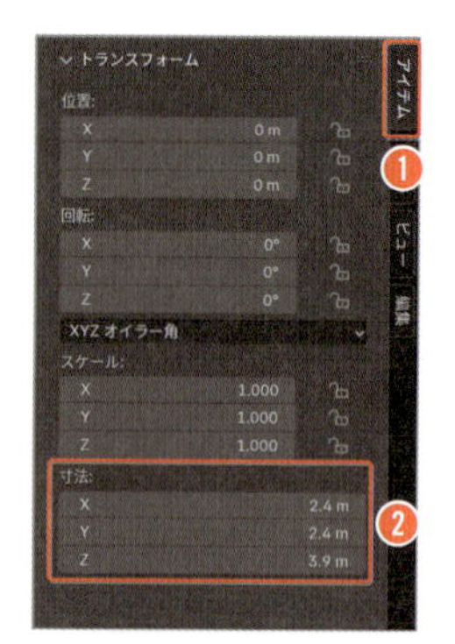

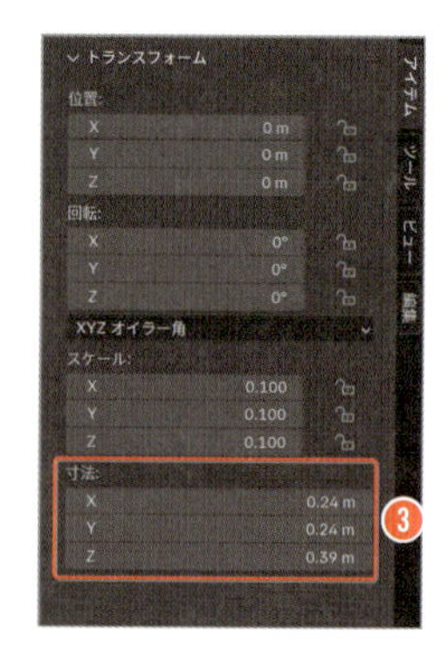

1 [**オブジェクトモード**]で[**サイドバー**](N)の❶[**アイテム**]タブで[**トランスフォーム**]の❷[**寸法**]を確認します。バネの長さが約4mになっています。

2 [**オブジェクトモード**]のまま、S➡「0.1」と入力してバネを縮小します。

❸Z軸(高さ)が39cmなので、これくらいでよさそうです。次に、バネを横に寝かせます。

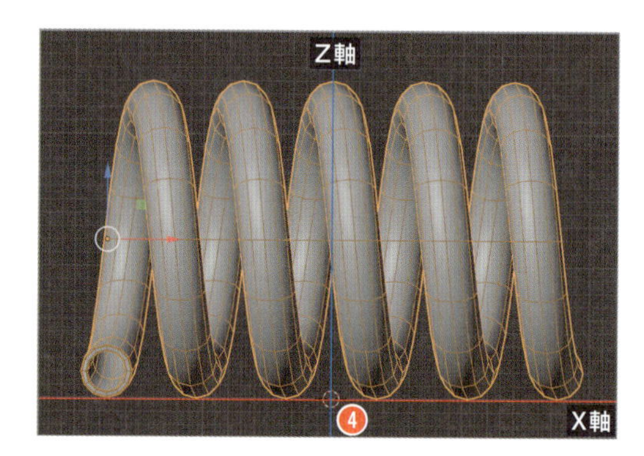

3 視点をフロントビュー(テンキー1)にして、R➡Y ➡「90」°と入力します。

4 [**オブジェクトモード**]のまま[**移動**](G)で、❹ワールド原点がバネの左右真ん中、バネの底面がX軸上になるように移動します。

[モディファイアー]を適用する

すべての[**モディファイアー**]を適用します。

1 [**プロパティ**]パネルの❶[**モディファイアープロパティ**]タブのモディファイアー右上の❷[⌵]をクリックして、表示されるメニューの❸[**適用**]を選びます。[**スクリュー**]、[**ソリッド化**]、[**ベベル**]のすべてモディファイアーを適用しています。

2 [**オブジェクトモード**]でオブジェクトを操作したので、ctrl+Aを押して[**全トランスフォーム**]を適用します。

3 [**アウトライナー**]で❹オブジェクト名を「Screw」にします。

仮のマテリアルを作成する

仮マテリアルを作成します。

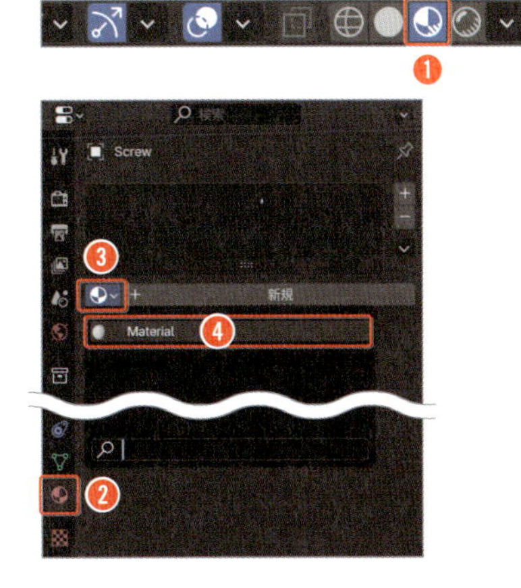

1 画面右上の［**3Dビューポートのシェーディング**］を、❶［**マテリアルプレビュー**］に変更します。

2 ［**プロパティ**］パネルの❷［**マテリアルプロパティ**］タブで、❸をクリックして表示されるメニューの❹［**Material**］を選びます。

3 クリスマスの飾りのような金色のバネにしようと思うので、［**マテリアルプロパティ**］タブの❺［**ベースカラー**］を黄色系に変更します。

4 金属なので、❻［**メタリック**］を「1.0」、❼［**粗さ**］を「0.1」としました。マテリアルの❽［**名前**］は「Screw」にします。

アセットにマークする

1 ［**アウトライナー**］で❶［**Screw**］のオブジェクトを右クリックして、［**アセットとしてマーク**］を選びます。

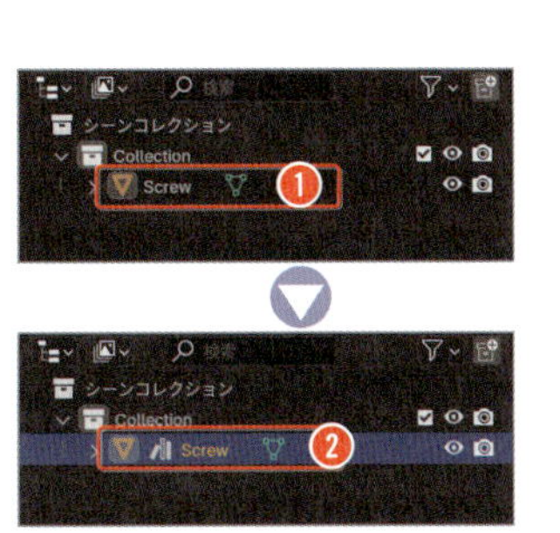

❷アウトライナーのオブジェクト名の前にマークがつき、アセットとしてマークされました。バネのモデリングの完成です。

2 ctrl + S（［**編集**］メニュー➡［**保存**］）で、本棚と同じフォルダ内に、英数字を使ったわかりやすい名前で保存します。

3-7 クッションをモデリング〔クロスシミュレーション〕

[クロス]シミュレーションを使って、クッションをモデリングしてみましょう。
布にできるしわなどを表現できます。

作成するクッションを確認する

[**物理演算**]プロパティにある機能では、通常のモデル作成では再現しにくい、布、煙、水、髪の毛など、風や動きなどの物理現象によって形状が変化するさまを再現します。その中の1つ[**クロス**]シミュレーションは、布の変化を再現する機能です。ここではこの機能を使ってクッションを作成します。

ここで学ぶ主な機能

▶ クロスシミュレーション

ここで作成するクッション。

CHAPTER-3

クッションの生地を作成する

新規ファイルに配置されている立方体、ライト、カメラを削除した空のシーンから解説します。

1 shift + A を押して、❶[**メッシュ**]➡[**平面**]を選んで追加します。

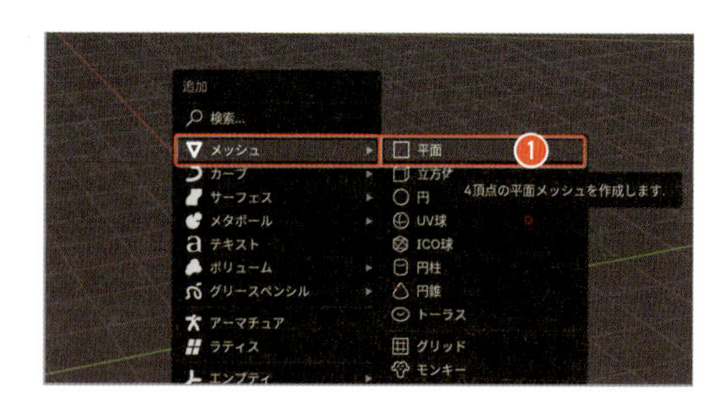

2 [**編集モード**]に切り替え、A キーですべて選択します。❷メッシュ上で右クリックしてメニューの[**細分化**]を選びます。

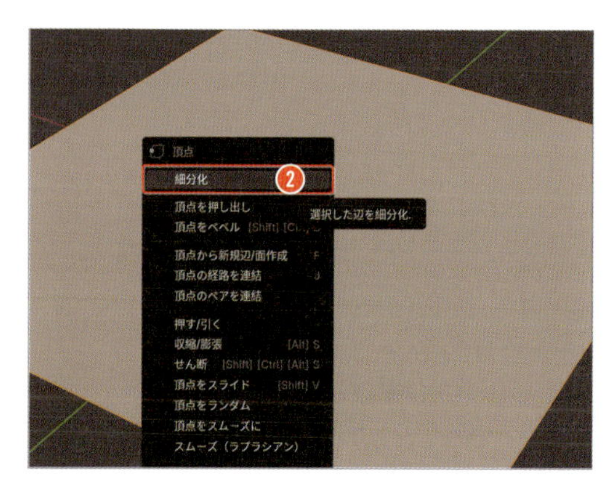

3 画面左下にある[**オペレーター**]パネルで、❸[**分割数**]を「30」にします。

分割数を増やすことでクッションが膨らんだ際のポリゴンを確保します。

4 E([**押し出し**])で、❹少し押し出して厚みを作成します。

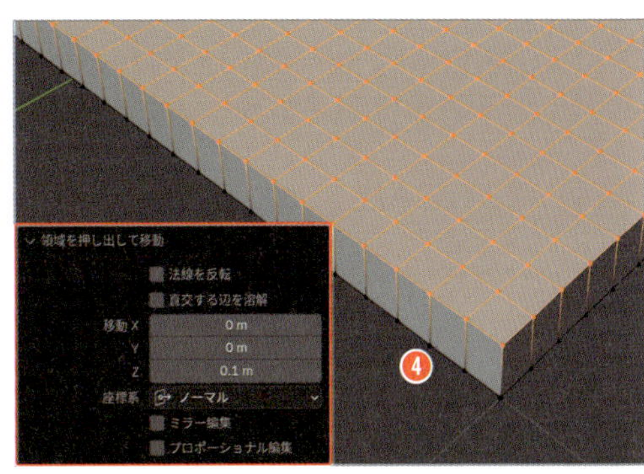

5 ctrl + R([**ループカット**])で、❺水平方向の黄色い線を表示させ、分割線1本にしてクリックで確定、右クリックで中央(移動をキャンセル)にループカットを入れます。

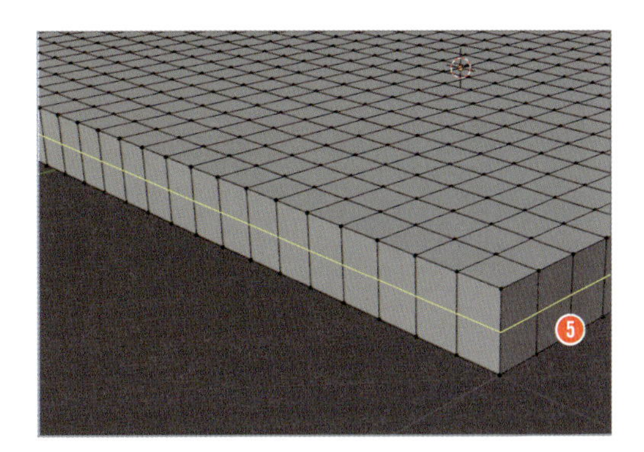

6 ループカットの線が選択された状態で、❻[**スケール**](S)で少しだけ広げます。

クッションの縁の部分になります。これで下準備は完了です。

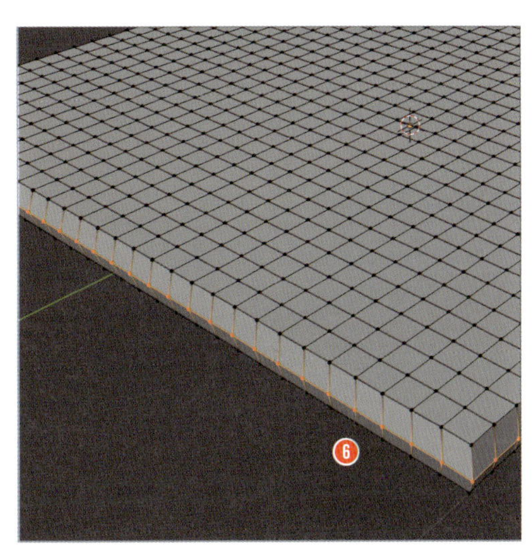

[クロス]を設定する

1 [**編集モード**]で[**プロパティ**]パネルの❶[**物理演算プロパティ**]タブで、❷[**クロス**]をクリックして選びます。

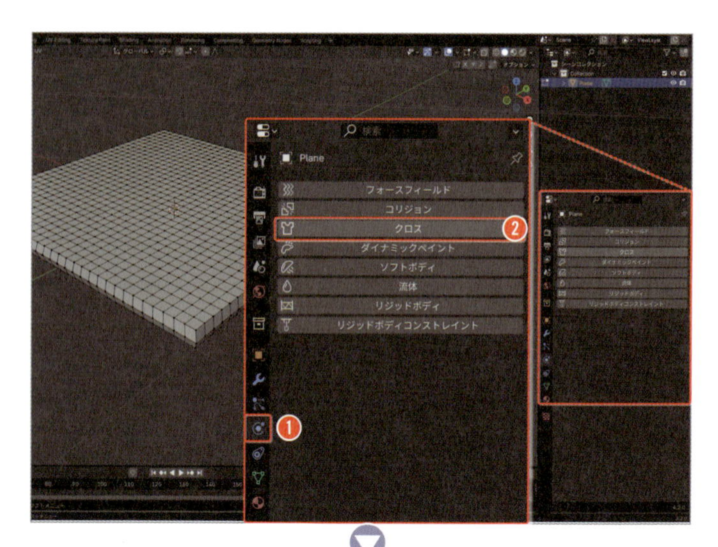

2 [**物理プロパティ**]内にある❸[**圧力**]にチェックを入れて、❹[**圧力**]を「4」にします。❺[**コリジョン**]内にある❻[**セルフコリジョン**]にチェックを入れます。❼[**フィールドの重み**]内にある❽[**重力**]を「0」にします。

[**圧力**]の値によってクッションの膨らみ具合を調整することができます。

3 [**オブジェクトモード**]に切り替え、画面下部にある[**タイムライン**]の❾[**アニメーション再生**]をクリックします。

物理演算がはじまります。

4 適度に膨らんだら、⑩[**アニメーション停止**]をクリックして物理演算を停止します。

もし tab キーなどを押して演算結果が壊れてしまった場合は、[**オブジェクトモード**]で0フレーム位置からアニメーション再生しなおすことで復帰できます。

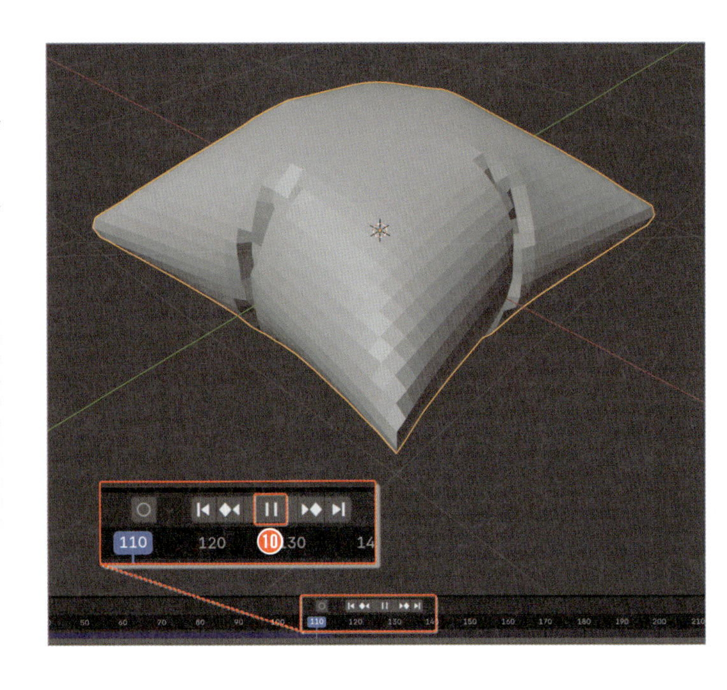

クッションを調整する

1 [**オブジェクトモード**]でオブジェクトを選択した状態で右クリックします。表示されたメニューの❶[**スムーズシェード**]を選びます。

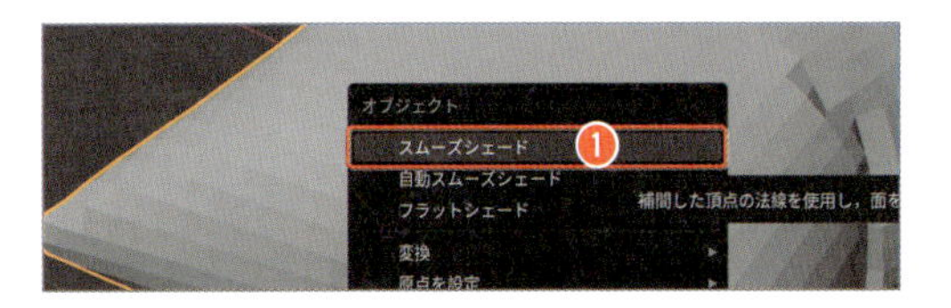

2 オブジェクトを選択した状態で、[**プロパティ**]パネルの❷[**モディファイアープロパティ**]タブで、[**クロス**]モディファイアー右上の❸[**⌄**]をクリックして、表示されるメニューの❹[**適用**]を選びます。

寸法を調整します。ここでは45cm×45cmのクッションと想定し、[**オブジェクトモード**]で[**サイドバー**](N)の[**アイテム**]タブの[**トランスフォーム**]で、❺[**寸法**]の[X]と[Y]が「0.45」m程度になるよう縮小します。

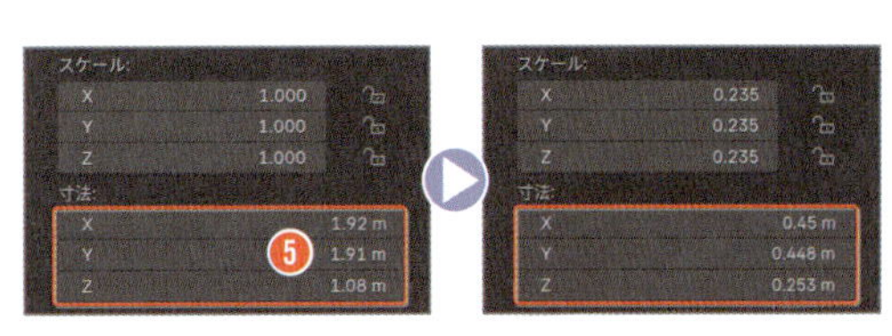

3 [**スケール**](S)で縮小しますが、❺寸法の値を確認しながら実行します。目的の値に近づいたら、 shift を押しながら操作することで、ゆっくりとスケールの値を調整できます。

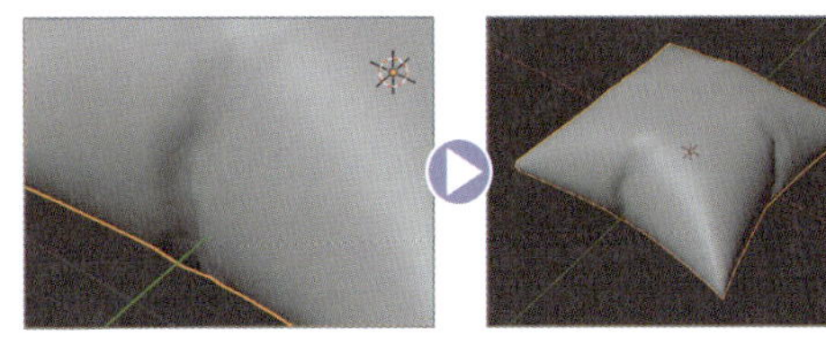

クッションを立たせます。

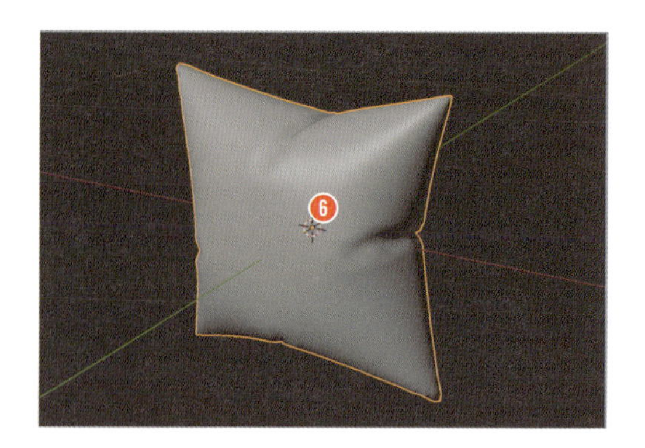

4 R→X→「90」°と入力して、❻X軸を中心軸として90°回転します。

原点を移動します。

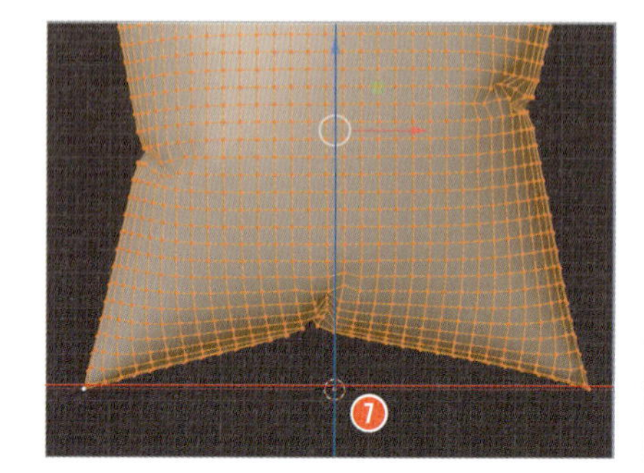

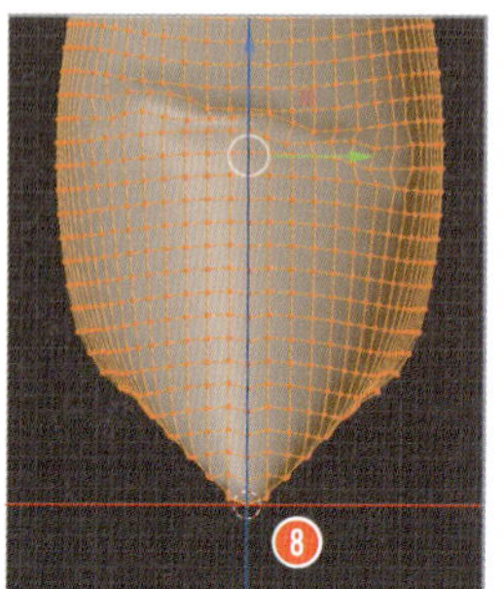

5 ［編集モード］に切り替え、Aキーですべて選択します。［移動］（G→Z）で、メッシュ一番下の位置をX軸に重ね、メッシュの左右中央がZ軸に重なる位置になるよう移動します。❼これでオブジェクトの原点がモデルの底面中央になりました。❽側面も中央に揃えておきます。

［オブジェクトモード］で［スケール］と［回転］を加えたので適用します。

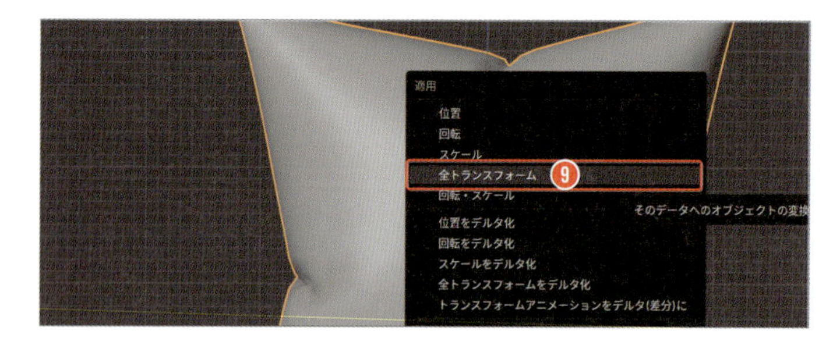

6 ［オブジェクトモード］に切り替え、ctrl＋Aを押して❾［全トランスフォーム］を適用します。

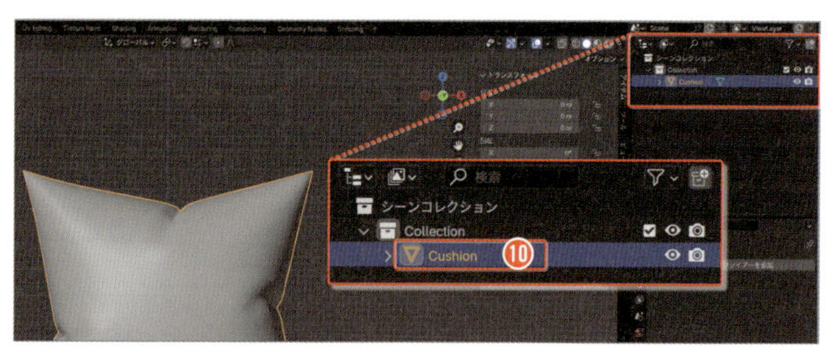

7 ［アウトライナー］で❿オブジェクト名を「Cushion」にします。

仮のマテリアルを作成する

仮マテリアルを作成します。仮マテリアルのためベースカラーだけ変更します。

1 画面右上の［3Dビューポートのシェーディング］を、❶［マテリアルプレビュー］に変更します。

2 [**プロパティ**]パネルの[**マテリアルプロパティ**]タブで、❸をクリックして表示されるメニューの❹[Material]を選びます。

3 [**マテリアルプロパティ**]タブの❺[**ベースカラー**]を黄緑色に変更します。

クッションはマテリアルの解説項目で布地のテクスチャを割り当てしますので、ここではわかりやすいように色の変更を加えておきます。

4 マテリアルの❻[**名前**]は「Cushion」にします。

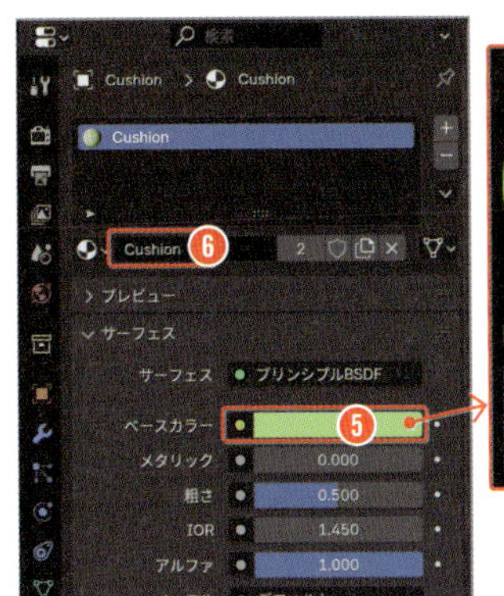

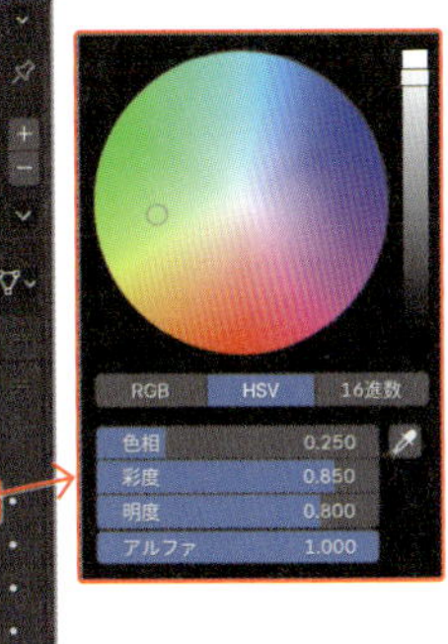

アセットにマークする

1 [**アウトライナー**]で❶[Cushion]のオブジェクトを右クリックして、❷[**アセットとしてマーク**]を選びます。

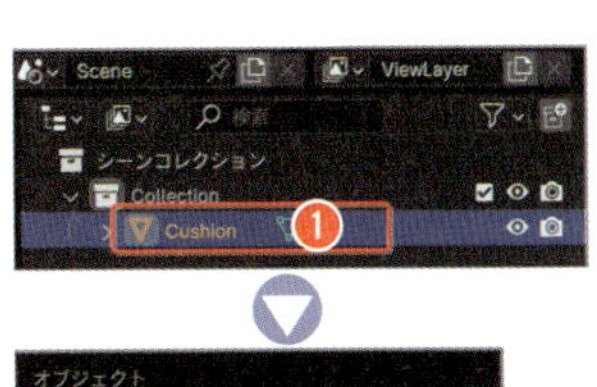

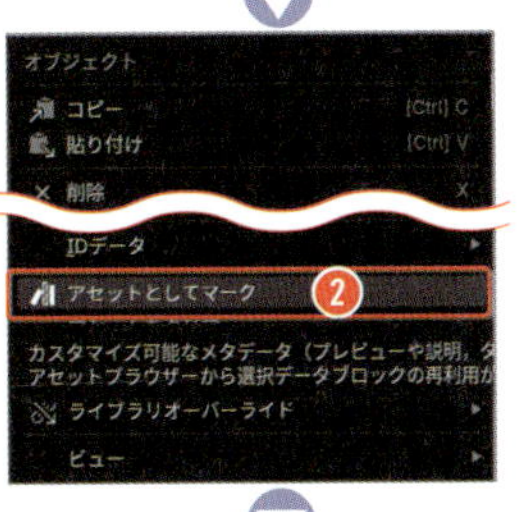

❸[**アウトライナー**]のオブジェクト名の前に本のマークがつき、アセットとしてマークされました。これでクッションのモデリングの完成です。

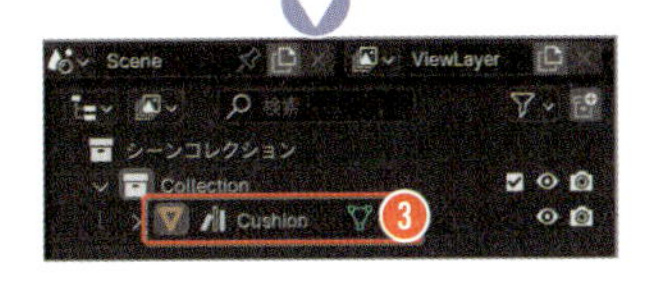

2 ctrl + S([**編集**]メニュー➡[**保存**])で、本棚と同じフォルダ内に、英数字を使ったわかりやすい名前で保存します。

3-8 ソファーをモデリング〔モディファイアーの順番〕

左右対称のオブジェクトを[ミラー]を使って効率よくモデリングします。さらに複数のモディファイアーでは順番で結果が変わることを確認しましょう。

作成するソファーを確認する

[ミラー]を使った対称オブジェクトを作成します。**[ミラー]**を使うことで、片側半分の編集だけでモデルを作成することができます。
[モディファイアー]を設定している場合、**[モディファイアープロパティ]**パネルで上から順にモデルに対して効果が施されます。順番は入れ替えられるので、その違いを確認しましょう。

ここで学ぶ主な機能

- モディファイアーの順番
- サブディビジョンサーフェスモディファイアー

ここで作成するソファー。

CHAPTER-3

ソファーの元となる形状を作成する

新規ファイルに配置されている立方体を使用して作成します。不要なライト、カメラを削除したシーンから解説します。

1 立方体を選択し、**[編集モード]**に切り替えてAキーですべて選択します。フロントビュー(テンキー1)にし、**[移動]**(G➡Z)で、❶立方体の底面がX軸上になるよう移動します。

ctrlを押しながら移動すると、スナップさせて移動できます。

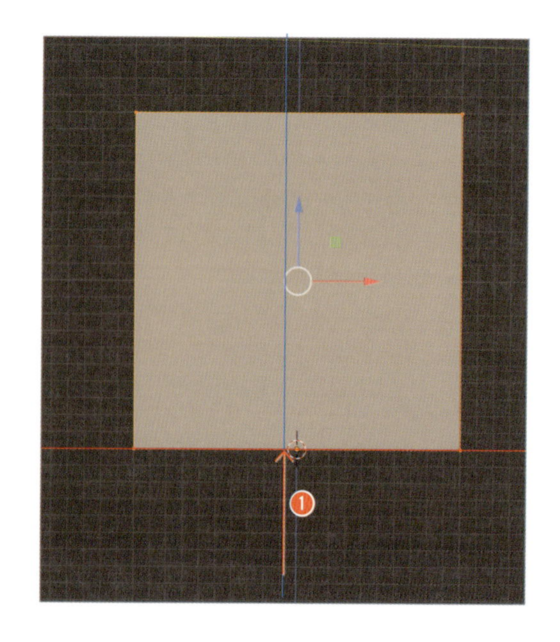

2 [オブジェクトモード]に切り替え、[サイドバー]（N）の❷[アイテム]タブにある[トランスフォーム]の[寸法]に、座面部分の概ねの寸法を入力します。❸ここでは[X]を「1.4」m、[Y]を「0.5」m、[Z]を「0.3」mとしました。

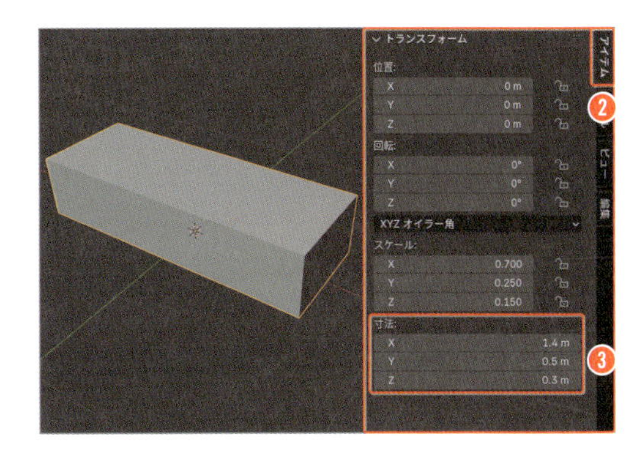

3 [オブジェクトモード]でスケールを変えたので、ctrl＋Aを押して❹[スケール]を適用します。

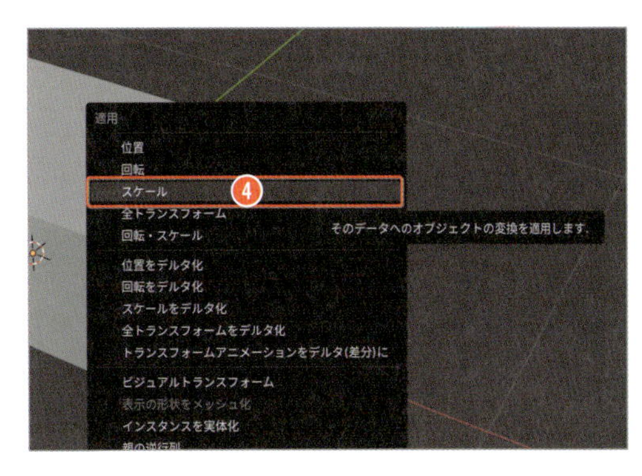

左右対称になるよう設定する

X軸方向に対称となるようにソファーを作成していきます。そこで、向かって右側を編集するだけで左側にも反映され、全体を確認しながら進められる[ミラー]モディファイアーを使います。

1 [編集モード]に切り替え、[サイドバー]（N）の❷[編集]タブにある[Auto Mirror]で、❸[X]だけがON、❹[座標系]が[正方向]になっていることを確認し、❺[Auto Mirror]をクリックします。

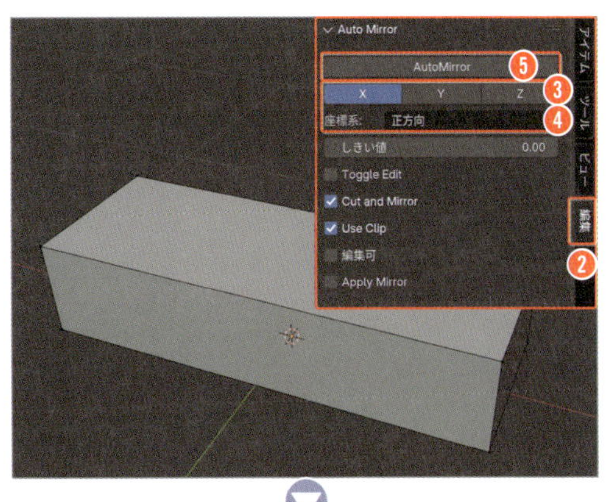

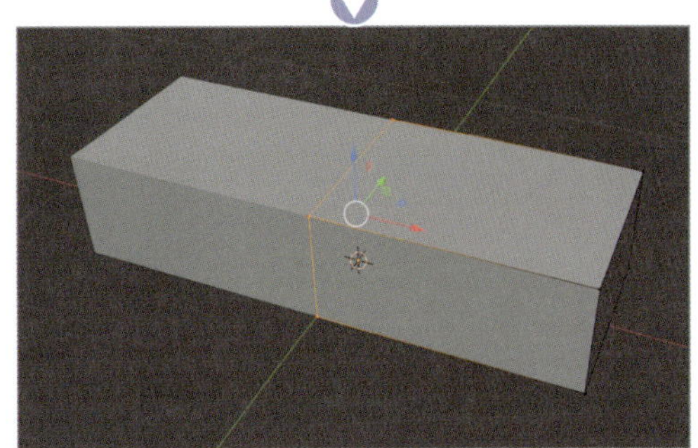

[Auto Mirror]は、対称軸（オブジェクトの原点）の反対側にあるメッシュを自動で削除し、[ミラー]モディファイアーを追加します。このため原点より左側のメッシュが削除されます。X軸正方向で実行すると、左側は右側のミラーになり、以降右側を編集すると、左側にも反転して反映されます。もしミラーが思った方向にかからない場合は、オブジェクトの回転に数値が入っていないか、確認してください。

3 家具をモデリング

アームレストを作成する

ソファーを、本体（下部、アームレスト、背もたれ）とクッション部分に分け、それぞれ別オブジェクトとして作成します。まずは本体のアームレストから作成しましょう。
操作対象は向かって右側の［**ミラー**］の元になるオブジェクトです。

1 ［**編集モード**］で、ctrl ＋ R（［**ループカット**］）でループカットします。❶方向は前後、分割数は1本にしてクリックで確定、位置は右クリック（移動をキャンセル）で中央に確定します。

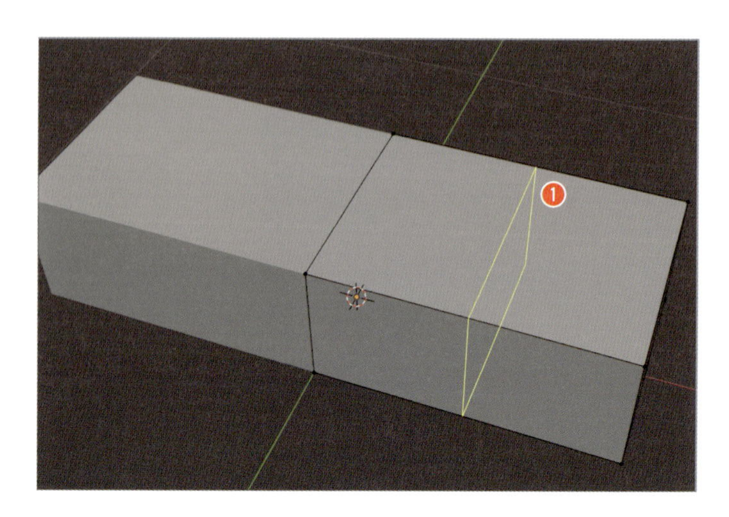

2 ［**移動**］（G ➡ X）で、❷ループカットした辺を移動します。❸辺より右側がアームレストの幅になります。

見やすいように、［**ビューポートオーバーレイ**］から［**ワイヤー**］（ワイヤーフレーム）をONにしています。

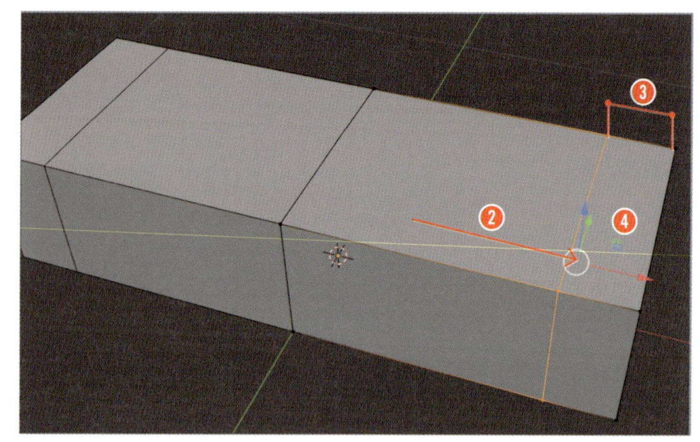

3 ［**面選択**］（数字キー3）にし、❹部分の面を選択します。E（［**押し出し**］）で、❺アームレスト部分上面を押し出します。

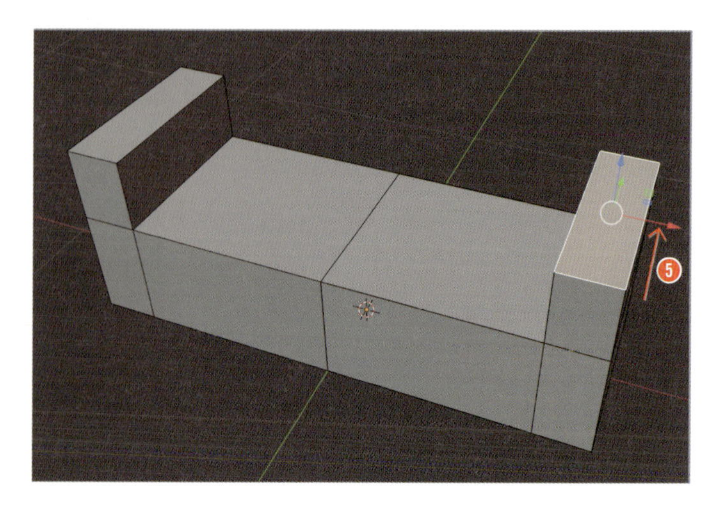

4 フロントビュー（テンキー1）などに視点を変更して確認します。必要に応じて、[**移動**]（G→Y）で位置を修正します。

グリッドスナップしたい場合は、スナップ対象をグリッドにしておきます。

背もたれを作成する

本体の背もたれを作成します。

1 [**編集モード**]で、後ろ側が見えるように視点を回転させます。後ろの側の2面を選択し、❶shift＋D（[**複製**]）で複製します。複製する位置は右クリック（移動をキャンセルし元の面と同位置）で確定します。

右クリックで確定すると、複製前と見た目では変わりませんが、面が重なっているので注意して作業します。

shift＋Dを押した直後の状態。マウスの動きに合わせて複製された面が移動しますが、ここでは右クリックで移動をキャンセルして確定します。

2 複製した2面を選択したまま、E（[**押し出し**]）で、❷押し出して厚みをつけます。この厚みが背もたれの厚さになります。

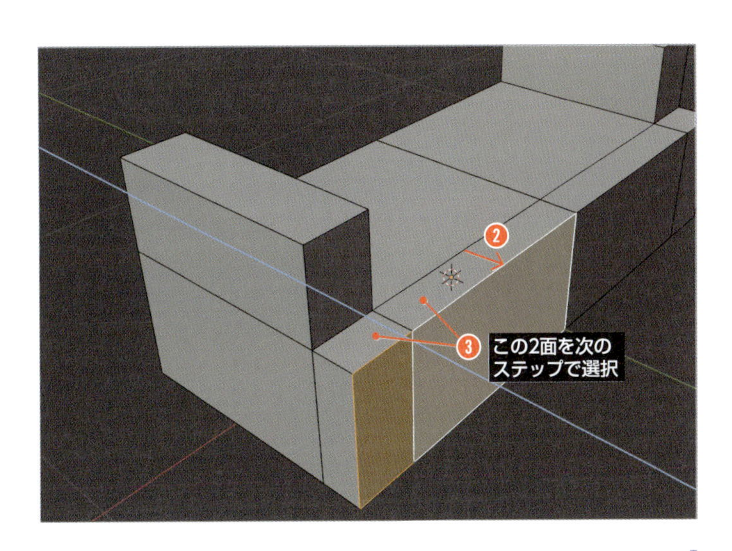

3 押し出した部分の❸上面2面を選択します（前ページ参照）。［移動］（G→Z）で❹上に移動します。この高さが背もたれの高さになります。

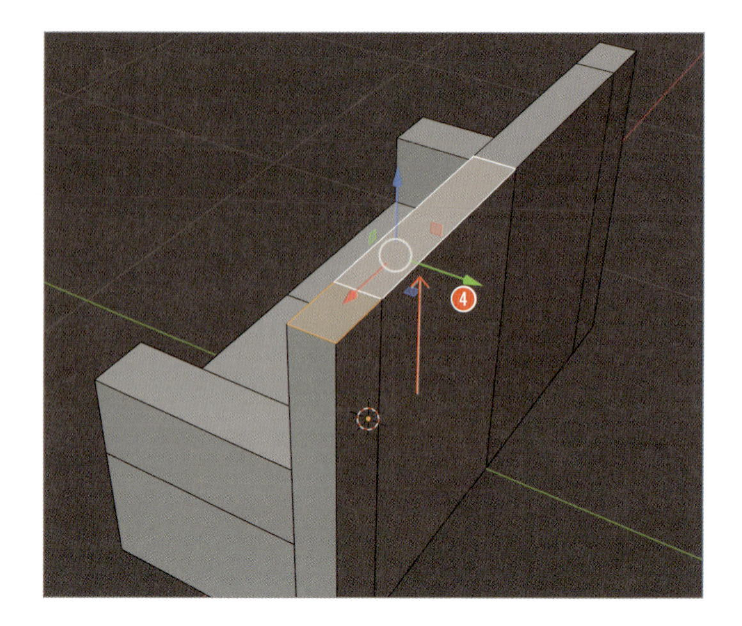

4 サイドビュー（テンキー3）などに視点を変更して確認します。必要に応じて、［移動］（G→Z）で高さを修正します。

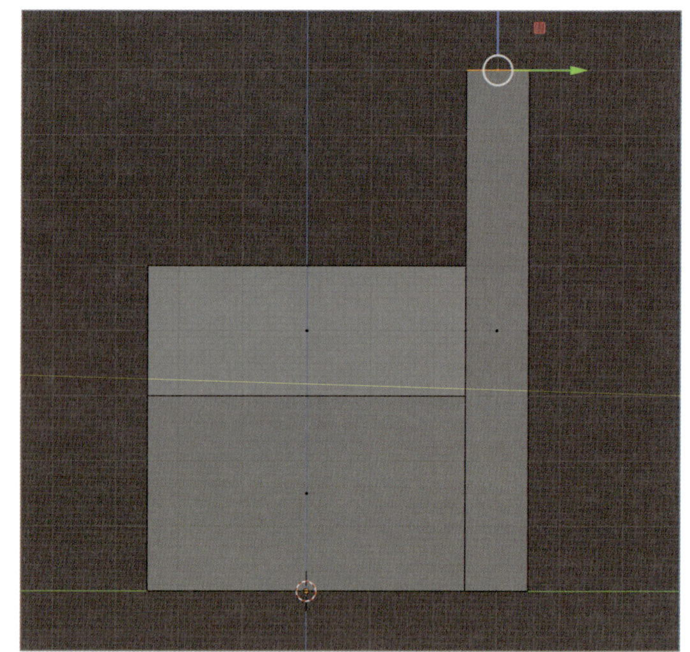

5 背もたれ部分の不要な辺を削除します。［辺選択］（数字キー2）にし、❺alt＋クリックでループ選択し、Xキーを押して❻［辺を溶解］を選びます。

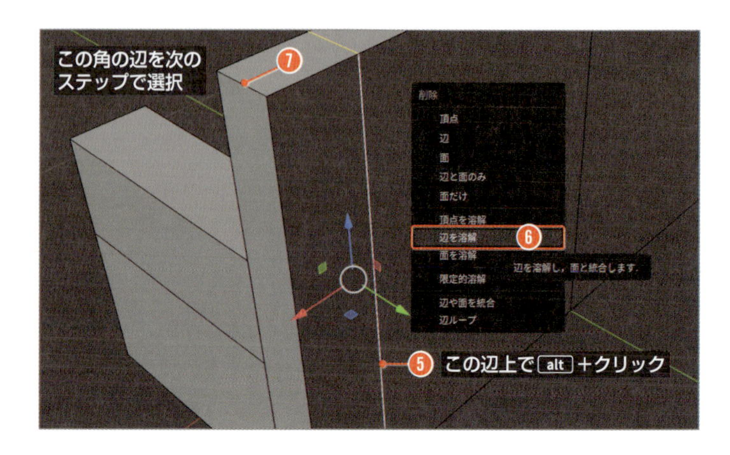

CHAPTER-3

6 ❼前ステップに示す角の辺を選択します。ctrl + B（[**ベベル**]）で角を丸めます。任意の大きさでかまいませんが、ここでは、画面左下にある[**オペレーター**]パネルで、❽[**幅**]を「0.15」、[**セグメント**]を「6」としています。

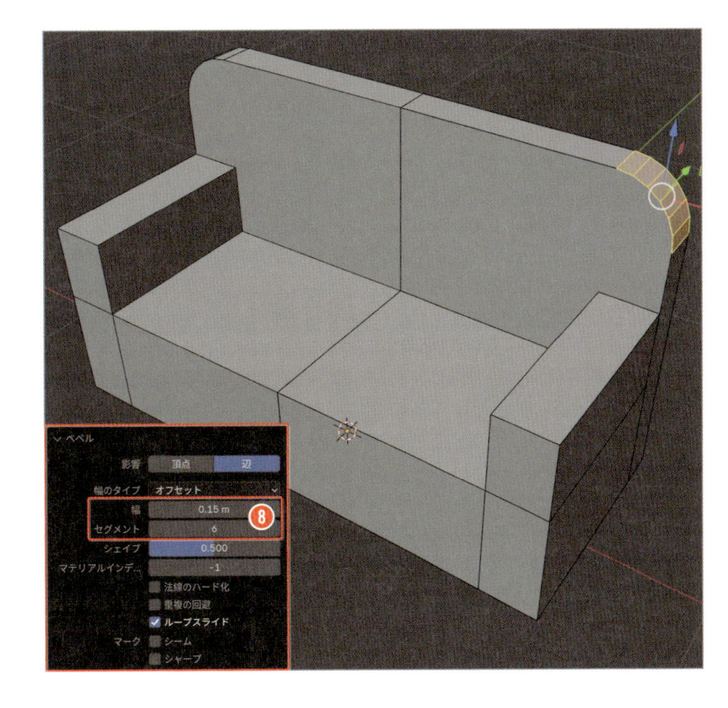

座面クッションを作成する

本体の面を複製して、座面のクッションを作成します。座面のクッションは別オブジェクトにします。

1 [**編集モード**]で[**面選択**]（数字キー3）にし、座面を選択し、❶ shift + D（[**複製**]）で複製します。複製する位置は右クリック（移動をキャンセルし元の面と同位置）で確定します。

2 複製した面を選択したまま、[**メッシュ**]メニュー➡[**分離**]➡[**選択**]（P➡❷[**選択**]）でオブジェクトを分離します。

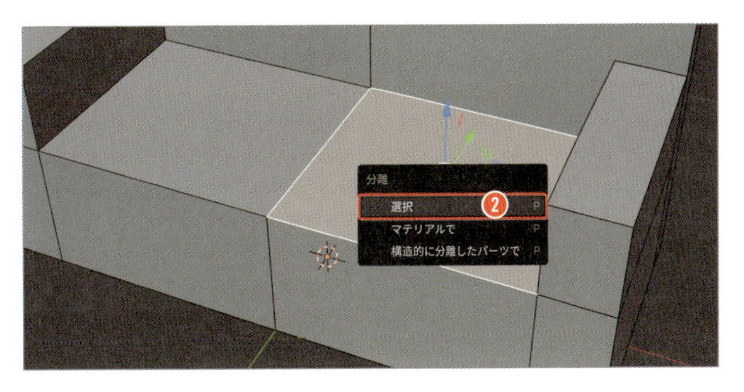

選択した面が別のオブジェクトとして分離されます。

3 ［**オブジェクトモード**］に切り替え、❸分離した面のオブジェクトを選択します。

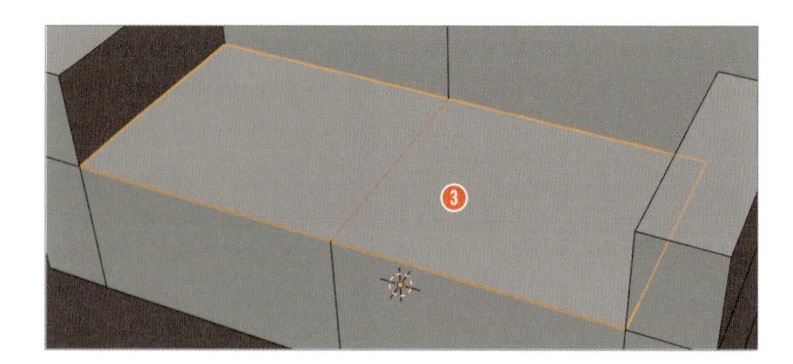

4 ［**編集モード**］に切り替え、［**プロパティ**］パネルの❹［**モディファイアープロパティ**］タブの［**ミラー**］モディファイアーにある❺［**クリッピング**］と［**マージ**］のチェックを外します。

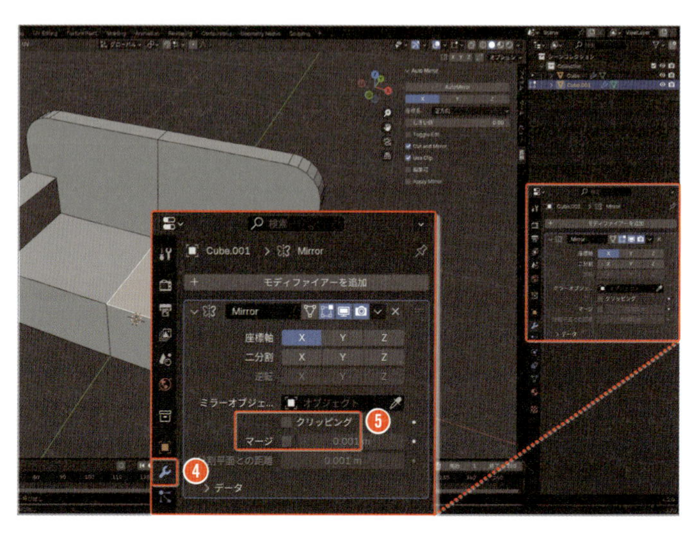

左右の座面のクッションを独立させたいため、［**クリッピング**］と［**マージ**］のチェックを外しました。こうすると中央で頂点が統合されなくなります。

5 座面を選択し、E（［**押し出し**］）で❻押し出して、クッションに厚みをつけます。

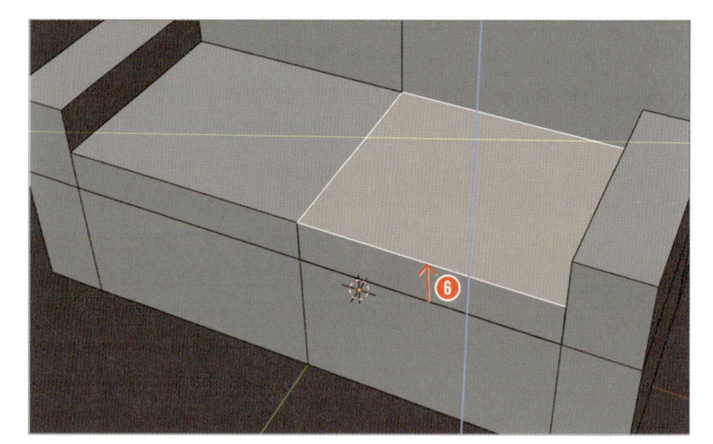

6 ctrl＋R（［**ループカット**］）で、❼前後・垂直方向の黄色い線を表示させ、分割線2本にしてクリックで確定、右クリック（移動をキャンセル）でループカットを入れます。

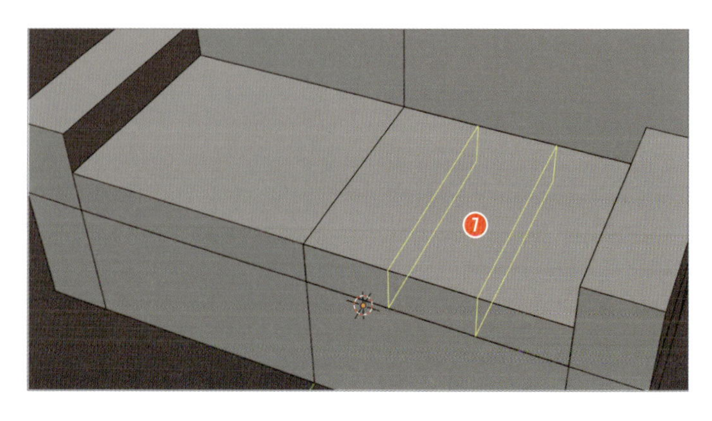

7 再び ctrl + R（[**ループカット**]）で、❽左右・垂直方向の黄色い線を表示させ、分割線2本にしてクリックで確定、右クリック（移動をキャンセル）でループカットを入れます。

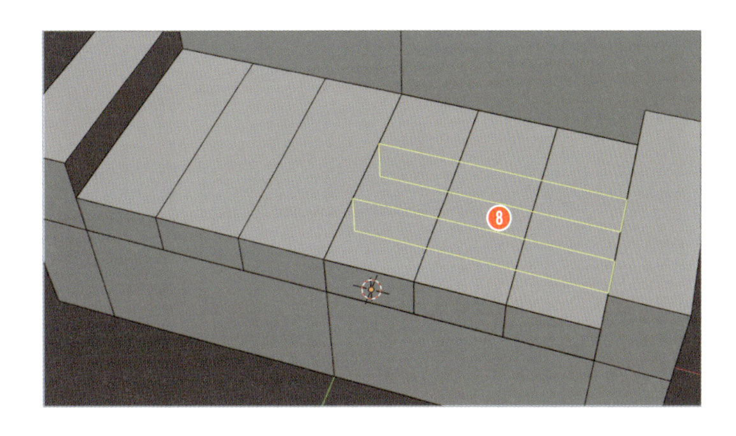

座面クッションを膨らませて角を丸める

1 [**編集モード**]で[**面選択**]（数字キー 3 ）にし、❶図の真ん中の面を選択します。[**移動**]（ G ➡ Z ）で少し持ち上げてクッションの膨らみを作ります。

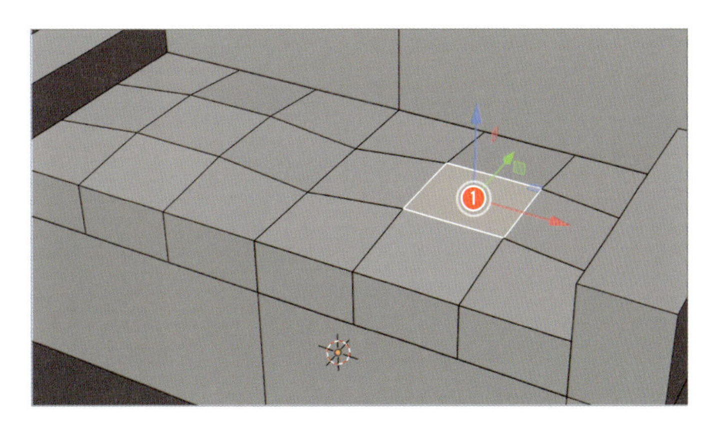

2 [**プロパティ**]パネルの❷[**モディファイアープロパティ**]タブで、❸[**モディファイアーを追加**]から[**生成**]➡[**ベベル**]を選びます。❹[**量**]を「0.02」m、❺[**セグメント**]を「3」とします。

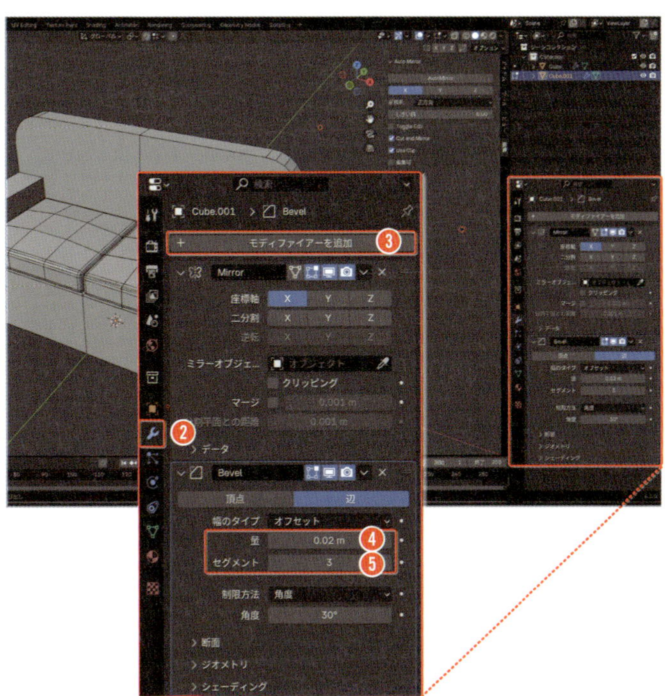

3 [モディファイアープロパティ]タブで、❻[モディファイアーを追加]から❼[生成]➡[サブディビジョンサーフェス]を選びます。

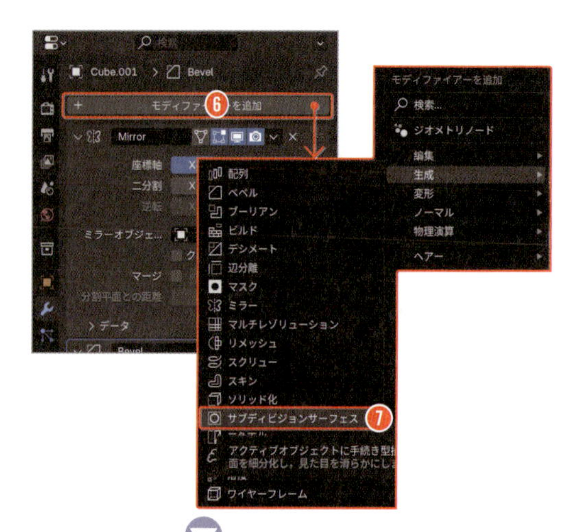

4 設定はデフォルトのままで、❽[ビューポートのレベル数]を「1」にしています。
座面クッションができたので、[オブジェクトモード]に切り替えます。

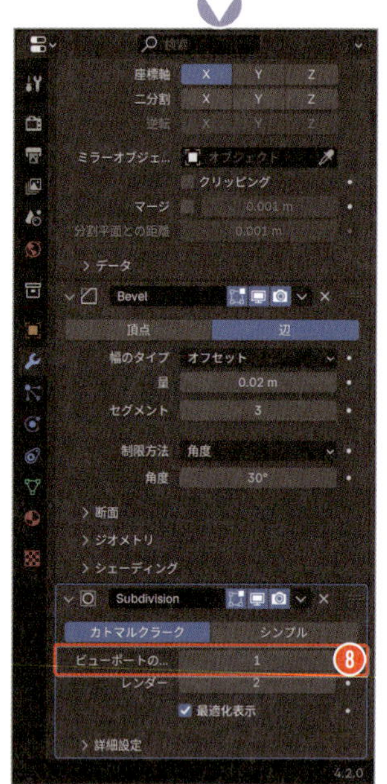

[サブディビジョンサーフェス]モディファイアーは、通常サポートエッジと呼ばれる補助辺やクリースを追加しないとメッシュが縮んでしまいますが、ここでは[ベベル]モディファイアーをこの補助としています。

CHAPTER-3

[サブディビジョンサーフェス]モディファイアーの最適化表示

[サブディビジョンサーフェス]モディファイアーは、メッシュの面を細分化して、滑らかな形状にする効果があります。この細分化による分割数を視覚的に確認することができます。
[オブジェクトモード]で[モディファイアープロパティ]タブの[サブディビジョンサーフェス]モディファイアーにある[最適化表示]はデフォルトではチェックされていますが、このチェックを外すと、分割数を確認できます。確認をしたら再度チェックしておきましょう。
分割を確認するには、[ビューポートオーバーレイ]から[ワイヤー](ワイヤーフレーム)をONにしている必要があります。

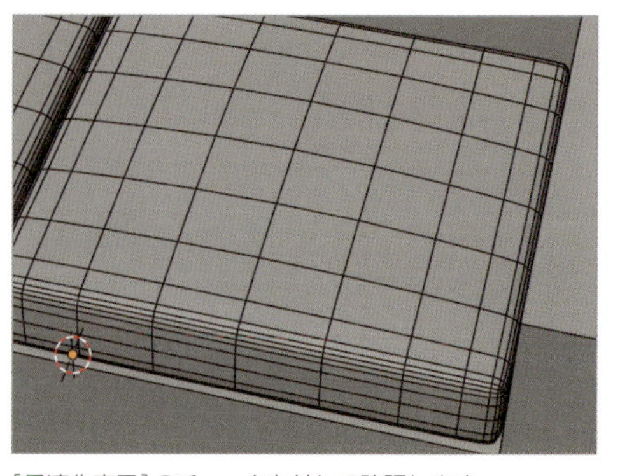

[最適化表示]のチェックを外して確認します。

ソファ本体にベベルをかけて角を丸める

1 ［オブジェクトモード］でソファー本体を選択し、❶［モディファイアープロパティ］タブで、❷［モディファイアーを追加］から［生成］➡［ベベル］を選びます。❸［量］を「0.02」m、❹［セグメント］を「3」とします。

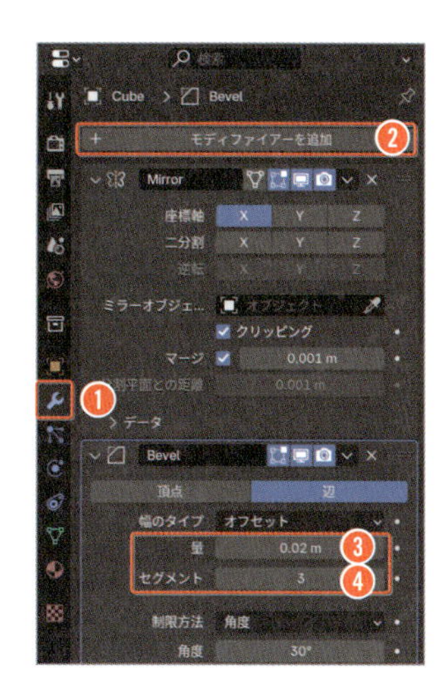

［モディファイアー］を適用しオブジェクトを統合する

モデリングは完了ですが、今回はオブジェクトを統合したいため［モディファイアー］をすべて適用します。

1 ソファー本体を選択し、❶［モディファイアープロパティ］タブの各モディファイアー右上の❷［∨］をクリックして❸［適用］を選びます。同様に、座面クッションの各モディファイアーも適用します。

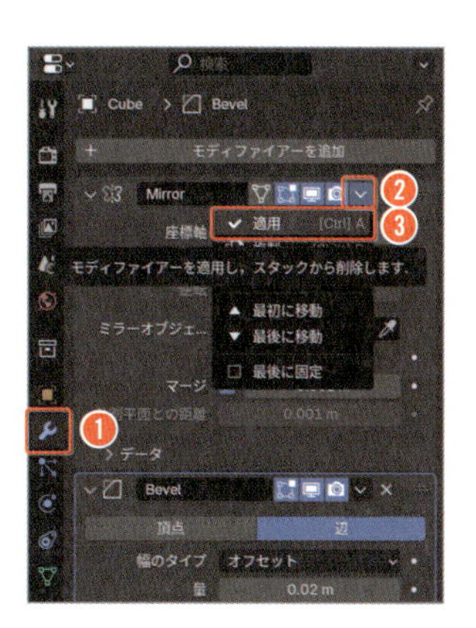

［モディファイアープロパティ］タブの各モディファイアーにマウスポインタを重ね、ctrl＋A を押しても適用できます。

2 すべてのオブジェクトのモディファイアーを適用したら、オブジェクトをすべて選択し、❹［オブジェクト］メニュー➡［統合］（ctrl＋J）でオブジェクトを統合します。

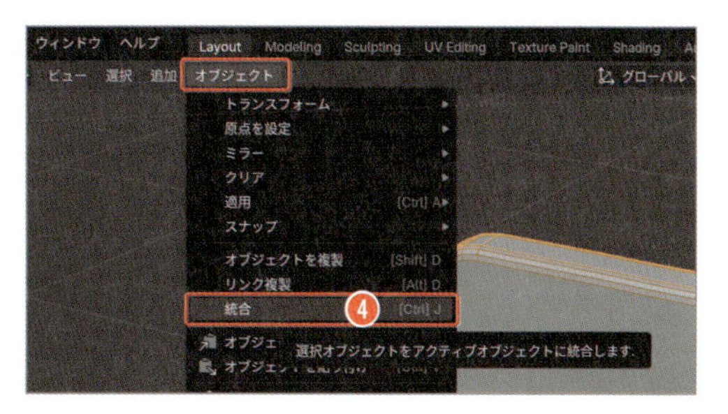

3 オブジェクトを選択した状態で右クリックします。表示されたメニューの❺［スムーズシェード］を選択します。

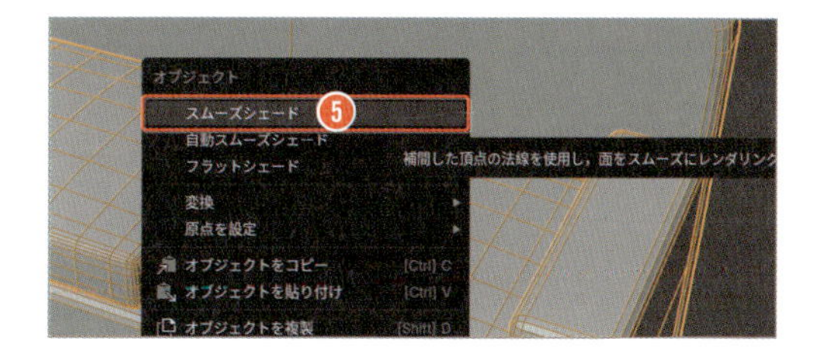

4 [アウトライナー]で❻オブジェクト名を「Sofa」にします。

[ビューポートオーバーレイ]の[ワイヤー](ワイヤーフレーム)にチェックを入れている場合は、チェックを外します。

仮のマテリアルを作成する

仮マテリアルを作成します。仮マテリアルのためベースカラーだけ変更します。

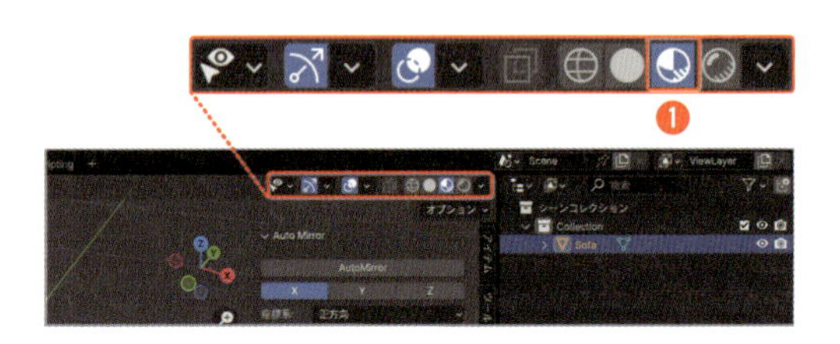

1 画面右上の[3Dビューポートのシェーディング]を、❶[マテリアルプレビュー]に変更します。

2 [プロパティ]パネルの❷[マテリアルプロパティ]タブで、デフォルトマテリアルの❸[Material]が割り当てられていることを確認します。

3 [マテリアルプロパティ]タブの❹[ベースカラー]をオレンジ色に変更します。

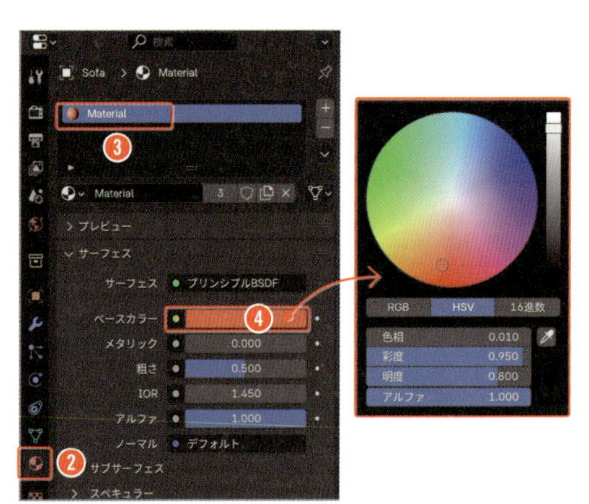

4 マテリアルの❺[名前]は「Sofa」にします。

[アセットブラウザー]の解説をする項(P.244)で、クッションを読み込んでコレクションのアセット化を解説しますので、ソファーは[アセットとしてマーク]をここでは行いません。これでソファーのモデリングの完成です

5 ctrl + S([編集]メニュー➡[保存])で、本棚と同じフォルダ内に、英数字を使ったわかりやすい名前で保存します。

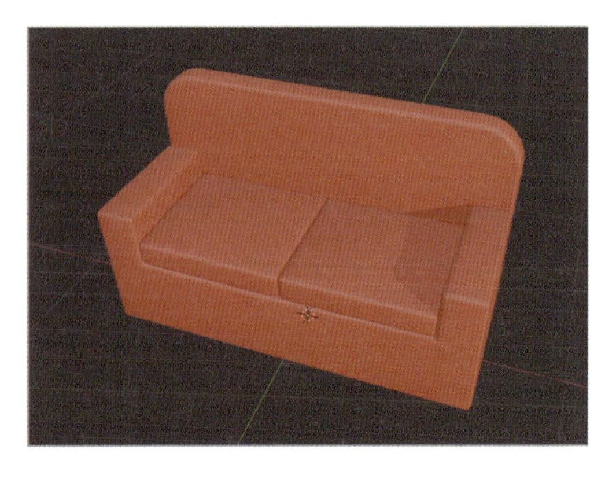

3-9 棚をモデリング〔ここまでの復習〕

ここまでの復習をかねて、棚をモデリングします。[ループカット][ベベル][オブジェクトを複製]などを使って効率よく作成しましょう。

作成する棚を確認する

基本的にここまでに学んだ機能ですべて作成できます。[**面を差し込む**][**ループカット**][**ベベル**][**押し出し**][**オブジェクトを複製**][**移動**]などの機能と[**ベベル**]モディファイアーで作成できます。
[**編集モード**]での作業では、かんたんに編集対象を選択する必要があります。[**透過表示**]を切り替えてボックス選択、Lキーを使ったリンク選択で確実に目的の部分を選択しましょう。

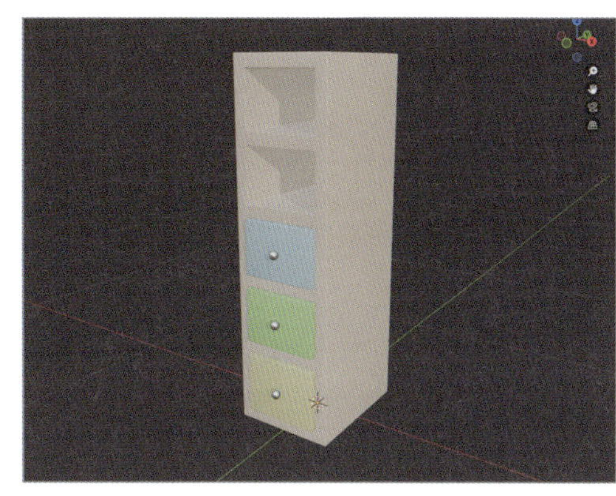
ここで作成する棚。

棚の外形を作成する

新規ファイルで不要なライト、カメラを削除したシーンから解説します。

1. 立方体を選択し、[**編集モード**]に切り替えてAキーですべて選択します。フロントビュー(テンキー1)にし、[**移動**](G➡Z)で、❶立方体の底面がX軸上になるよう移動します。

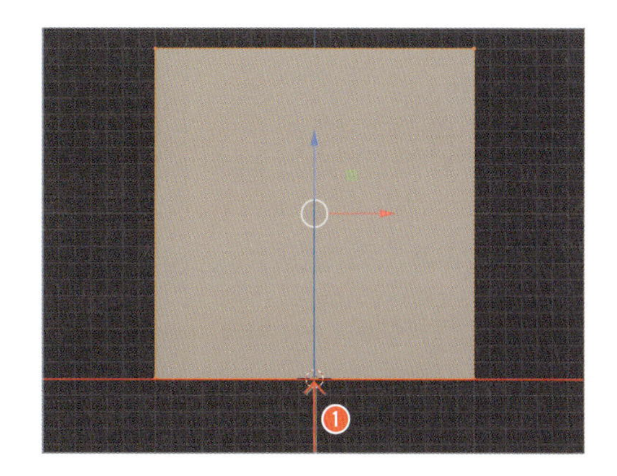

2. [**オブジェクトモード**]に切り替え、[**サイドバー**](N)の❷[**アイテム**]タブにある[**トランスフォーム**]の[**寸法**]に、座面部分の概ねの寸法を入力します。❸ここでは[X]を「0.4」m、[Y]を「0.5」m、[Z]を「1.4」mとしました。

3. [**オブジェクトモード**]でスケール(寸法)を変えたので、立方体を選択した状態で、ctrl＋Aを押して❹[**スケール**]を適用します。

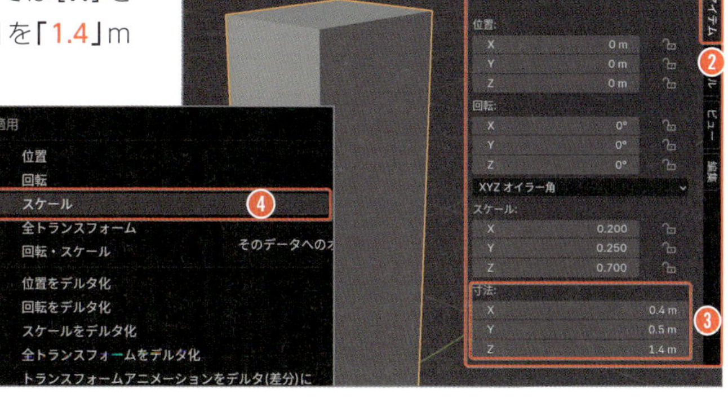

棚板を作成する

1 **[編集モード]**に切り替え、**[面選択]**(数字キー3)にし、前面だけを選択します。I(アイ)キー(**[面を差し込む]**)を押して前面を少し縮小するようにマウスを動かして、❶大体図のような幅になったらクリックで確定します。画面左下の**[オペレーター]**パネルで、❷**[幅]**を「0.05」とします。

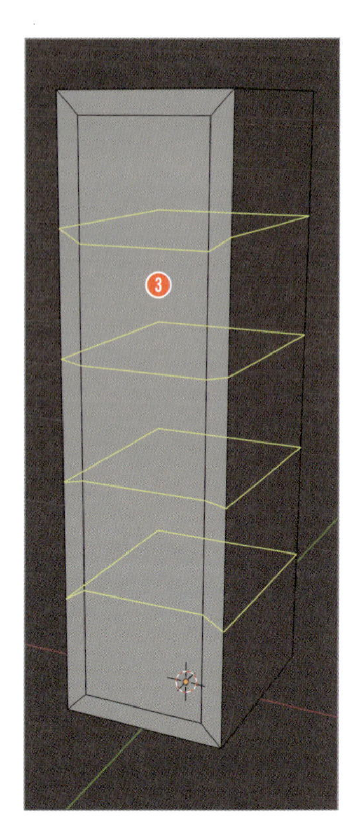

2 ctrl + R(**[ループカット]**)で、❸水平方向の黄色い線を表示させ、分割線を4本にしてクリックで確定、右クリックで移動をキャンセルします。

3 ループカットした辺がすべて選択されていることを確認し、ctrl + B(**[ベベル]**)で図のように辺の両側方向に拡げて確定します。ここでは画面左下の**[オペレーター]**パネルで、❹**[幅]**を「0.025」、**[セグメント]**を「1」とします。

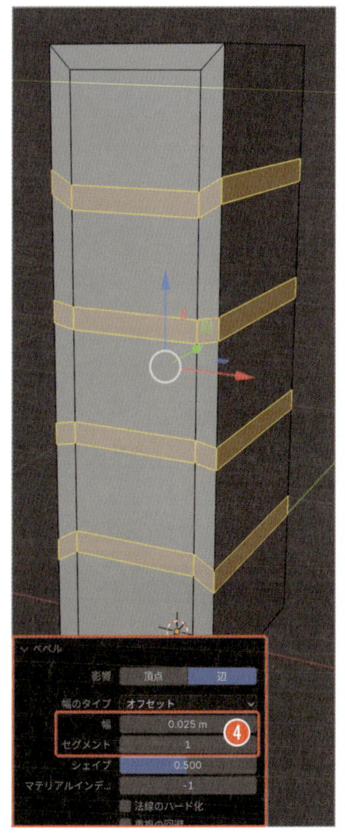

4 **[面選択]**(数字キー3)にし、棚の中になる5つの面を選択します。E(**[押し出し]**)で、❺奥へと押し込んで確定します。

押し出し量は後で調整するので大体でかまいません。

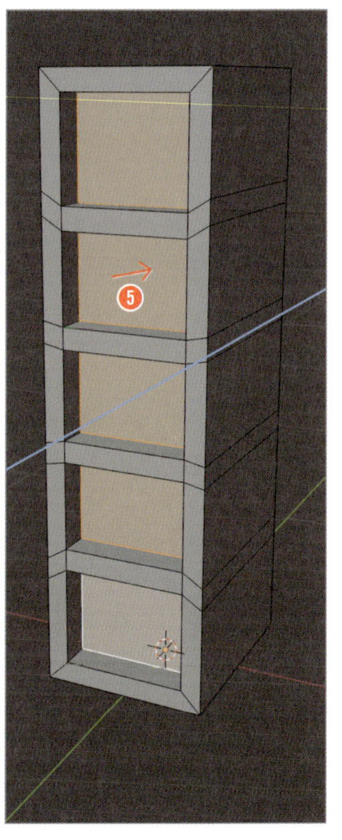

CHAPTER-3

5 押し出した面がすべて選択されていることを確認し、❻[透過表示]をON、視点をサイドビュー(テンキー3)にします。❼[移動](G→Y)で棚の奥の面の位置を調整します。厚みの様子を見ながら位置を決めます。
奥の位置を確定したら、[透過表示]をOFFにします。

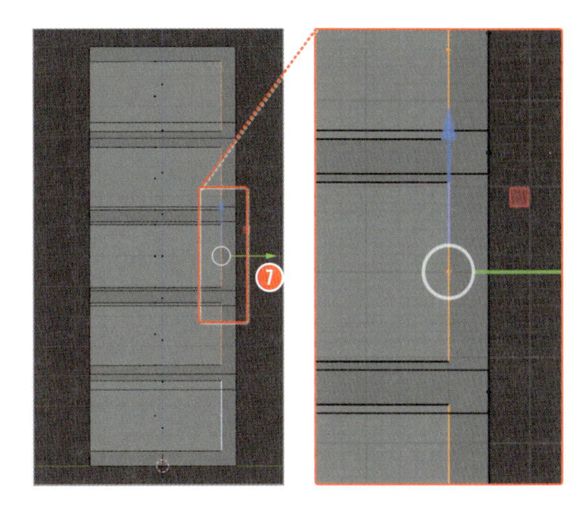

引き出しを作成する

下3段は、引き出しつきにしますので、引き出しのふた部分を作ります。

1 ❶下3段奥の面を選択します。

2 shift+D([複製])を押します。複製した面が移動できる状態になるので続けてYキーを押し、❷前面より少し出る位置まで移動します。

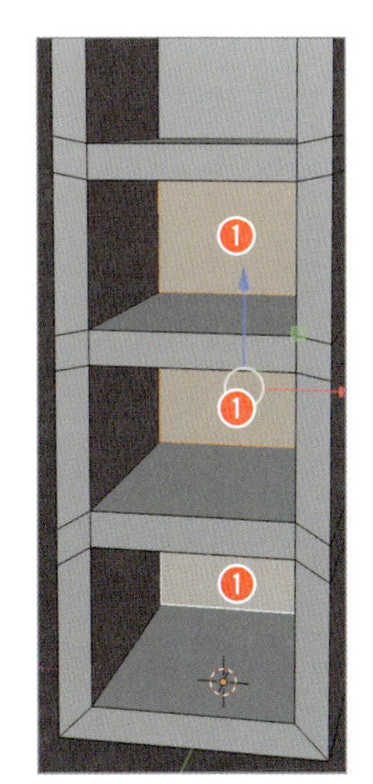

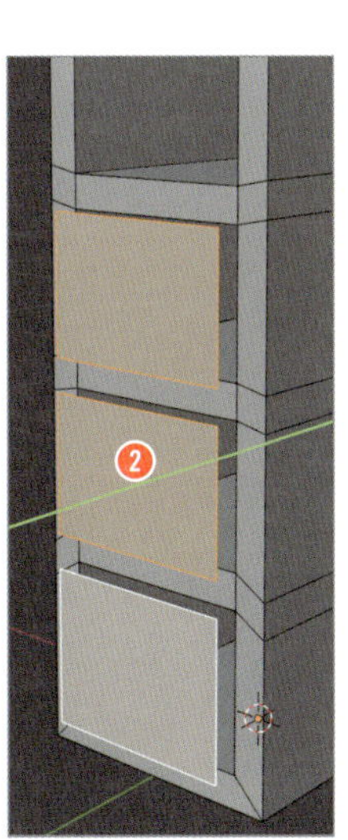

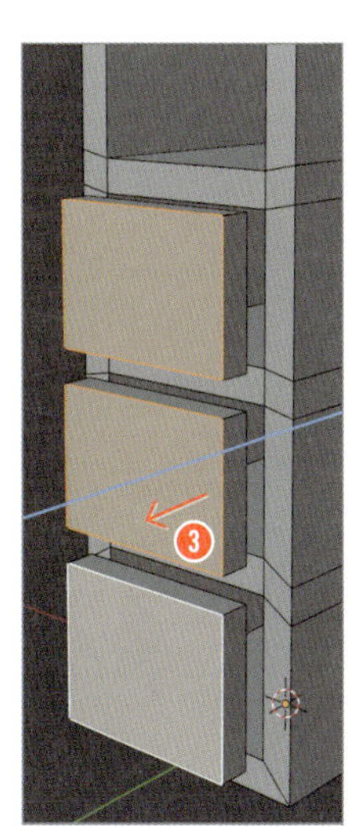

3 複製移動した3つの面が選択されていること確認し、E([押し出し])で❸手前へと押し出します。押し出し量は大体でかまいません。

4 [透過表示]をONにし、視点をサイドビュー(テンキー3)にします。引き出しのふた(棚と重ならない部分)にマウスポインタを重ね、Lキーを押します。ほかの2つのふたも同様にでふたすべてを選択します。
❹[移動](G→Y)で引き出しのふたの位置を調整します。ここでは、ふたが棚より少し出る位置にしました。
位置を確定したら、[透過表示]をOFFにします。

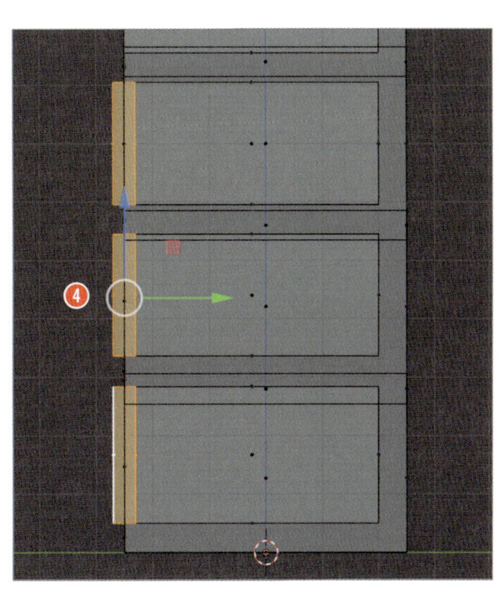

[ベベル]で全体の角を丸める

1 **[オブジェクトモード]**に切り替えます。このあと**[ベベル]**モディファイアーを設定しますが、確認しやすいように**[ビューポートオーバーレイ]**から❶**[ワイヤー]**(ワイヤーフレーム)をONにします。

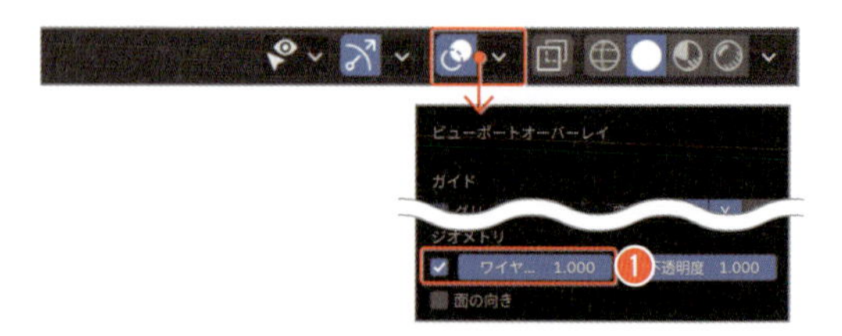

2 オブジェクトを選択した状態で、**[プロパティ]**パネルの❷**[モディファイアープロパティ]**タブで、❸**[モディファイアーを追加]**から**[生成]**➡**[ベベル]**を選びます。ここでは❹**[量]**を「0.005」m、❺**[セグメント]**を「3」、❻**[角度]**を「30」°とします。

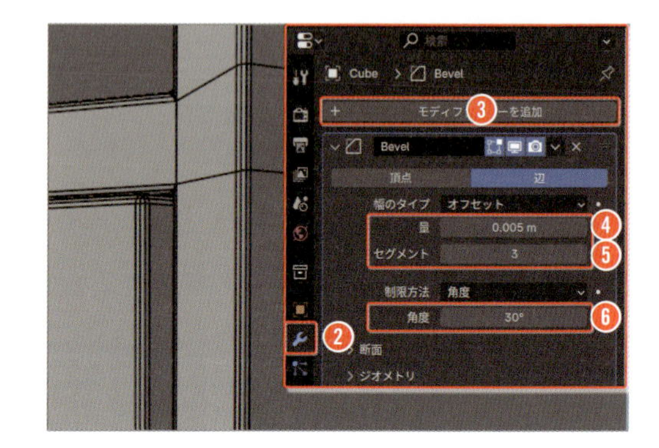

引き出しの取手を作成する

引き出しにつける取手を作成します。

1 **[オブジェクトモード]**で shift + A を押して、**[メッシュ]**➡**[UV球]**を選んで追加します。

2 デフォルトだとポリゴン数が多いので、画面左下にある**[オペレーター]**パネルで、❶**[セグメント]**を「12」、**[リング]**を「8」としています。

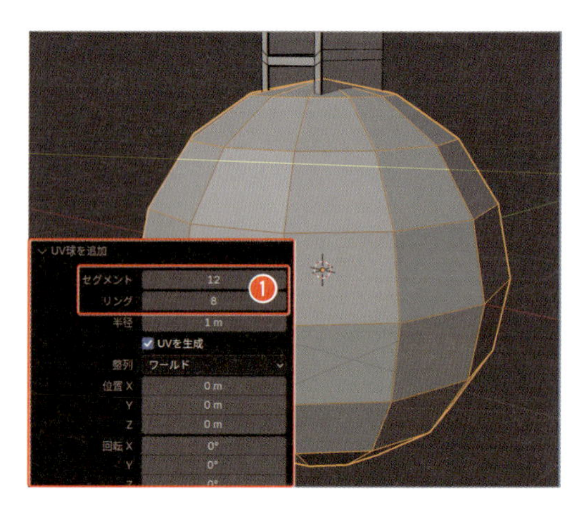

3 **[編集モード]**に切り替え、A キーですべて選択します。R ➡ X ➡「90」°と入力して、❷X軸方向を中心軸としてに90°回転します。

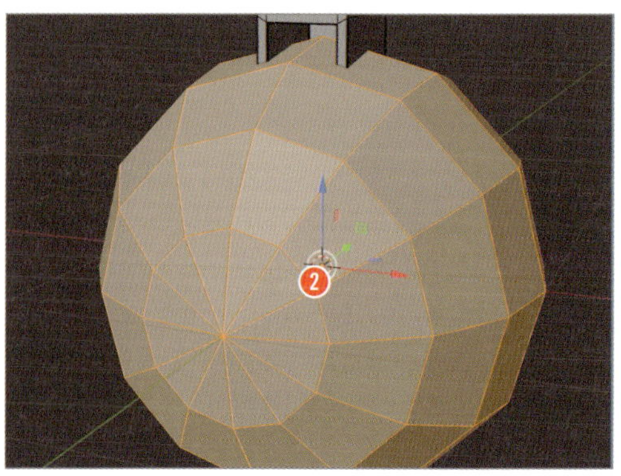

4 視点をサイドビュー(テンキー3)に、**[透過表示]**をONに、**[頂点選択]**(数字キー1)にします。
球の右端から2列目までの頂点をドラッグでボックス選択し、❸ E(**[押し出し]**)で図のあたりまで押し出します。

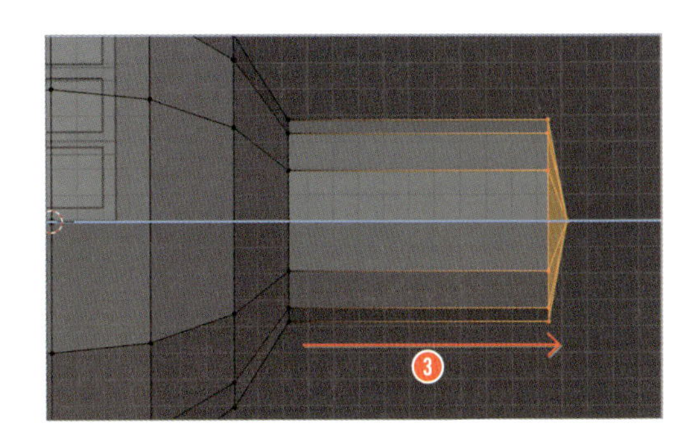

5 いま選択している面は不要なため、Xキーを押して❹**[面]**を選んで削除します。

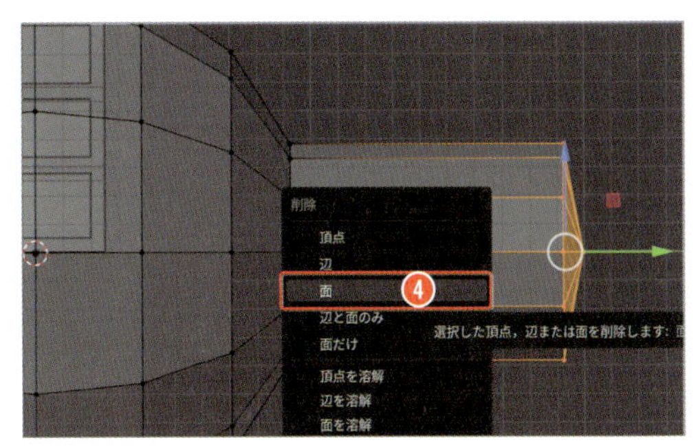

6 **[オブジェクトモード]**にして**[スケール]**(S)で取手のサイズを小さくします。ここでは「0.018」倍にしました。❺**[移動]**(G)でふたの中央あたりに取っ手を配置します。
配置できたら ctrl + A を押して取手の❻スケールを適用します。

7 shift + D(**[複製]**)で複製し、下2段のふたにも取手を配置します。
取手を配置したら、**[透過表示]**をOFFにします。

shift + D に続けて Z キーを押すと複製後の移動方向を制限できます。
shift + D に続けて右クリックで移動をキャンセルして同位置に複製し、**[移動]**(G→Z)で配置してもかまいません。

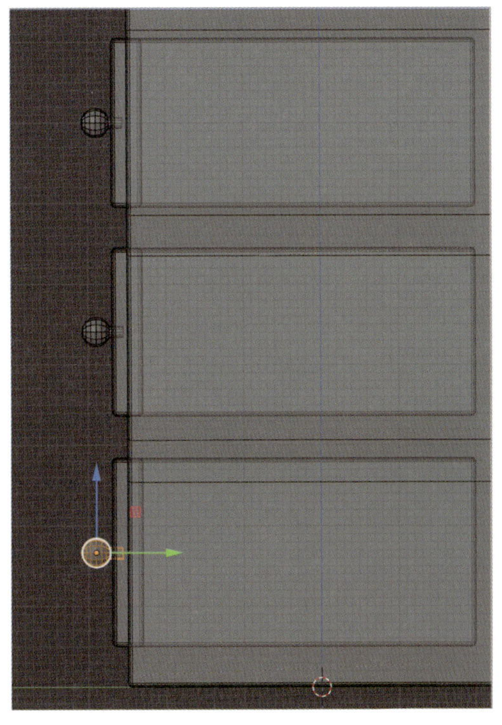

3

家具をモデリング

オブジェクトを統合する

1 [**オブジェクトモード**]で❶取手3つ→❷棚の順にオブジェクトを選択します。❸[**オブジェクト**]メニュー→[**統合**](ctrl + J)でオブジェクトを統合します。

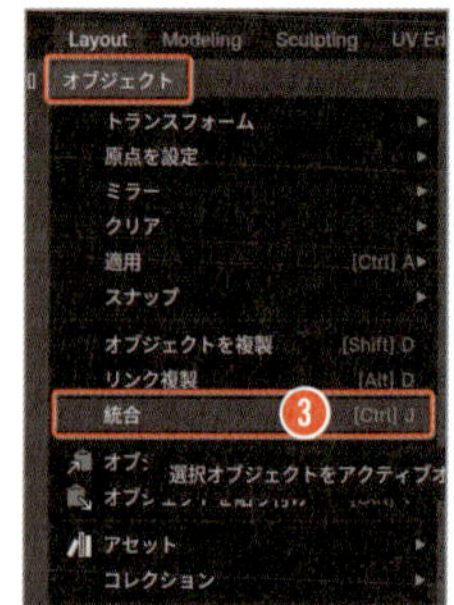

棚のオブジェクトには[**ベベル**]モディファイアーを設定しています。[**統合**]を実行するとき、最後に選択したオブジェクト(アクティブオブジェクト)にそれまでに選択したオブジェクトが統合されます。[**モディファイアー**]の設定は、アクティブオブジェクトの設定がそのまま残ります。ここでは棚に設定した[**ベベル**]モディファイアーを残したかったので、棚を最後に選択しています。

2 ❹取手部分を見ると、不必要なベベルがつけ根部分にかかっています。

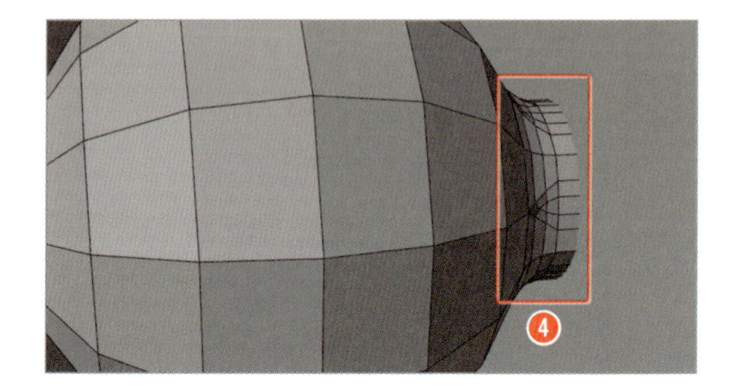

3 棚に設定してあった[**ベベル**]モディファイアーの[**角度**]が「30」°であったためつけ根にベベルがかかっていました。ベベルがかからないように[**ベベル**]モディファイアーの❺[**角度**]を「60」°に修正します。

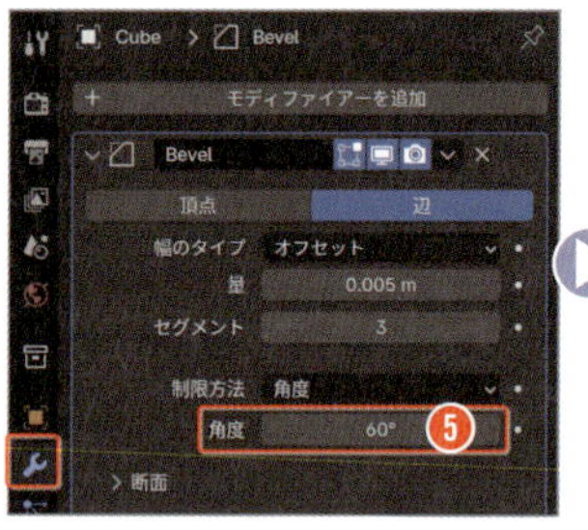

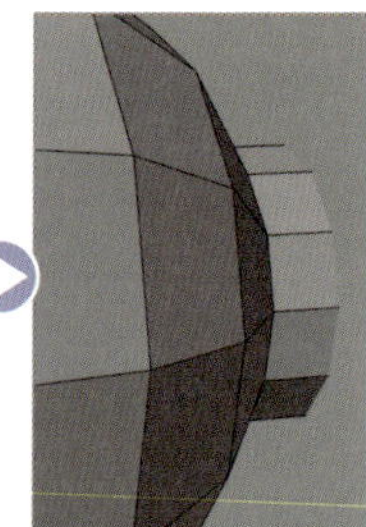

最上段の棚の高さが他の段の高さと少し異なります。ベベルで棚板を作ると少し大きさが異なる部分が出るので、最上段の高さを調整します。

4 [**編集モード**]に切り替え、[**透過表示**]をON、フロントビュー(テンキー1)、[**頂点選択**](数字キー1)にします。❻図のように一番上の段の上板の頂点をボックス選択します。G→Z→「-0.025」と入力します。修正したら[**透過表示**]をOFFにします。

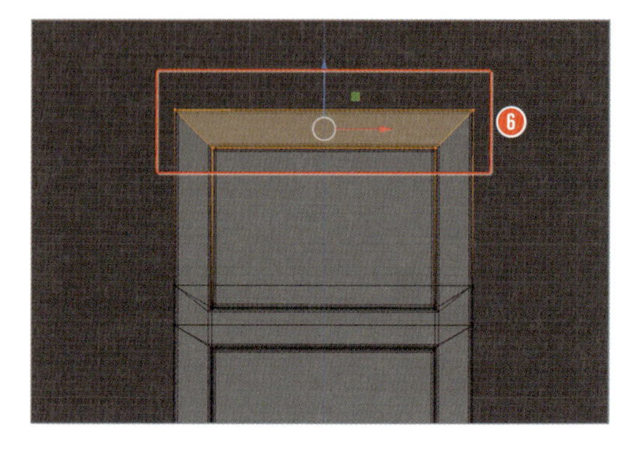

5 [**オブジェクトモード**]に切り替え、オブジェクトを選択した状態で右クリックします。表示されたメニューの[**スムーズシェード**]を選択します。

6 [**アウトライナー**]で❼オブジェクト名を「Shelf」にします。

仮のマテリアルを作成する

仮マテリアルを作成していきます。

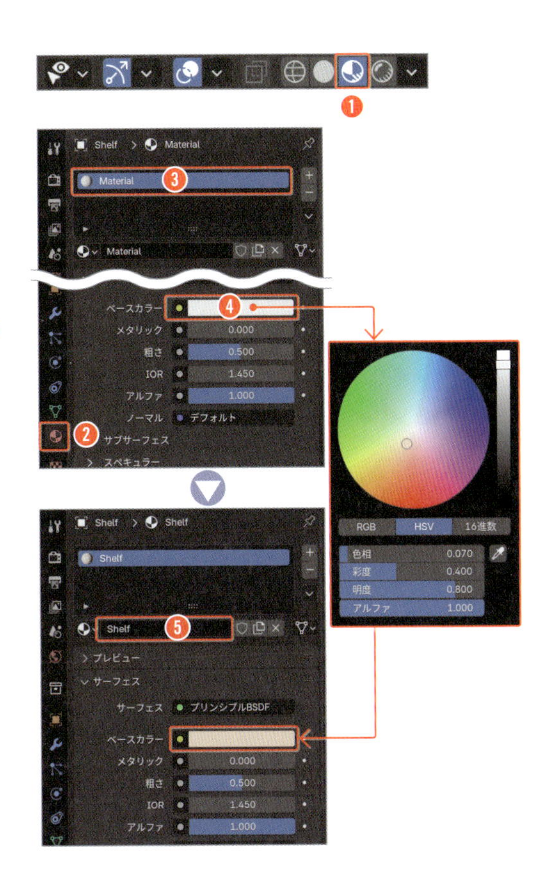

1 画面右上の［**3Dビューポートのシェーディング**］を、❶［**マテリアルプレビュー**］に変更します。

2 ［**プロパティ**］パネルの❷［**マテリアルプロパティ**］タブで、デフォルトマテリアルの❸［**Material**］が割り当てられていることを確認します。

3 ❹［**ベースカラー**］をベージュ色に変更します。

4 マテリアルの❺［**名前**］に、「Shelf」と入力します。

5 ［**マテリアルプロパティ**］タブで❻［**＋**］を4回クリックします。❼マテリアルスロットが4つ追加されます。

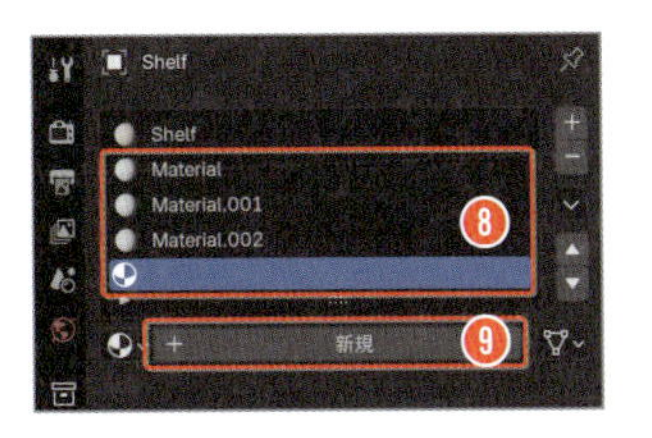

6 ❽追加したマテリアルスロットの1つをクリックで選択し、❾［**新規**］をクリックして新しいマテリアルを作成します。他のマテリアルスロット3つでも同様に、マテリアルスロットを選択し［**新規**］をクリックして新しいマテリアルを作成します。

7 ［**Shelf**］以外の4つのマテリアルスロットそれぞれの❿［**名前**］を「Shelf_Blue」「Shelf_Green」「Shelf_Yellow」「Shelf_Metal」に変更します。

マテリアルスロットの［**名前**］は、それぞれ選択して⓫に入力するか、❿で名前をダブルクリックして入力して変更します。

仮のマテリアルを割り当てる

マテリアルを割り当てていきます。

1 **[編集モード]**に切り替え、**[面選択]**(数字キー3)にします。いったんすべての選択を解除してから一番上の引き出しにマウスポインタを重ねてLキーを押し、リンク選択します。

続いて、**[マテリアルプロパティ]**タブの❶[Shelf_Blue]を選択して**[割り当て]**をクリックします。選択面にマテリアルが割り当てられました。
[Shelf_Blue]の❷**[ベースカラー]**を水色に変更します。

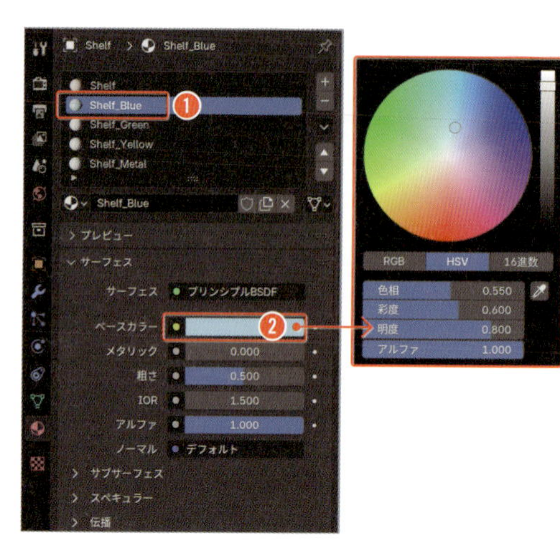

2 1と同様の手順で、2番目と3番目の引き出し、取手の表面にマテリアルを割り当て、色を設定します。設定項目は次の通りです。

▶❸2番目の引き出し
マテリアル名：Shelf_Green
ベースカラー：黄緑色(色相0.28、彩度0.8、明度0.8)

▶❹3番目の引き出し
マテリアル名：Shelf_Yellow
ベースカラー：黄色(色相0.15、彩度0.7、明度0.8)

▶❺取手
マテリアル名：Shelf_Metal
ベースカラー：白色(色相0、彩度0、明度0.8)
メタリック　：0.9
粗さ　　　　：0.4

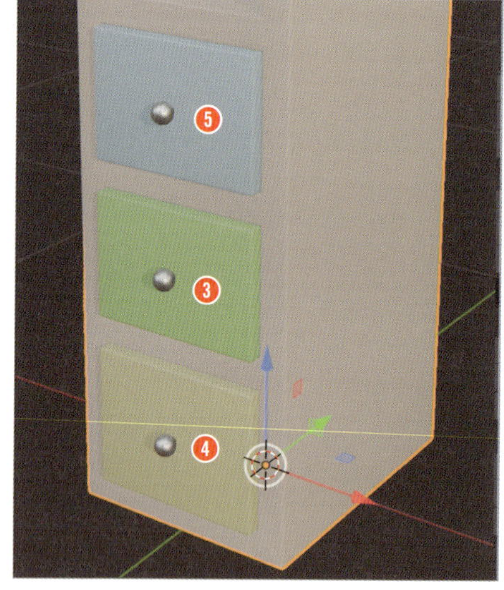

「HSV」のHは[色相]、Sは[彩度]、Vは[明度]に該当します。

アセットにマークする

1 **[アウトライナー]**で❶[Shelf]のオブジェクトを右クリックして、❷**[アセットとしてマーク]**を選びます。

❸アセットとしてマークされました。これで棚のモデリングの完成です。

2 ctrl＋S(**[編集]**メニュー➡**[保存]**)で、本棚と同じフォルダ内に、英数字を使ったわかりやすい名前で保存します。

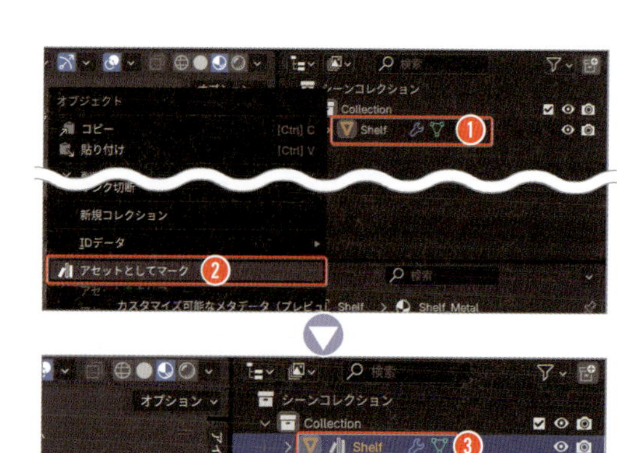

3-10 植物をモデリング〔カーブオブジェクトとカーブモディファイアー〕

カーブオブジェクトと[カーブ]モディファイアーを使って、植物をモデリングしましょう。有機的な形状も簡単に作成することができます。

作成する植物を確認する

ここでは植物をモデリングします。葉の形状作成には[**プロポーショナル編集**]を使います。[**配列**]モディファイアーと[**エンプティ**](blender4.4以降は[**ブランク**])を使って配置します。茎はベジェカーブと[**カーブ**]モディファイアーを使って有機的な形状にします。

ここで作成する植物。

ここで学ぶ主な機能

- プロポーショナル編集
- カーブモデリング
- エンプティ(ブランク)
- カーブに沿った配列

葉の形状を作成する

新規ファイルに配置されている立方体、ライト、カメラをすべて削除したシーンから解説します。

1. shift + A を押して、❶[**メッシュ**]➡[**円**]を選んで追加します。

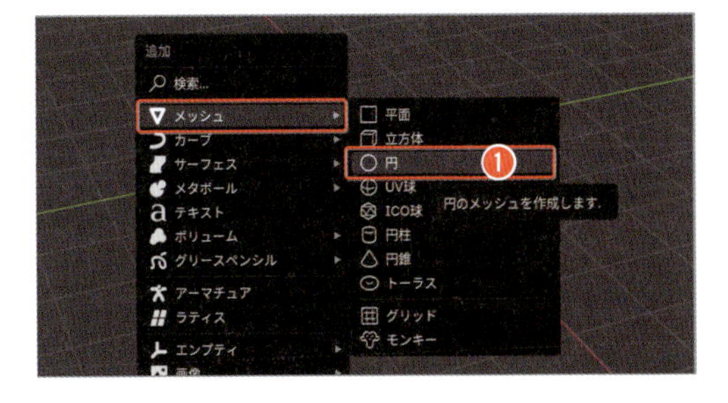

2. 画面左下にある[**オペレーター**]パネルで、❷[**頂点**]を「24」にします。

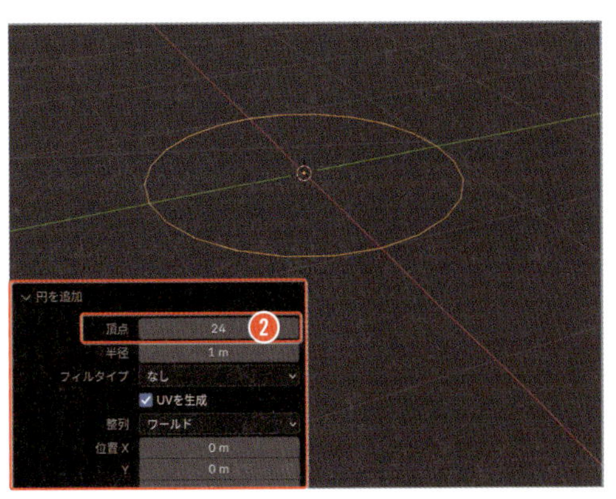

[**プロポーショナル編集**]を使って円を葉の形に修正します。

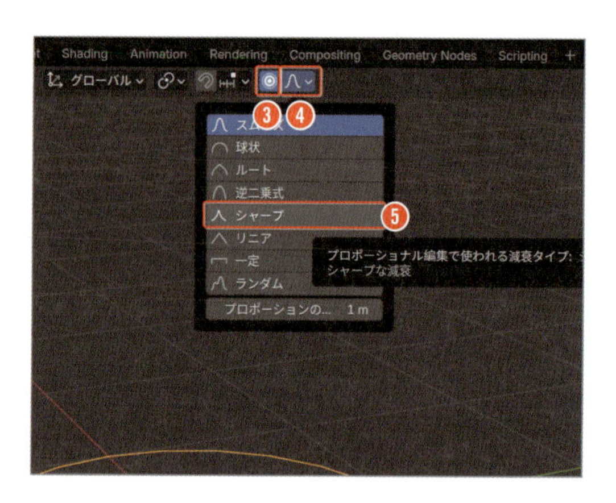

3 画面上部の❸[**プロポーショナル編集**]をクリックしてONにします。❹[**プロポーショナル編集の減衰**]をクリックし、❺[**シャープ**]を選択します。

[**プロポーショナル編集**]は、O(オー)キーを押すことでも、ONとOFFを切り替えられます。

4 [**編集モード**]に切り替え、視点をトップビュー(テンキー7)にします。

5 ❻一番奥側(画面上側)の頂点1つを選択し、G➡Y([**移動**])で奥(画面上)に移動します。❼移動中には灰色の円が表示されます。この灰色の円が[**プロポーショナル編集**]の影響範囲です。円の大きさはマウス中ボタンの回転で変更します。ここでは影響範囲を少し広めにして移動します。

6 ❽図のあたりで葉先の形になったらクリックして確定します。

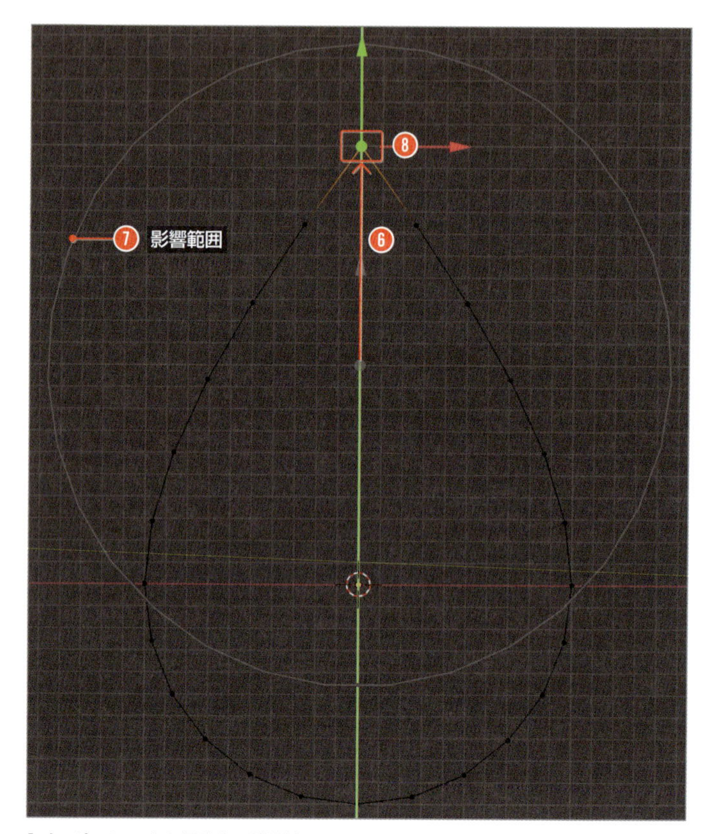

[プロポーショナル編集]の影響範囲となる灰色の円の中に含まれている、選択されていない頂点も移動しています。

[**プロポーショナル編集**]は、選択されている編集対象を中心にした影響範囲を持つことで、選択されていない頂点も同時に編集できます。影響範囲は灰色の円で表示されます。[**プロポーショナル編集**]での移動は、ツールよりもショートカットを使ったほうが調整しやすいでしょう。

7 ❾一番手前側（画面下側）の頂点1つを選択し、G➡Y（**[移動]**）で手前（画面下）に移動します。**[プロポーショナル編集]**の影響範囲を調整しながら、❿葉の形になるよう移動します。

8 画面上部の⓫**[プロポーショナル編集]**をクリックしてOFFにします。
O（オー）キーでもOFFにできます。

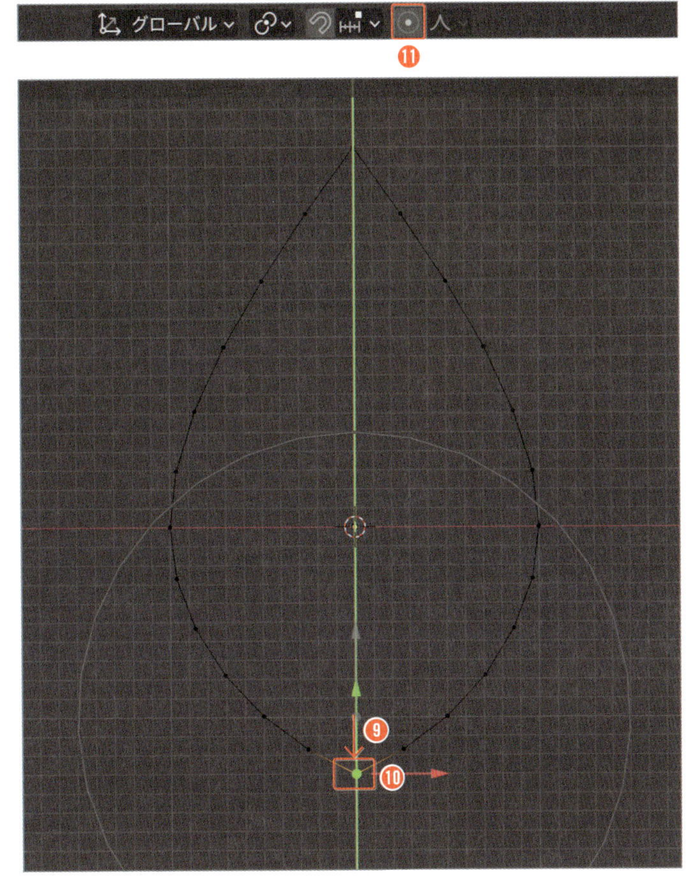

[プロポーショナル編集]の影響範囲となる灰色の円の中に含まれている、選択されていない頂点も移動しています。

葉に面を作成する

1 **[編集モード]**でAキーを押してすべてを選択し、❶**[面]**メニュー➡**[グリッドフィル]**を選びます。

面を貼るには、通常**[フィル]**（F）を使いますが、ここでは間の辺を補完してくれる**[グリッドフィル]**を使います。

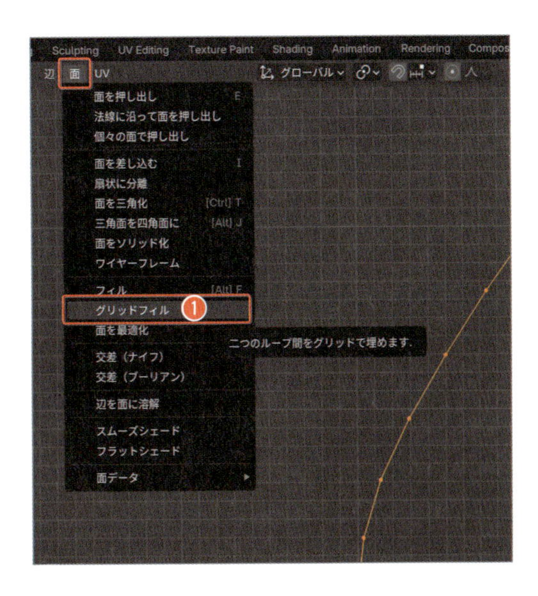

2 画面左下にある[**オペレーター**]パネルで、❷[**オフセット**]を「3」にします。

綺麗な格子状のグリッドになるように[**オフセット**]の値を変更してください。

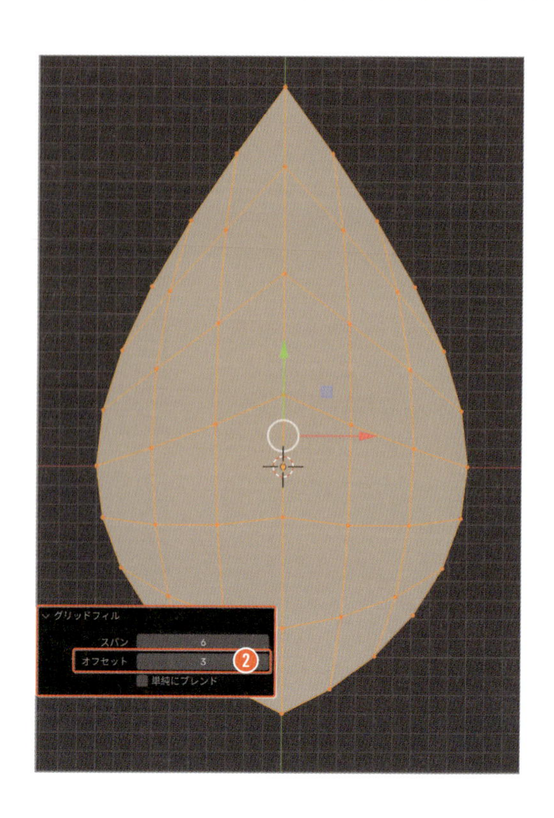

葉の中心とつけ根を作成する

1 [**編集モード**]で[**辺選択**](数字キー2)にして、alt +クリックで❶左右中央の辺をループ選択します。ctrl + B([**ベベル**])で、ベベルをかけて辺を分割します。画面左下にある[**オペレーター**]パネルで、❷[**幅**]を「0.03」m、[**セグメント**]を「2」にします。

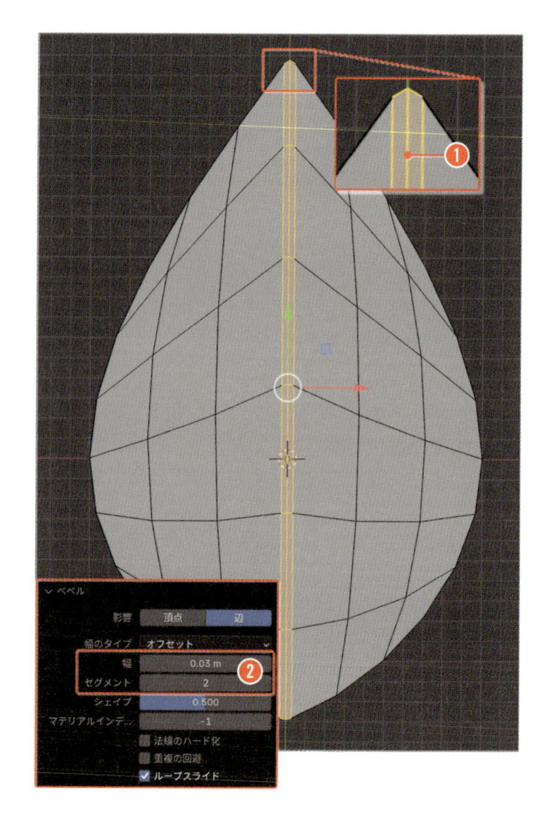

2 ❸手前側（画面下側）の2辺だけを選択し、E（[**押し出し**]）で下方向に押し出して、❹葉のつけ根部分を作ります。

Y軸にスナップしていない場合は、E➡Yと続けて入力してください。

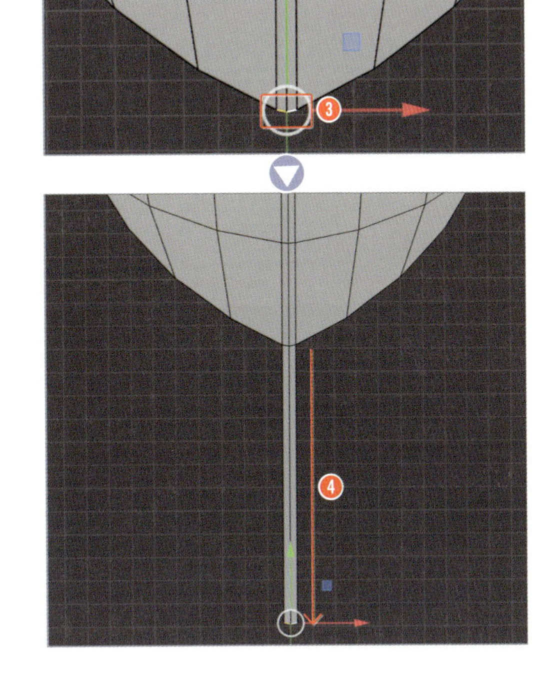

葉を曲面にする

1 [**編集モード**]で❶[**プロポーショナル編集**]をONにします。[**辺選択**]（数字キー2）でalt＋クリックし、❷左右中央の辺をループ選択します。

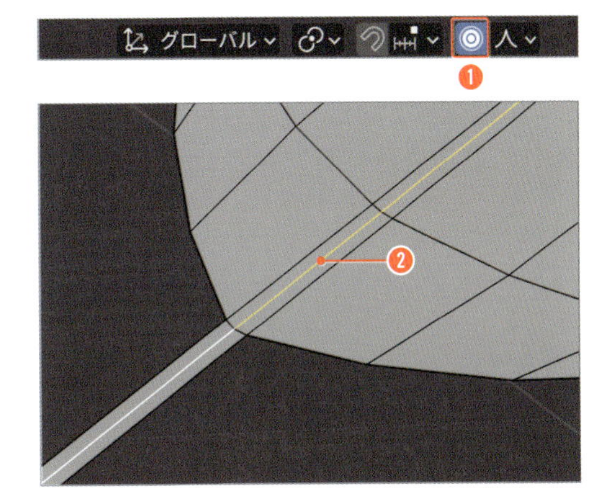

2 視点をフロントビュー（テンキー1）にし、G➡Z（[**移動**]➡[**Z軸方向**]）を押して、❸真ん中を下に下げます。このとき曲面が綺麗になるように、プロポーショナル編集の範囲をマウス中ボタンの回転で調整しながら移動します。

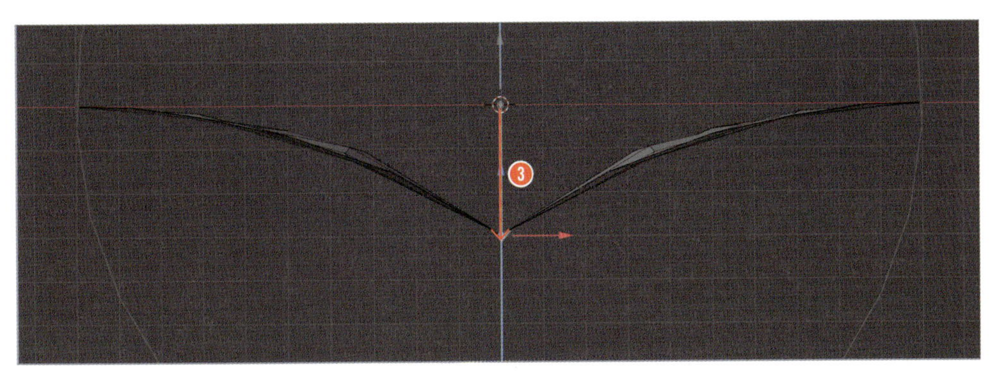

3 視点をサイドビュー（テンキー 3）、**[頂点選択]**（数字キー 1）にし、❹**[透過表示]**をONにします。葉先端とつけ根先端の頂点を選択し、G➡Z（**[移動]**➡**[Z軸方向]**）を押して、❺両端を下に移動します。曲面が綺麗になるよう**[プロポーショナル編集]**の範囲を調整しましょう。移動したら、❻**[プロポーショナル編集]**と❼**[透過表示]**をOFFにします。

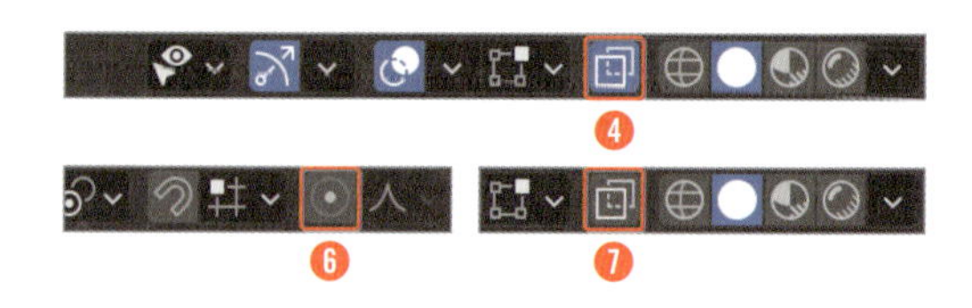

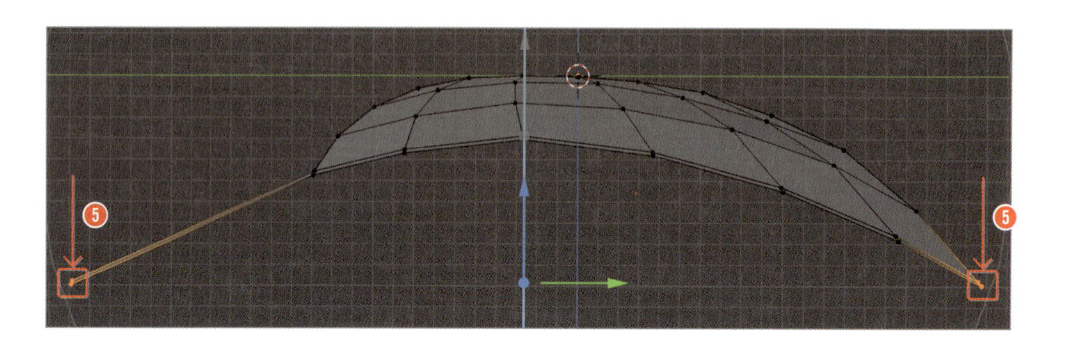

葉に厚みをつける

1 **[編集モード]**で**[プロパティ]**パネルの❶**[モディファイアープロパティ]**タブで、❷**[モディファイアーを追加]**から❸**[生成]**➡**[ソリッド化]**を選びます。❹**[幅]**を「0.02」mにします。

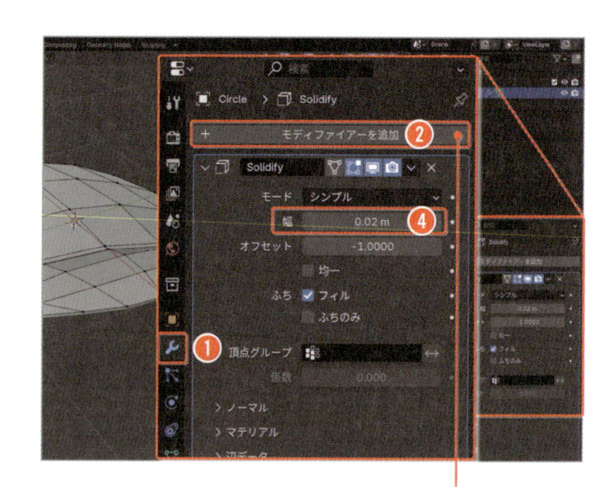

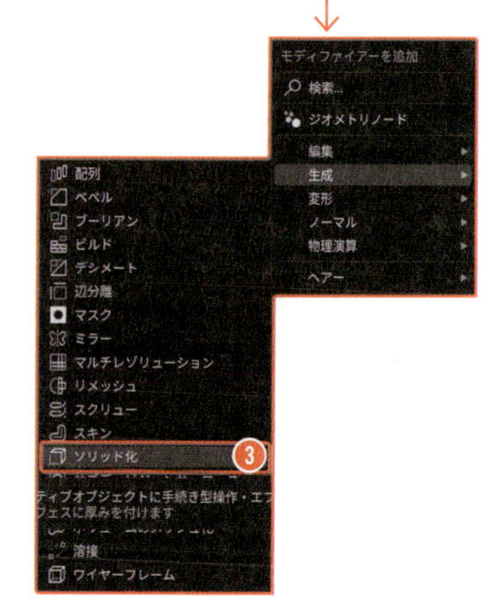

確認すると、葉の先端部分に折れ曲がったポリゴン（多角形の面）があります。今回は［**三角面化**］モディファイアーで簡易的に修正します。

変化の大きい3次曲面ではポリゴンが折れ曲がったように見える、面のねじれが生じることがあります。このような場合は、綺麗な局面になるように頂点を移動するか、間に正しい対角の分割を入れる必要があります。

2 ［**モディファイアープロパティ**］タブで、❺［**モディファイアーを追加**］から［**生成**］➡［**三角面化**］を選びます。

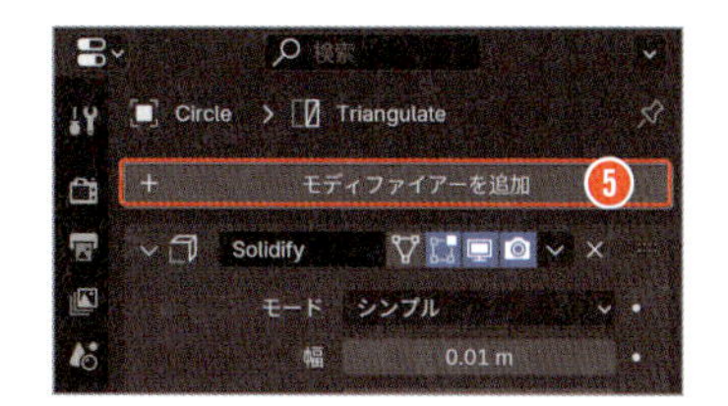

綺麗な曲面になりました。少ないポリゴンでモデリングをするときはポリゴンの形状に注目してみましょう。

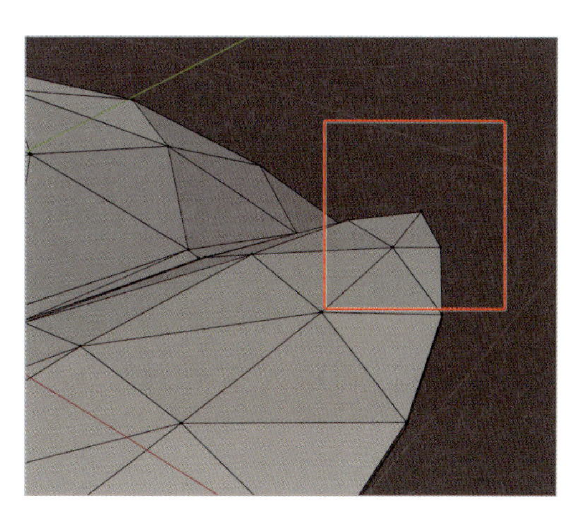

ワイヤーフレームを見るときは［**ビューポートオーバーレイ**］の［**ワイヤー**］（ワイヤーフレーム）にチェックを入れます。

葉のモデリングを仕上げる

オブジェクトの原点をつけ根にします。

1 ［**編集モード**］で視点をサイドビュー（テンキー3）にし、Aキーですべて選択します。［**移動**］（G）で、❶ワールド原点に葉のつけ根がくるように移動します。

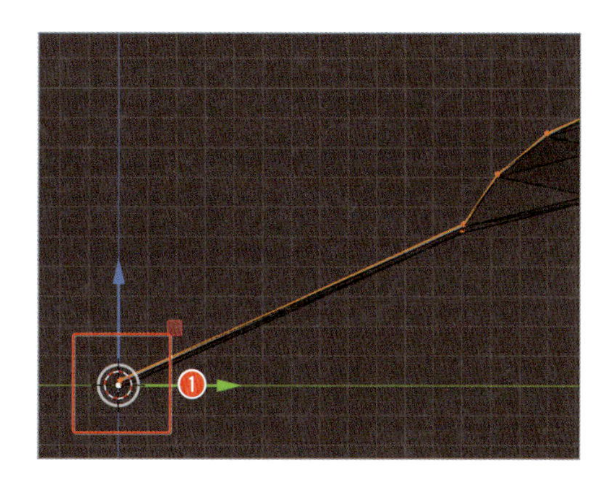

現在の葉のオブジェクト原点がワールド原点にあるので、移動したことでつけ根がオブジェクト原点になります。

2 ［**オブジェクトモード**］に切り替え、オブジェクトを選択した状態で右クリックします。表示されたメニューの❷［**自動スムーズシェード**］を選択します。

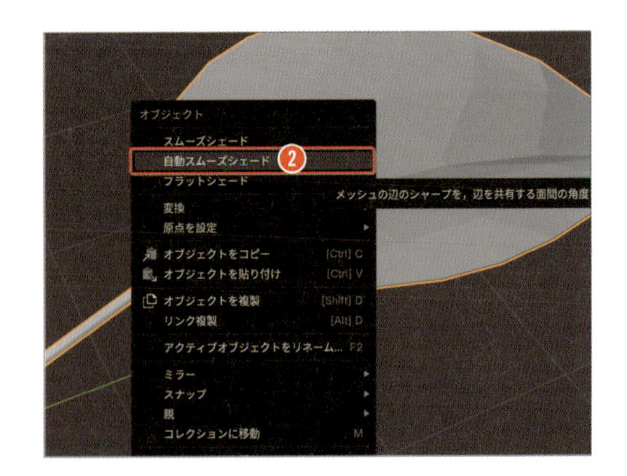

［**ビューポートオーバーレイ**］の［**ワイヤー**］（ワイヤーフレーム）にチェックを入れている場合は、チェックを外します。

葉の側面をシャープに表示します。

3 モディファイアーに❸［**角度でスムーズ**］（Smooth by Angle）が追加されました。

［**角度でスムーズ**］は、オブジェクトの辺の角度によってスムーズをかける箇所を指定できます。

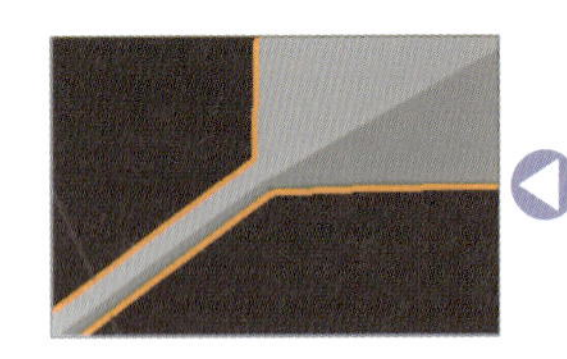

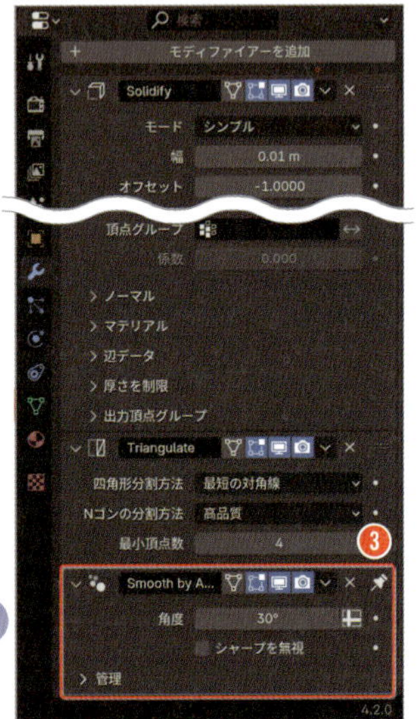

確認をして問題がなければ、後でオブジェクトにスケールをかけるため［**ソリッド化**］モディファイアーを適用しておきます。

4 ［**プロパティ**］パネルの❹［**モディファイアープロパティ**］タブで、［**ソリッド化**］モディファイアー右上の❺［⌄］をクリックして、表示されるメニューの❻［**適用**］を選びます。

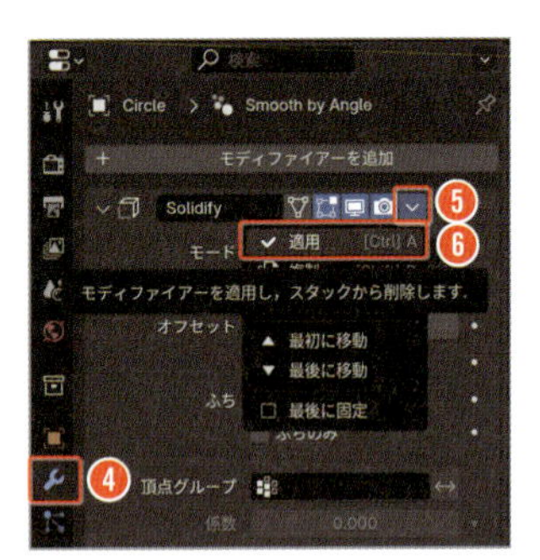

茎の形状を作成する

1 ［**オブジェクトモード**］で shift ＋ A を押して、❶［**メッシュ**］➡［**円柱**］を選んで追加します。

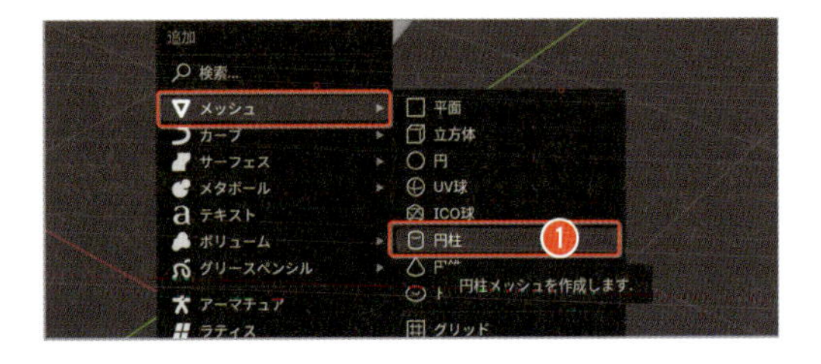

2 画面左下にある［**オペレーター**］パネルで、❷［**頂点**］を「8」にします。

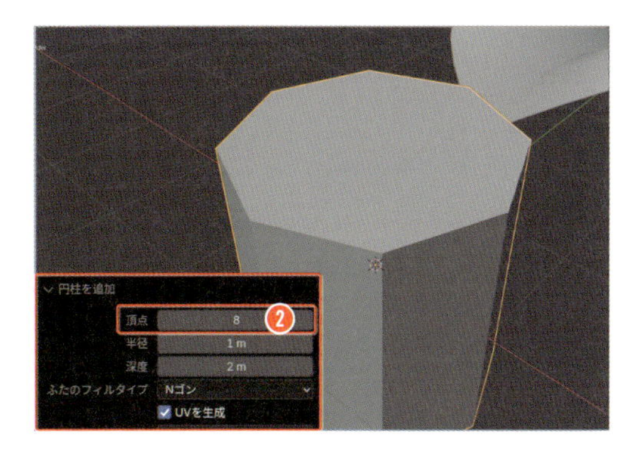

3 ［**編集モード**］に切り替え、❸［**透過表示**］をONにします。Aキーですべて選択し、必要に応じて視点を切り替え、［**移動**］（G➡Z）で❹円柱底面が、X軸に重なるように移動します。

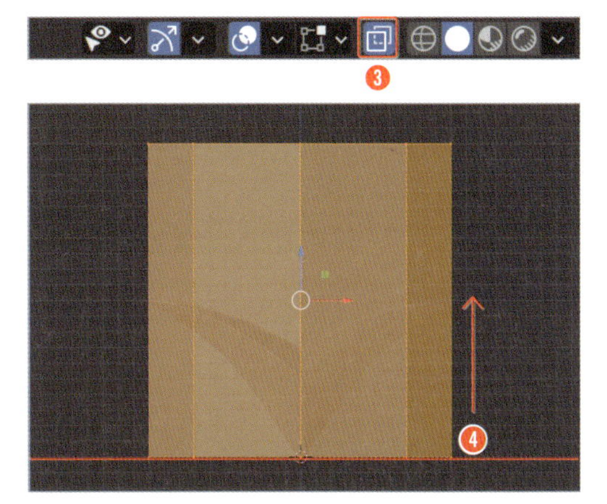

4 すべて選択されていることを確認し、S➡shift＋Z➡「0.02」と入力して、❺Z軸方向以外を縮小して細くします（［**スケール**］➡［**Z軸方向以外**］➡［**拡大率0.02**］）。

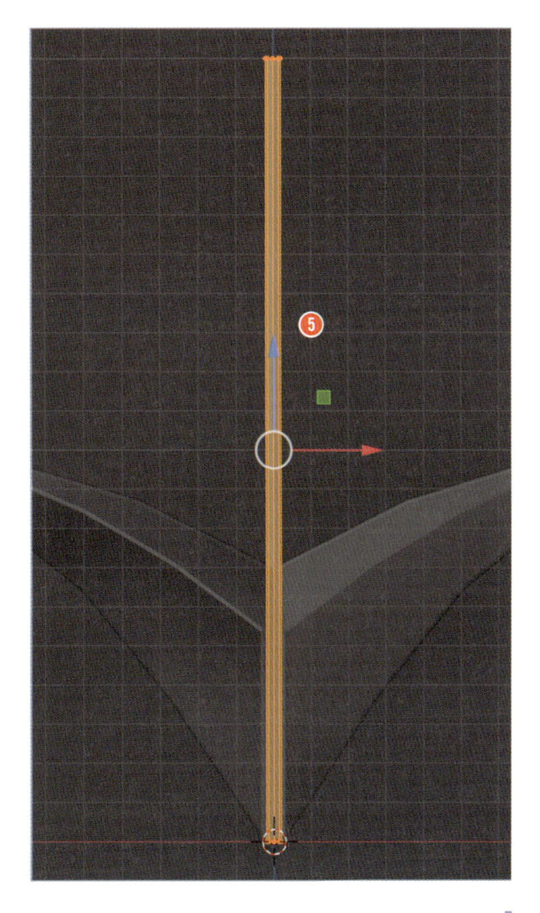

先端を細くします。

5 先端（円柱上面）の頂点をドラッグで囲んでボックス選択します。S ➡ shift ＋ Z ➡「0.2」と入力して、❻Z軸方向以外を縮小して細くします。縮小したら［**透過表示**］はOFFにします。

数値入力していますが、工業製品ではないため目分量で縮小してもかまいません。

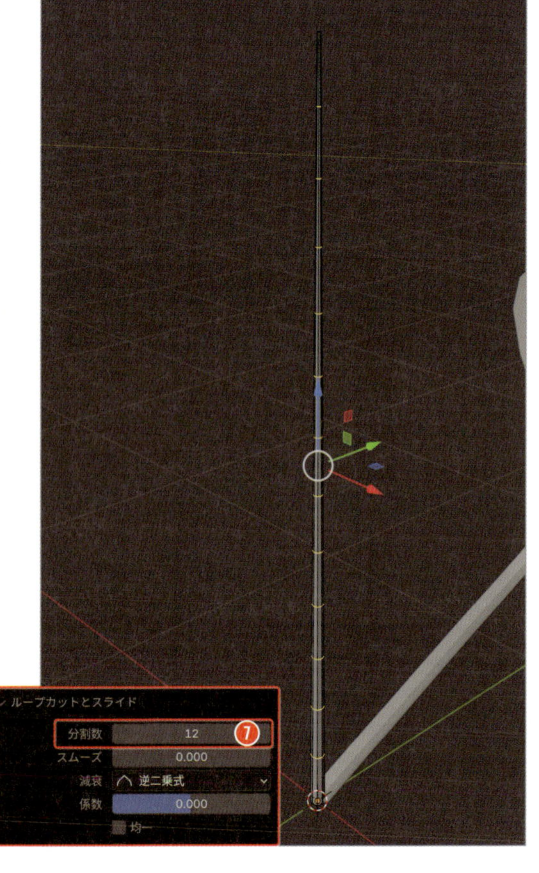

6 ctrl ＋ R（［**ループカット**］）で、水平方向の黄色い線を表示させ、分割線1本にしてクリックで確定、右クリックで中央（移動をキャンセル）にループカットを入れます。画面左下にある［**オペレーター**］パネルで、❼［**分割数**］を「12」にします。

分割数をマウス中ボタンの回転で指定してもかまいませんが、数が多いためここでは数値入力しました。

葉を縮小する

1 ［**オブジェクトモード**］に切り替え、葉のオブジェクトを選択します。［**スケール**］（S）で縮小します。ここではS➡「0.18」と入力しています。

ここではS➡「0.18」と入力して縮小しましたが、目分量でかまいません。

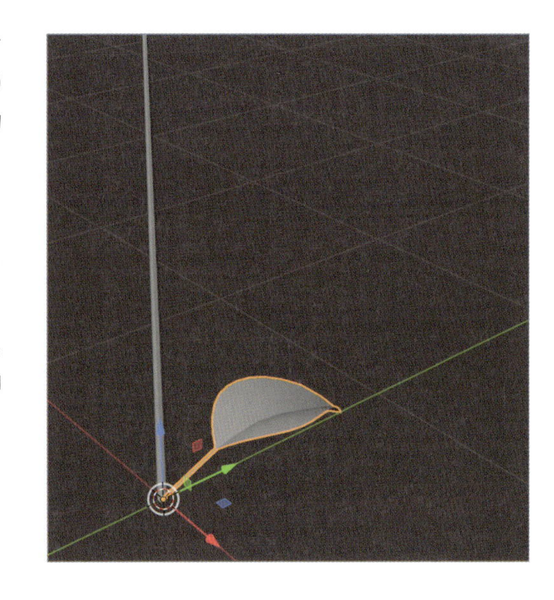

2 ［**オブジェクトモード**］でスケールを変更したので、葉を選択した状態でctrl＋Aを押し、［**スケール**］を適用します。

茎を曲線的にするためのカーブを作成する

カーブを使って茎を曲線的に変形しますが、その前にシーンが見やすいように整理をします。

1 ［**アウトライナー**］で、❶葉（Circle）と茎（Cylinder）のオブジェクトの👁をそれぞれクリックして非表示にします。

ビューポートでオブジェクトを選択してHキーを押しても非表示にできます。

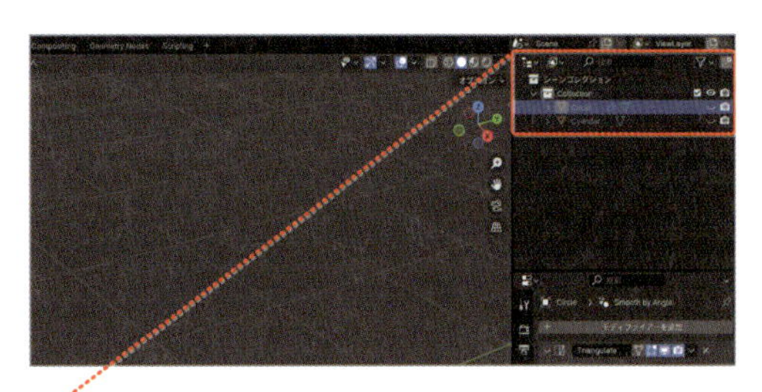

2 ［**オブジェクトモード**］でshift＋Aを押して、❷［**カーブ**］➡［**ベジェ**］を選んで追加します。

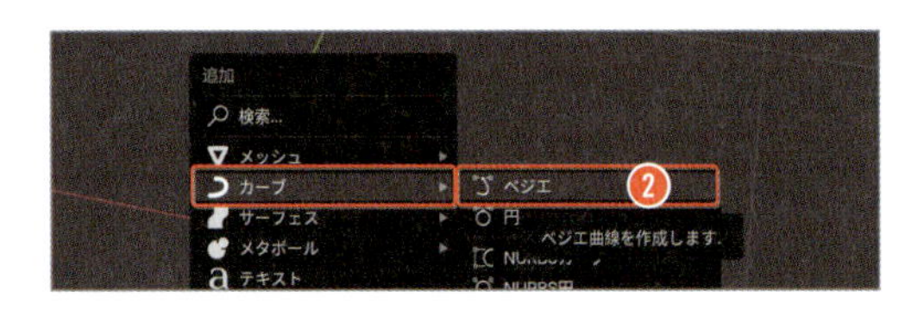

❸ベジェカーブが追加されました。向きを整えていきます。

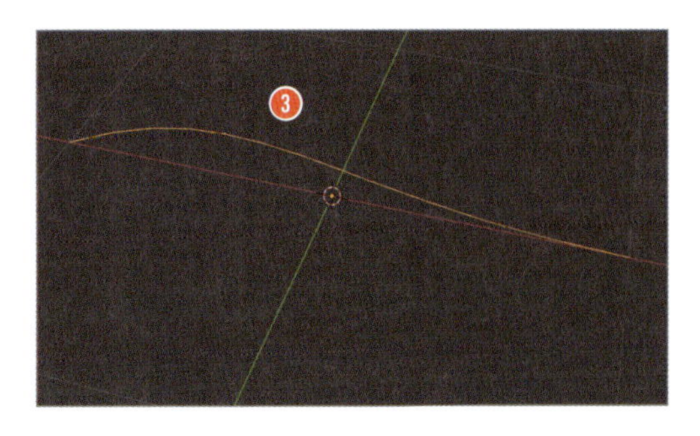

3 ［**オブジェクトモード**］のまま、R→Y→「-90」と入力して、Y軸方向を中心軸として回転します。❹カーブの膨らんでいるほうが下側になります。

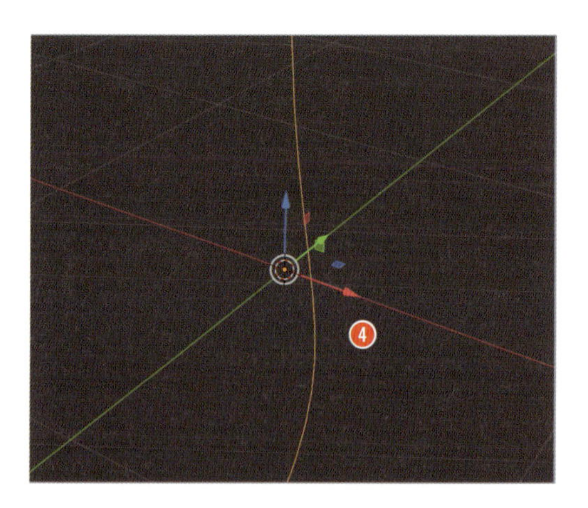

4 さらに、R→Z→「-90」と入力して、❺Z軸方向を中心軸として回転します。

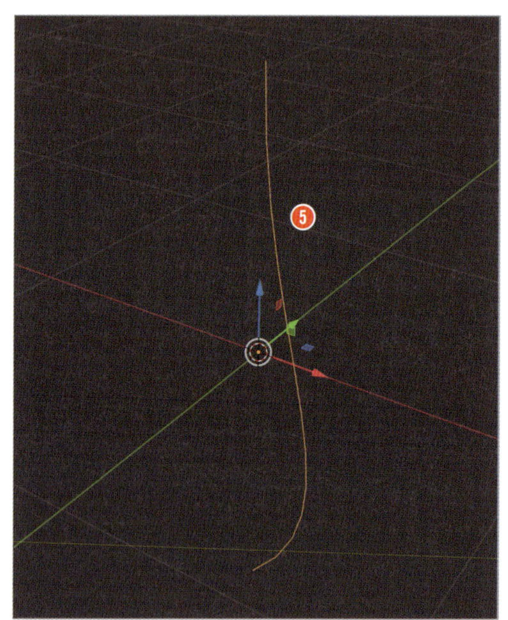

5 さらに［**オブジェクトモード**］のまま、［**移動**］（G→Z）で❻カーブ下端がワールド原点になるよう移動します。ctrl を押しながら移動でスナップします。

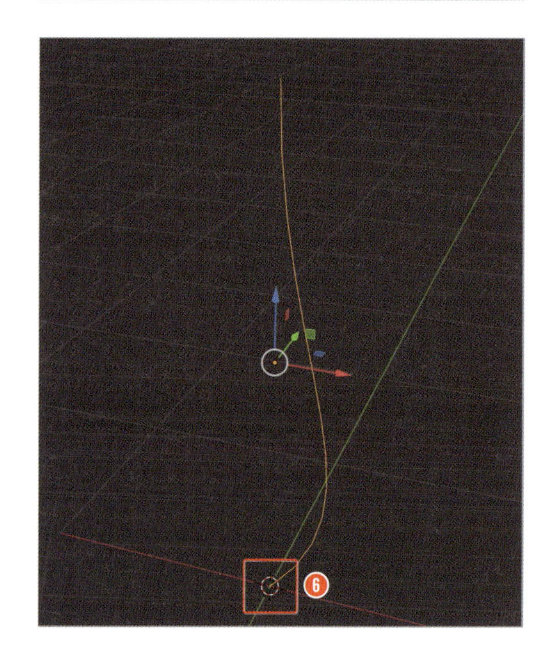

6 ［**オブジェクトモード**］で移動や回転をしたので、カーブを選択した状態で ctrl ＋ A を押して❼［**全トランスフォーム**］を適用します。

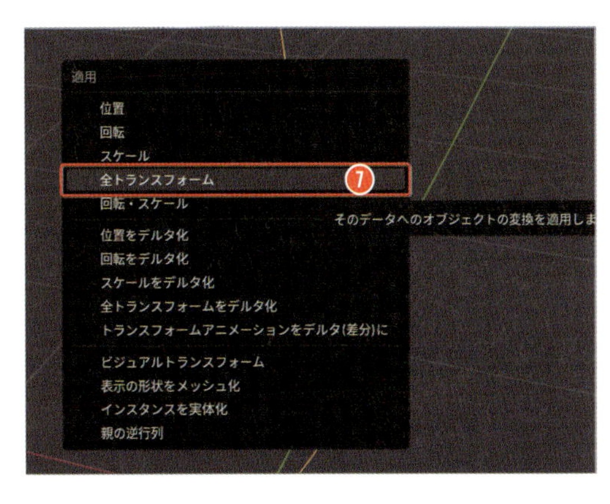

ベジェカーブは、頂点に付随するハンドルを操作してカーブの曲がり具合を調整します。

7 ［**編集モード**］に切り替えます。［**頂点選択**］（数字キー 1 ）で頂点を選択すると各頂点から線が両側に延びています。これがハンドルで、その先端には❽ハンドルを操作するためのポイントが表示されます。

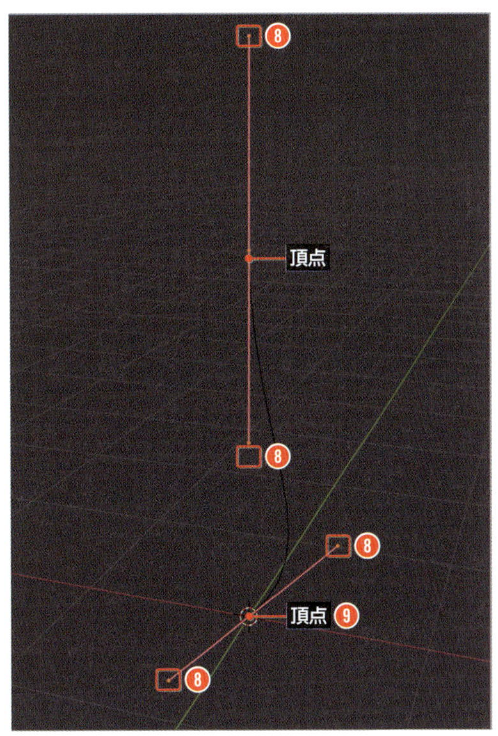

頂点から延びる線そのものをハンドルと呼びますが、本書ではハンドル先端のポイントも「**ハンドル**」と表記しています。
本書で「**ハンドルを選択して移動します**」と表記した場合は、ハンドル先端のポイントを選択し、それを移動してください。

8 視点をフロントビュー（テンキー 1 ）にし、❾下側の頂点だけを選択してハンドルを表示させます。

9 ❿上側のハンドルを選択し、［**移動**］（ G ➡ X ）で、X軸左方向に移動します。

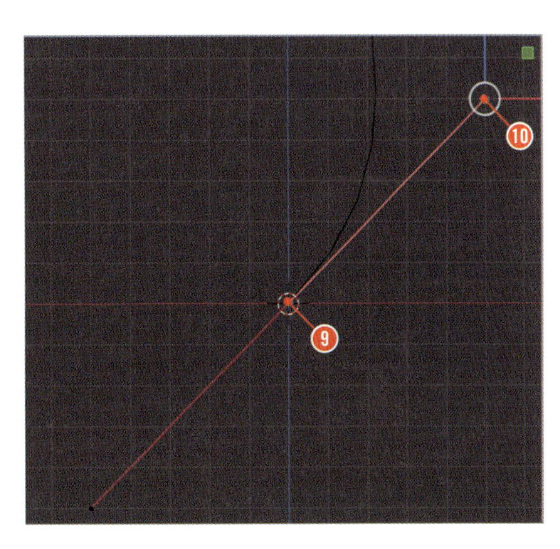

ハンドル先端をクリックまたは、ハンドル先端だけをドラッグで囲んでボックス選択できます。

カーブの膨らみが小さくなりました。

ハンドルは［**スケール**］や［**回転**］でも編集できますが、扱いに慣れるまでは［**移動**］を使ってカーブを調整する方法がおすすめです。

10 ⓫上側の頂点を選択して、**[移動]**(G→Z)で、⓬Z軸下方向に移動します。

ここでは思いきってZ軸に「**-1**」m移動させています。

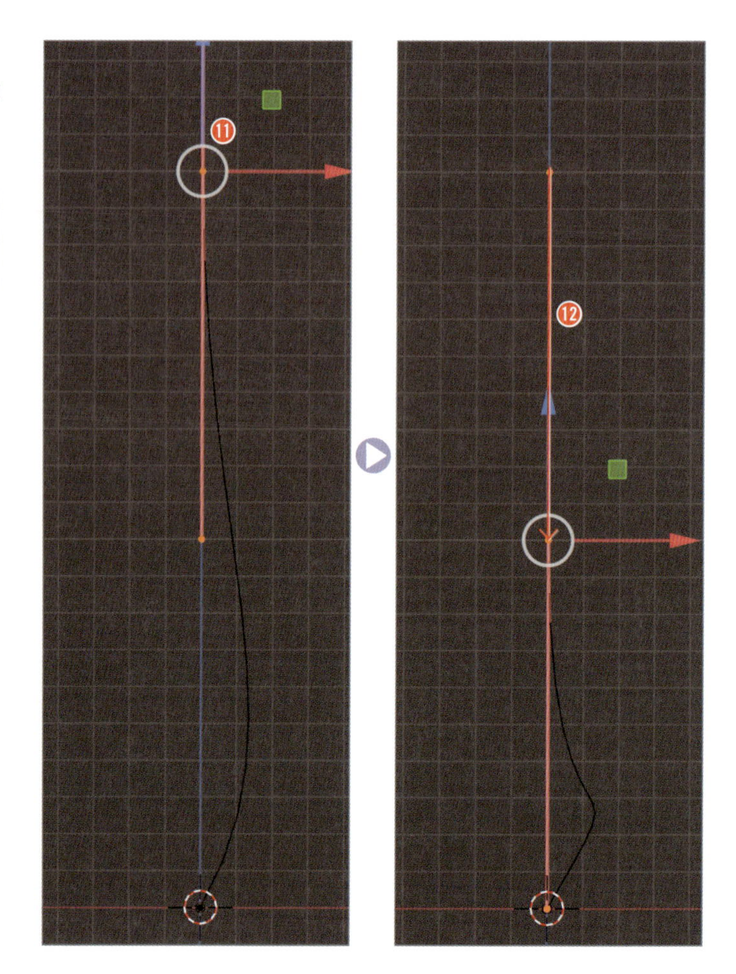

上側の頂点のハンドルが長いため、カーブがねじれてしまったので調整します。

11 ⓭上側の頂点を選択した状態で**[スケール]**(S)で、縮小してハンドルを短くします。

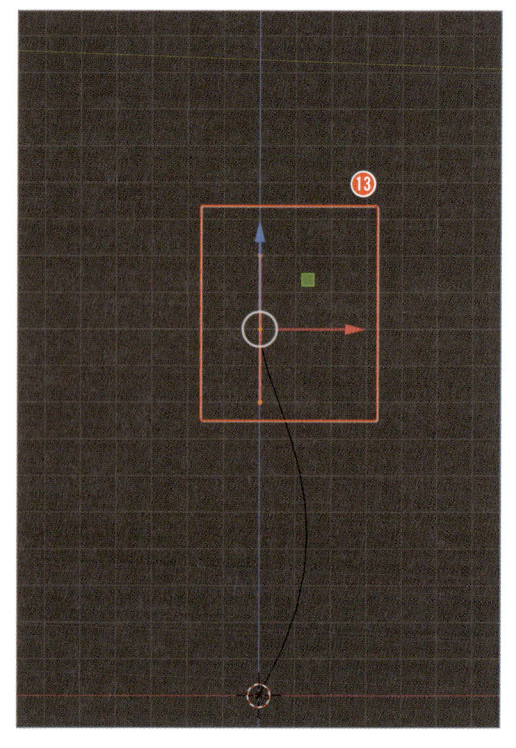

新しい頂点を追加します。

12 ⑭上側の頂点を選択した状態で、⑮頂点を追加したい位置にマウスポインタを合わせ、ctrl＋右クリックします。

追加する頂点と繋ぐ頂点（ここでは上側の頂点）を選択してから頂点を追加します。頂点の追加は、Eキーで押し出して追加することもできます。また、カーブの途中に頂点を追加する場合は、右クリックしてメニューから［**細分化**］を選ぶことで追加できます。

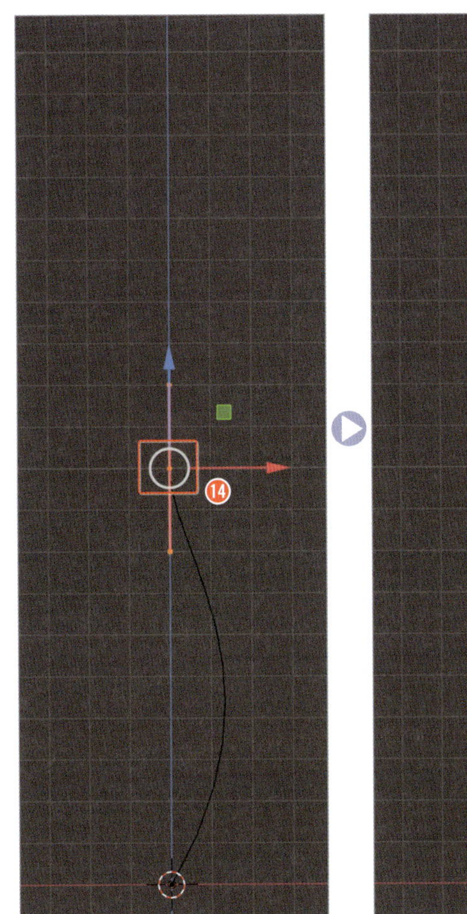

13 ⑯中央の頂点を選択して上側のハンドルを選択し、［**移動**］（G➡X）で、⑰左方向にハンドルを移動します。S字カーブを少し滑らかにします。

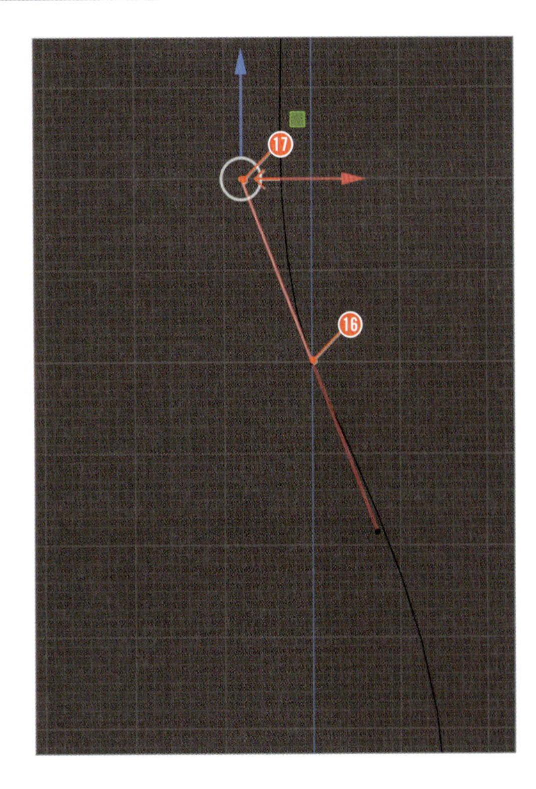

14 ⑱一番上の頂点を選択して下側のハンドルを選択し、[**移動**](G➡X)で、⑲左方向にハンドルを移動します。S字カーブを調整します。

頂点を調整して植物の茎がうねってるようなイメージを出しましょう。

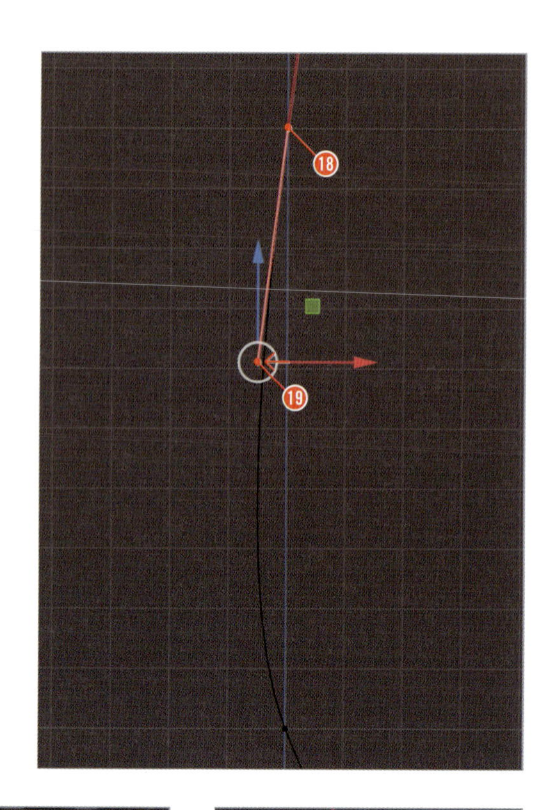

15 視点をサイドビュー(テンキー3)にし、横から見た曲がり具合も調整します。ここでは、⑳一番下の頂点の㉑上のハンドルをY軸左方向に、㉒一番上の頂点の㉓下のハンドルをY軸右方向に移動しました。

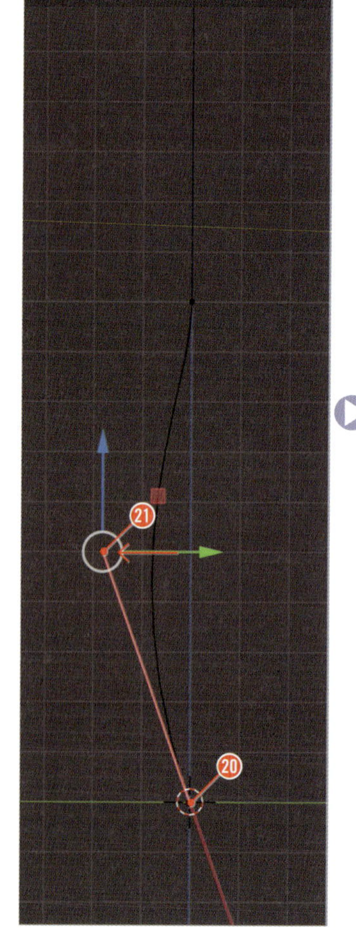

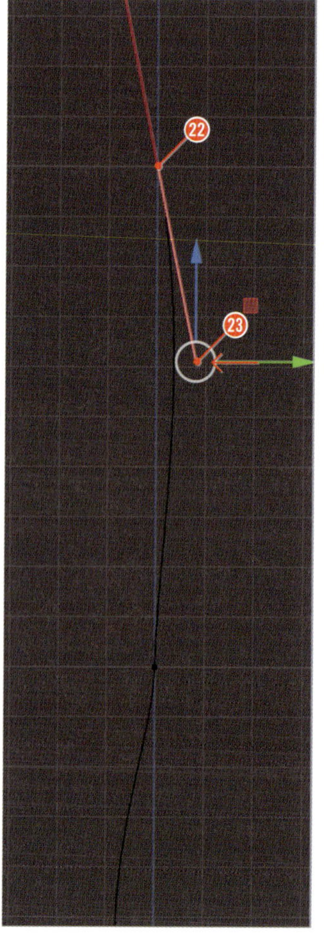

16 さらに㉔真ん中の頂点を選択し、[回転]（R）で滑らかなカーブになるよう回転します。
植物の茎のベースになるカーブができました。[オブジェクトモード]に戻ります。

作例では滑らかなS字にしていますが、大胆にうねった植物を作ってみても面白いでしょう。

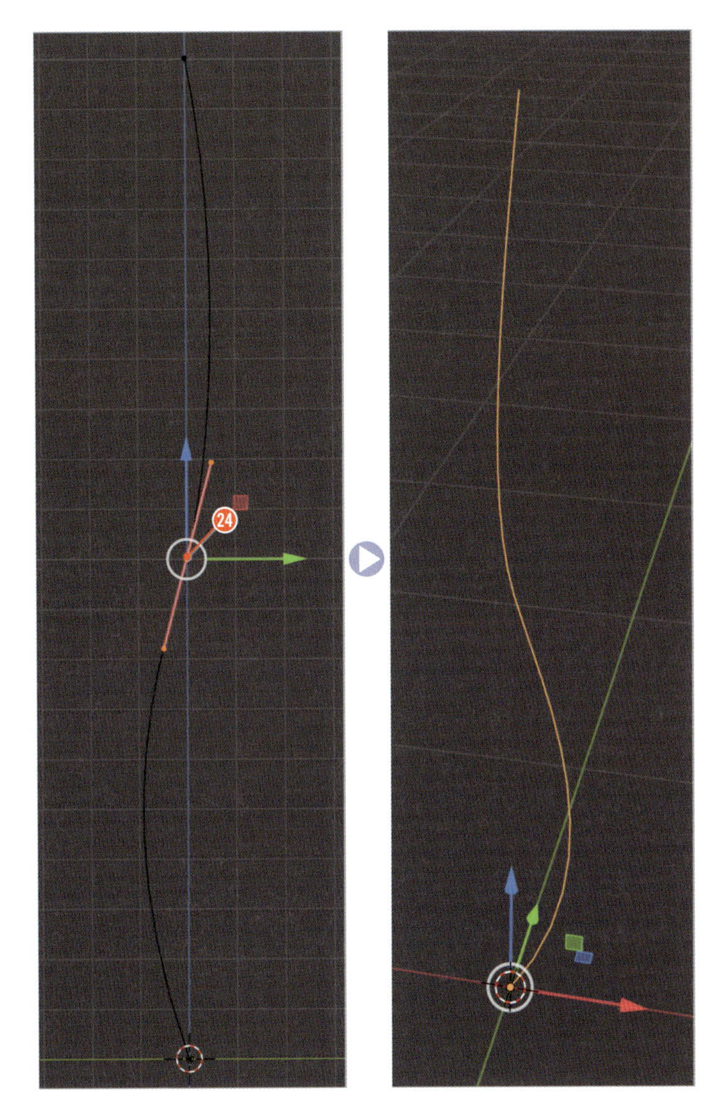

17 [アウトライナー]で、㉕葉（Circle）と茎（Cylinder）のオブジェクトの をそれぞれクリックして表示させます。

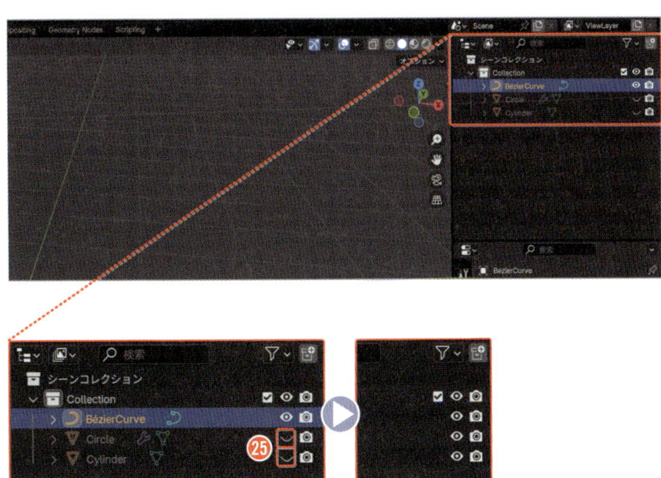

[カーブ]モディファイアーで茎を曲げる

1 [**オブジェクトモード**]で茎のオブジェクトを選択します。[**プロパティ**]パネルの[**モディファイアープロパティ**]タブで、❶[**モディファイアーを追加**]から❷[**変形**]→[**カーブ**]を選びます。

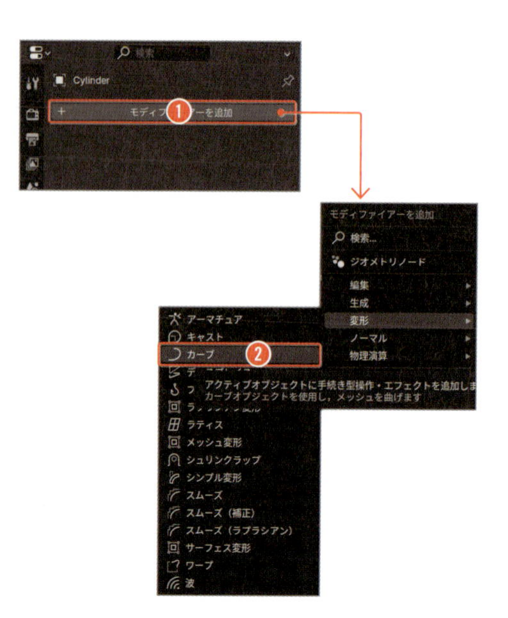

2 [**モディファイアープロパティ**]タブで、[**カーブ**]モディファイアーの❸[**カーブオブジェクト**]の入力欄をクリックして、先ほど作成した❹[BezierCurve]を選択します。

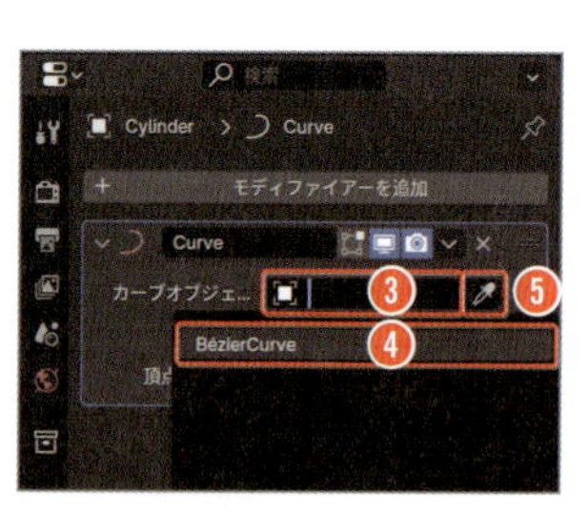

[BezierCurve]は、前項で作成したカーブオブジェクトのオブジェクト名です。❺スポイトアイコンをクリックして、[**3Dビューポート**]上でカーブオブジェクトをクリックしても設定できます。

カーブオブジェクトをBezierCurveにすると、茎が違う方向を向いてしまうので修正します。

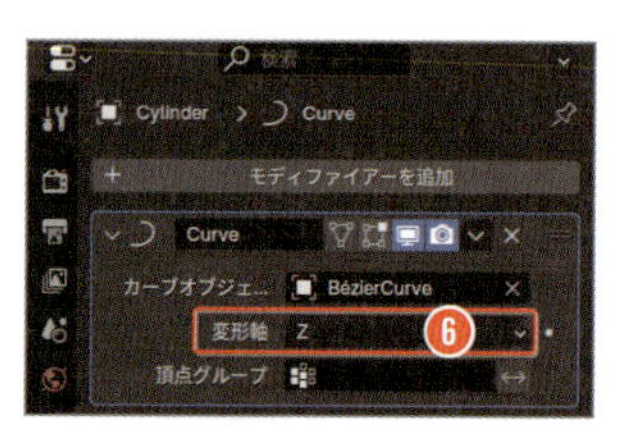

3 [**カーブ**]モディファイアーの❻[**変形軸**]を[**Z**]にします。

茎のオブジェクトがカーブに沿って変形しました。

葉を配置する

葉の枚数を［**配列**］モディファイアーで増やして配置していきます。

1 ［**オブジェクトモード**］で葉のオブジェクトを選択します。［**プロパティ**］パネルの❶［**モディファイアープロパティ**］タブで、❷［**モディファイアーを追加**］から❸［**生成**］➡［**配列**］を選びます。

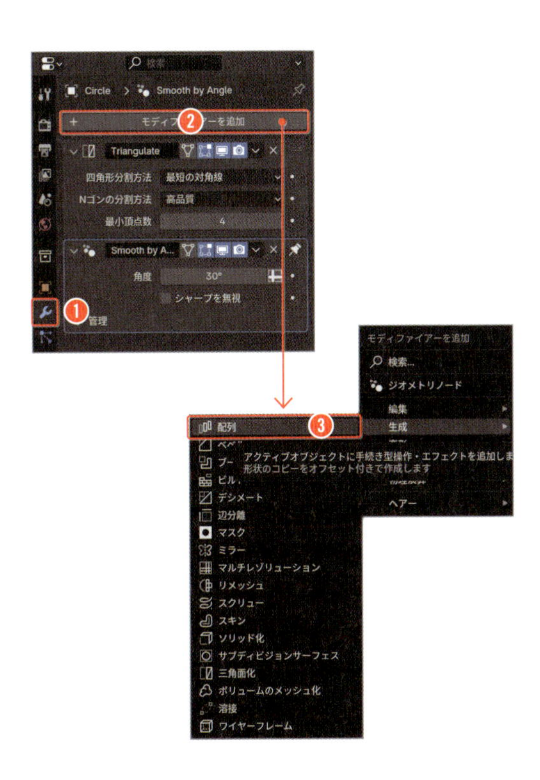

［**配列**］モディファイアーの設定をする前に、エンプティを追加します。エンプティ（Empty＝中身がない）は空っぽのオブジェクトです。ここでは葉の変形ガイドとして使います。

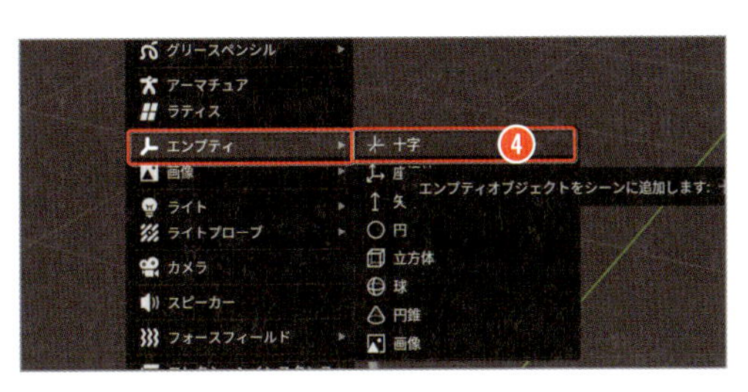

2 ［**オブジェクトモード**］で shift ＋ A を押して、❹［**エンプティ**］（blender4.4以降は［**ブランク**］）➡［**十字**］を選んで追加します。

3 葉のオブジェクトを選択し、［**モディファイアープロパティ**］タブの［**配列**］モディファイアーで、❺［**オフセット（倍率）**］のチェックを外します。❻［**オフセット（OBJ）**］のチェックを入れ、❼［**オブジェクト**］の入力欄をクリックして、❽［**Empty**］を選択します。さらに❾［**数**］を「15」にします。

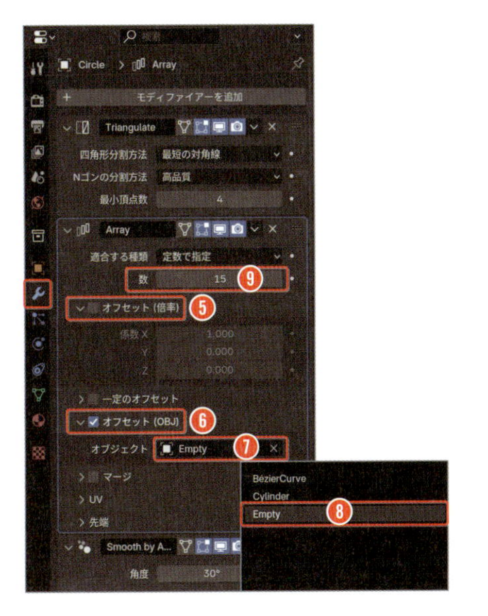

4 視点をサイドビュー（テンキー3）にし、エンプティを選択します。[移動]（G➡Z）で⑩エンプティを上に少し移動します。エンプティの移動量と同じ間隔で葉のオブジェクトの配列が行われます。
⑪茎のオブジェクトの先端あたりに、一番上の葉のオブジェクトがくるようにエンプティを移動します。このとき shift を押しながら移動すると、ゆっくり移動して調整しやすくなります。

5 エンプティを選択した状態で、[スケール]（S）で、エンプティを縮小します。⑫スケール量に応じて先端に向かって葉が小さくなります。

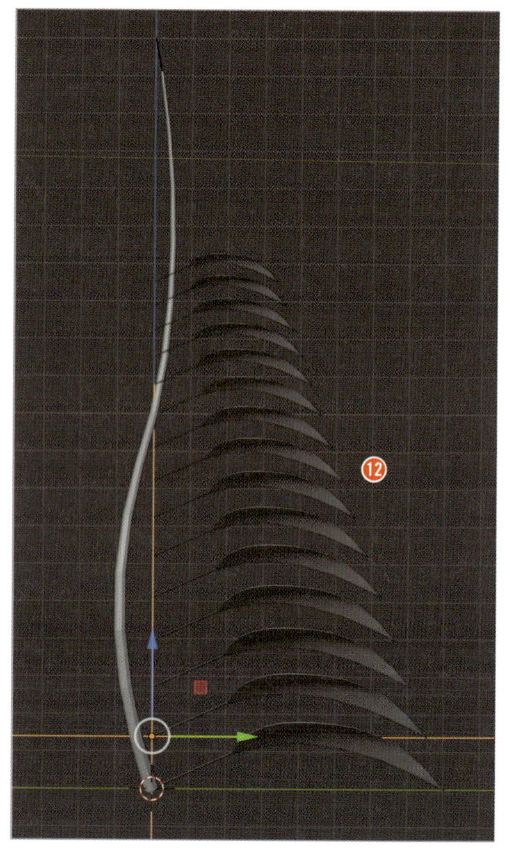

CHAPTER-3

6 エンプティを選択した状態で、**[移動]**（G → Z）で上に移動します。⓭**[移動]**と**[スケール]**を繰り返して微調整します。

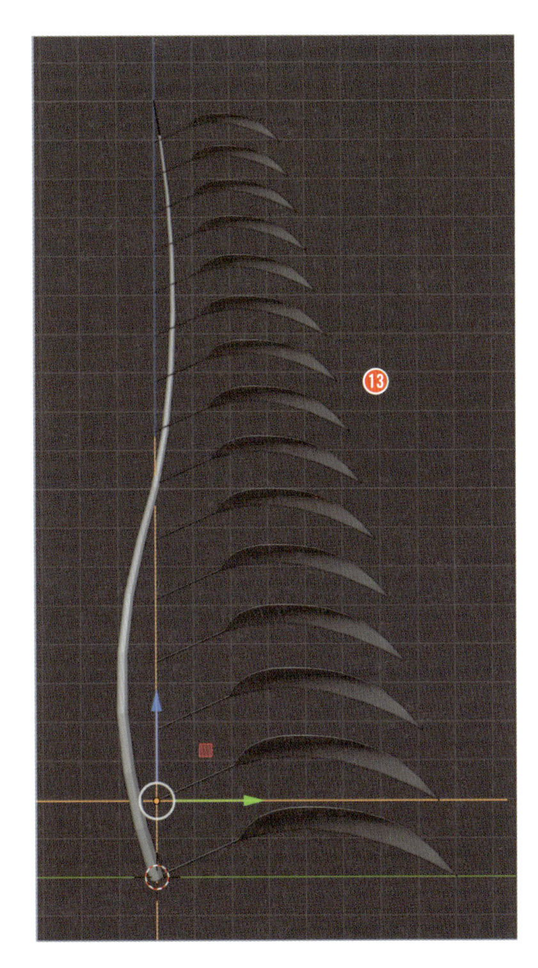

7 視点を通常のビューに変え、エンプティを選択した状態で、**[回転]**（R → Z）でZ軸を中心軸に回転させます。⓮ここでは150°程度回転させていますが、葉がランダムに並んで見えるように回転してみましょう。

葉をカーブに沿った配置にする

葉の配置ができたら、配置をカーブに追従させます。

1. ［**オブジェクトモード**］で葉のオブジェクトを選択します。［**プロパティ**］パネルの❶［**モディファイアープロパティ**］タブで、❷［**モディファイアーを追加**］から［**変形**］➡［**カーブ**］を選びます。

2. 茎のとき同様に、［**カーブオブジェクト**］の入力欄をクリックして❸［**BezierCurve**］を選択し、❹［**変形軸**］を［**Z**］にします。

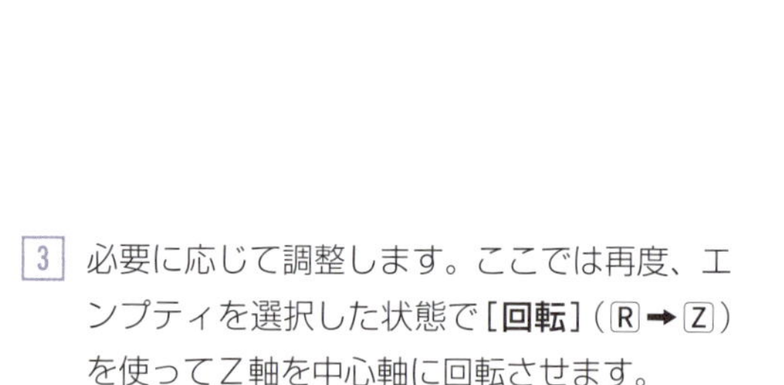

3. 必要に応じて調整します。ここでは再度、エンプティを選択した状態で［**回転**］（R➡Z）を使ってZ軸を中心軸に回転させます。

4. 調整は自由に行ってください。ここではエンプティの回転の値が❺「**103°**」を示すように調整しました。

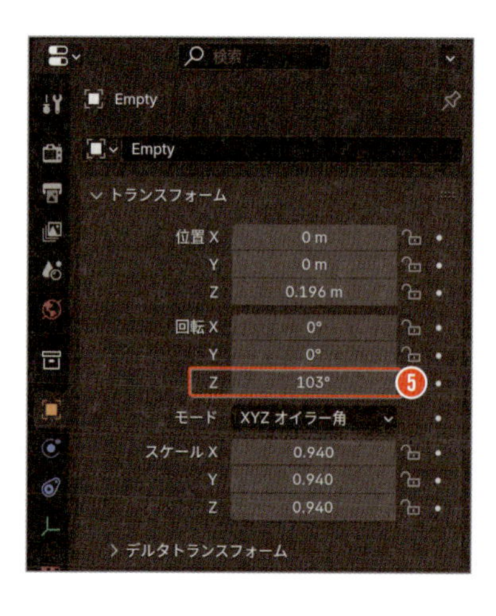

植木鉢を作成する

植木鉢を作っていきます。

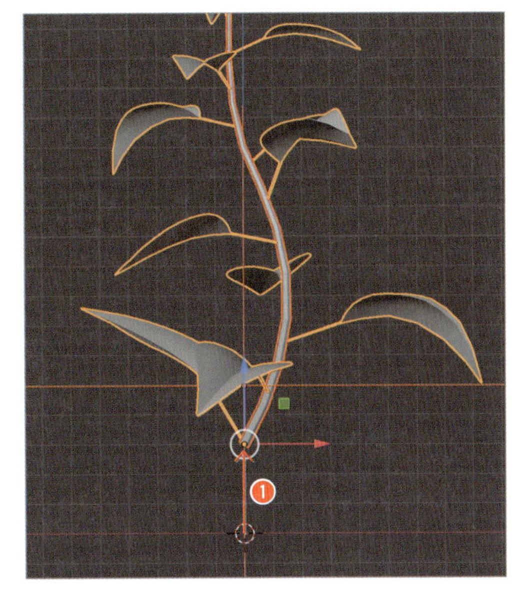

1 [**オブジェクトモード**]で視点をフロントビュー(テンキー1)にし、Aキーを押してすべて選択します。❶[**移動**](G➡Z)で0.3m程度上に移動します。

2 [**オブジェクトモード**]でshift+Aを押して、[**メッシュ**]➡[**円柱**]を選んで追加します。

3 画面左下にある[**オペレーター**]パネルで、❷[**頂点**]を「16」、[**半径**]を「0.2」、[**深度**]を「0.4」にします。概ねのサイズを決めて作っていきます。

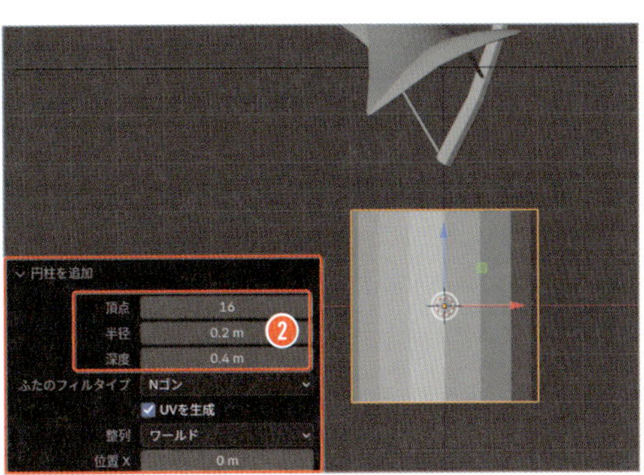

4 [**編集モード**]に切り替えます。植物との関係を見るために、❸[**透過表示**]をONにします。Aキーですべて選択し、[**移動**](G➡Z)で❹円柱底面がX軸に重なるように上に移動します。

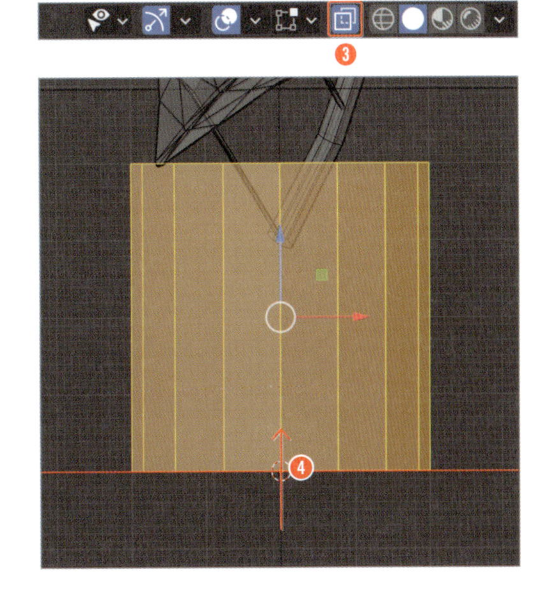

他のオブジェクトが確認しやすいようにビューポートオーバーレイからワイヤーフレームを表示しています。

3
家具をモデリング

5 ctrl ＋ R（**[ループカット]**）で、水平方向の黄色い線を表示させ、移動状態になったらマウスを動かして辺を上にスライドさせ、❺大体図の位置でクリックして確定します。

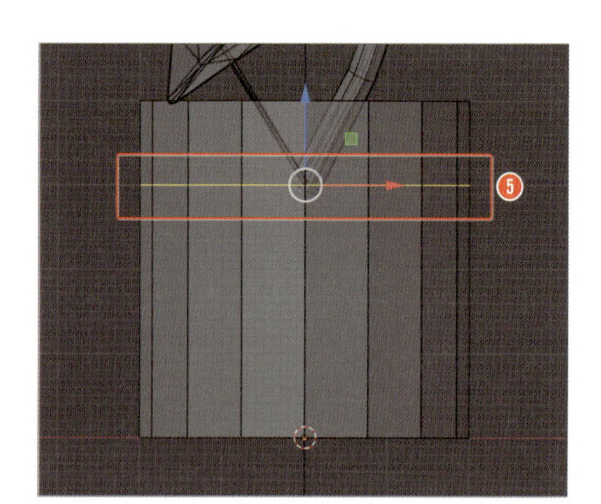

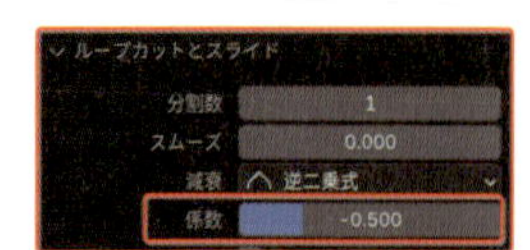

ループカット位置を数値入力する場合は、上図の[係数]の「-0.5」を参考にしてください。

6 **[頂点選択]**（数字キー 1）にし、底面の頂点をドラッグで囲んでボックス選択します。**[スケール]**（S）で、❻底面を小さくします。

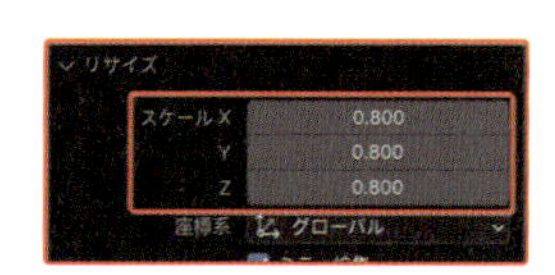

スケールの量を数値入力する場合は、上図の[スケール]のX、Y、Zの値「0.8」を参考にしてください。

7 **[面選択]**（数字キー 3）にし、ループカットで分割した線より上側の❼側面を alt ＋クリックでループ選択します。続いて alt ＋ E を押して、❽**[押し出し]**メニューから**[法線に沿って押し出し]**を選びます。

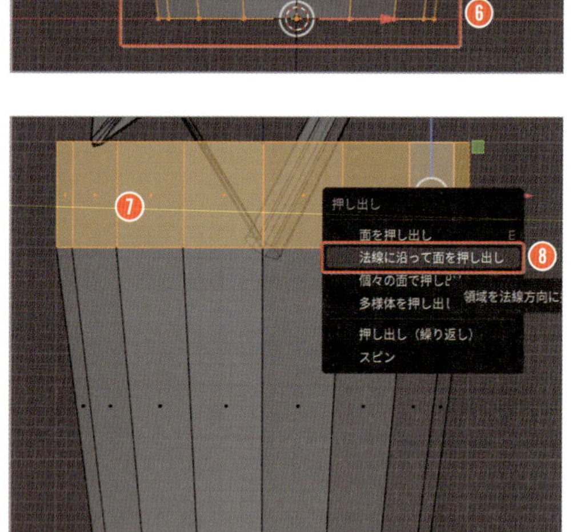

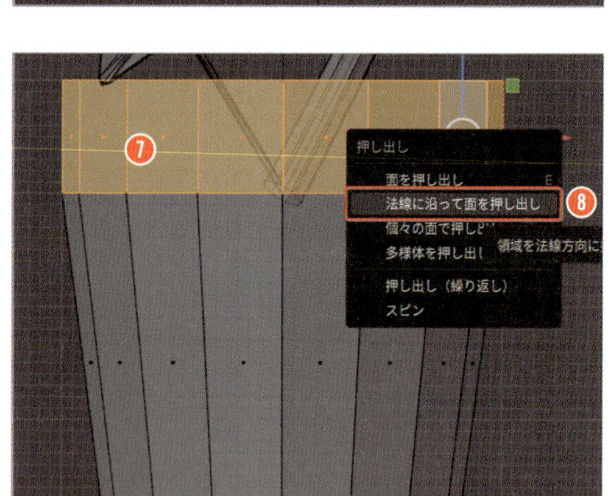

8 法線に沿って押し出します。画面左下にある**[オペレーター]**パネルで、❾**[オフセット]**を「0.03」mにします。

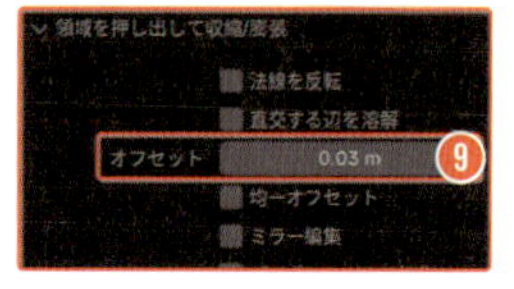

CHAPTER-3

9 視点を斜め上からにし、[**透過表示**]をOFFにします。⑩植木鉢上面の内側の面を選択し、E([**押し出し**])で下方向に押し込みます。

押し出し量を数値入力する場合は、上図の[移動]のZの値「-0.05」を参考にしてください。

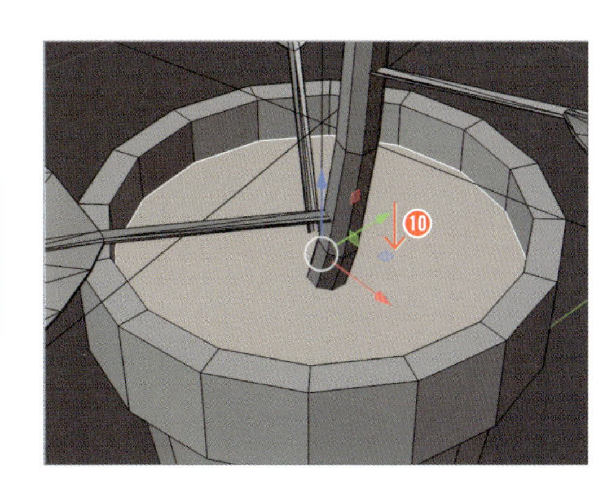

植木鉢の角を丸くする

1 [**オブジェクトモード**]に切り替え、植木鉢を選択します。[**プロパティ**]パネルの❶[**モディファイアープロパティ**]タブで、❷[**モディファイアーを追加**]から[**生成**]➡[**ベベル**]を選びます。❸[**量**]を「0.005」m、❹[**セグメント**]を「2」にします。

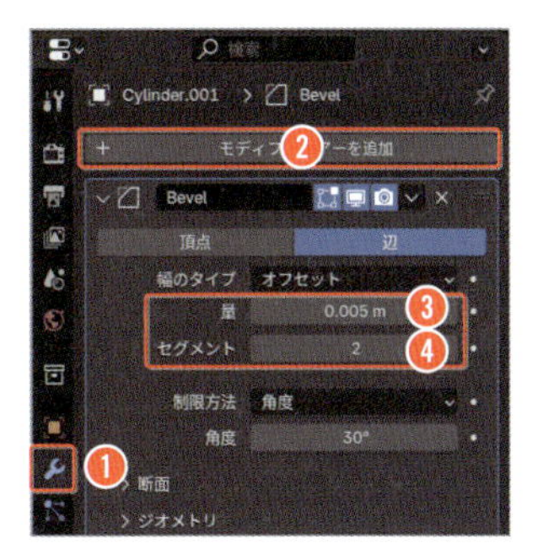

[モディファイアー]を適用しオブジェクトを統合する

モディファイアーを整理してオブジェクトを統合していきます。

1 葉のオブジェクトを選択します。[**プロパティ**]パネルの❶[**モディファイアープロパティ**]タブの[**三角面化**]モディファイアー右上の❷[**⌄**]をクリックして、表示されるメニューの❸[**適用**]を選びます。同様に、[**配列**]、[**カーブ**]の各モディファイアーも適用します。❹[**角度でスムーズ**](Smooth by Angle)は次に再設定するので[**×**]アイコンを押して削除します。

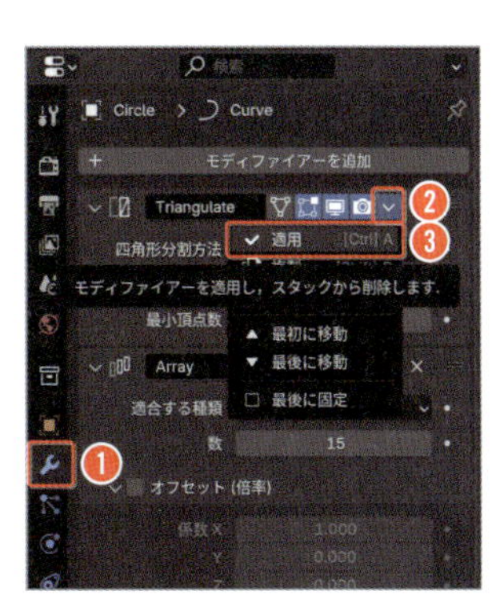

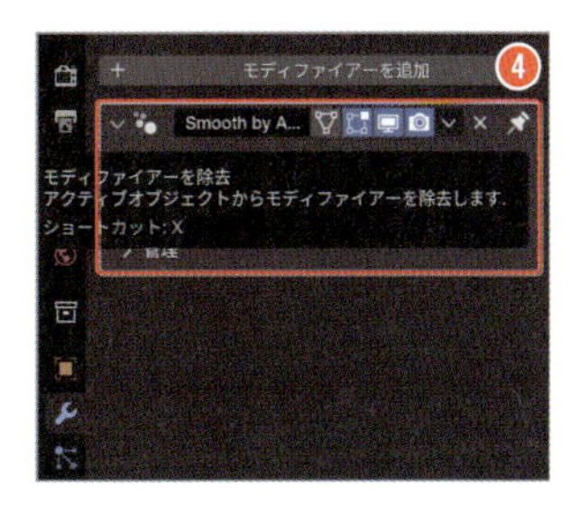

2 同様に、茎のオブジェクトを選択し、[**カーブ**]モディファイアーを適用します。

3 葉と茎のオブジェクトを選択し、❺**[オブジェクト]**メニュー➡**[統合]**（ctrl＋J）でオブジェクトを統合します。

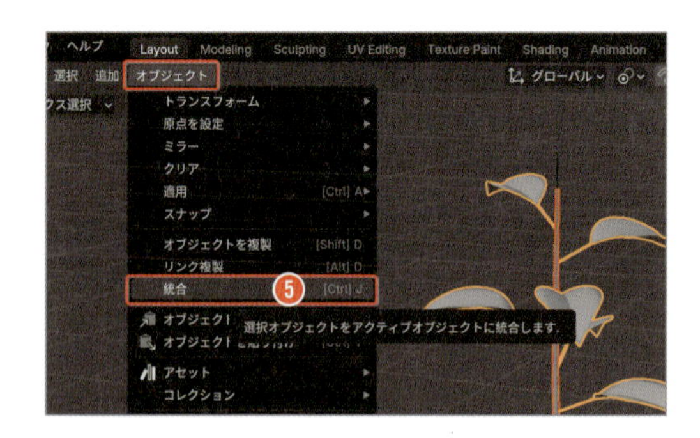

4 統合したオブジェクトを選択した状態で右クリックします。表示されたメニューの❻**[自動スムーズシェード]**を選択します。

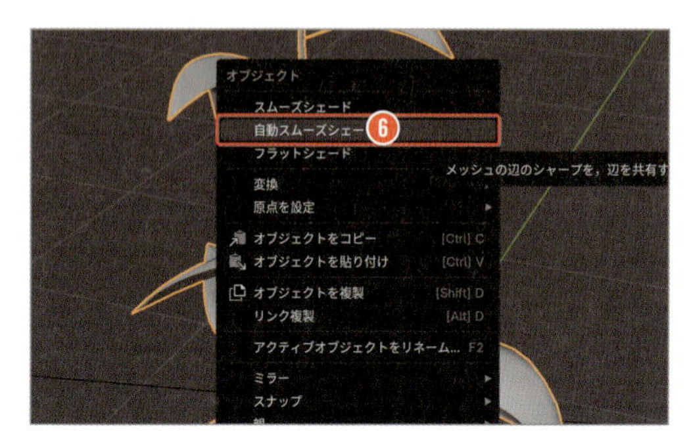

スムーズを美しくします。葉の縁の部分がシャープに表示されます。

5 **[モディファイアー]**パネルの**[角度でスムーズ]**（Smooth by Angle）の角度を❼「**60°**」にします。

[角度でスムーズ]（Smooth by Angle）は適用すると対象エッジにシャープがマークされます。前の工程で一度削除したのは、オブジェクト統合後に角度を修正したかったためです。

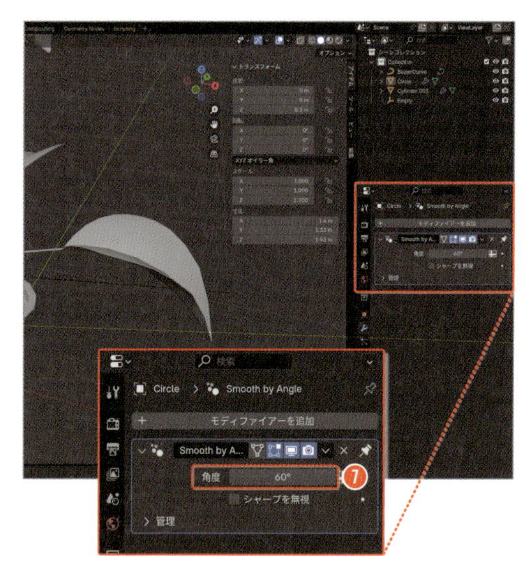

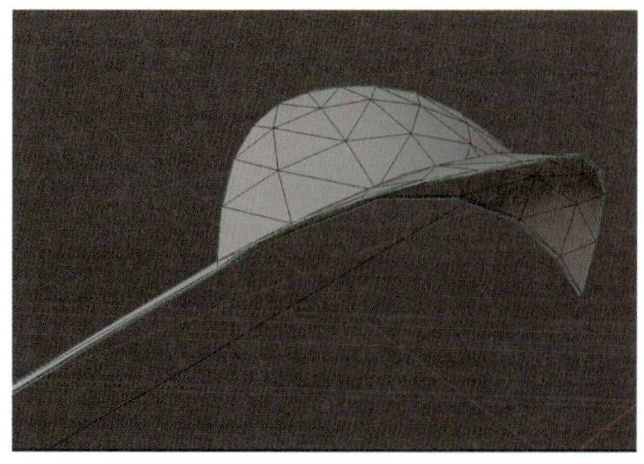
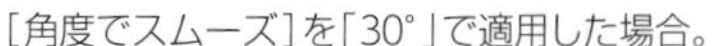
［角度でスムーズ］を「30°」で適用した場合。

6 植木鉢のオブジェクトを選択し、右クリックします。表示されたメニューの❽[**スムーズシェード**]を選択します。

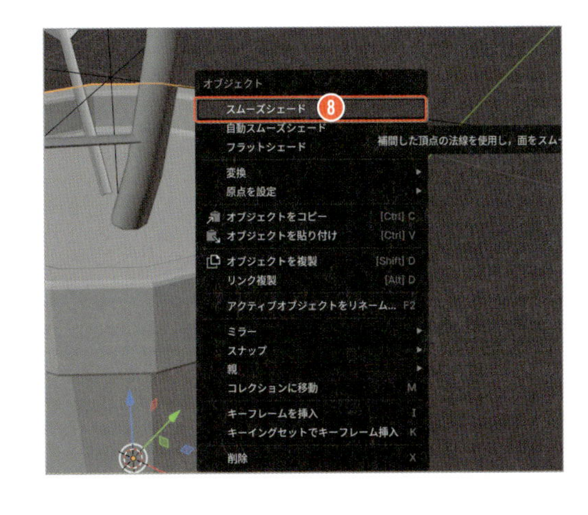

植木鉢にはベベルがあるため綺麗に表示されます。

細部を調整し モデリングを仕上げる

ベジェ曲線とエンプティは不要なので非表示にします。

1 [**アウトライナー**]で、❶ベジェ曲線(Bezier Curve)と❷エンプティ(Empty)のオブジェクトの👁をそれぞれクリックして非表示にします。

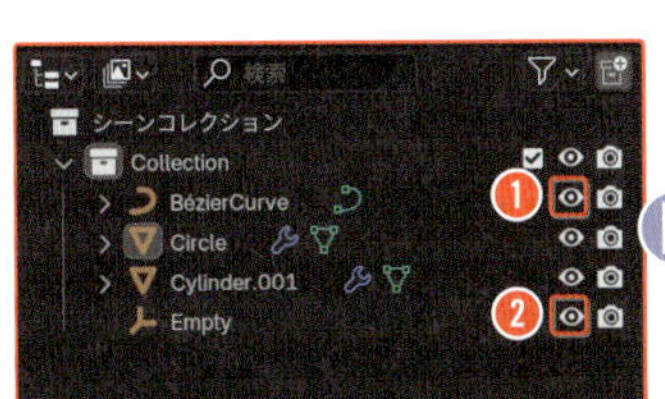

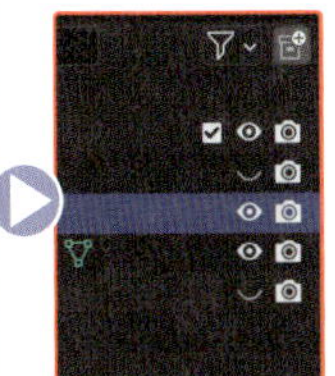

ビューポートでオブジェクトを選択してHキーを押しても非表示にできます。

一番下の葉が土に埋もれている場合は修正します。

2 [**オブジェクトモード**]で植物のオブジェクトを選択してから、[**編集モード**]に切り替えます。いったん選択を解除し、一番下の葉にマウスポインタを重ねてからLキーを押し、リンク選択します。[**移動**](G)で、❸土から出るように上に移動します。

葉を移動するとき、茎から離れないようにしてください。

少し植物が大きかったので[**スケール**]（S）で縮小し、可愛らしい観葉植物にします。

3 [**オブジェクトモード**]に切り替え、植物のオブジェクトを選択し、S→「0.6」と入力します。❹0.6倍にスケールをかけました。

植木鉢も合わせてスケールを整えます。

4 植木鉢のオブジェクトを選択し、S→「0.75」と入力します。❺0.75倍にスケールをかけました。

植木鉢を縮小したことで植物が少し空中に浮いてしまったので修正します。

5 植物のオブジェクトを選択し、[**移動**](G→Z)で、❻植木鉢に植えられているように移動します。

6 [**オブジェクトモード**]で変形したので、植物、植木鉢を選択し、ctrl＋Aを押して❼[**全トランスフォーム**]を適用します。

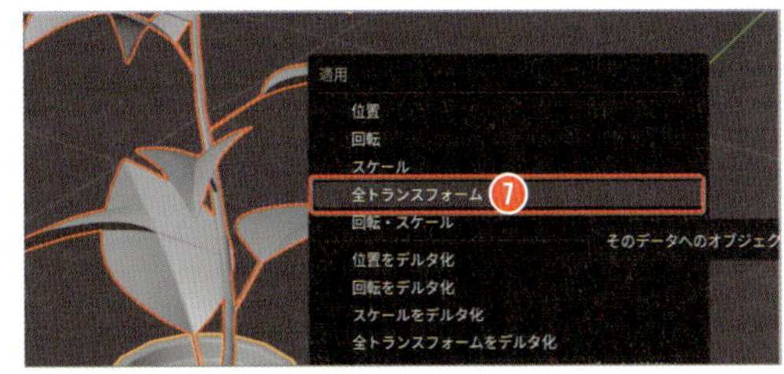

7 [**アウトライナー**]で、❽植物を「Plant」、❾植木鉢を「Flowerpot」にそれぞれオブジェクト名を変更します。❿ベジェ曲線(Bezier Curve)と⓫エンプティ(Empty)は不要になるので削除しておきます。

ベジェ曲線とエンプティは、いったん表示させてビューポートで選択し、Xキーで削除してもよいですが、[**アウトライナー**]で、それぞれの名前([BezierCurve]と[Empty])上で右クリックし、メニューの[**削除**]を選んで非表示のまま削除するほうがかんたんです。

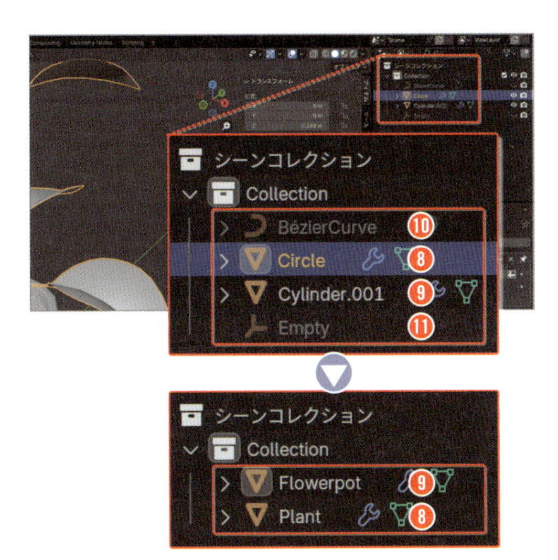

仮のマテリアルを作成する

仮マテリアルを作成していきます。

1 画面右上の[**3Dビューポートのシェーディング**]を、❶[**マテリアルプレビュー**]に変更します。

2 Plant（植物）のオブジェクトを選択し、[**プロパティ**]パネルの❷[**マテリアルプロパティ**]タブで、❸をクリックして表示されるメニューの❹[**Material**]を選びます。

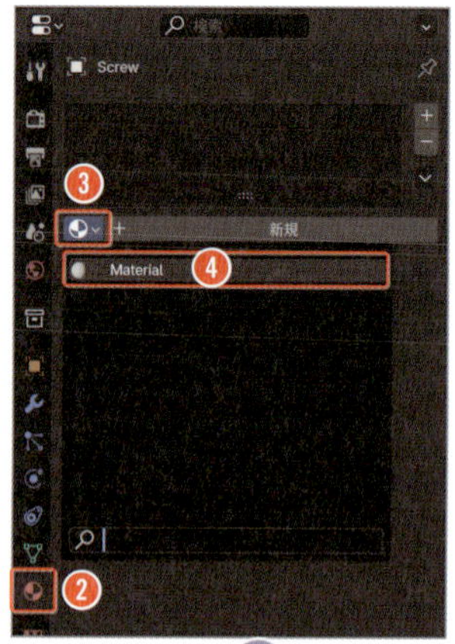

3 ❺[**ベースカラー**]を黄緑色に変更します。

4 マテリアルの❻[**名前**]に、「Plant」と入力します。

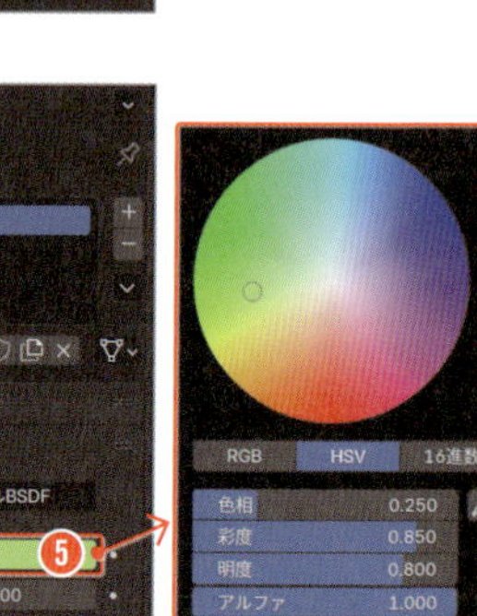

植木鉢の色と土の色を変えるため、2つのマテリアルを作成します。

5 Flowerpot（植木鉢）のオブジェクトを選択し、[**マテリアルプロパティ**]タブで❼[**新規**]をクリックします。続けて❽[**+**]をクリックしてマテリアルスロットを追加し、❾[**新規**]をクリックします。

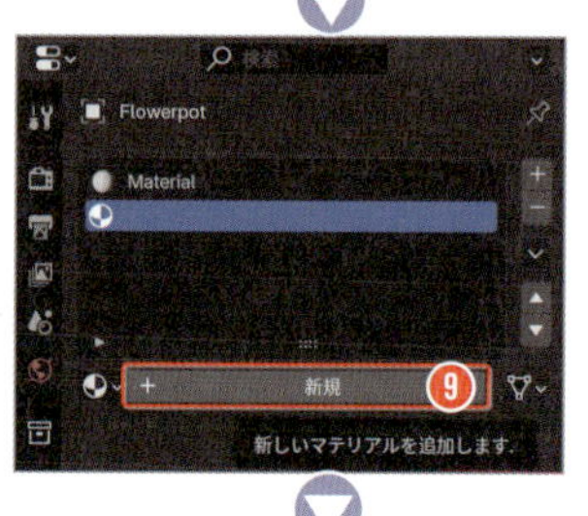

CHAPTER-3

6 それぞれ❿マテリアル名を「Flowerpot」、「Soil」と変更します。

7 ⓫[Flowerpot]を選択し、⓬[ベースカラー]を明るい茶色に変更します。

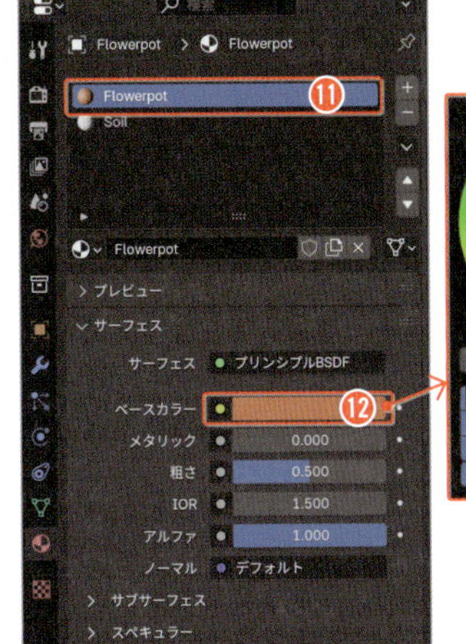

8 Flowerpotのオブジェクトを選択して**[編集モード]**に切り替えます。**[面選択]**(数字キー3)で、⓭土の部分の面を選択し、**[マテリアルプロパティ]**タブで⓮**[Soil]**を選択して⓯**[割り当て]**をクリックします。

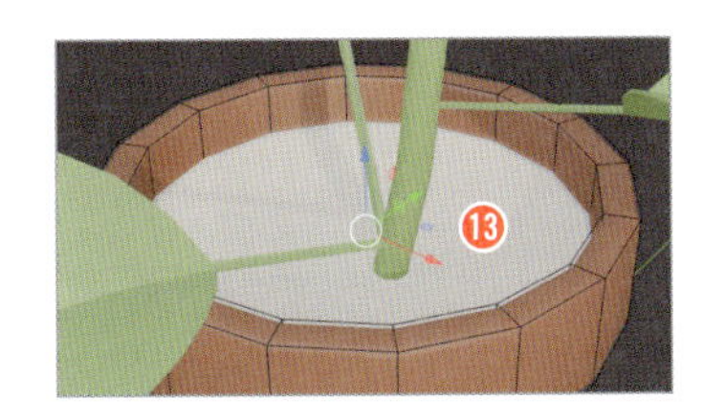

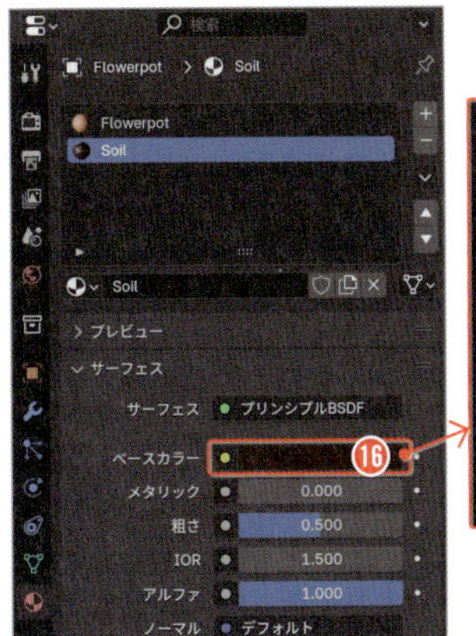

9 [Soil]の⓰**[ベースカラー]**を暗い茶色に変更します。**[オブジェクトモード]**に戻しておきます。

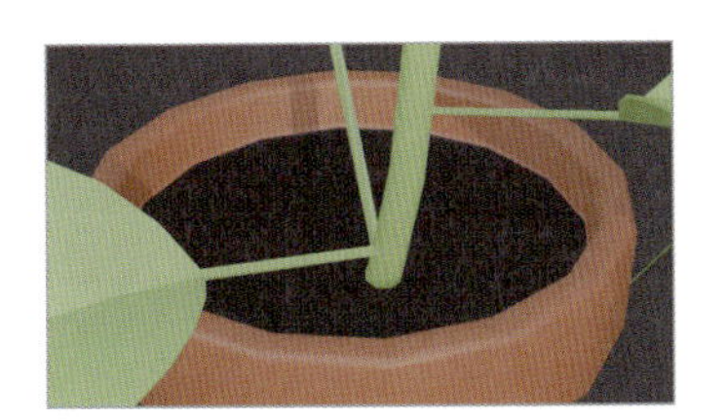

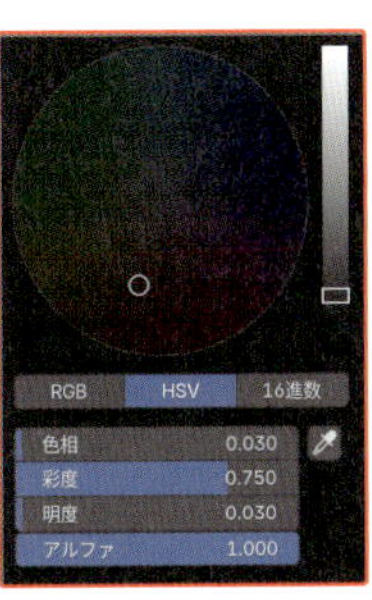

アセットにマークする

コレクションごとアセットブラウザに登録しますので、[アウトライナー]の[コレクション]を変更します。

1 [アウトライナー]で[コレクション]名を❶「Flowerpot」に変更します。

2 [アウトライナー]で❶[コレクション]の[Flowerpot]を右クリックして、[アセットとしてマーク]を選びます。

❷[アウトライナー]のコレクション名の前に本のマークがつき、アセットとしてマークされました。これで植物のモデリングの完成です。

3 ctrl + S([編集]メニュー➡[保存])で、本棚と同じフォルダ内に、英数字を使ったわかりやすい名前で保存します。

原点とは

原点には、「ワールド原点」と「オブジェクトの原点」があります(P.057参照)。
ワールド原点はすべての基準となる点で、ビューポートに赤のX軸、緑のY軸、青のZ軸が表示されていますが、この3軸の交点です。
オブジェクトの原点は、そのオブジェクトの基準となる点です。[オブジェクトモード]でオブジェクトを選択すると、オブジェクトの外形線とオブジェクトの原点がオレンジ色で表示されます。[編集モード]では常にオレンジ色で表示されます。
[オブジェクトモード]で1つのオブジェクトだけが選択されている場合、オブジェクトの原点は、スケールや回転の基準点で、後で解説する[アセットブラウザー]で配置する際の基準点にもなります。
[オブジェクトモード]でのオブジェクトの移動では、原点も移動するためオブジェクトとオブジェクト原点との位置関係は変わりません。これに対し[編集モード]で頂点、辺、面の移動をしても、オブジェクト原点は移動しません。
このオブジェクトの原点の特徴を覚えておき、「オブジェクトの原点の位置がオブジェクト内のどこにあるか」を意識しながらオブジェクトを作成していきましょう。

透視投影で表示した場合。Z軸はデフォルトでは表示されていません。

平行投影(フロントビュー)で表示した場合。

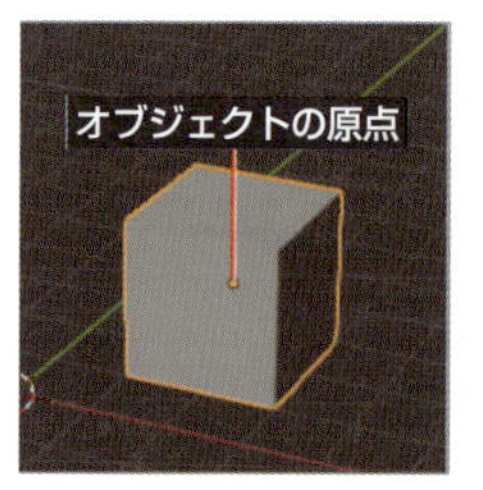

[オブジェクトモード]では、選択したオブジェクトに表示されます。

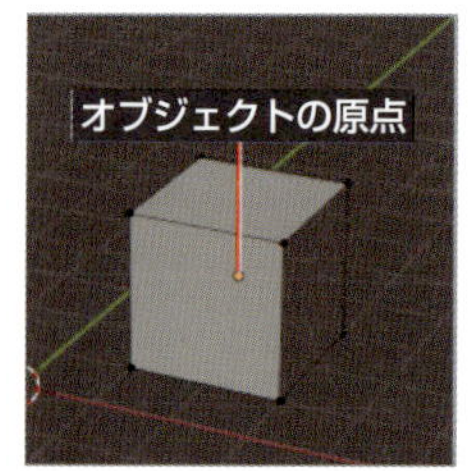

[編集モード]では、選択していなくても表示されます。

CHAPTER 4

部屋とインテリアをモデリング

4-1 部屋と窓をモデリング〔ブーリアンモディファイアー〕

[ブーリアン]モディファイアーを使って、窓のある部屋を作ってみましょう。また、メッシュには面の向きがあることを確認します。

作成する部屋と窓を確認する

ここでは今まで作成した家具や植物などを配置できる部屋を作ります。
部屋は立方体を元に作成します。このときメッシュの面の向きを確認しながら作成します。
壁には、[**ブーリアン**]モディファイアーを使って開口部を作成します。

ここで学ぶ主な機能

- ブーリアンモディファイアー
- 面の向き

ここで作成する部屋と窓。

CHAPTER-4

部屋の外形を作成する

新規ファイルに配置されている立方体を使用して作成します。カメラとライトもそのまま残しておきます。

1 立方体を選択し、[**編集モード**]に切り替えます。[**面選択**](数字キー3)にし、手前の3面(❶上面、❷正面、❸側面)を選択します。

2 Xキーを押し、❹[**面**]を選んで削除します。

3 Aキーですべて選択し、❺底面中央がワールド原点の位置になるように[**移動**](G➡Z)で全体を持ち上げます。ctrlキーを押しながらスナップさせて移動します。

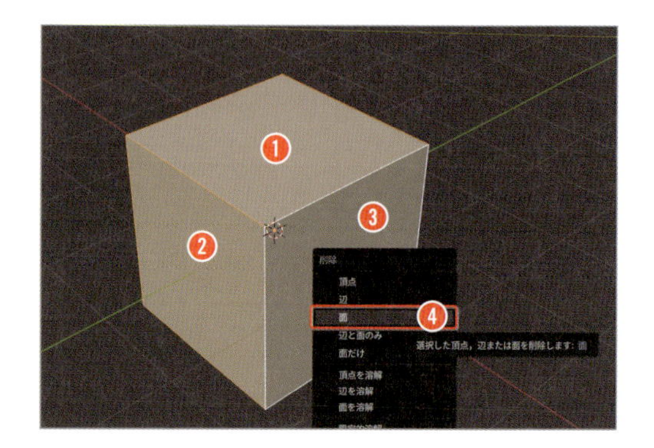

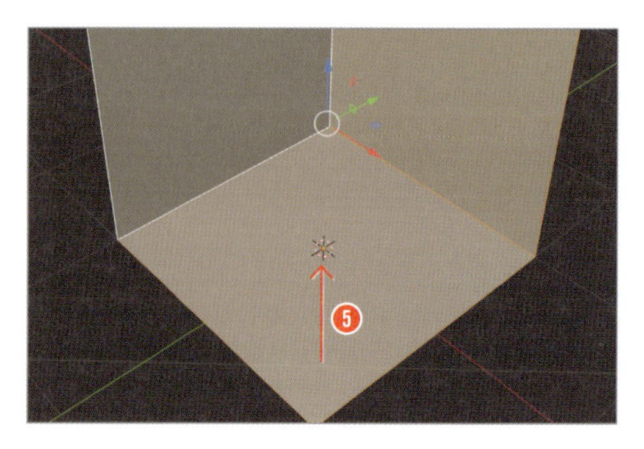

[スケール]で部屋のサイズを変更しますが、このままスケールをかけるとモデル中心を基準にスケールがかかってしまいます。ワールド原点を基準にスケールをかけるようにします。

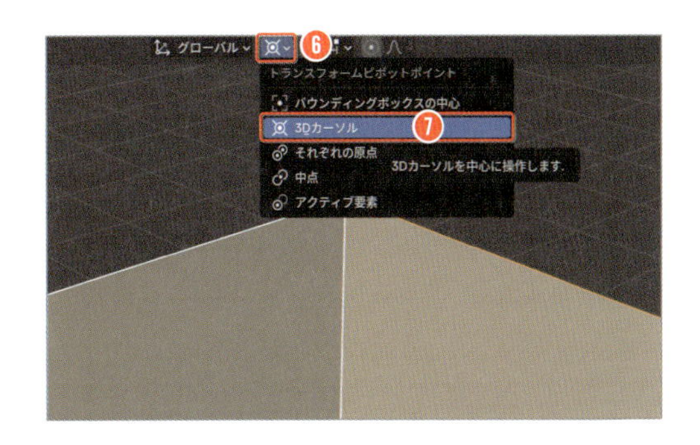

4 ❻**[トランスフォームピボットポイント]**をクリックし、❼**[3Dカーソル]**を選びます。

[3Dカーソル]は、デフォルトではワールド原点に表示されている、黒の十字と赤白の円です。**[3Dカーソル]**は移動することができますが、移動してしまっている場合は shift + S を押し、**[カーソル➡ワールド原点]**で戻してください。

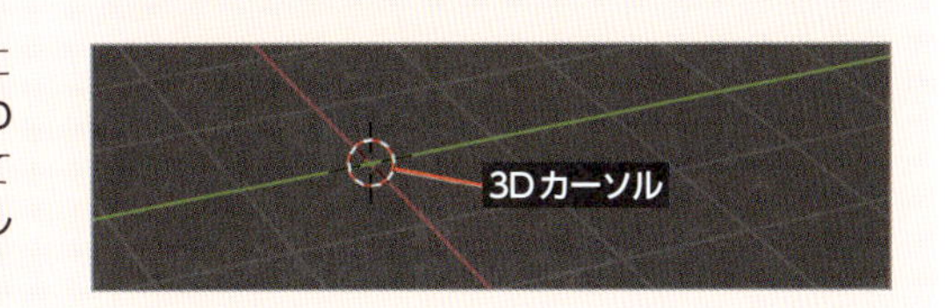

これで**[3Dカーソル]**を基準点としてスケールがかかるようになります。デフォルトで立方体の大きさは1辺2mです。これを**[スケール]**で1辺3mの部屋にします。

5 3つの面が選択された状態で、S➡「**1.5**」と入力します(**[スケール]➡[1.5倍に拡大]**)。**[3Dカーソル]**を基準点として❽部屋が拡大されます。

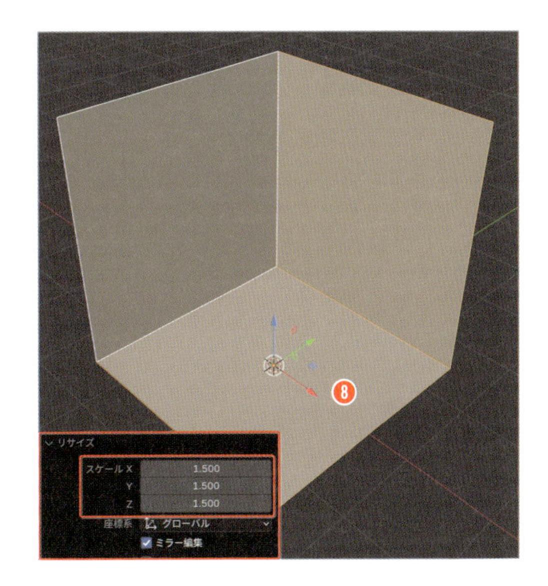

6 **[トランスフォームピボットポイント]**をクリックし、❾**[中点]**を選びます。

[トランスフォームピボットポイント]では、**[スケール]**や**[回転]**の基準点を指定します。デフォルトで**[中点]**になっています。変更した場合は、操作が終わったら元に戻しておきましょう。

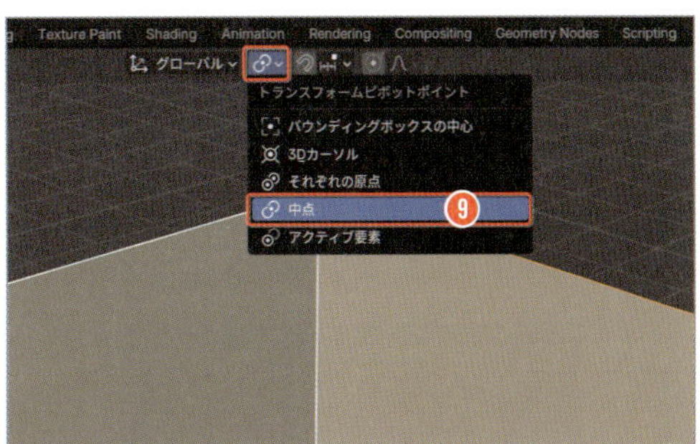

面の向きを確認して修正する

メッシュの面には表と裏があります。今見えているのはデフォルトの立方体の内側の面で、裏返った状態です。これを確認します。

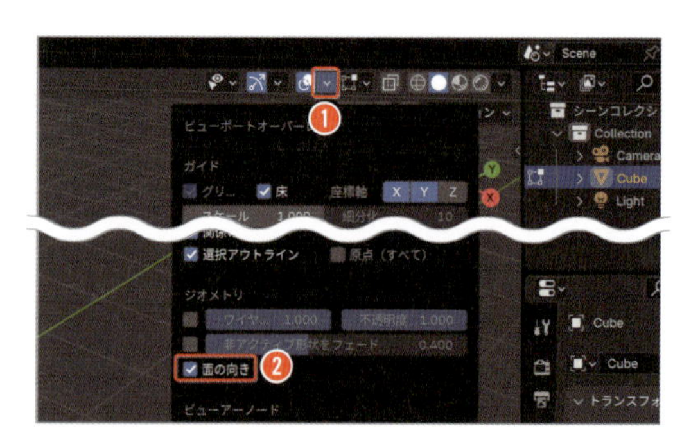

1 ❶[**ビューポートオーバーレイ**]をクリックし、❷[**面の向き**]にチェックを入れます。

[**面の向き**]は確認によく使うため、チェックボックスを右クリックして[**お気に入りツールに追加**]を選んで、お気に入りに追加しておくとよいでしょう。お気に入りツールは、Qキーを押すと呼び出すことができます。

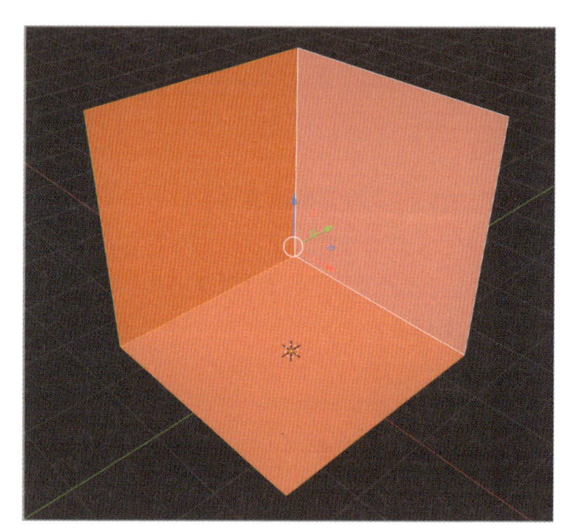

青または赤で面が表示されます。青色表示が表面、赤色表示が裏面です。覚えておきましょう。

Blender4.4以降は表面の青色表示が廃止になり、裏面のみ赤色表示となりました。表面は通常のグレーで表示されます。

2 Aキーですべて選択し、alt＋Nを押して❸[**反転**]を選びます。

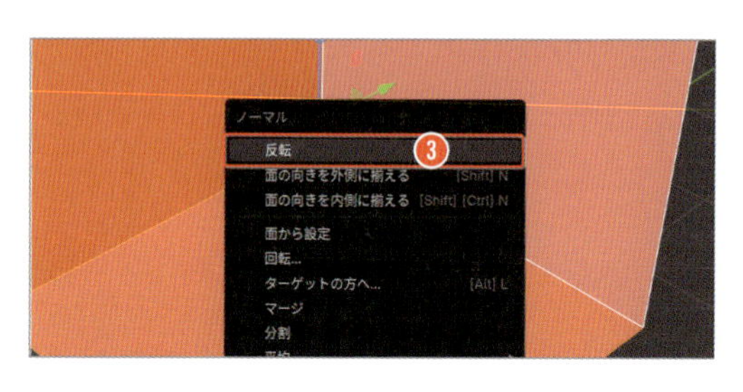

ショートカットが覚えにくい場合は、[**メッシュ**]メニュー➡[**ノーマル**]➡[**反転**]を選びます。

面が表向きになると青色の表示になります。

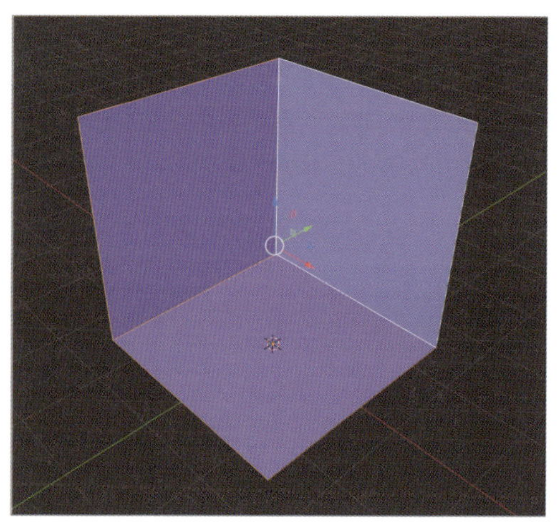

Blender4.4以降は表面はグレーの表示になります。

3 確認できたら❹[ビューポートオーバーレイ]をクリックし、❺[面の向き]のチェックを外します。

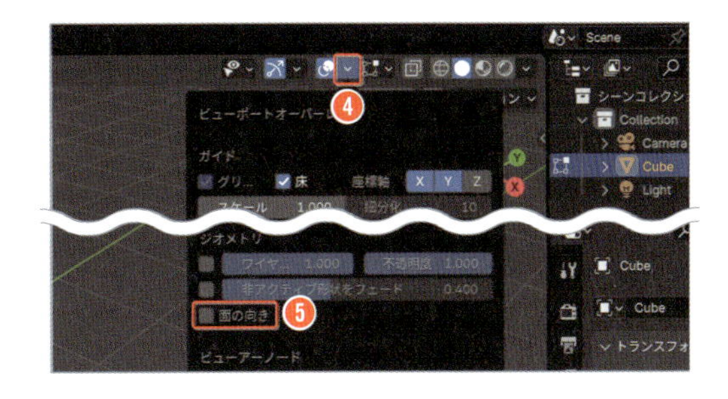

床と壁に厚みをつける

1 [編集モード]で、[プロパティ]パネルの❶[モディファイアープロパティ]タブの❷[モディファイアーを追加]から[生成]➡[ソリッド化]を選びます。❸[幅]を「0.3」mにし、❹[均一]にチェックを入れます。

[均一]にチェックを入れると、角の部分の厚みが均等になります。

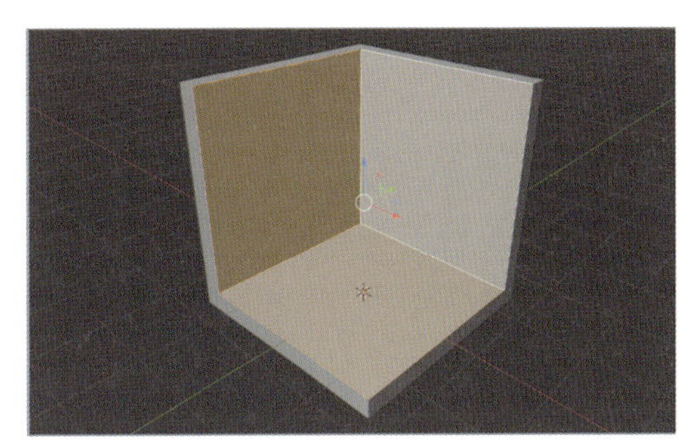

窓を作成する（壁をくり抜く型を作成）

次に窓を作ります。窓は壁を[ブーリアン]モディファイアーを使ってくり抜いて作成します。まずは、くり抜く型を作成します。

1 [オブジェクトモード]に切り替え、shift＋Ⓐを押して、[メッシュ]➡[円柱]を選んで追加します。

2 画面左下にある[オペレーター]パネルで、❶[頂点]を「24」にします。

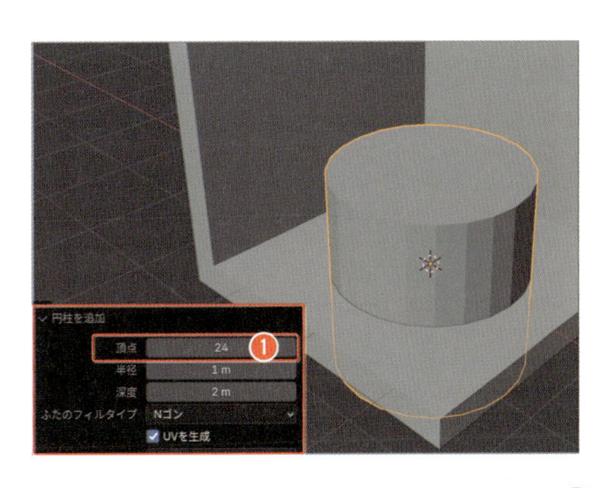

3 円柱を選択して[**編集モード**]に切り替えます。Aキーですべて選択し、R➡X➡「**90**」と入力して❷横向きにします。

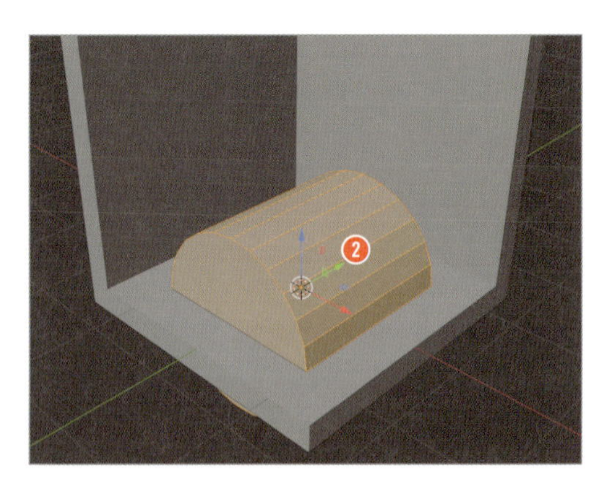

4 すべて選択した状態のまま、[**移動**](G➡Z)で❷円柱をZ軸方向に移動します。ここではG➡Z➡「**1.6**」と入力して移動しています。位置は大体でもかまいません。

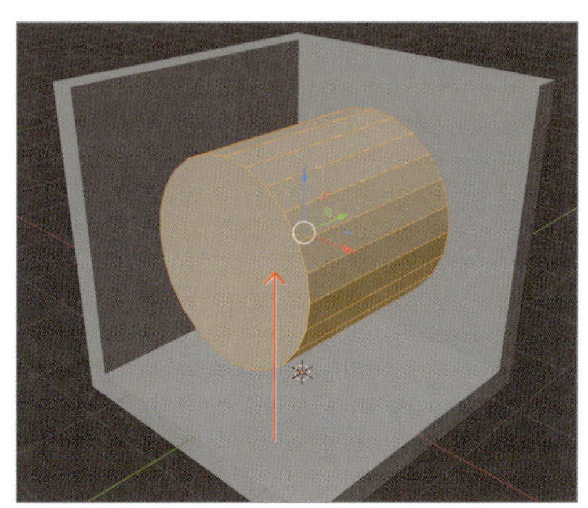

CHAPTER-4

窓を作成する(壁をくり抜く型を編集)

壁をくり抜く型の元になる円柱ができたので、これを編集します。

1 フロントビュー(テンキー1)にし、❶[**透過表示**]をONにします。
[**頂点選択**](数字キー1)にして、❷円柱の下半分の頂点(中央は含まない)を、ドラッグで囲んでボックス選択します。

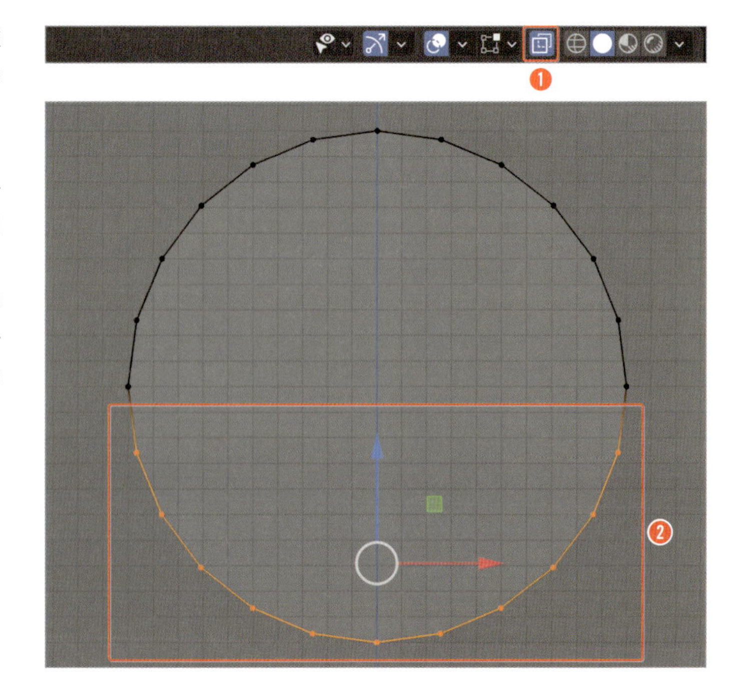

2 Xキーを押し、❸[頂点]を選んで削除します。

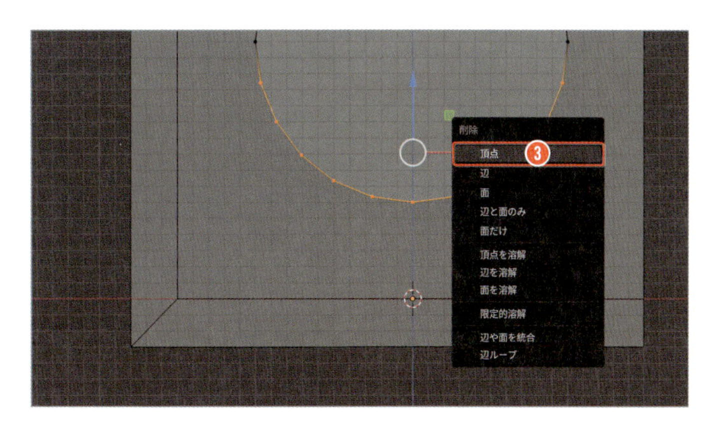

3 図のように半円になったら、❹残った一番下の頂点をドラッグで囲んでボックス選択します。

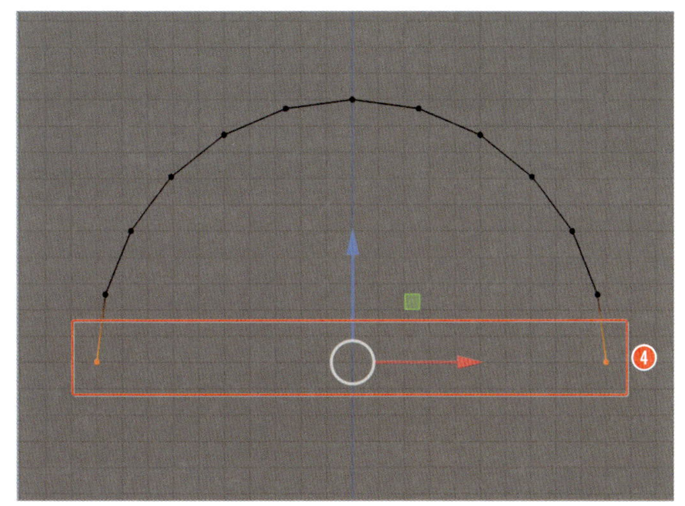

4 Eキー([押し出し])を押して、❺ワールド原点から1mの位置まで押し出します。

Z軸の方向にスナップしない場合は、続けてZキーを押してください。

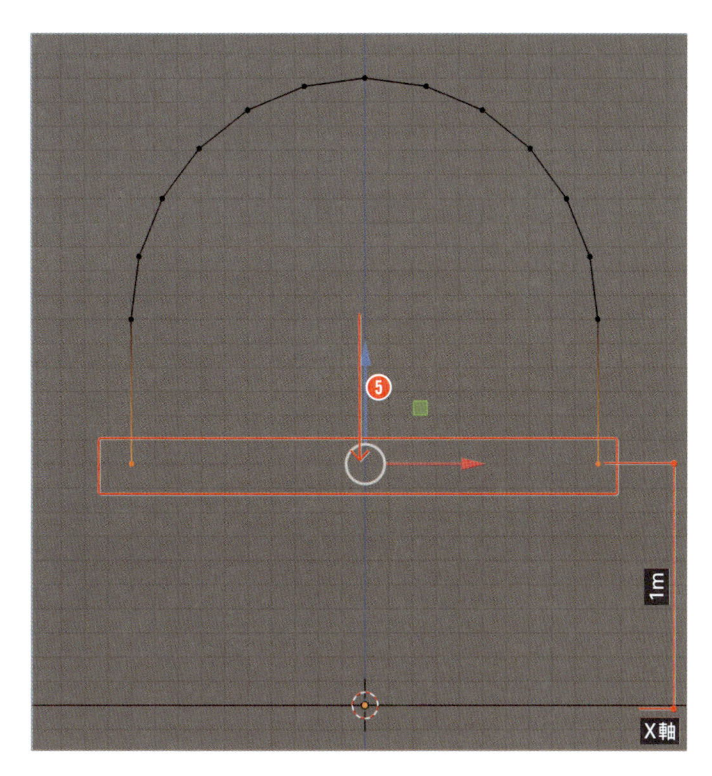

4

部屋とインテリアをモデリング

5 ❻[**透過表示**]をOFFにし視点を図のように変更します。
[**辺選択**](数字キー2)にして、❼押し出した2辺を選択します。
右クリックして❽[**辺ループのブリッジ**]を選びます。

[辺ループのブリッジ]は[辺]メニューにあります。
[**辺ループのブリッジ**]を実行すると、2つの辺を繋ぐ面が作成されます。[**辺ループのブリッジ**]の代わりに、Fキーを押しても面を貼ることができます。

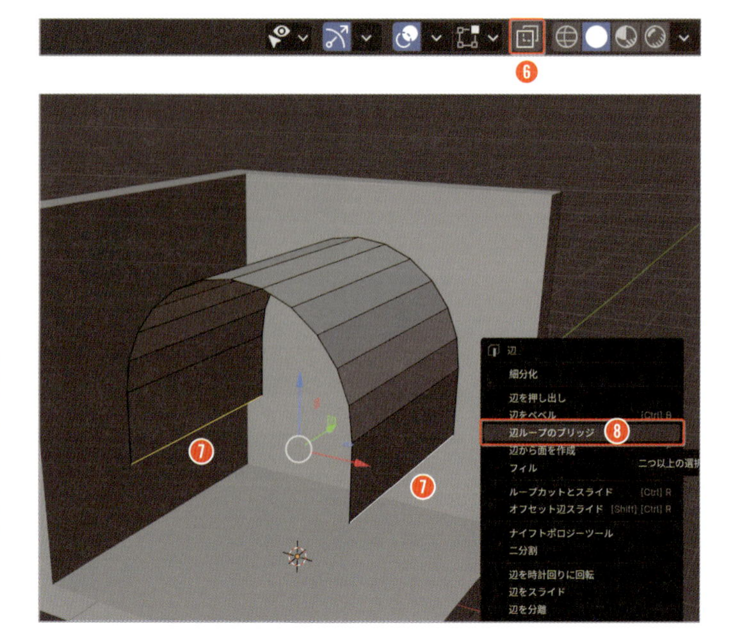

6 ❾手前の辺をalt+クリックでループ選択し、❿奥の辺をshift+alt+クリックで追加のループ選択をします。

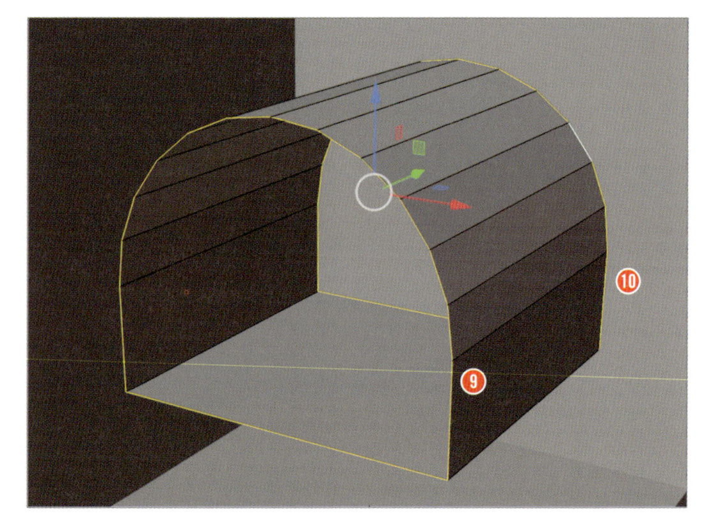

7 Fキーを押して、⓫面を貼ります。

Fは、[**面**]メニュー→[**フィル**]のショートカットです。〔フィル(塗りつぶし)=FillのF〕と覚えます。

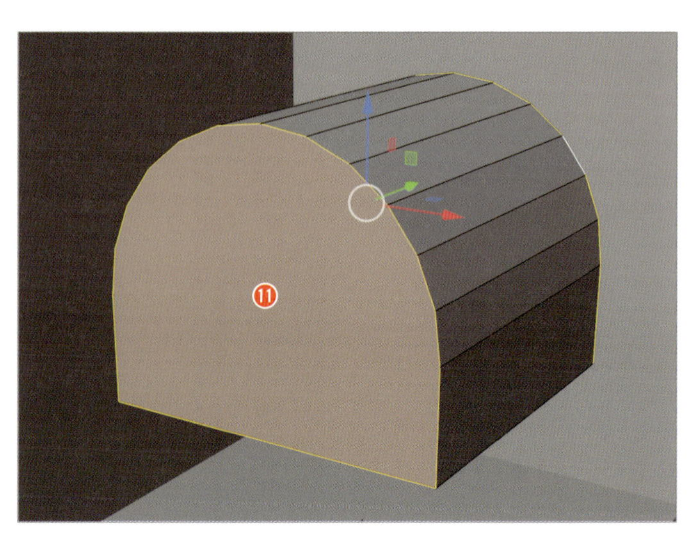

8 Ⓐキーですべて選択し、奥の壁に貫通するように、[**移動**]（Ⓖ➡Ⓨ）で、⑫Y軸方向に移動します。貫通していれば大体の位置でかまいません。

壁をくり抜いて開口部を作成する

壁をくり抜く型ができたので、[**生成**]➡[**ブーリアン**]モディファイアーを使ってくり抜きます。

1 [**オブジェクトモード**]に切り替え、壁と床のオブジェクトを選択します。[**プロパティ**]パネルの❶[**モディファイアープロパティ**]タブで、❷[**モディファイアーを追加**]から❸[**ブーリアン**]を選びます。

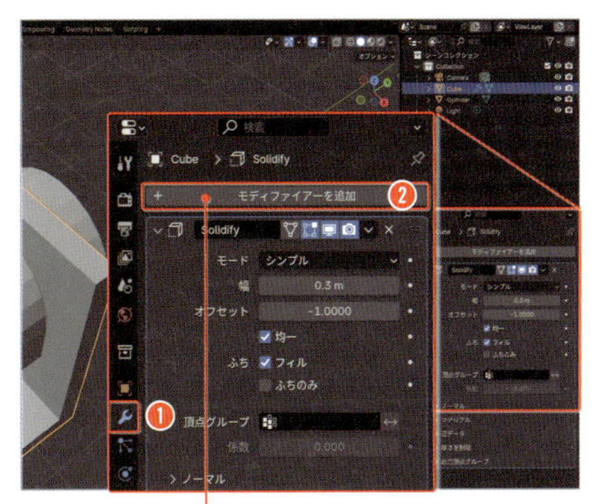

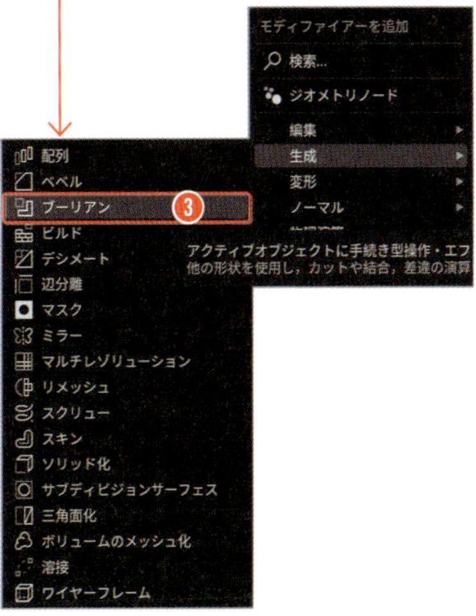

2 ［**ブーリアン**］モディファイアーの［**オブジェクト**］右端にある❹スポイトマークをクリックし、❺マウスポインタを円柱オブジェクトに重ねてクリックします。

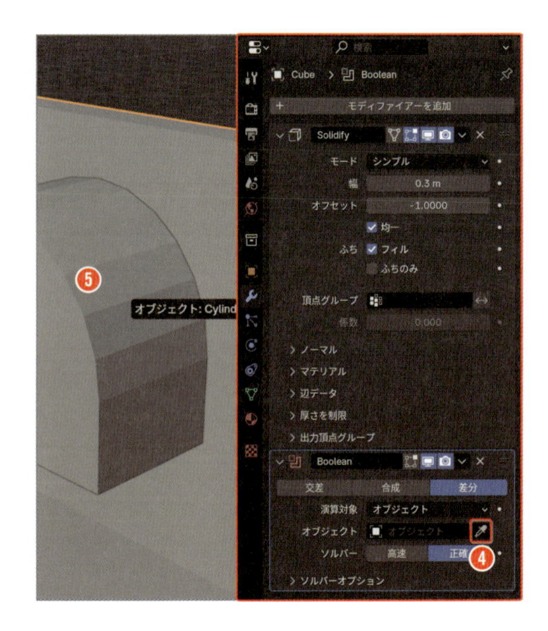

3 ［**ブーリアン**］モディファイアーの設定はデフォルトのまま、❻［**差分**］と［**ソルバー**］の❼［**正確**］がハイライトされていることを確認します。

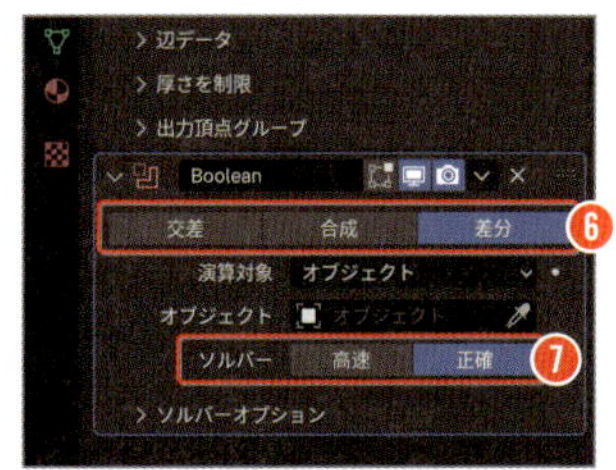

CHAPTER-4

円柱のオブジェクトを非表示にして確認をします。非表示にするには円柱オブジェクトを選択して H キーを押すか、［**アウトライナー**］から円柱オブジェクトの目玉アイコンをクリックします。

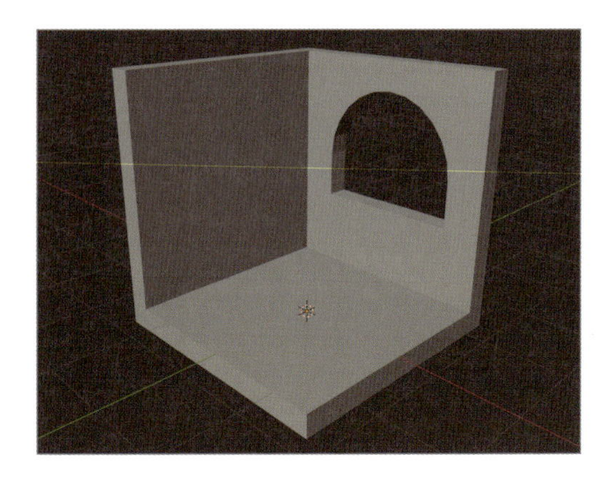

H は、選択されているオブジェクトを非表示にする［**オブジェクト**］メニュー➡［**表示/隠す**］➡［**選択物を隠す**］のショートカットです。〔隠す＝Hideの**H**〕と覚えます。

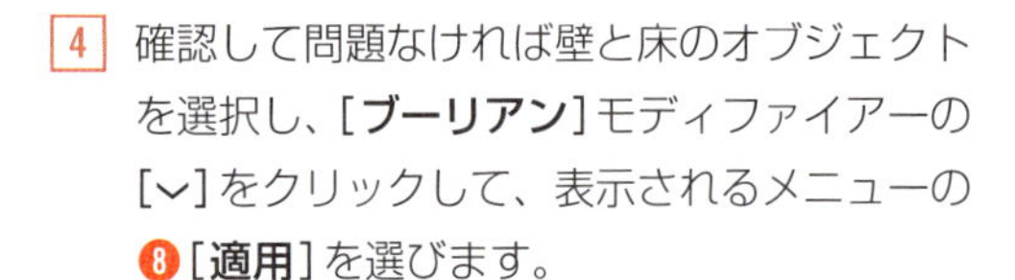

4 確認して問題なければ壁と床のオブジェクトを選択し、［**ブーリアン**］モディファイアーの［∨］をクリックして、表示されるメニューの❽［**適用**］を選びます。

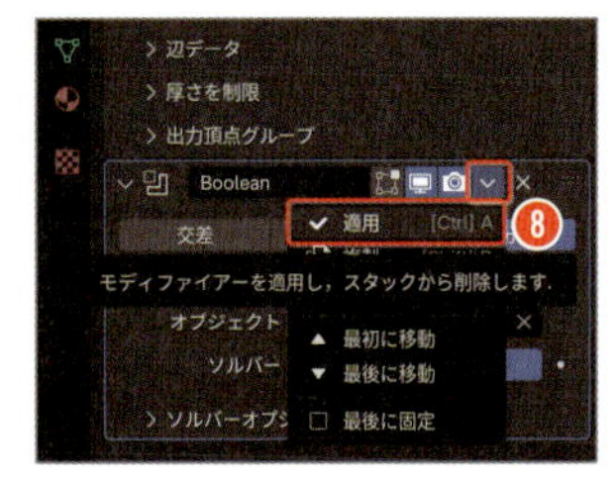

モディファイアーは上から順番に適用しないと「**適用したモディファイアーは一番上でなかったため、望んだ結果ではないかもしれません**」という警告がでますが、今回は問題ありません。ただし、上から適用するのが基本であることを覚えておきましょう。

くり抜いた箇所の面が多面体になっているため、三角面化します。

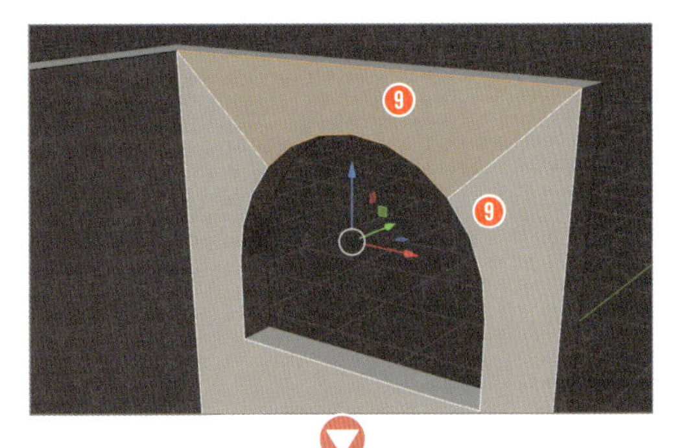

5 ［**編集モード**］切り替え、［**面選択**］（数字キー3）にします。❾窓側の面を2面選択します。

6 ctrl ＋ T を押して三角面化します。❿三角面化されていることを確認したら［**オブジェクトモード**］に戻ります。

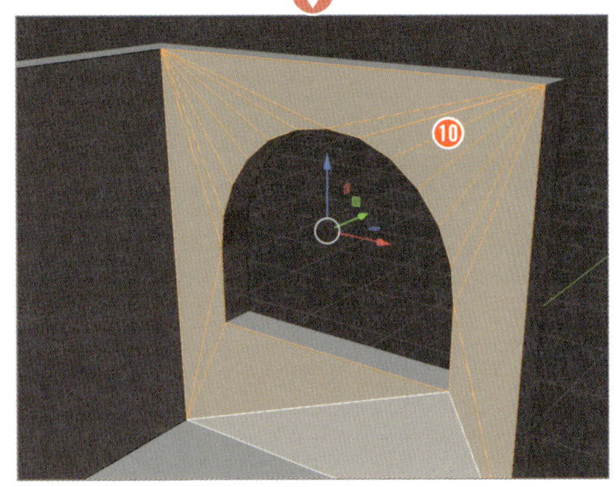

ctrl ＋ T は、［**面**］メニュー➡［**面を三角化**］のショートカットです。Tは〔三角形＝Triangle の**T**〕です。

窓の棚板を作成する

壁をくり抜いたので、窓周りを編集します。窓は出窓風に外に出ているようにし、小物などを置けるように棚板を作成します。

1 ［**オブジェクトモード**］で壁と床のオブジェクトを選択します。［**プロパティ**］パネルの❶［**モディファイアープロパティ**］タブで、❷［**ソリッド化**］モディファイアーの［⌄］をクリックして、表示されるメニューの❷［**適用**］を選びます。

2 壁と床のオブジェクトを選択した状態で［**編集モード**］に切り替え、［**辺選択**］（数字キー2）にします。壁の裏側が見える視点にし、❸裏側の壁の開口部の辺をぐるっと選択します。alt ＋クリックのループ選択をしますが、三角面に面する辺は一度で上手く1周選択できないため、shift ＋ alt ＋クリックで選択を繰り返して1周選択します。

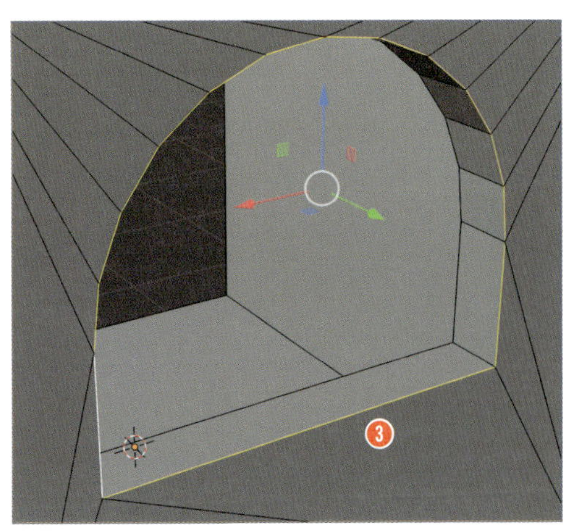

3 ［**移動**］（G ➡ Y）で、❹窓の外になる側に辺を移動します。ここでは0.5m移動させていますが、概ねでかまいません。

裏側から見ると、引っ張ったような見た目になりますが、今回はレンダリングに映らない箇所のため、このような作りにしています。

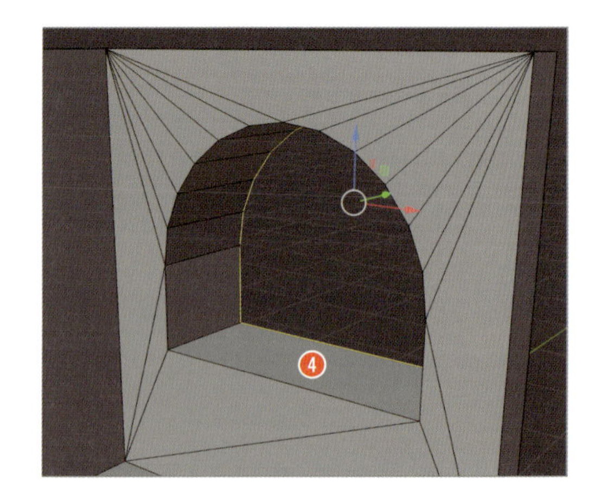

窓となる面を用意しておきます。

4 移動した辺が選択されていることを確認し、Fキーで❺面を貼ります。

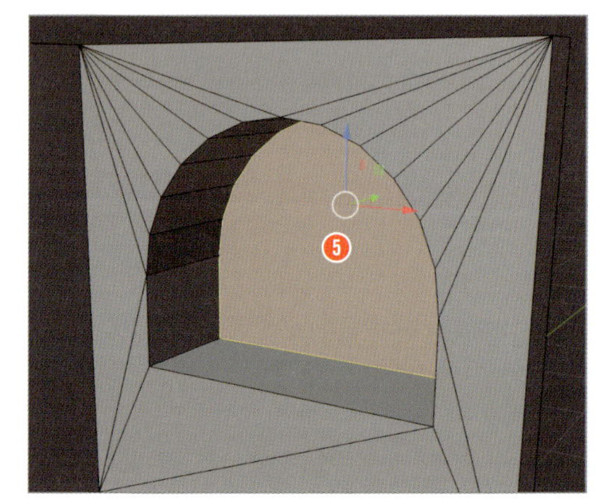

面をオブジェクト分離します。

5 作成した面が選択されていることを確認し、Pキーを押して❻［**選択**］を選びます。

Pは、［**メッシュ**］メニュー➡［**分離**］のショートカットです。選択した面が別のオブジェクトとして分離されます。

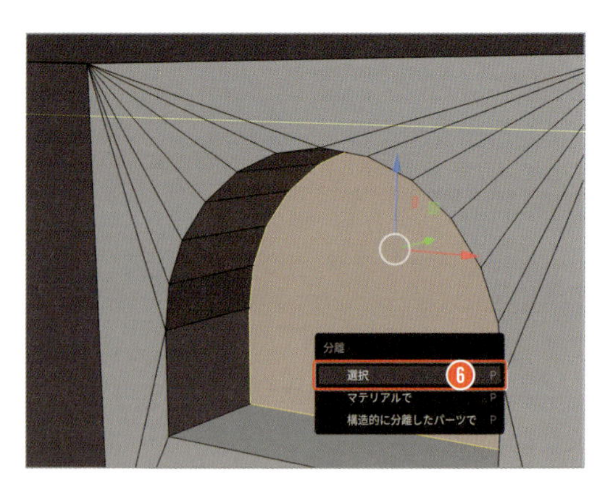

棚板となる面を用意しておきます。

6 ［**面選択**］（数字キー3）にし、❼窓の手前の面を選択します。shift＋Dを押して面を複製します。複製した面の移動は右クリックでキャンセルします。

同じ位置に面が複製されるので、面が重なっていることに注意しましょう。

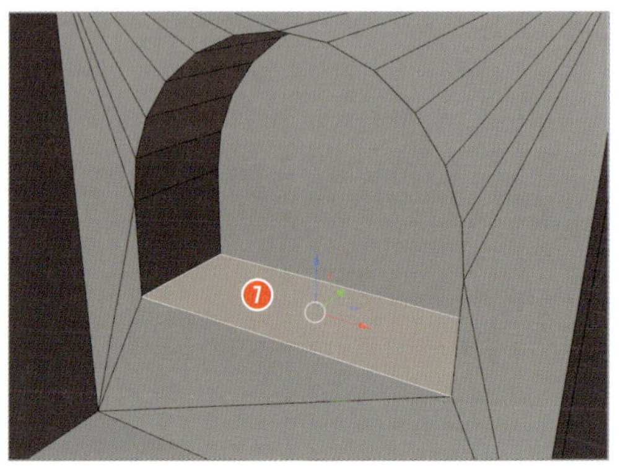

CHAPTER-4

棚板となる面をオブジェクト分離します。

7 作成した面が選択されていることを確認し、Pキーを押して❽［**選択**］を選びます。

8 いったん［**オブジェクトモード**］に切り替えます。図の分離した面を選択し、［**編集モード**］に戻ります。面を選択してからE（［**押し出し**］）で、❾上方向に押し出して厚みをつけます。大体でかまいません、

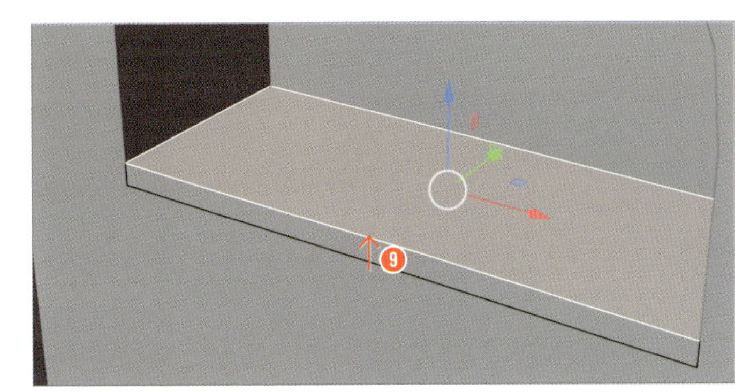

9 手前の面を選択し、［**移動**］（G➡Y）で❿手前側に少し移動します。

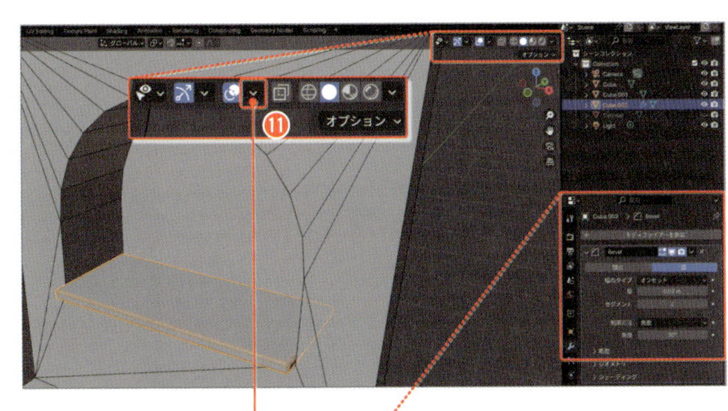

10 ［**オブジェクトモード**］に切り替えます。見やすいように、⓫［**ビューポートオーバーレイ**］から⓬［**ワイヤー**］（ワイヤーフレーム）をONにします。

11 ［**プロパティ**］パネルの⓭［**モディファイアープロパティ**］タブで、⓮［**モディファイアーを追加**］から［**生成**］➡［**ベベル**］を選びます。⓯［**量**］を「**0.02**」m、⓰［**セグメント**］を「**3**」にします。

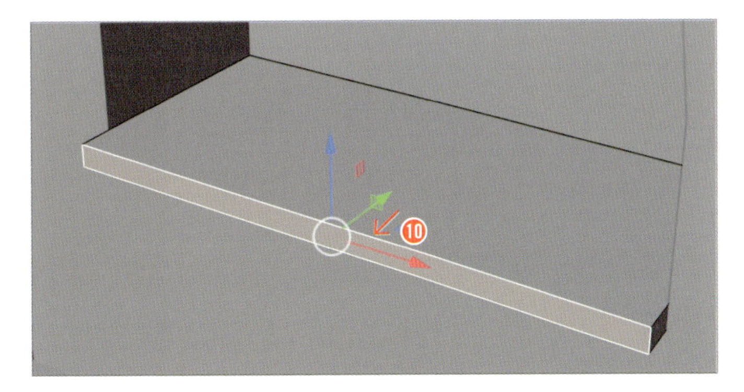

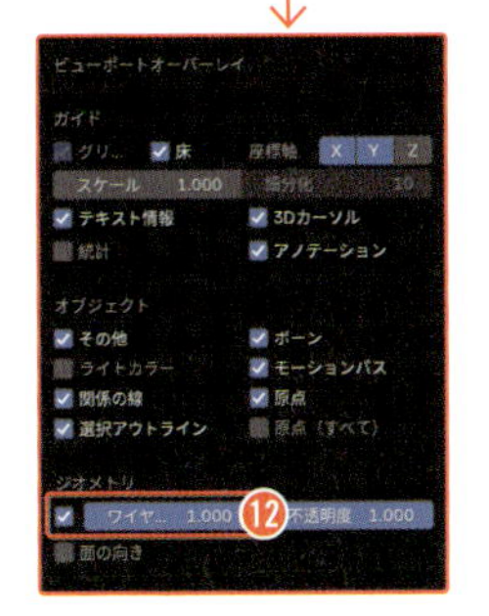

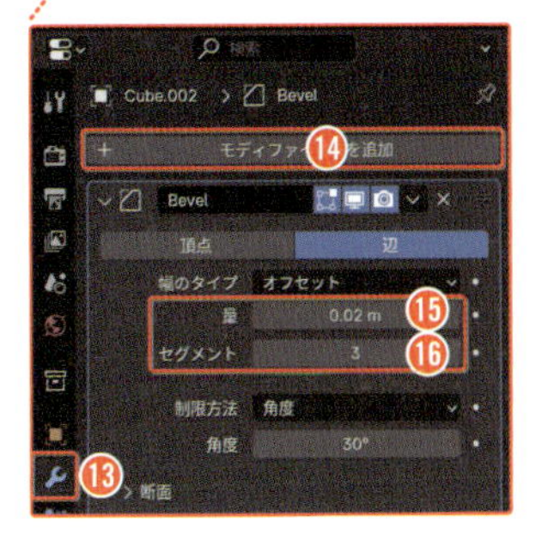

窓枠を作成する

窓枠を作成します。

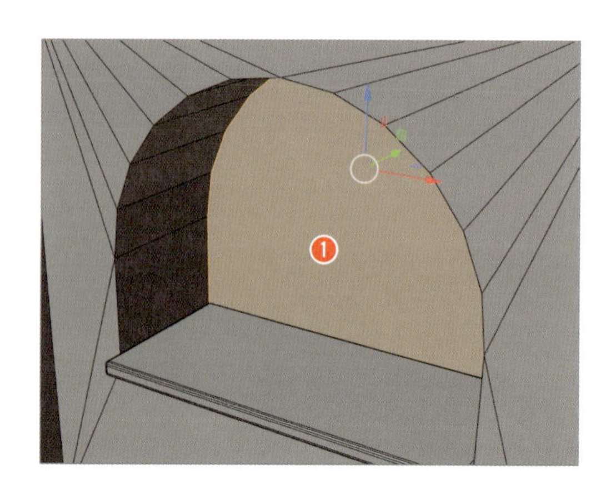

1 ［**オブジェクトモード**］で❶窓ガラスのオブジェクトを選択し、［**編集モード**］に切り替えます。さらにテンキーの/（スラッシュ）キーを押してローカルビューに切り替えます。

テンキー/は、［**ビュー**］メニュー→［**ローカルビュー**］→［**ローカルビュー切替え**］のショートカットです。現在編集中のオブジェクトだけ表示されるようになります。

窓ガラスとなる面を用意しておきます。

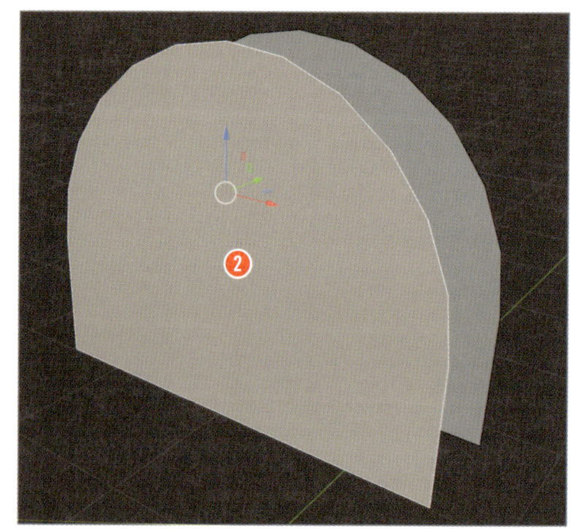

2 ［**面選択**］（数字キー3）にして窓の面を選択し、shift＋Dを押して複製します。❷複製した面はY方向手前に少しずらして確定します。shift＋D→Yと押すと複製後の移動方向が制限できます。

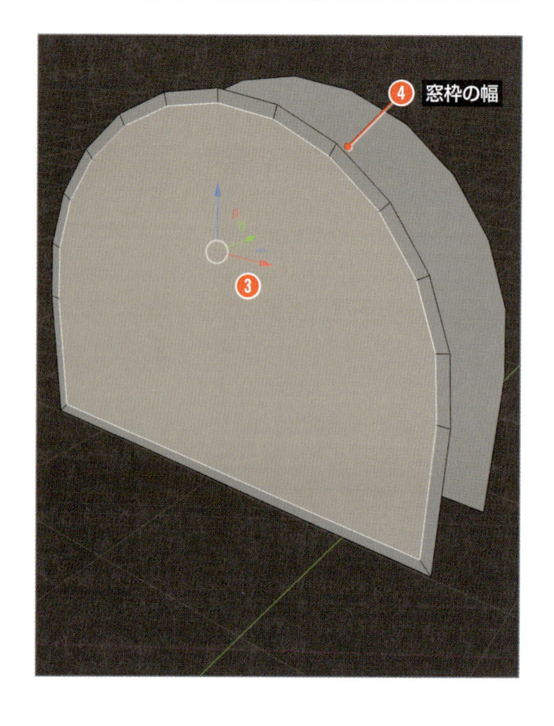

3 手前に複製した面を選択し、I（アイ）キーを押します。❸図のように少し内側に面を差し込みます。❹差し込んだ面と元の面の幅が窓枠の幅になります。

Iは、［**面を差し込む**］のショートカットです。〔差し込む＝InsetのI〕と覚えます。

差し込んだ面の外側が窓枠になります。内側は不要なでの削除します。

4 ❺差し込んだ面の内側を選択した状態で、Xキーで❻[面]を選んで削除します。

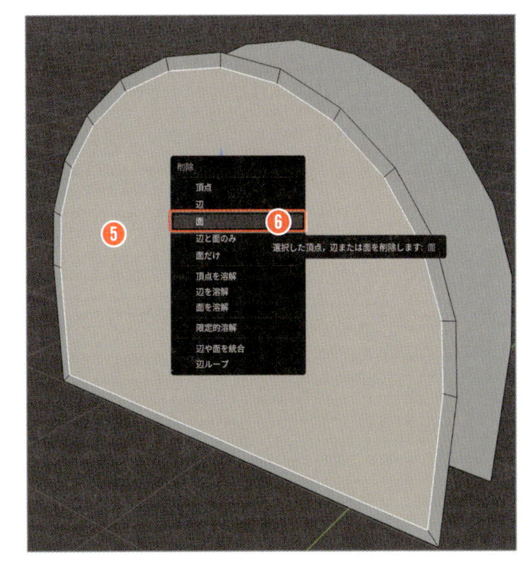

5 [**面選択**](数字キー3)で❼窓枠となる面にマウスポインタを重ね、Lキーを押してリンク選択します。

6 Pキーを押して❽[**選択**]を選んで別のオブジェクトとして分離しておきます。

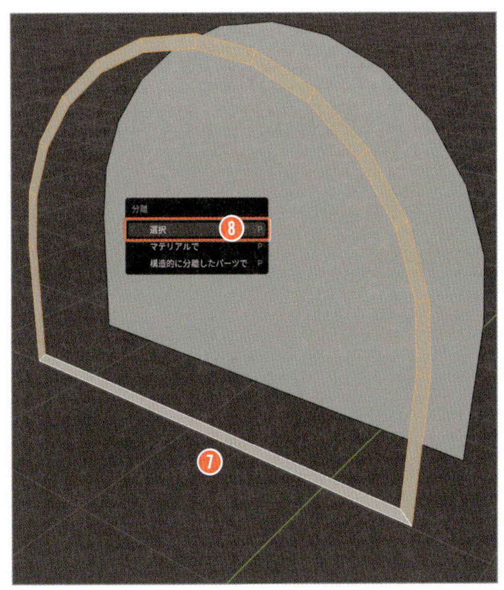

リンク選択

繋がっている面を選択する方法にリンク選択があります。リンク選択には2つの方法があります。

▶ ctrl + Lキーを押す
現在選択している面に繋がるすべての面を選択します。
▶ Lキーを押す
マウスポインタが位置する部分にある面に繋がるすべての面を追加選択します。

すでに何度かいずれかの方法でリンク選択を実行しているのでお気づきかもしれませんが、画面左下にある[**オペレーター**]パネルには、[**マテリアル**][**シーム**][**シャープ**]などの設定があります。[**シーム**]がデフォルトです。これらの設定を使うと、マテリアルごとの選択など、繋がっている面に加えてさらに選択ルールを設定できます。

7 いったん[**オブジェクトモード**]に切り替えます。分離した窓枠だけを選択し、[**編集モード**]に戻ります。
Aキーですべて選択し、E([**押し出し**])で、❾押し出して厚みをつけます。ここでは、E➡「**0.1**」と実行しましたが、大体でもかまいません。

窓枠に格子を追加する

窓の格子状の装飾を作ります。窓枠の下側の面が丁度よい長さなのでこの面を複製して進めていきます。

1 [**編集モード**]で、[**面選択**](数字キー3)にし、❶窓下枠の内側面を選択します。

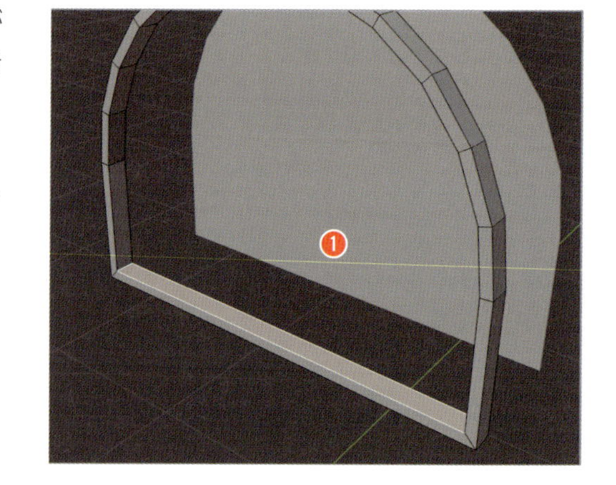

2 shift + D➡Zを押して複製➡Z軸方向に移動をします。❷複製した面に対して[**スケール**](S➡Y)で少しだけ縮小します。

スケールをかけるのは、窓枠と格子の横の桟で一部の面が重なることで、表示がおかしくなることを防ぐためです。

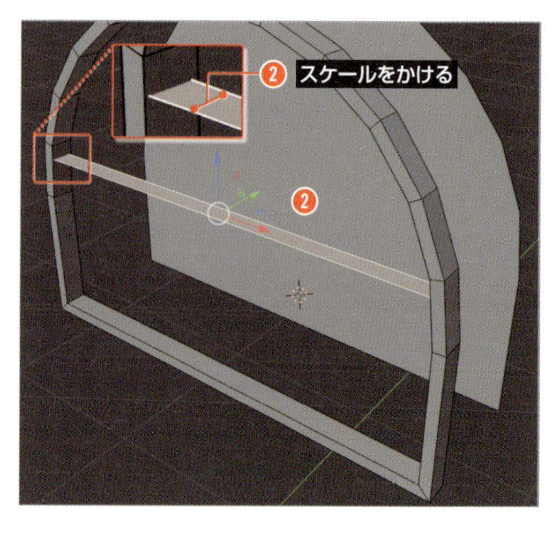

CHAPTER-4

3 さらにE（[押し出し]）で、❸押し出して棒状にします。ここでは、E→「0.05」と実行しましたが好みでかまいません、これが横の桟になります。

4 横の桟にマウスポインタを重ね、Lキーを押してリンク選択します。shift＋D →Zを押して複製し、❹Z軸下方向に移動します。

格子の縦の桟を作ります。

5 複製した桟が選択されたまま、shift＋D→R→Y→「90」°と入力して、❺複製してY軸方向を回転軸として90°回転します。

複製と回転は順を追って操作しても大丈夫です。

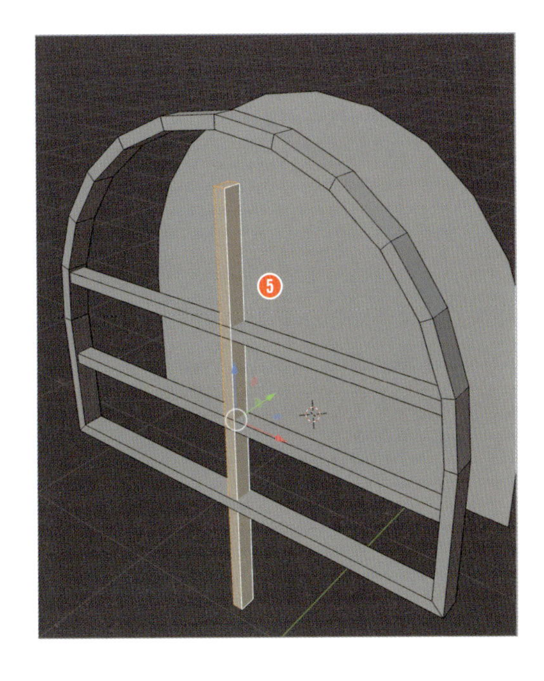

6 フロントビュー(テンキー1)にし、❻[透過表示]をONにします。
縦の桟の上の頂点をドラッグでボックス選択し、[移動](G➡Z)で、❼窓枠の位置まで移動します。

7 同様に縦の桟の下の頂点を❽窓枠の位置まで移動します。
縦の桟の修正が終わったら❻[透過表示]をOFFにします。

[面選択]で選択しにくい場合は[頂点選択](数字キー1)にして選択してください。

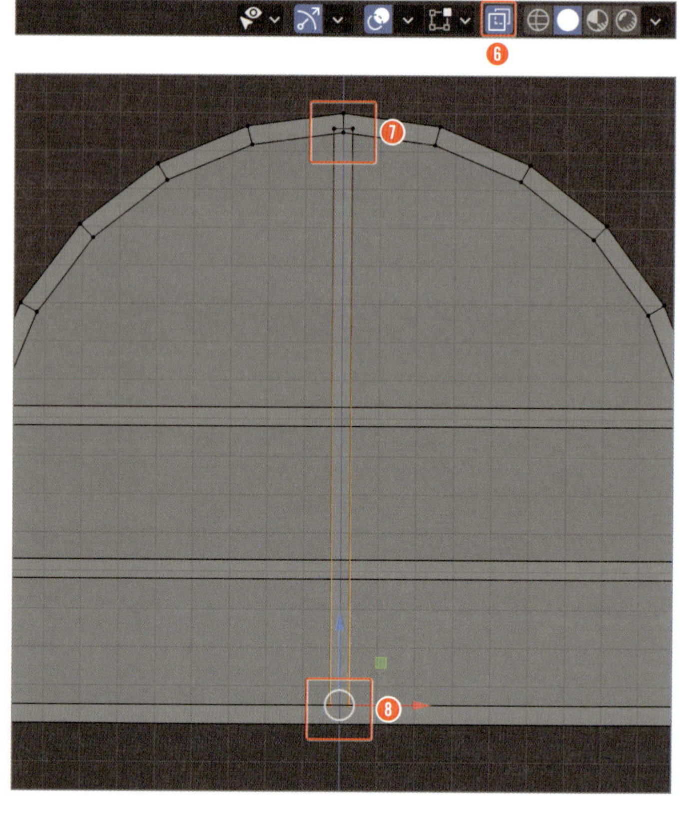

CHAPTER-4

格子の横と縦の桟で、交差部分の面が重なっているので修正します。

8 横の桟にマウスポインタを重ねLキーを押して選択します。同様にもう1本の横の桟も選択します。
[スケール](S➡Y)で、❾少しだけ縮小します。

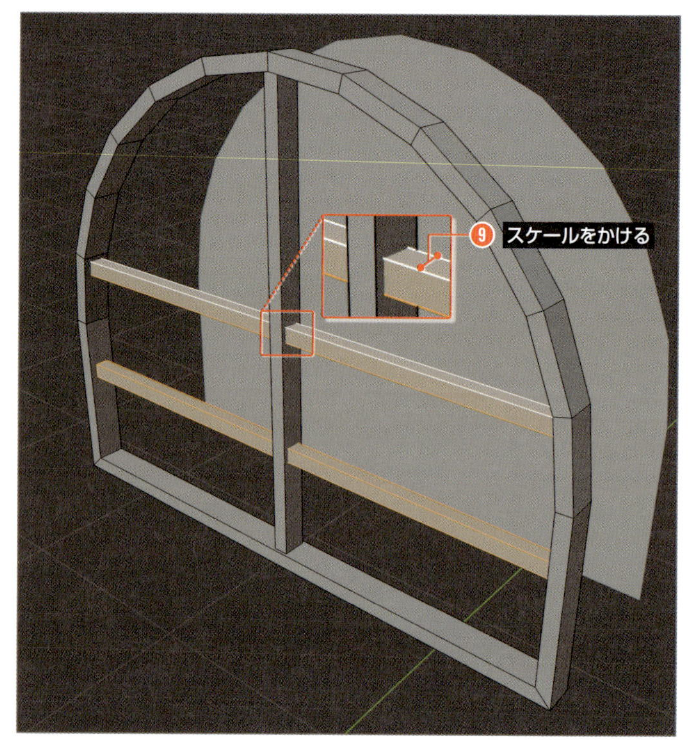

窓枠の角を丸くする

1 ［**オブジェクトモード**］に切り替え、❶［**プロパティ**］パネルの❷［**モディファイアープロパティ**］タブで、❸［**モディファイアーを追加**］から［**生成**］➡［**ベベル**］を選びます。❹［**量**］を「0.01」m、❺［**セグメント**］を「3」にします。

2 テンキーの/（スラッシュ）キーを押してローカルビューから通常のビュー（グローバルビュー）に戻し、❻他のオブジェクトの表示を元に戻します。

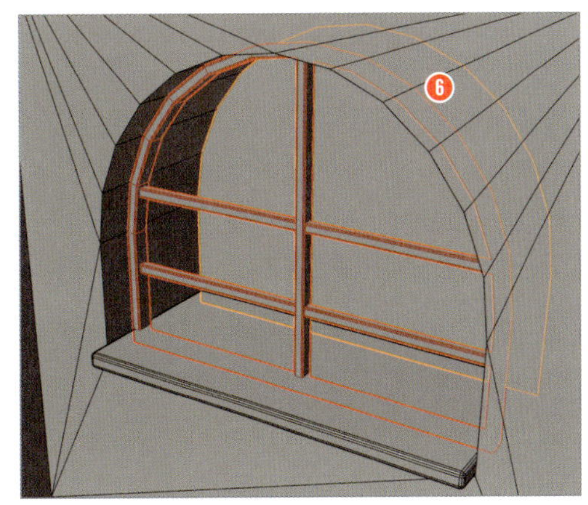

窓枠を修正する

下の棚板に窓が少し埋もれてしまっているので修正します。

1 ❶［**オブジェクトモード**］で shift を押しながら窓と窓枠の2つのオブジェクトを複数選択し、［**編集モード**］に切り替えます。

［**オブジェクトモード**］で複数のオブジェクトを選択して［**編集モード**］に切り替えると、同時に複数のオブジェクトを編集することができます。

2 フロントビュー（テンキー 1 ）にし、**[透過表示]**をONにします。**[頂点選択]**（数字キー 1 ）にし、窓と窓枠下側の頂点をまとめてボックス選択します。
[移動]（G➡Z）で、❷窓枠下面が出窓床板の上面と揃うように移動します。

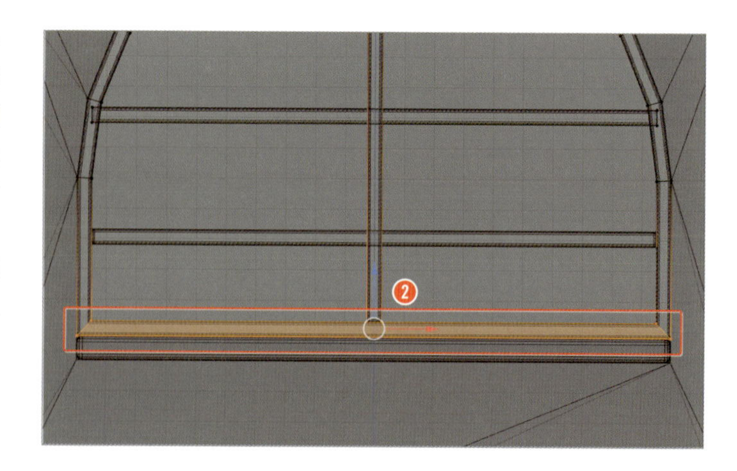

3 **[面選択]**（数字キー 3 ）にし、いったんすべての選択を解除してから格子の下側の横桟にマウスポインタを重ね、Lキーでリンク選択します。
[移動]（G➡Z）で、❸位置を調整します。

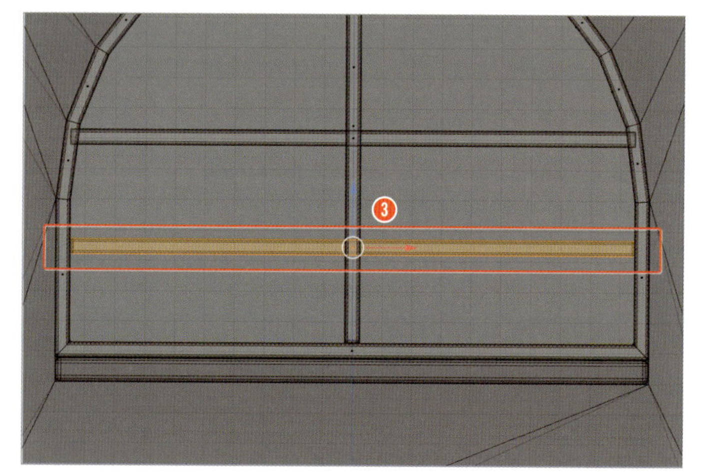

選択しにくい場合は**[透過表示]**をOFFにしてから選択してください。

窓枠が窓ガラスの部分より手前になっているので、窓ガラスがはまるように窓枠を移動します。窓枠を選択するには、Lキーで1つずつリンク選択をしてもよいですが、ここでは違うアプローチで選択をします。

4 **[透過表示]**をOFFにしてから、❹窓ガラスの面をクリックで選択します。
❺**[選択]**メニュー➡**[反転]**（ctrl＋I）を選びます。これで窓枠と格子が選択されます。

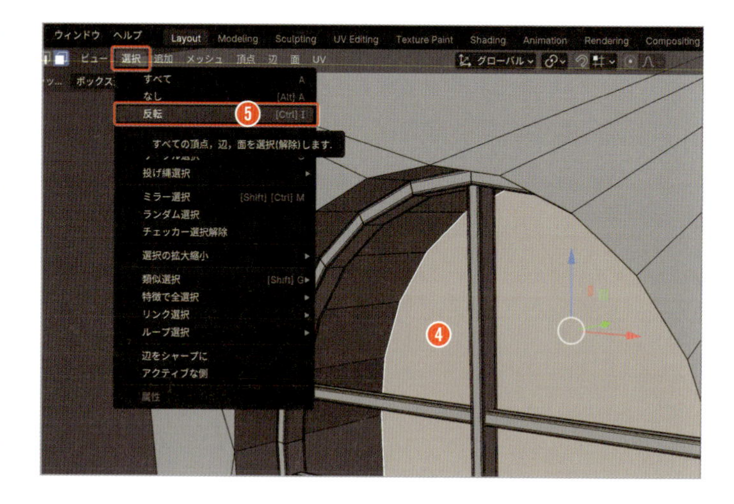

[選択]メニュー➡**[反転]**は、〔選択されてる〕と〔選択されていない〕を反転させる機能です。この方法もよく使う方法です。

5 ［**移動**］（G ➡ Y）で、❻窓枠と格子を、窓ガラスの真ん中あたりまでY軸方向に移動します。

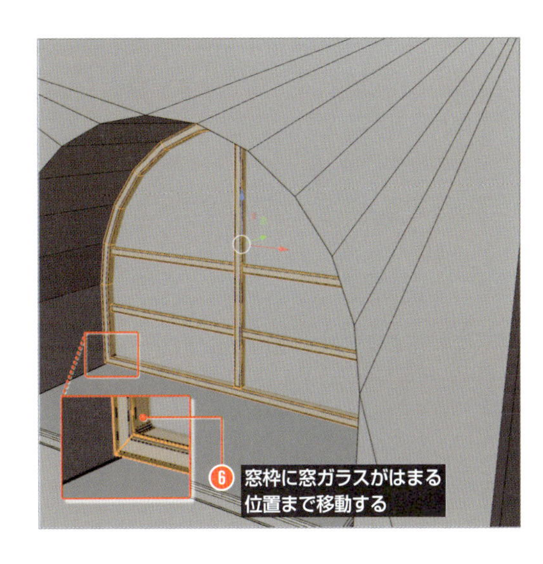

細部を調整して仕上げる

1 ［**オブジェクトモード**］に切り替えます。作成したオブジェクトをすべて選択し、右クリックして❶［**自動スムーズシェード**］を選びます。

2 **[アウトライナー]**でブーリアンで使用した円柱(Cylinder)を削除します。❷オブジェクト名を次のように変更します。

Cube(壁と床) ➡「Room」
Cube.001(窓ガラス)➡「Window_Glass」
Cube.002(棚板) ➡「Window_Shelf」
Cube.003(窓枠) ➡「Window_Flame」

[アウトライナー]で**[Cylinder]**を選択し、X または delete キーを押すと削除できます。
オブジェクト名の変更は、**[3Dビューポート]**で選択されているオブジェクトを確認しながら実行してください。
[アウトライナー]でオブジェクト名を変更すると、並び順が変更されます。

仮のマテリアルを作成する

仮マテリアルを作成します。壁、側面(壁断面)、床、窓枠、窓の5つのマテリアルを割り当てます。

1 画面右上の**[3Dビューポートのシェーディング]**を、❶**[マテリアルプレビュー]**に変更します。

2 Roomのオブジェクトを選択し、**[プロパティ]**パネルの❷**[マテリアルプロパティ]**タブで、❸**[Material]**が割り当てられていることを確認します。

割り当てられていない場合は、**[新規]**をクリックしてマテリアルを作成してください。

3 ❹**[ベースカラー]**を淡いクリーム色に変更します。
[Material]のマテリアル名を❺「Room_Wall」にします。

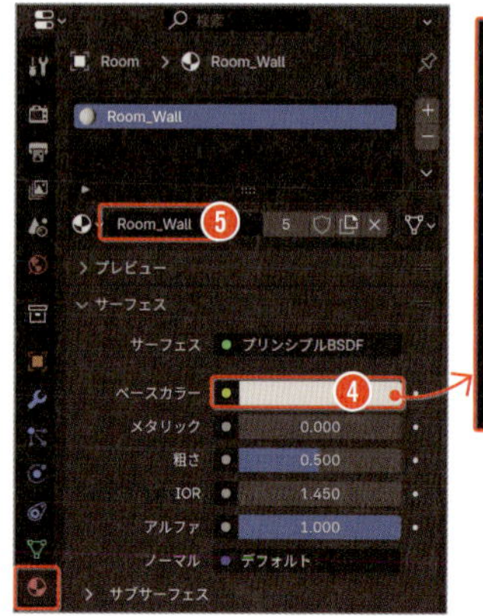

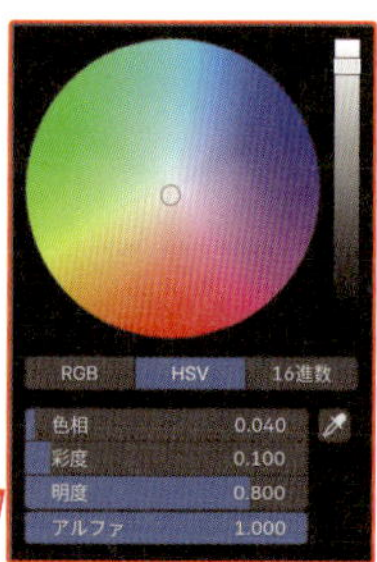

CHAPTER-4

4 ❻［＋］を2回クリックして❼マテリアルスロットを2つ追加します。

5 作成したマテリアルスロットの1つを❼から選択します。❽［**新規**］をクリックし、作成されたマテリアルの名前を「**Room_Floor**」にします。もう1つの作成したマテリアルスロットを❼から選択し、❽［**新規**］をクリックしてマテリアル名を「**Room_Side**」にします。

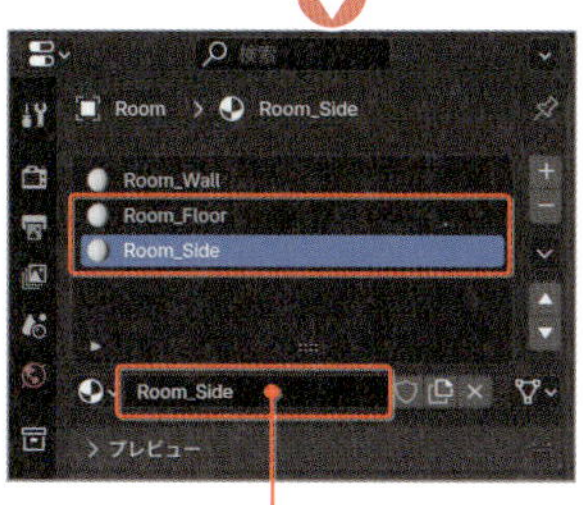

マテリアル名を入力する

6 Roomのオブジェクトを選択した状態で［**編集モード**］に切り替えます。［**面選択**］（数字キー3）で、❾床の面を選択し、［**マテリアルプロパティ**］タブで❿［Room_Floor］を選択して⓫［**割り当て**］をクリックします。

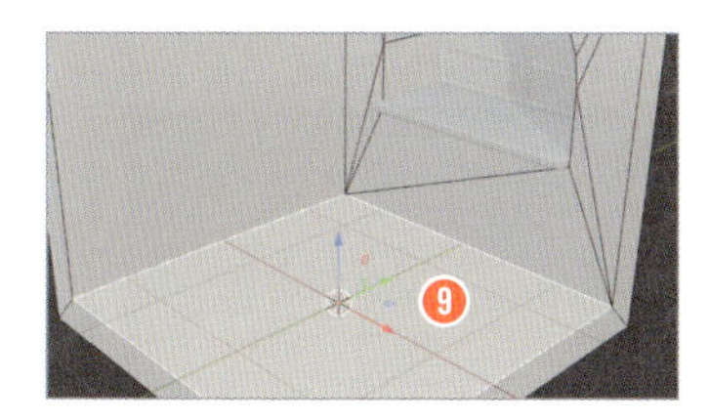

7 ⓬側面の4面、上面2面すべてを選択し、［**マテリアルプロパティ**］タブで⓭［Room_Side］を選択して⓮［**割り当て**］をクリックします。

alt＋クリックでループ選択できます。

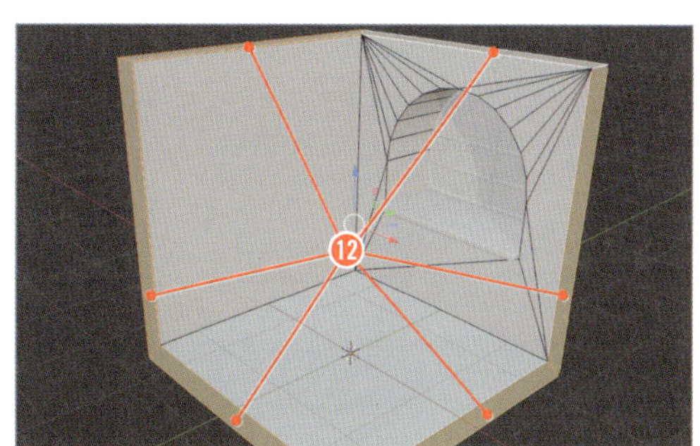

8 ⓭［Room_Side］を選択した状態で、⓯［**ベースカラー**］を少し暗いグレーに変更します。

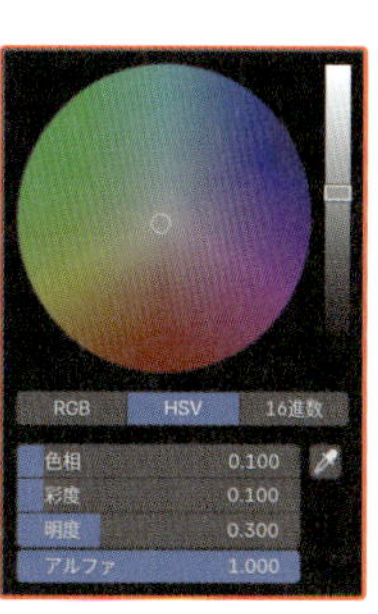

9 ⑯[Room_Floor]を選択し、⑰[ベースカラー]を木目色に変更します。[オブジェクトモード]に切り替えます。

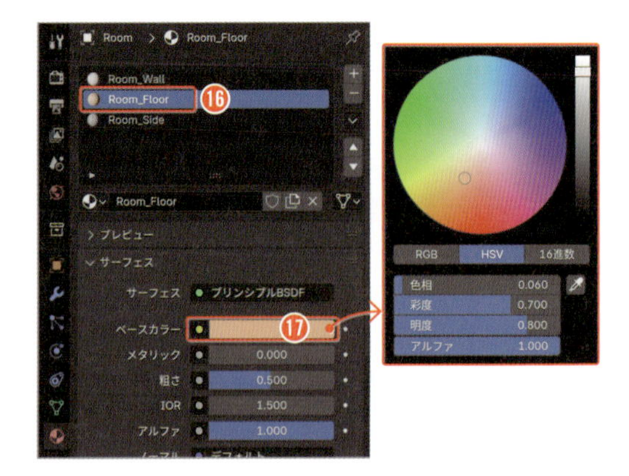

10 ⑱Window_Frameのオブジェクトを選択し、[マテリアルプロパティ]タブを確認します。マテリアルに⑲[Room_Wall]が割り当てられています。

Window_Frameオブジェクトのマテリアルを新しいマテリアルに変更します。

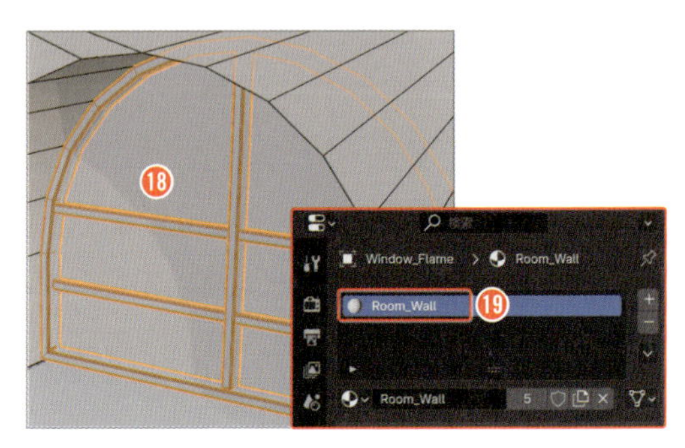

11 [マテリアルプロパティ]タブの⑳[－]をクリックしてマテリアルスロットを削除し、続いて㉑[新規]をクリックして新しいマテリアルスロットとマテリアルを作成します。

12 ㉒マテリアル名を「Window_Wood」にします。㉓[ベースカラー]を木目色に変更します。

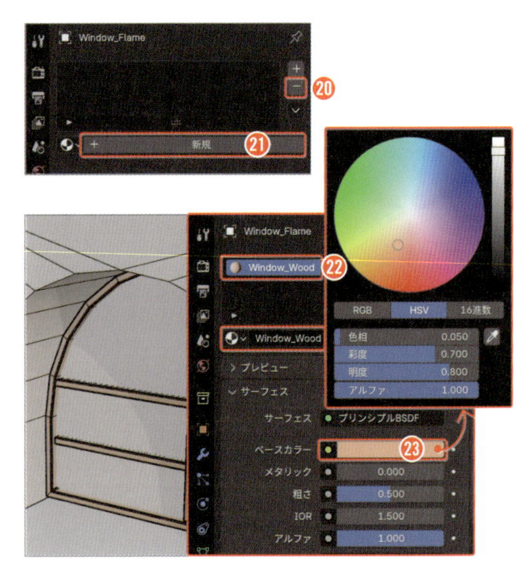

13 ㉔Window_Shelfオブジェクト→㉕Window_Frameオブジェクトの順に選択し、[マテリアルプロパティ]タブの㉖[∨]をクリックして、㉗[マテリアルを選択物にコピー]を選びます。

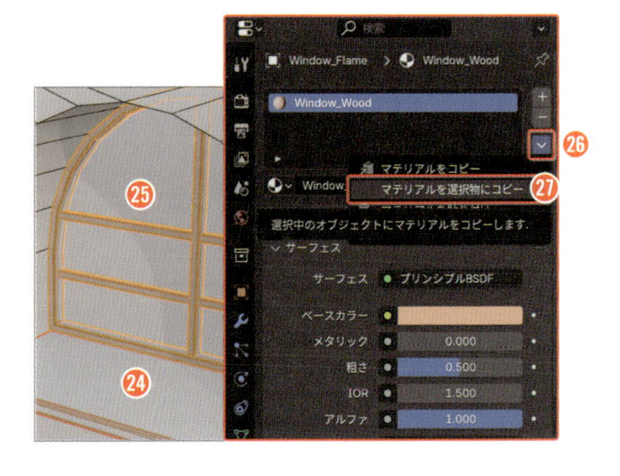

CHAPTER-4

窓ガラスのマテリアルを作成します。窓から光が差し込んだ感じにしたいので放射シェーダーを使います。

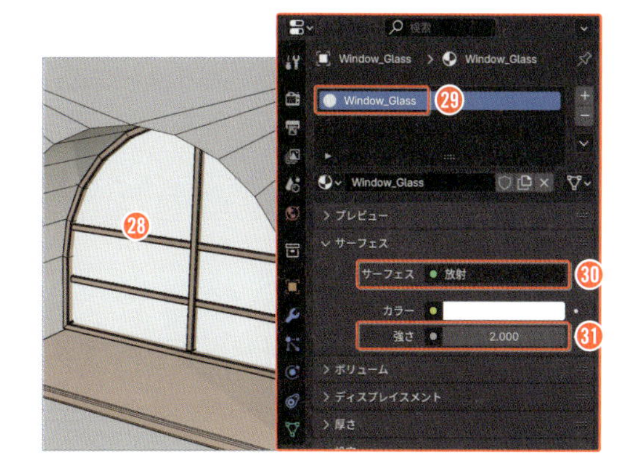

14 ㉘Window_Glassのオブジェクトを選択し、**[マテリアルプロパティ]**タブで11と同じくマテリアルスロットを削除し、新しいマテリアルを作成します。マテリアル名は㉙「**Window_Glass**」、㉚**[サーフェス]**を**[放射]**、㉛**[強さ]**を「**2**」に変更します。

コレクションを整理する

マテリアルが作成できたら、コレクションを整理します。

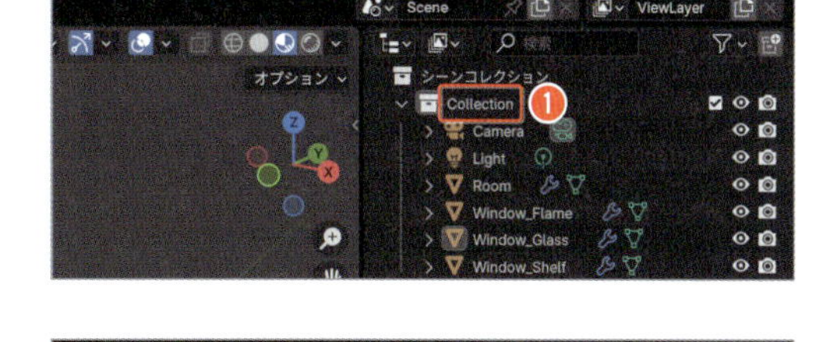

1 **[アウトライナー]**で❶[Collection]の名前部分をダブルクリックし、「**Room**」にします。

2 **[アウトライナー]**で❷**[シーンコレクション]**をクリックして選択します。さらに、**[アウトライナー]**の何もないところで右クリックして❸**[新規コレクション]**を選びます。

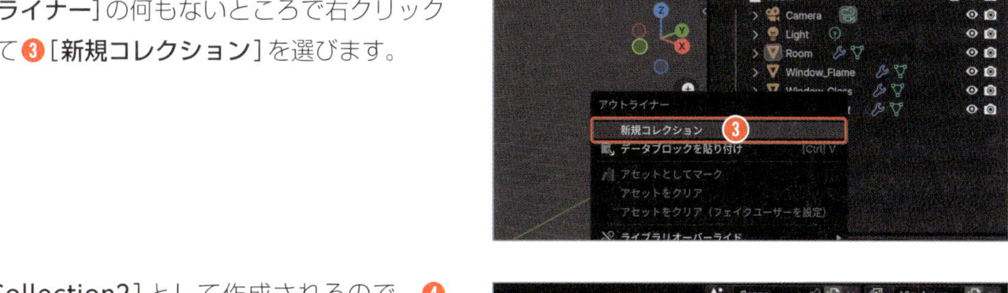

3 [Collection2]として作成されるので、❹コレクション名を「**Camera/Light**」に変更します。[Camera]と[Light]の名前部分をドラッグして[Camera/Light]の名前に重ねてドロップし、❺コレクションの[Camera/Light]の中に移動しておきます。

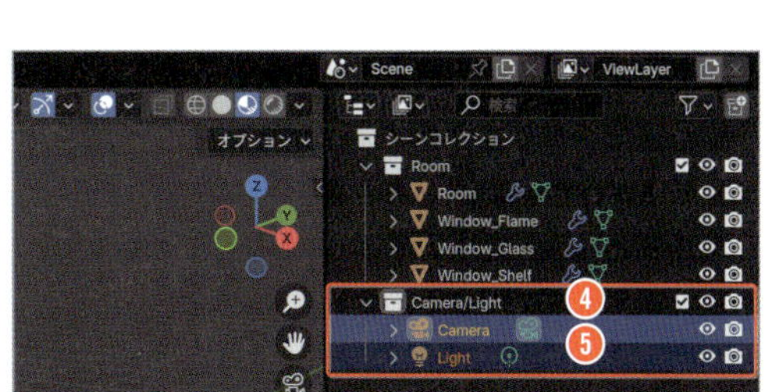

ルームのベースモデルの完成です。

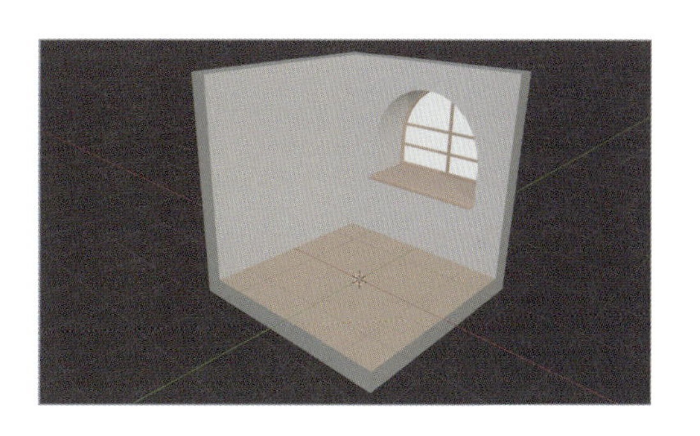

4 ctrl + S（**[編集]**メニュー→**[保存]**）で、CHAPTER-3のデータと同じフォルダ内に、英数字を使ったわかりやすい名前で保存します。

4-2 ソファーにクッションを配置〔アセットブラウザー〕

[アセットブラウザー]を使って、ソファーにクッションを読み込んで配置しましょう。

ソファーとクッションの配置を確認する

[アセットブラウザー] を学ぶ練習として、ソファーにクッションを配置してみましょう。

ここで学ぶ主な機能

▶ アセットブラウザー

ここで配置するクッションと配置先のソファー。

データをまとめる

下準備として、これまでにBlenderで作成した3Dモデルのファイルを同じフォルダ内にまとめます。

1 「**Blender_Room**」という名前の新規フォルダを作成し、CHAPTER-2〜3で作成したすべてのファイルを格納します。

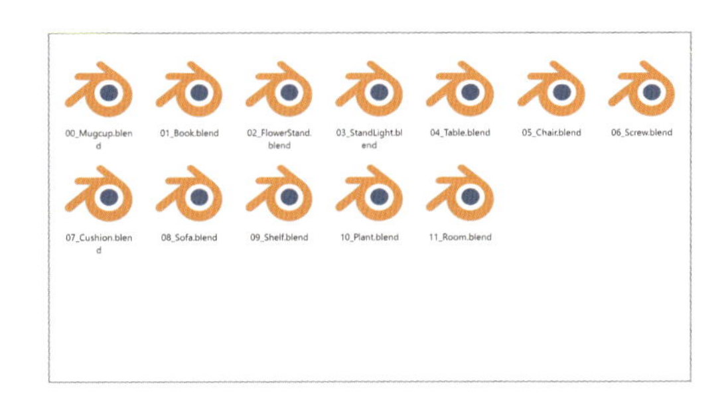

[アセットブラウザー]の設定をする

[アセットブラウザー] を使うための設定をします。

1 Blenderを起動したら、❶ **[編集]** メニュー➡ **[プリファレンス]** を選んで❷ **[Blender プリファレンス]** ウインドウを開きます。

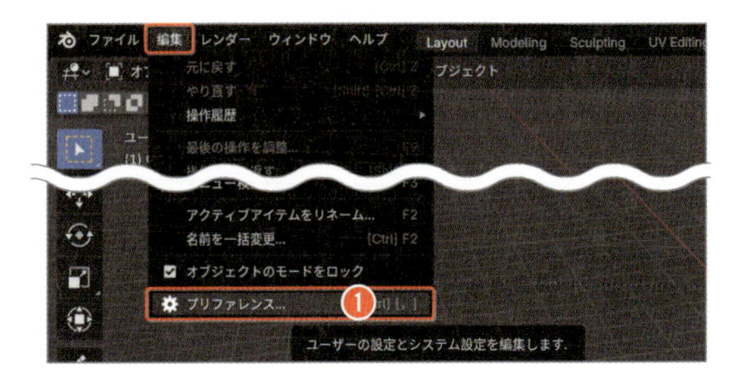

2 ［**Blenderプリファレンス**］ウィンドウで❸［**ファイルパス**］をクリックして選びます。❹［**アセットライブラリ**］で右下にある❺［＋］をクリックします。

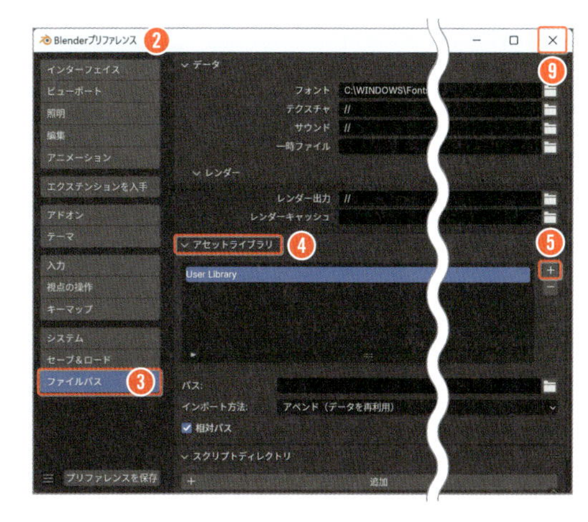

3 ［**Blenderファイルビュー**］ウィンドウが開きます。❻3Dモデルを保存した［Blender_Room］を選択してフォルダを開きます。❼［**アセットライブラリを追加**］をクリックします。

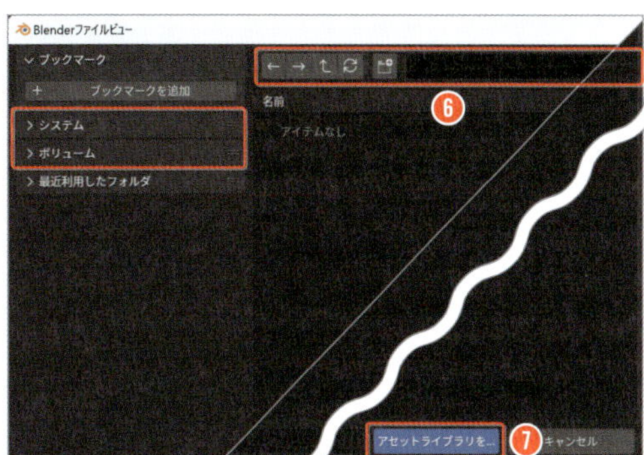

［Blenderファイルビュー］ウィンドウ左側の［ボリューム］や［システム］、［最近利用したフォルダ］などから、［Blender_Room］フォルダを探してフォルダを開きます。

4 ［**Blenderプリファレンス**］ウィンドウに戻ります。ウィンドウ左下に❽［**プリファレンスを保存**］がある場合はここをクリックしてから、ウィンドウの［**閉じる**］ボタンの❾［**×**］をクリックして閉じます。ファイルパスの設定ができました。

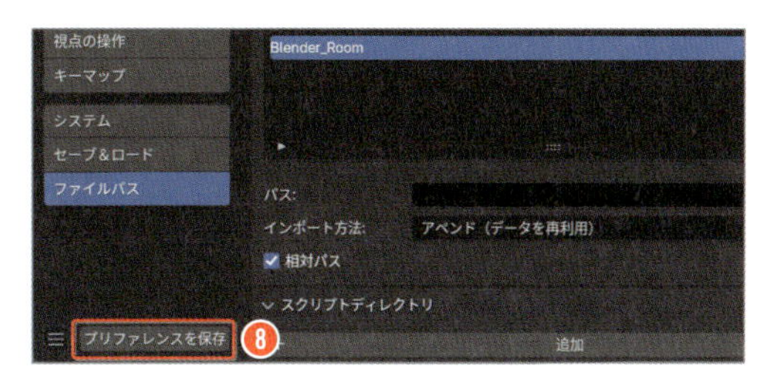

［**プリファレンスを保存**］がない場合は、そのままウィンドウの［**閉じる**］ボタンの［**×**］をクリックします。［**プリファレンスを自動保存**］に設定している場合は、［**プリファレンスを保存**］が表示されません。

［アセットブラウザー］を開く

ウィンドウを区切ってから［**アセットブラウザー**］を開きます。配置先のソファーのファイルを開いてからはじめます。

1 ［**アセットブラウザー**］の表示エリアを準備します。❶［**3Dビューポート**］と［**プロパティ**］パネルの境目にマウスポインタを合わせ、ポインタが［↔］に変わったら、右クリックします。表示されたメニューの❷［**垂直に分割**］を選びます。

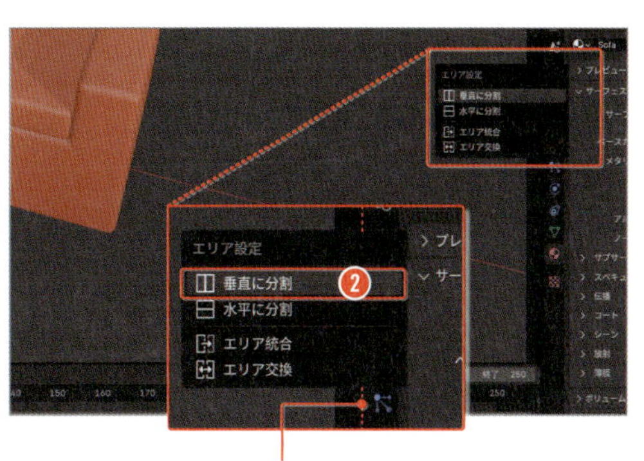

❶［3Dビューポート］と［プロパティ］パネルの境界線

2 灰色の線が[**3Dビューポート**]に表示され、マウスの動きに合わせて移動します。❸画面の左側に動かして図のあたりでクリックして確定します。この位置でエリア分割されます。

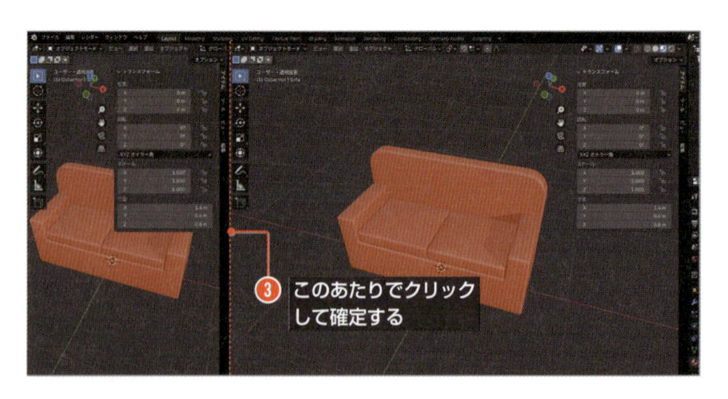

2つエリアの境界はドラッグで移動できます。境目の右クリックでメニューを表示させ、[**エリア結合**]を選ぶと、1つのエリアに戻すことができます。

3 左側エリアの左上の❹[**エディタータイプ**]をクリックして、❺[**アセットブラウザー**]を選びます。

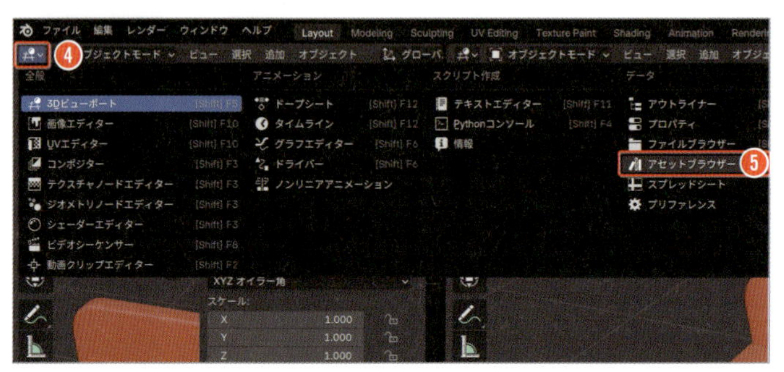

❻[**アセットブラウザー**]が表示されました。

4 [**アセットブラウザー**]左上の❼[**すべて**]をクリックし、❽[Blender _Room]を選びます。

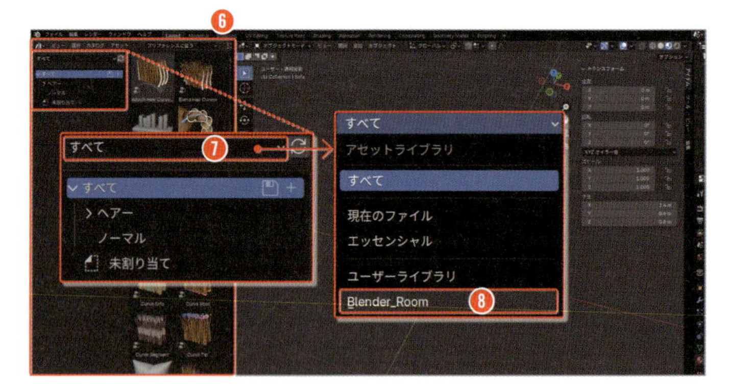

❾[**アセットブラウザー**]に、[Blender_Room]フォルダに格納した3Dモデルで、[**アセットとしてマーク**]をしたオブジェクトが表示されます。

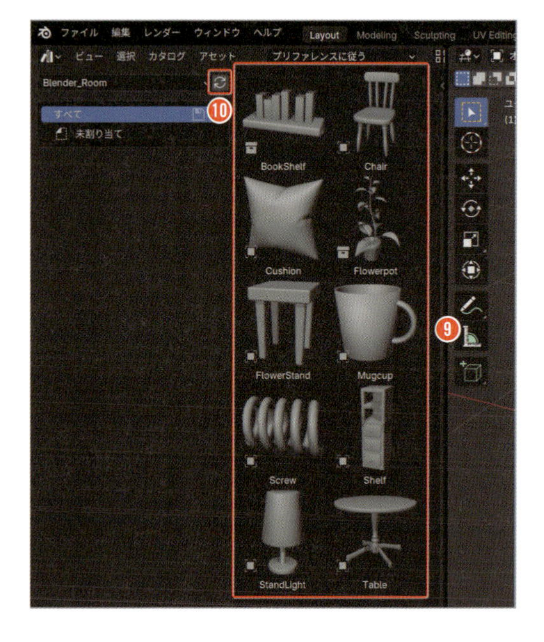

表示されていないオブジェクトがある場合、そのオブジェクトのファイルを開き、[**アウトライナー**]でオブジェクト名横に本のマークのアイコンがあるか確認します。アイコンがない場合、オブジェクトを右クリックして[**アセットとしてマーク**]を実行します。
このように[**アセットブラウザー**]に表示されているファイルの修正を行った場合は、[**アセットブラウザー**]で選択しているフォルダ名横にある❿[**アセットライブラリをリフレッシュ**]をクリックします。

[アセットブラウザー]からクッションを配置する

[アセットブラウザー]からクッションを配置しましょう。

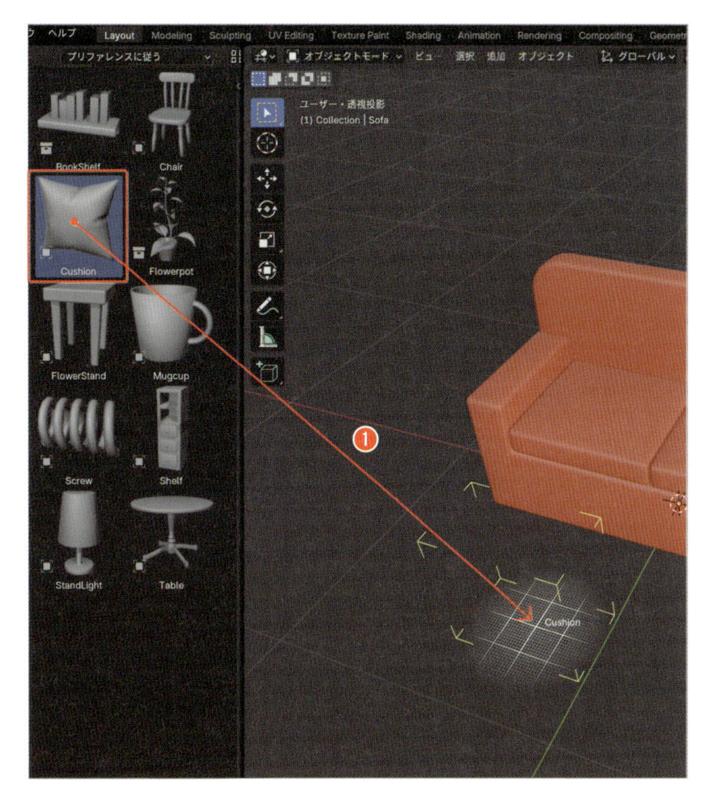

1 ❶Cushionのモデルを**[アセットブラウザー]**から**[3Dビューポート]**の何もないところにドラッグアンドドロップします。

ソファーの上に直接移動してもよいですが、平坦な床にドラッグアンドドロップすることによってオブジェクトに回転の値が入ることを防ぐことができます。

2 ❷**[移動]**(G)で、ソファーの上に移動させます。

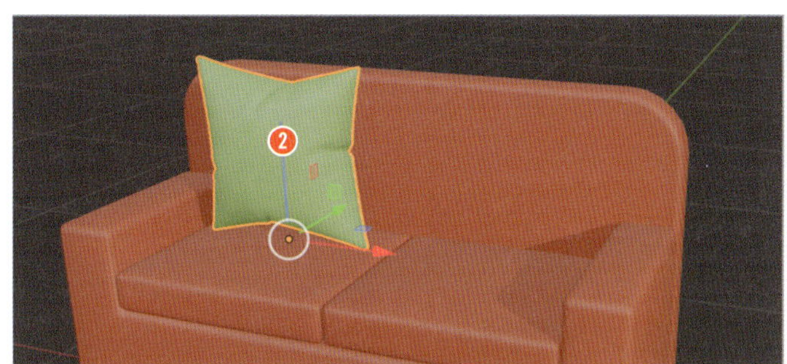

視点を変えて、ソファーに乗っているか確認してください。

3 視点をサイドビュー(テンキー3)にし、❸**[回転]**(R)で、背もたれにクッションがもたれ掛かっているように配置します。

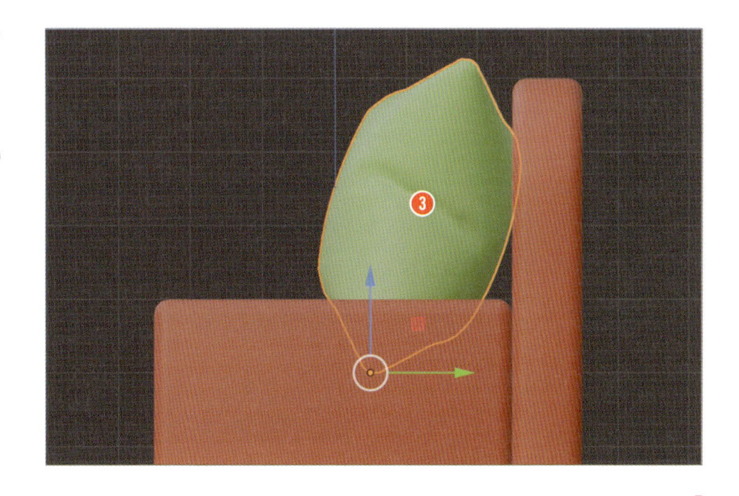

4 ❹ alt ＋ D（[リンク複製]）を押してリンク複製してクッションを2つに増やし、位置を調整します。

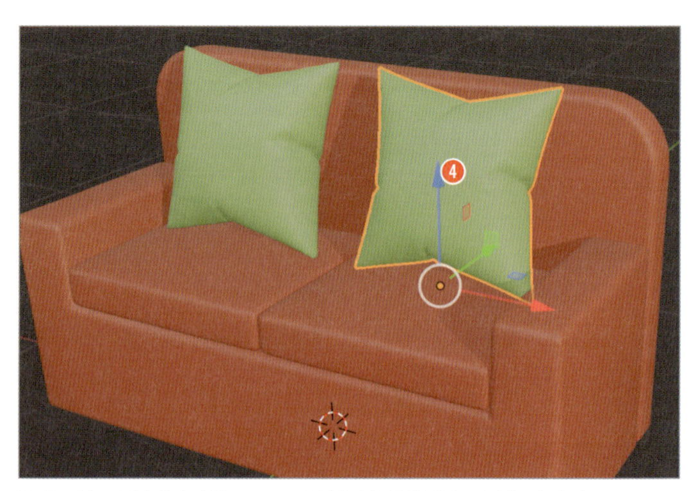

alt ＋ D ➡ X と入力することで、X軸方向に移動することができます。

alt ＋ D は [リンク複製]、shift ＋ D は [オブジェクト複製]（いずれも [オブジェクト] メニューの機能）です。今回は [リンク複製] と [オブジェクト複製] で違いありませんが、[リンク複製] では、2つのオブジェクトが同じデータを共有するようになるので、1つのオブジェクトを変更すると両方のオブジェクトに同様の変更を反映することができます。オブジェクトを配置する際に便利なので覚えましょう。

5 [アウトライナー] で ❺ [コレクション名] を「SofaSet」に変更しました。

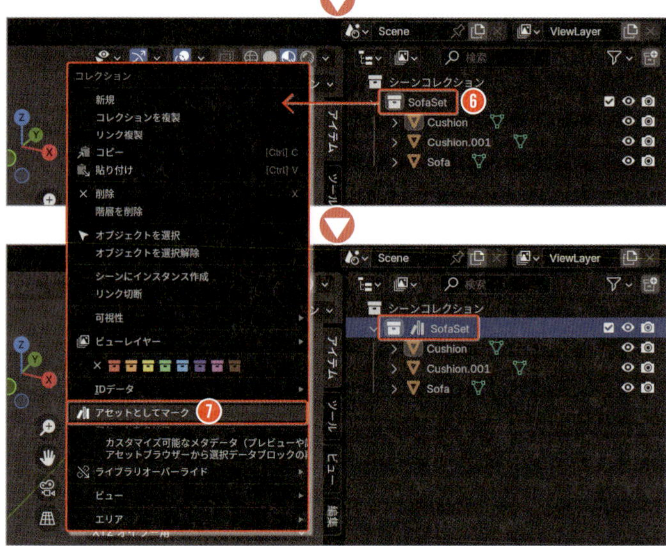

6 [アウトライナー] で ❻ [SofaSet] のコレクションを右クリックして ❼ [アセットとしてマーク] を選びます。
ctrl ＋ S を押してファイルを保存しておきます。

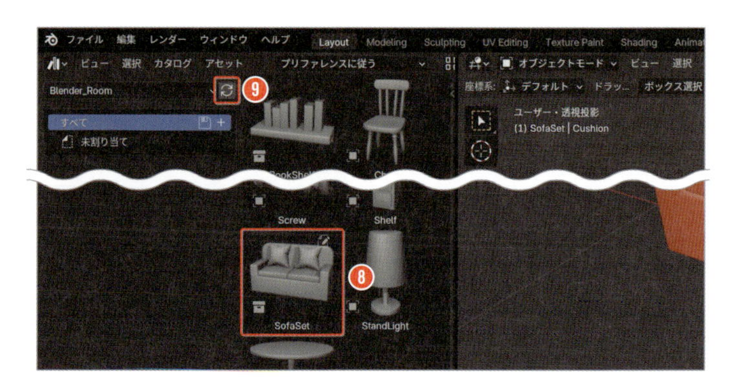

7 [アセットブラウザー] に ❽ [SofaSet] が追加されました。
更新されない場合は ❾ [アセットライブラリをリフレッシュ] をクリックします。

ソファーセットの完成です。

4-3 部屋に家具を配置〔アセットブラウザー〕

Roomのシーンにアセット(モデル)を追加して、部屋を飾ってみましょう。

モデルを配置した部屋を確認する

今まで作成した家具や植物などを部屋に配置します。

ここで学ぶ主な機能

▶ アセットブラウザー

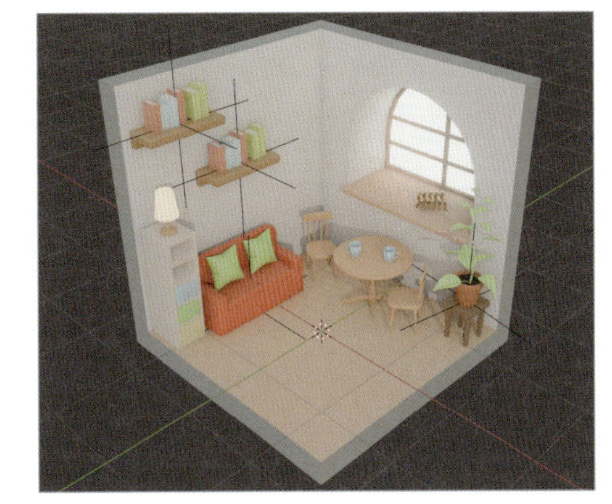

さまざまな家具を配置した部屋。

[アセットブラウザー]を開く

Roomのファイルを開いてからはじめます。

1 ❶[**3Dビューポート**]と[**プロパティ**]パネルの境目で右クリックし、❷[**垂直に分割**]を選び、分割線を画面の左側に動かしてクリックして確定します。

❶[3Dビューポート]と[プロパティ]パネルの境界線

2 左側エリアの左上の❸[**エディタータイプ**]をクリックして、❹[**アセットブラウザー**]を選びます。

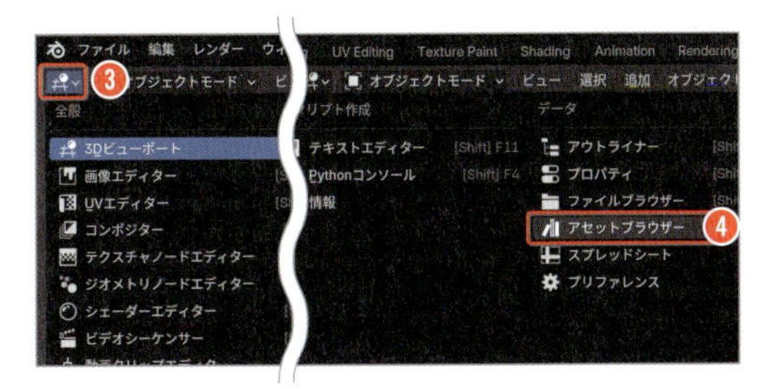

3 [**アセットブラウザー**]左上の❺[**すべて**]をクリックし、❻[Blender_Room]を選びます。

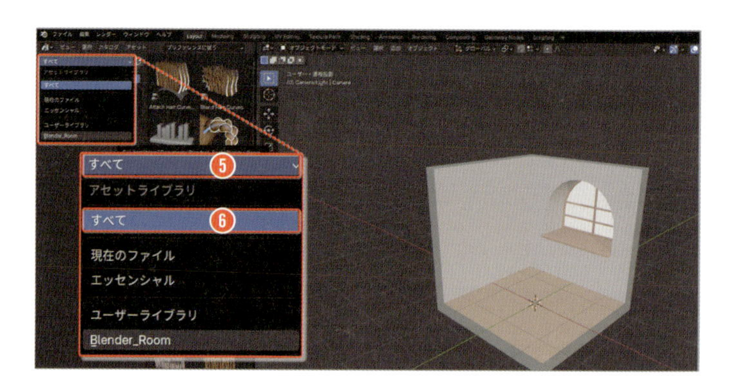

[アセットブラウザー]からモデルを配置する

[**アセットブラウザー**]からアセットをシーンに配置しましょう。

1 ❶Tableのモデルを[**アセットブラウザー**]から[**3Dビューポート**]の床の上にドラッグアンドドロップします。

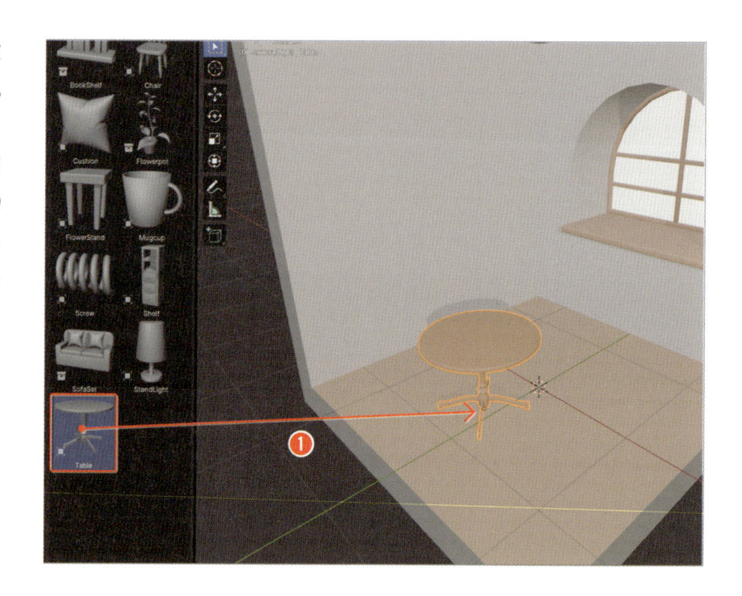

テンキーを使ったアイソメ風パース表示

テンキーを使うとかんたんに図のようなアイソメ風の表示にできます。
テンキーで、1➡666➡88
と押します。いったん「**フロントビュー**」に変更し、「**右に15°を3回**」、「**上に15°を2回**」という操作です。
平行投影にしたい場合は、さらにテンキーの5を押します。

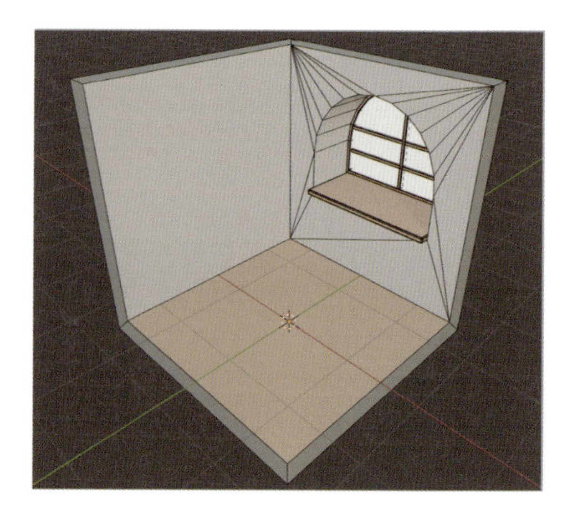

[**アウトライナー**]が整理しやすいように、新規の[**コレクション**]を作成し配置オブジェクト用とします。

2 Tableオブジェクトを選択した状態でMキーを押して、❷[**新規コレクション**]を選びます。

3 [**コレクション**]の名前として、❸「Room_Object」と入力します。❹[**作成**]をクリックして確定します。

[**アウトライナー**]を確認してみましょう。❺新規コレクションの[Room_Object]の中にTableオブジェクトが入っています。

4 ❻テーブルのオブジェクトを配置したい位置に移動しておきます。

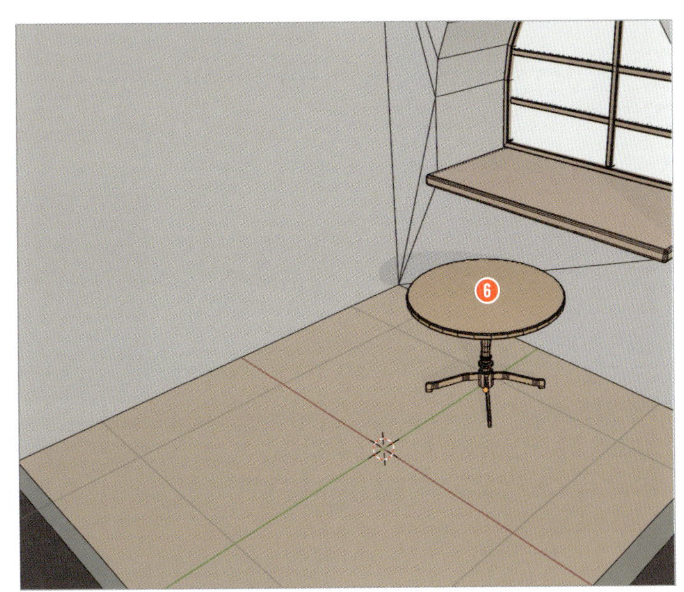

5 次にSofaSetのアセットを配置しますが、その前に[**アウトライナー**]で❼[Room_Object]のコレクションを選択しておきます。

コレクションを選択状態にしておくと、そのコレクション内にオブジェクトが入るようになります。

6 ❽[Sofaset]のアセットを[**アセットブラウザ**]からドラッグアンドドロップしました。

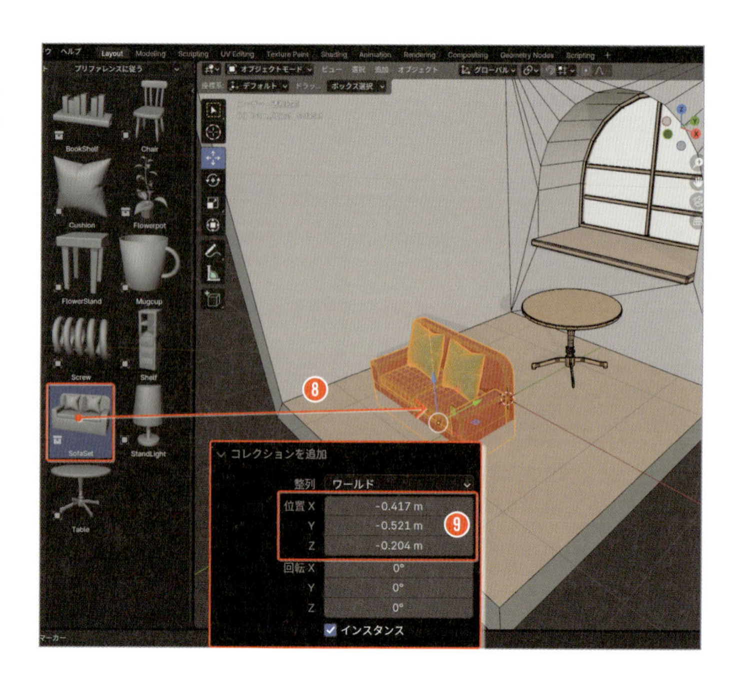

[3Dビューポート]左下にある[**オペレーター**]パネルを開いて確認すると❾[**位置**]の[Z]に「0」以外の数値が入っています。[Sofaset]のようにコレクションをアセットとしてマークしたものは、[**位置**]の[Z]に「0」以外の数値が入ってしまうため、次のステップで解説するように、数値を「0」(ゼロ)にしてから配置し直します。

[**オペレーター**]パネル[**位置**]の[Z]の値を「0」に変更したいのですが、ここでは一気に[X][Y][Z]をまとめて変更してみましょう。

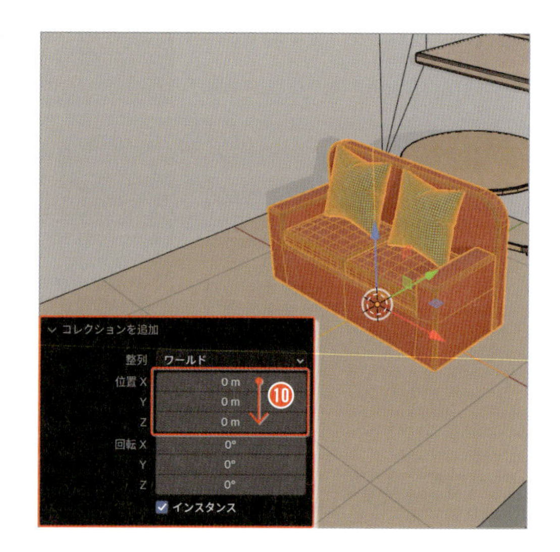

7 [**オペレーター**]パネルで、❿[**位置**]の数値欄をXからZまでドラッグします。一括で数値入力できるようになります。ここでは「0」mと入力しました。

[**オペレーター**]パネルの[**インスタンス**]では、チェックを入れるとコレクションインスタンスとして配置され、チェックを外すと実体のあるオブジェクトとして配置されます。ここではチェックを入れたままにしておきます。

コレクションインスタンスとして配置されているため、クッションも含めて1つのオブジェクトとして扱うことができます。

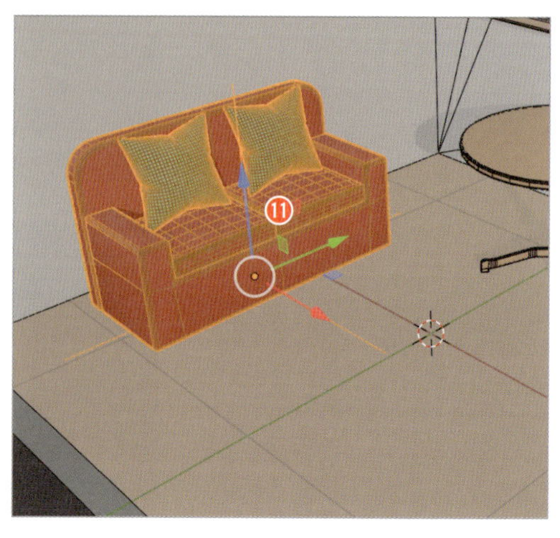

8 ⓫[**移動**](G)や[**回転**](R)をして位置を調整します。

オブジェクトに変更を加えたい場合は、オブジェクトを選択して ctrl + A を押し、[**インスタンスを実体化**]を選びます。

部屋に他のアセットも配置していきましょう。

⓬オブジェクトの上に直接ドラッグアンドドロップをすることもできます。

右図はShelfのオブジェクトを配置後、その棚の上面にStandLightのオブジェクトを配置しているところです。

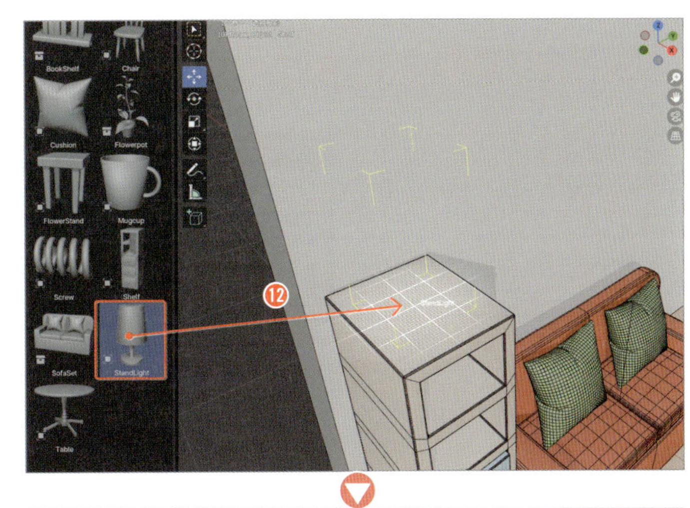

[アセットブラウザ]から配置するとき、大きさを表す枠と、配置対象を示す格子の平面が表示されます(コレクションをアセットとしてマークしたアセットでは表示されません)。

⓭同じオブジェクトを配置する際は、alt + D で[**リンク複製**]して配置すると、後の修正が楽になります(P.248の4参照)。

少しZ軸に角度をつけて配置すると、ほのぼのとした優しい雰囲気になります。

必要に応じてスケールを調整したり、好みの見た目に家具を配置してください。

部屋を仕上げる

一通り配置ができたら、より最終的な見た目に近い状況で確認ができるようにします。

> ブルームの設定が難しいと感じた場合は、ここでの作業は飛ばして大丈夫です。5章で解説するノードの操作に慣れてから再度、チャレンジしてください。

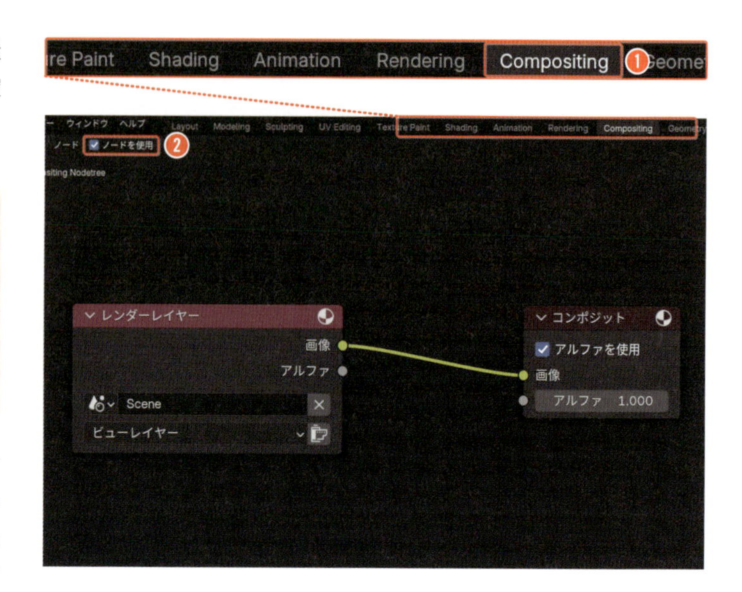

1 このルームのブルームを有効にします。上部のタブから❶[Compositing]のワークスペースに移って❷[**ノードを使用**]にチェックを入れます。

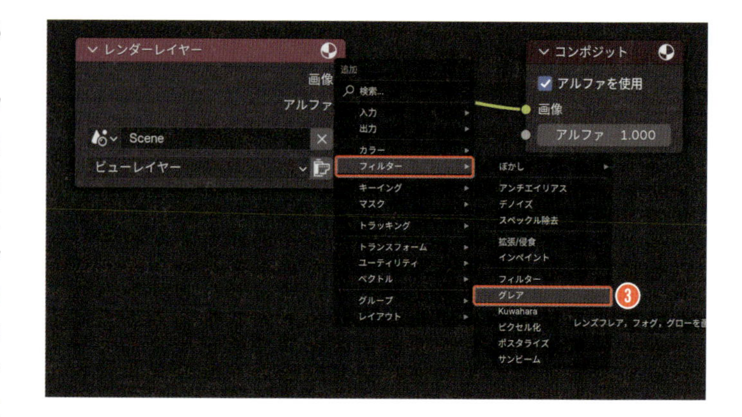

2 ノードが配置されている[**ノードエディター**]上で、shift+Aを押して、[**フィルター**]から❸[**グレア**]を追加します。[**グレア**]ノードがマウスカーソルについてくるので、[**レンダーレイヤー**]ノードと[**コンポジット**]ノードの❹中間にカーソルをあわせてクリックで確定してリンクさせます。

3 [スタンドライト]の時(P.106)と同じ設定にします。[グレア]ノードの[光の筋]となっている効果の種類をクリックして❺[ブルーム]に変更し、❻[ミックス]の値を「-0.9」にします。

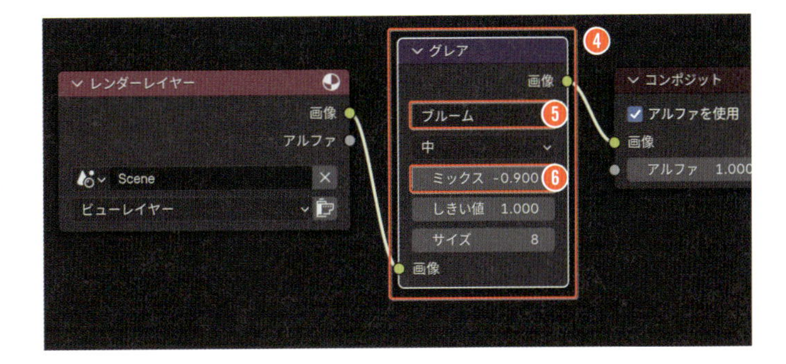

Blender4.4以降は[ミックス]ではなく、より直感的な[強さ]で設定できるようになりました。強さ[0.8]、彩度[1.0]、サイズ[0.5]が本書の図版と近い値です。

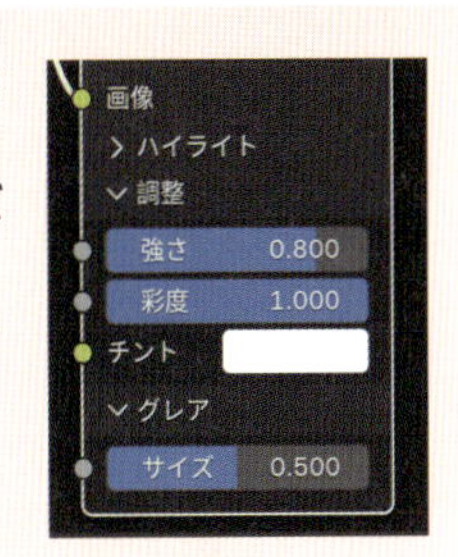

4 ❼[Layout]タブをクリックしてワークスペースを[Layout]に変更し、[ビューポートシェーディング]から❽[コンポジター]を「常時」に変更します。ブルームがプレビューされました。

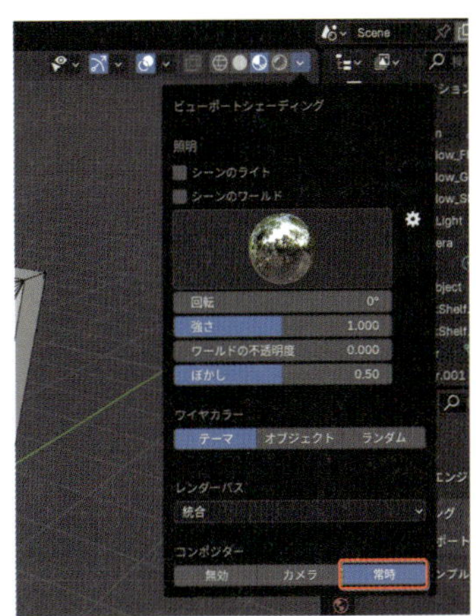

5 [レンダー]プロパティから❾[レイトレーシング]にチェックを入れて、さらに[レイトレーシング]のプルダウンを開いて❿[デノイズ]のチェックを外します。
レイトレーシングを有効にすることでより詳細な影や反射を計算して表示することができます。

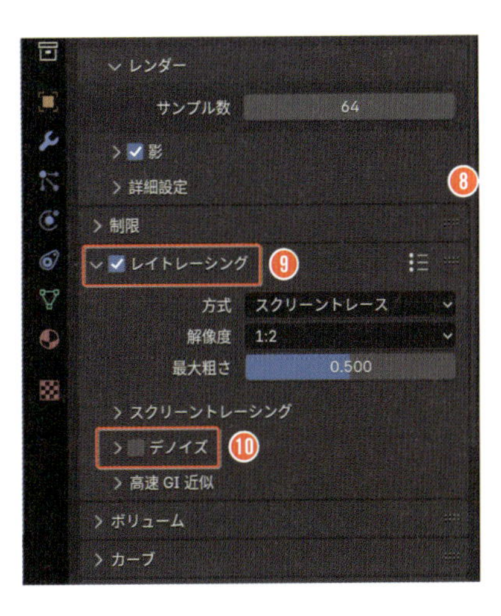

これでオブジェクトの周りに影と発光の表現が追加されました。

6 ⓫[アセットブラウザー]と[3Dビューポート]の境界線上で右クリックし、⓬[エリア統合]を選び、[アセットブラウザー]を閉じておきます。

部屋へのアセットの配置が完了しました。

7 必要に応じて、ctrl + S([編集]メニュー➡[保存])、または ctrl + shift + S([編集]メニュー➡[名前をつけて保存])で保存しておきます。

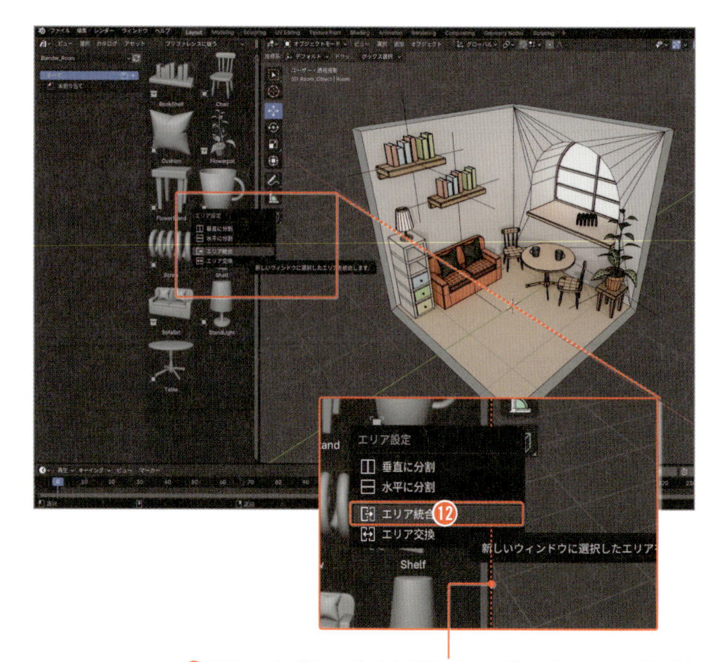

⓫[アセットブラウザー]と[3Dビューポート]パネルの境界線

4-4 レンガブロックの装飾をモデリング

いくつかのにぎやかしのオブジェクトを部屋に追加してみましょう。まずはレンガブロックを作成します。

作成するレンガブロックを確認する

CHAPTER-2～3で学んだ機能を使ってレンガブロックを作成して復習してみましょう。

作成したレンガブロックを配置した部屋。

レンガの基本形状を作成する

前項までに作成した部屋の壁にレンガブロックの装飾を追加します。部屋のファイルを開いた状態からはじめます。

1. **[オブジェクトモード]** で shift ＋ A を押して、**[メッシュ]➡[立方体]** を選んで追加します。

2. 画面左下にある **[オペレーター]** パネルで、❶ **[サイズ]** を「**0.3**」mにします。

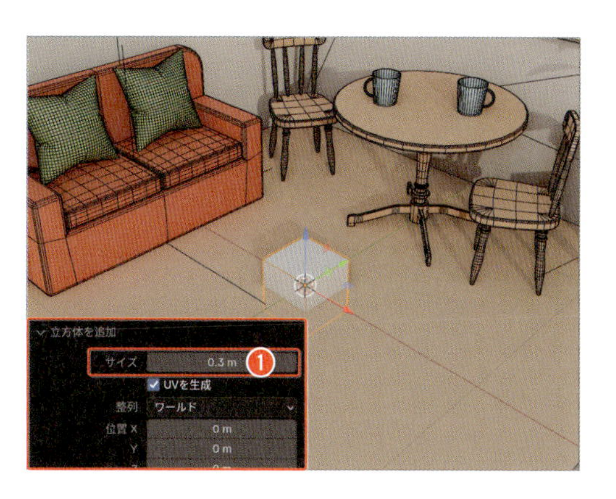

3. モデリングしやすいように、画面右上の **[3Dビューポートのシェーディング]** を、❷ **[ソリッド]** に変更します。

4 ［**編集モード**］に切り替え、テンキーの/（スラッシュ）でローカルビューにします。視点はトップビュー（テンキー7）にします。

5 Aキーですべて選択してからS→X→「**0.1**」と入力して、❸X軸にスケールをかけて薄くします。

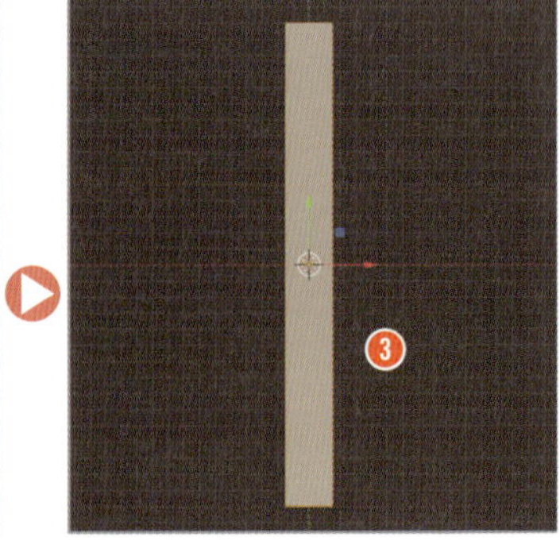

6 視点をサイドビュー（テンキー3）にします。S→Z→「**0.6**」と入力して、❹Z軸にスケールをかけて比率を整えます。

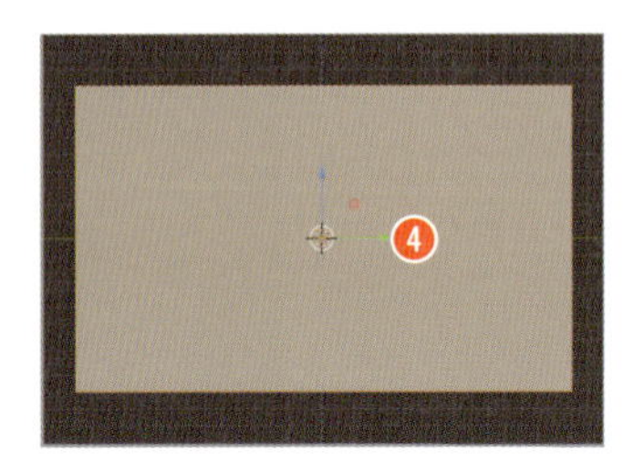

レンガの角を丸くする

1 ［**プロパティ**］パネルの❶［**モディファイアープロパティ**］タブで、❷［**モディファイアーを追加**］から［**生成**］→［**ベベル**］を選びます。

2 ❸［**量**］を「**0.1**」m、❹［**セグメント**］を「**3**」にします。

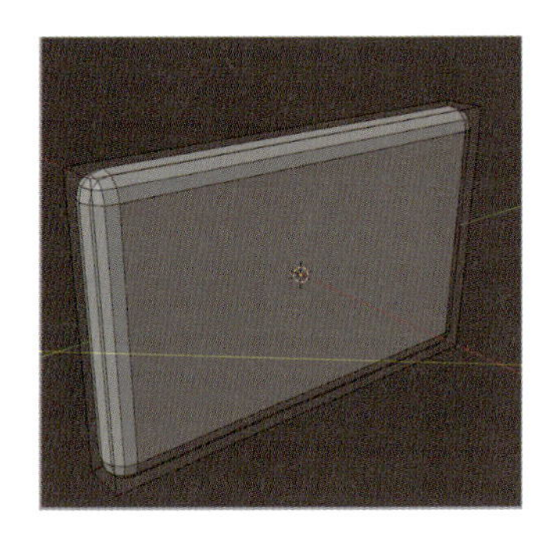

レンガを配置する

1 テンキーの/（スラッシュ）でローカルビューを解除します。［**オブジェクトモード**］に戻って［**移動**］（G）で❶壁に配置します。

2 視点をサイドビュー（テンキー3）にします。shift＋Dで複製し、［**移動**］（G）で❷バランスよく配置しましょう。

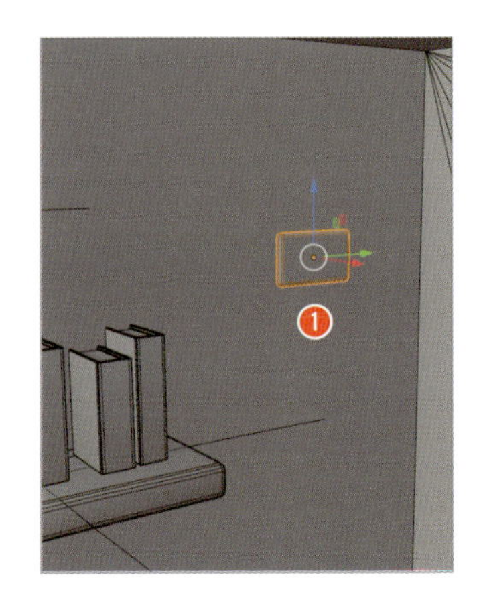

3 shift + D で複製して[**移動**](G)で、❸ソファーの上のあたりにもレンガブロックを追加します。

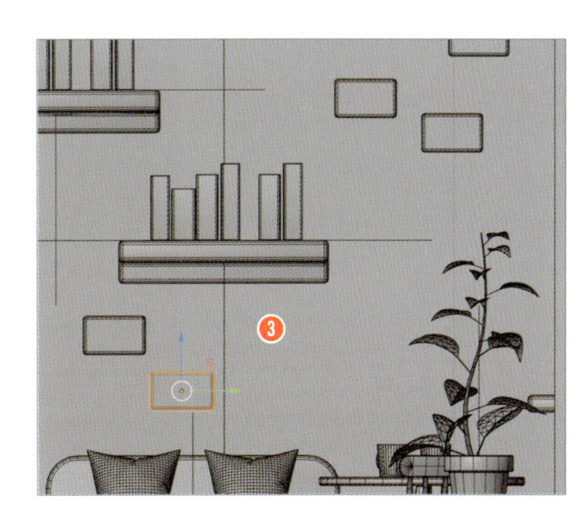

4 気に入った配置になるまで微調整します。本棚のオブジェクトとの位置関係をみながら、水平にピッタリ揃わないようにズラして調整をしています。

5 右側の壁にも同様にレンガブロックを複製して配置をしました。

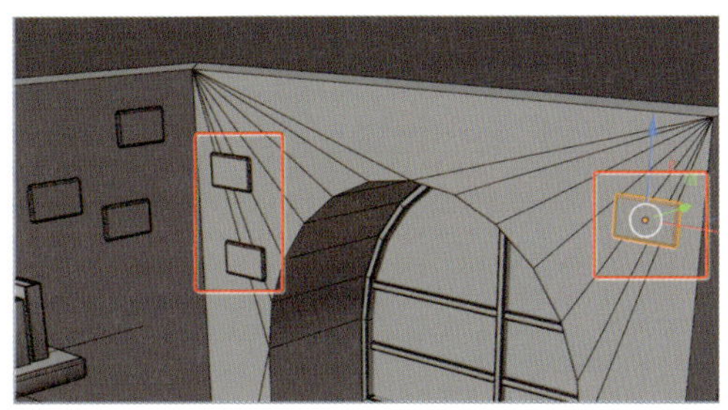

6 レンガのオブジェクトをすべて選択して、❹[**オブジェクト**]メニュー➡[**統合**](ctrl + J)を選んでオブジェクトを統合します。

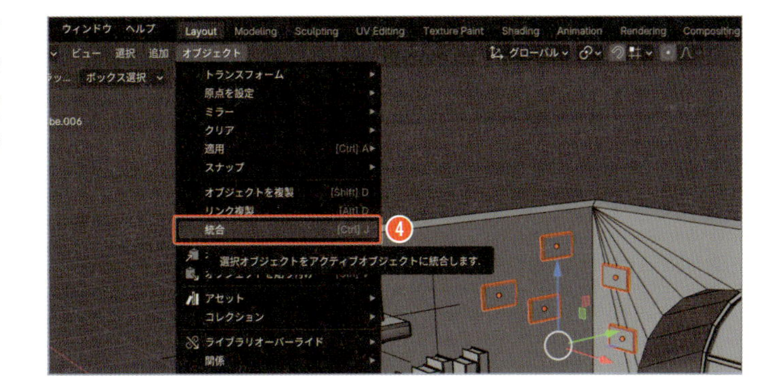

7 ctrl + A ➡ ❺[**全トランスフォーム**]を選択して、レンガのオブジェクトのトランスフォームをワールド原点に戻します。右クリックから[**スムーズシェード**]を選びます。

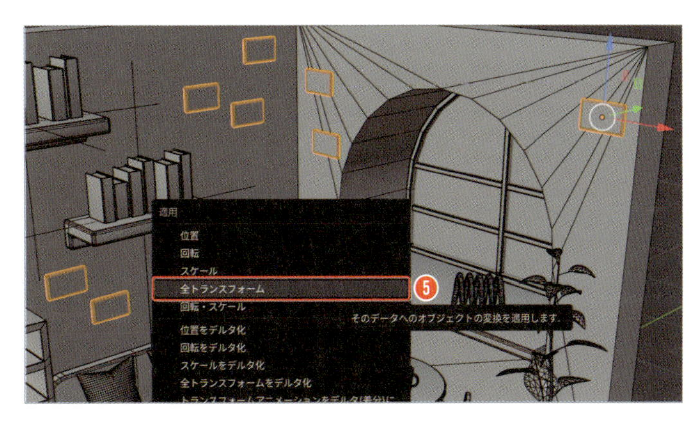

8 画面右上の[**3Dビューポートのシェーディング**]を、❻[**マテリアルプレビュー**]に変更します。

9 ［プロパティ］パネルの［マテリアルプロパティ］タブで、❼マテリアルを新規追加し、「Brick」という名前にします。さらに❽［ベースカラー］を設定しました。

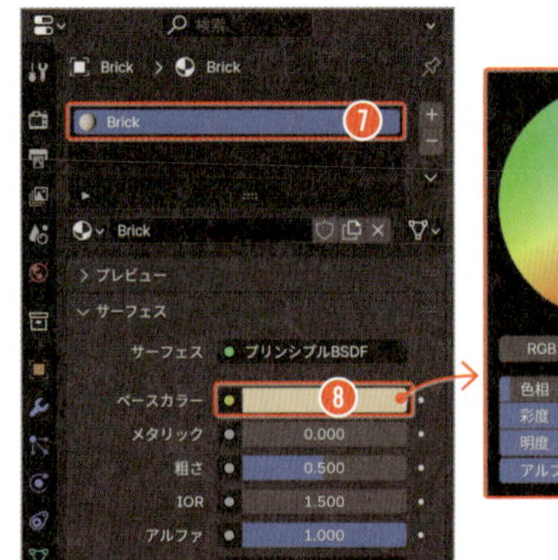

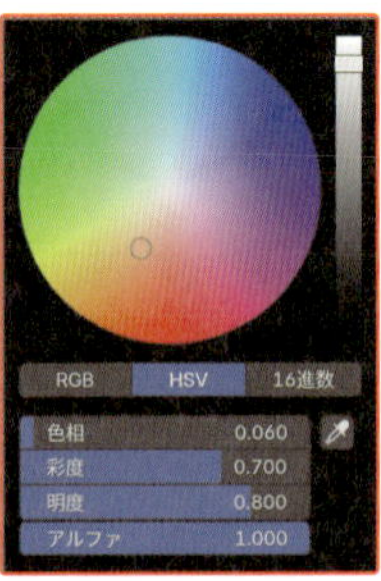

10 ［アウトライナー］から、❾オブジェクト名を「Brick」と変更しておきます。

壁のレンガブロック装飾の完成です。

11 必要に応じて、ctrl＋S（［編集］メニュー➡［保存］）、またはctrl＋shift＋S（［編集］メニュー➡［名前をつけて保存］）で保存します。

4-5 星型の飾りをモデリング

にぎやかしのオブジェクトを部屋に追加します。ここでは、壁に星型飾りの装飾を加えます。

作成する星型飾りを確認する

レンガブロックと同様にCHAPTER-2~3で学んだ機能を使って星型の飾りを作成して復習してみましょう。

作成した星型飾りを配置した。

星型を作成する

部屋のファイルを開いた状態からはじめます。

1. **[オブジェクトモード]**で shift + A を押して、**[メッシュ]➡[円柱]**を選んで追加します。

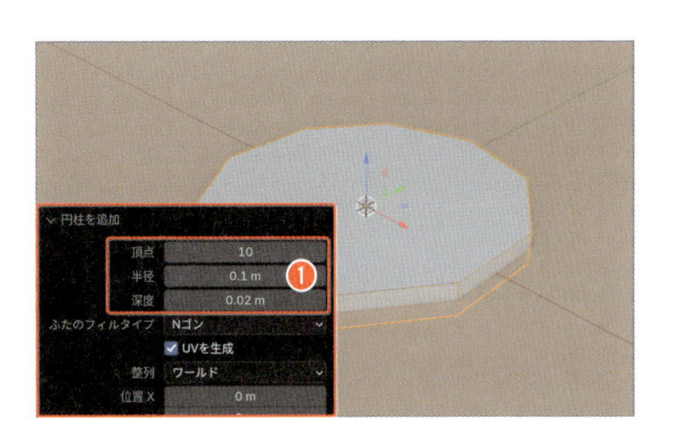

2. 画面左下にある**[オペレーター]**パネルで、❶**[頂点]**を「**10**」、**[半径]**を「**0.1**」m、**[深度]**を「**0.02**」mにします。

3. テンキーの / (スラッシュ)でローカルビューにします。モデリングしやすいように、画面右上の**[3Dビューポートのシェーディング]**を、❷**[ソリッド]**に変更します。

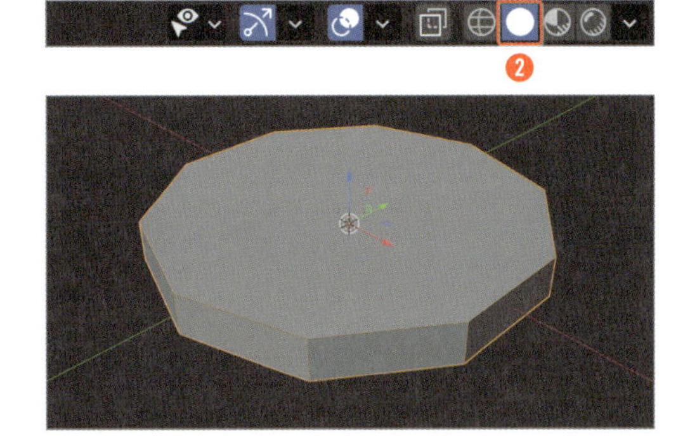

4. **[編集モード]**に切り替え、視点をトップビュー(テンキー 7)にします。さらに❸**[透過表示]**をONにします。

5 **[頂点選択]**（数字キー1）にして、❹頂点を1つ飛ばしでドラッグで囲んでボックス選択します。

[透過表示]をONにし、ボックス選択をしたのは、裏側にある重なった頂点も選択するためです。

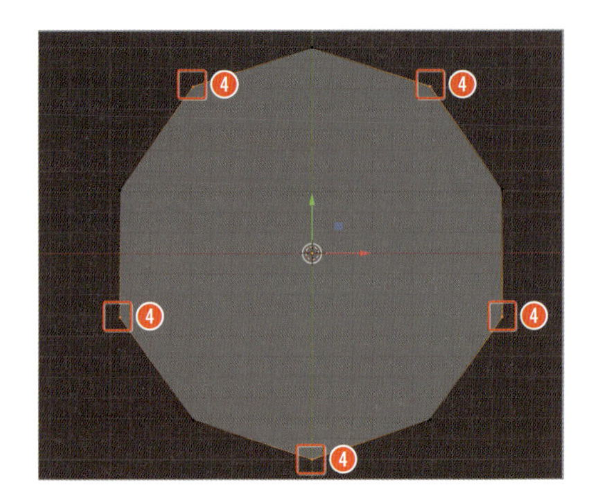

6 S➡shift＋Z➡「**0.5**」と入力して、❺Z軸以外にスケールをかけて星型に変形します。

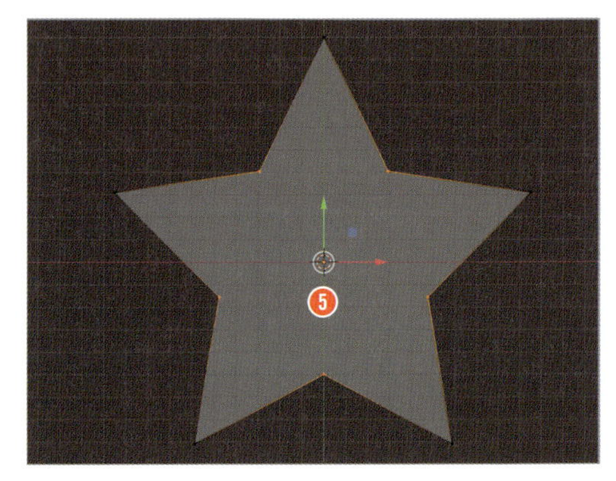

CHAPTER-4

星型の角を丸くする

1 **[プロパティ]**パネルの❶**[モディファイアープロパティ]**タブで、❷**[モディファイアーを追加]**から**[生成]**➡**[ベベル]**を選びます。❸**[量]**を「**0.005**」m、❹**[セグメント]**を「**3**」にします。

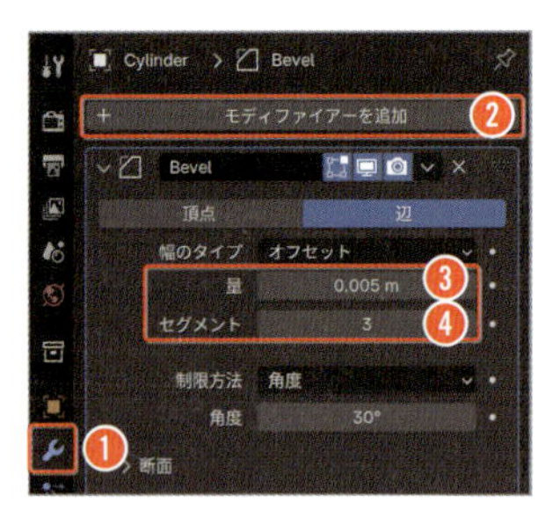

2 **[オブジェクトモード]**に切り替え、右クリックから**[スムーズシェード]**を選びます。

星型の飾りは縦向きで配置したいので、**[編集モード]**で回転します。

3 **[編集モード]**に切り替え、R➡X➡「**90**」で確定し、続けてR➡Z➡「**90**」と入力します。

星型の飾りを配置する

1 ［オブジェクトモード］に切り替え、テンキーの/（スラッシュ）でローカルビューを解除します。［移動］（G）で❶窓のある壁に配置します。

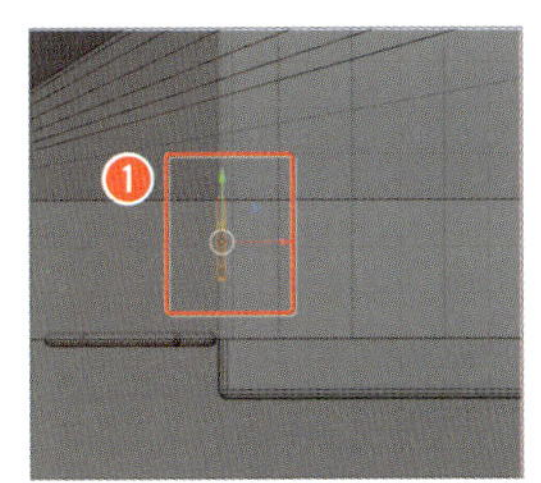

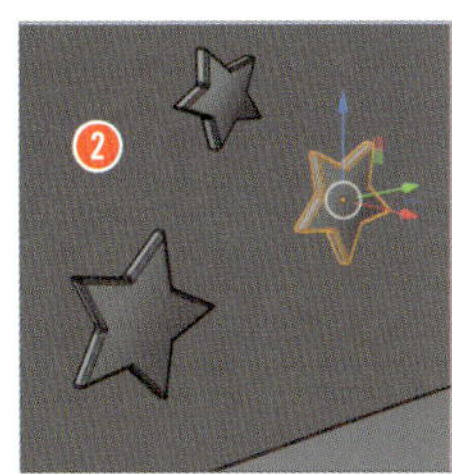

トップビュー（テンキー7）にし、［透過表示］をONにしてから移動させると配置しやすいでしょう。

2 shift＋Dを押して複製し、❷［移動］（G）、［回転］（R）、［スケール］（S）で調整して配置します。

3 配置できたら、オブジェクトを3つ選択して、［オブジェクト］メニュー➡❸［統合］（ctrl＋J）を選んでオブジェクトを統合します。ctrl＋Aを押して❹［回転・スケール］を適用します。

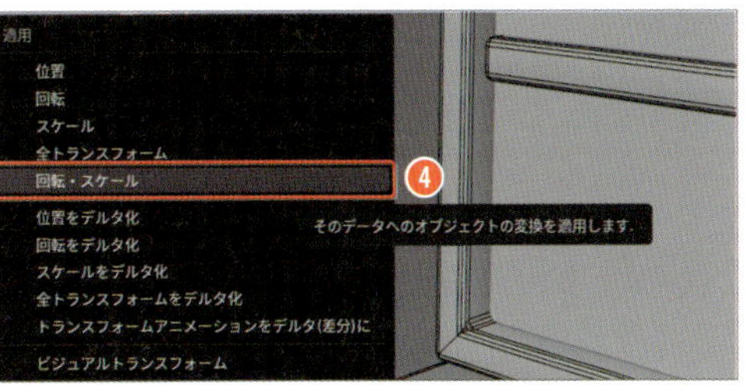

4 画面右上の［3Dビューポートのシェーディング］を、❺［マテリアルプレビュー］に変更します。

5 ［プロパティ］パネルの❻［マテリアルプロパティ］タブでマテリアルを3つ追加し、❼マテリアル名をそれぞれ「Star_Green」、「Star_Orange」、「Star_Blue」とします。
❽［ベースカラー］はそれぞれ好きな緑、オレンジ、青を設定し、❾［メタリック］を「0.5」、❿［粗さ］を「0.2」に設定します。
［編集モード］でそれぞれの星をLキーでリンク選択して、マテリアルを割り当てます。

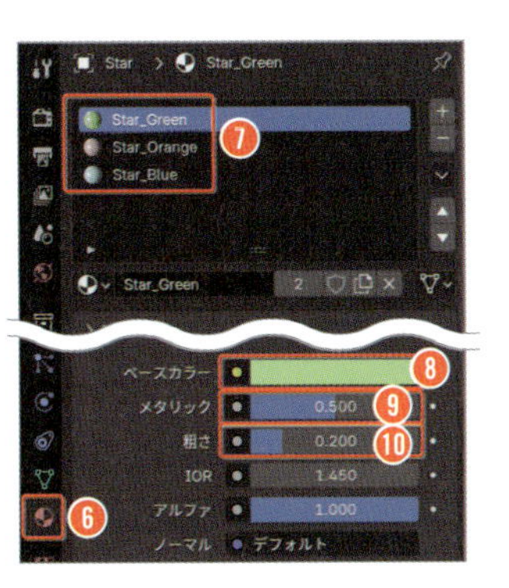

6 ［アウトライナー］から、⓫オブジェクト名を「Star」と変更しておきます。

星型の飾りの完成です。

7 必要に応じて、ctrl＋S（［編集］メニュー➡［保存］）、またはctrl＋shift＋S（［編集］メニュー➡［名前をつけて保存］）で保存します。

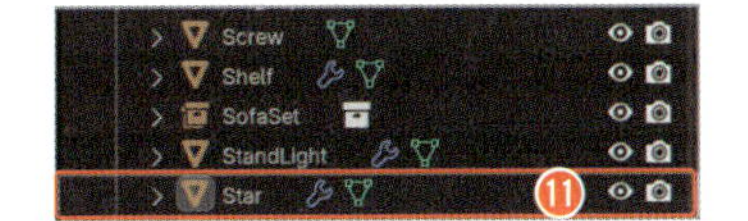

4-6 額縁をモデリング

にぎやかしのオブジェクトを部屋に追加します。ここでは、壁に額縁を加えます。

作成する額縁を確認する

レンガブロック、星型の飾りと同様にCHAPTER-2～3で使用したモデリング関連機能だけで額縁を作成できます。

作成した額縁を配置した部屋。

額縁を作成する

部屋のファイルを開いた状態からはじめます。

1 ［**オブジェクトモード**］で shift ＋ A を押して、❶［**メッシュ**］➡［**立方体**］を選んで追加します。

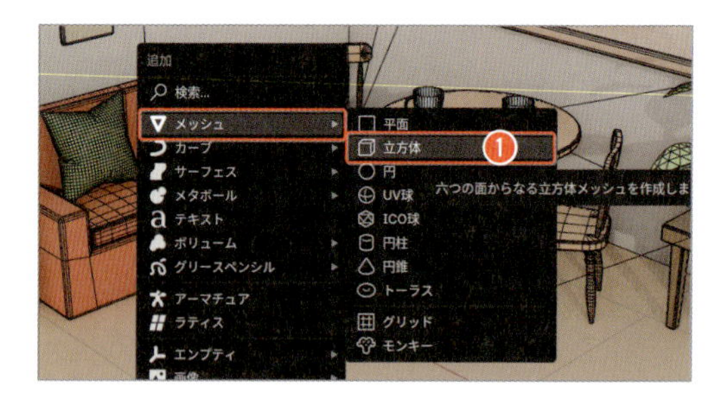

2 画面左下にある［**オペレーター**］パネルで、❷［**サイズ**］を「**0.4**」mにします。

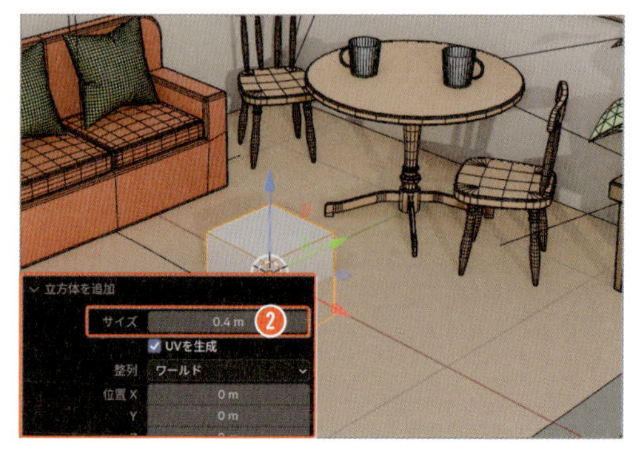

3 モデリングしやすいように、画面右上の［**3Dビューポートのシェーディング**］を❸［**ソリッド**］に変更します。テンキーの / （スラッシュ）でローカルビューにします。

4 ［**編集モード**］に切り替え、視点はトップビュー（テンキー 7 ）にします。さらに❹［**透過表示**］をONにします。

5 ❺上側（額縁背面）の頂点をドラッグでボックス選択し、**[移動]**（G）でX軸に重なるように移動します。❻下側（額縁前面）の頂点は、ドラッグでボックス選択してから厚さが5cm程度になるように移動します。
移動したら**[透過表示]**はOFFにします。

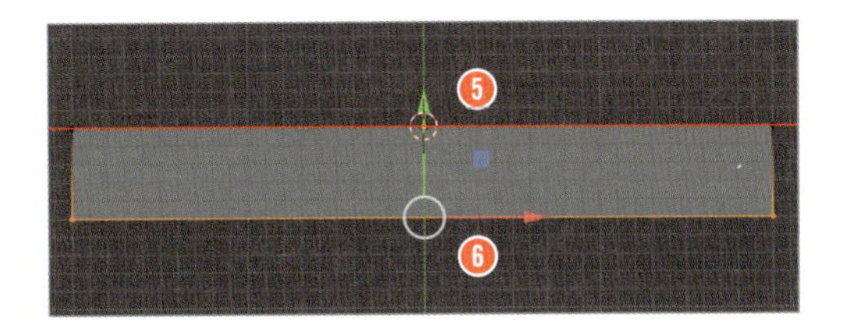

6 額縁の前面が見える視点に変更し、**[面選択]**（数字キー3）にします。額縁前面を選択し、I（アイ）キー（**[面を差し込む]**）を押して、❼図のように内側に面を差し込みます。ここでは画面左下にある**[オペレーター]**パネルで、❽**[幅]**を「0.04」mとしました。

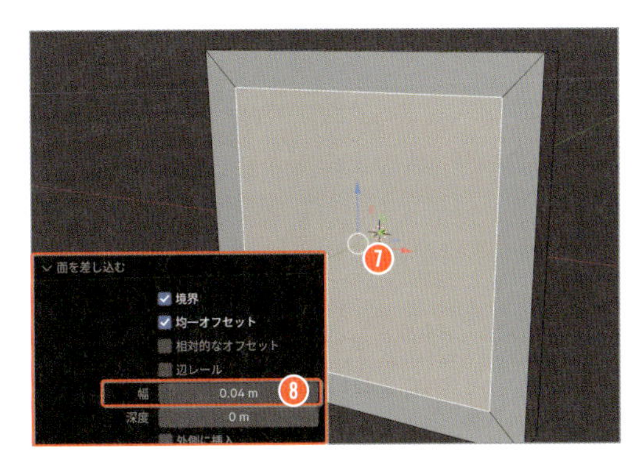

7 内側の面が選択された状態でEキー（**[押し出し]**）を押し、❾図のように内側の面を押し込みます。ここでは画面左下にある**[オペレーター]**パネルで、❿**[幅]**を「－0.03」mとしました。

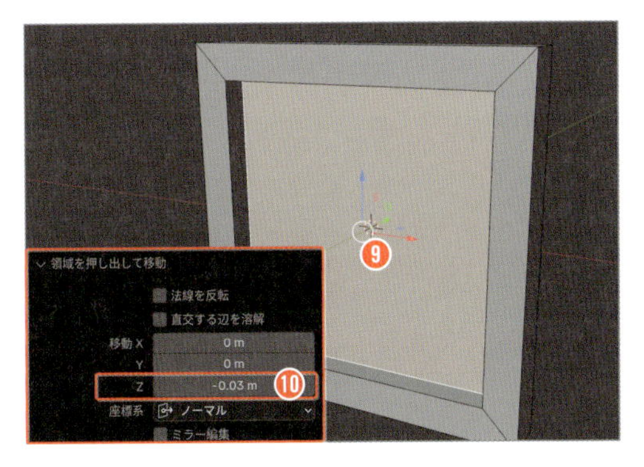

8 **[プロパティ]**パネルの⓫**[モディファイアープロパティ]**タブで、⓬**[モディファイアーを追加]**から**[生成]**➡**[ベベル]**を選びます。

9 **[モディファイアープロパティ]**タブで、⓭**[量]**を「0.005」m、⓮**[セグメント]**を「3」にします。

10 **[オブジェクトモード]**に切り替え、右クリックから**[スムーズシェード]**を選びます。

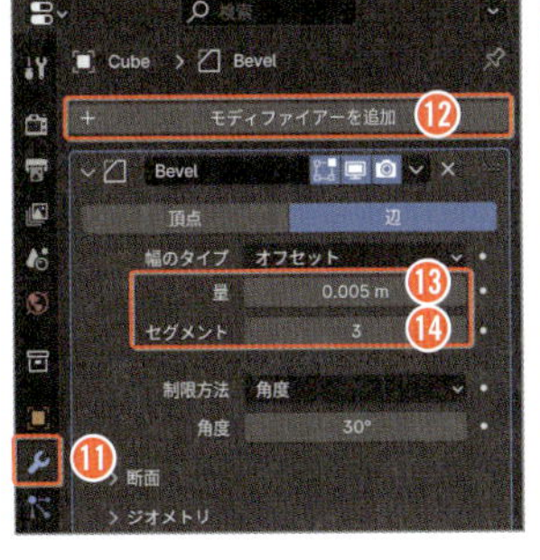

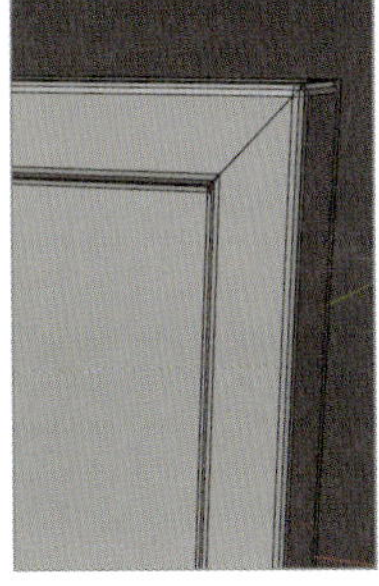

額縁にマテリアルを設定する

1 画面右上の**[3Dビューポートのシェーディング]**を、❶**[マテリアルプレビュー]**に変更します。

2 **[アウトライナー]**から、❷オブジェクト名を「PictureFrame」と変更しておきます。

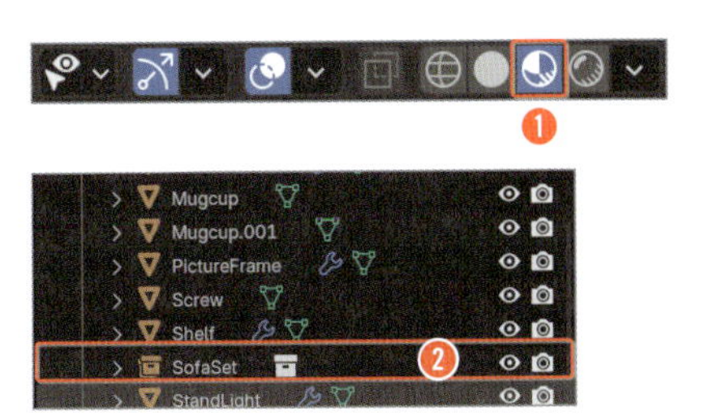

3 ［プロパティ］パネルの❸［マテリアルプロパティ］タブで、マテリアルを新規追加します。❹「PictureFrame」という名前にし、❺［ベースカラー］を設定しました。

後ほど絵を飾りたいので、画面に別のマテリアルを割り当てておきます。

4 ［編集モード］に切り替え、［面選択］（数字キー 3 ）で❻額縁画面を選択します。［マテリアルプロパティ］タブで、❼［＋］、［新規］、❽［割り当て］と続けてクリックしてマテリアルを新規追加して割り当てます。マテリアル名を❾「Picture」とします。マテリアルの値はデフォルトのままにしておきます。

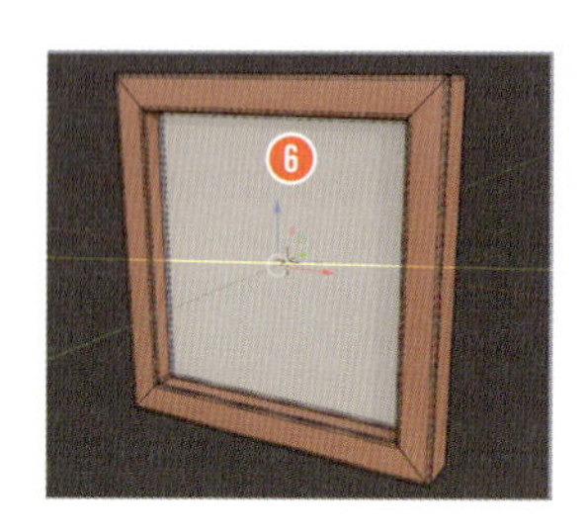

額縁を配置する

1 ［オブジェクトモード］に切り替え、テンキーの / （スラッシュ）を押してローカルビューを解除します。［移動］（ G ）や［回転］（ R ）で壁に配置します。

額縁オブジェクトの完成です。

2 必要に応じて、 ctrl ＋ S （［編集］メニュー➡［保存］）、または ctrl ＋ shift ＋ S （［編集］メニュー➡［名前をつけて保存］）で保存します。

4-7 絨毯をモデリング

にぎやかしのオブジェクトを部屋に追加します。ここでは、床に絨毯の装飾を加えていきます。

作成する絨毯を確認する

ここまでのインテリアオブジェクトの作成と同様に、CHAPTER-2～3で学んだ機能を使って絨毯を作成して復習してみましょう。

作成した絨毯を床に配置した部屋。

絨毯の形状を作成する

部屋のファイルを開いた状態からはじめます。

1. **[オブジェクトモード]**で shift + A を押して、**[メッシュ]➡[平面]**を選んで追加します。

2. 画面左下にある**[オペレーター]**パネルで、❶**[サイズ]**を「**1.8**」mにします。

3. モデリングしやすいように、画面右上の**[3Dビューポートのシェーディング]**を、❷**[ソリッド]**に変更します。テンキーの / (スラッシュ)を押してローカルビューにします。

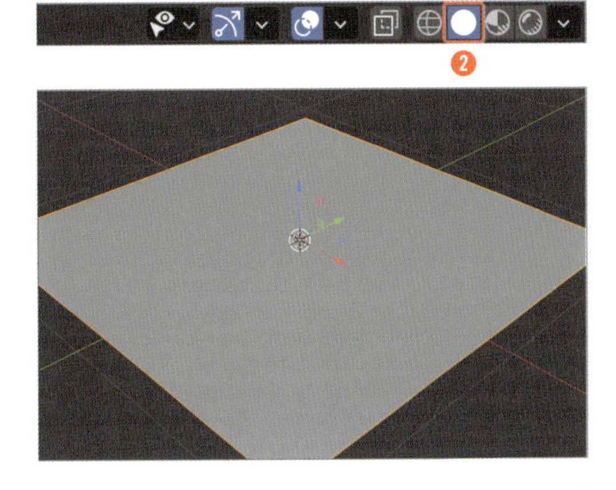

4 [**編集モード**]に切り替え、すべて選択した状態で、S→Y→「**0.8**」と入力してスケールをかけて幅と長さの比率を調整します。

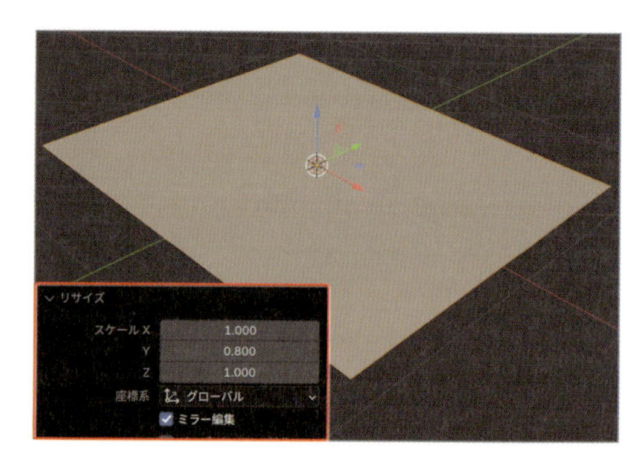

5 [**頂点選択**](数字キー1)にし、Aキーですべて選択します。shift＋ctrl＋B([**頂点ベベル**])を押して、❸ベベルをかけます。ここでは、画面左下にある[**オペレーター**]パネルで、❹[**幅**]を「**0.06**」m、[**セグメント**]を「**3**」としました。

ctrl＋Bの通常の[**ベベル**]の場合は、[**オペレーター**]パネルで、❺[**影響**]を[**頂点**]にすると同様の効果となります。

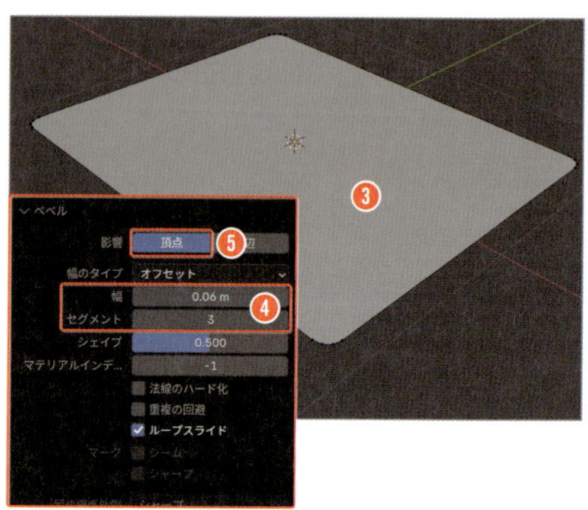

CHAPTER-4

絨毯に厚みをつける

1 視点をフロントビュー(テンキー1)にし、Aキーですべて選択します。E→Z →「**0.01**」と入力し、1cm Z軸上方向に押し出します。

2 裏面は不要なため、面選択(数字キー3)にして、裏面を選択した状態でXキーを押して、❶[**面**]を選んで削除しておきます。

3 ［**オブジェクトモード**］に戻って絨毯を選択し、右クリックから❷［**自動スムーズシェード**］を選びます。

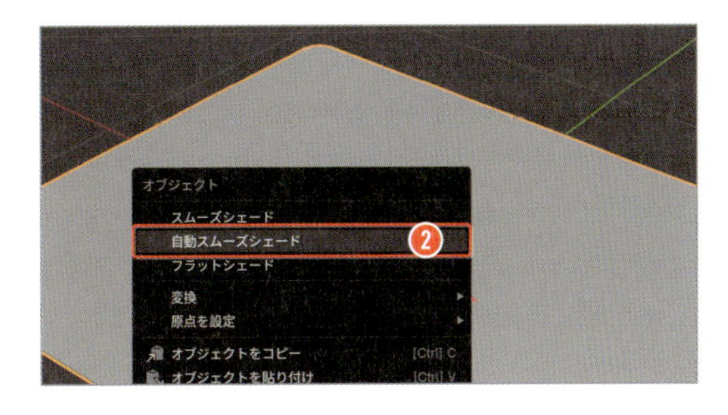

4 ［**オペレーター**］パネルまたはモディファイアープロパティから❸［**角度**］を「**60°**」に設定します。

絨毯にマテリアルを設定する

1 画面右上の［**3Dビューポートのシェーディング**］を、❶［**マテリアルプレビュー**］に変更します。

2 ［**アウトライナー**］から、❷オブジェクト名を「**Carpet**」と変更しておきます。

3 ［**プロパティ**］パネルの❸［**マテリアルプロパティ**］タブで、マテリアルを新規追加します。❹「**Carpet**」という名前にし、❺［**ベースカラー**］を設定しました。

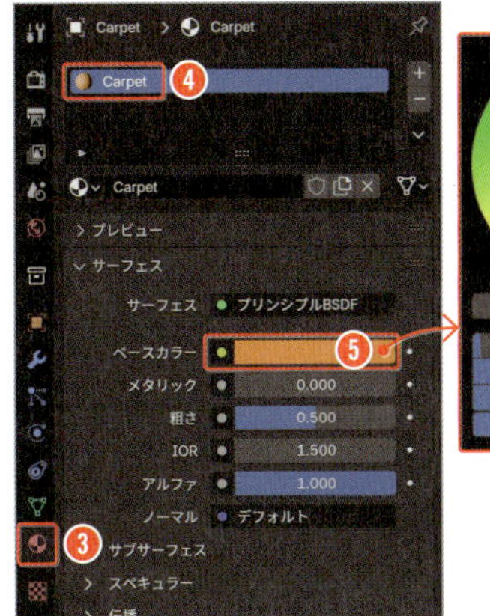

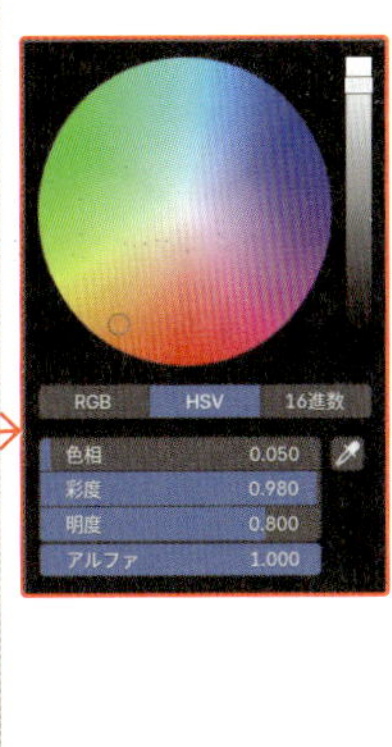

絨毯を配置する

1 ［**オブジェクトモード**］に切り替え、テンキーの / （スラッシュ）を押してローカルビューを解除します。［**移動**］（ G ）で室内に配置します。絨毯の完成です。

2 必要に応じて、 ctrl ＋ S （［**編集**］メニュー➡［**保存**］）、または ctrl ＋ shift ＋ S （［**編集**］メニュー➡［**名前をつけて保存**］）で保存します。

4-8 ガラスボトルをモデリング

にぎやかしのオブジェクトを部屋に追加します。ここでは、テーブルの上にガラスボトルを加えます。

作成するガラスボトルを確認する

ここまでのインテリアオブジェクトの作成と同様に、CHAPTER-2～3で学んだ機能を使ってガラスボトルを作成して復習してみましょう。

作成したガラスボトルを配置した部屋。

ガラスボトルの形状を作成する

部屋のファイルを開いた状態からはじめます。

1. [**オブジェクトモード**]で shift + A を押して、[**メッシュ**]➡[**円柱**]を選んで追加します。

2. 画面左下にある[**オペレーター**]パネルで、❶[**頂点**]を「**16**」、[**半径**]を「**0.05**」m、[**深度**]を「**0.3**」mにします。

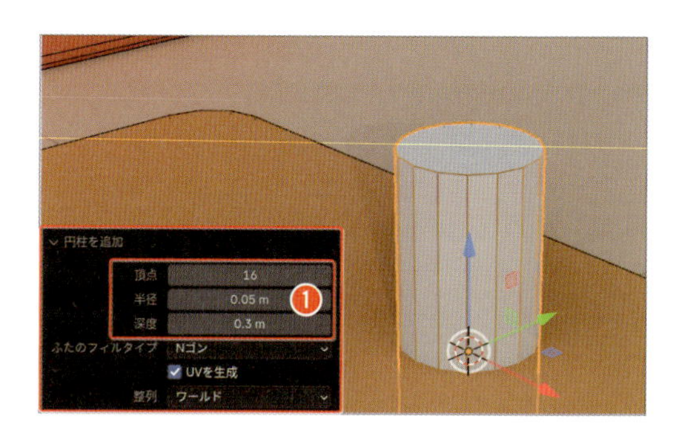

3. モデリングしやすいように、画面右上の[**3Dビューポートのシェーディング**]を、❷[**ソリッド**]に変更します。テンキーの / (スラッシュ)を押してローカルビューにします。

4. [**編集モード**]に切り替え、フロントビュー(テンキー 1)にします。すべて選択した状態で、❸底面中央がワールド原点の位置になるよう[**移動**](G)で移動します。

数値入力する場合は、Z方向に「0.15」m移動します。

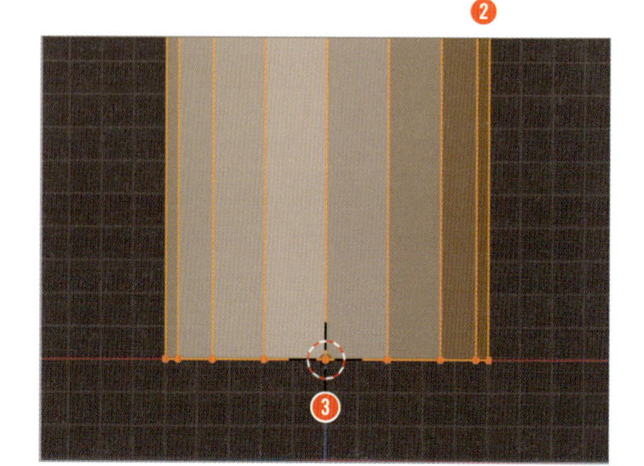

5 [**頂点選択**](数字キー1)にし、[**透過表示**]をONにします。円柱上面のすべての頂点をドラッグでボックス選択し、❹ボトルの肩あたりになる位置まで[**移動**](G)で移動します。

数値入力する場合は、Z方向に「−0.1」m移動します。

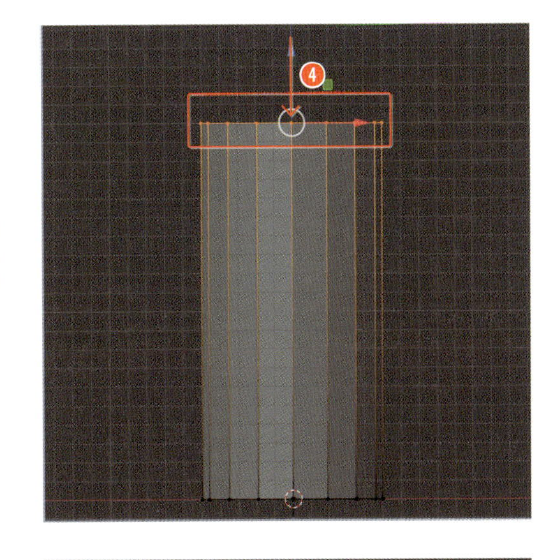

6 円柱上面のすべての頂点が選択されたままEキーを押して、❺ボトルネックの根元の位置まで押し出します。

数値入力する場合は、Z方向に「0.05」m移動します。

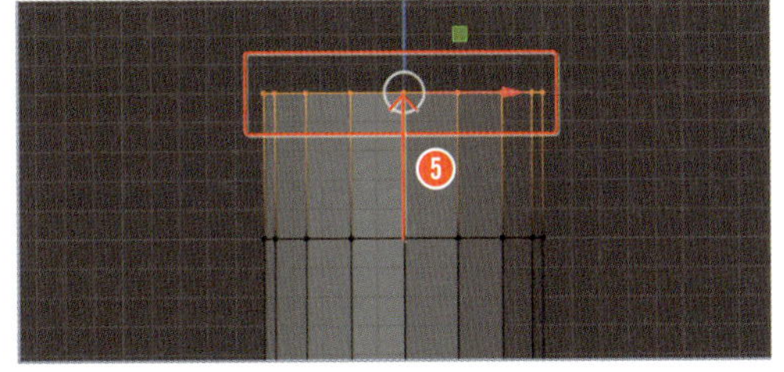

7 押し出した面の頂点が選択されたままSキーを押して、❻押し出した面が細くなるようにスケールをかけます。

数値入力する場合は「0.4」と入力します。

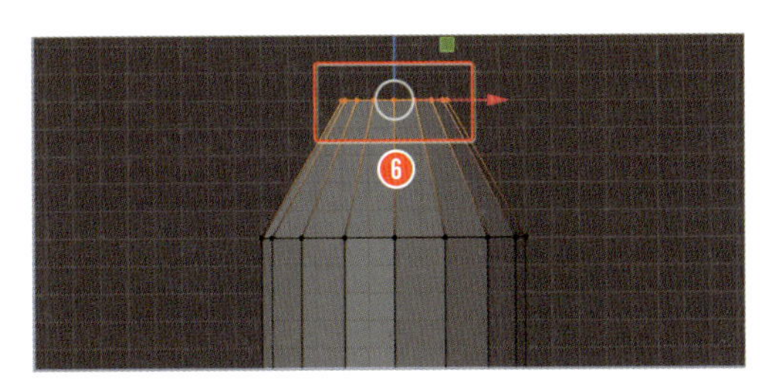

8 スケールをかけた面の頂点が選択されたままEキーを押して、❼ボトルの高さまで押し出します。ここでは9cm程度押し出しています。

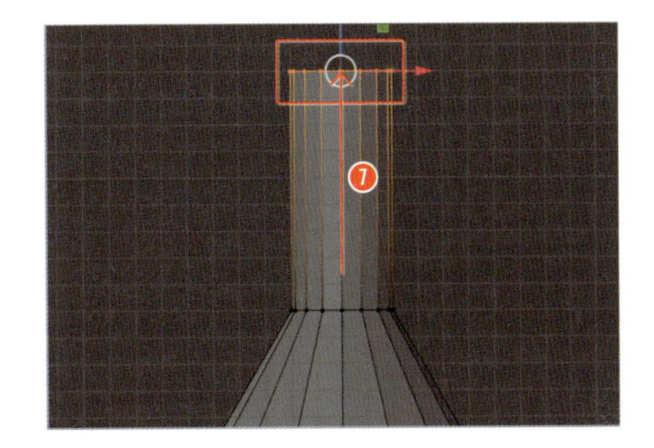

9 押し出した面の頂点が選択されたままSキーを押して、❽押し出した面が細くなるようにスケールをかけます。

数値入力する場合は「0.6」と入力します。

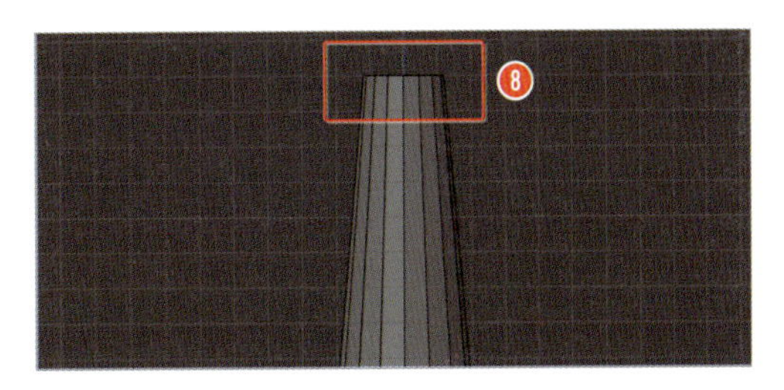

ガラスボトルの首と肩をなだらかにする

1 **[辺選択]**（数字キー2）にし、❶肩の辺をalt＋クリックでループ選択します。ctrl＋Bを押してベベルをかけてなだらかにします。ここでは画面左下にある**[オペレーター]**パネルで、❷**[幅]**を「**0.02**」、**[セグメント]**を「**3**」にしました。

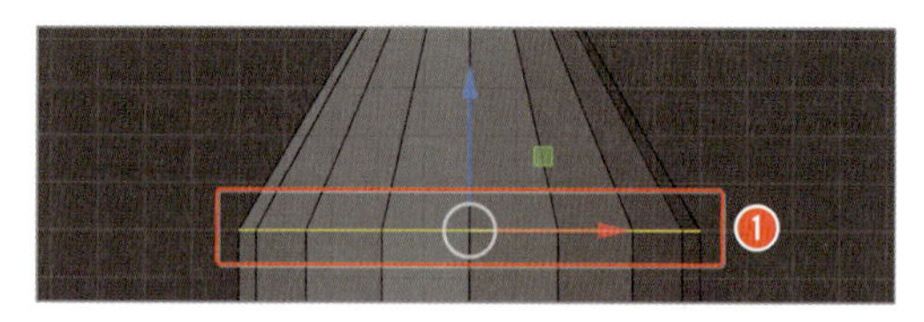

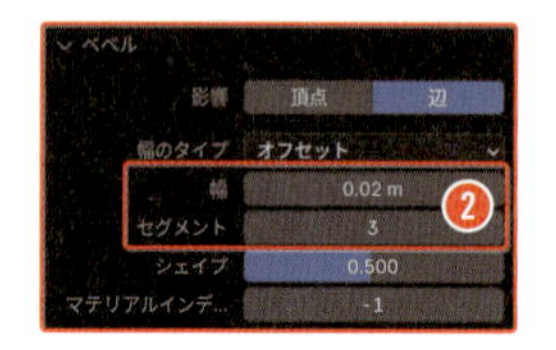

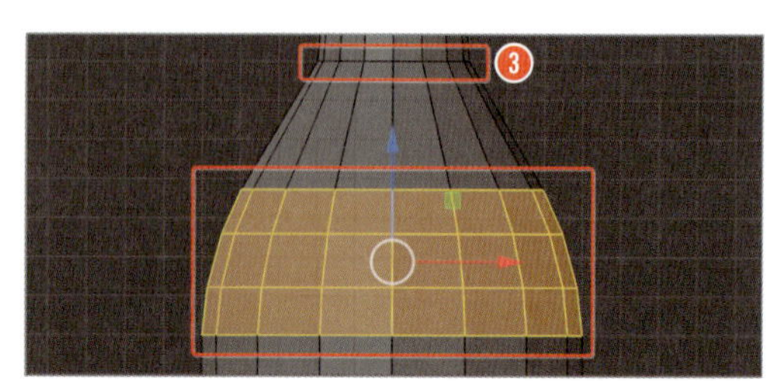

2 **[辺選択]**（数字キー2）で❸首のつけ根の辺をalt＋クリックでループ選択します。ctrl＋Bを押してベベルをかけてなだらかにします。ここでは画面左下にある**[オペレーター]**パネルで、❹**[幅]**を「**0.01**」、**[セグメント]**を「**3**」にしました。

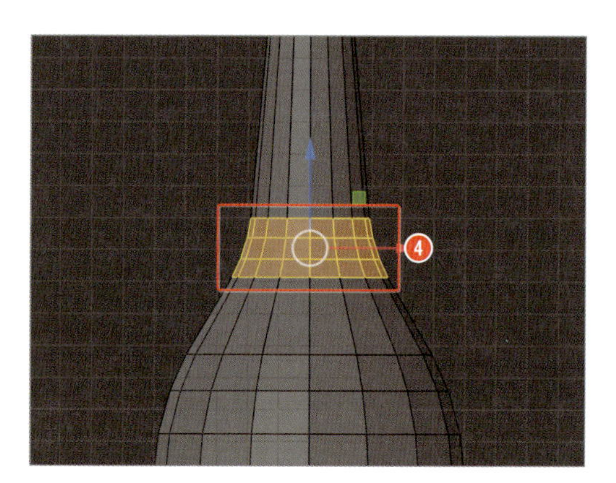

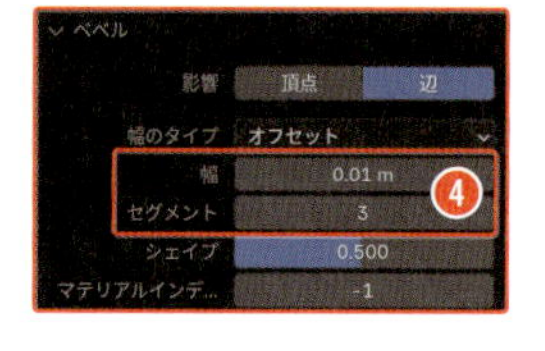

ガラスボトルの口部分を編集する

1 ctrl＋Rを押して❶ループカットを1本追加首部分の真ん中に作成します（位置は右クリックで移動をキャンセル）。

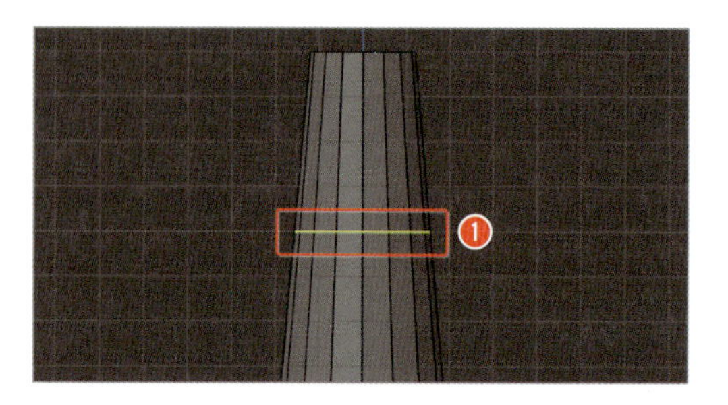

2 G➡Gと押してループカットした辺をスライドさせます。❷飲み口の突起の位置あたりでクリックしてスライドを確定します。

移動量を数値入力する場合は、[係数]を「－0.5」にします。

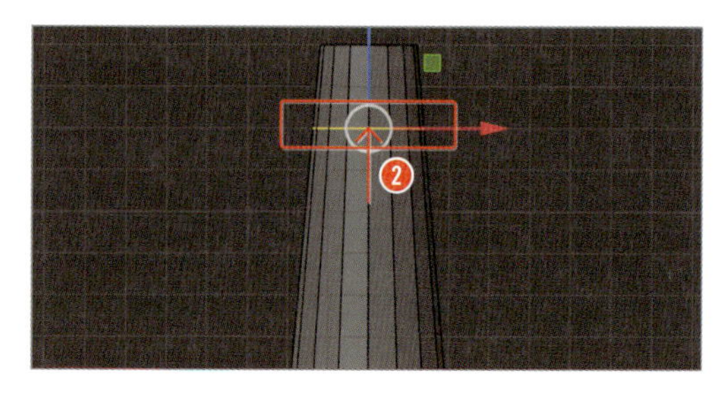

3 ［**透過表示**］がONになっていなければONにします。［**面選択**］（数字キー3）にし、❸図の範囲をドラッグで囲んでボックス選択します。alt＋Eを押して［**法線に沿って面を押し出し**］を選びます。

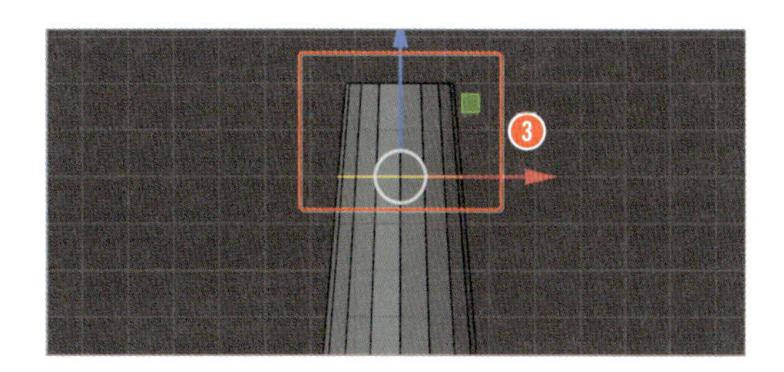

4 法線に沿って面を押し出します。

5 ［**透過表示**］をOFFにします。ボトルの上の面をalt＋クリックのループ選択やshiftを押しながらクリックの複数選択ですべて選択します。Xキーを押して面を削除します。後で厚みを作成するのでガラスの口部分はこのままにしておきます。

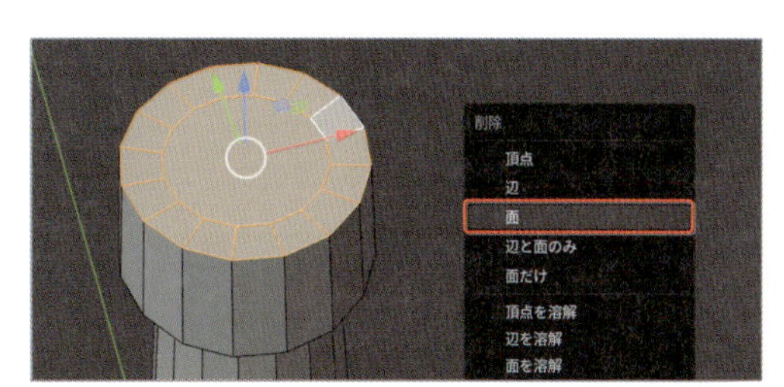

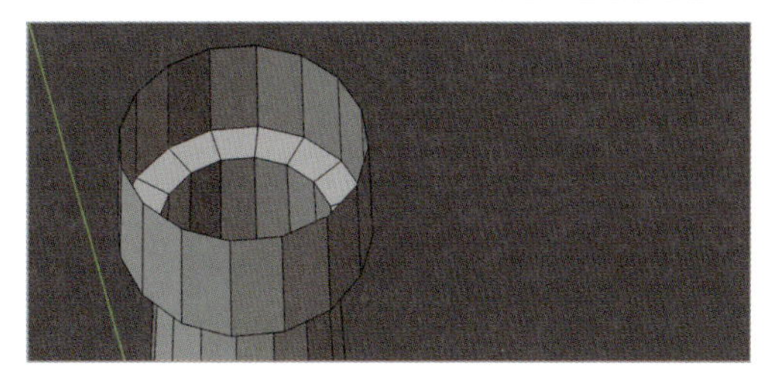

ガラスボトルの底を編集する

1 ［**面選択モード**］のまま、ガラスボトルの底面を選択します。

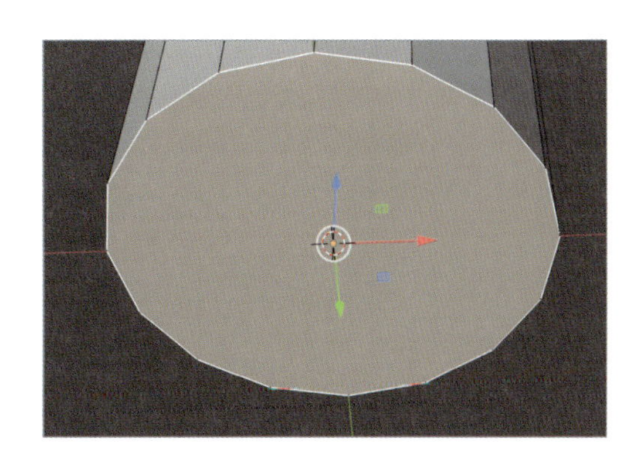

2 ctrl+B を押してベベルをかけます。ここでは左下の[**オペレーター**]パネルで、❶[**幅**]を「**0.01**」、❷[**セグメント**]を「**3**」にしました。

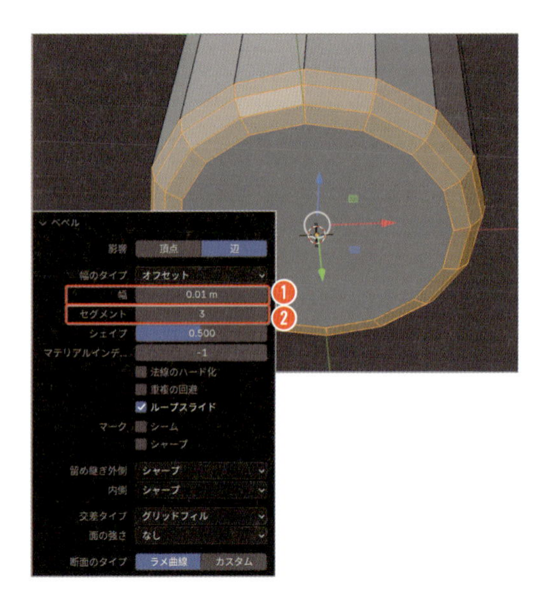

3 [**面選択**](数字キー3)にし、ボトルの底面(一番内側の面)を選択します。I(アイ)キー([**面を差し込む**])を押して、内側に面を差し込みます。続いて[**移動**](G➡Z)で❸面を上に少し移動させて窪みを作ります。

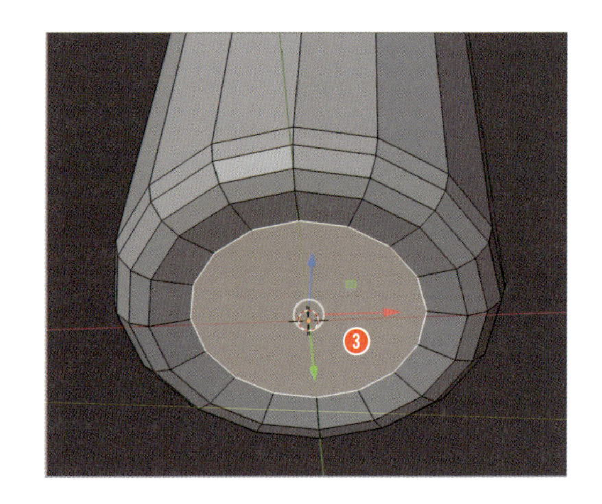

4 同様にI(アイ)キー([**面を差し込む**])を押して、内側に面を差し込み、続けて[**移動**](G➡Z)で❹面を上に少し移動させて窪みを作ります。

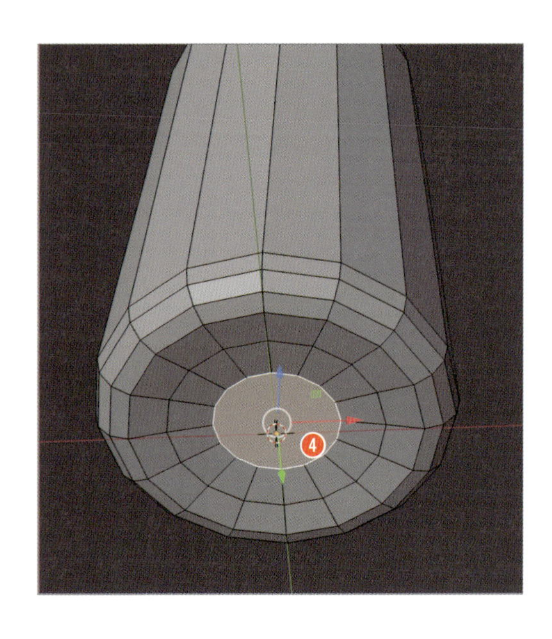

ボトルに厚みをつける

1 tab キーで［**オブジェクトモード**］に戻ります。［**モディファイアー**］プロパティから［**モディファイアーを追加**］➡［**生成**］➡［**ソリッド化**］を選択し、ソリッド化モディファイアーを追加します。ここでは❶［**幅**］を「**0.005m**」としました。

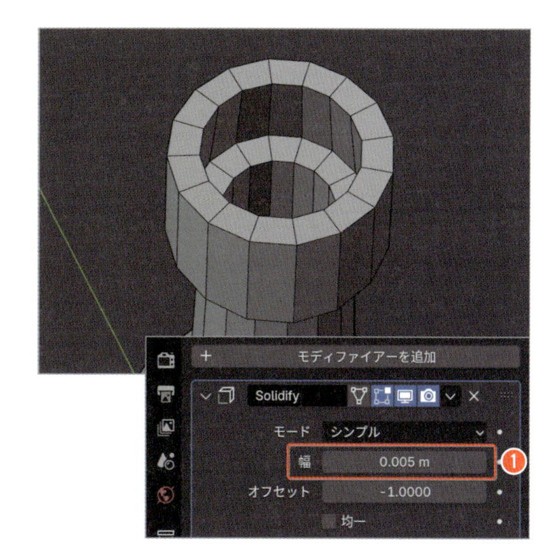

2 ［**モディファイアー**］プロパティから［**モディファイアーを追加**］➡［**生成**］➡［**ベベル**］を選択し、ベベルモディファイアーを追加します。ここでは❷［**量**］を「**0.002m**」、❸［**セグメント**］を「**2**」としました。❹［**角度**］は「**30度**」のままですが、意図しないところにベベルが入る場合はこの角度を調整します。

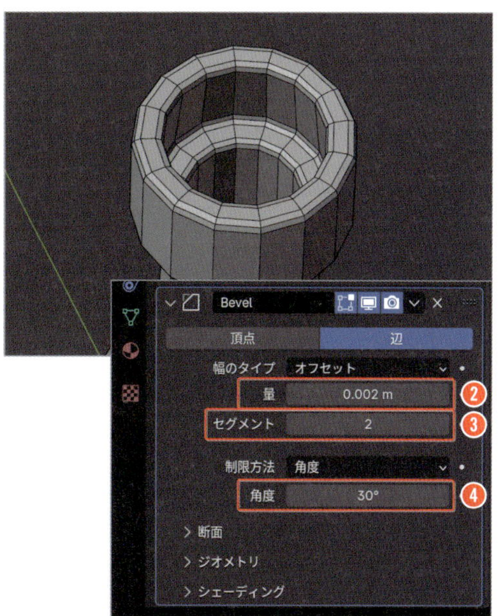

3 厚みが付けられたので、ボトルを選択して右クリックから❺［**スムーズシェード**］を選びます。

ガラスボトルに
マテリアルを設定する

1 画面右上の[**3Dビューポートのシェーディング**]を、❶[**マテリアルプレビュー**]に変更します。

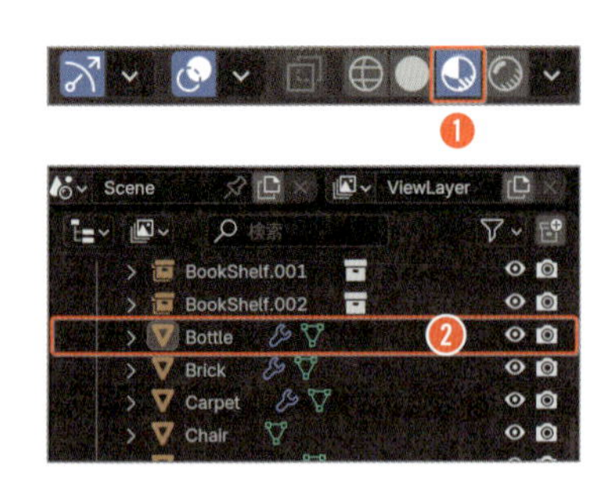

2 [**アウトライナー**]から、❷オブジェクト名を「**Bottle**」と変更しておきます。

3 [**プロパティ**]パネルの❸[**マテリアルプロパティ**]タブで、マテリアルを新規追加します。❹「**Bottle**」という名前にし、❺[**ベースカラー**]と❻[**粗さ**]を調節して配置の際イメージしやすい仮マテリアルに設定します。ここでは[**粗さ**]を「**0.1**」としました。

ガラスボトルを配置して
全体を調整する

1 テンキーの/(スラッシュ)を押してローカルビューを解除します。[**移動**](G)で室内に配置します。

テーブルのサイズ感を見ながらガラスボトルとマグカップのスケールを少し大きく調整しました。さらに、alt+Dでリンク複製して窓のところにもガラスボトルを配置しています。

全体の様子を見ながら配置の微調整をして、背景モデルの完成です。お疲れ様でした。

2 必要に応じて、ctrl+S([**編集**]メニュー➡[**保存**])、またはctrl+shift+S([**編集**]メニュー➡[**名前をつけて保存**])で保存します。

CHAPTER 5

マテリアル設定とUV展開

5-1 マテリアルプロパティを操作

マテリアルを設定する基本は、[マテリアルプロパティ]のパラメーター操作です。まずは[マテリアルプロパティ]を詳しく見ていきましょう。

[マテリアルプロパティ]を確認する

新規のシーンを開いて[**プロパティ**]パネルの❶[**マテリアルプロパティ**]タブを開くと、デフォルトで作成されているキューブオブジェクトには、❷[Material]という名前のマテリアルが割り当てられています。
まずはこの状態で、[**マテリアルプロパティ**]タブの内容を確認しましょう。

Blenderのような3Dソフトでファイルを開くと似た意味として「**シーンを開く**」と呼ぶことがあります。
文章系のソフトで「**文書を開く**」、画像処理ソフトで「**画像を開く**」などと同様の表現です。

1 [**マテリアルプロパティ**]タブの❸[**プレビュー**]をクリックして開きます。

2 ❹プレビューウインドウでは現在のマテリアル設定をプレビューできます。❺右側縦に並ぶアイコンをクリックして選ぶことで、[**プレビューレンダータイプ**](プレビュー内のモデル形状)を変更できます。図では❻[**シェーダーボール**]を選んでいます。

真鍮のマテリアルを作成する

真鍮のような金属のマテリアルを作成します。

1 [3Dビューのシェーディング]を❶[マテリアルプレビュー]にします。
[マテリアルプロパティ]タブで❷[ベースカラー]を黄色系に変更します。
❸[メタリック]を「1」、❹[粗さ]を「0.2」とします。

マテリアルの設定値については、P.288～で解説します。

[マテリアルプロパティ]の❺プレビューウインドウに反映がされました。

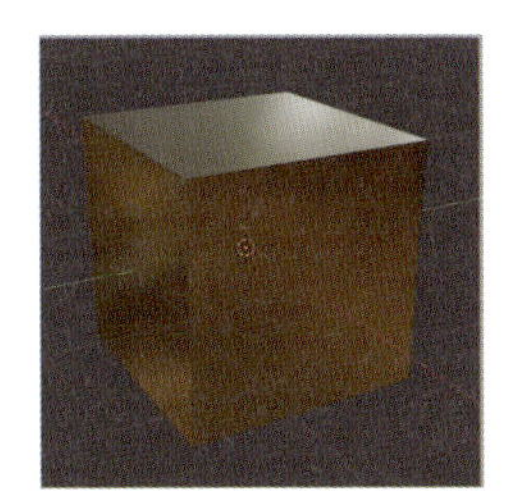

オブジェクトに新しいマテリアルを割り当てる

続いて、新しいオブジェクトに新しいマテリアルを割り当てします。ここではUV球を追加して新しいマテリアルを割り当てます。

1 [オブジェクトモード]で shift + A を押して、❶[メッシュ]➡[UV球]を選んで追加します。

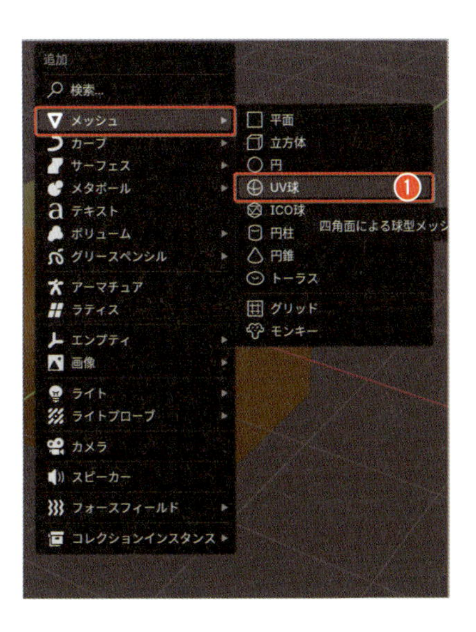

2 作成したUV球を選択し、❷[**移動**](G➡X)で、キューブに重ならない位置まで移動します。さらに右クリックから[**スムーズシェード**]を選び、スムーズシェードにしておきます。

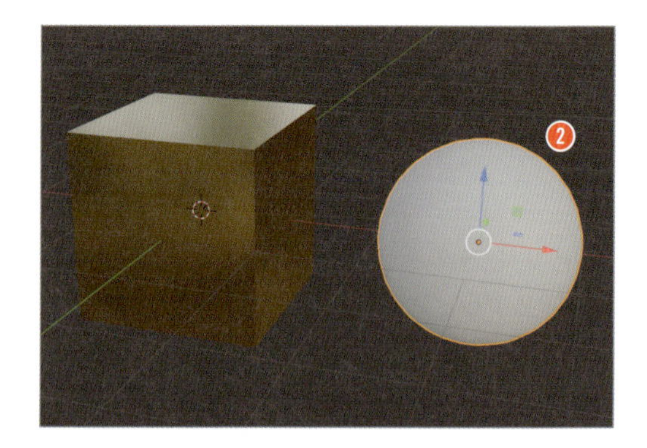

球のオブジェクトを選択して[**マテリアルプロパティ**]を見ると、❸マテリアルが割り当てられていないことがわかります。
マテリアルを追加して割り当てる場合、通常、次の手順で行います。

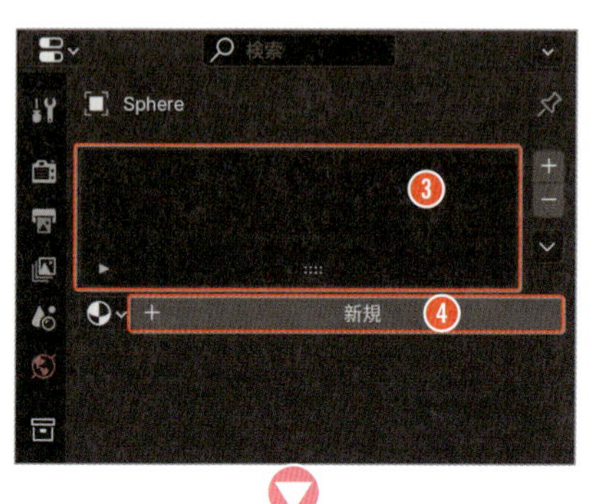

1. マテリアルスロットを作成
2. マテリアルスロットにマテリアルを作成
3. 作成したマテリアルをオブジェクトに割り当て

マテリアルスロットはマテリアルを格納するポケットのようなものです。このポケットに、[**マテリアル**]という入れ物を入れておく必要があり、さらに、ポケットがどのオブジェクトと対応するか割り当てておきます。ちょっと複雑ですが、2重の入れ物を作ってから割り当てると覚えておいてください。

3 [**マテリアルプロパティ**]タブで❹[**新規**]をクリックしてマテリアルを新規作成します。

❹[**新規**]をクリックするだけで、❺マテリアルスロットを作成→マテリアルを作成→マテリアルの割り当てが同時に行われます。

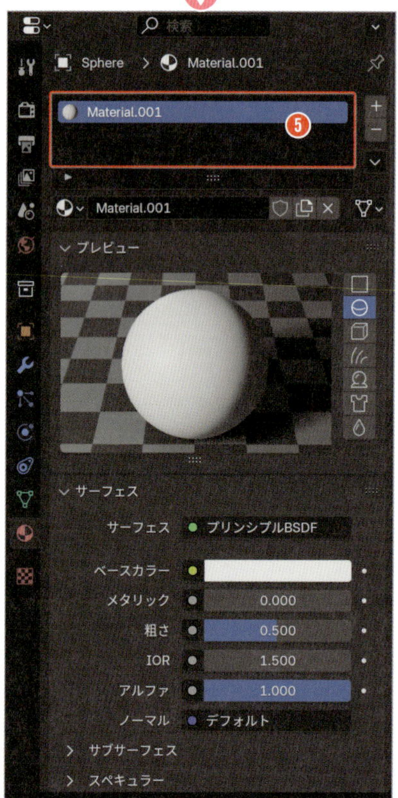

光沢のないマテリアルを作成する

金属と対照的なマテリアルを作ってみます。

1 [**マテリアルプロパティ**]タブで❶[**ベースカラー**]をオレンジ色に変更します。
❷[**メタリック**]を「**0**」、❸[**粗さ**]を「**1**」とします。光沢のないマットなマテリアルができました。

5-2 シェーダーエディターの基本操作

[シェーダーエディター]はマテリアルのより詳細な設定を行うウィンドウになります。

ワークスペースを変更する

[シェーダーエディター]を操作するのに便利なワークスペースが用意されています。まずワークスペースを切り替えます。

1 画面上部の❶[Shading]タブをクリックします。

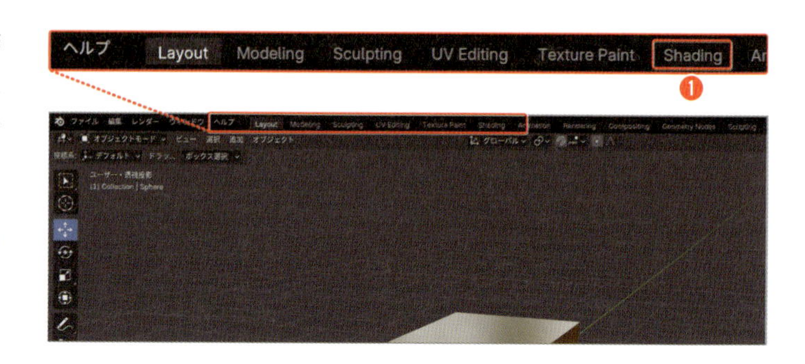

下図のように4分割された画面になります。[3Dビューポート]の下にあるウィンドウが[シェーダーエディター]でマテリアルのより詳細な設定を行うウィンドウになります。

ここではこのワークスペースを使って[シェーダーエディター]を操作していきます。

分割ウインドウは、分割線のドラッグで領域の比率を変更することができるので、作業しやすいように整えます。

2 ［3Dビューポート］と［シェーダーエディター］の間の❷分割線を上方向にドラッグして、［シェーダーエディター］の領域を広げます。

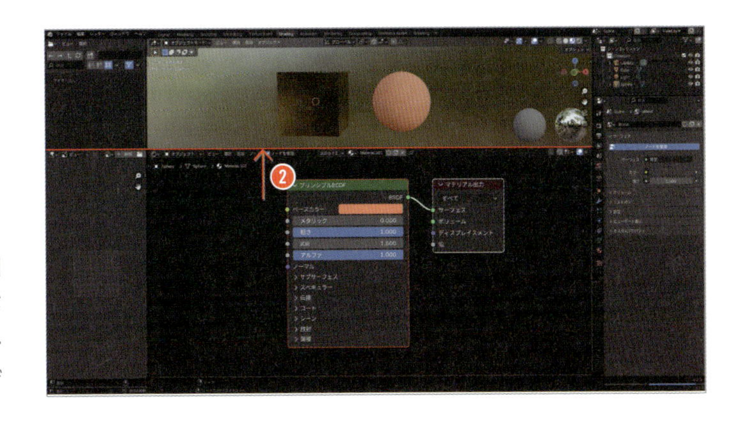

［シェーダーエディター］を確認する

［3Dビューポート］でSphereのオブジェクトを選択します。［シェーダーエディター］では、❶［プリンシプルBSDF］というシェーダーノードと、❷［マテリアル出力］の出力ノードが繋がっています。

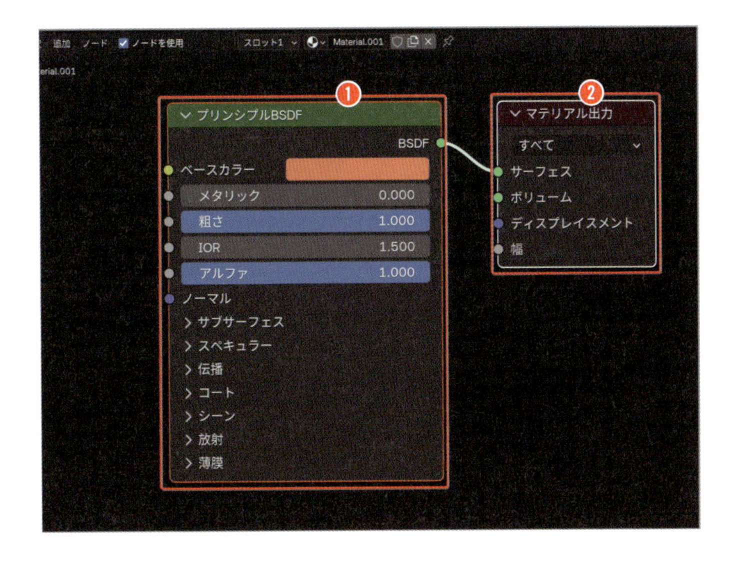

［プリンシプルBSDF］（シェーダーノード）と［マテリアル出力］の［サーフェス］が線で繋がることで、［プリンシプルBSDF］の設定内容がオブジェクトに反映されます。

プリンシプルBSDFはPBR（Physical Based Rendering）に対応したシェーダーで、光沢や反射などをリアルに表現する際に使用されます。

［シェーダーエディター］の表示は、マウス中ボタンの回転で拡大/縮小、shift を押しながらマウス中ボタンのドラッグで表示を移動できます。

テクスチャを割り当てる

［プリンシプルBSDF］のようなパラメータによる設定以外に、テクスチャ（画像データ）を割り当てることもできます。

1 ［シェーダーエディター］内にマウスポインタを移動し、shift＋Aを押します。❶［テクスチャ］➡［チェッカーテクスチャ］を選びます。

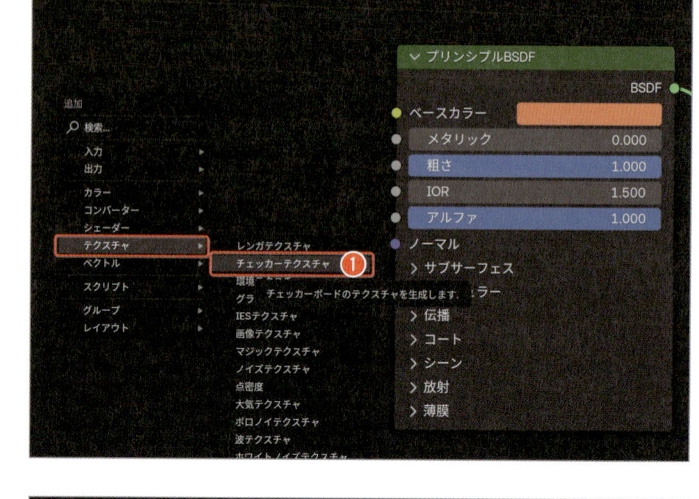

2 ❷図のあたりでクリックして［チェッカーテクスチャ］を配置します。

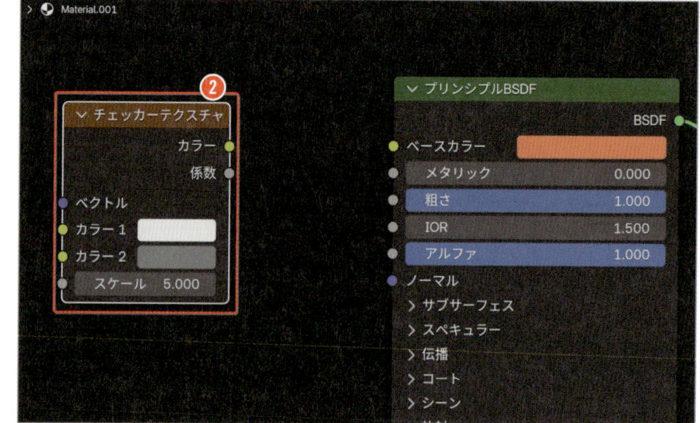

［チェッカーテクスチャ］と［プリンシプルBSDF］をつないでみましょう。

3 ［チェッカーテクスチャ］の❸［カラー］の○（ソケットと呼ぶ）から、［プリンシプルBSDF］の❹［ベースカラー］の○（ソケット）まで、マウスドラッグすると❺繋がります。

対応するソケットは、それぞれ同じ色で表示されます。

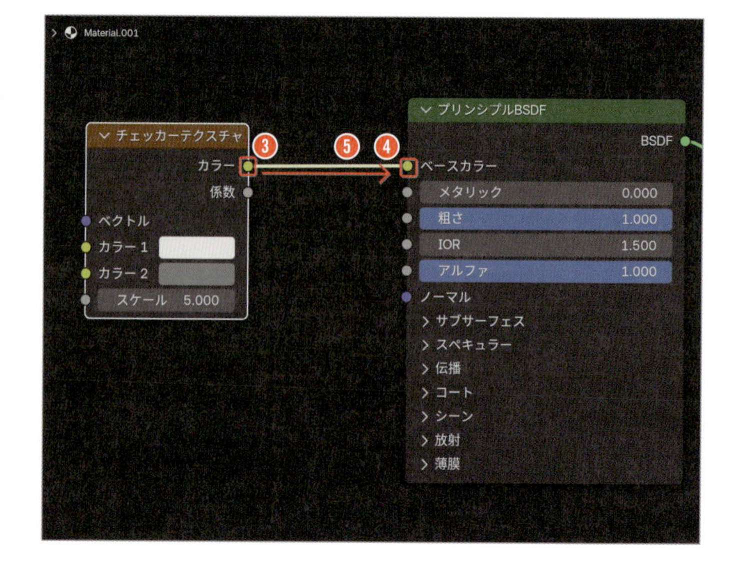

[**チェッカーテクスチャ**] がオブジェクトの [**ベースカラー**] に反映されました。

※❶は次のステップで選択します。

立方体を発光させる

立方体のオブジェクトを発光体にしてみます。

1 [**3Dビューポート**] で❶立方体のオブジェクトを選択します（前ステップの図参照）。

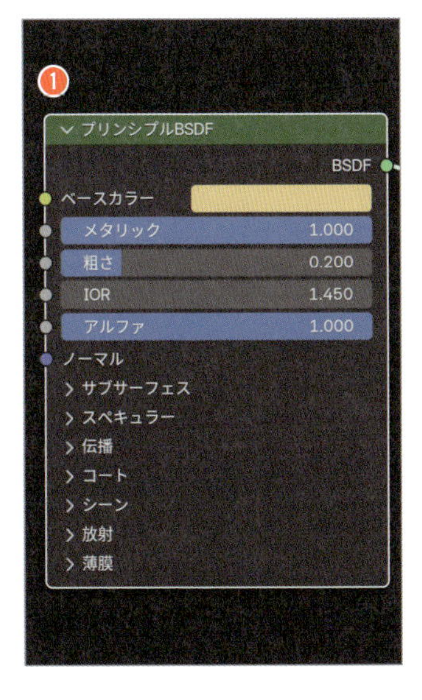

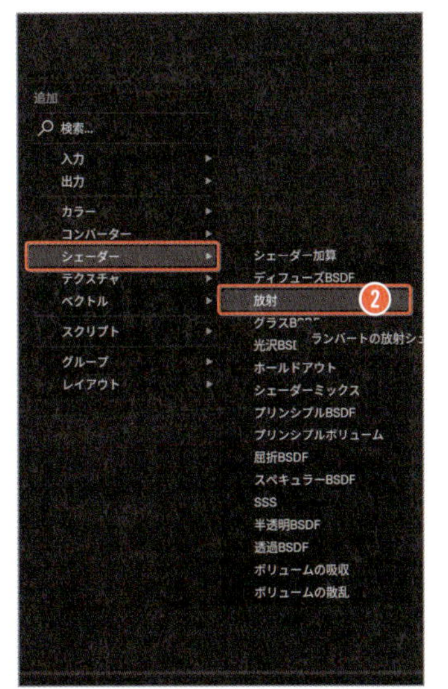

2 [**シェーダーエディター**] に表示されているマテリアルが切り替わります。shift + A を押して❷ [**シェーダー**] ➡ [**放射**] を選びます。

3 ❸図のあたりでクリックして、[**放射**] シェーダーを配置します。

[**放射**] シェーダーはスタンドライトを作る際に使用したように、発光マテリアルを作成する際に使用します。

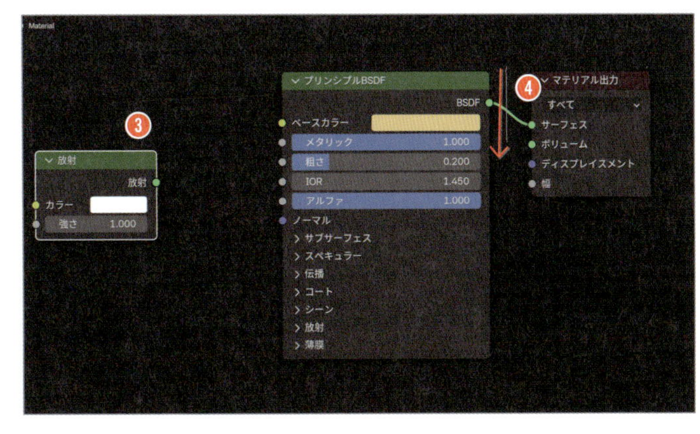

繋がっている線を切断します。

4 ❹ ctrl を押しながら線を横切るように右ボタンドラッグします。

線が切断されます。

5 ❺[**放射**]シェーダーの[**放射**]ソケットから[**マテリアル出力**]の[**サーフェス**]ソケットまでドラッグして接続します。

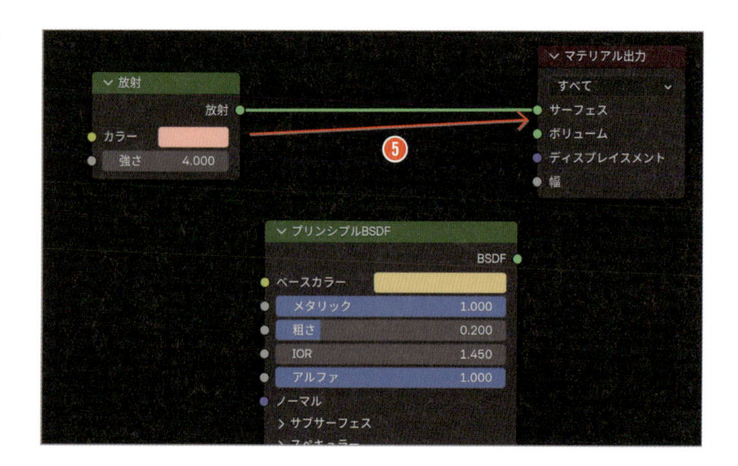

[**放射**]シェーダーが立方体に反映されました。

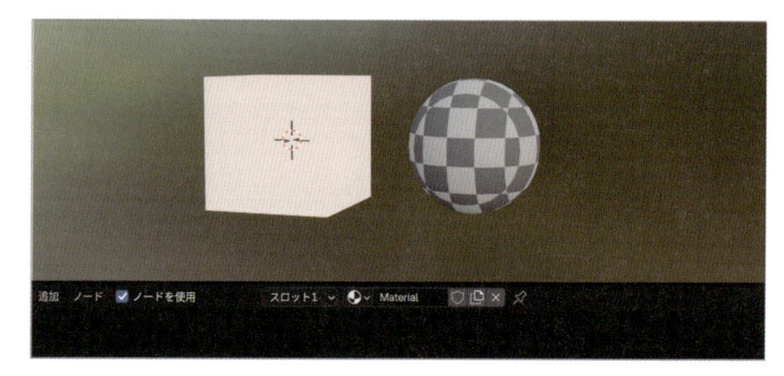

6 ❻[**放射**]シェーダーの[**強さ**]を「**4**」にします。❼[**カラー**]をクリックしてカラーサークルを表示させ、好みの色に設定します。

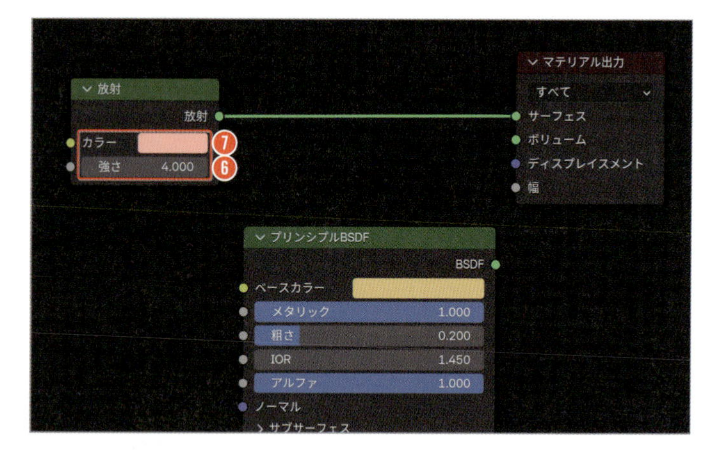

7 [**プリンシプルBSDF**]は不要のため、選択してからXキーを押して削除しておきます。

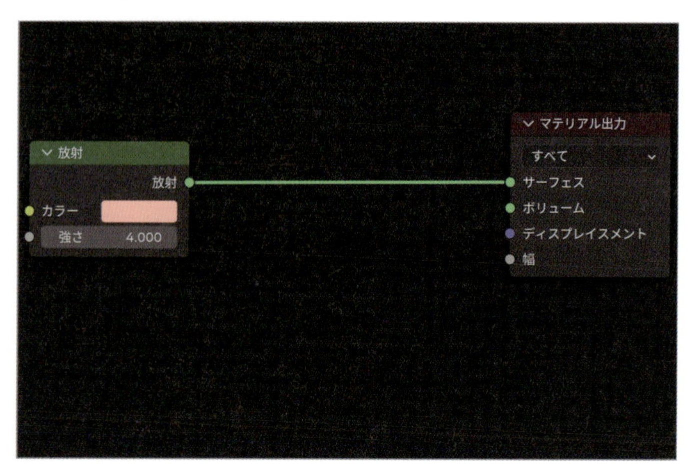

ここで削除した[**プリンシプルBSDF**]は、他のノードと繋がっているソケットはありませんが、もし繋がっている場合は、繋がりの線も削除されます。

8 発光の様子を表示するためにブルームのコンポジットを追加します。上部のタブから❽[Compositing]のワークスペースに移動して、❾[ノードを使用]にチェックをいれます。

9 [ノードエディター]上でshift+Aを押して❿[フィルター]➡[グレア]を追加し、配置されているノードの間でクリックして配置します。

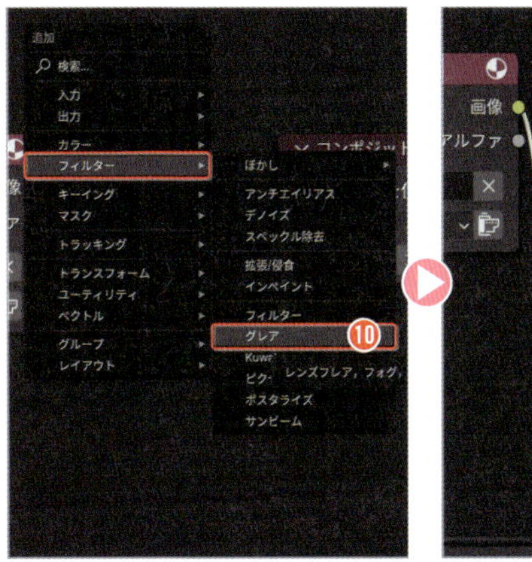

10 グレアタイプを⓫[光の筋]から⓬[ブルーム]に変更し、デフォルトだと強度が高いため⓭[ミックス]を「-0.9」にしておきます。ミックスは「-1.0」から「+1.0」の間の数値で合成の割合を調整できます。

Blender4.4以降は[ミックス]ではなく、より直感的な[強さ]で設定できるようになりました。強さ[0.8]、彩度[1.0]、サイズ[0.5]が本書の図版と近い値です。

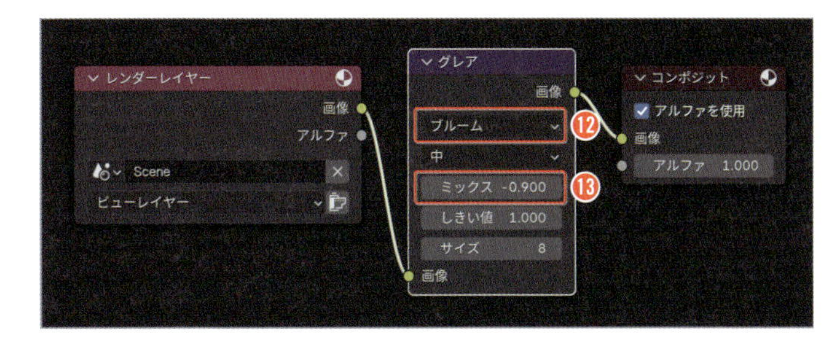

11 ワークスペースを[Layout]に戻して、画面右上の⓮[シェーディング]をクリックして、⓯[ビューポートシェーディング]から[コンポジター]を⓰[常時]に変更します。キューブが発光しました。

[コンポジター]はワークスペースごとに[常時]に変更する必要があるため、例えばShadingタブで発光していない場合は再度確認をしてみましょう。

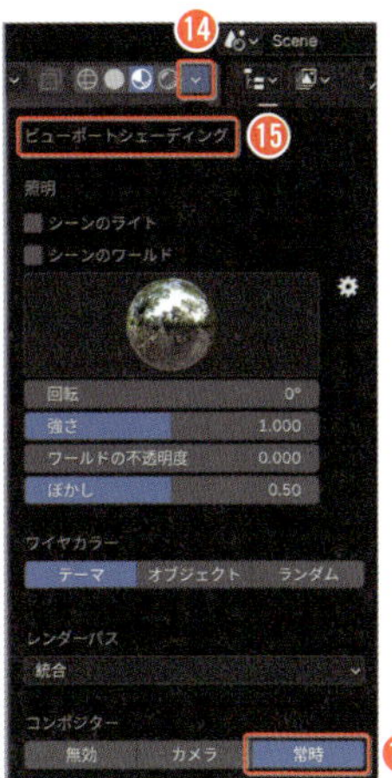

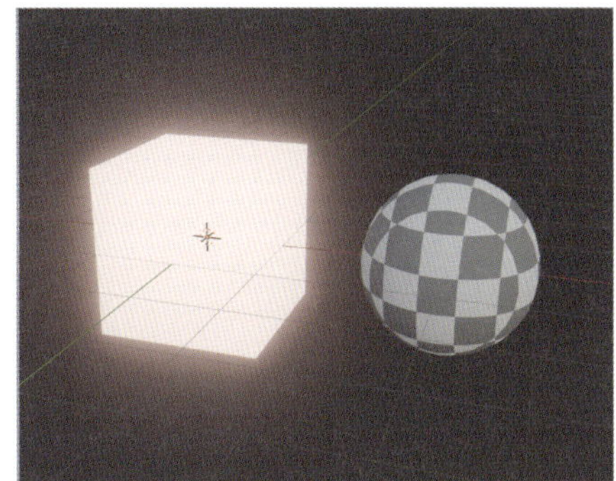

5

マテリアル設定とUV展開

5-3 マテリアルプロパティの設定〔金属・光沢・ガラス〕

マテリアルのパラメーターは細かく設定できますが、ここでは代表的な[メタリック][粗さ][伝播]について解説します。

[メタリック]の設定値による違いを確認する

[**プロパティ**]パネルの[**マテリアルプロパティ**]タブを開くと、いくつものパラメータが並んでいます。その中で、[**メタリック**]は金属、[**粗さ**]は光沢、[**伝播**]はガラスを表現する際によく使う設定です。

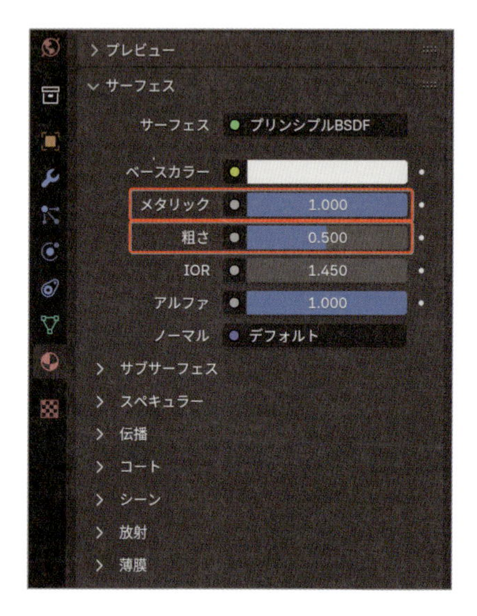

はじめに[**メタリック**]の設定による違いを見てみましょう。

[**メタリック**]の値を[1]にすると金属のマテリアルになり、値を[0]にすると非金属のマテリアルになります。

下図は、それぞれ[**メタリック**]の値が[0][0.25][0.5][0.75][1.0]の5段階の値を設定したマテリアルを割り当てたUV球です。

[粗さ]の値はすべて[0.5]としています。

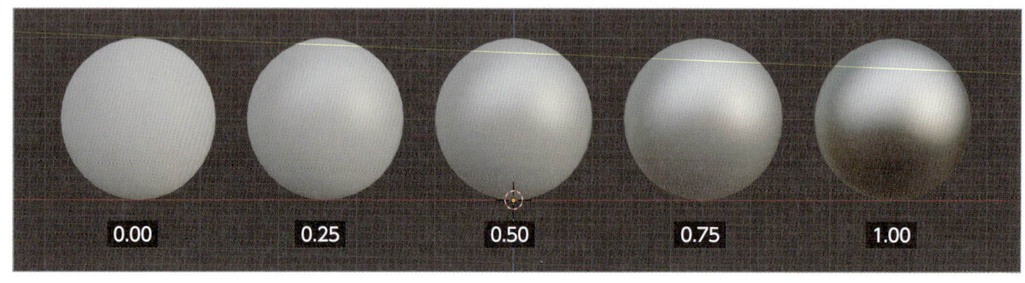

※図中の値はすべてそれぞれのUV球に設定した[メタリック]の設定値です。

[粗さ]の設定値による違いを確認する

[**粗さ**]の設定による違いを見てみましょう。
[**粗さ**]の値を[**0**]にすると光沢のあるマテリアルになり、値を[**1**]にするとマットなマテリアルになります。
下図は、それぞれ[**粗さ**]の値が[**0**][**0.25**][**0.5**][**0.75**][**1.0**]の5段階の値を設定したマテリアルを割り当てたUV球です。
[**メタリック**]の値はすべて[**0**]としています。

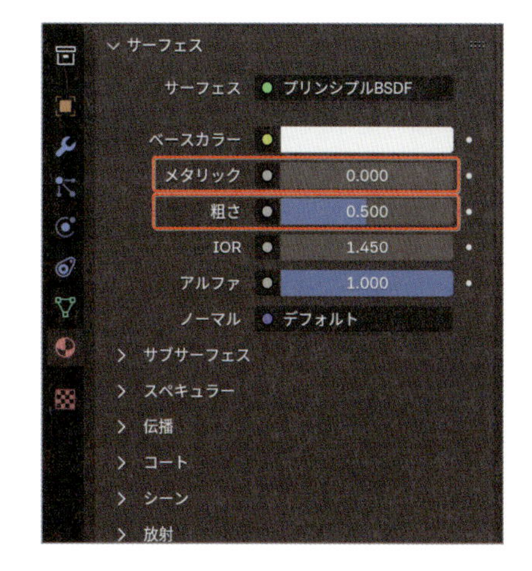

[**粗さ**]は他のツールでは一般的にRoughness(ラフネス)と呼ばれる値となります。

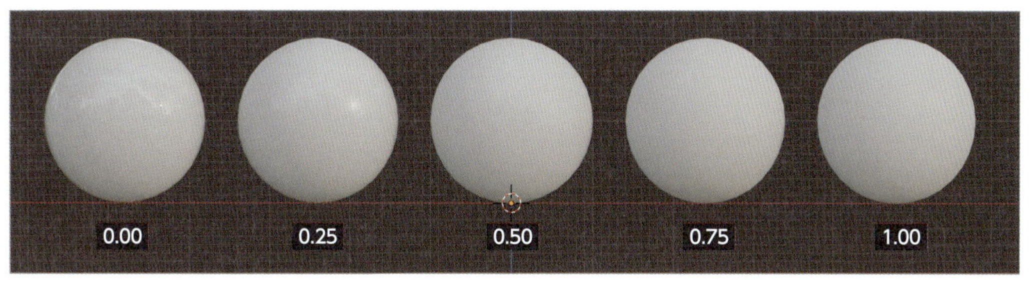

※図中の値はすべてそれぞれのUV球に設定した[粗さ]の設定値です。

[メタリック]と[粗さ]を組み合わせた表現を確認する

[**メタリック**]と[**粗さ**]の値を組み合わせて材質の質感を表現します。
下図は、それぞれ[**粗さ**]の値が[**0**][**0.25**][**0.5**][**0.75**][**1.0**]の5段階の値を設定したマテリアルを割り当てたUV球に、[**メタリック**]の値をすべて[**1.0**]と設定しています。

下図一番左は[**粗さ**]が[**0**]、[**メタリック**]が[**1**]となり鏡面のような質感になっており、[**粗さ**]の値が増えるにつれてよりマットな金属となっていきます。

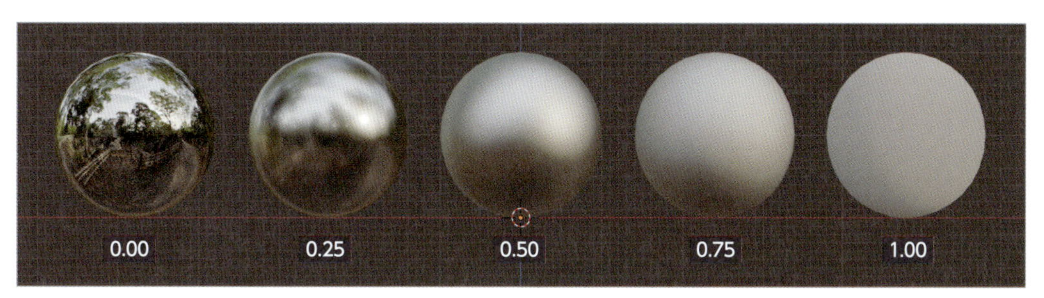

※図中の値はすべてそれぞれのUV球に設定した[粗さ]の設定値です。

[伝播]と[粗さ]を組み合わせた表現を確認する

[**伝播**]を設定してみましょう。[**伝播**]は主にガラス表現をする際に使用し、[**0**]または[**1**]のどちらかの値を使用します。ここでは[**伝播**]を「**1**」に設定して[**粗さ**]を変更してみます。

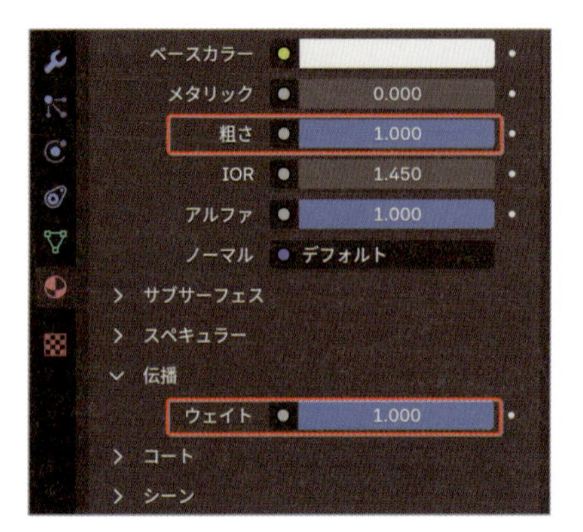

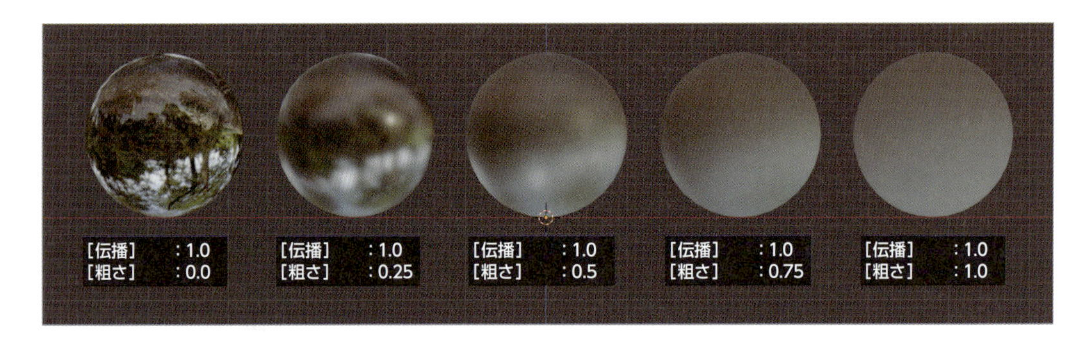

ガラスの反射と屈折を設定する

下に白いオブジェクトを置いてみました。このままでは、ガラスが他のオブジェクトの反射や屈折を表現していないことがわかります。

後に実践で詳しく解説しますが、ここで反射や屈折を有効にしてみましょう。

1 ❶[**レンダープロパティ**]タブの❷[**レイトレーシング**]にチェックを入れます。さらにレイトレーシングの❸[**解像度**]を「**1:1**」にして、❹[**デノイズ**]のチェックを外します。こうすることでよりシャープに表示されます。

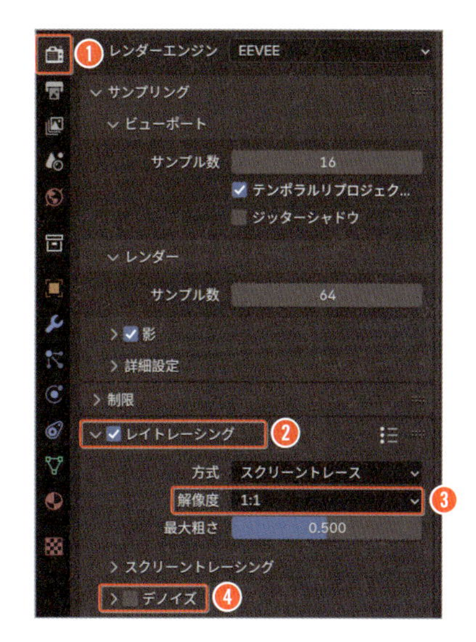

2 ❺[**マテリアルプロパティ**]タブに切り替え、設定の中の❻[**影を透過**]にチェックを入れます。次にレンダーメソッドの❼[**レイトレース伝播**]にチェックを入れます。

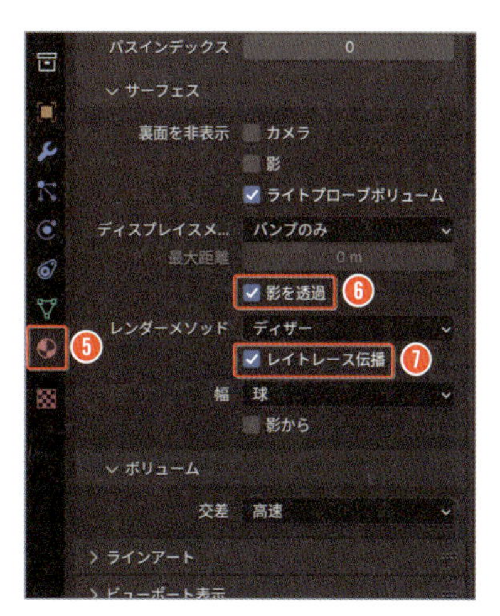

ガラス球に反射と屈折が表示されます。

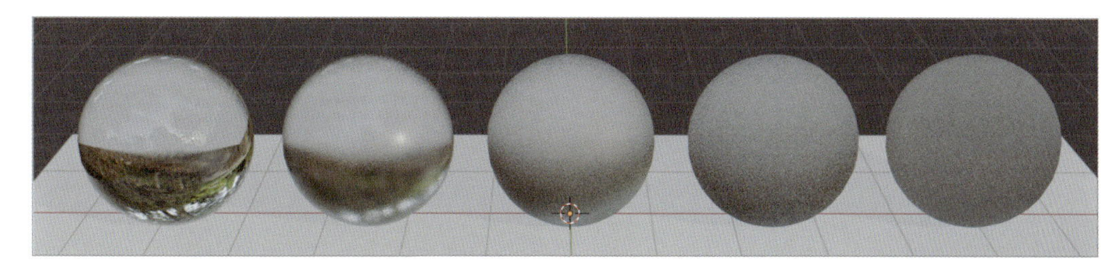

[マテリアルプレビュー]表示は簡易的なプレビュー表示ですが、上図は例としてCyclesレンダラーでレンダリングしています。さらにリアルなガラス表現をすることができます。レンダリングについてはCHAPTER-10で解説します。

5-4 ガラスマテリアルを作成

実際にガラスマテリアルを作成してみましょう。

オブジェクトを作成する

ここではUV球を追加してガラスマテリアルを作成・割り当てます。新規シーンでデフォルトのオブジェクトなどを削除した空のシーンからはじめます。

1 shift ＋Aを押して、**[メッシュ]➡[UV球]**を選んで追加します。右クリックから**[スムーズシェード]**を選び、スムーズシェードにしておきます。

2 ❶**[移動]**（G➡Z）で、底部がワールド原点になる位置に移動します。

3 **[3Dビューのシェーディング]**を❷**[マテリアルプレビュー]**にします。

マテリアルを設定する

1 UV球を選択した状態で、**[プロパティ]**パネルの❶**[マテリアルプロパティ]**タブを開き、デフォルトで作成されている❷**[Material]**を割り当てます。

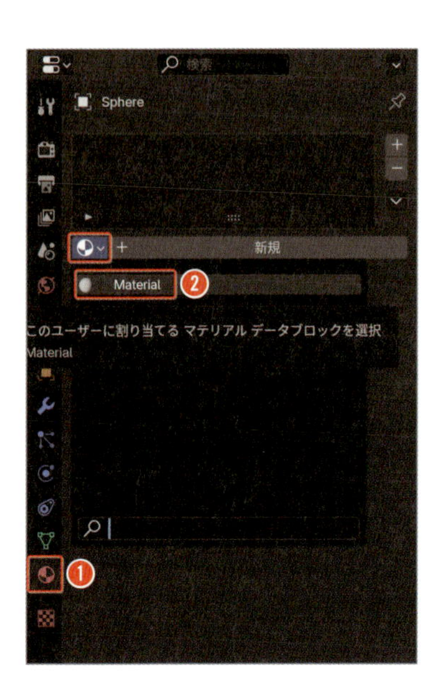

CHAPTER-5

2 ［マテリアルプロパティ］タブで❸［**粗さ**］を「**0.1**」、❹［**伝播**］を「**1**」にします。

屈折と透過を設定する

1 shift ＋ A を押して、［**メッシュ**］➡［**平面**］を選んで追加します。

平面を追加して反射や屈折の様子を確認してみます。現在の設定では透過していないことがわかります

2 ❶［**レンダープロパティ**］タブの❷［**レイトレーシング**］にチェックを入れます。さらにレイトレーシングの❸［**解像度**］を「**1:1**」にして、❹［**デノイズ**］のチェックを外します。

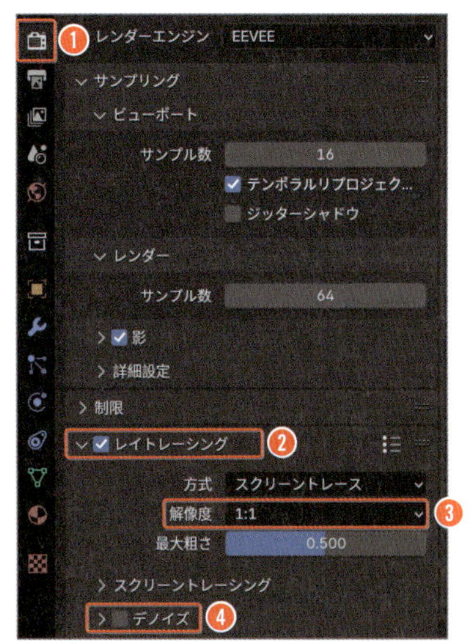

球の下側で平面の映りこみが表示されるようになりました。

3 UV球を選択し、❺[**マテリアルプロパティ**]タブに切り替えます。❻[**設定**]の中の[**影を透過**]にチェックを入れ、さらに❼[**レンダーメソッド**]の[**レイトレース伝播**]にチェックを入れます。幅を球から厚みのある板に変更します。

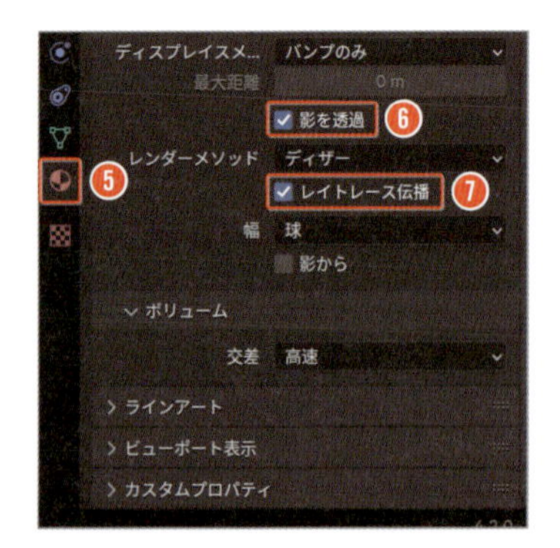

4 [**設定**]のすぐ上の❽[**厚さ**]のプルダウンを開きます。

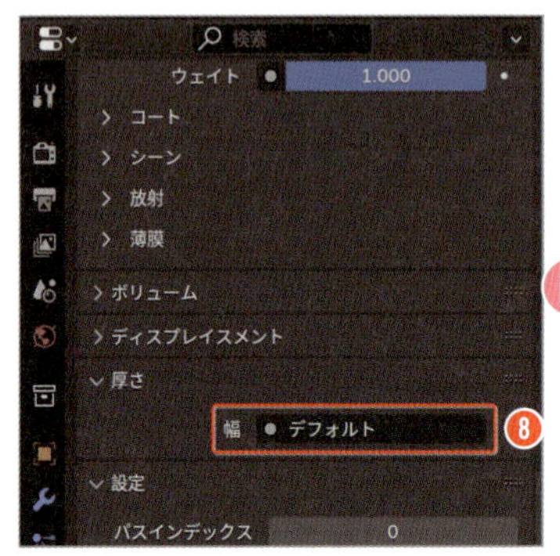

5 [**デフォルト**]となっている入力欄をクリックして、❾[**値**]を選択します。

6 [**値**]の下に表示される入力欄に❿「**0.01**」と入力します。厚さに数値を入力することでガラスの屈折の様子を調整することができます。数値を自由に変更して様子を確かめてみましょう。

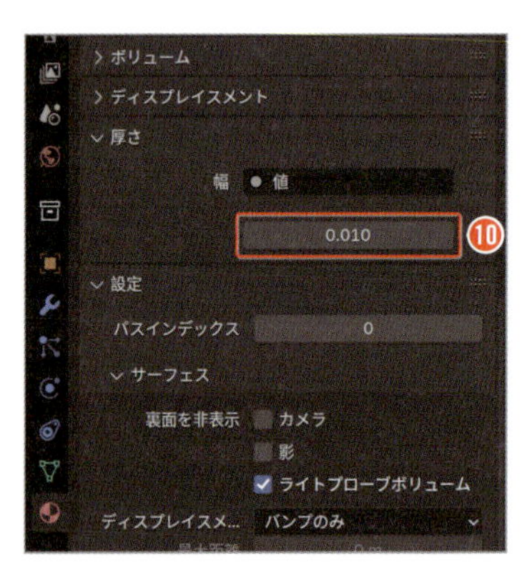

好きなベースカラーを割り当ててガラスマテリアルの完成です。

5-5 ガラスボトルのマテリアルを設定

CHPTER-3で作成し、さまざまなオブジェクトを配置したRoomのシーンを開いて、ガラスボトルにマテリアルを設定してみましょう。

ガラスのマテリアルを設定する

まずはRoomのシーンを開いたところからはじめます。

1 ❶窓際に配置したガラスボトルを選択し、テンキーの[.](ピリオド)を押して、**[選択をフレームイン]**します。

2 [**プロパティ**]パネルの[**マテリアルプロパティ**]タブで、❷[**伝播**]を「**1**」にします。❸[**粗さ**]は以前に設定している「**0.1**」のままにしておきます。

3 ❹[**レンダープロパティ**]タブの❺[**レイトレーシング**]にチェックが入っているかを確認します。さらにレイトレーシングの❻[**解像度**]を「**1:1**」にします。❼[**デノイズ**]のチェックが入っている場合は外しておきます。

4 **［マテリアルプロパティ］**タブに戻り、設定の中の❽**［影を透過］**にチェック、レンダーメソッドの❾**［レイトレース伝播］**にチェックを入れます。さらに幅を球から厚みのある板に変更します。

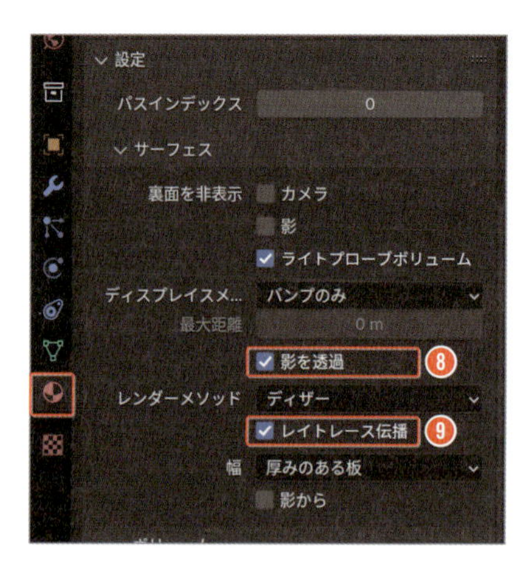

5 すぐ上の**［厚さ］**のプルダウンを開いて、幅の❿**［デフォルト］**を⓫**［値］**に変更します。

値に⓬「**0.01**」を入力します。

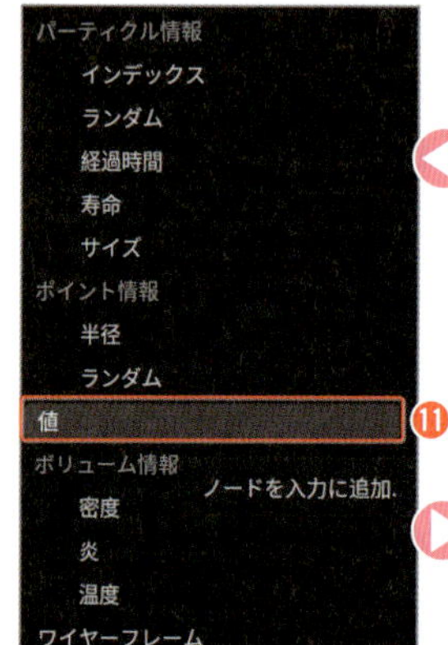

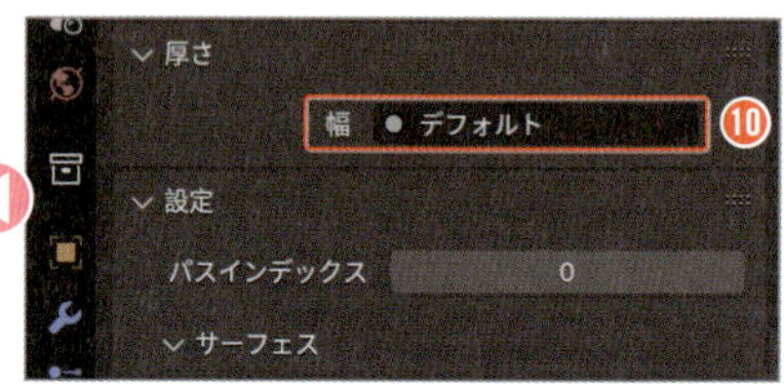

ガラスボトルのマテリアルの完成です。
⓭試しにCyclesでレンダリングしてみた様子です。レンダリングについてはCHAPTER-10で解説します。

5-6 UVエディターとUV

立方体を使って[UV]エディターとUVの基礎的な解説をします。

UVとは

「UV」は、テクスチャ(画像)を3Dモデルに貼りつけるとき、画像と3Dモデルに貼る位置を関連づけることです。立体のペーパークラフトにたとえると、組み立て前がUV展開された状態、組み立て後が3Dモデルとなります。
実際にサイコロの例をみてみましょう。

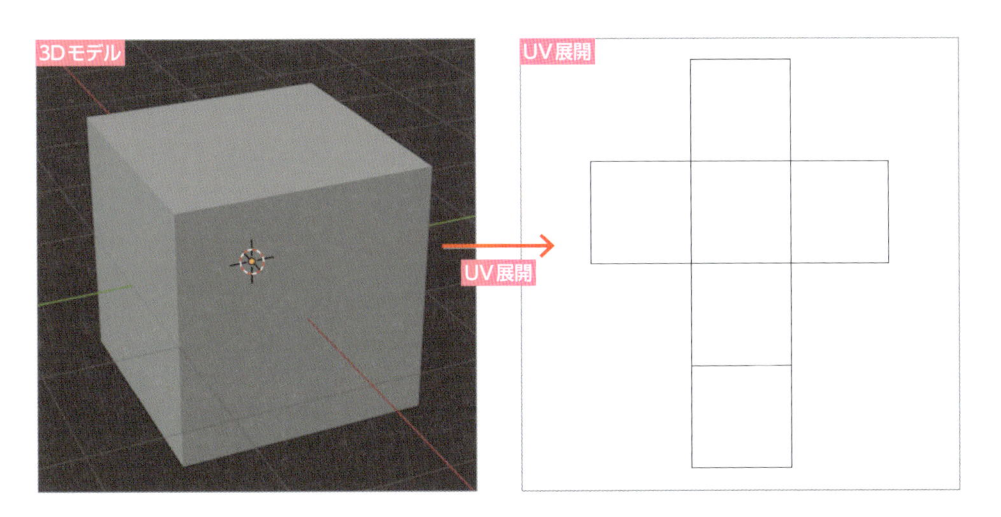

サイコロ(立方体)ではUV展開した状態はきれいに繋がっていますが、面ごとに切り離すなど、さまざまなアプローチでUV展開をすることがあります。UVの切れ目が目立たないということが大切です。
UV展開した状態に合わせて画像を作成し貼りつけるとサイコロになります。

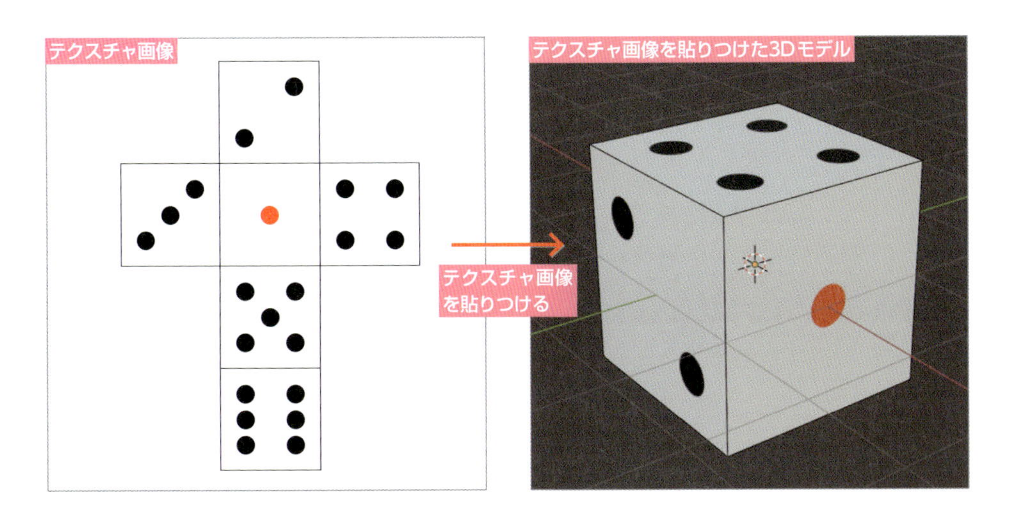

[UVエディター]の操作

デフォルトキューブを含め、Blenderで追加できるプリミティブオブジェクトは、UV展開された情報を持っています。ここではデフォルトキューブのUVを見ながら、UVがどういう役割を持っているのか見てみましょう。まずは便利なワークスペースが用意されているので切り替えます。

1 デフォルトキューブを選択し、画面上部にある❶[UV Editing]タブをクリックします。

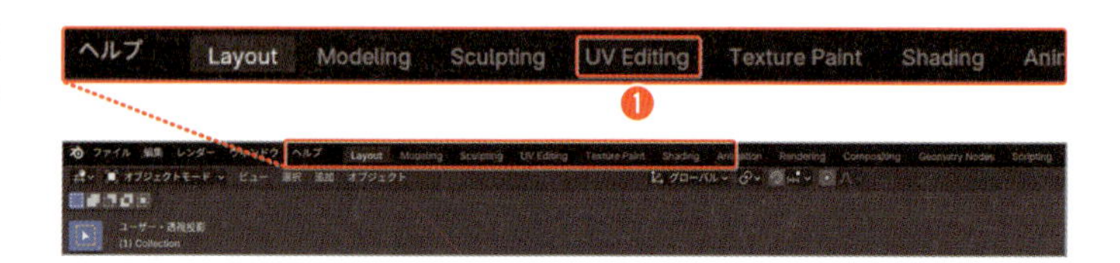

下図のように左右に2分割された画面になります。右側は[**3Dビューポート**]で、[**編集モード**]に切り替わり、すべて選択された状態になります。
左側は[**UVエディター**]で選択されたメッシュのUV展開された状態が表示されています。

本書では、UV展開された状態も「**UV**」と呼んでいます。

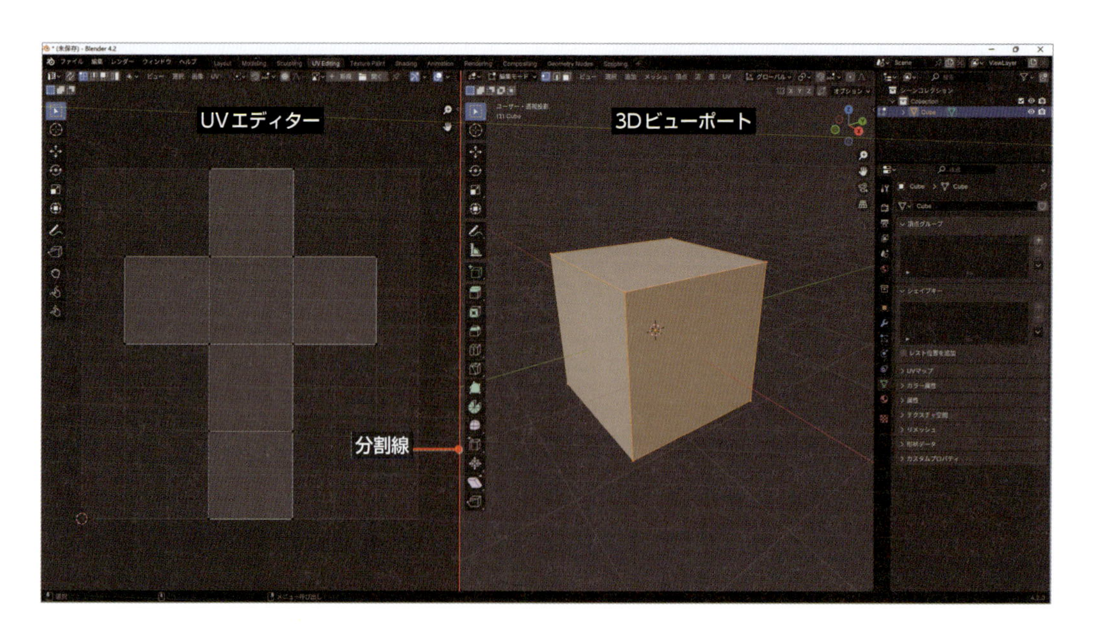

[3Dビューポート]で選択を解除すると、[UVエディター]のUVも表示されなくなります。[UVエディター]には選択されたメッシュのUVのみが表示されます。

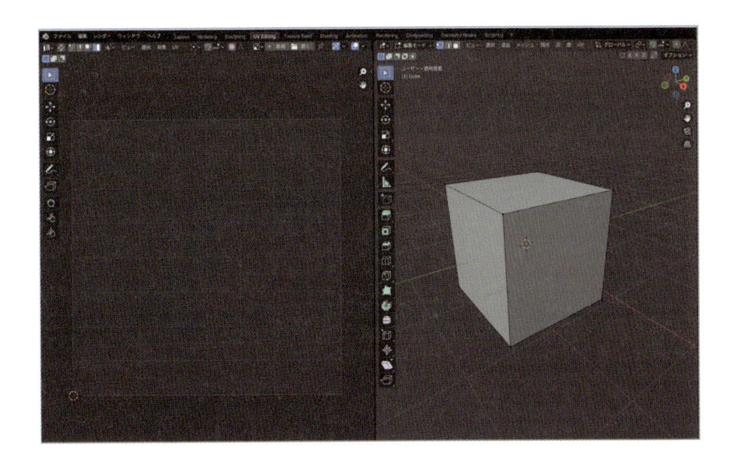

[UVエディター]には❷4つの選択モードがあります。左から通常の[**頂点選択**]、[**辺選択**]、[**面選択**]で、さらに一番右が[**UV選択**]です。
[**UV選択**]では「アイランド」と呼ばれる繋がったUV単位で選択をすることができます。

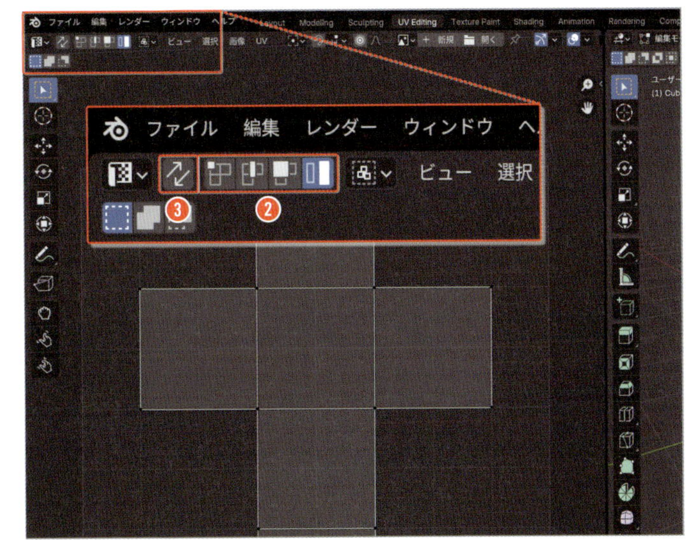

[**UV選択**]には、アイコンのクリック、または数字キー[4]で切り替えることができます。

選択モードアイコン左横にある❸[**UVの選択を同期**]をクリックしてONにすると、[**UVエディター**]にはすべてのUVが表示され、[**3Dビューポート**]と[**UVエディター**]の選択が同期します。
[**3Dビューポート**]で選択すると、[**UVエディター**]で対応する箇所が選択されるので、それぞれのビューを見ながらUV編集できます。
確認したら[**UVの選択を同期**]OFFにしておきます。

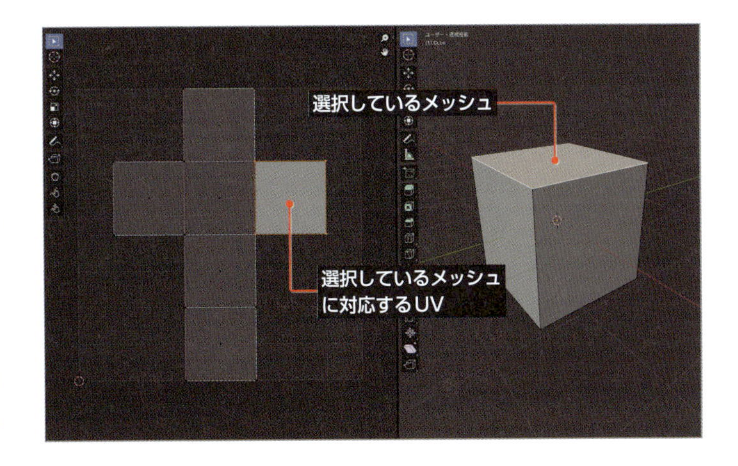

[**UVの選択を同期**]がONの場合は選択モードの[**UV選択**]は使用できません。アイランドを選択する場合は、[L]キーのリンク選択などで選択します。

シーム(UVの切れ目)

続いて、シーム(UVの切れ目)について見てみましょう。
メッシュの中で特定の辺をシームとして指定することを「**シームをマークする**」といいます。
デフォルトキューブにはシームをマークされた辺がありません。デフォルトキューブでシームをマークしてみましょう。

シーム(Seam)は、縫い目や継ぎ目といった意味です。
3Dモデルを「**洋服**」と考えると、UVは「**型紙**」、シームは「**縫い目**」、テクスチャは「**布地**」になります。

1. [**3Dビューポート**]でAキーを押して❶すべて選択します。[**UVエディター**]でもAキーを押して❷すべて選択します。

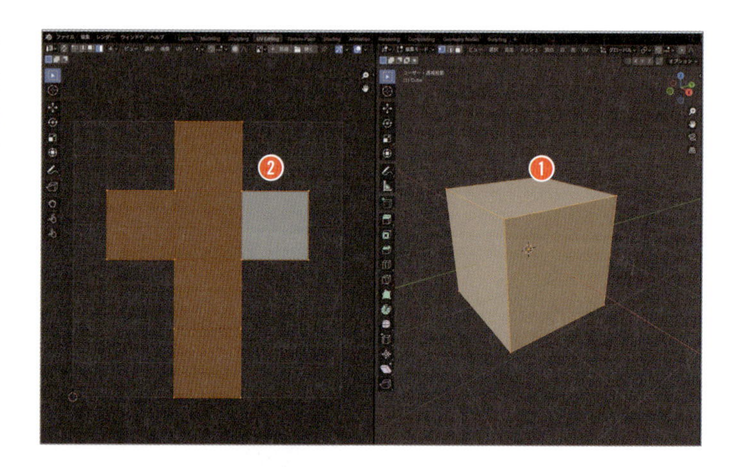

2. [**UVエディター**]の❸[**UV**]メニュー➡[**アイランドによるシーム**]を選びます。

これでUVアイランドの切れ目をもとにシームがマークされます。[**3Dビューポート**]のキューブにシームとして赤い線が表示されました。

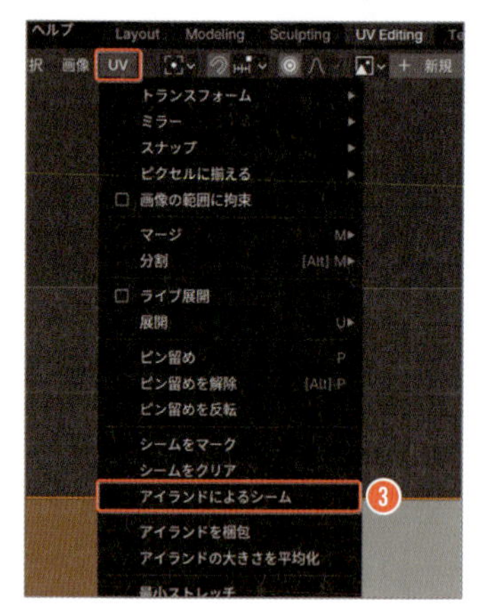

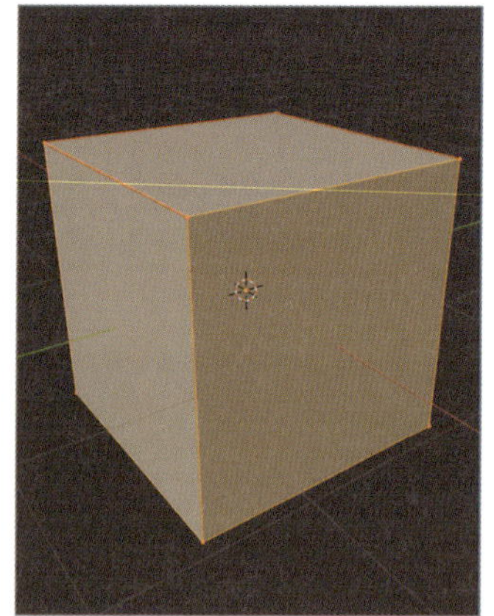

実際の工程は、3Dモデルのメッシュの辺を使ってシームをマークし、UV展開します。展開したUVは必要に応じて[**UVエディター**]でレイアウトします。
3次曲面がない立方体は、UVとして平面に置き換えたときに歪みは生じません。しかし複雑に曲面が変化するオブジェクトを、UV平面に置き換えると伸びなどによる歪みが生じます。このためシームを設定して歪みを少なくしていきます。

テクスチャを貼りつけるには

UV展開をしてUVを作成する目的は、UVの持つ座標を用いて「**テクスチャ**」と呼ばれる画像を3Dモデルに投影することです。
テクスチャ画像は次の手順で貼りつけます。

1. BlenderでUVをもとにガイドとなる画像を書き出す
2. 書き出した画像をガイドとしてペイントや画像処理に対応したソフトでテクスチャを作成する
3. テクスチャ画像を割り当てる

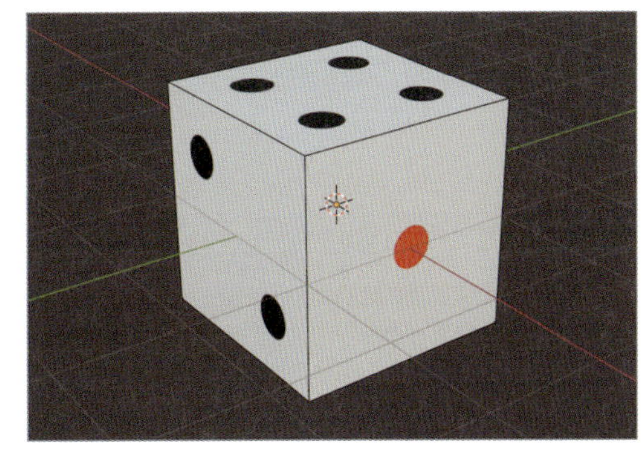

キューブにテクスチャを貼りつけてサイコロにしたもの。

テクスチャを貼りつける

テクスチャを作成し、キューブにテクスチャを貼りつけてみましょう。

1 **[3Dビューポート]**でキューブをすべて選択した状態で、**[UVエディター]**で❶**[UV]**メニュー➡**[UV配置をエクスポート]**を選びます。

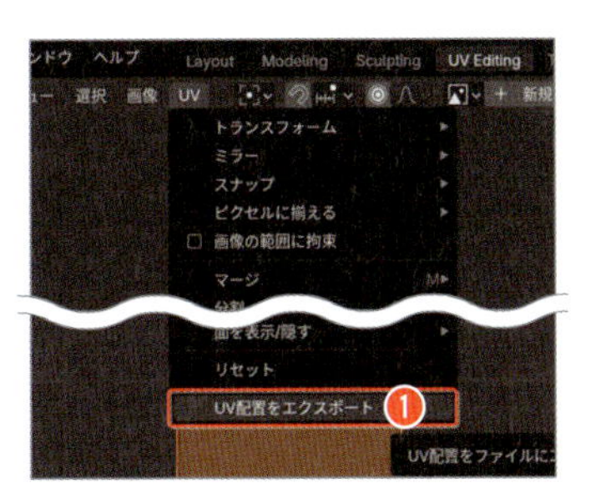

2 エクスポートした画像をPhotoshopなどの画像処理に対応したソフトで開きます。ガイドとするUV配置とは別レイヤーにペイントを行い、ガイドのレイヤーは非表示にして書き出します。

テクスチャ画像の作成が難しい場合は、ダウンロードデータ「**Ch05**」フォルダ内の「**Cube.png**」で試してみましょう。

[UV配置をエクスポート]で書き出した画像

ガイドを元に作成したテクスチャ（ガイドは表示）

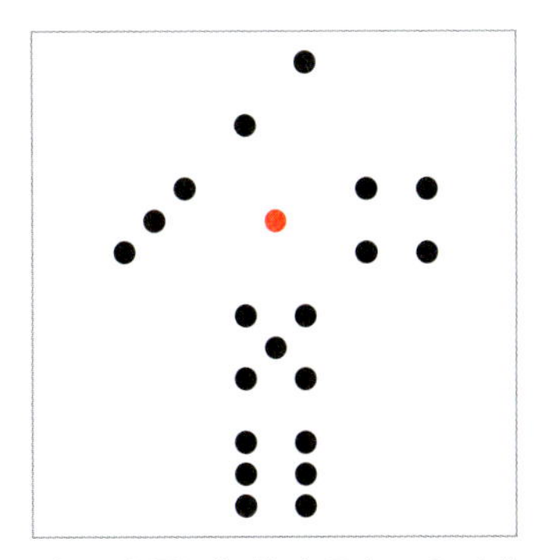

ガイドを元に作成したテクスチャ（ガイドは非表示）

3 ワークスペースを[Shading]タブに切り替え、❷[シェーダーエディター]にテクスチャ画像をドラッグアンドドロップします。画像ノードの❸[カラー]と[プリンシプルBSDF]の[ベースカラー]のソケットを繋ぎます。

テクスチャ画像は、4分割画面左上の[ファイルブラウザー]から、またはテクスチャ画像が入っているフォルダーから直接画像ファイルのアイコンをドラッグアンドドロップします。

4 ワークスペースを[UV Editing]タブに切り替え、[3Dビューポート]の[3Dビューのシェーディング]を[マテリアルプレビュー]に変更します。
[UVエディター]にテクスチャ画像が表示されていない場合は[UVエディター]の❹[リンクする画像を閲覧]をクリックし、❺該当するテクスチャ画像名を選ぶことで、[UVエディター]にも画像を表示することができます。

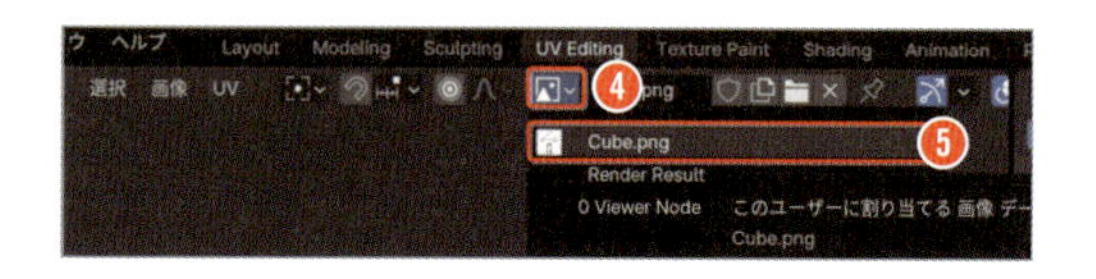

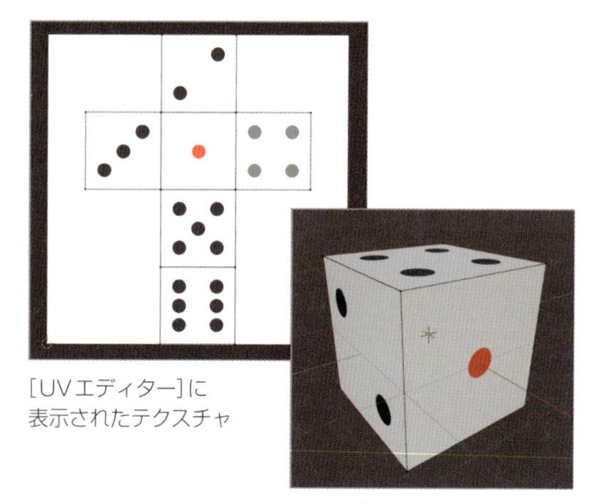

[UVエディター]に表示されたテクスチャ

3Dモデルにもテクスチャが反映されます。

[3Dモデル]にテクスチャが表示できました。

カラーグリッドを割り当てる

次に、「カラーグリッド」と呼ばれる確認用のテクスチャを割り当ててみましょう。UVを作る際に、UVの向きや解像度を考えるとよいUVを作成することができます。

1 [UVエディター]画面上にある❶[新規画像]をクリックします。

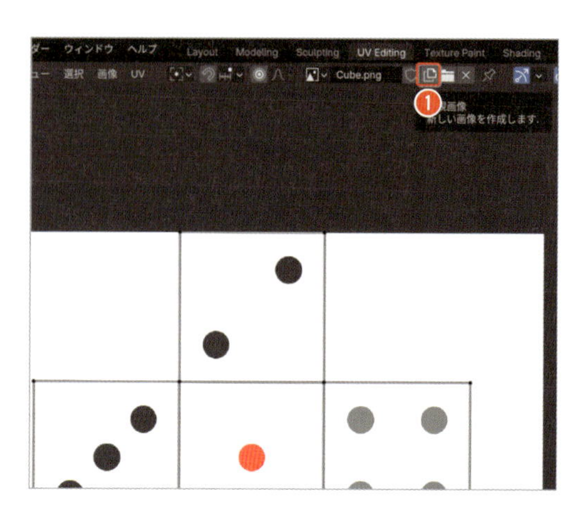

2 ❷[**生成タイプ**]を[**カラーグリッド**]にして❸[**新規画像**]をクリックします。名前はわかりやすいように❹[**ColorGrid**]としておきます。

必要に応じてテクスチャサイズを指定しますが、ここではデフォルトのまま、サイズは幅、高さともに[**1,024 px**]としています。

文字とカラーで構成されたグリッド画像が生成されました。

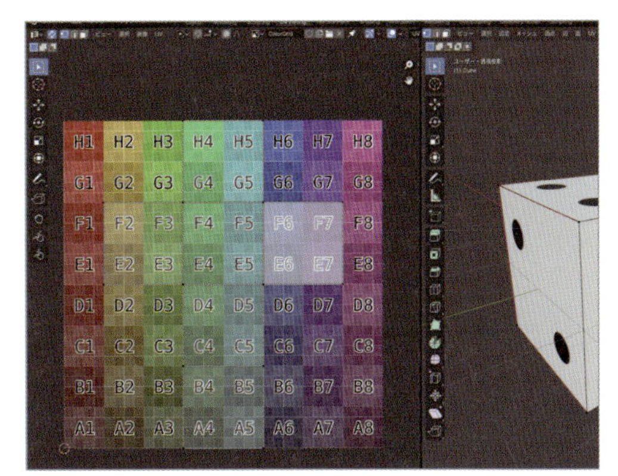

3 ワークスペースを[**Shading**]タブに切り替え、[**シェーダーエディター**]で画像ノードの❹[**リンクする画像を閲覧**]をクリックし、❺該当するテクスチャ画像名(ここでは[**ColorGrid**])を選びます。

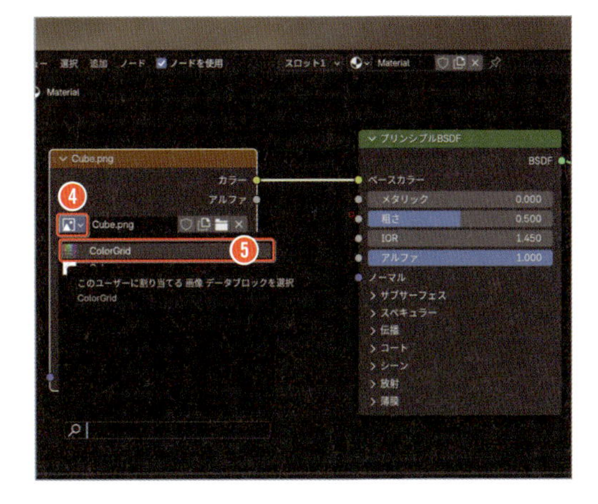

ワークスペースを[**UV Editing**]に戻します。カラーグリッドが3Dビューにも反映されました。カラーグリッドを表示することで、UVの向きや位置、サイズが確認しやすくなります。

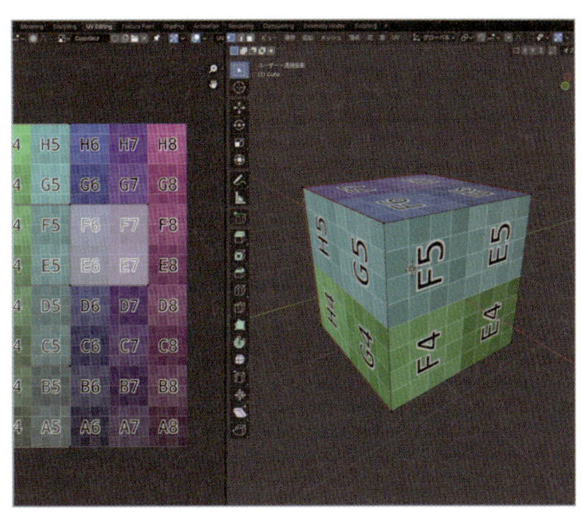

UVを編集する

[UVエディター]では[3Dビューポート]と同じように移動、回転、スケールを行うことができます。ここでは選択モードを[UV選択]にして選択し、❶スケールをかけてUVを小さくして左下に移動してみました。

3Dビューを見ると、画像の中のUVが使用している面積が小さくなったことによって、解像度が粗くなっていることがわかります。UVはテクスチャの中のできるだけ大きな面積を確保できると、3Dでのよい見た目（解像度）に繋がります。

図のように複数メッシュで1つのUVマップを共有する場合などは、画像の同じ位置を使うようにUVを重ねることも可能ですが、ここではUVをそれぞれレイアウトしてみましょう。

追加した2つの立方体は、ここでは shift ＋ D で複製しています。

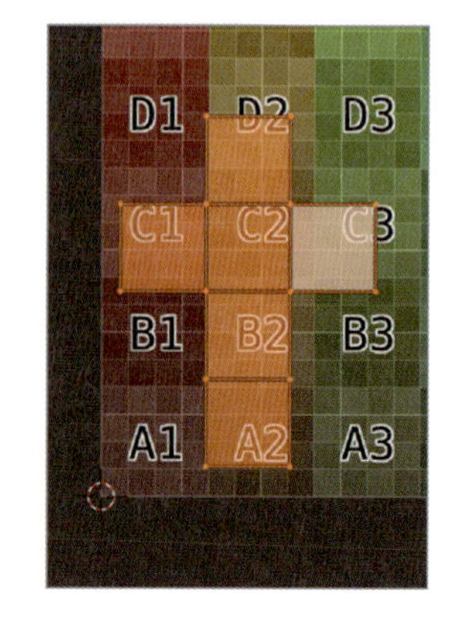

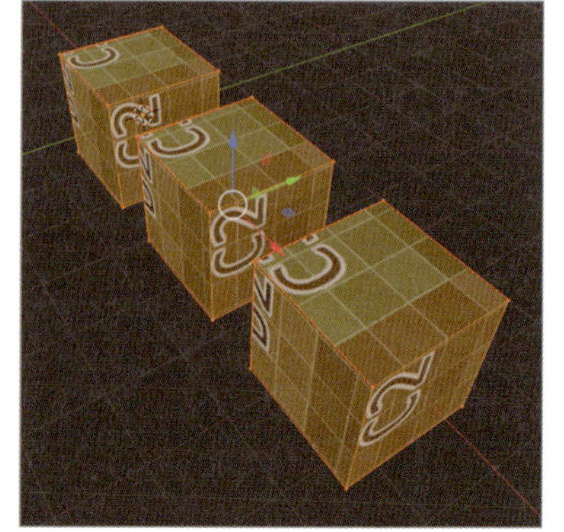

1 ［UVエディター］でⒶキーを押してすべてのUVを選択し、❷［UV］メニュー➡［アイランドを梱包］をクリックします。

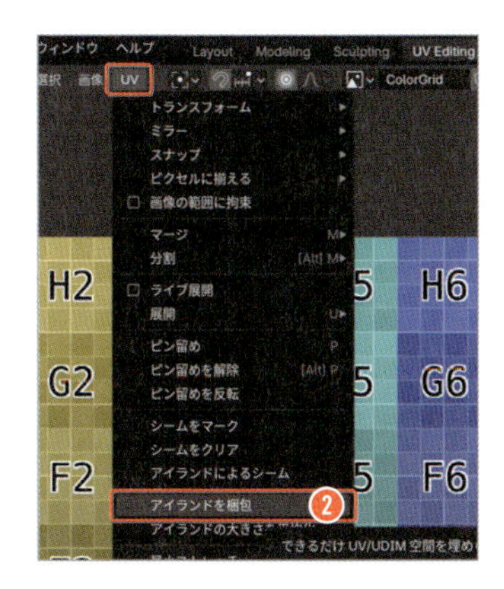

2 ［アイランドを梱包］のポップアップが出るので、❸［余白］を「0.03」にします。

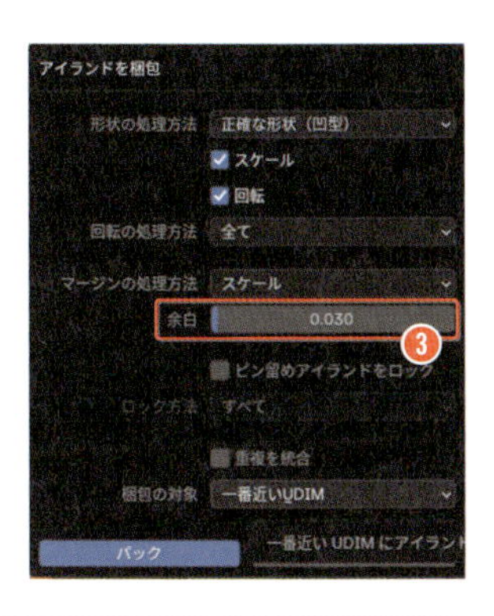

テクスチャを使う場合はUVどうしが近すぎると色や模様が隣のUVにはみ出てしまいます。これを防ぐためにUVの間に余白を設ける方法を解説しています。**［回転］**や**［スケール］**のチェックを外すことで、UVの向きや大きさを維持することもできます。

以上でUVの基本的な項目を紹介しました。次項では、かんたんにUVを展開してみましょう。

5-7 額縁のUV展開とマテリアル設定

3Dモデルにテクスチャ(画像)を貼る方法を解説します。画像を貼りつけるにはいくつか方法がありますが、ここでは基本的なUV展開を解説します。

額縁を修正する

まずはRoomのシーンを開いたところからはじめます。

1 ❶壁に配置した額縁を選択し、テンキーの.（ピリオド）を押して、**[選択をフレームイン]**します。
テンキーの/（スラッシュ）を押して、ローカルビューに切り替えます。

よく見ると**[ベベル]**モディファイアーをかけている部分のマテリアルの境界に欠けがあるのがわかります。**[ベベル]**モディファイアーの**[セグメント]**を「**2**」に変更しました。

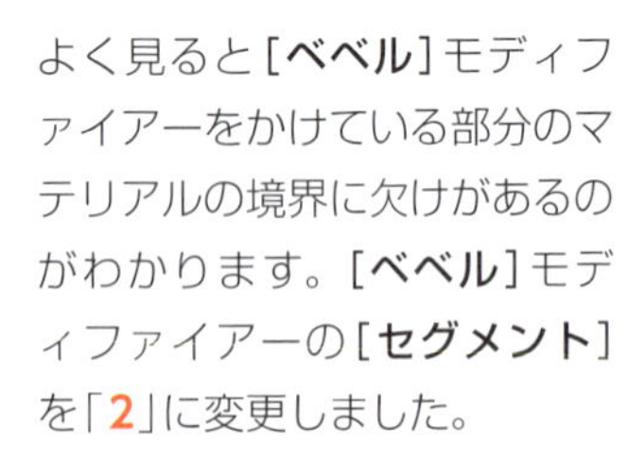

[セグメント]が奇数だとこのような欠けが発生するようでしたので、変更しました。**[ベベル]**モディファイアーの設定についてはP.264を参照してください。

ワークスペースを変更する

1 額縁を選択している状態で、画面上部にある❶[UV Editing]タブをクリックします。

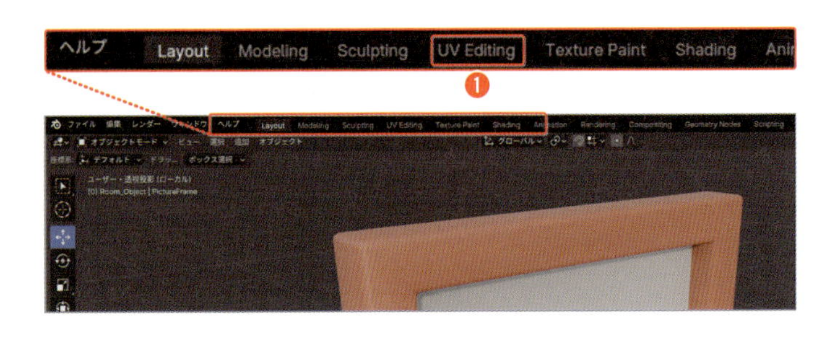

CHAPTER-5

UV展開する

1 [3Dビューポート]は[**編集モード**]に切り替わっています。[**3Dビューポート**]でAキーを押してすべて選択したら、テンキーの.と/キーを続けて押して、[**選択にフレームイン**]➡[**ローカルビューに切り替え**]を行います。

2 [**辺選択**](数字キー2)にしたら、❶alt+クリックで四隅の辺をループ選択します。追加ループ選択はshift+alt+クリックです。
見やすいように[**透過表示**]をONにします。

3 [**辺選択**]のままctrl+E(または右クリック)を押して、表示されるメニューの❷[**シームをマーク**]を選びます。

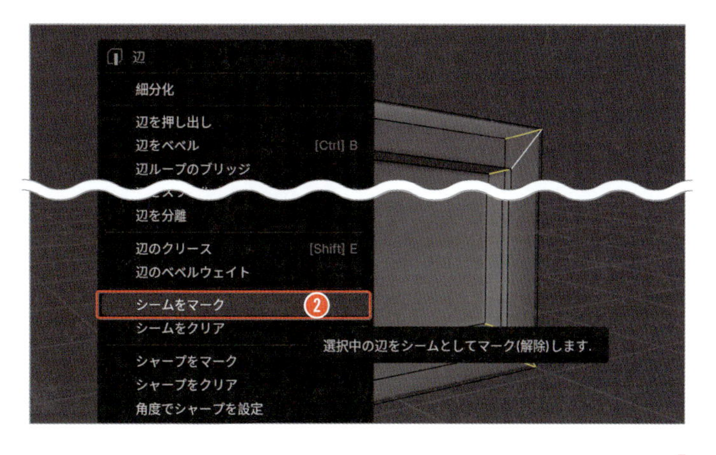

ctrl+Eは[**辺**]メニューのショートカットです。[**辺**]メニュー➡[**シームをマーク**]でも実行できます。

辺が赤くハイライトされ、シームがマークされました。UV展開するとシームの位置でUVがカットされるようになります。

4 **[辺選択]**(数字キー2)で絵の部分の4辺を選択します。

5 3と同様に**[辺選択]**のまま ctrl + E(または右クリック)を押して、**[シームをマーク]**を選びます。

6 **[辺選択]**(数字キー2)で額縁の裏側を選択します。

[透過表示]はOFFにしています。

7 3と同様に**[辺選択]**のまま ctrl + E(または右クリック)を押して、**[シームをマーク]**を選びます。

これで、シームのマークができました。

8 Aキーを押してすべて選択し、Uキーを押して表示されるメニューの❸[展開]を選びます。

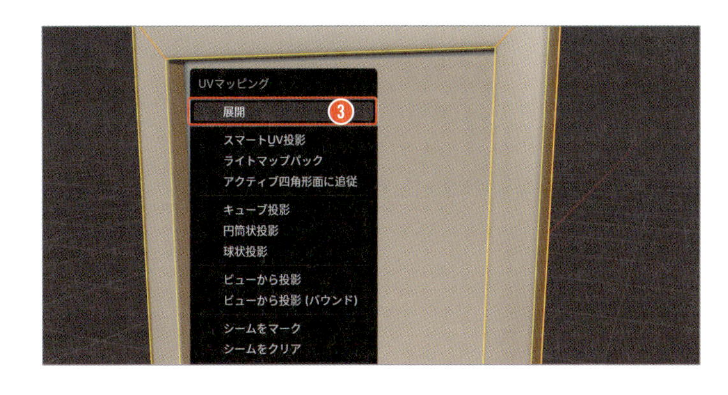

Uキーは[UV]メニューのショートカットです。

Blender4.3の場合は、Uキー➡[展開]➡[アングルベース]を選んでください。

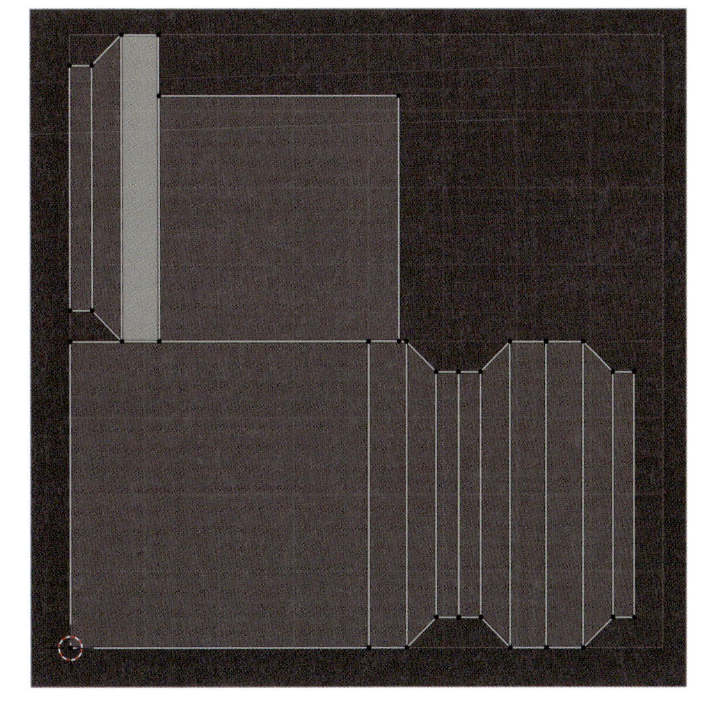

マークしたシームを元に展開されたUVがUVエディターに表示されました。
この額縁には、マテリアルごとにUVをレイアウトします。
額縁には[PictureFrame]と[Picture]の2つのマテリアルを設定しています。まずは[Picture]のマテリアルからレイアウトします。

この額縁は、絵の部分にテクスチャ画像を貼りつけ、額縁にはテクスチャを貼りませんが、練習として全体をUV展開しています。

UVをレイアウトする

1 [3Dビューポート]の何もないところをクリックして選択を解除し、[マテリアルプロパティ]タブで❶[Picture]マテリアルを選び、❷[選択]をクリックします。

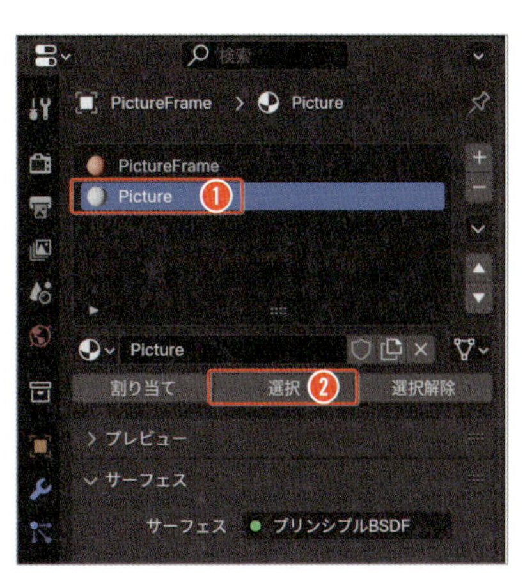

❸該当箇所が選択されます。

5

マテリアル設定とUV展開

2 [UVエディター]でAキーを押して全選択して、該当のUVアイランドを選択します。続いて❹[UV]メニューから[**アイランドを梱包**]をクリックします。

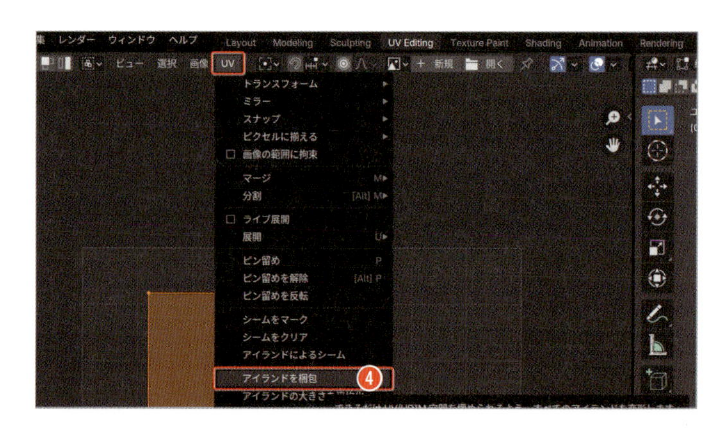

3 [**アイランドを梱包**]のポップアップから❺[**余白**]を「**0**」にして❻[**パック**]をクリックします。

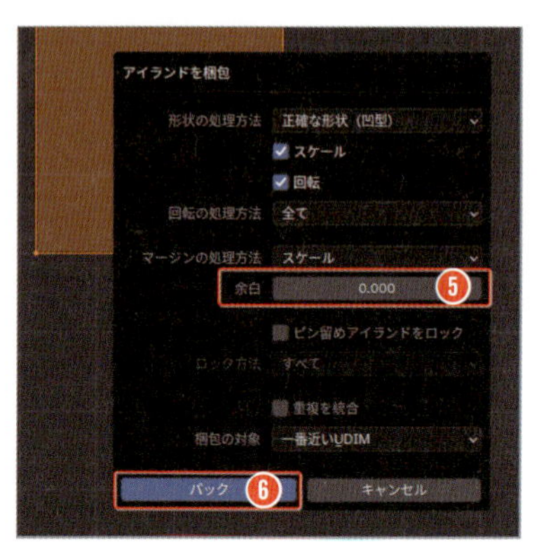

4 [**3Dビューポート**]で何もないところをクリックして選択を解除します。[**マテリアルプロパティ**]タブで❼[PictureFrame]マテリアルを選び、❽[**選択**]をクリックします。

5 該当箇所が選択されたら、2と同様に[**UVエディター**]でAキーを押して全選択して、該当のUVアイランドを選択します。続いて[UV]メニューから[**アイランドを梱包**]をクリックします。

6 [**アイランドを梱包**]のポップアップから❾[**余白**]を「**0.03**」にして❿[**パック**]をクリックします。

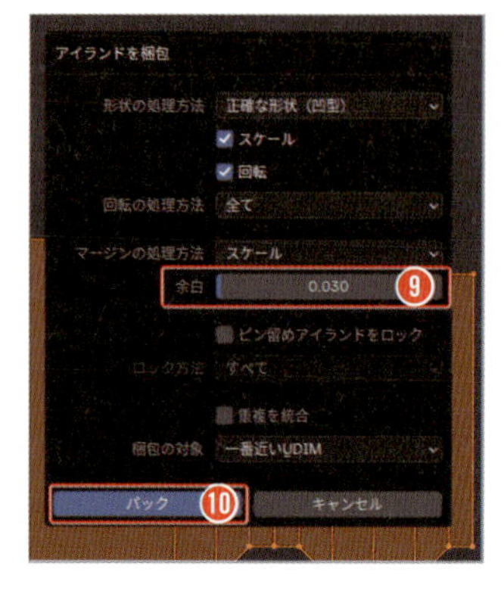

[余白]を「**0.03**」としてUV同士に少し余白を持たせました。

マテリアルを設定する

次に[Shading]タブでイラスト画像を割り当てます。

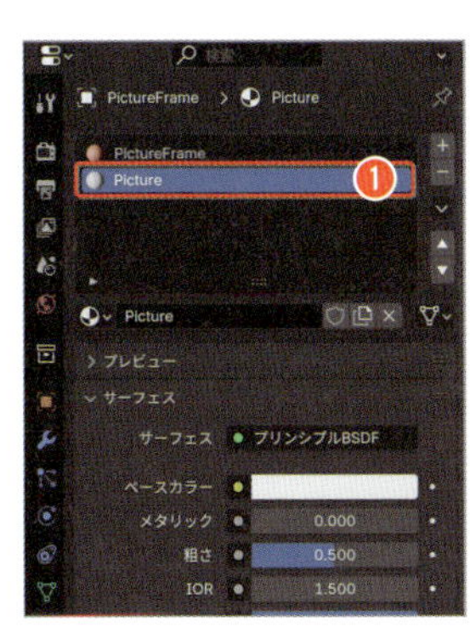

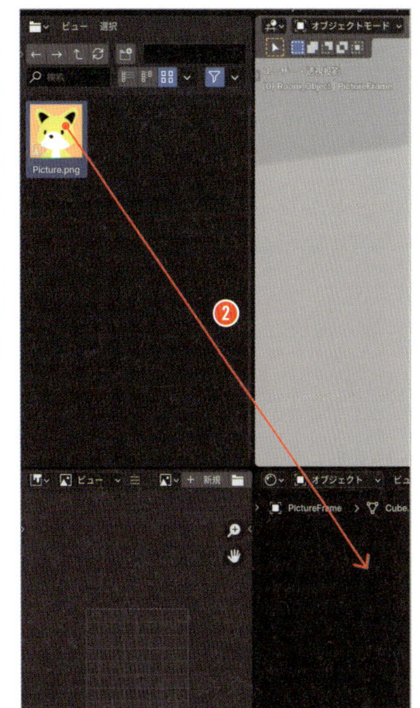

1 [**マテリアルプロパティ**]タブから❶[Picture]マテリアルを選択します。
ワークスペースを[Shading]タブに切り替えます。❷[**シェーダーエディター**]にイラスト画像をドラッグアンドドロップします。

ここでは[**ファイルブラウザー**]から行っていますが、テクスチャ画像が入っているフォルダーから直接画像ファイルのアイコンをドラッグアンドドロップしてもかまいません。イラスト素材は、ダウンロードデータ「**Ch05**」フォルダ内の「**Picture.png**」を選択しています。

2 テクスチャ画像の❸[**カラー**]と[**プリンシプルBSDF**]の[**ベースカラー**]のソケットをドラッグで繋ぎます。

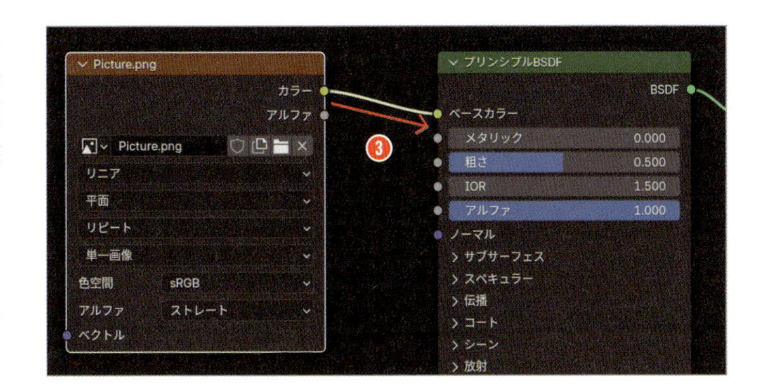

これでUVに対してテクスチャが割り当てられました。[**UVエディター**]に戻って確認します。

3 ワークスペースを[UV Editing]タブに切り替え、[**3Dビューポート**]の[**3Dビューのシェーディング**]を[**マテリアルプレビュー**]に変更します。
[Picture]マテリアルを割り当てたメッシュが選択されていることを確認し、[**UVエディター**]の❹[**リンクする画像を閲覧**]をクリックし、❺該当する画像名を選びます。

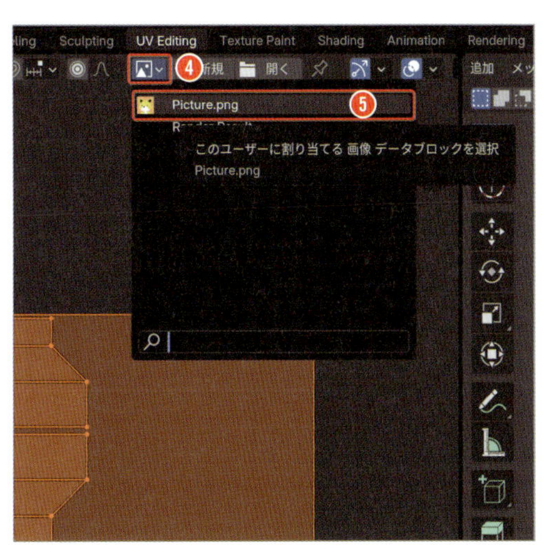

[**マテリアルプレビュー**]のアイコンが見切れている場合は、[**メニューバー**]をマウススクロールすることができます。

[UVエディター]に画像テクスチャが表示されます。UVはこの画像のうち、どこをモデルに表示するかを指定するものなので、UVの領域だけモデルにテクスチャを表示することができます。

今回はUVが90度回転してしまっています。修正してみましょう。一度[3Dビューポート]で何もないところをクリックして選択解除してから、[Picture]マテリアルを選んで選択をクリックします。

[UVエディター]で R → X → 「**-90**」と入力してUVを-90度回転させて絵が上を向くようにUVを修正します。

全体を確認する

1 ワークスペースを❶[Layout]タブに切り替えます。テンキー / キーを押して、ローカルビューから元に戻します。[**3Dビューのシェーディング**]を[**マテリアルプレビュー**]にします。

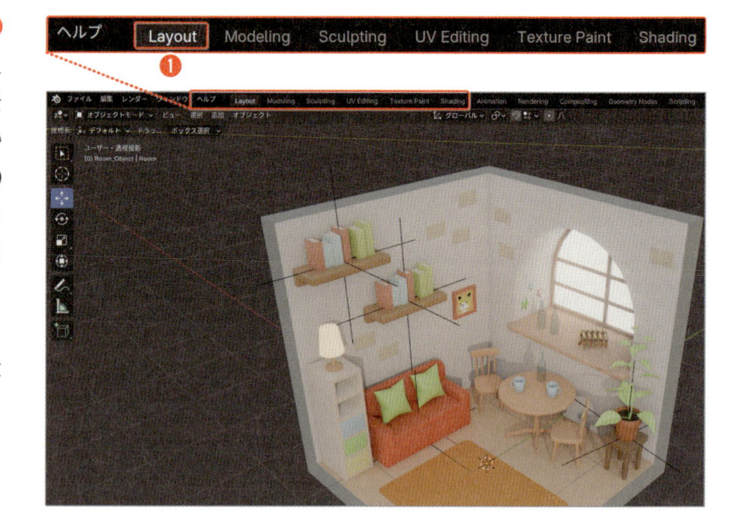

元の[Layout]タブに戻って[全体を確認しましょう。

基礎的なUV展開ですが額縁に絵を飾ることができました。

CHAPTER 6

テクスチャでマテリアル設定

6-1 シェーダーエディターの操作〔テクスチャの接続〕

[シェーダーエディター]を使ってテクスチャを設定する方法を解説します。さまざまな質感設定ができます。

[シェーダーエディター]にテクスチャを配置する

基本的な[**プリンシプルBSDF**]シェーダーへのテクスチャ接続方法を解説します。テクスチャを接続することで、[**ベースカラー**]以外にも、[Roughness]、[Metallic]、[Normal]などさまざまな質感を設定できます。
ここではデフォルトキューブを使って木のブロックを作ってみましょう。デフォルトのシーンからはじめます。

1 ワークスペースを❶[Shading]タブに切り替えます。

2 左上の❷[**ファイルブラウザー**]で木目のテクスチャを保存したフォルダを開いておきます。

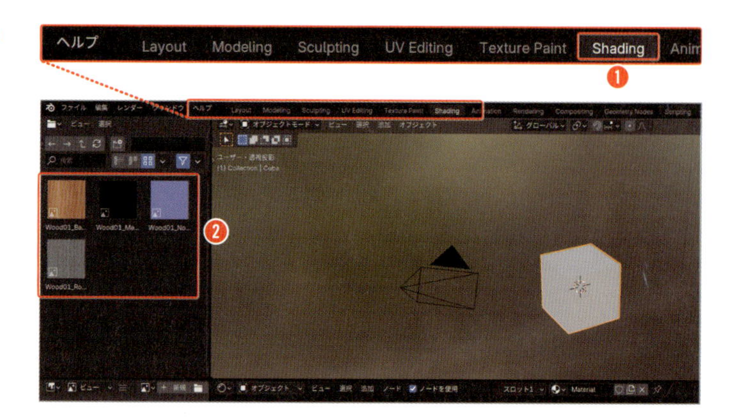

ダウンロードデータ「**Ch06**」フォルダの「**Wood01**」フォルダ内に学習用のテクスチャ画像が含まれています(ダウンロードデータについてはP.005を参照)。また、テクスチャ配布サイトで配布や販売されているものや、Substance 3D Painterなどのテクスチャ作成ソフトを用いて作成したテクスチャデータを使用することもできます。

3 [**3Dビューポート**]で❸デフォルトキューブを選択し、❹[**ファイルブラウザー**]から4つの木目画像をそれぞれ、❺[**シェーダーエディター**]にドラッグアンドドロップします。

[**シェーダーエディター**]に画像ごとに作成されるウィンドウを「**ノード**」と呼び、シェーディングに関するさまざまな設定を行うことができます。

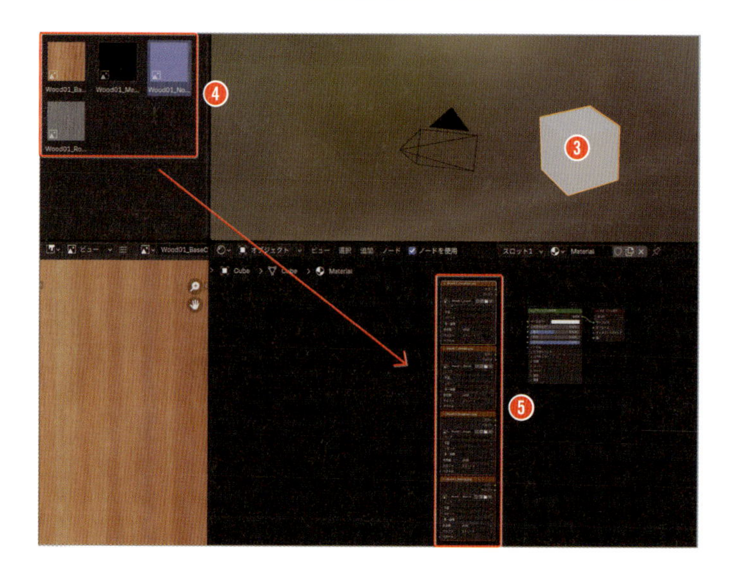

CHAPTER-6

4 [シェーダーエディター]で、❻[Wood01_Metallic] ❼[Wood01_Roughness] ❽[Wood01_Normal] の[色空間]を[非カラー]に変更します。

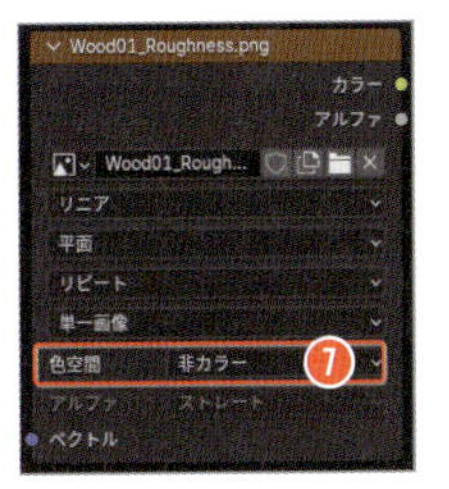

5 [シェーダーエディター]で、各画像ノードの[カラー]ソケットと[プリンシプルBSDF]のソケットを以下のように接続します。

❾[Wood01_BaseColor] ➡[ベースカラー]

❿[Wood01_Metallic] ➡[メタリック]

⓫[Wood01_Roughness] ➡[粗さ]

[Normal]は後ほど接続します。

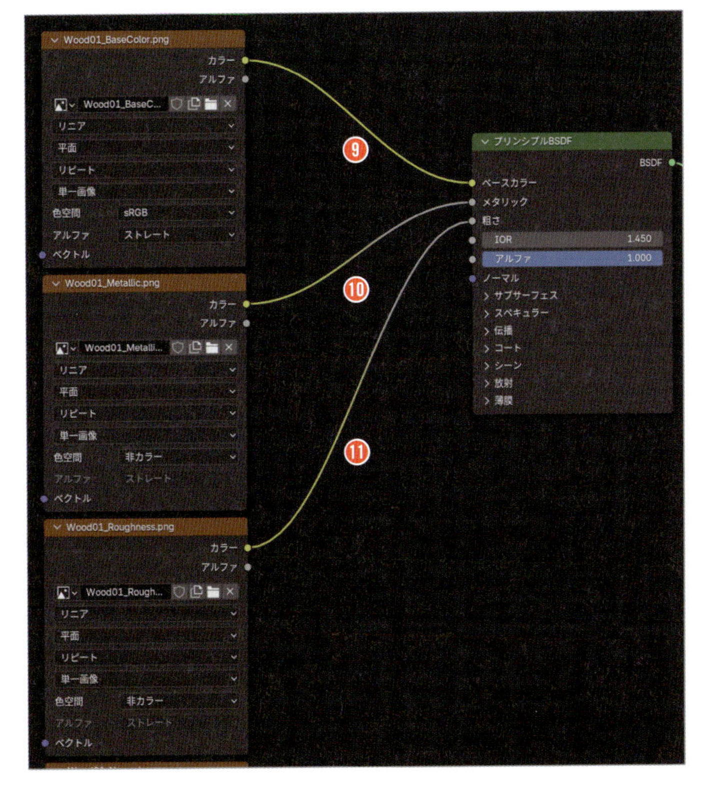

[3Dビューポート]の表示。

Normalのテクスチャを接続するには、間にノーマルマップノードを入れる必要があります。

6 [シェーダーエディター]で、shift + A を押して、⓬[ベクトル]➡[ノーマルマップ]を選び、⓭適当な位置でクリックして追加します。

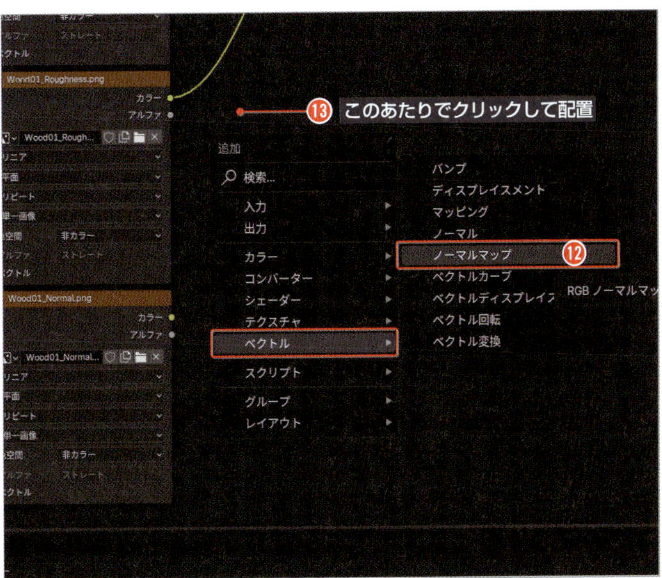

7 [**シェーダーエディター**]で、⑭[Normal]テクスチャの[**カラー**]ソケットと[**ノーマルマップ**]ノードの[**カラー**]ソケットを接続します。さらに⑮[**ノーマルマップ**]ノードの[**ノーマル**]ソケットを[**プリンシプルBSDF**]の[**ノーマル**]ソケットに接続します。

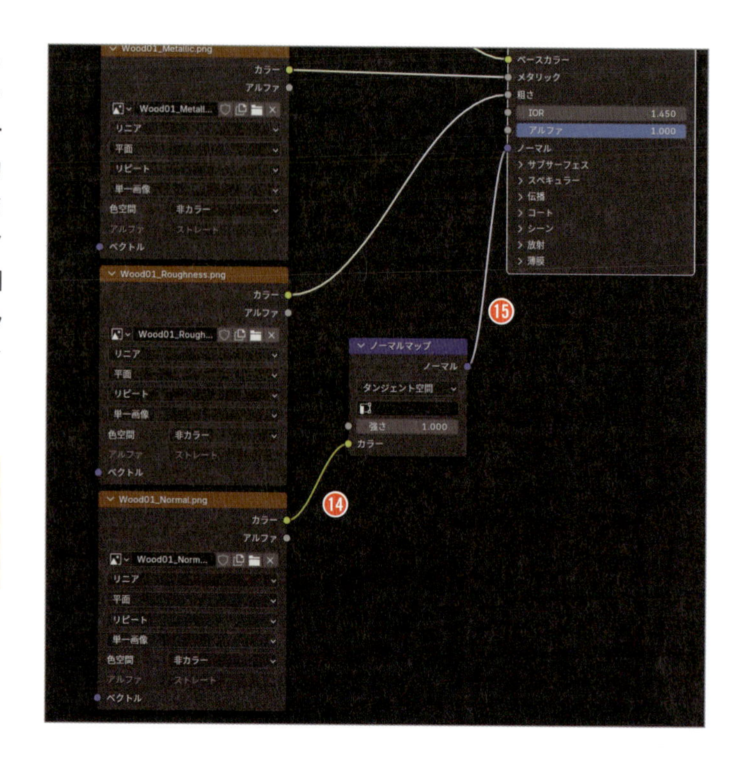

ノーマルマップは凹凸などのディテール情報を持ったテクスチャです。

UV展開されたモデルに対する基本的な[**プリンシプルBSDF**]のテクスチャセット接続ができました。

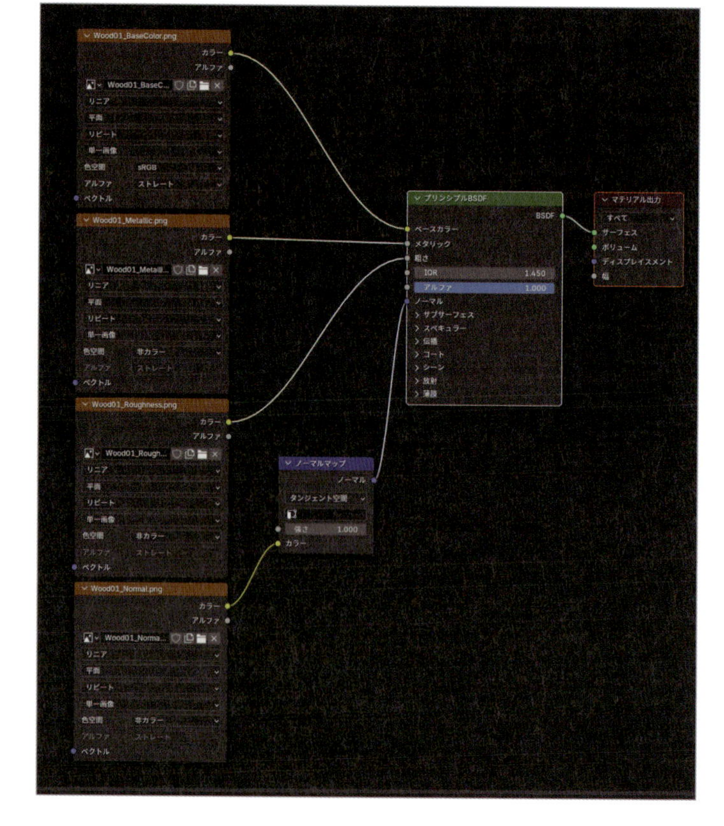

[3Dビューポート]の表示。

CHAPTER-6

木の色を変更する

続いて、[**シェーダーエディター**]で木の色を変更してみましょう。

1 [**シェーダーエディター**]で、shift + A を押して❶[**カラー**]➡[**HSV(色相/彩度/明度)**]を選び、❷図の線上でクリックして追加します。

ノードを配置できる状態で、接続線上でクリックすると、自動でノードを間に差し込まれます。

2 [**シェーダーエディター**]の❸[**HSV(色相/彩度/明度)**]ノードで次のように設定します。
[**色相**]を「0.47」
[**彩度**]を「0.93」
[**明度**]を「0.03」

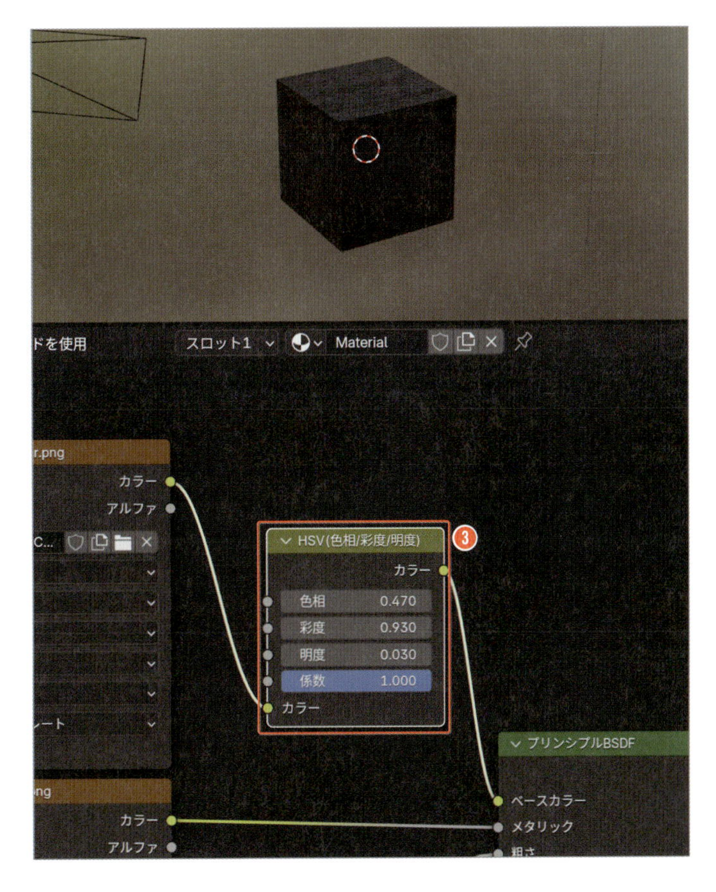

暗い色の木のようなカラーに変更できました。

[Node Wrangler]を使う方法

次に、標準アドオン(拡張機能)の[Node Wrangler]を使用してこれまでの工程を自動で行う方法を解説します

1 [シェーダーエディター]で、追加作成したノードをドラッグで選択し、X キーを押して削除します。

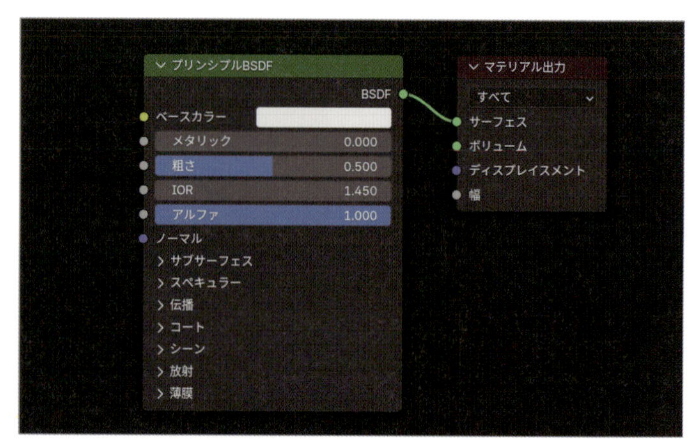

[プリンシプルBSDF]と[マテリアル出力]以外のノードをすべて削除しました。

[Node Wrangler]を有効にします。

2 ❶[編集]メニュー➡[プリファレンス]を選びます。

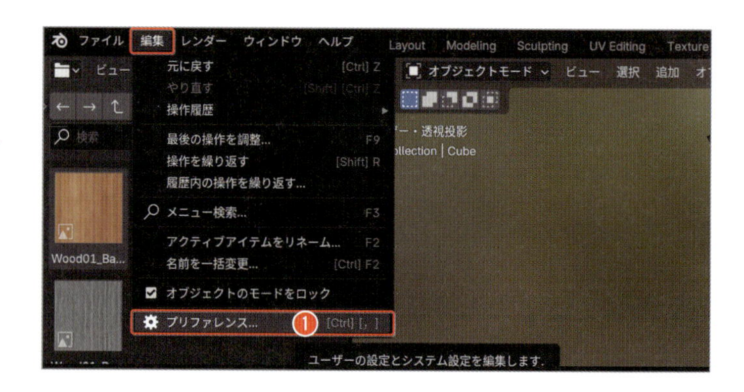

3 [Node Wrangler]はアドオンの中にあるので、ここではエクステンションではなくアドオンから有効にします。[Blenderプリファレンス]ウィンドウの左側で❷[アドオン]をクリックして選びます。❸[検索]に「node」と入力します。❹に名前にnodeとつくアドオンが表示されるので、[Node Wrangler]にチェックを入れます。
❺[プリファレンスを保存]をクリックしてから、❻[×]をクリックしてウィンドウを閉じます。

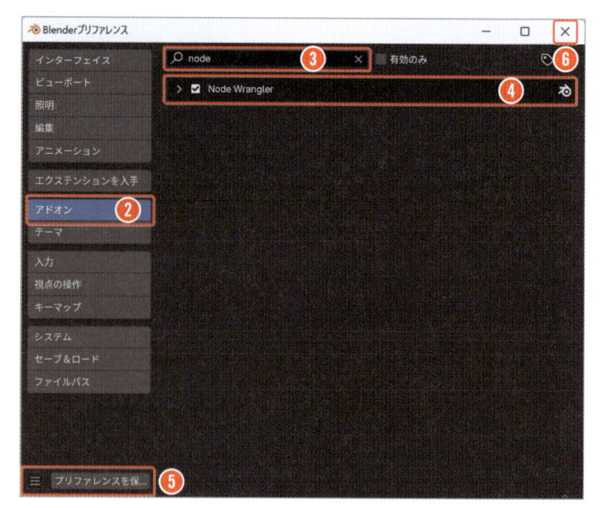

❺[プリファレンスを保存]が表示されていない場合は、そのまま❻[×]をクリックしてウィンドウを閉じます。

4 ［**シェーダーエディター**］の［**サイドバー**］（N）で❽［Node Wrangler］タブを確認します。

［Node Wrangler］にはさまざまな便利な機能がありますが、ここではノードの自動接続を解説します。

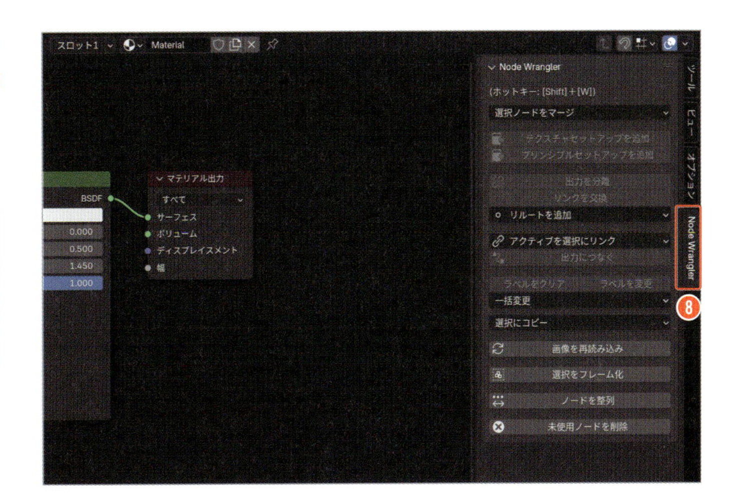

5 ❾［**プリンシプルBSDF**］を選択し、［**サイドバー**］の［Node Wrangler］タブにある❿［**プリンシプルセットアップを追加**］をクリックします。

［**プリンシプルセットアップを追加**］のショートカットは、ctrl ＋ shift ＋ T です。

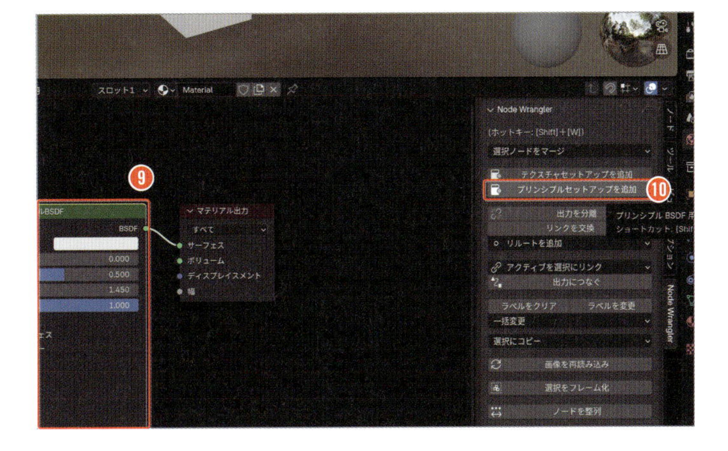

6 ［Blenderファイルビュー］でテクスチャを保存したフォルダに進み、⓫接続したいテクスチャをすべてドラッグで選択、ウィンドウ下の⓬［**プリンシプルテクスチャセットアップ**］をクリックします。

テクスチャのファイル名が、Basecolor、Metallic、Roughness、Normalなどそれぞれのマップに対応した命名規則に沿った名称になっていると自動でノード接続をしてくれます。

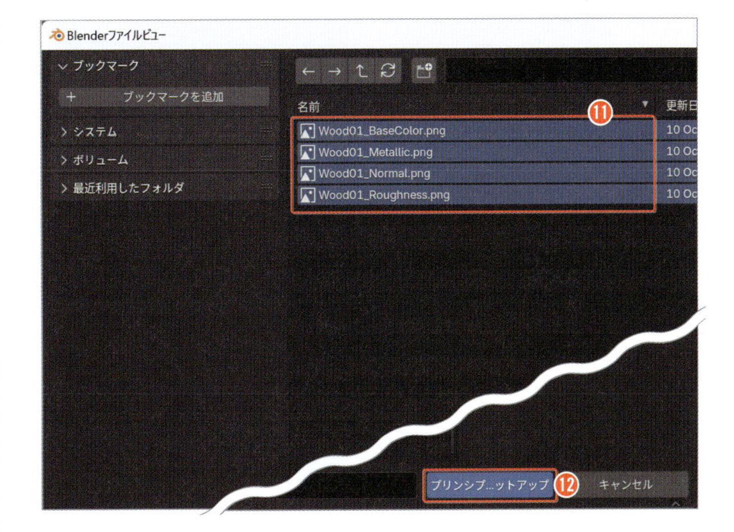

自動でテクスチャが接続されました。また、さらにテクスチャの投影方法を設定できる[**マッピング**]ノードと[**テクスチャ座標**]ノードも自動で追加されています。

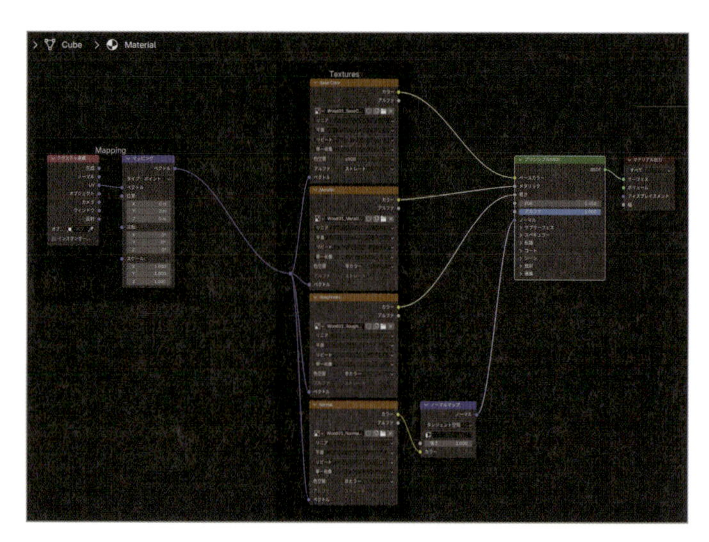

[3Dビューポート]の表示。

[**ボックス**]投影と呼ばれる3方向からテクスチャを投影する設定に変更してみましょう。

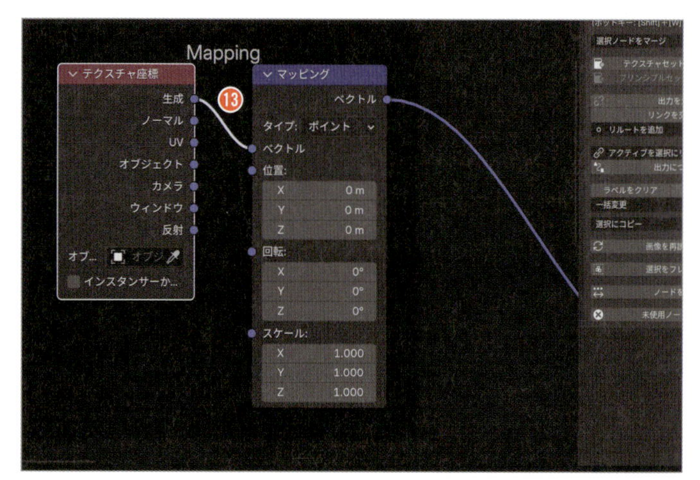

7 ⑬[**テクスチャ座標**]ノードの[**生成**]ソケットから[**マッピング**]ノードの[**ベクトル**]ソケットに接続します。

[3Dビューポート]の表示。

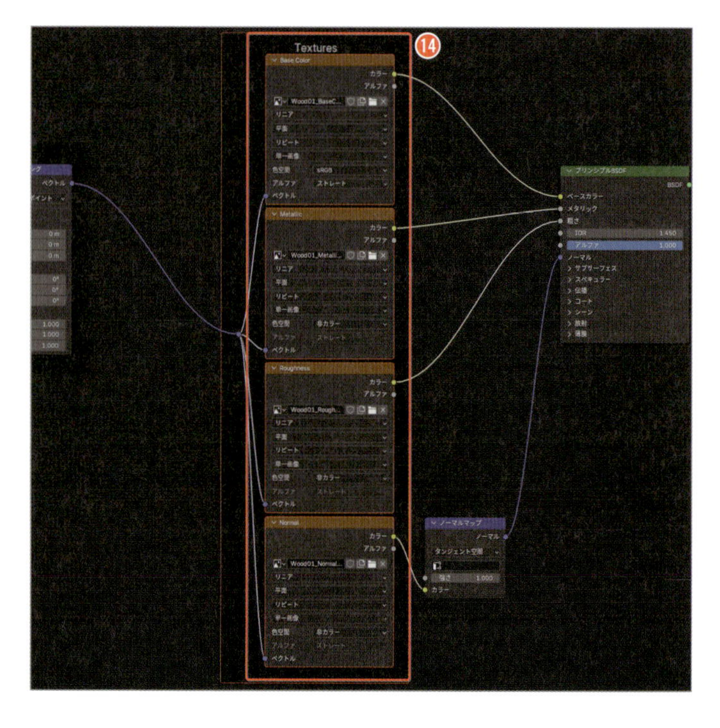

8 ⑭画像テクスチャのノードを、4枚ともまとめて選択します。

9 ⓯画像テクスチャのノードどれかで（どれでもよい）、alt を押しながら［**平面**］をクリックし、［**ボックス**］に変更します。

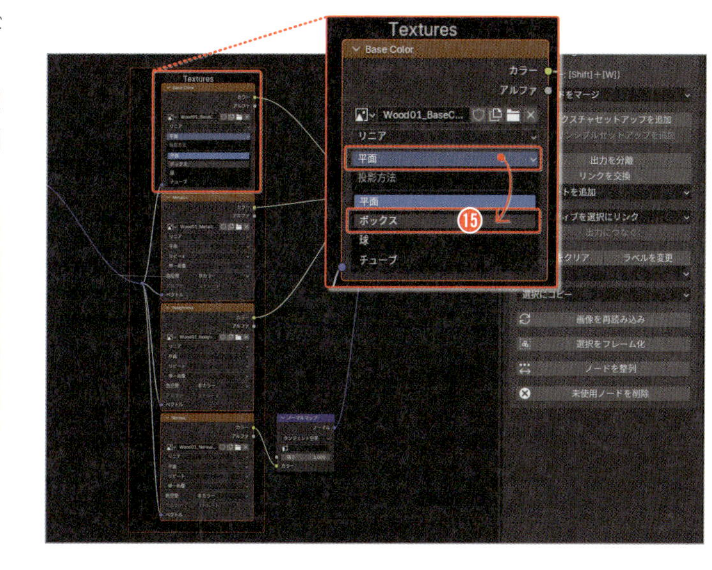

［**ボックス**］を選んで確定するまで alt を押したままにします。alt を押しながら設定を変更すると、選択されている他のプロパティにも同じ変更を反映できます。

これで［**ボックス**］投影になりました。

［**ボックス**］投影にすることで、UVに依存しないテクスチャの投影ができます

ノードの全体像です。

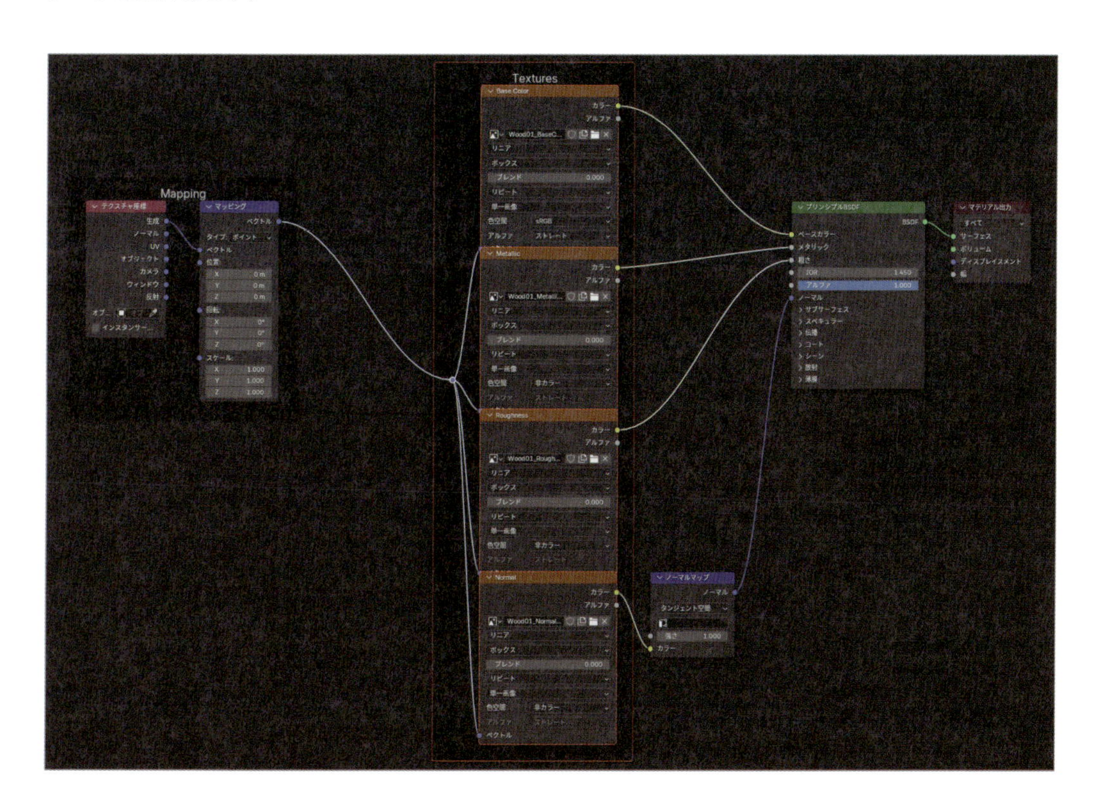

スケールを調整する

少し木目が細かいので、マッピングノードからスケールを変更してみます。

1 [**マッピング**]ノードの❶[**スケール**]のプロパティを上からドラッグ選択することで、X、Y、Zのすべての値を一括入力できます。ここでは「**0.5**」としました。

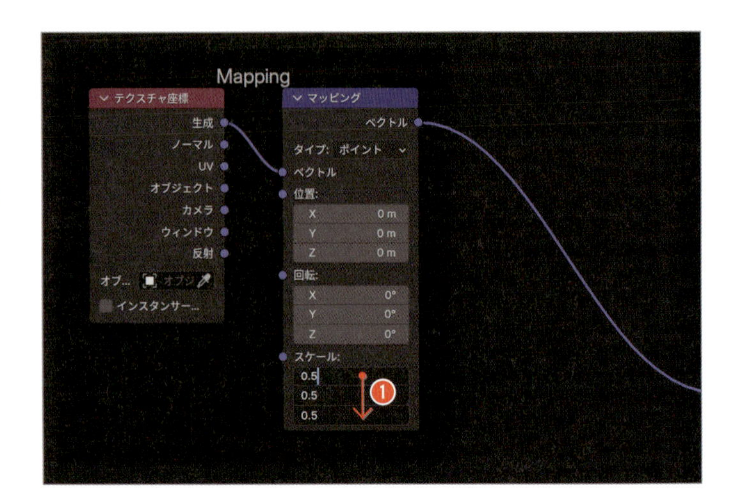

以上が基本的なシェーダーエディターの操作になります。
続いて、実際にRoomのシーンのマテリアルを設定してみましょう。

[スケール]の変更前。

[スケール]の変更後。

6-2 木のマテリアルを設定

Roomのシーンの木製オブジェクトに対し、基本的な[シェーダーエディター]の操作で木のマテリアルを作成していきます。

テーブルのマテリアルを設定する

まずはRoomのシーンを開き、ワークスペースを[Layout]タブに切り替えたところからはじめます。

1 ❶テーブルを選択し、テンキー.(ピリオド)を押して、[**選択をフレームイン**]します。

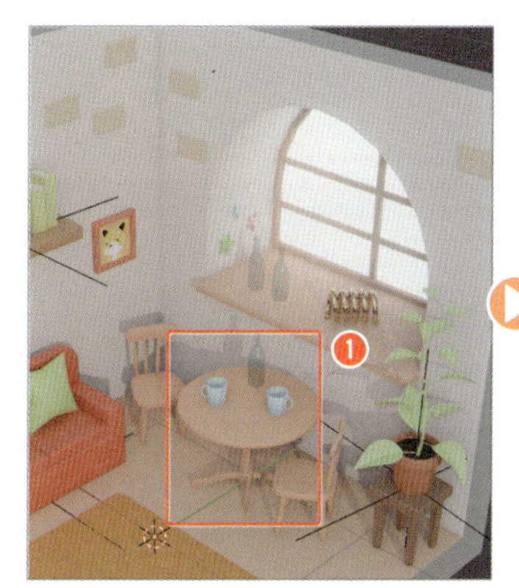

2 [**プロパティ**]パネルの[**マテリアルプロパティ**]タブを開き、テーブルのマテリアル❷[Table]を選びます。マテリアル名を❸[Wood01]に変更します。

3 ワークスペースを❹[Shading]タブに切り替えます。
さらにテンキー/(スラッシュ)を押して、ローカルビューに切り替えます。

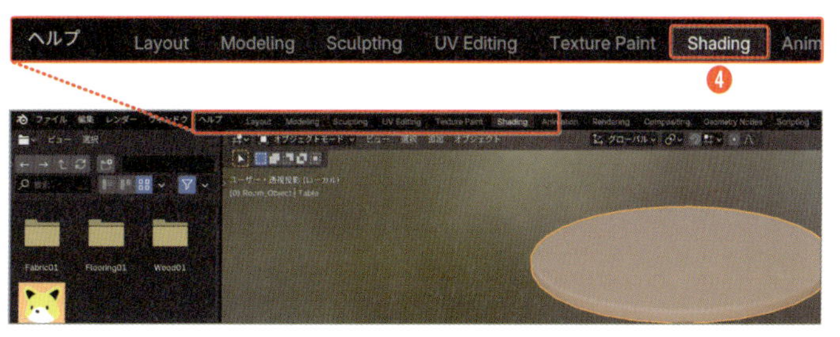

4 ［シェーダーエディター］で❺［プリンシプルBSDF］を選択し、［サイドバー］の［Node Wrangler］タブにある❻［プリンシプルセットアップを追加］をクリックします。

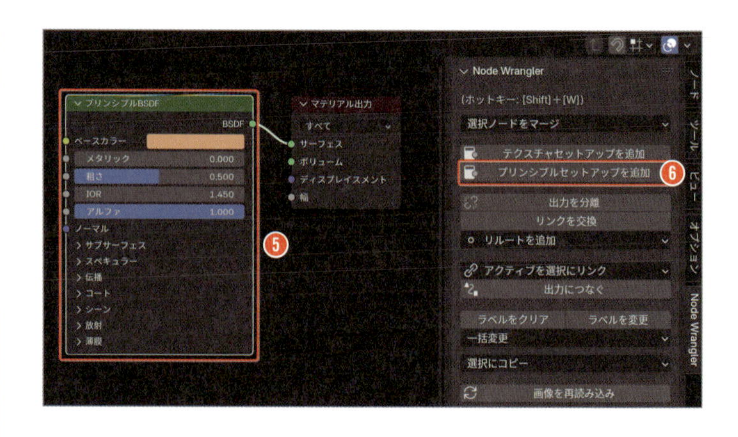

［Node Wrangler］がない場合はP.318を参照してください。

5 ［Blenderファイルビュー］でテクスチャを保存したフォルダに進み、❼接続したいテクスチャをすべてドラッグで選択、ウィンドウ下の❽［プリンシプルテクスチャセットアップ］をクリックします。

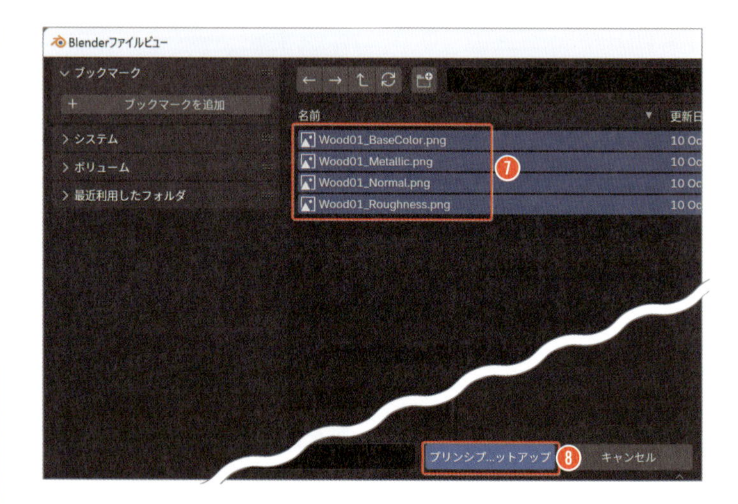

ここでは、ダウンロードデータ「Ch06」フォルダの「Wood 01」フォルダ内の4つのテクスチャを選択しています。

テクスチャが接続されました。

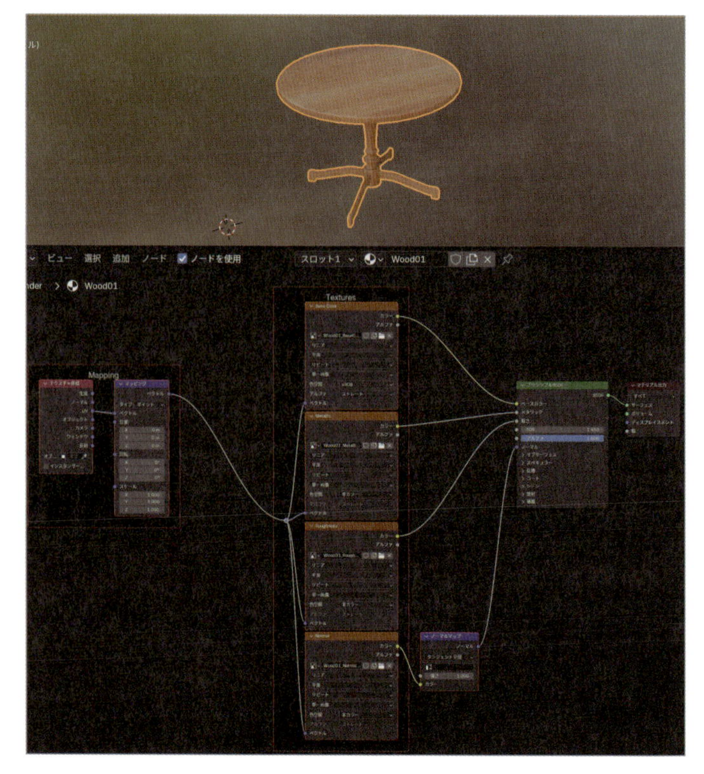

木の材質には通常金属の質感は存在しませんので、［Metallic］は接続しなくても大丈夫です。

CHAPTER-6

素材配布サイト

本書のサンプルデータには、学習用のサンプルテクスチャが含まれています。P.005を参照してダウンロードしておきましょう。
また、本書が配布するテクスチャ以外にも、テクスチャ配布サイトで配布や販売されているものや、Substance 3D Painterなどのテクスチャ作成ソフトを用いて自分で作成したテクスチャデータを使用することもできます。
ここでは海外の有名な素材配布サイトである[ambientCG](https://ambientcg.com/)を紹介します。
ambientCGの配布素材はCC0 Licenseで配布されています(2025年1月現在)。

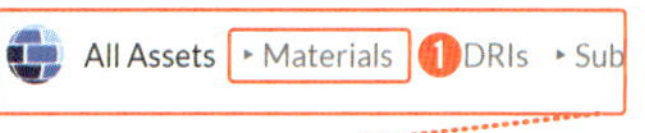

ambientCG(https://ambientcg.com/)

ambientCGにアクセスしたら、❶[Materials]をクリックします。

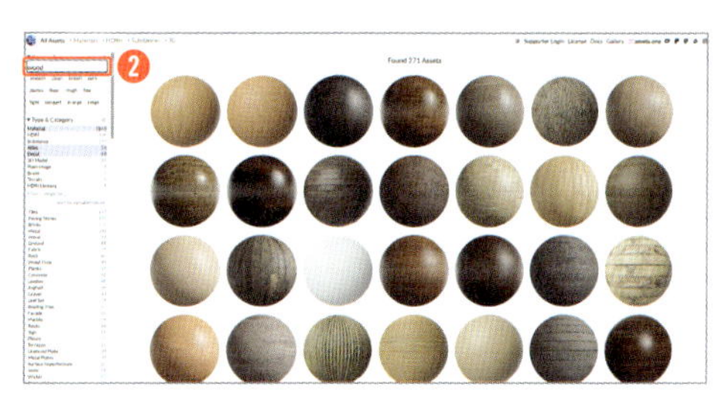

❷検索ボックスに欲しい素材の単語を英語で入力するとマテリアルがたくさん表示されますので、その中からイメージに合ったものを選択します。ここでは「wood」と入力しました。

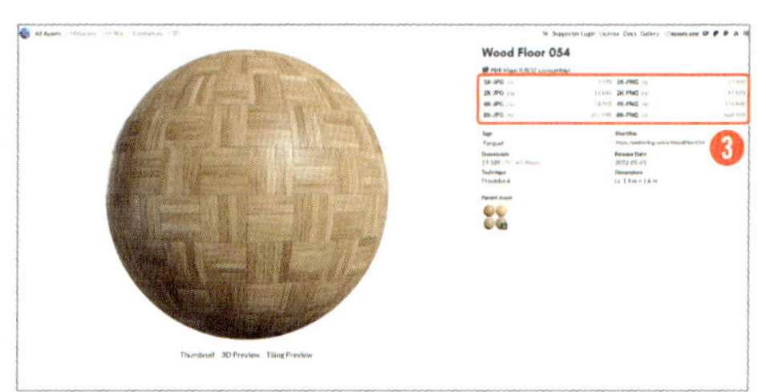

素材をクリックで選択すると、❸右側にテクスチャの形式とサイズごとのダウンロードリンクが表示されているので、必要なものをダウンロードします。
概ね、1K(1,024px)PNG形式、または2K(2,048px)PNG形式を選ぶとよいでしょう。大きな解像度のものはより高精細になりますが、処理が重くなるため必要に応じて選択しましょう。

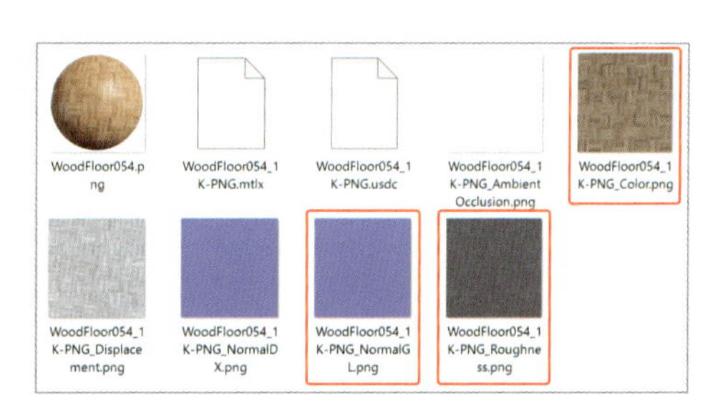

ダウンロードしてZipファイルを解凍すると、質感のテクスチャが格納されています。
本書の解説内容で使用する場合はこのうち、Color、Roughness、NormalGLを**[プリンシプルBSDF]**に接続します。Metallicは金属質素材以外には付属していないため、この素材の場合は接続しません。

本書ではサンプルテクスチャを使用して解説をしますが、こういった素材を使用して好みの見た目を作ってみてもよいでしょう。いろいろ試して学んでみましょう。

「CC0 License」とは、パブリックドメインとして、自由に作品に利用できるライセンスのことです。
[ambientCG]も含め、ダウンロードしたテクスチャ等を使用する場合は、必ずライセンス内容を確認してから使用してください。

[**ボックス**]投影になるように設定をしていきます。

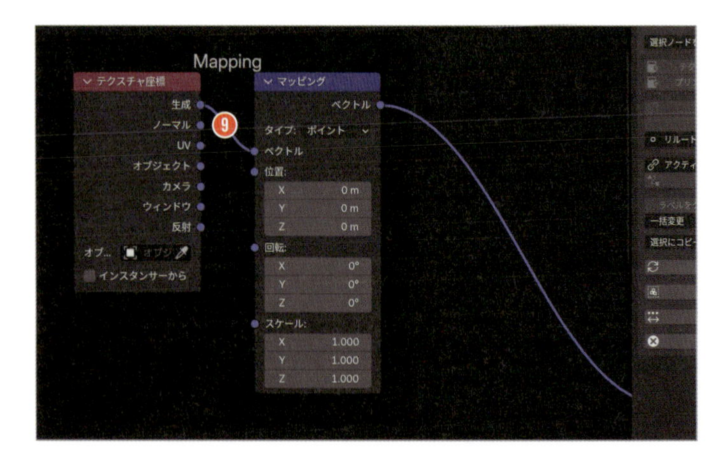

6 ❾[**テクスチャ座標**]ノードの[**生成**]ソケットと[**マッピング**]ノードの[**ベクトル**]ソケットを接続します。

7 ❿画像テクスチャのノードを、4枚ともまとめて選択します。

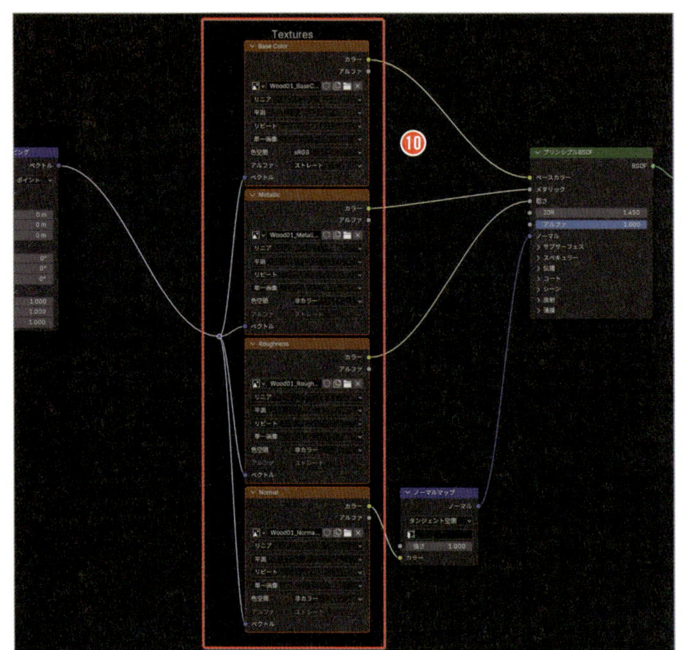

8 ⓫画像テクスチャのノードどれかで(どれでもよい)、alt を押しながら[**平面**]をクリックし、[**ボックス**]に変更します。

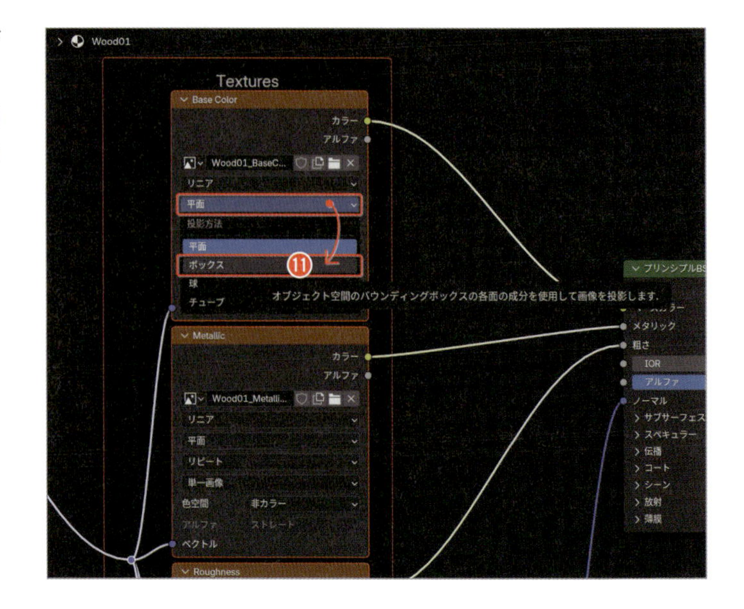

ノードの全体像です。

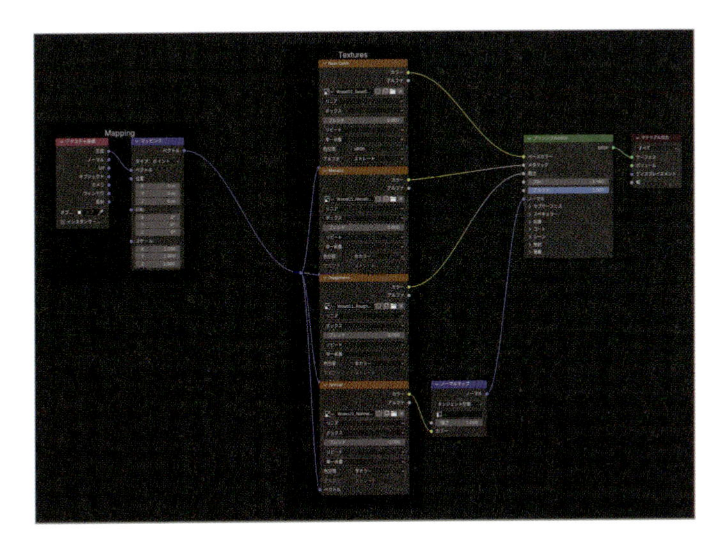

9 テンキー/（スラッシュ）を押して、ローカルビューから元に戻します。

全体での様子を見てみましょう。少し色が濃いので調整しましょう。

色を調整する

1 ［シェーダーエディター］で、shift＋Aを押して、❶［カラー］➡［RGBカーブ］を選び、❷図の線上でクリックして、［BaseColor］と［プリンシプルBSDF］の間に差し込みます。

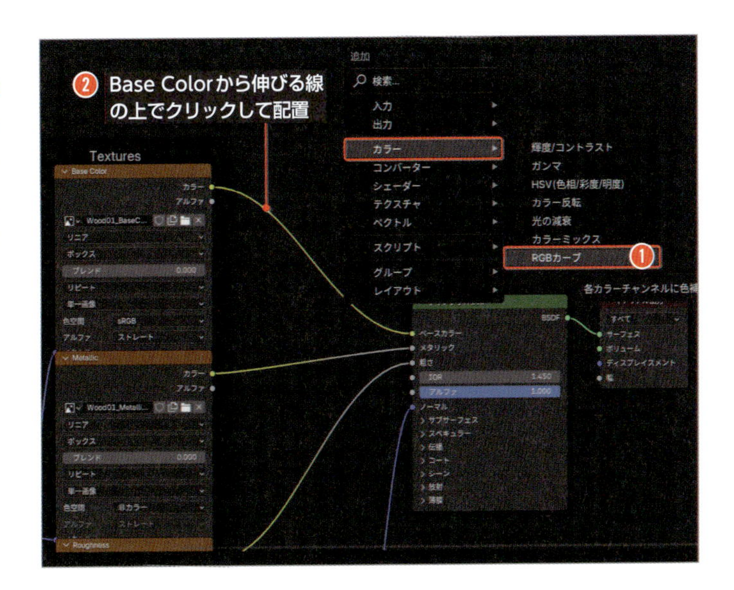

[RGBカーブ]はペイントソフトのカーブと同様に、カーブで色を調整できます。

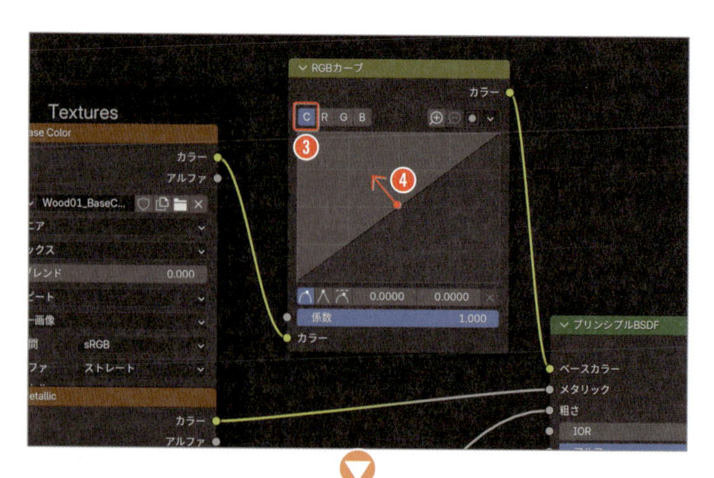

2 [シェーダーエディター]の[RGBカーブ]ノードで、❸[C](RGB統合)がハイライトされていることを確認し、❹カーブの真ん中のあたりを左上にドラッグして明るくします。

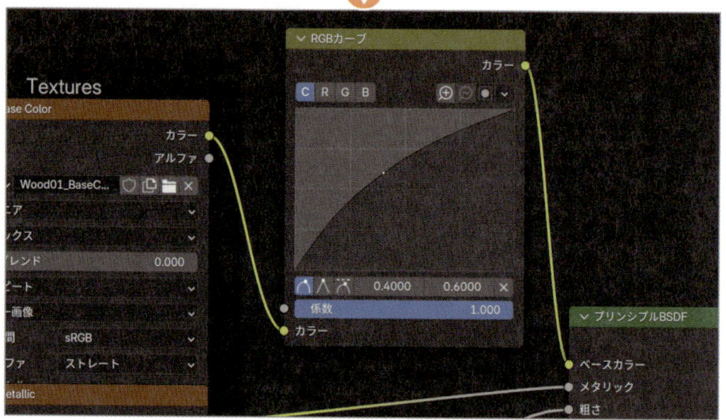

カーブ(直線)を右下方向に移動すると濃く、左上方向に移動すると淡くなります。

[3Dビューポート]の表示。

もう少し赤みがほしいので、少しRを強めます。

3 [シェーダーエディター]の[RGBカーブ]ノードで、❺[R](Redチャンネル)をクリックしてハイライトさせ、❻カーブの真ん中のあたりを左上に少しドラッグします。

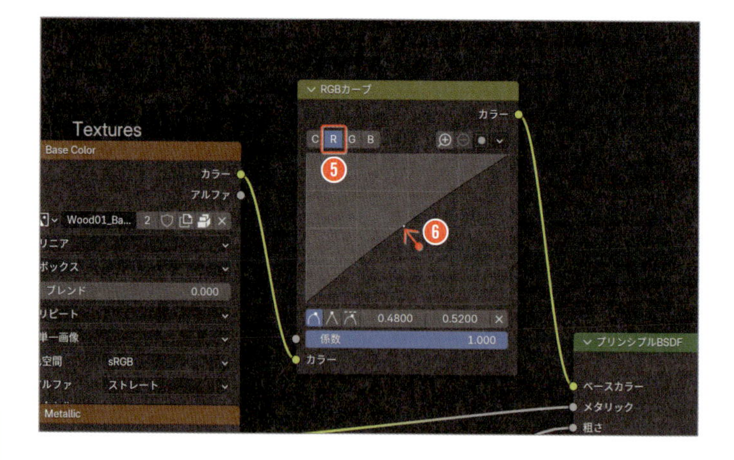

R(Redチャンネル)では、カーブ(直線)を左上方向に移動すると赤が強く、右下方向に移動すると赤が弱くなります。

CHAPTER-6

スケールを調整する

木目が細かいのでテクスチャのマッピングスケールを調整します。

1 ［**マッピング**］ノードの❶［**スケール**］をX、Y、Zそれぞれ「**0.5**」にします。

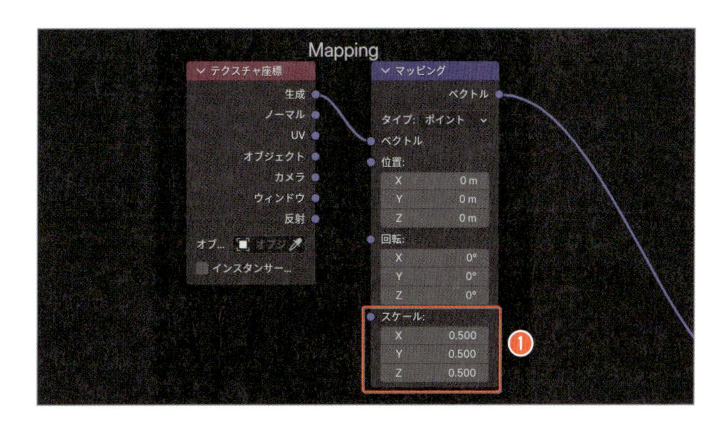

Roughnessを調整する

Roughnessを調整します。

1 ［**シェーダーエディター**］で、shift＋Aを押して、❶［**コンバーター**］➡［**カラーランプ**］を選びます。❷図の線上でクリックして、［**Roughness**］と［**プリンシプルBSDF**］の［**粗さ**］の間に差し込みます。

［**カラーランプ**］はグラデーションを用いて、値をカラーに反映します。

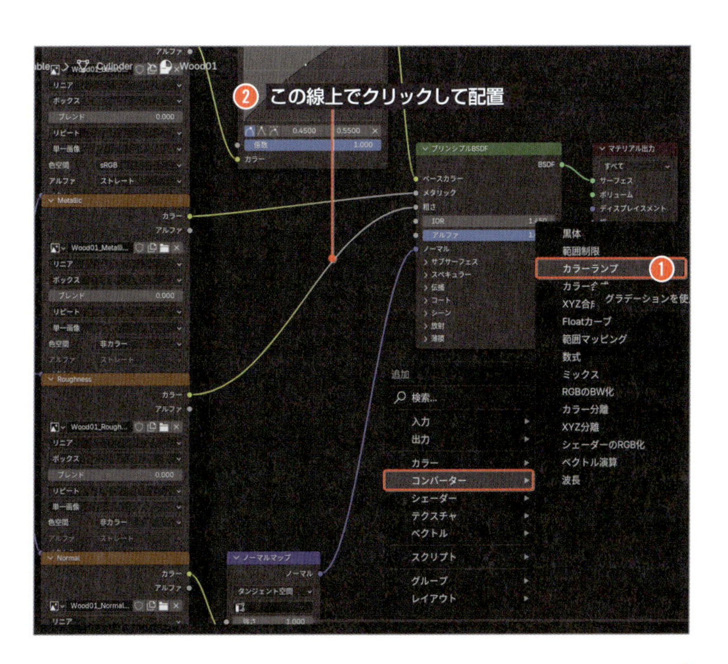

2 ［**カラーランプ**］ノードで、❸黒のスライダーを右側に移動します。テーブルの光沢の様子を見ながら磨かれて少し光沢がある感じにしましょう。

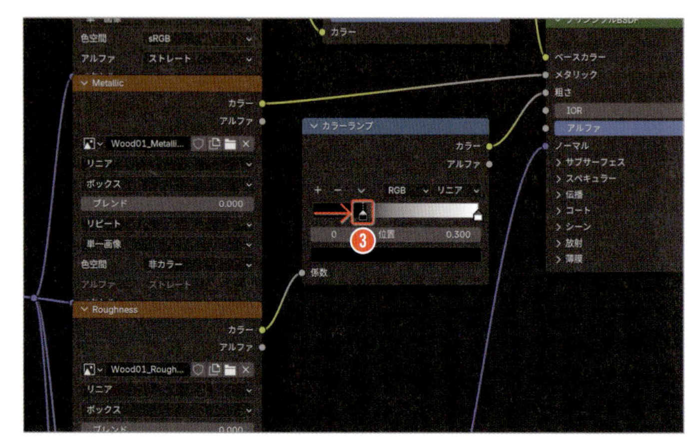

Normalを調整する

Normalを調整します。Normalは凹凸を表すテクスチャです。

1 木目の凹凸が少し強いため、ここでは［**ノーマルマップ**］ノードで、❶［**強さ**］を「**0.5**」にしました。

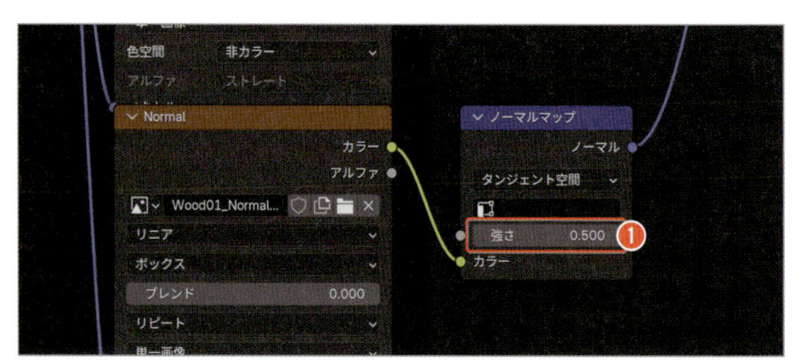

全体の様子を確認し、必要であれば調整しましょう。ここでは特に修正を加えませんでした。

ノードの全体像です。

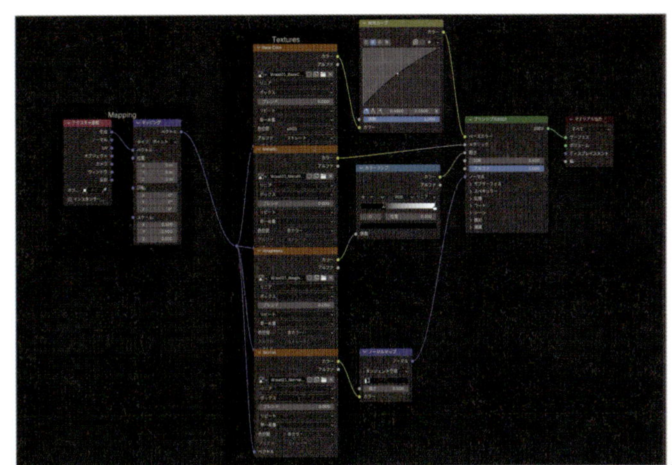

椅子とスタンドライト台座に木のマテリアルを割り当てる

椅子にも［Wood01］を割り当てます。

1 ［**3Dビューポート**］で、❶椅子を2つ➡❷テーブルの順に3つを選択します。ctrl＋Lを押し、❸［**マテリアルをリンク**］を選びます。

ctrl＋Lは、**［オブジェクト］**メニュー➡**［データのリンク/転送］**のショートカットです。先に選択したオブジェクトへ、最後に選択したアクティブオブジェクトからデータ（ここではマテリアル設定）が転送されます。

椅子に[Wood01]のマテリアルが反映されました。

ここからは[3Dビューポート]と[マテリアルプロパティ]の操作になります。ワークスペース[Shading]タブで操作しにくい場合は、中央の分割ラインを上下させて操作します。

スタンドライト台座にも[Wood01]のマテリアルを割り当てます。スタンドライトにはマテリアルが複数あるため、[マテリアルプロパティ]で操作します。

2 [3Dビューポート]で❹スタンドライトを選択します。[マテリアルプロパティ]タブで、❺[StandLight_Base]マテリアルを選びます。❻[マテリアル]アイコンをクリックし、❼[Wood01]を選びます。

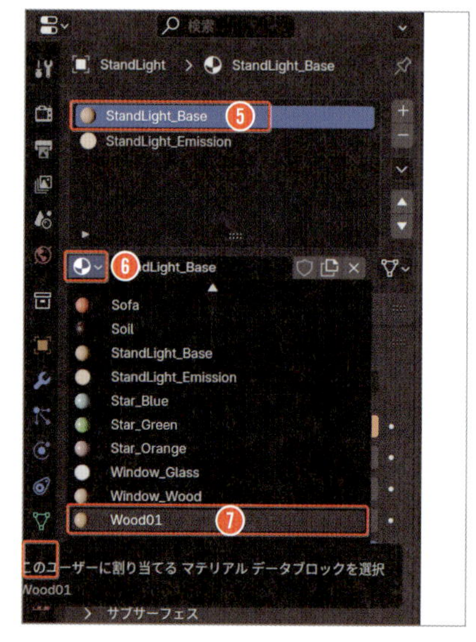

スタンドライト台座に[Wood01]のマテリアルが反映されました。

他の木製品に異なる木のマテリアルを設定する

次に、花台などの他の木製品に、少し色味の異なる木のマテリアルを作成して割り当てます。先に作成した［Wood01］マテリアルの設定内容をコピーして、変更を加える方法でマテリアルを作成します。

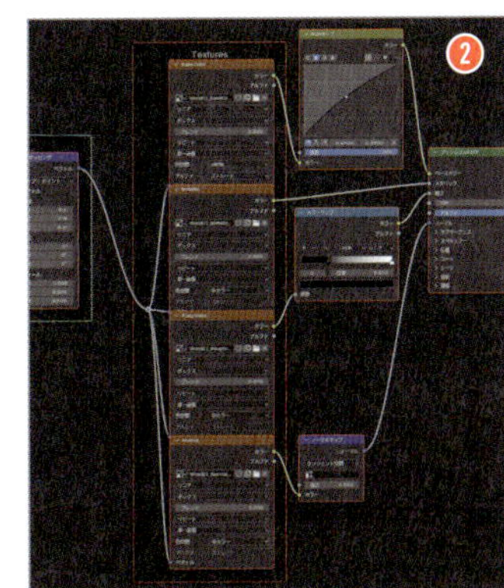

1 ❶テーブルのオブジェクトを選択して、［**ノードエディター**］上でAキーを押して❷ノードを全選択し、ctrl+Cでコピーします。

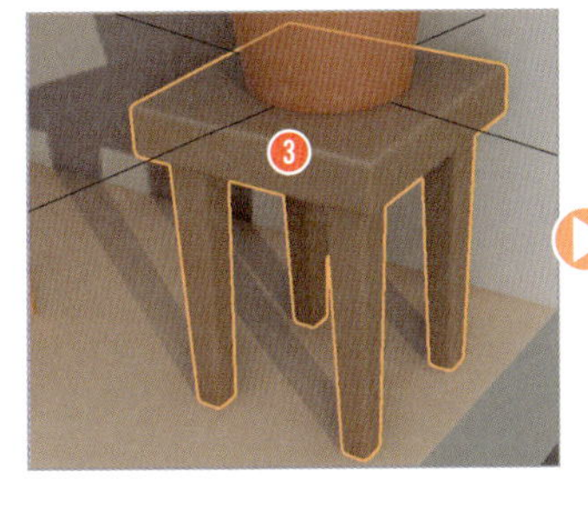

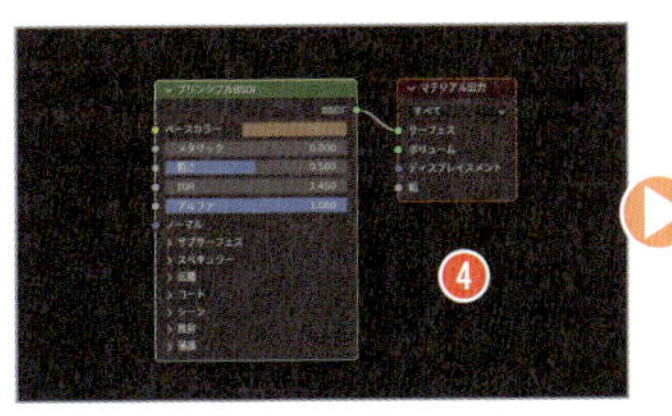

2 ❸花台のオブジェクトを選択して［**ノードエディター**］でAキーを押して❹ノードを全選択し、Xキーまたはdeleteキーを押してノードを削除します。❺花台が真っ黒になります。

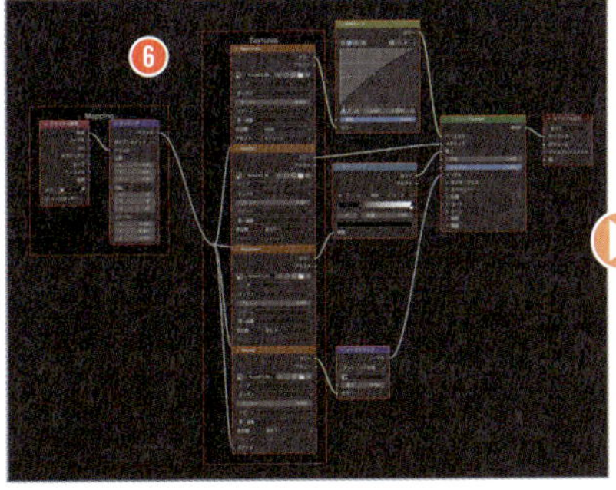

3 続いて、［**ノードエディター**］でctrl+Vを押してコピーしていた❻テーブルのノードをペーストします。これで❼マテリアルの内容をコピーすることができました。

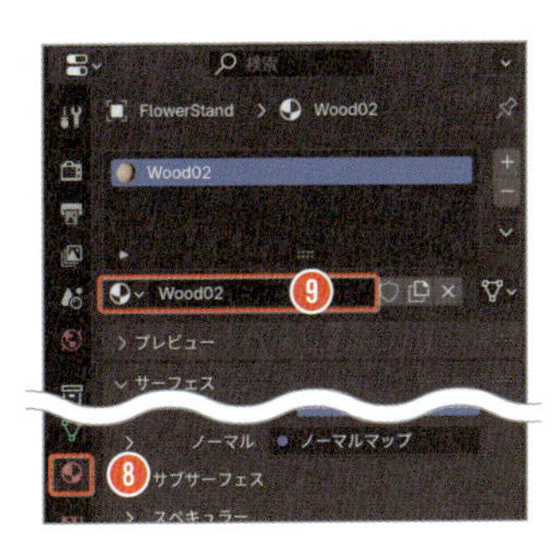

4 ❽［**マテリアルプロパティ**］タブで［FlowerStand］マテリアル名を❾［Wood02］に変更します。

[Wood02]マテリアルの設定を調整する

[Wood02]マテリアルの設定を調整し、色を濃くします。

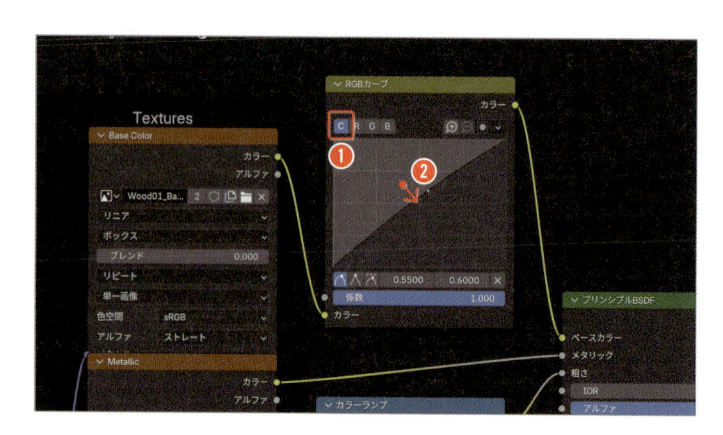

1. [シェーダーエディター]で、[RGBカーブ]の❶[C](RGB統合)をクリックしてから、❷中央のカーブの制御点を少し右下に移動します。

ワークスペースを[Layout]タブに切り替えている場合は、[Shading]タブにしてください。

椅子の[Wood01]と比べて花台の[Wood02]の色が少し濃くなりました。

黄色を追加します。

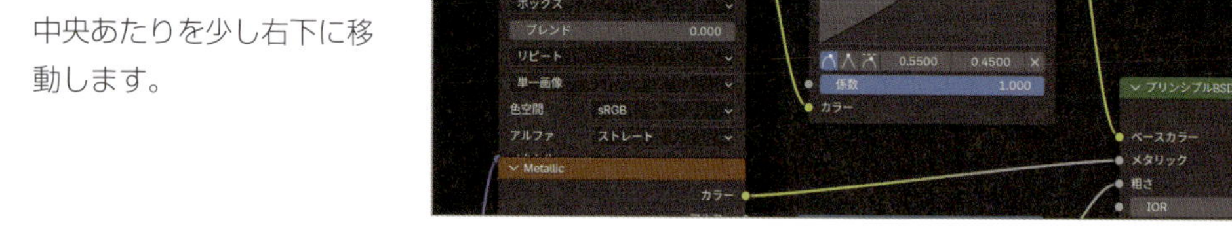

2. [RGBカーブ]の❸[B](Blueチャンネル)をクリックしてから、❹カーブの中央あたりを少し右下に移動します。

色が少し黄色くなりました。

B(Blueチャンネル)では、カーブ(直線)を左上方向に移動すると青が強く、右下方向に移動すると青が弱くなります。

少し暗くなったため再度微調整します。

1 ［**シェーダーエディター**］で、［**RGBカーブ**］の❶［**C**］（RGB統合）をクリックしてから、❷中央のカーブの制御点を少し左上に移動します。

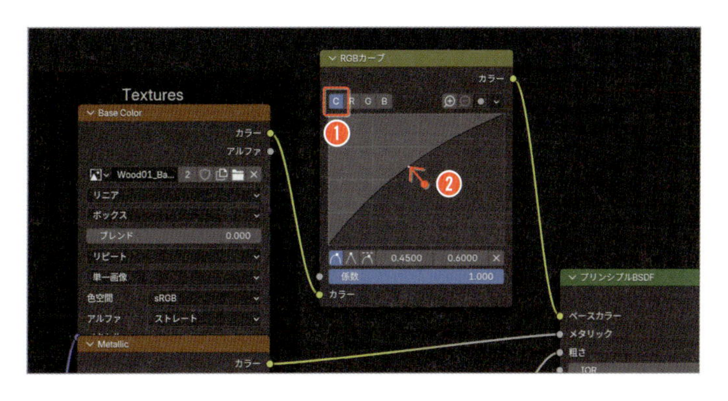

良い感じの色味にできたら［**Wood02**］のマテリアルの完成です。

窓周辺の木部にマテリアルを設定する

続いて、窓枠と窓前の木製台部分に［**Wood02**］のマテリアルを割り当ててみましょう。ここでの［**シェーダーエディター**］の操作は終わりなので、ワークスペースは［**Layout**］タブに切り替えましょう。

1 ［**3Dビューポート**］で、❶窓枠と❷窓前の木製台部分を選択し、最後に❸花台を選択します。
ctrl＋Lを押し、❹［**マテリアルをリンク**］を選びます。

[Wood02]のマテリアルが窓枠と窓前の木製台部分に反映されました。

本棚に木のマテリアルを設定する

本棚にもマテリアルを割り当てます。本棚はコレクションインスタンスのためマテリアルを変更するには実体化が必要です。

1. ❶本棚を2つとも選択したら ctrl ＋ A を押して、❷[**インスタンスを実体化**]を選びます。

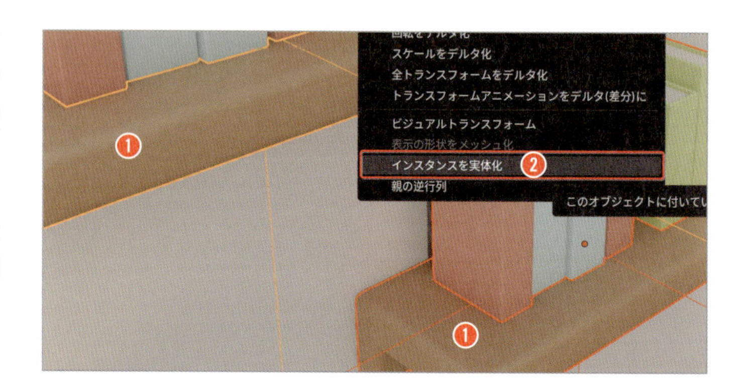

2. 実体化できたら十字のエンプティ(ブランク)は不要なため X キーで削除しておきます。

ブックシェルフは明るい木目が良いと思うので、[Wood01]のマテリアルを割り当ててみましょう。

3. ❸本棚を2つとも選択し、最後にテーブルを選択します。ctrl ＋ L を押し、❹[**マテリアルをリンク**]を選びます。

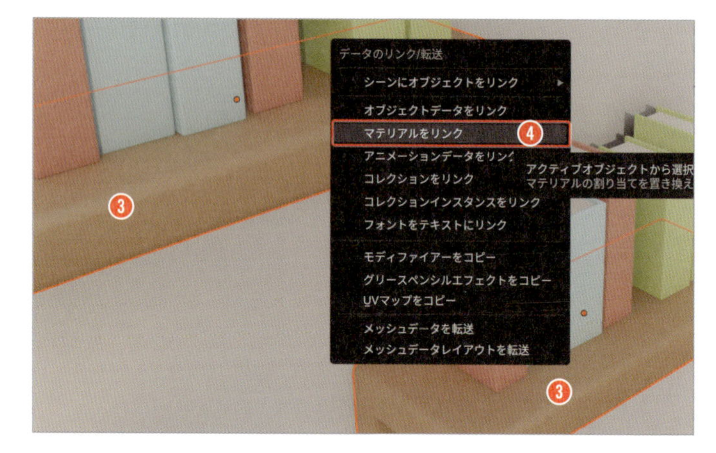

2種類の木のマテリアルを作成してオブジェクトに設定をすることができました。

6-3 床のマテリアルを設定

基本的な[シェーダーエディター]の操作で、床のマテリアルを作成していきます。

床のマテリアルを設定する

Roomのシーンを開き、ワークスペースを[Shading]タブに切り替えてからはじめます。

1 [3Dビューポート]で、❶Roomオブジェクトを選択します。

2 [マテリアルプロパティ]タブで❷[Room_Floor]のマテリアルを選択します。

3 [シェーダーエディター]で❸[プリンシプルBSDF]を選択し、[サイドバー]（N）の[Node Wrangler]タブにある❹[プリンシプルセットアップを追加]をクリックします。

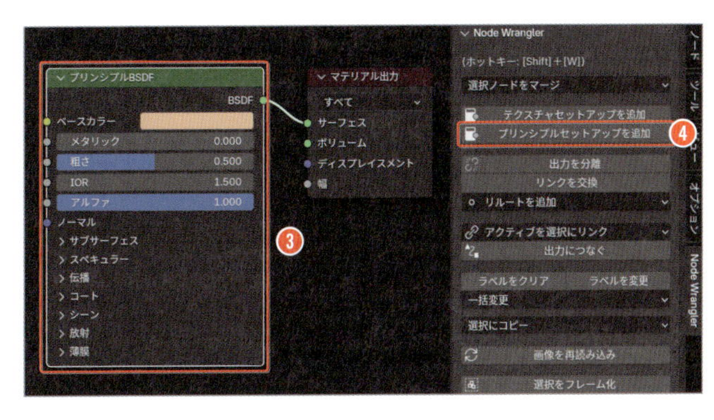

ctrl + shift + T を押しても実行できます。

4 [Blenderファイルビュー]でテクスチャを保存したフォルダに進み、❺接続したいテクスチャをすべてドラッグで選択、ウィンドウ下の❻[プリンシプルテクスチャセットアップ]をクリックします。

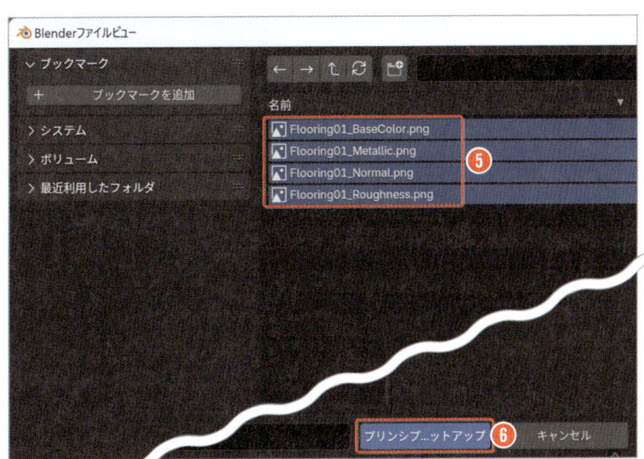

ここでは、ダウンロードデータ「Ch06」フォルダの「Flooring01」フォルダ内の4つのテクスチャを選択しています。

テクスチャが接続されました。

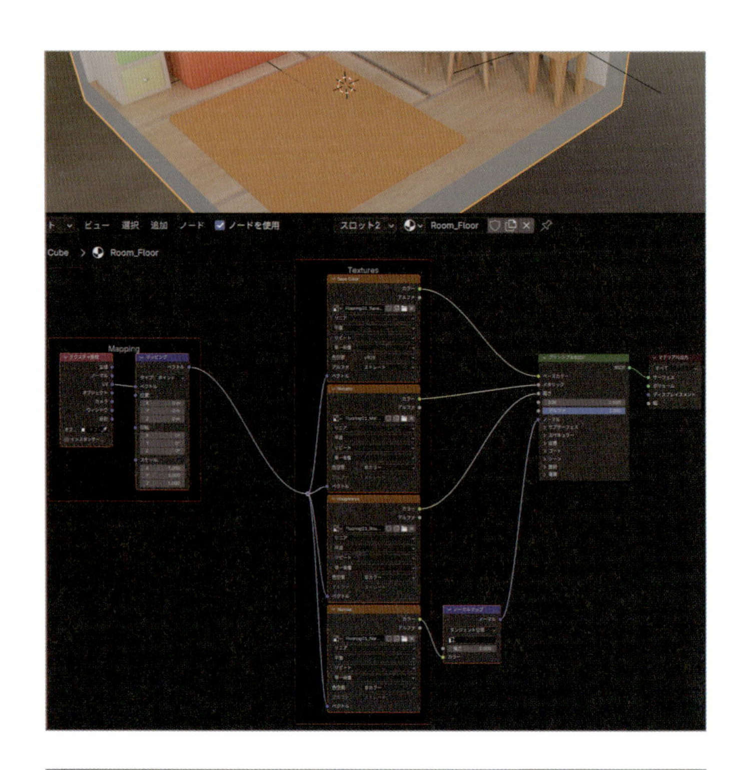

［ボックス］投影になるように設定をしていきます。

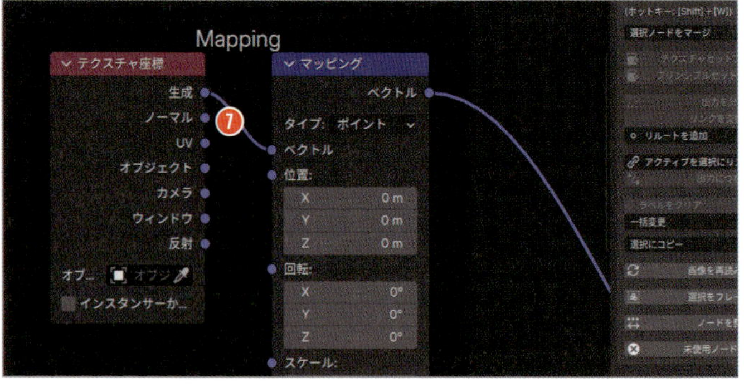

5 ❼［**テクスチャ座標**］ノードの［**生成**］ソケットと［**マッピング**］ノードの［**ベクトル**］ソケットを接続します。

6 ❽画像テクスチャのノードを、4枚ともまとめて選択します。

7 画像テクスチャのノードどれかで（どれでもよい）、❾ alt を押しながら［**平面**］をクリックし、［**ボックス**］に変更します。

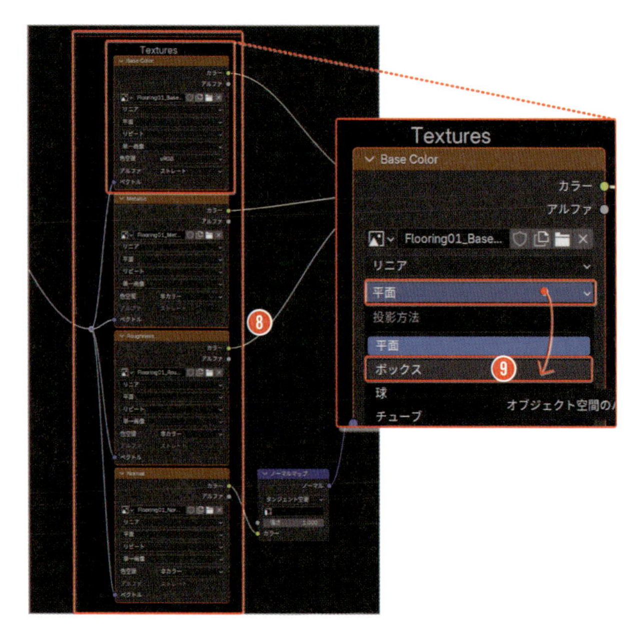

CHAPTER-6

スケールを調整する

テクスチャのマッピングスケールの調整をします。

1 [**マッピング**]ノードの❶[**スケール**]のプロパティを上からドラッグ選択することで、X、Y、Zのすべての値を一括入力できます。ここでは「2」としました。

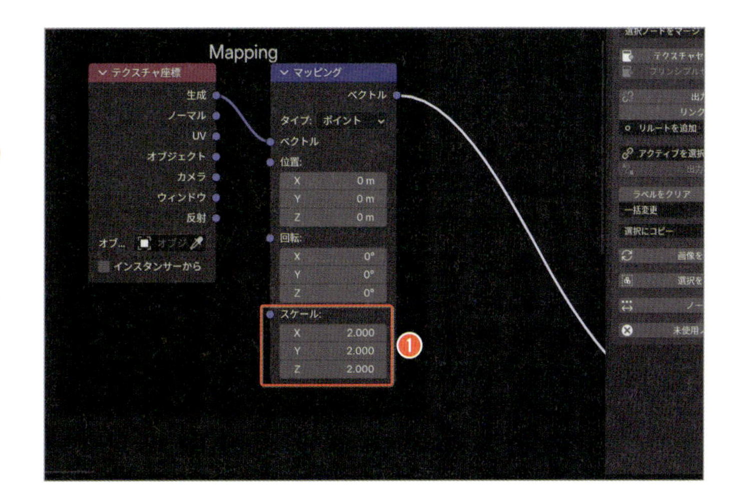

色を調整する

色相と彩度、明度を調整するノードを追加して微調整します。

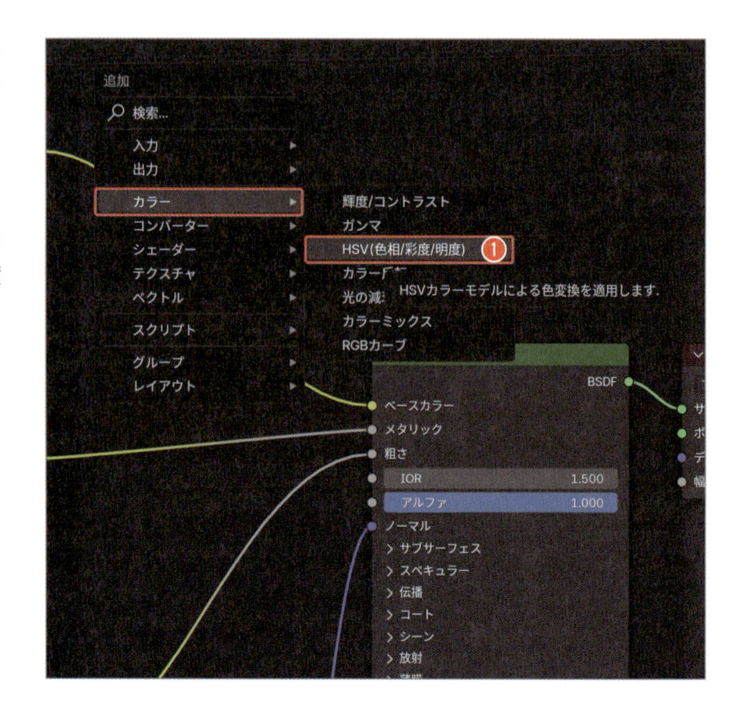

1 ［シェーダーエディター］で、shift＋Aを押して❶［カラー］➡［HSV（色相/彩度/明度）］を選びます。

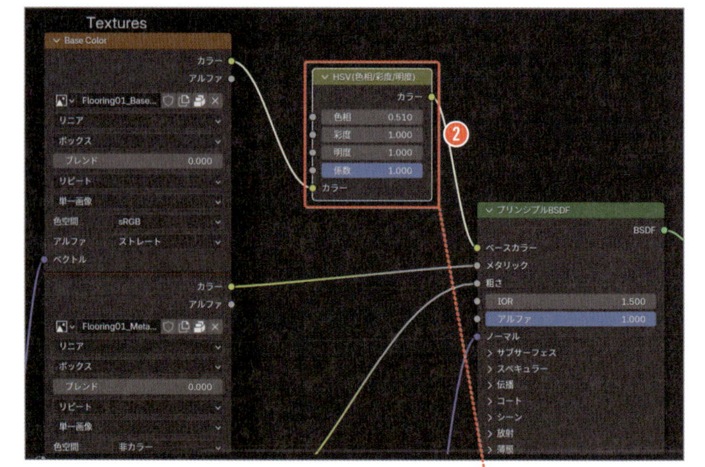

2 ［Base Color］と［プリンシプルBSDF］の間の線上でクリックして差し込みます。自動で❷ノードが接続されます。

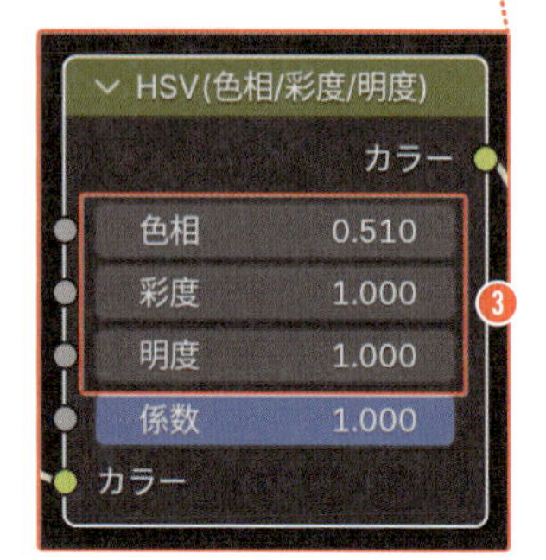

3 ［HSV（色相/彩度/明度）］ノードで、❸色味を調整します。
ここでは［色相］を「0.51」、［彩度］を「1.0」、［明度］を「1.0」としました。

全体の様子をみながら調整してみましょう。

Roughnessを調整する

1 ［シェーダーエディター］で shift ＋ A を押し、［コンバーター］➡［カラーランプ］を選びます。❶［Roughness］と［プリンシプルBSDF］の［粗さ］の間に差し込みます。

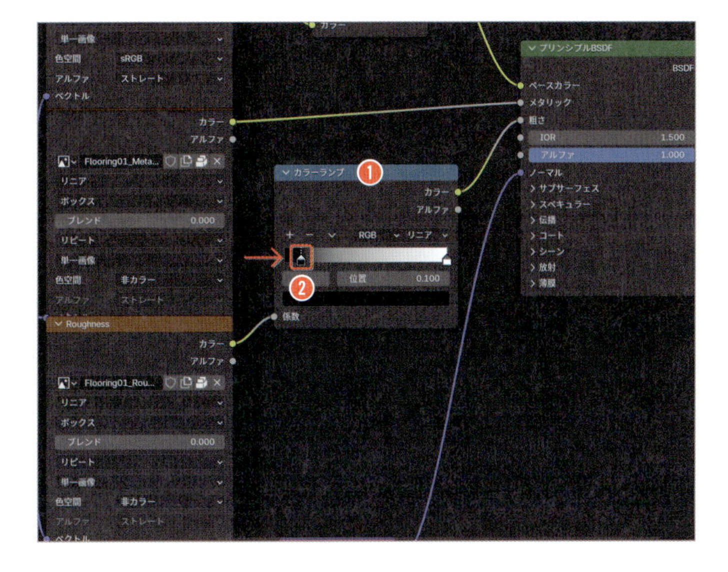

2 ［カラーランプ］ノードで、床の光沢の様子を見ながら❷黒のスライダーを右側に移動します。磨かれた床にしましょう。

床のマテリアルを設定すること
ができました。

6-4 ソファーセットのマテリアルを設定

基本的な[シェーダーエディター]の操作でソファーセットのマテリアルを作成していきます。

ソファーのマテリアルを設定する

Roomのシーンを開き、ワークスペース[Layout]タブではじめます。
ソファーセットはコレクションインスタンスなので、マテリアルを変更するには実体化が必要です。

1. ❶ソファーセットを選択したら ctrl ＋ A を押して、❷**[インスタンスを実体化]**を選びます。

2. 実体化できたら十字のエンプティ(ブランク)は不要なため X キーで削除しておきます。

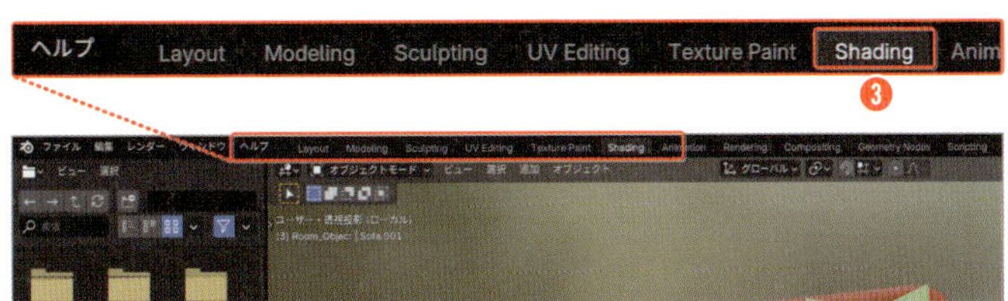

3. ワークスペースを❸[Shading]タブに切り替えます。**[3Dビューポート]**で、❹ソファーのオブジェクトを選択します。

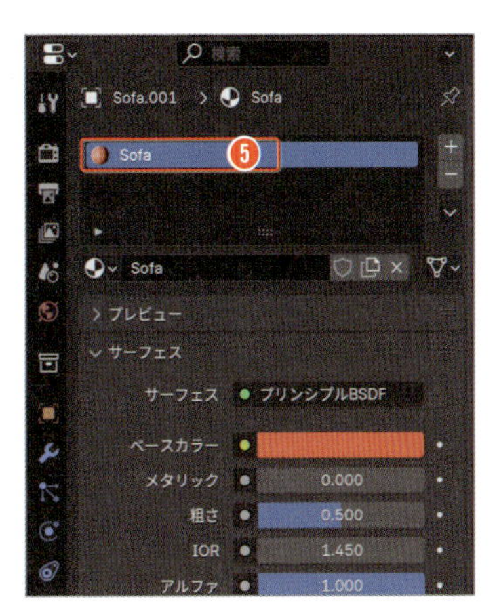

4. **[マテリアルプロパティ]**タブで❺[Sofa]マテリアルが選択されていることを確認します。

図ではソファーとクッション2つを選択してテンキー / でローカルビューに切り替えています。

5 ［シェーダーエディター］で❻［プリンシプルBSDF］を選択し、［サイドバー］の［Node Wrangler］タブにある❼［プリンシプルセットアップを追加］をクリックします。

ctrl ＋ shift ＋ T を押しても実行できます。

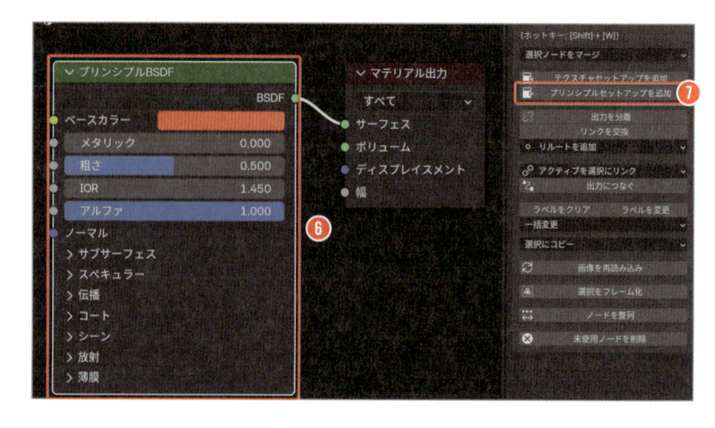

6 ［Blenderファイルビュー］でテクスチャを保存したフォルダに進み、❽接続したいテクスチャをすべてドラッグで選択、ウィンドウ下の❾［プリンシプルテクスチャセットアップ］をクリックします。

ここでは、ダウンロードデータ「Ch06」フォルダの「Fabric 01」フォルダ内の4つのテクスチャを選択しています。

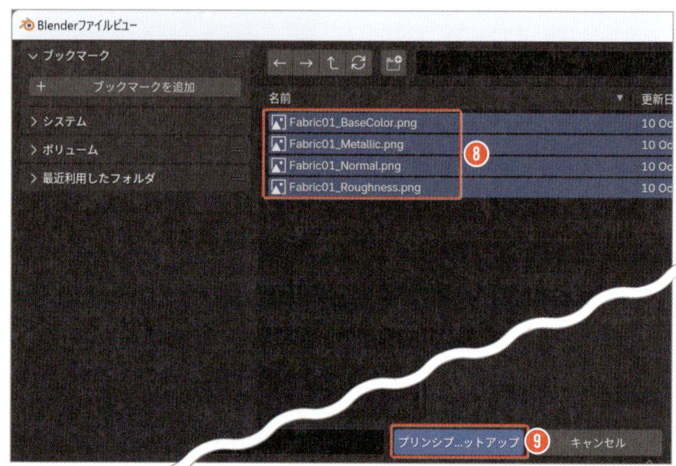

テクスチャが接続されました。

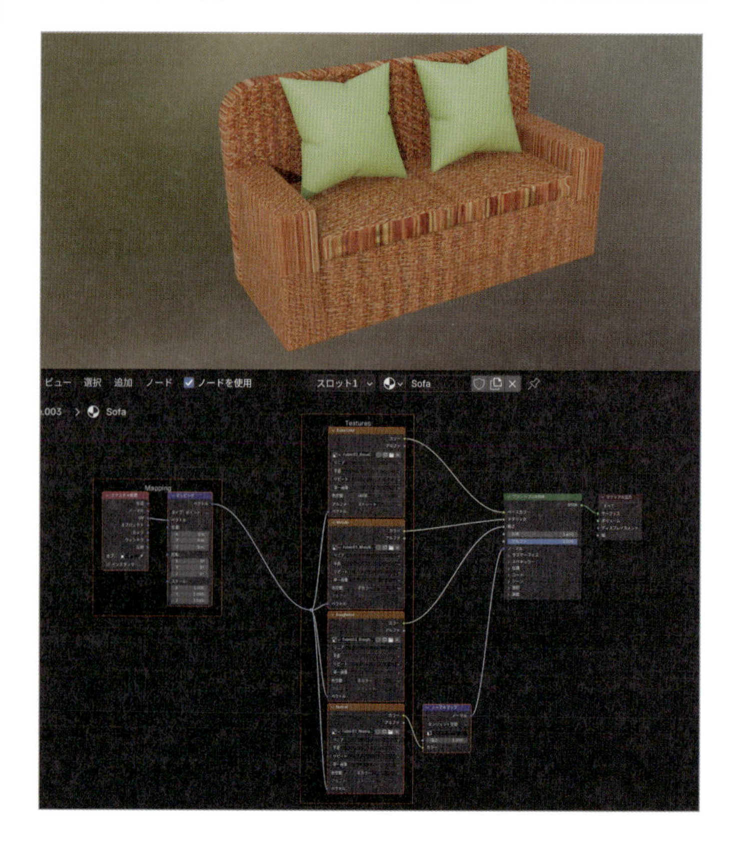

CHAPTER-6

［ボックス］投影になるように設定をしていきます。

7 ⑩［**テクスチャ座標**］ノードの［**生成**］ソケットと［**マッピング**］ノードの［**ベクトル**］ソケットを接続します。

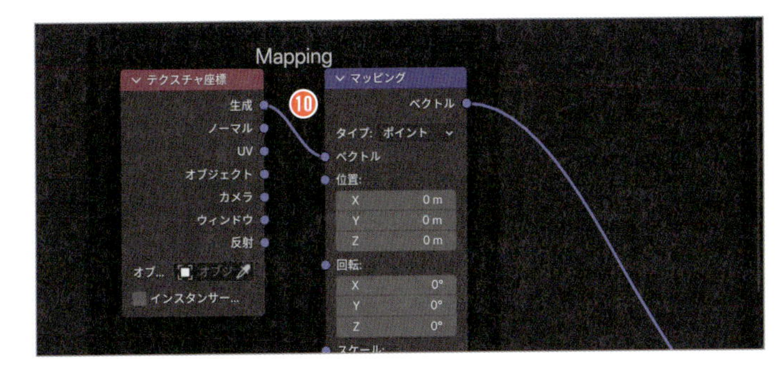

8 ⑪画像テクスチャのノードを、4枚ともまとめて選択します。

9 画像テクスチャのノードどれかで（どれでもよい）、⑫ alt を押しながら［**平面**］をクリックし、［**ボックス**］に変更します。

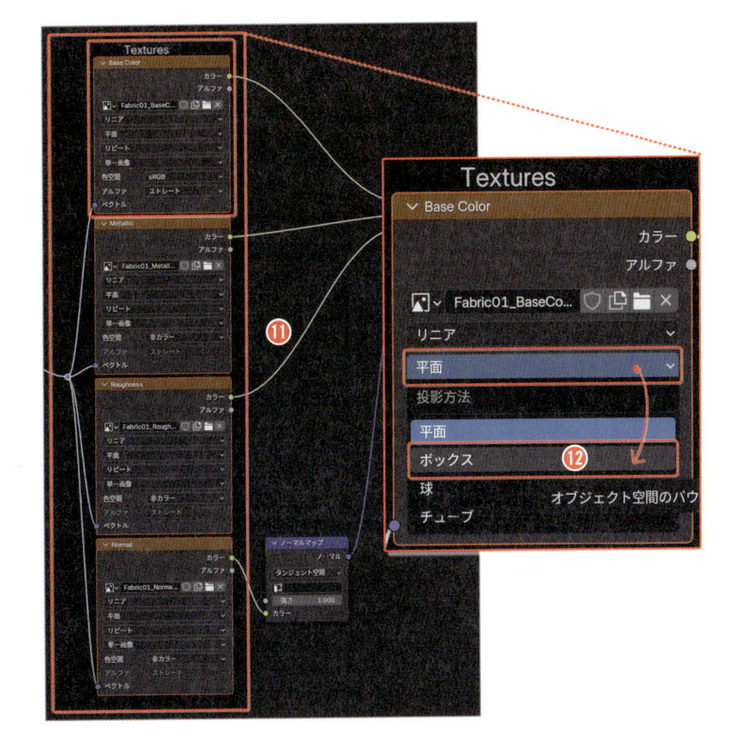

スケールを調整する

テクスチャのマッピングスケールの調整をして、布目を細かくします。

1 ［**マッピング**］ノードの❶［**スケール**］のプロパティを上からドラッグ選択することで、X、Y、Zのすべての値を一括入力できます。ここでは「**2**」としました。

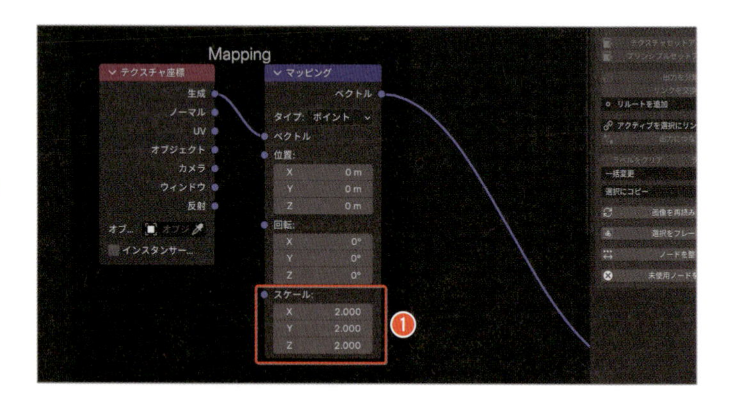

色を調整する

1 ［**シェーダーエディター**］で、shift + A を押して、［**カラー**］➡［**RGBカーブ**］を選び、［**BaseColor**］と［**プリンシプルBSDF**］の間の線上でクリックします。自動でノードが接続されます。

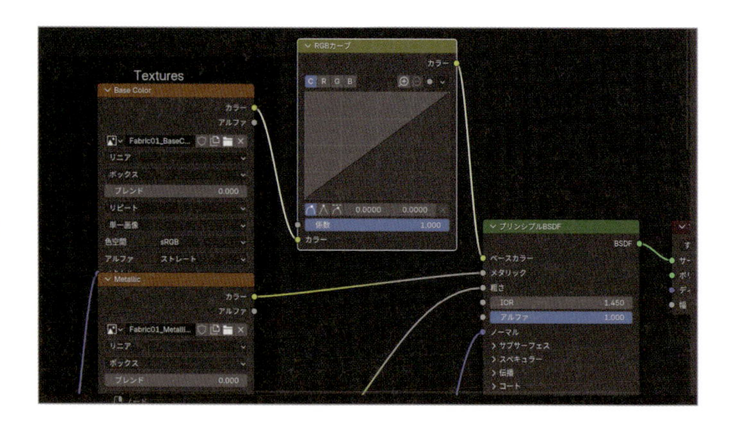

2 ［**RGBカーブ**］ノードで、❶［**C**］（RGB統合）がハイライトされていることを確認し、❷カーブがS字になるようカーブの2箇所をドラッグして調整します。

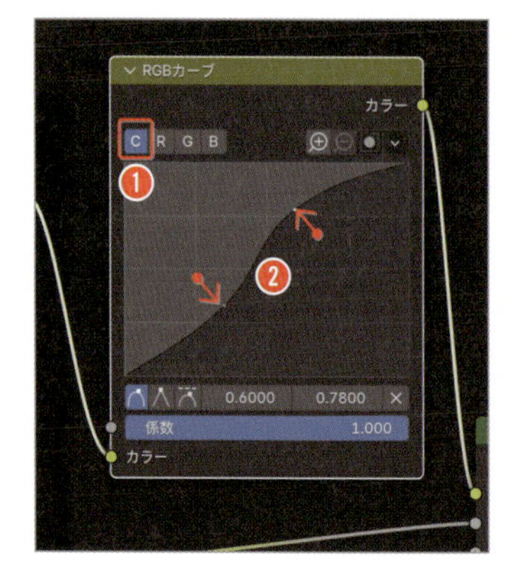

S字にすることで暗い部分がより暗く、明るい部分はより明るくなり、コントラストを強くできます。

もう少し赤みがほしいので、少しRを強めます。

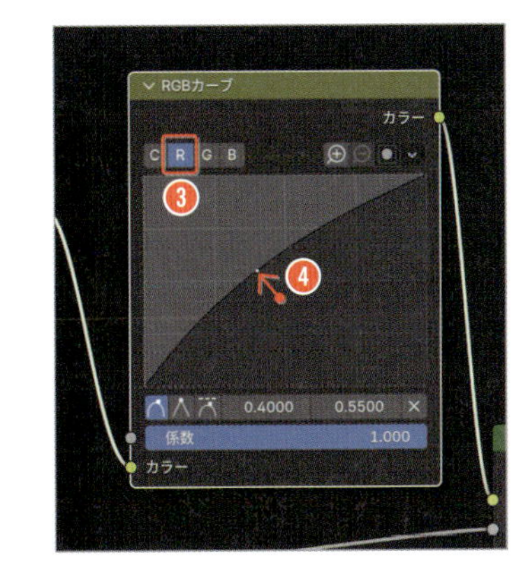

3 ［RGBカーブ］ノードで、❸［R］（Redチャンネル）をクリックしてハイライトさせ、❹カーブの真ん中のあたりを左上に少しドラッグします。

色味が調整できました。

クッションにマテリアルを設定する

クッションにマテリアルをコピーし、マテリアルの色を変更します。

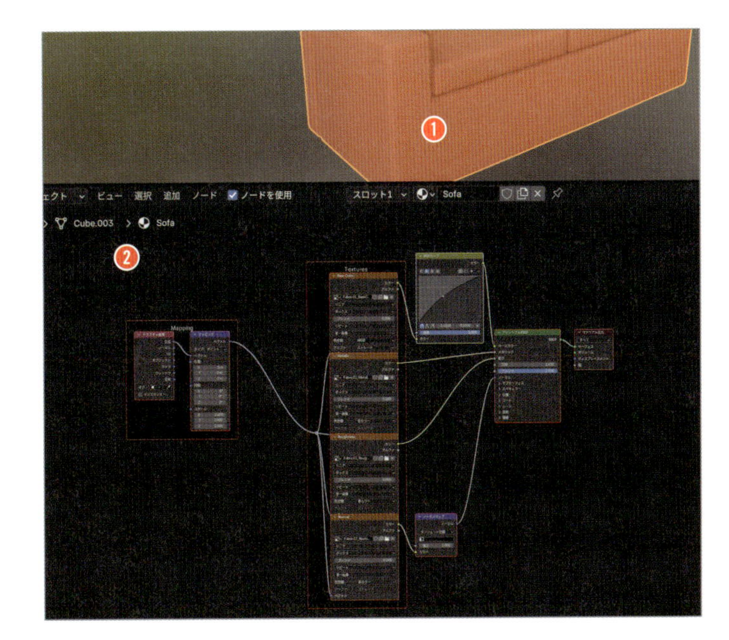

1 ❶ソファーのオブジェクトを選んだ状態で、❷［ノードエディター］でAキーを押してノードを全選択、ctrl＋Cを押してノードをすべてコピーします。

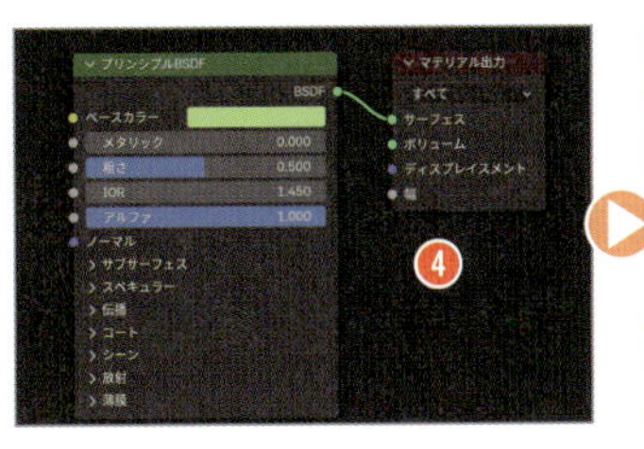

2 ❸クッションのオブジェクトを選択して［ノードエディター］でAキーを押して❹ノードを全選択、Xキーまたはdeleteキーを押してノードをすべて削除します。❺クッションが真っ黒になりました。

3 続いて、**[ノードエディター]**で ctrl + V を押してコピーしていた❻ノードをペーストします。❼ソファーのマテリアルの内容がクッションのマテリアルにコピーされました。

マテリアルの設定内容がペーストされました。[Cushion]のマテリアルの色を調整します。

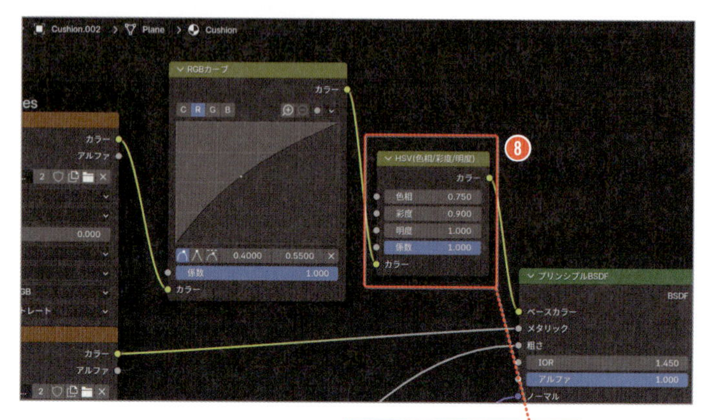

4 **[マテリアルプロパティ]**タブで[Cushion]マテリアルを選んだ状態で、**[シェーダーエディター]**で shift + A を押して、**[カラー]**➡❽**[HSV(色相/彩度/明度)]**を選びます。続いて、**[RGBカーブ]**と**[プリンシプルBSDF]**の間の線上でクリックして差し込みます。

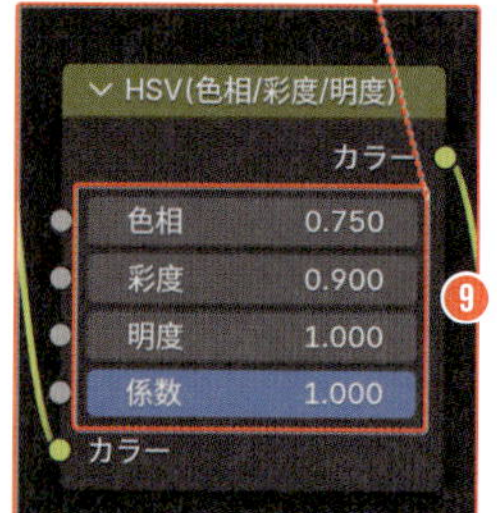

5 **[HSV(色相/彩度/明度)]**ノードで、❾それぞれの値を調整します。
ここでは**[色相]**を「**0.75**」、**[彩度]**を「**0.9**」、**[明度]**を「**1.0**」とし、**[係数]**に「**1.0**」と入力しました。

黄緑色になります。**[係数]**は影響度を表しています。

CHAPTER-6

スケールを調整する

テクスチャのマッピングスケールの調整をします。ソファーより布目を大きくなるようにします。

1 [**マッピング**]ノードの❶[**スケール**]をX、Y、Zすべて「**0.9**」にします。

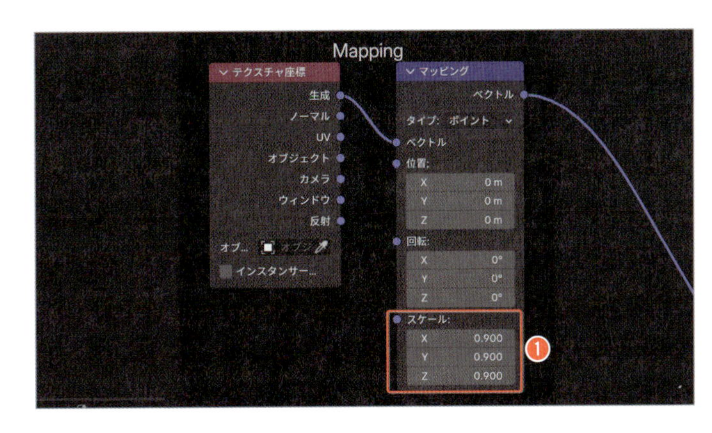

ソファーセットのマテリアルを設定することができました。

6-5 絨毯のマテリアルを設定

基本的な[シェーダーエディター]の操作で絨毯のマテリアルを作成していきます。

絨毯のマテリアルを設定する

Roomのシーンを開き、ワークスペース[**Shading**]タブではじめます。
[**Sofa**]マテリアルをコピーして進めていきます。

1. ローカルビューになっている場合は / を押して解除します。❶ソファーのオブジェクトを選択して、❷[**ノードエディター**]で A キーを押してノードを全選択、ctrl + C を押してノードをすべてコピーします。

2. ❸絨毯のオブジェクトを選択して[**ノードエディター**]で A キーを押して❹ノードを全選択、X キーまたは delete キーを押してノードを削除します。❺絨毯が真っ黒になりました。

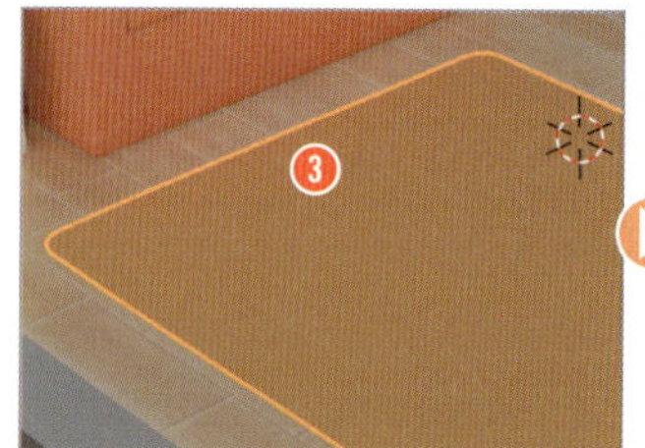

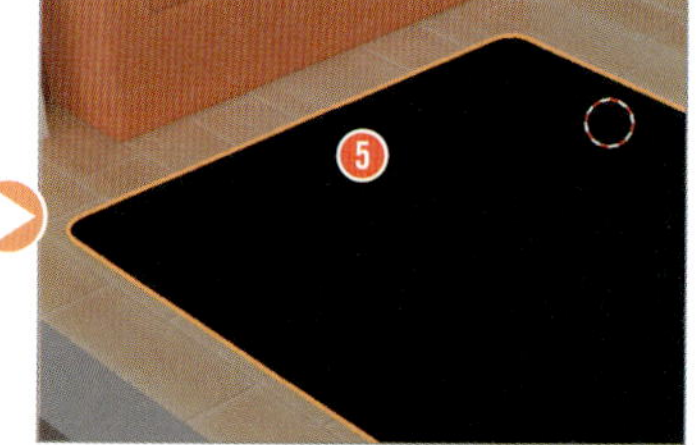

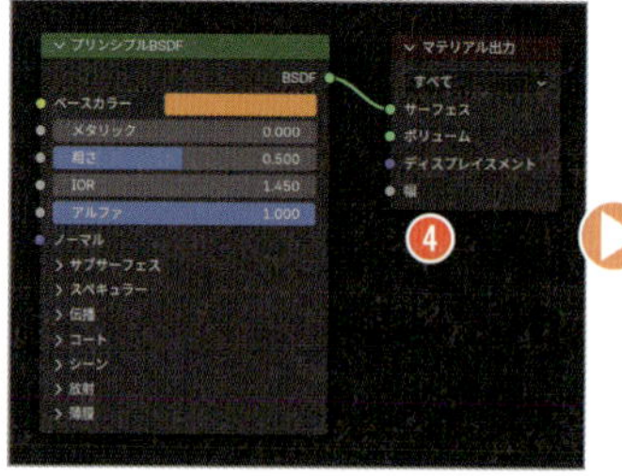

3. 続いて、[**ノードエディター**]で ctrl + V を押してコピーしていた❻ノードをペーストします。❼ソファーのマテリアルの内容が絨毯のマテリアルにコピーできました。

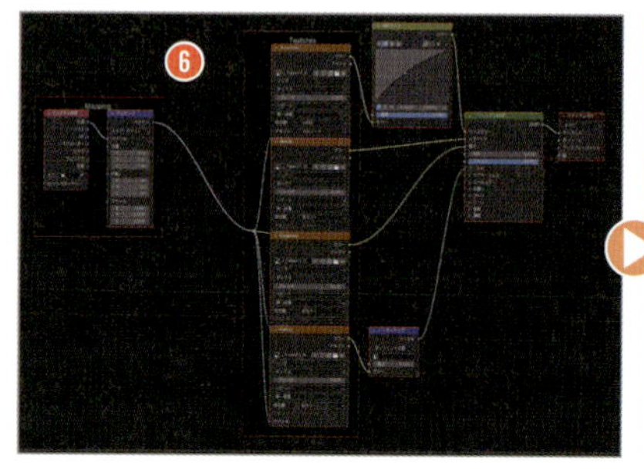

スケールを調整する

テクスチャのマッピングスケールの調整をします。粗めの布地になるようにします。

1 ［マッピング］ノードの❶［スケール］をX、Y、Zすべて「1」にします。

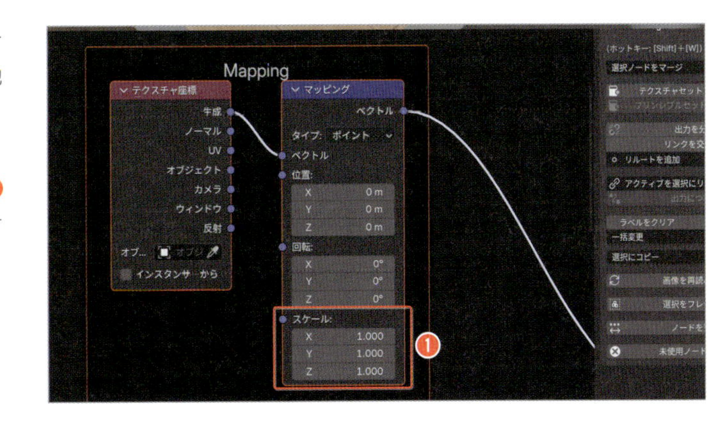

色を調整する

マテリアルの色を調整します。［HSV（色相/彩度/明度）］ノードを調整して黄色味のオレンジ色の絨毯にします。

1 ［RGBカーブ］を選択して ctrl ＋X または右クリックから❶［溶解］を選択してノードを溶解します。

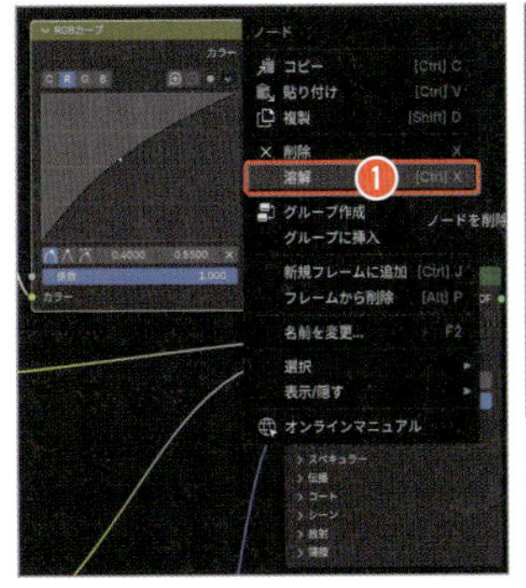

2 ［シェーダーエディター］で shift ＋A を押して、［カラー］➡［HSV（色相/彩度/明度）］を選び、［Base Color］と［プリンシプルBSDF］の間の線上でクリックして差し込みます。

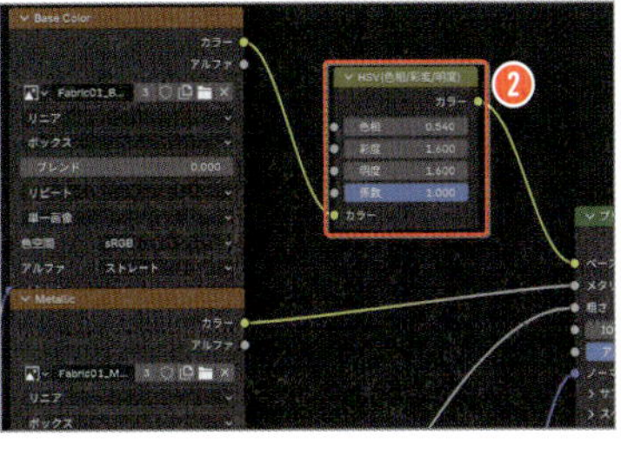

2 ［HSV（色相/彩度/明度）］ノードで、❷それぞれの値を調整します。
ここでは［色相］を「0.54」、［彩度］を「1.6」、［明度］を「1.6」にしました。

絨毯に模様を追加する

絨毯に模様を追加してみましょう。

1 ［シェーダーエディター］で shift ＋ A を押して、❶［テクスチャ］➡［チェッカーテクスチャ］を選びます。❷図（次のステップ参照）のあたりでクリックして配置します。

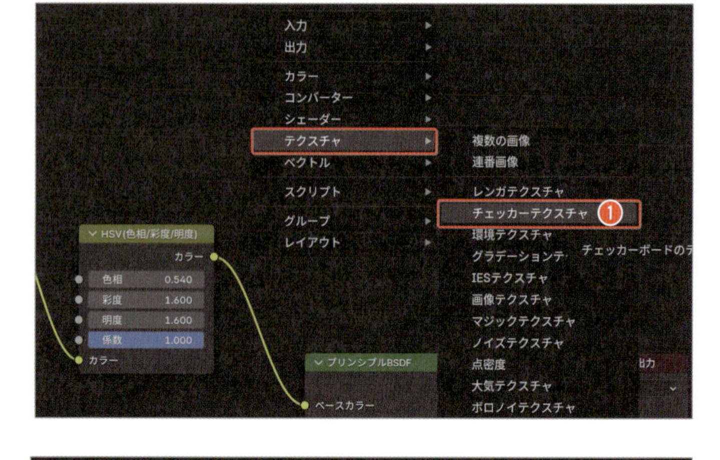

2 ［シェーダーエディター］で shift ＋ A を押して❸［カラー］➡［カラーミックス］を選び、❹［HSV（色相/彩度/明度）］と［プリンシプルBSDF］の間の線上でクリックして差し込みます。

［ミックス］ノードを使って、［チェッカーテクスチャ］の模様をミックスします。

3 ［HSV（色相/彩度/明度）］ノードの［カラー］ソケットと［ミックス］ノードの❺［A］ソケットが繋がっていることを確認しておきます。

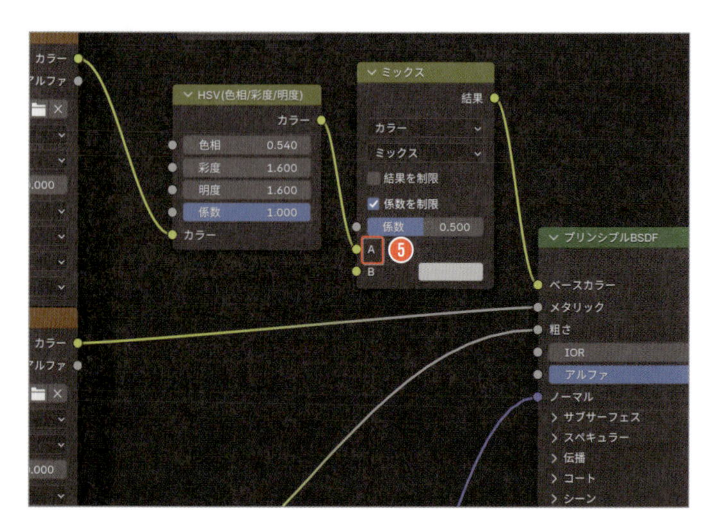

4 ❻[**チェッカーテクスチャ**]ノードの[**カラー**]ソケットと[**ミックス**]ノードの[B]ソケットを接続します。

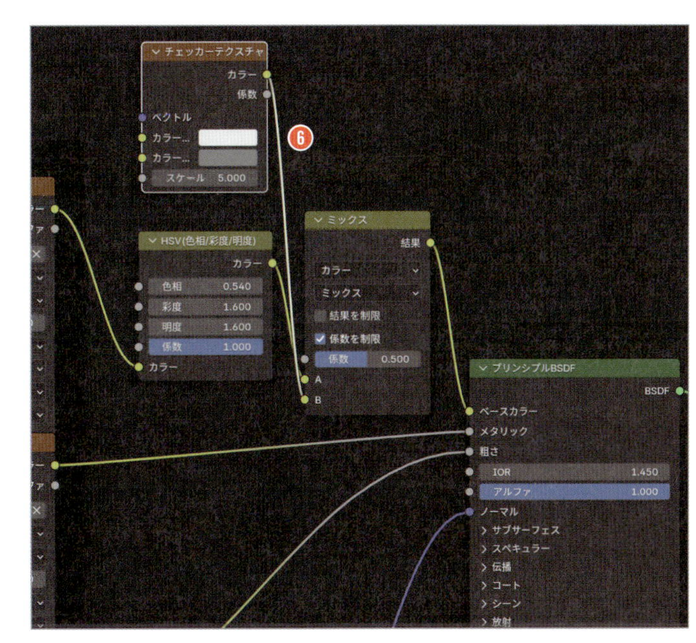

[3Dビューポート]の表示。

5 [**ミックス**]ノードの❼[**ミックス**]モードを[**オーバーレイ**]にします。ノード名が[**オーバーレイ**]に変わります。

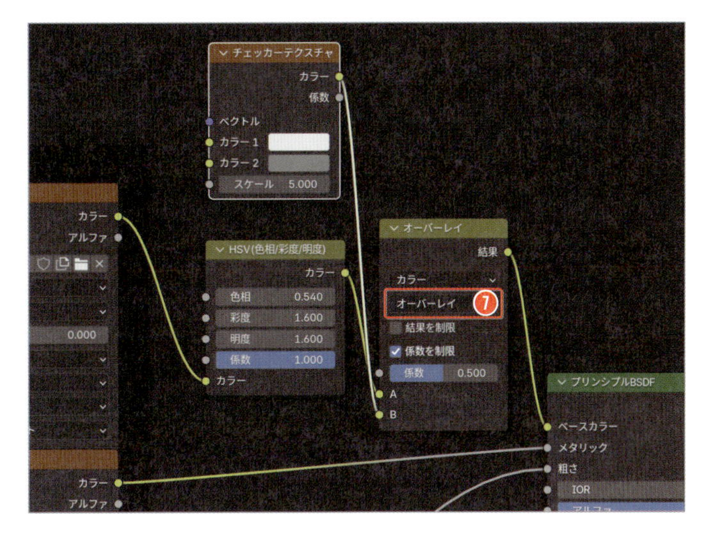

[A]に対して[B]がオーバーレイでブレンドされます。

[3Dビューポート]の表示。

絨毯の模様を調整する

絨毯の模様を少し調整しましょう。

1 ❶[Mapping]グループ([**テクスチャ座標**]ノードと[**マッピング**]ノード)をまとめてボックス選択で選択します。

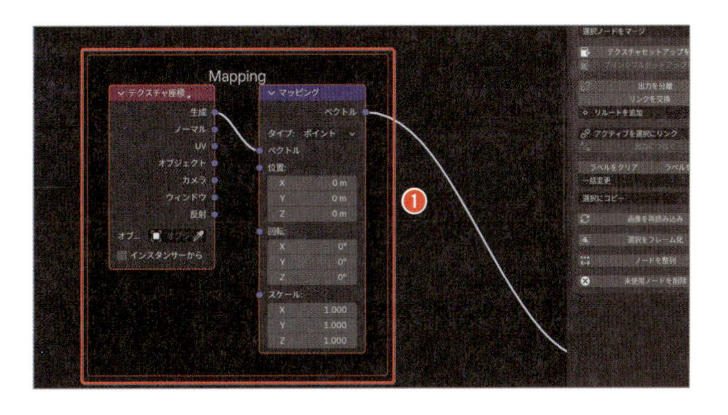

2 ❷ shift ＋ D を押して複製します。

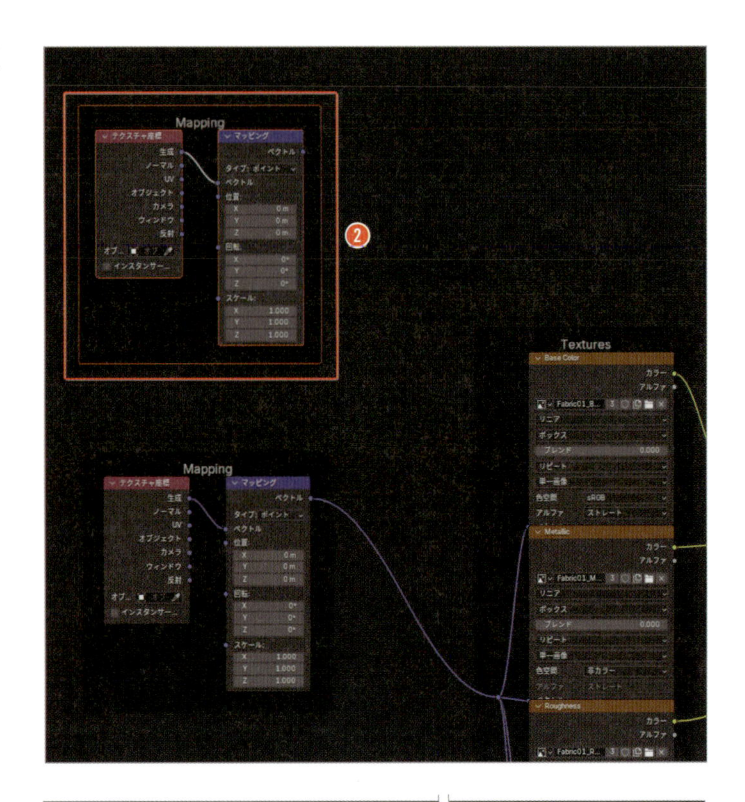

3 ❸複製した［**マッピング**］ノードの［**ベクトル**］ソケットと［**チェッカーテクスチャ**］ノードの［**ベクトル**］ソケットを接続します。

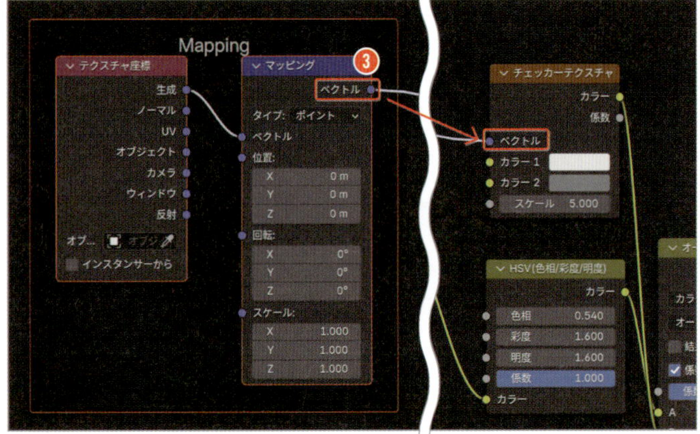

［3Dビューポート］の表示。

絨毯の模様を回転し、菱形の模様になるように調整します。

4 複製したほうの［**マッピング**］ノードの❹［**回転 Z**］を「**45**」°、❺［**スケール Y**］を「**0.8**」に変更します。

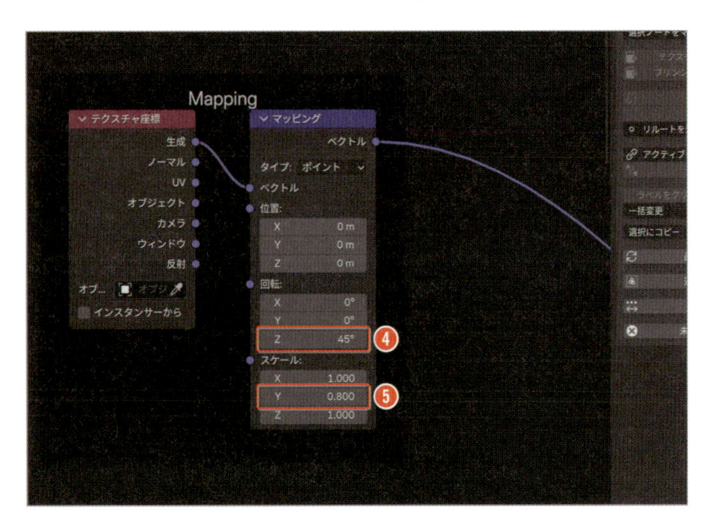

［3Dビューポート］の表示。

5 ❻[チェッカーテクスチャ]ノードの[スケール]を調整します。ここではスケールを「4.25」に変更しています。

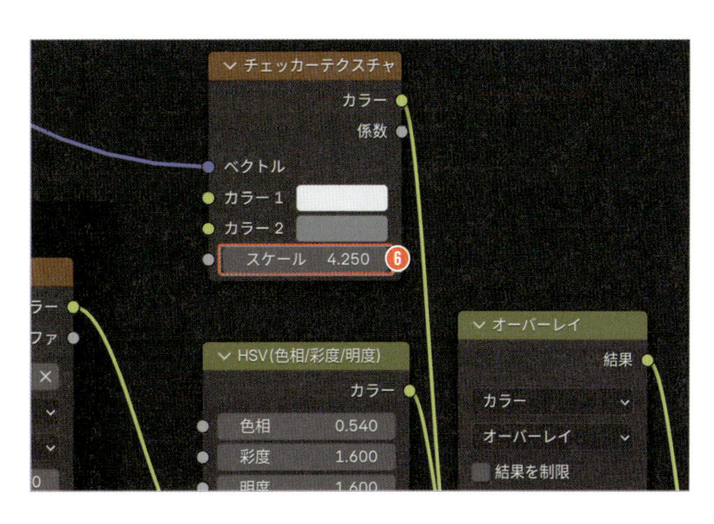

[3Dビューポート]の表示。

模様がだいたい左右対称になるように[マッピング]ノードの位置を調整します。

6 ❼[マッピング]ノードの[位置 X]を「0.525」m、[位置 Y]を「－0.05」mとしています。

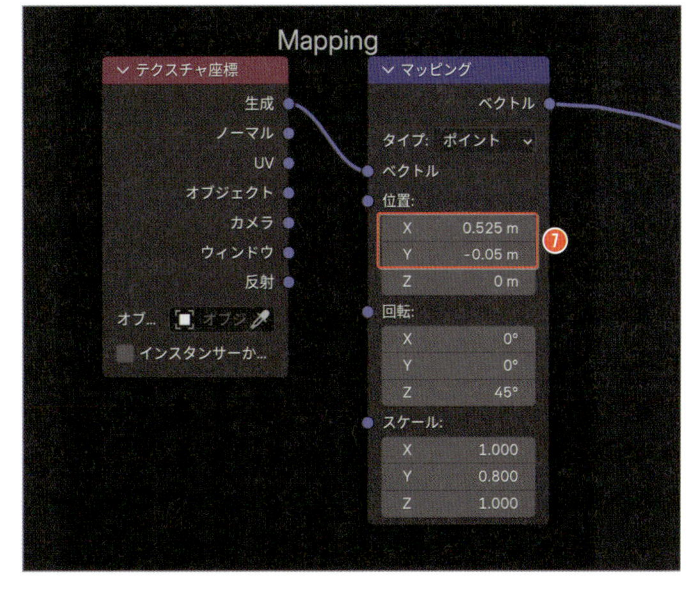

[3Dビューポート]の表示。

模様がなじむようにします。

7 ❽[オーバーレイ]ノードの[係数]を、ここでは「0.25」としました。

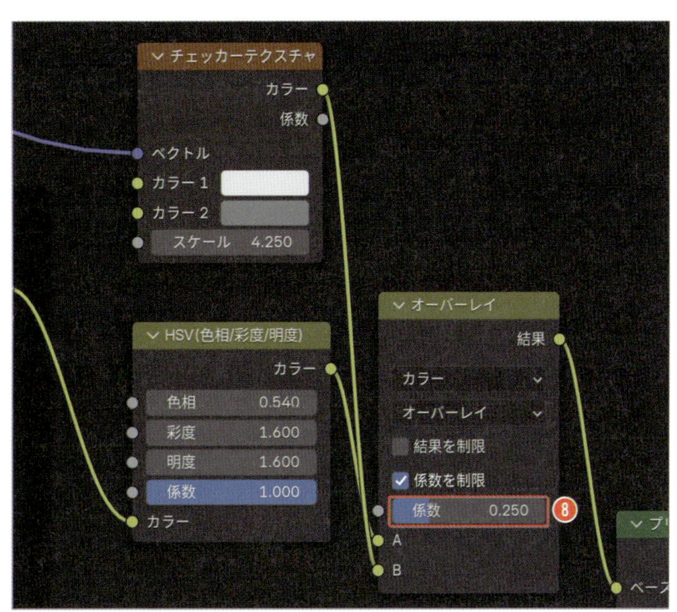

[3Dビューポート]の表示。

ノードの全体像です。

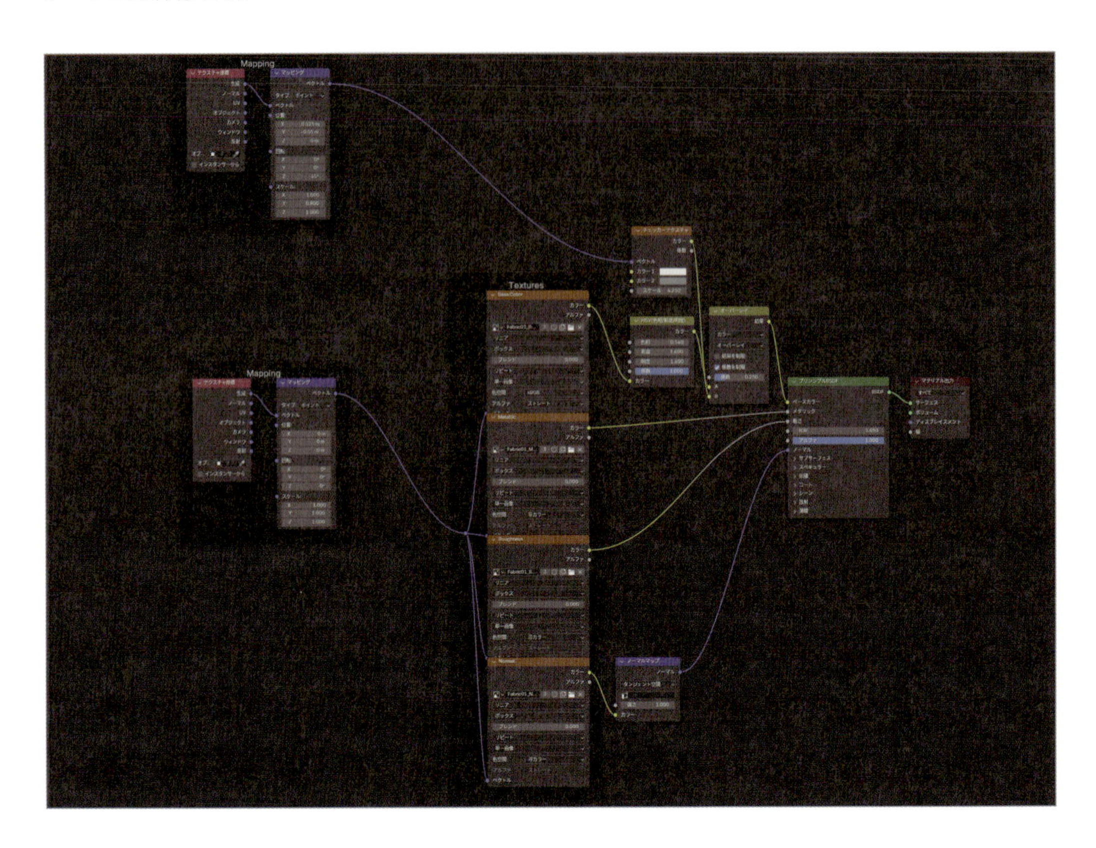

絨毯のマテリアルを設定することができました。

6-6 マテリアルを調整

全体を確認しながらマテリアルを調整します。マテリアルの設定は好みに応じた設定を施しましょう。

植物の葉の色を調整する

植物の葉の色味をもう少し鮮やかにしたいと思います。植物はコレクションインスタンスなので、マテリアルを変更するには実体化が必要です。

1 ❶植物のオブジェクトを選択し、ctrl + A を押して、❷**[インスタンスを実体化]**を選びます。実体化できたら十字のエンプティ(ブランク)は不要なため X キーで削除しておきます。

2 ❸植物のオブジェクトを選択し**[マテリアルプロパティ]**タブで**[Plant]**マテリアルの❹**[ベースカラー]**を少し鮮やかに変更しました。

本のオブジェクトの[Book_Green]マテリアルの[**ベースカラー**]も鮮やかにしました。
他にも好みの色になるように全体を見ながら調整をしてみましょう。
以上で、マテリアル編は終了です。お疲れ様でした！

CHAPTER 7

キャラクターをモデリング

7-1 作成するキャラクターを確認

CHPTER-7では、モディファイアの[サブディビジョンサーフェス]を使って
きつねのキャラクターをモデリングします。

作成するキャラクターを確認する

きつねのキャラクターを[**サブディビジョンサーフェス**]を使って作成します。なめらかな曲面でかわいらしくなるよう作成しましょう。
目や鼻はテクスチャマッピングで作成し、色と合わせてCHAPTER-8で設定します。
CHAPTER-7では、右下図の3Dモデルを作成し、キャラクターモデリングを通して、[**サブディビジョンサーフェス**]の使い方、コントロールのコツを学んでいきます。

[**サブディビジョンサーフェス**]は、少ない頂点数で複雑な形状をモデリングするときに便利な[**モディファイア**](修正・変形機能)です。少ないポリゴンでなめらかな形状を仕上げられるのが特徴です。

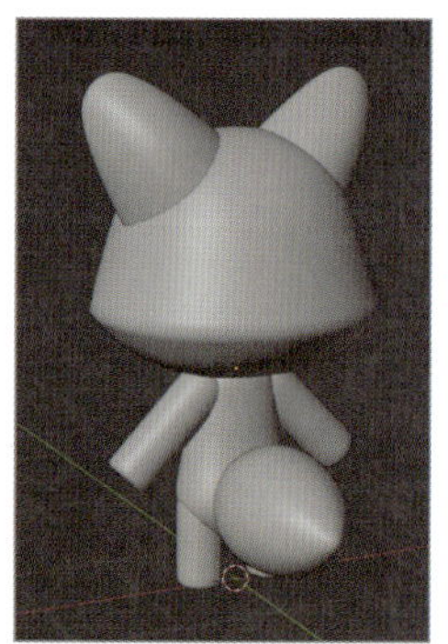

作成する手順を確認する

キャラクターの3Dモデルは、頭、耳、胴体、脚、腕、尻尾のそれぞれを別パーツとして作成します。基本的な方法はどのパーツも同じで、立方体などの基本のメッシュオブジェクトを元に、貼りつけた下絵となる2D画像を参考に変形します。
下絵となる2D画像は、ダウンロードデータ「**Ch07**」フォルダ内の「**Fox_front.png**」と「**Fox_Right.png**」を使用します。

各パーツ作成のおおまかな手順

- 基本とする立方体などの準備
- 大まかなサイズの変更
- [ループカット]で分割
- 頂点や辺を[スケール]や[移動]で調整
- [サブディビジョンサーフェス]で曲面に変更
- サイズの微調整

7-2 下絵を読み込む

下絵として正面と側面の2つの2D画像を読み込んで配置し、位置を整えます。
読み込んだ下絵は、モデリング中に見やすいよう、透明度を調整します。

新規ファイルに2D画像を配置する

新規ファイルを作成し、そこにドラッグアンドドロップで2D画像を配置します。新規ファイルにはCube（立方体）が配置されていますが、これは、頭部の作成で使用します。

1. 新規ファイルを作成し、フロントビュー（テンキー1）にします。
背景の何もないところへ、画像ファイル（Fox_front.png）をドラッグアンドドロップします。

2. 配置した下絵の画像が選択されていることを確認し、alt＋Gを押すと、❶配置した下絵が中心へ移動します。

配置した画像が中心へ移動しました。

側面画像を配置する

1. サイドビュー（テンキー3）にします。
背景の何もないところへ、画像ファイル（Fox_Right.png）をドラッグアンドドロップします。

2. 配置した下絵の画像が選択されていることを確認し、alt＋Gを押すと、❶配置した下絵が中心へ移動します。

もしCube（立方体）がない場合は、必要になったタイミングで追加してください。

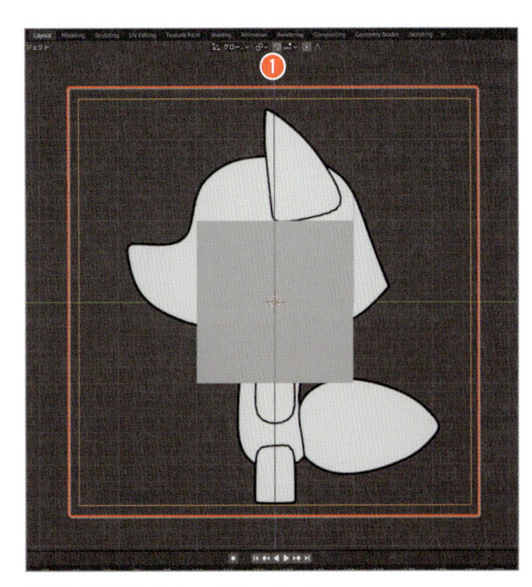

配置した画像が中心へ移動しました。

配置した下絵画像の位置を調整する

1. [3Dビューポート]右上にある❶[透過表示]をONにします。さらに、シェーディングを❷[ワイヤーフレーム]にします。

2. ❸配置した両方の下絵を選択して、[移動]（G ➡ Z）でZ軸方向へ移動し、足の裏がワールド原点になるようにします。

3. ❶[透過表示]をオフにし、シェーディングを❹[ソリッド]に戻します。

配置した下絵の内、正面の下絵は、フロントビューから見た2D画像として配置したため、サイドビューでは1本の線で表示されます。

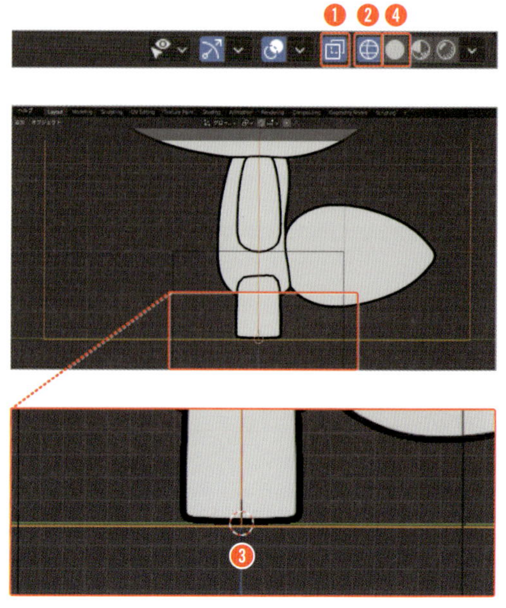

足の裏がワールド原点になるように移動しました。

配置した下絵の不透明度を調整する

1. 配置した両方の下絵を選択して、[プロパティ]パネルの❶[オブジェクトデータプロパティ]タブをクリックします。alt を押しながらエンプティ（ブランク）の❷[不透明度]にチェックを入れ、❸「0.1」程度に設定します。

[不透明度]は見やすい値で大丈夫です。必要に応じて後で変更してもかまいません。
alt を押しながら設定すると、選択している下絵2つ同時に設定できます。数値入力では、数値入力後の確定を alt ＋ enter と押します。

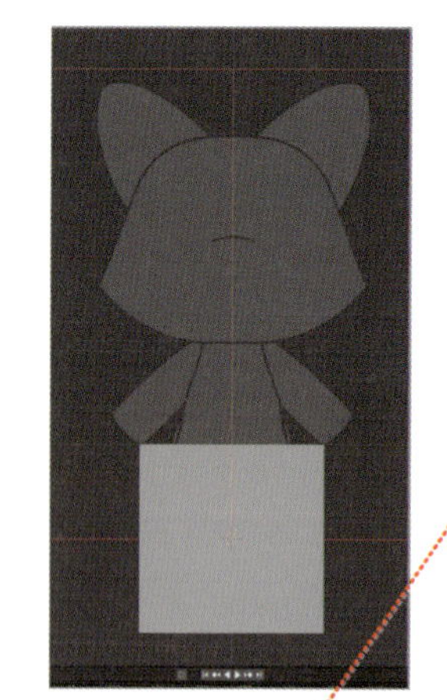

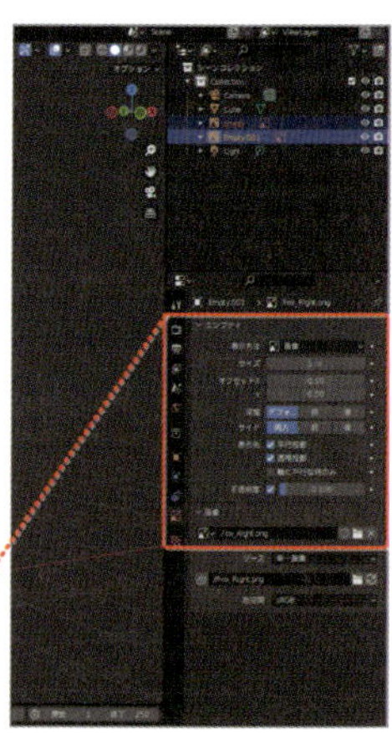

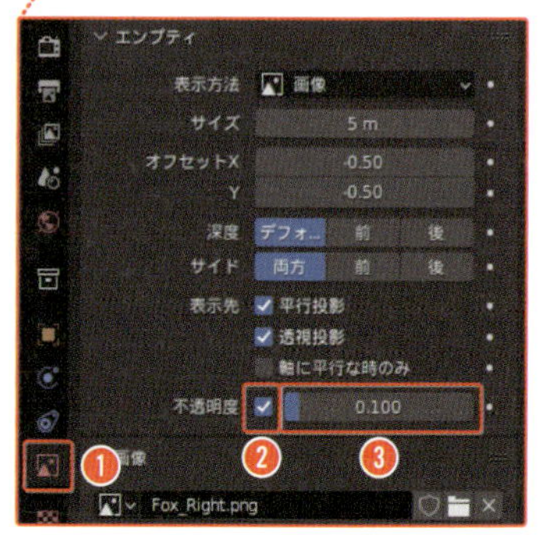

7-3 頭部を作成

頭部は、すでに作成されているCube(立方体)を元に作成します。[ループカット]で分割したら、[スケール]、[移動]で変形します。

[サブディビジョンサーフェス]を追加する

1 Cube(立方体)を選択し、**[移動]**(G➡Z)でZ軸方向へ移動して、❶頭の位置に合わせます。

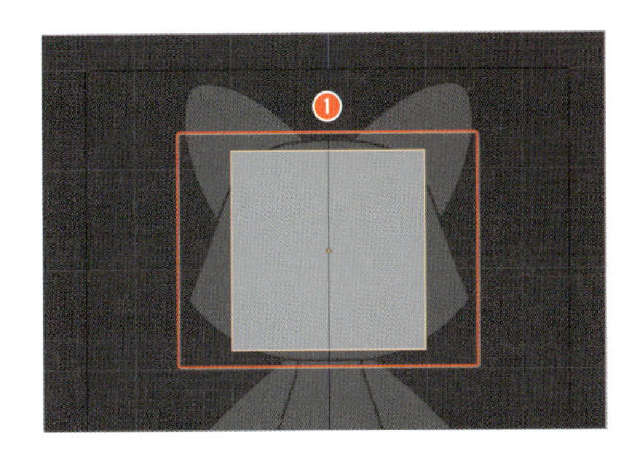

2 Cube(立方体)を選択したまま、**[プロパティ]**パネルの❷**[モディファイアープロパティ]**タブをクリックします。❸**[モディファイアーを追加]**➡**[生成]**➡❹**[サブディビジョンサーフェス]**を選びます。❺**[ビューポートのレベル数]**は「2」に設定します。

[サブディビジョンサーフェス]モディファイアーは、**[オブジェクトモード]**でctrl+**[レベルの値]**で実行できます(レベルの値は[0]~[5]の整数)。たとえば手順2は、**[プロパティ]**パネルを使わず、ctrl+2で実行できます。

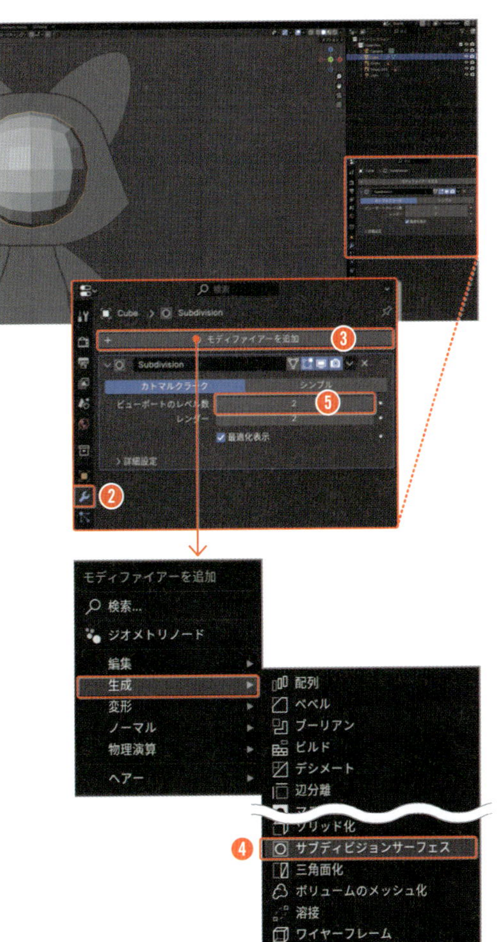

ループカットで辺ループを追加する

1 [**編集モード**]に切り替え、[**ループカット**]（ctrl ＋ R）で、❶顔の輪郭が一番膨らむ高さに一本辺ループを追加します。

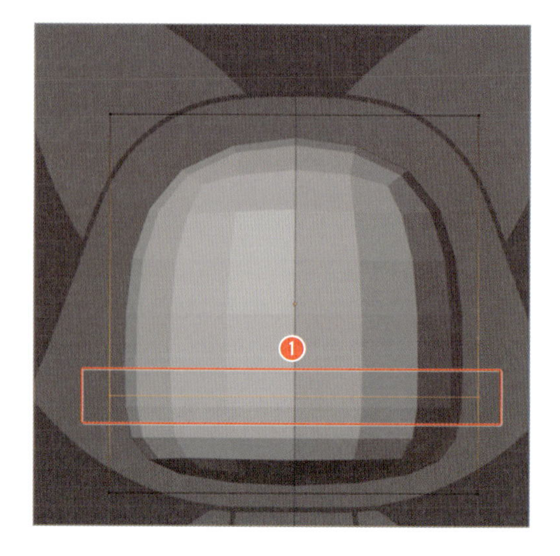

2 ループカットした辺がループ選択されている状態で、[**スケール**]（S）で拡大して、❷一番膨らんだシルエットを作ります。

ループカットした辺の選択を解除してしまった場合は、[**辺選択**]（数字キー 2）で選択したい辺のうち1辺を alt ＋クリックします。これでループ選択できます。

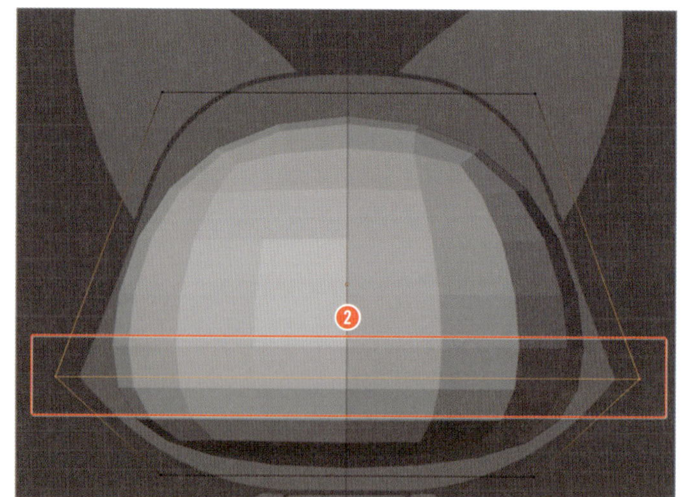

3 膨らんだ辺がループ選択されている状態で、❸[**辺**]メニュー➡[**辺のクリース**]（shift ＋ E）を実行し、マウスポインタを中心から離れるように移動します。

❹選択されている辺が紫色に変化し、サブディビジョンサーフェスでの丸みのかかり方が変わり、エッジが立つようになります。

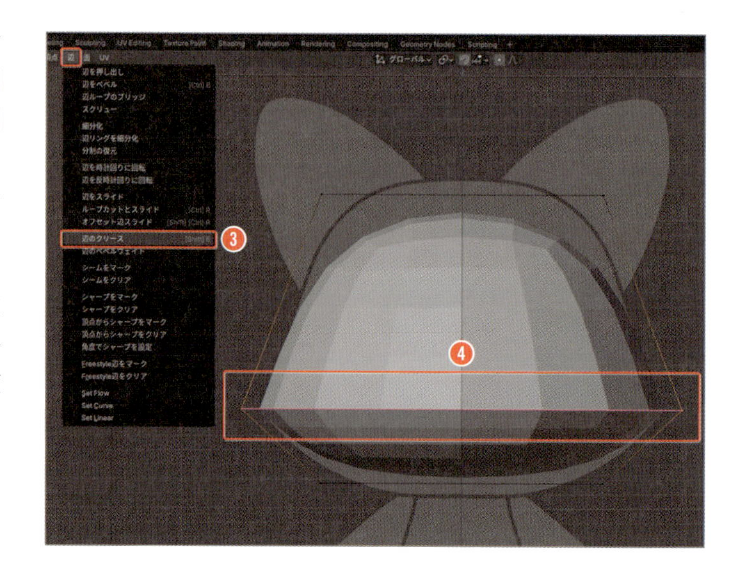

[サブディビジョンサーフェス]を適用してから微調整する

1 [**オブジェクトモード**]に切り替え、[**プロパティ**]パネルの❶[**モディファイアープロパティ**]タブで❷[**サブディビジョンサーフェス**]モディファイアーを適用します。

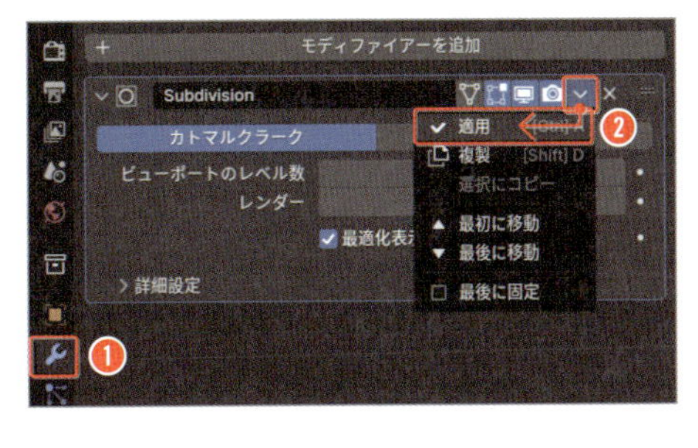

2 [**編集モード**]に切り替え、Aキーですべてを選択します。続けて shift +E([**辺**]メニュー➡[**辺のクリース**])でマウスポインタを中心方向へ移動して、❸紫の辺をなくします。

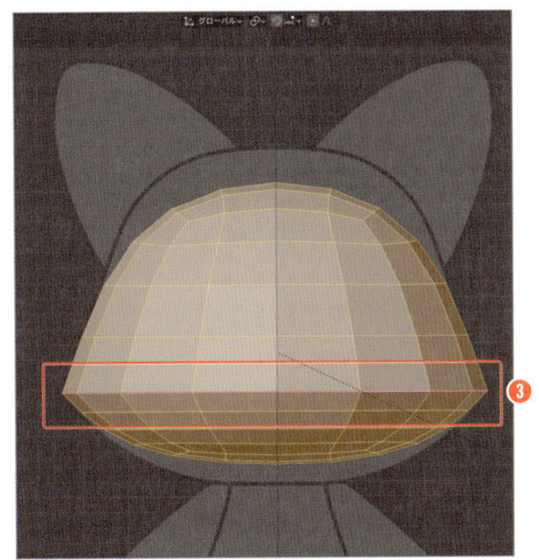

3 必要に応じて、下絵に合わせて[**スケール**](S)でX軸、Y軸、Z軸方向のサイズを調整します。

頭部の基本部分ができましたので、次からは、マズル(鼻や口部分)を変形します。

フロントビュー(テンキー1)に変更し、S➡ZでZ軸方向を調整しました。

7-4 マズルを作成

頭部を変形してマズル部分を作成します。マズルは[押し出し]で面を押し出し、頂点を移動して形状を整えます。

面を整理する

下半分の分割が細かすぎるので減らします。

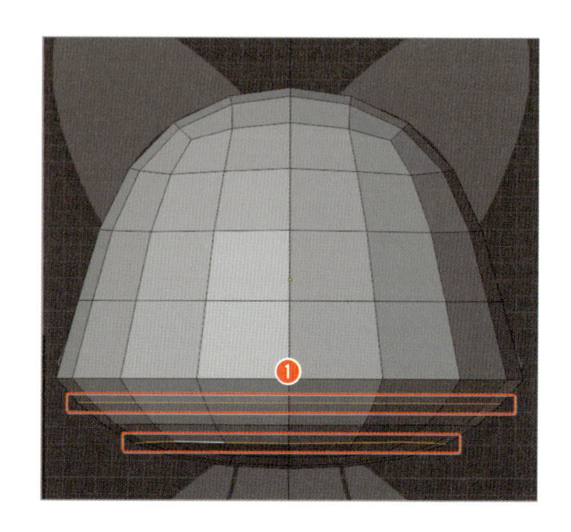

1 ❶図のように、広がった箇所より下の辺ループを、一列おきに2本選択します。

[辺選択]（数字キー2）で選択したい辺のうち1辺を alt ＋クリックします。これでループ選択できます。2本目は shift ＋ alt ＋クリックします。

2 X キーを押し、❷表示されるメニューの[**辺を溶解**]を選んで、辺ループを削除します。

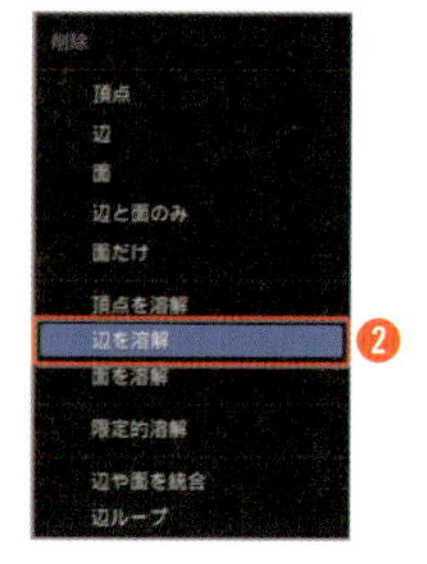

面を押し出す

マズルとして面を押し出します。

1 **[面選択]**（数字キー3）で、❶図の 6つの面を選択します。

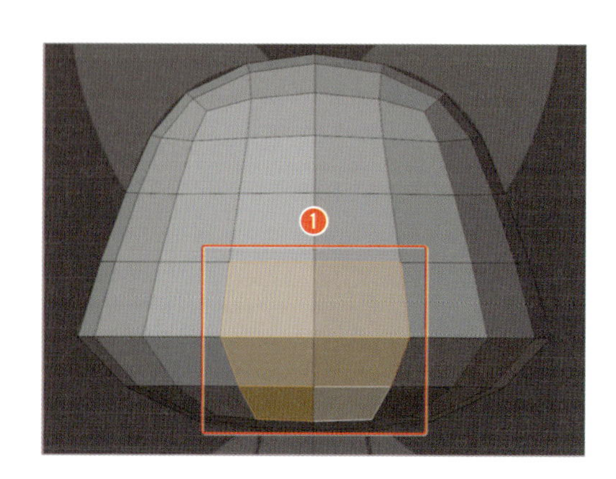

2 サイドビュー（テンキー3）にします。**［押し出し］**でY軸方向（E➡Y）に❷押し出します。

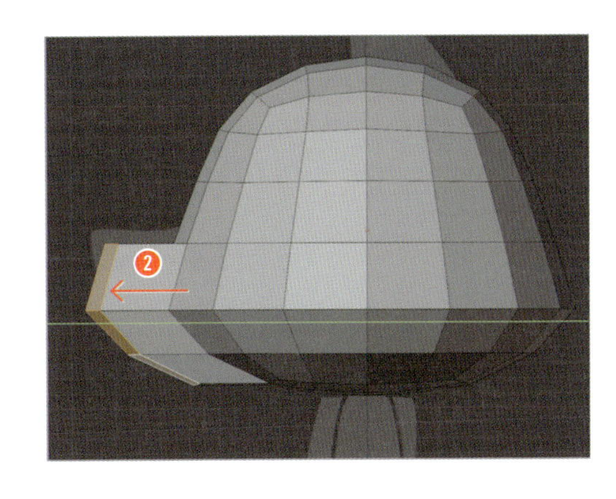

マズルを微調整する

マズルとして形を整えます。

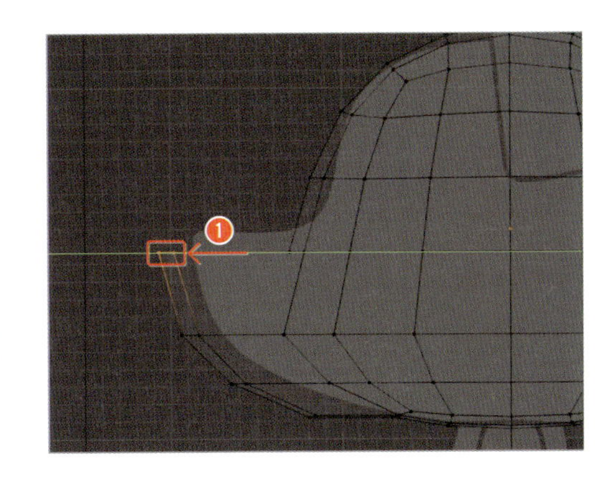

1 **［頂点選択］**（数字キー1）にし、❶マズルの先端3つの頂点を選択して、**［移動］**（G➡Y）で前（Y軸方向）に移動します。

右図では**［透過表示］**をON、シェーディングを**［ワイヤーフレーム］**にしています。見やすい表示に適宜切り替えてください。

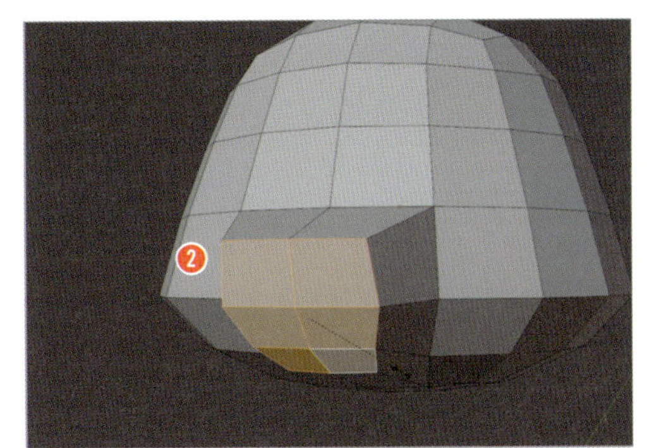

2 **［面選択］**（数字キー3）にし、❷マズルの先の6つの面を選択して、**［スケール］**（S）で縮小します。

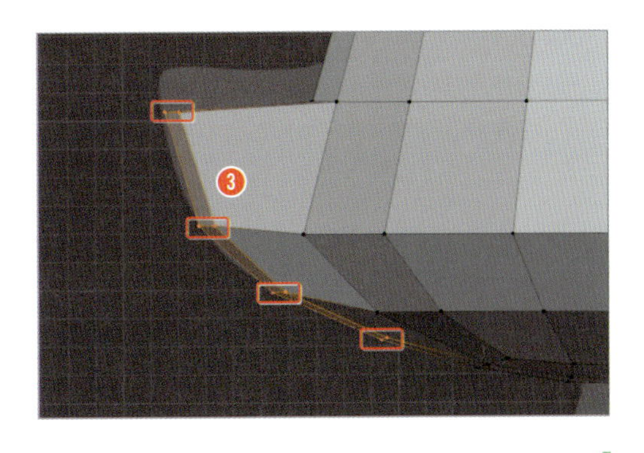

3 **［頂点選択］**（数字キー1）にし、❸**［移動］**（G）で各頂点を動かして、下絵画像に輪郭を揃えます。

頂点を移動するとき、正面で左右対称となる2つの頂点とその中心の3つ頂点を選択します。**［透過表示］**をONにして対象の頂点をボックス選択すると、裏側に重なる頂点も選択できます。

4 顔との境目を調整します。❹図の頂点をボックス選択し、**[移動]**（G➡Y）でY軸方向に移動します。

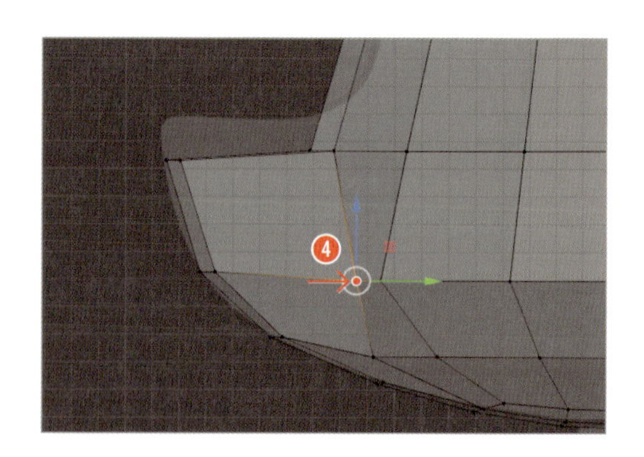

5 ❺図の頂点をボックス選択し、**[移動]**（G➡Y）でY軸方向へ移動し、顔が垂直になるあたりまで下げます。

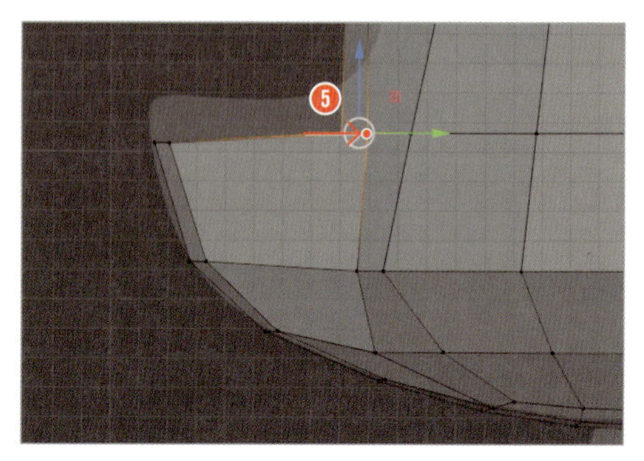

6 さらに、下絵画像に合わせてY軸方向への移動を繰り返して調整します。❻図のように、辺がきれいなカーブを描くよう意識するのがポイントです。

頂点を移動するとき、正面から見て左右対称となる2つの頂点を同時に選択して移動してください。

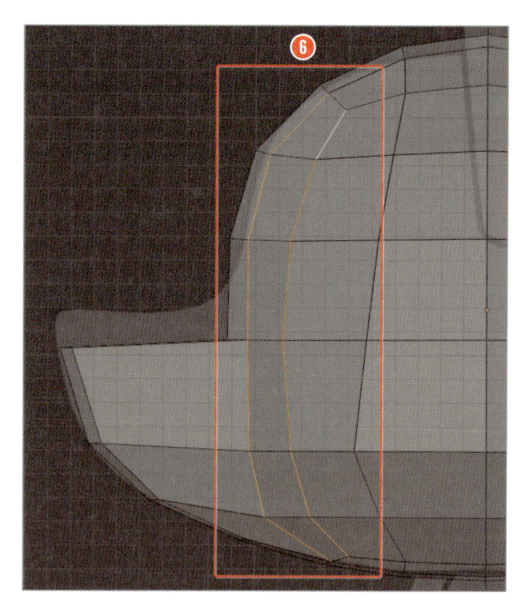

7 ❼平たい箇所があると丸っこいキャラクターの可愛らしさを削ぐので丸みをつけます。**[辺選択]**（数字キー2）で❼両角の辺を選択します。

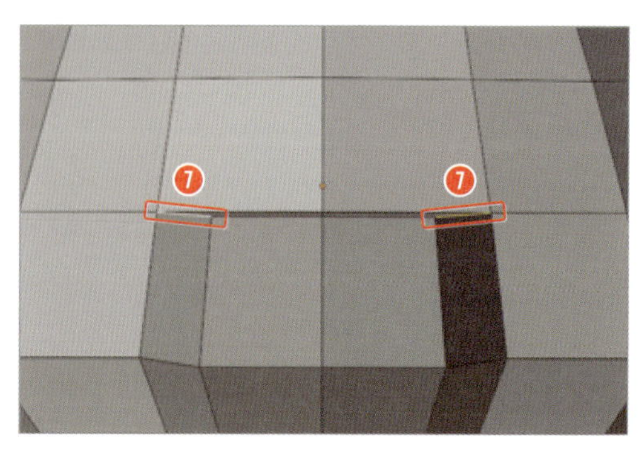

CHAPTER-7

8 ❽選択した2つの辺をZ軸方向へ移動します。

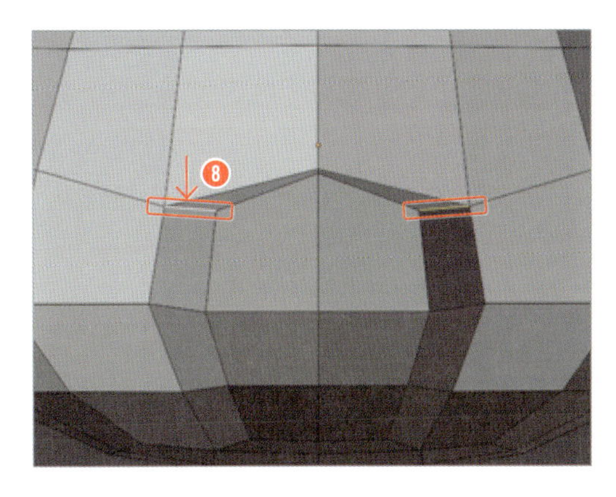

9 [ループカット]（ctrl ＋ R）で、❾マズルのつけ根寄りに辺ループを追加します。

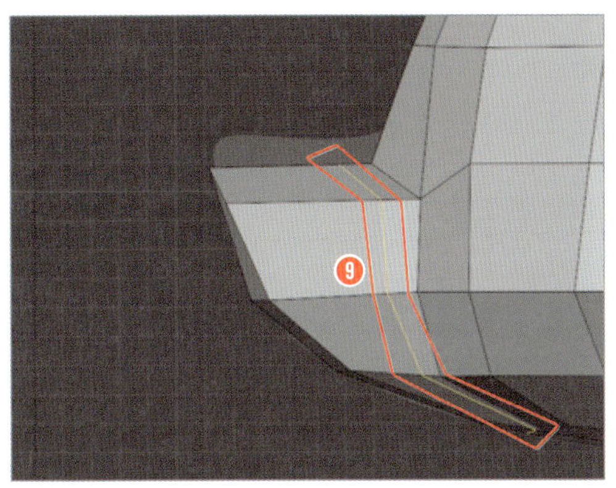

10 底から見たとき角が目立つので、❿頂点または辺を移動して、おおよそ等間隔になるようにならします。

頂点を選択するときは[頂点選択]（数字キー1）、辺を選択するときは[辺選択]（数字キー2）に切り替えてください。正面で左右対称となる頂点または辺を選択し、Y軸方向だけに制限して移動します。X軸方向（中心に対し左右の幅）は、左右対称の頂点を選択後、[スケール]でX軸方向だけに制限して修正します。

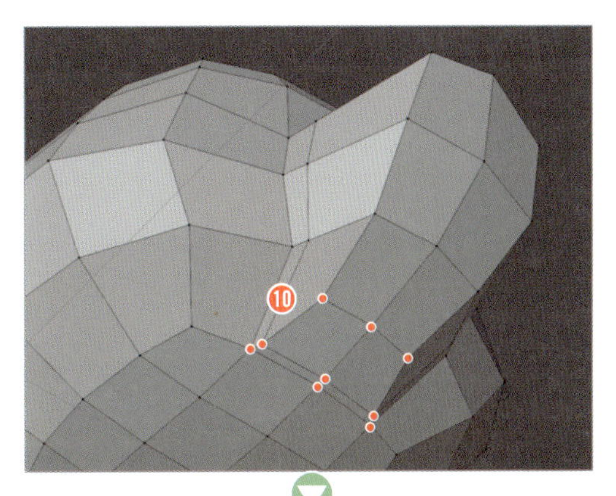

マズルができましたので、次は頭部をなめらかな曲面にして仕上げます。

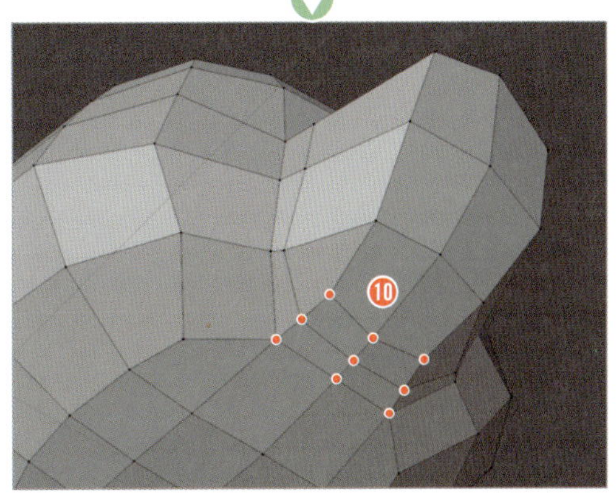

7-5 頭部の仕上げ

再び[サブディビジョンサーフェス]を使用して頭部をなめらかな曲面にしてモデリングを仕上げます。

[サブディビジョンサーフェス]を追加する

1 [**オブジェクトモード**]に切り替えます。[**サブディビジョンサーフェス**]モディファイアーをレベル「**2**」で追加します。ショートカットキーは ctrl ＋2です。

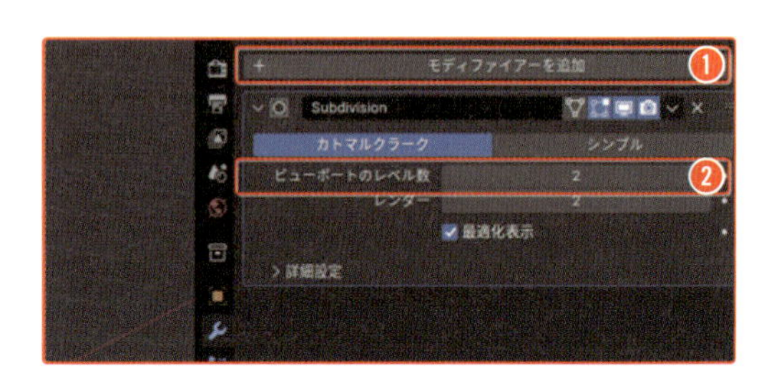

[**プロパティ**]パネルの[**モディファイアープロパティ**]タブをクリックし、❶[**モディファイアーを追加**]➡[**生成**]➡[**サブディビジョンサーフェス**]を選択、❷[**ビューポートのレベル**]を「**2**」に設定しても実行できます。

マズルを調整

鼻先にメリハリをつけ、マズルのつけ根をなだらかにします。

1 [**編集モード**]に切り替え、[**辺選択**](数字キー2)でマズルつけ根上面の2つの辺を選択し、❶[**辺をスライド**](G➡G)で前方へ移動します。

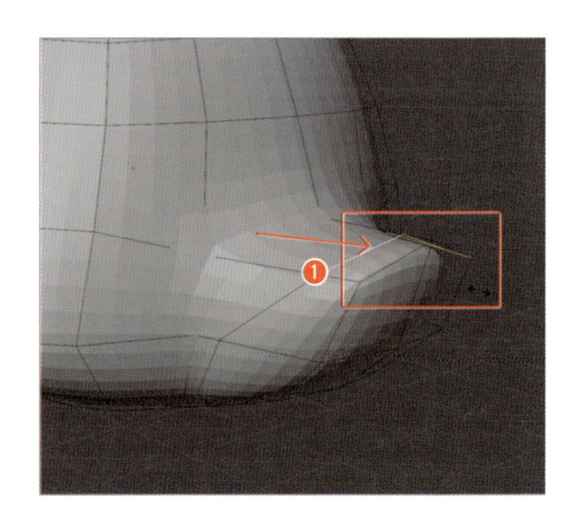

[**移動**]のGキーに続けてGキーを押すと選択している辺が、接続するメッシュに沿って移動する[**辺をスライド**]機能になります。

全体を調整して仕上げる

1 ［**オブジェクトモード**］に切り替え、❶右クリックして表示されるメニューの［**スムーズシェード**］を選択し、表面を滑らかに表示します。

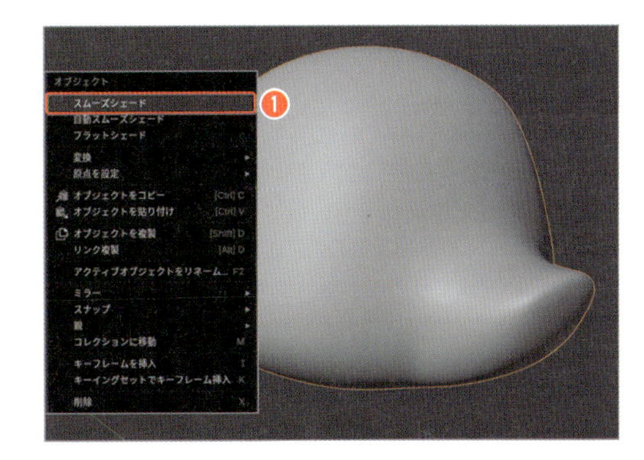

顔の一番膨らむ箇所にメリハリをつけます。

2 ［**編集モード**］に切り替え、❷図のように辺を選択します。［**辺**］メニュー➡［**辺のクリース**］（shift＋E）でマウスを遠ざけて、顔の一番膨らむ箇所が角になるように変形します。

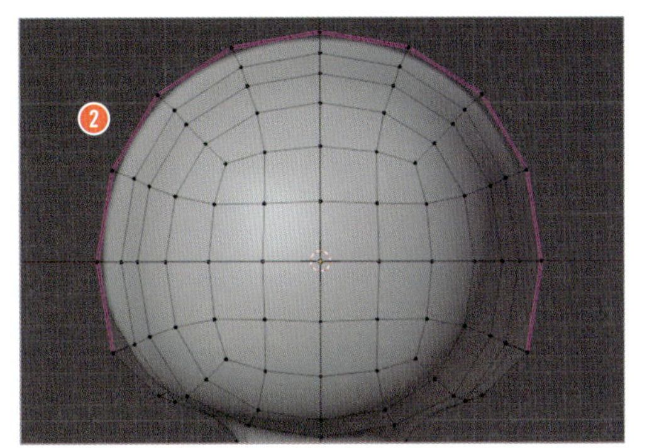

トップビューに切り替えた図です。

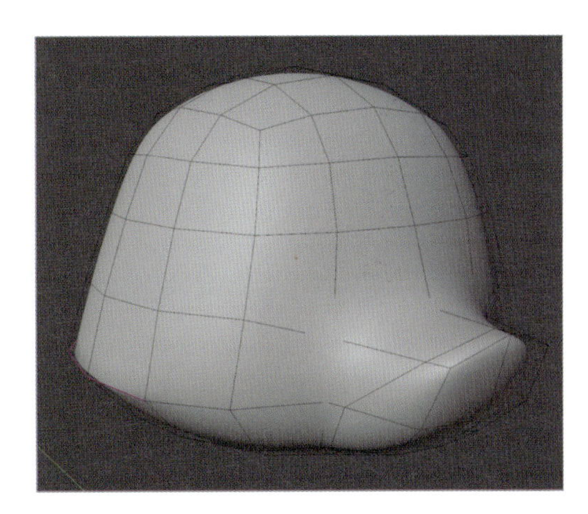

3 ❸下絵とのズレが気になる箇所は、面、辺、頂点を移動して調整します。

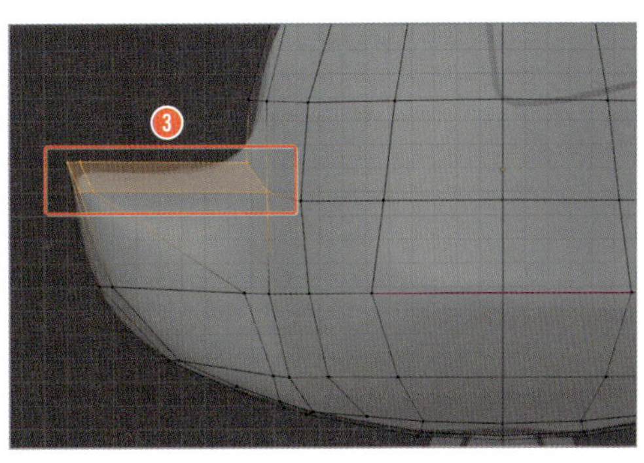

原点を移動する

1 **[オブジェクトモード]**に切り替えます。**[サイドバー]**（N）の❶**[ツール]**タブに切り替えます。**[オプション]**の**[トランスフォーム]**にある❷**[原点]**にチェックを入れます。

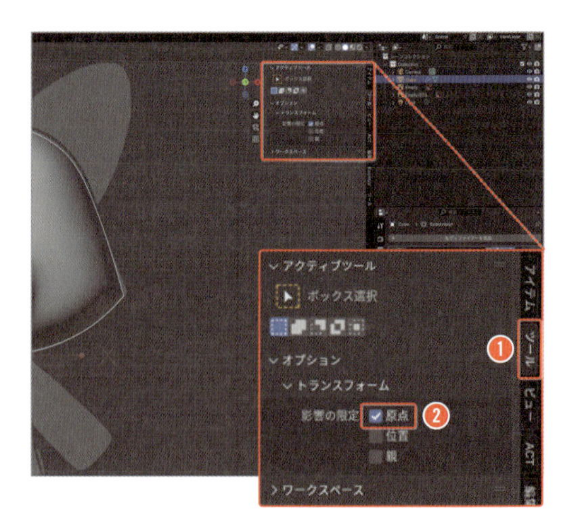

[サイドバー]は、Nキーで表示と非表示を切り替えられます。

2 **[移動]**（G➡Z）で、❸原点を首の位置へ移動します。作業が終わったら、必ず❷**[原点]**のチェックを外してください。

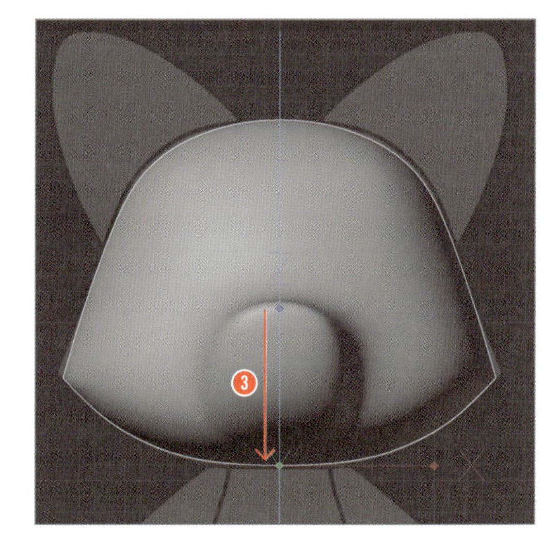

頭部のモデリングが終了しました。名前をつけて保存します。次は耳を別のオブジェクトとして作成します。

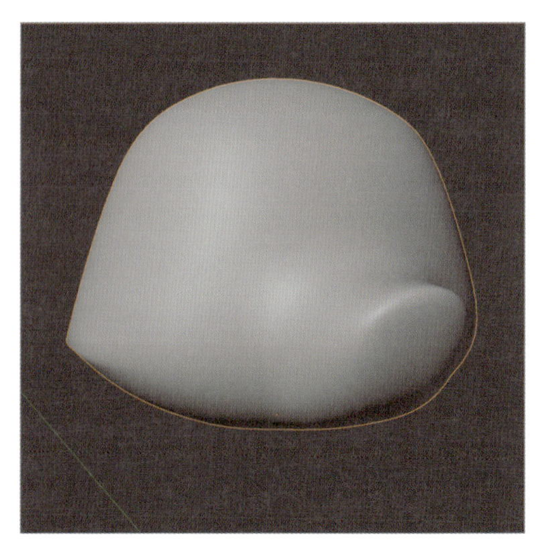

CHAPTER-7

7-6 耳を作成

耳は、平面を押し出して作成します。片耳を作成したら、左右対称になるよう[ミラー]で反対の耳も作成します。

耳のつけ根を作成する

1. **[オブジェクトモード]**に切り替えます。shift ＋ A を押し、**[メッシュ]➡[円]**で❶円を追加します。

2. 画面左下にある**[オペレーター]**パネルで、❷**[頂点]**を「8」、❸**[フィルタイプ]**を**[Nゴン]**に変更します。

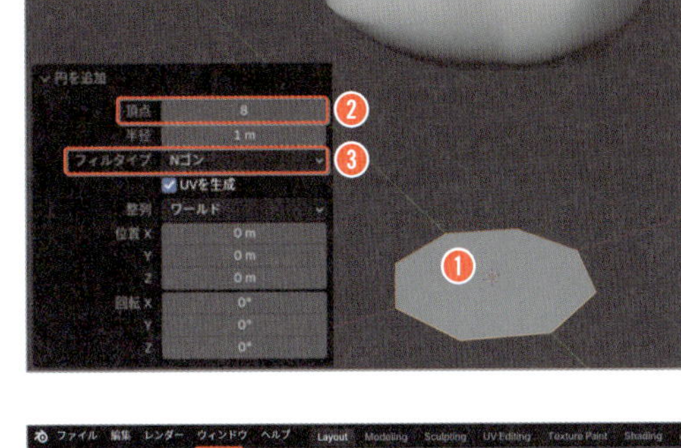

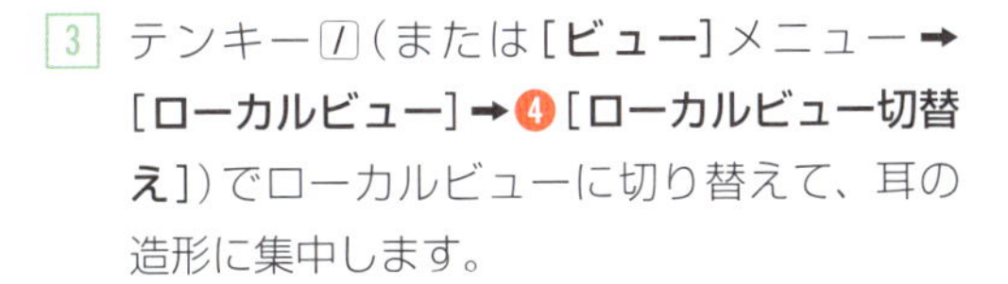

3. テンキー / (または**[ビュー]**メニュー➡**[ローカルビュー]**➡❹**[ローカルビュー切替え]**)でローカルビューに切り替えて、耳の造形に集中します。

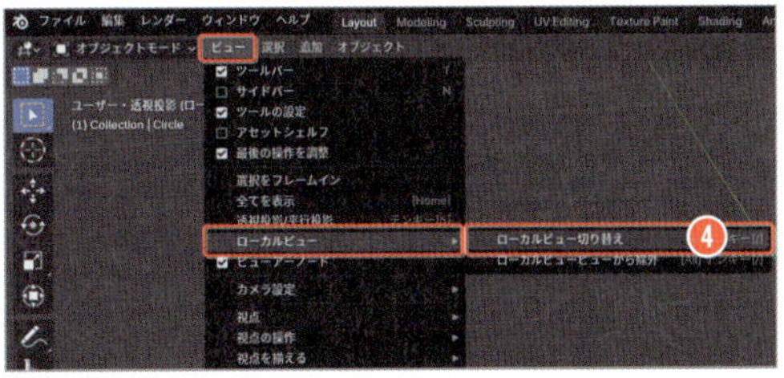

ローカルビューに切り替えると、❺選択しているオブジェクトだけが表示されます。他のオブジェクトは隠されますが、再びテンキー / を押す(またはメニューから**[ローカルビュー切替え]**を実行する)と元のビュー(グローバルビュー)に戻ります。

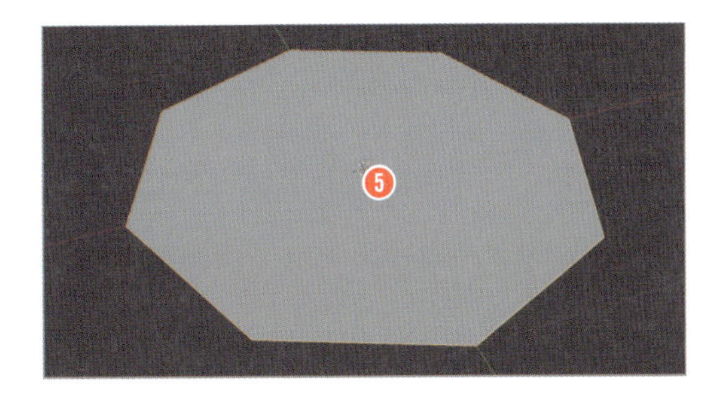

4. **[編集モード]**に切り替えます。A キーですべて選択し、**[面を差し込む]**(I)で❻内側に耳の断面を作ります。

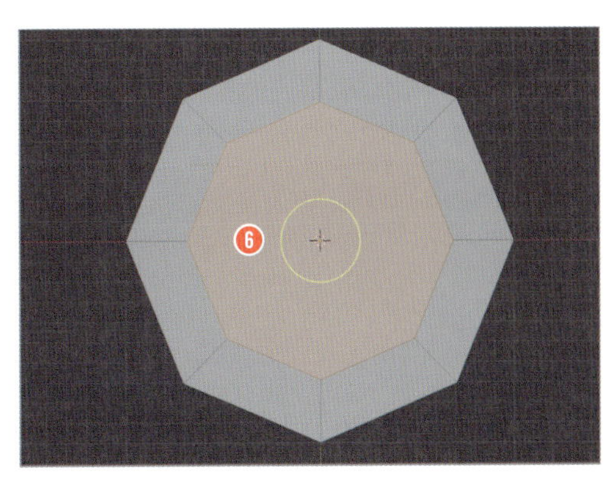

5 **[面選択]**（数字キー③）で不要な面（❼図の面以外）を選択します。Ⓧキーを押して表示されるメニューで**[面]**を選んで削除し、図のように面を残します。

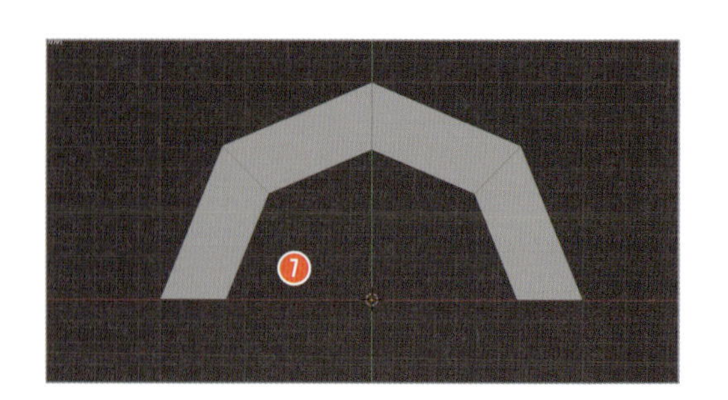

面を押し出して耳を作成する

1 Ⓐキーですべての面を選択し、**[押し出し]**（Ⓔ）で❶立体にします。

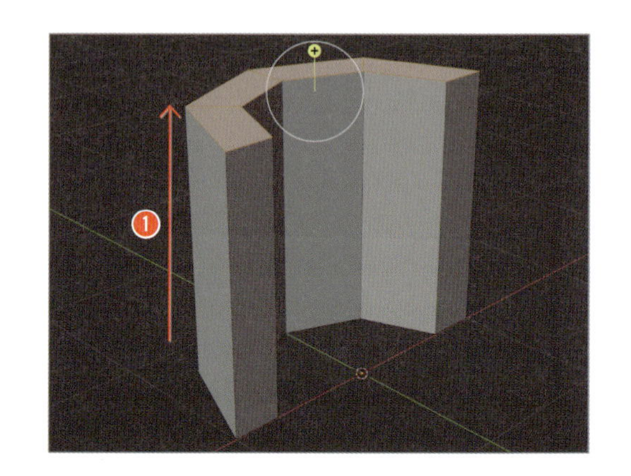

2 上面の4つの面が選択された状態で、❷X軸を中心に90°回転（Ⓡ➡Ⓧ➡「**90**」）します。

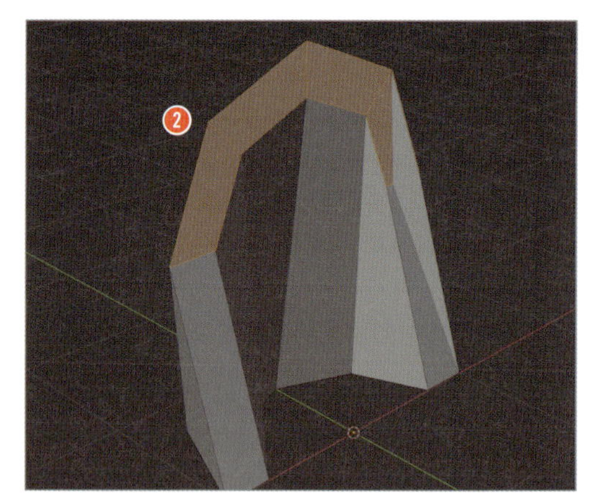

3 さらに、耳の先端（4つの面）を**[スケール]**（Ⓢ）で❸縮小します。

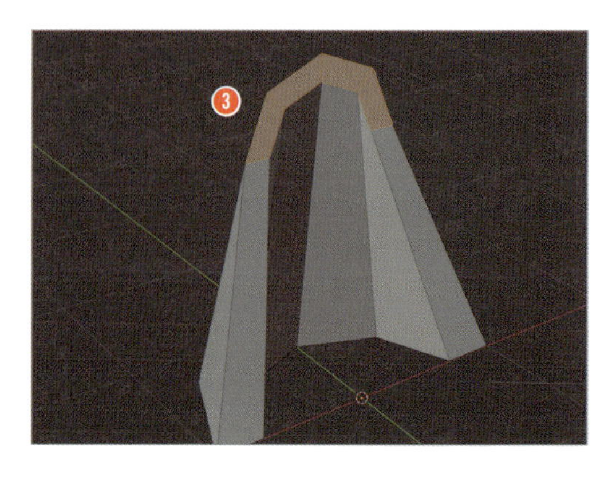

4 サイドビュー（テンキー3）に切り替え、❹先端の面を前方（Y軸方向）へ移動してつけ根に揃えます。

5 ［**オブジェクトモード**］に切り替え、［**サブディビジョンサーフェス**］モディファイアーを❺［**ビューポートのレベル数**］を「**2**」で追加（ctrl＋2）します。

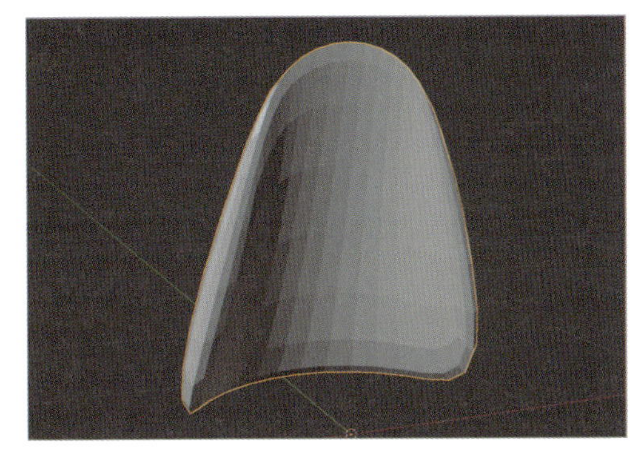

6 ［**編集モード**］に切り替え、❻ループカットで一周切れ目を作ります。

7 画面左下にある［**最後の操作を調整**］パネルで、❼［**スムーズ**］を調整して❽耳の後ろ側を膨らませます。

［**スムーズ**］の最適な値は、耳の形状の微妙な違いや、ループカットの位置により変わります。図では「**0.15**」に設定しています。

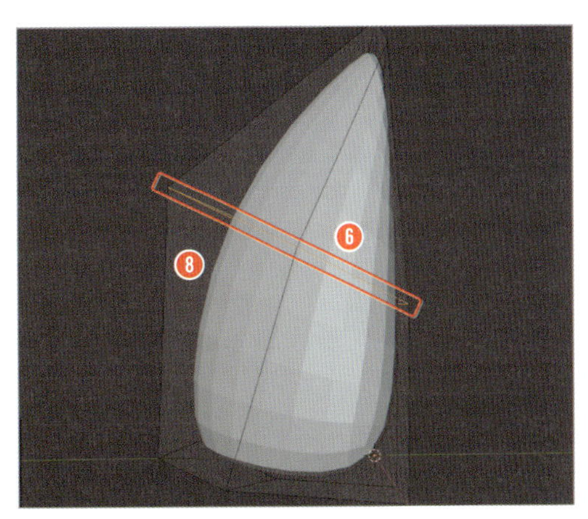

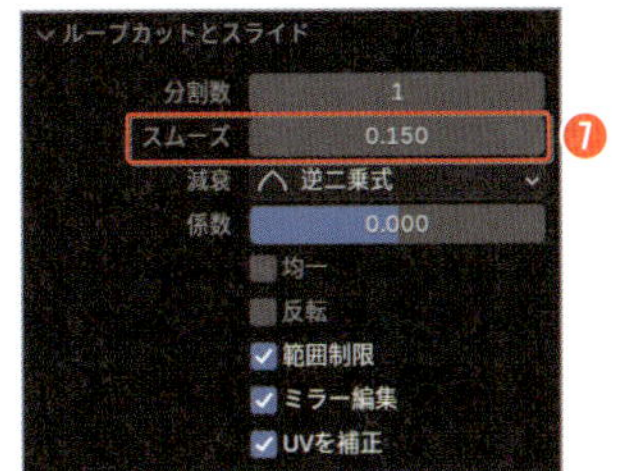

8 ［**プロパティ**］パネルの❾［**モディファイアープロパティ**］タブで❿［**リアルタイム**］をクリックします。［**サブディビジョンサーフェス**］モディファイアーが非表示になります。

9 ［**辺選択**］（数字キー2）で、⓫ループカットした辺のうち、耳の内側の辺を4つを選択します。

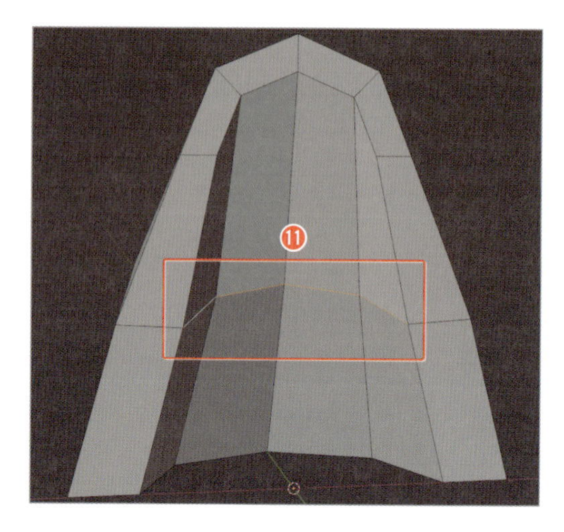

10 ［**スケール**］（S）で拡大して、⓬輪郭カーブがきれいになるよう修正します（図で破線は修正前、実線は修正後です）。

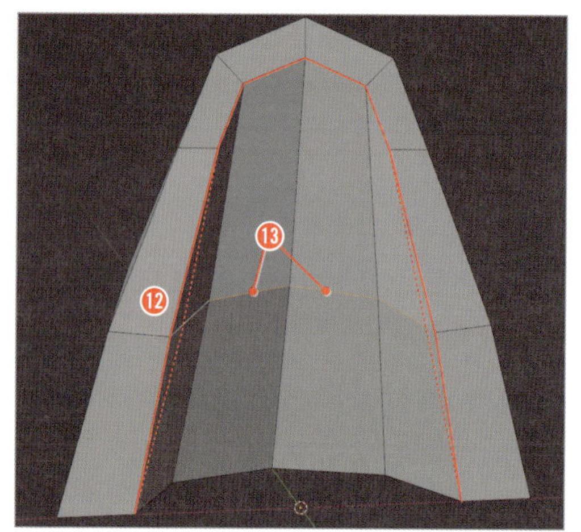

11 シェーディングを［**ワイヤーフレーム**］にします。
耳の厚みを整えるため、⓭ループカットした辺のうち、耳の内側で図の2つを選択します（前ステップの図でも図示）。

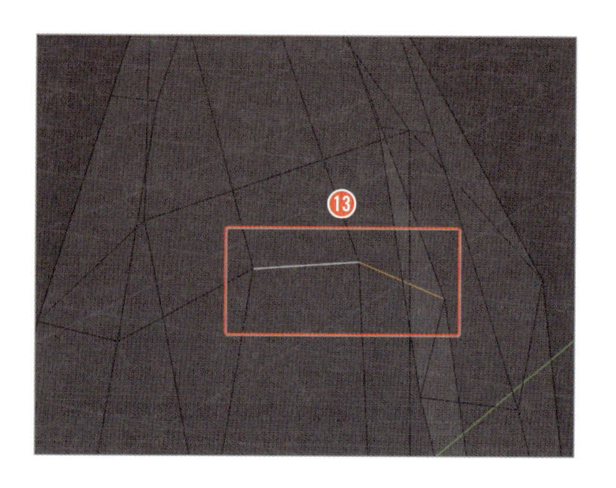

12 サイドビュー(テンキー3)に切り替えて、⑭後ろ側(Y軸方向)に移動します。

13 [**プロパティ**]パネルの[**モディファイアープロパティ**]タブで⑮[**リアルタイム**]をクリックし、[**サブディビジョンサーフェス**]モディファイアーを表示します。シェーディングを[**ソリッド**]にします。

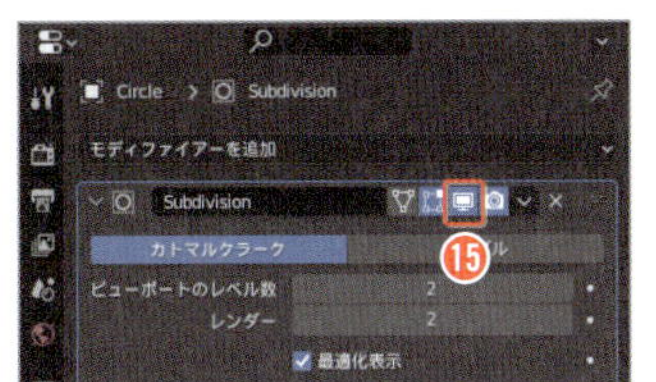

14 [**面選択**](数字キー3)で、⑯底面を4つ選択し、Xキー➡[**面**]で削除します。

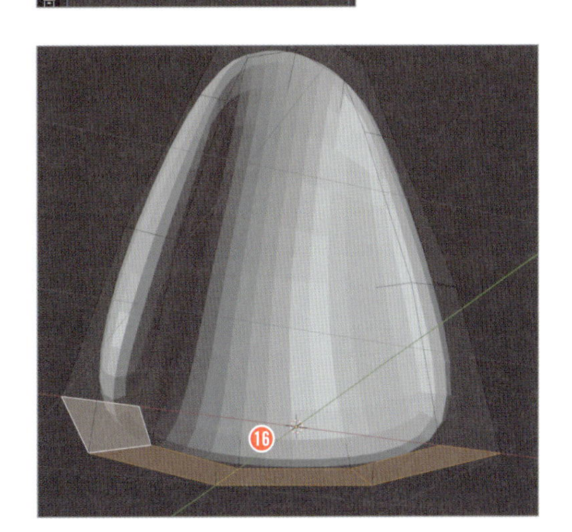

15 ⑰面が削除された箇所は、サブディビジョンサーフェスの丸みがなくなります。

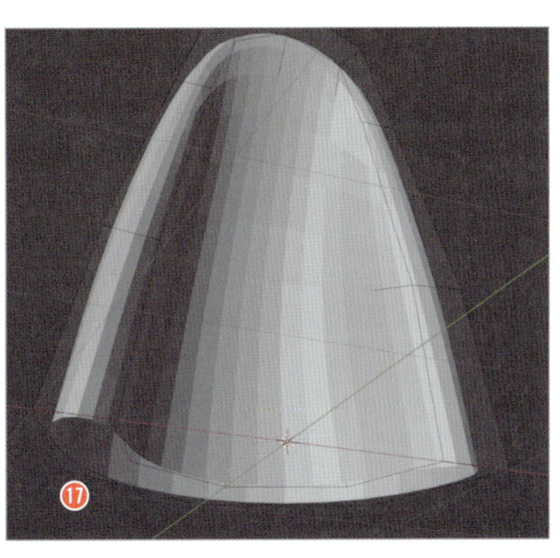

16 **[オブジェクトモード]**に切り替えます。右クリックし、⑱**[スムーズシェード]**を選びます。

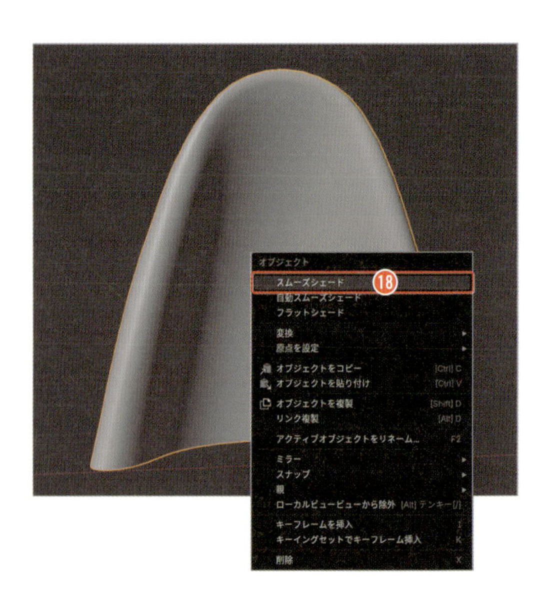

17 テンキー[/]（**[ビュー]**メニュー➡**[ローカルビュー]**➡**[ローカルビュー切替え]**）でグローバルビューに戻し（すべてのオブジェクトを表示して）、フロントビュー（テンキー[1]）にします。

18 ⑲左耳の位置に移動し、回転、スケールを調整して下絵に合わせます。

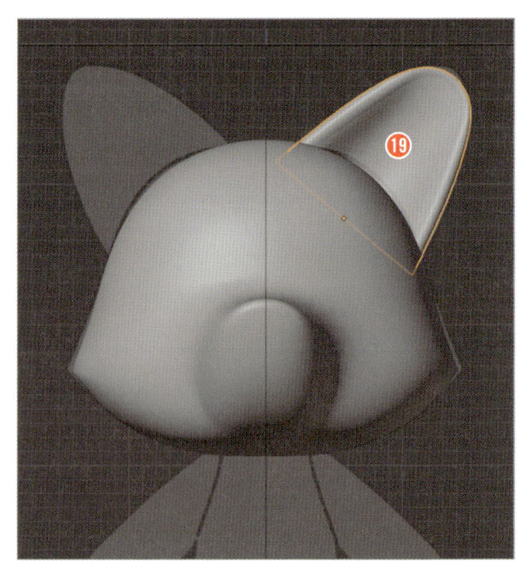

19 サイドビュー（テンキー[3]）にし、⑳位置、Y軸方向のスケールを下絵に合わせます。

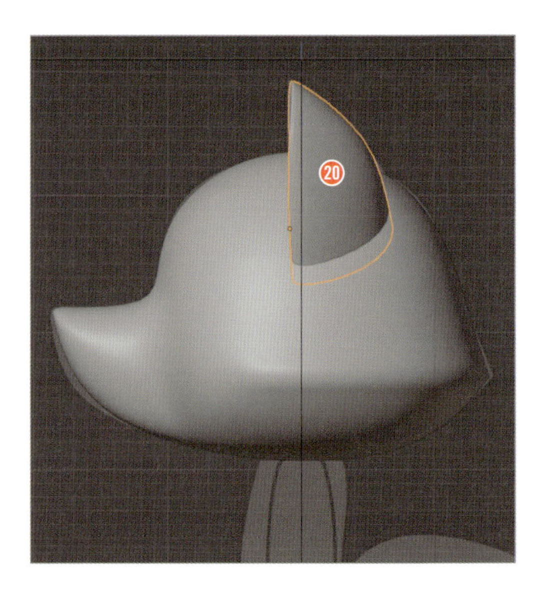

[オブジェクトモード]でスケールを変更したので、現在のスケールが基準になるよう、スケールの適用を行います。

20 ctrl + A を押し、表示されたメニューの㉑[スケール]を選びます。

21 [サイドバー](N)の㉒[アイテム]タブをクリックして、㉓[スケール]の[X][Y][Z]がそれぞれ「1.0」になったことを確認します。

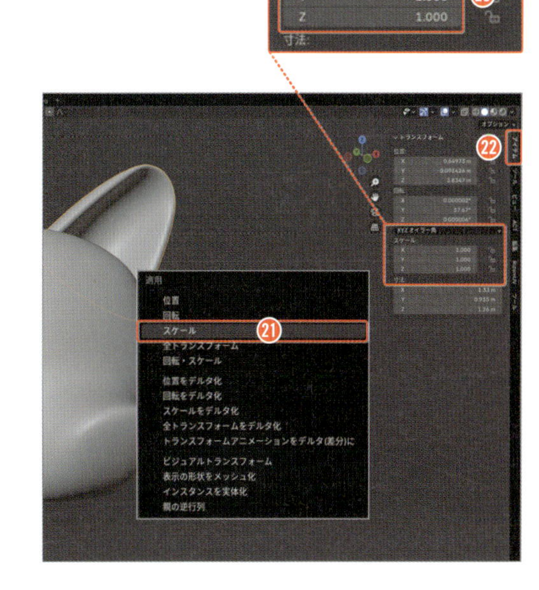

[ミラー]モディファイアーで右耳を作成する

1 左耳を選択した状態で、[プロパティ]パネルの❶[モディファイアープロパティ]タブをクリックします。[モディファイアーを追加]から[生成]➡❷[ミラー]を選びます。❸[ミラーオブジェクト]のスポイトアイコンをクリックし、❹頭のオブジェクトをクリックします。

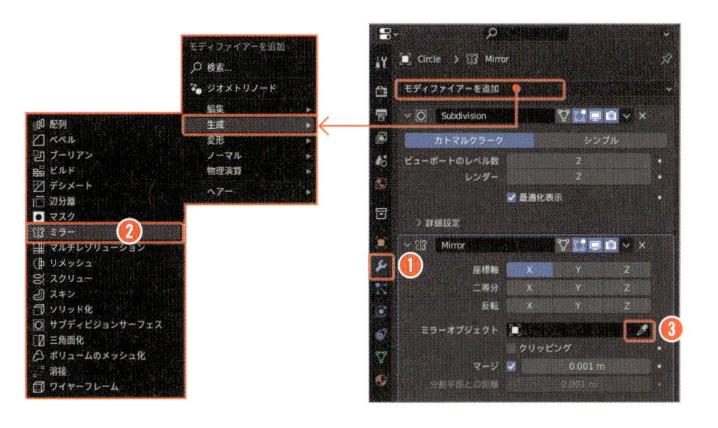

耳のモデリングが終了しました。名前をつけて保存します。次は胴体を別オブジェクトとして作成します。

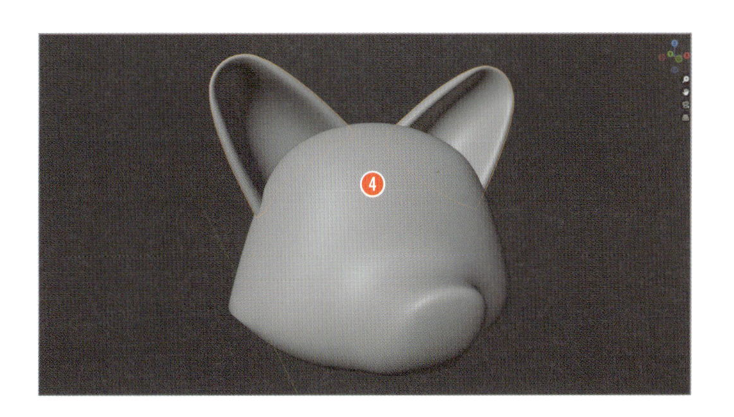

7-7 胴体を作成

胴体は、Cube(立方体)を作成し、それを元に変形して作成します。

元にする立方体を作成する

1 [**オブジェクトモード**]で、shift + A を押し、[**メッシュ**]➡[**立方体**]で立方体を追加します。

2 ❶フロントビューと❷サイドビューで、下絵に合わせて、位置、サイズを調整します。

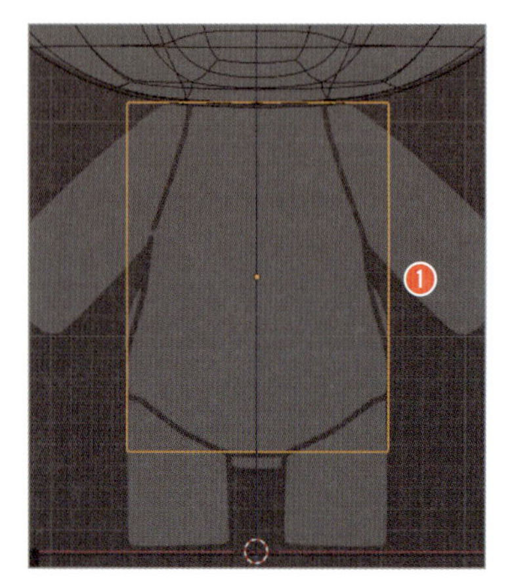

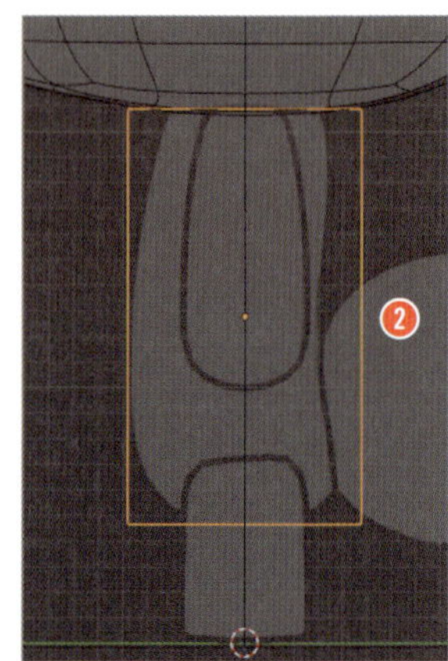

図では[**透過表示**]をON、シェーディングを[**ワイヤーフレーム**]にしています。見やすい表示に適宜切り替えてください。

立方体の位置やサイズの調整は、[**オブジェクトモード**]、[**編集モード**]のどちらで実行してもかまいません。もし[**オブジェクトモード**]で[**スケール**]を実行した場合は、ctrl + A を押し、表示されたメニューの[**スケール**]を選んで、現在のスケールが「**1.0**」になるよう設定してください。

立方体を編集する

1 [**編集モード**]で、❶腰の一番膨らむところを[**ループカット**](ctrl + R)します。

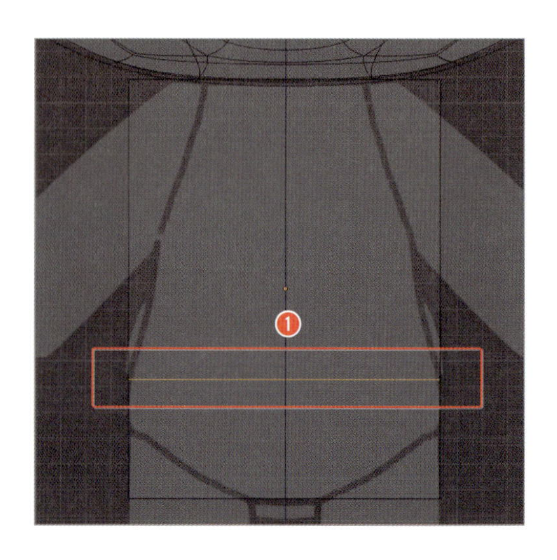

2 ❷上面（または上の4つの頂点）だけを選択して[**スケール**]（S）で縮小します。

3 ❸底面（または下の4つの頂点）だけを選択して[**スケール**]（S）で縮小します。

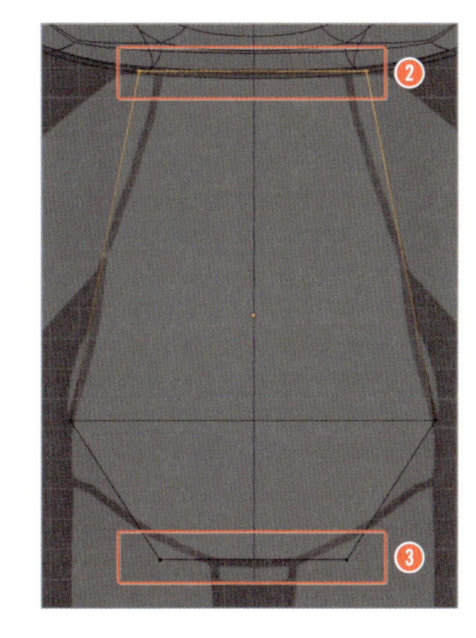

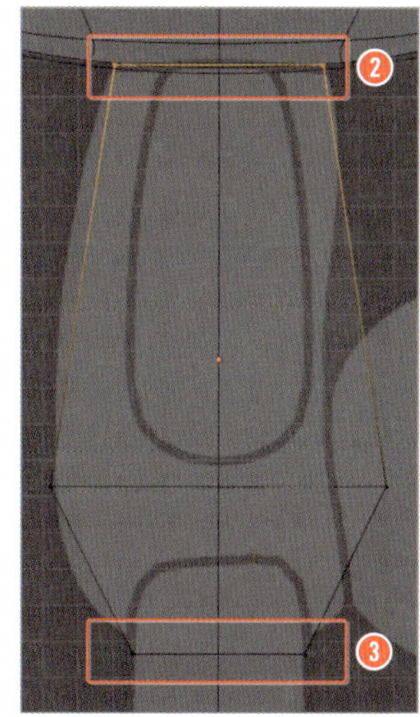

4 腰の反る箇所に❹[**ループカット**]（ctrl＋R）を入れ、[**移動**]（G➡Y）でY軸方向に移動して下絵に合わせます。

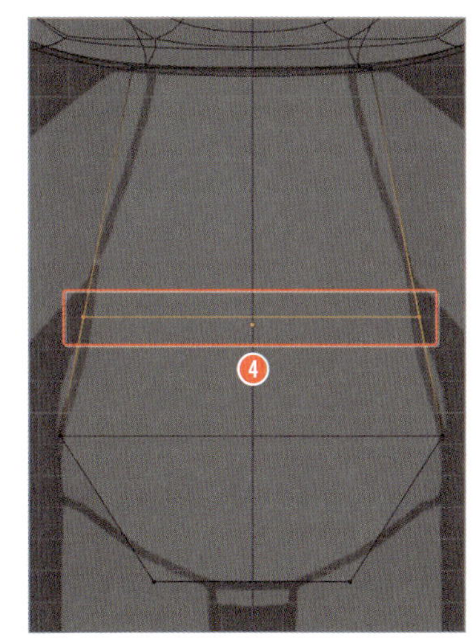

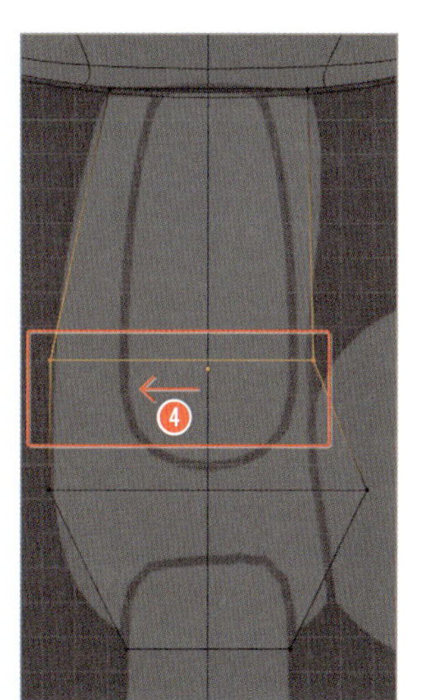

[サブディビジョンサーフェス]を追加する

1 [**オブジェクトモード**]に切り替え、[**サブディビジョンサーフェス**]モディファイアーを❶[**ビューポートのレベル数**]を「**2**」で追加（ctrl＋2）します。

❷下絵に比べて一回り小さい印象になりましたので、形を整えていきましょう。

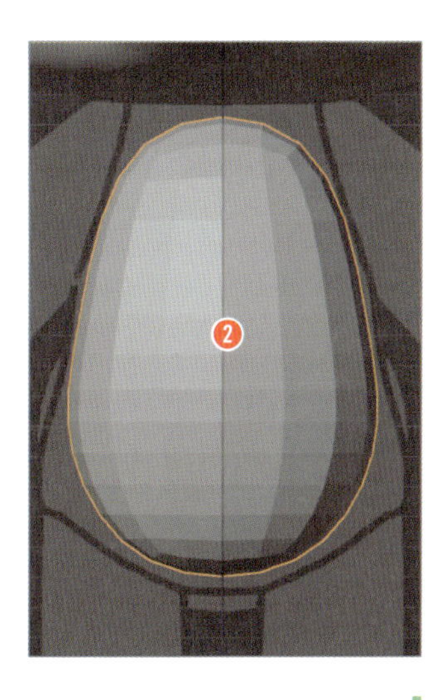

2 **[編集モード]** に切り替え、❸胴体左右中央に **[ループカット]**（ctrl + R）を入れます。

3 **[スケール]**（S）で少しだけ拡大します。

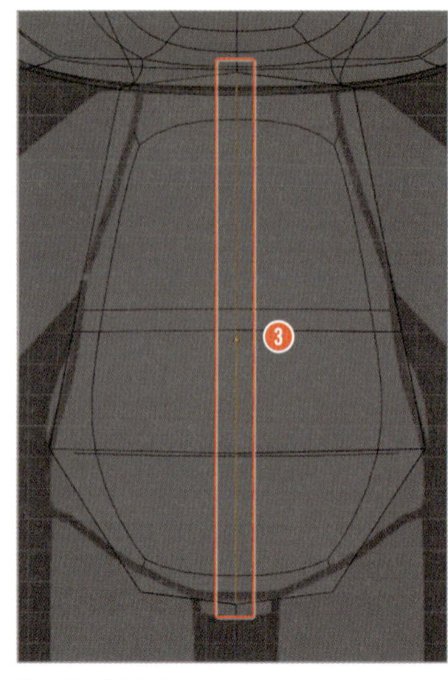

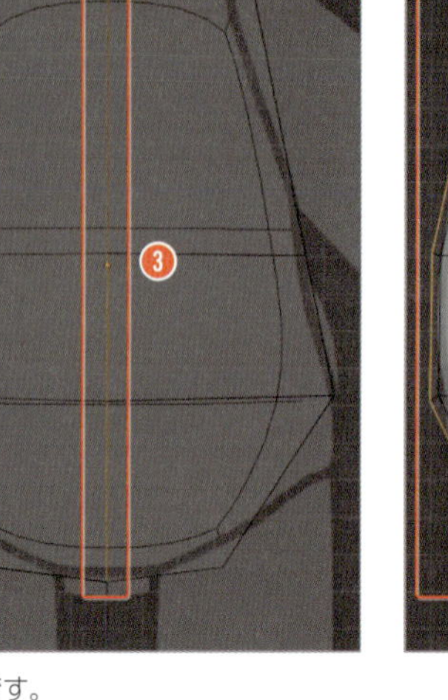

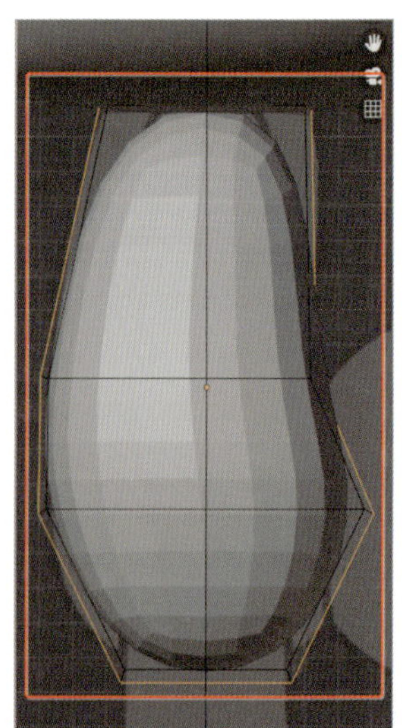

拡大後の図です。

4 ❹胴体前後中央に **[ループカット]**（ctrl + R）を入れます。

5 **[スケール]**（S）で少しだけ拡大します。

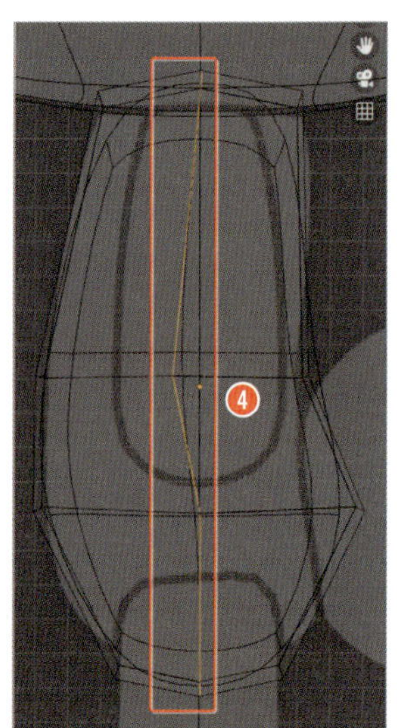

拡大後の図です。

6 ❺胸の高い位置に **[ループカット]**（ctrl + R）を入れ、肩の形を保ちます。

これにより腕が繋ぎやすくなります。

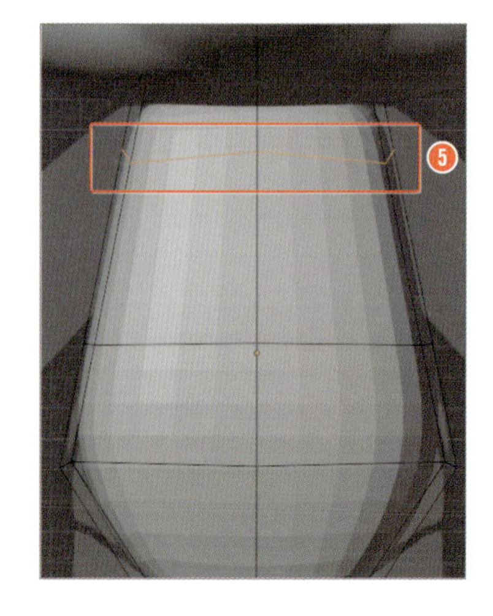

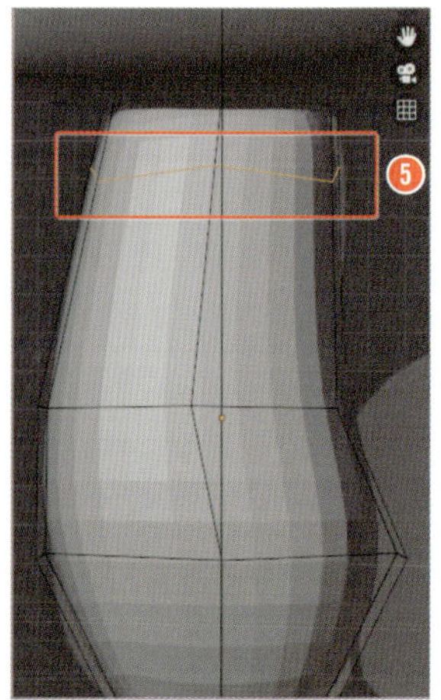

7 ❻腰のやや下に［**ループカット**］（ctrl ＋ R）を入れます。［**スケール**］（S）で下絵に合わせて拡大します。

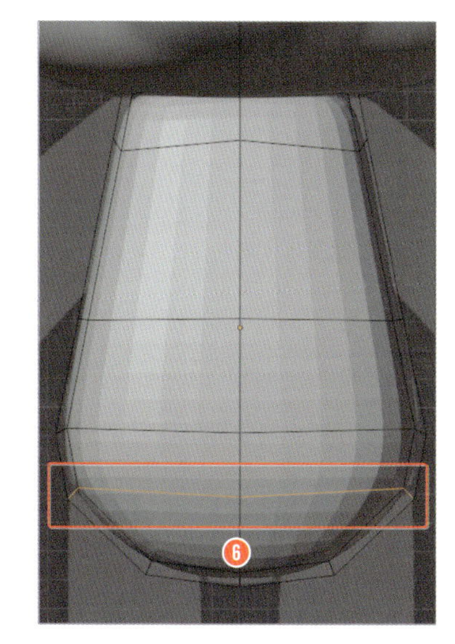

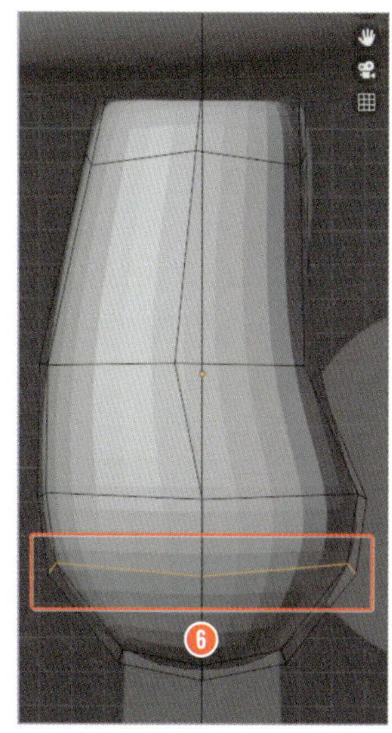

8 シェーディングを［**ワイヤーフレーム**］にし、下絵を透かして輪郭をチェックします。
気になる所があれば、ループ選択（alt ＋クリック）して［**スケール**］や［**移動**］で調整します。

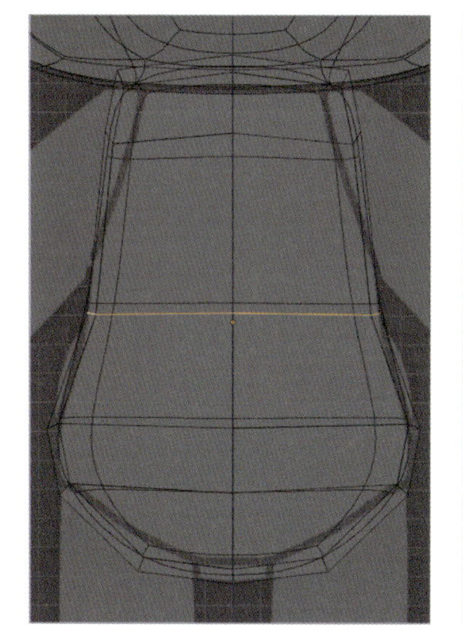

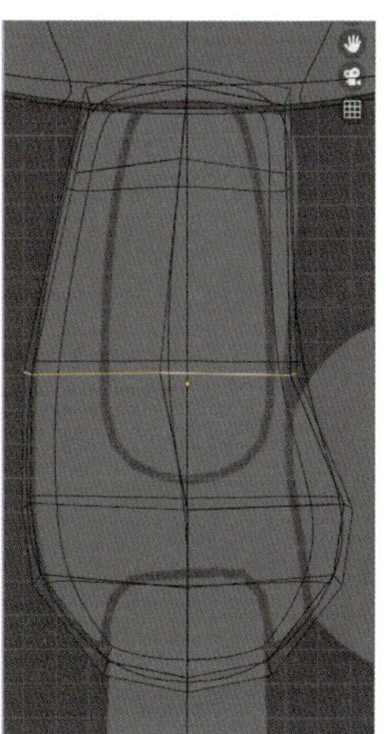

9 ［**オブジェクトモード**］に切り替えます。右クリックし、❼［**スムーズシェード**］を選びます。

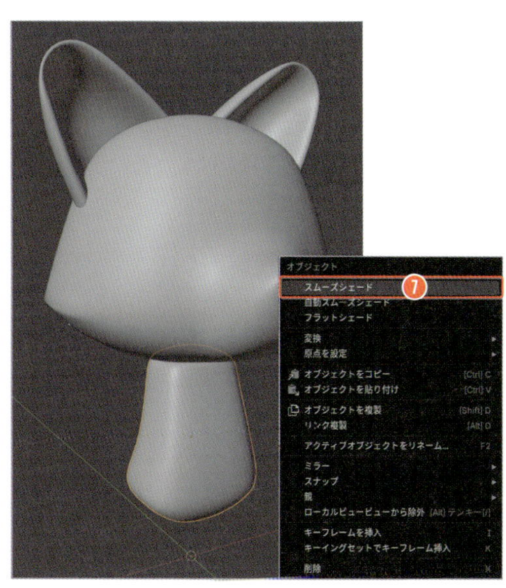

胴体を丸く変形する

やや胴体が四角い印象なので修正します。

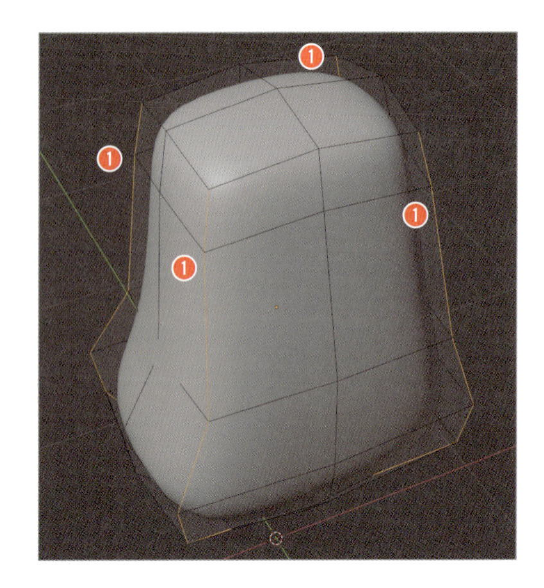

1. テンキー/でローカルビューにします。**[編集モード]**に切り替えます。

2. **[辺選択]**(数字キー2)で、❶図のように四隅の辺をループ選択(alt+クリック)します。2列目からは追加選択なので、alt+shift+クリックで選択します。

3. 視点をトップビュー(テンキー7)にします。**[スケール]**のZ軸以外(S➡shift+Z)で、マウスポインタを中心方向へ動かして、四隅を縮小します。

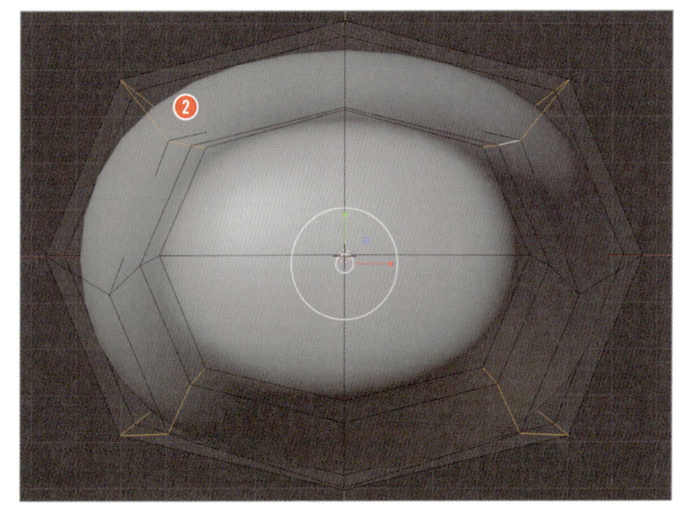

原点を移動する

1. 視点をフロントビュー(テンキー1)にし、**[オブジェクトモード]**に切り替えます。**[サイドバー]**(N)の❶**[ツール]**タブを選び、**[オプション]**の**[トランスフォーム]**にある❷**[原点]**にチェックを入れます。

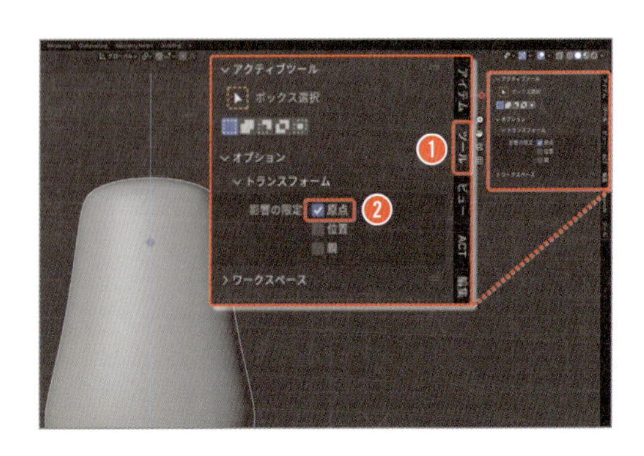

2 ［**移動**］（G➡Z）で、❸原点をへそ付近へ移動します。作業が終わったら、必ず❷［**原点**］（前ページ）のチェックを外してください。

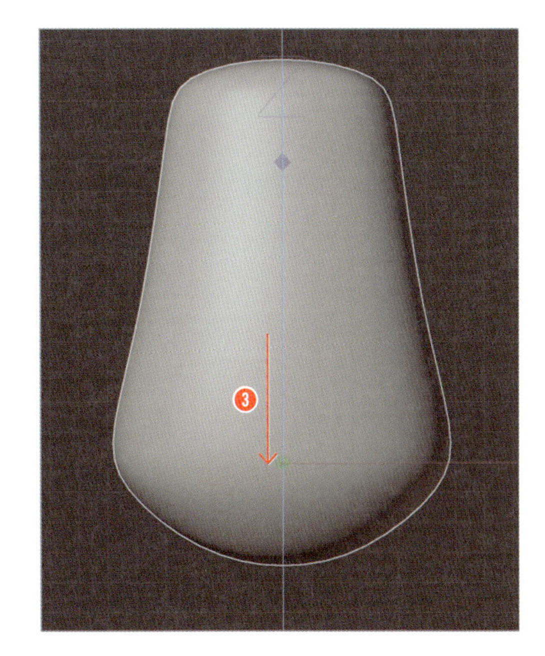

3 テンキー/で グルーバルビューに戻します。

胴体のモデリングが終了しました。名前をつけて保存します。次は脚を別のオブジェクトとして作成します。

7-8 脚を作成

胴体と同様に脚は、Cube(立方体)を作成し、それを元に作成します。耳と同様に片脚を作成したら、左右対称になるよう[ミラー]で反対の脚も作成します。

元にする立方体を作成する

1 [**オブジェクトモード**]で shift ＋ A を押し、[**メッシュ**]➡[**立方体**]で立方体を追加します。

2 ❶フロントビューと❷サイドビューで、下絵に合わせて、位置、サイズを調整します。

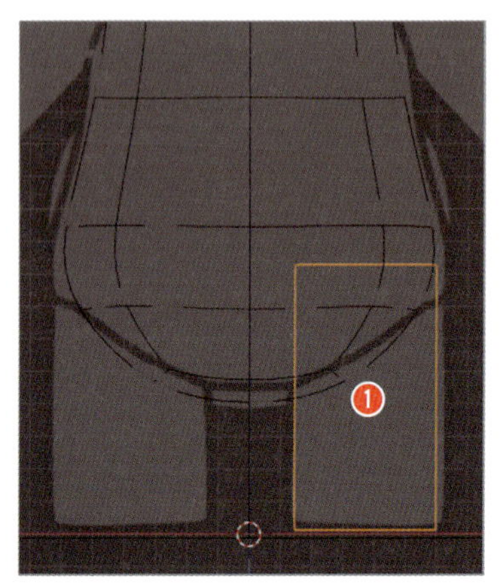

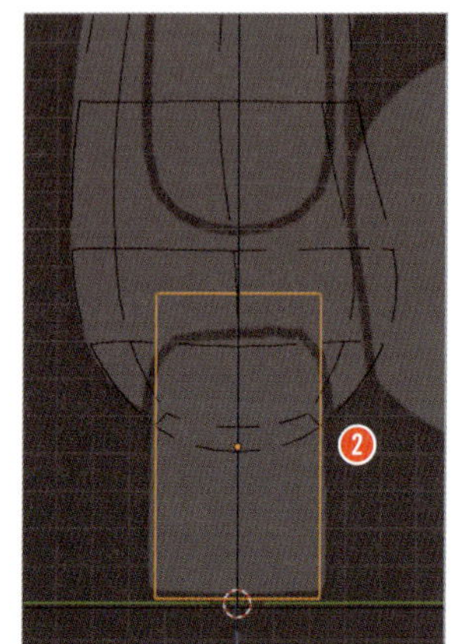

図では[**透過表示**]をON、シェーディングを[**ワイヤーフレーム**]にしています。見やすい表示に適宜切り替えてください。

立方体の位置やサイズの調整は、[**オブジェクトモード**]、[**編集モード**]のどちらで実行してもかまいません。もし[**オブジェクトモード**]で[**スケール**]を実行した場合は、ctrl ＋ A を押し、表示されたメニューの[**スケール**]を選んで、現在のスケールが基準になるよう設定してください。

CHAPTER-7

[サブディビジョンサーフェス]を追加する

1 [**オブジェクトモード**]で、[**サブディビジョンサーフェス**]モディファイアーを❶[**ビューポートのレベル数**]を「2」で追加（ctrl ＋ 2）します。

❷下絵に比べて一回り小さい印象になりましたので、形を整えていきましょう。

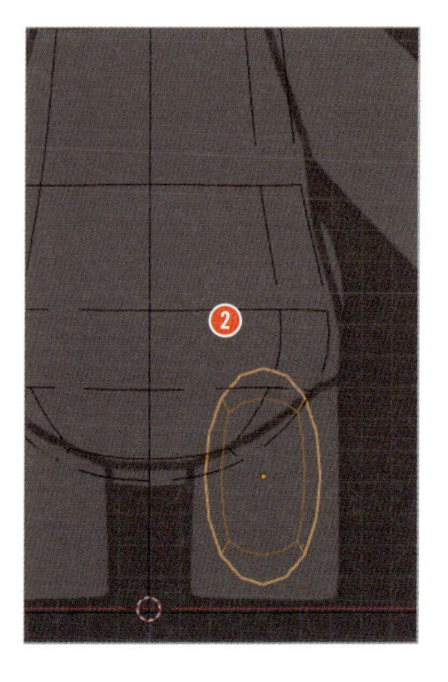

2 **[編集モード]**に切り替えます。**[ループカット]**（ctrl＋R）を入れ、❸足の裏近くまでスライドします。

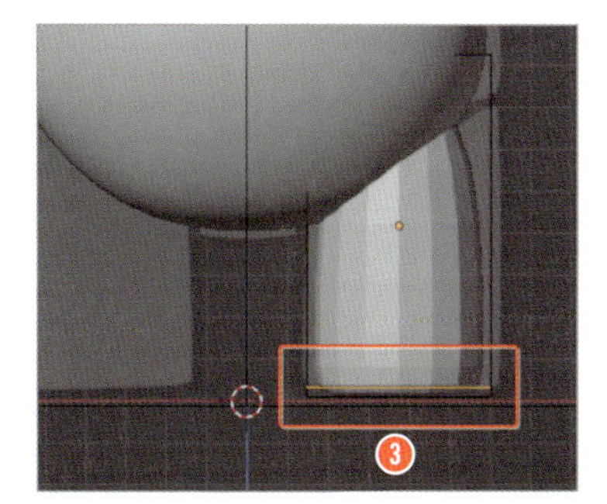

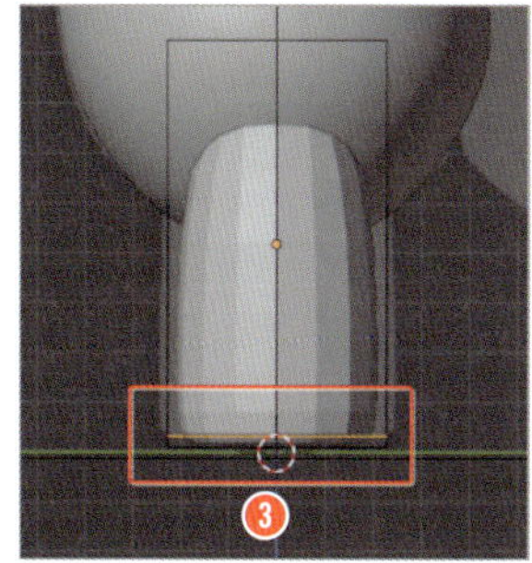

3 **[ループカット]**（ctrl＋R）を入れ、❹腰側へスライドします。

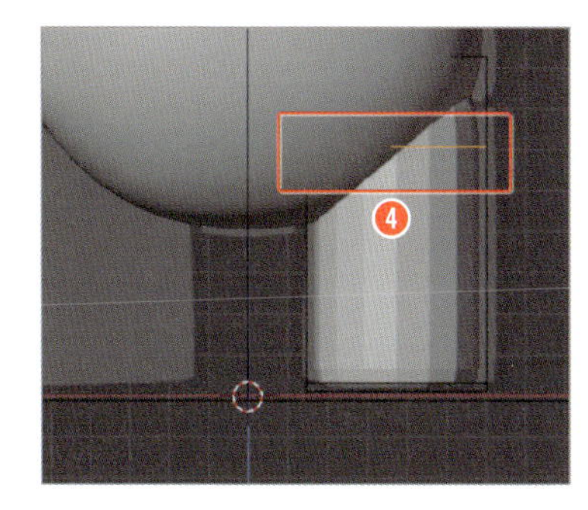

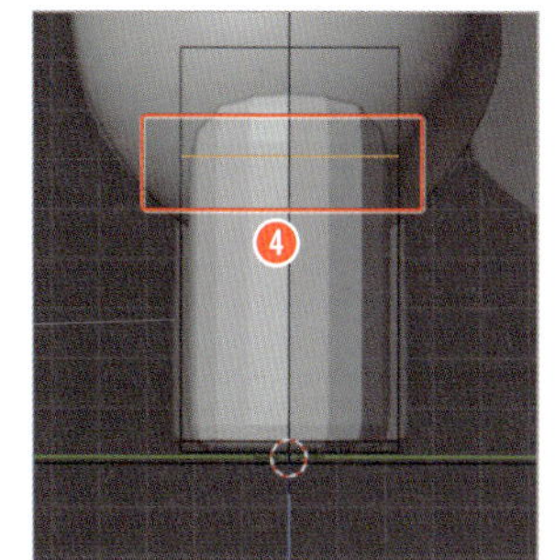

4 **[オブジェクトモード]**に切り替えます。右クリックし、❺**[スムーズシェード]**を選びます。

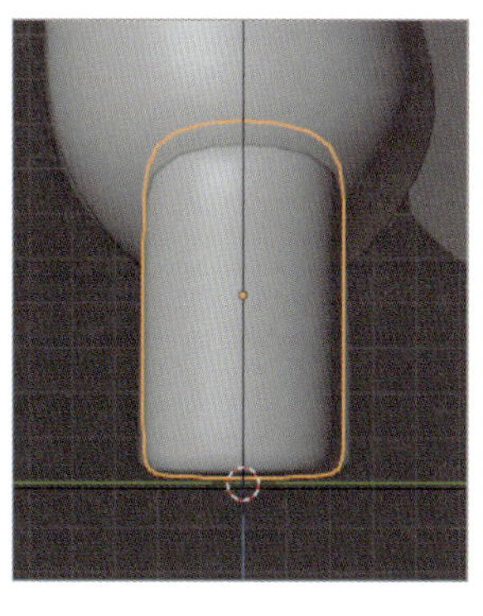

[ミラー]モディファイアーで右脚を作成する

1 ❶**[モディファイアープロパティ]**タブをクリックします。**[モディファイアーを追加]**➡**[生成]**➡❷**[ミラー]**を選びます。❸**[ミラーオブジェクト]**のスポイトアイコンをクリックします。

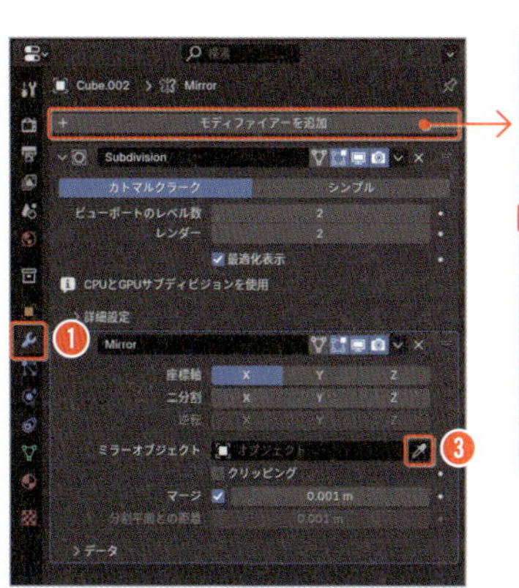

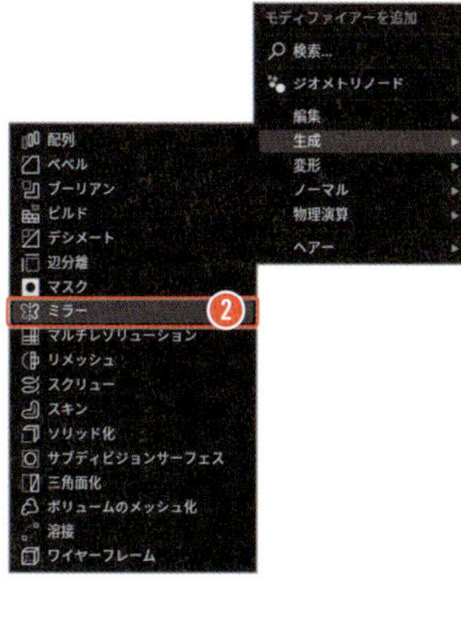

2 ❹脚のオブジェクトをクリックします。

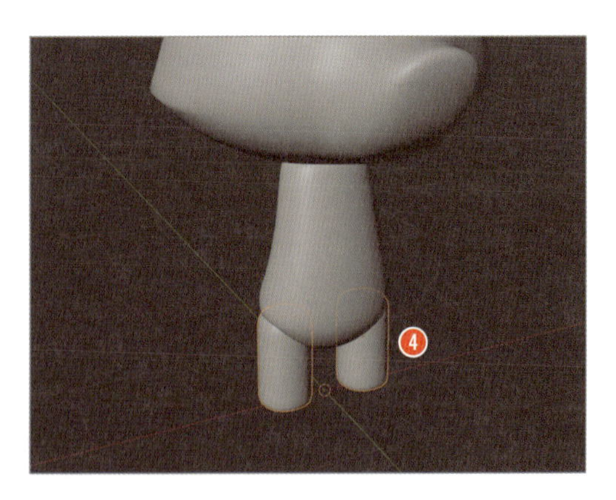

3 [ミラー]モディファイアーを❺[適用]します。

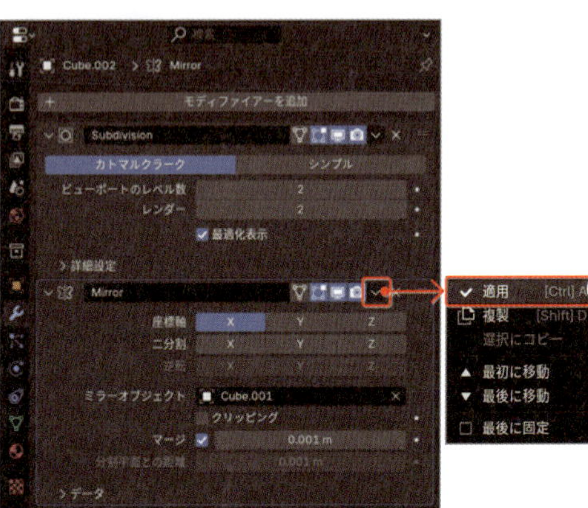

[ミラー]モディファイアーは、元になるオブジェクトを移動や変形すると、対称となるよう[ミラー]モディファイアーも移動・変形します。[編集モード]では、元になるオブジェクトだけが編集対象になります。[ミラー]モディファイアーを[適用]すると、対称となる移動・変形しなくなり、[編集モード]ではそれぞれ編集できるようになります。

4 [編集モード]に切り替え、いったん選択を解除します。
[面選択](数字キー3)で❻片脚だけ選択(マウスポインタを重ねてLキー)します。さらに、❼[メッシュ]メニュー➡[分離]➡[選択]で選択した面を分離します。

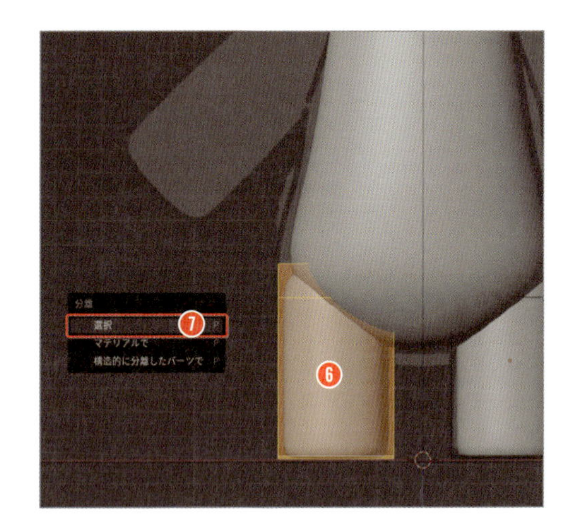

マウスポインタを重ねてLキーを押すと、マウスポインタに重なる部分に接続するすべての面や辺を選択できます。

[分離]のショートカットはPです。Pキーを押すとメニューが表示され、メニューで❼[選択]をクリックします。

[分離]を実行すると、分離した面が別のオブジェクト(メッシュ)になります。

原点を移動する

1 視点をフロントビュー（テンキー1）にし、[**オブジェクトモード**]に切り替えます。脚をクリックして選択すると、別オブジェクトになっていることがわかります。両脚を選択します。

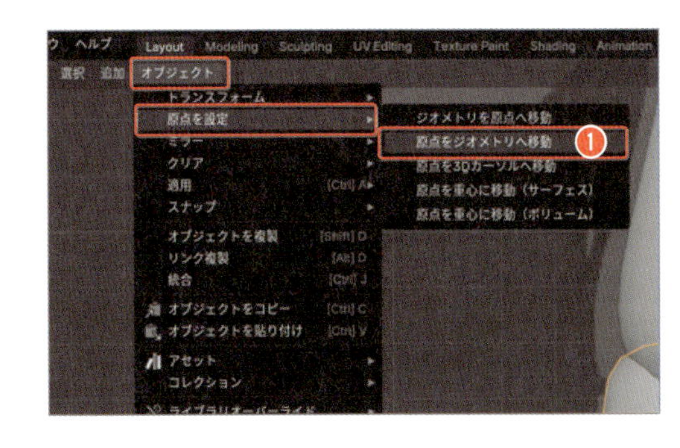

2 ❶[**オブジェクト**]メニュー→[**原点を設定**]→[**原点をジオメトリへ移動**]を選びます。

3 [**サイドバー**]（N）の❷[**ツール**]タブをクリックし、[**オプション**]の[**トランスフォーム**]にある❸[**原点**]にチェックを入れます。

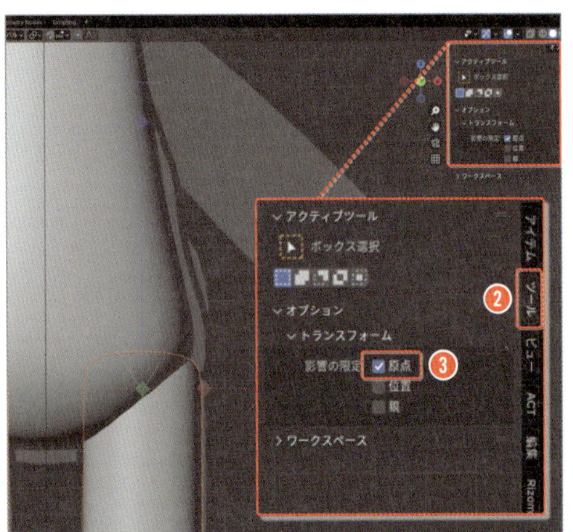

4 [**移動**]（G→Z）で、❹原点を脚のつけ根の位置へ移動します。作業が終わったら、必ず❸[**原点**]のチェックを外してください。

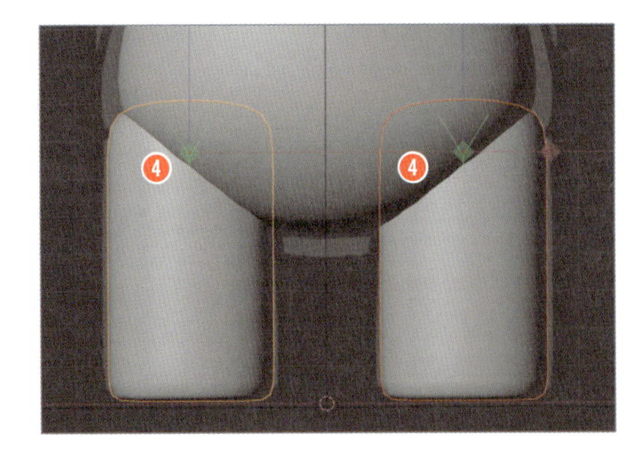

脚のモデリングが終了しました。名前をつけて保存します。次は腕を別オブジェクトとして作成します。

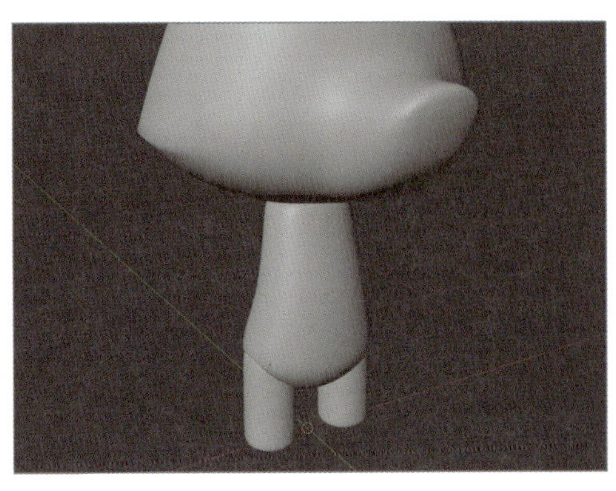

7-9 腕を作成

腕は脚と同じ作りなので、脚の複製で作成します。

脚を複製する

1 **[オブジェクトモード]**で、フロントビュー(テンキー1)にします。

2 片脚を選択して**[オブジェクト]**メニュー➡**[オブジェクトを複製]**(shift+D)を選び、❶原点が肩になるように配置します。

[オブジェクトを複製]を選択すると、マウスの動きに合わせて複製オブジェクトが移動します。クリックでクリックした位置、右クリックで元のオブジェクトと同位置に配置されます。

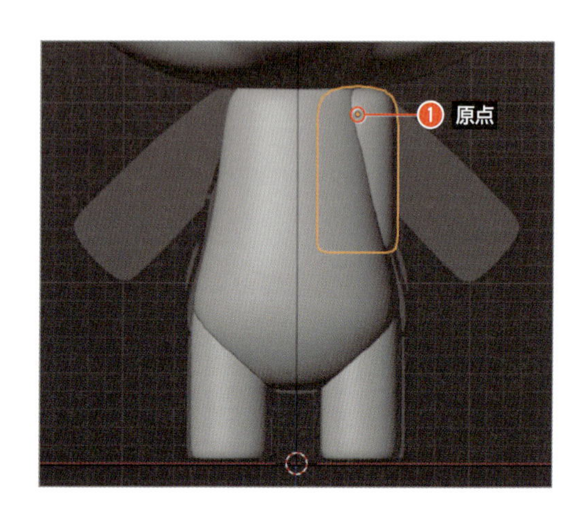

CHAPTER-7

形状を下絵に合わす

1 ❶下絵に合わせて45°回転(R➡「45」➡-(マイナス))します。

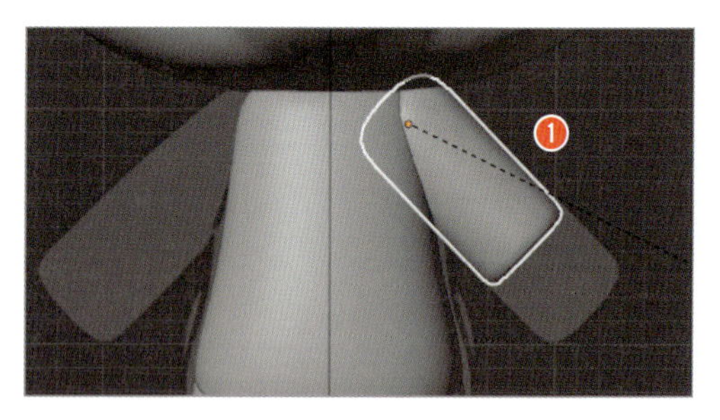

2 腕の長さを下絵に合わせます。**[編集モード]**に切り替え、シェーディングを**[ワイヤーフレーム]**にし、**[透過表示]**をONにします。❷**[頂点選択]**(数字キー1)で腕の先端の頂点を2列(8箇所)まとめて、ボックス選択します。

[透過表示]をONにしないと、ボックス選択で裏側の頂点が選択できませんので注意してください。

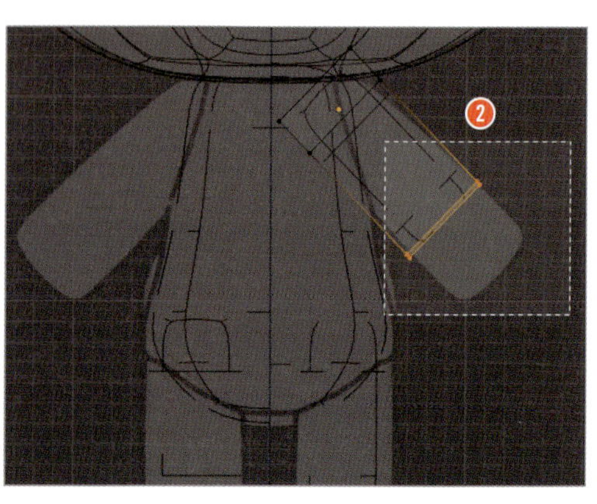

3 シェーディングを[**ソリッド**]に戻し、[**透過表示**]をOFFにします。❸選択箇所を[**移動**]（G → Z → Z）でローカルZ方向へ移動します。

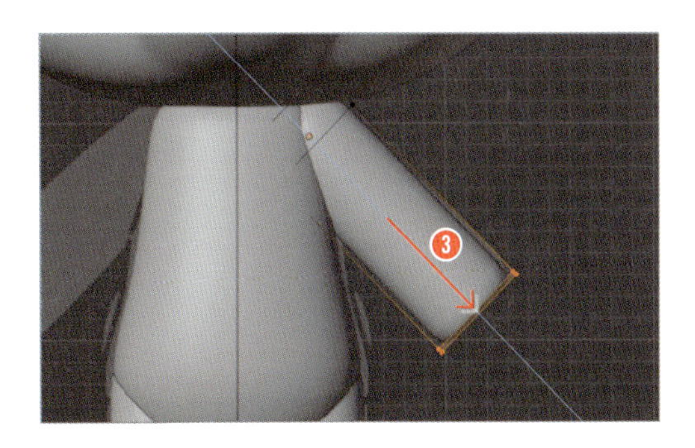

腕を複製して右腕を配置する

1 反対側の腕を複製で作ります。[**オブジェクトモード**]に切り替えて、[**オブジェクトを複製**]（shift ＋ D）を実行し、右クリックで同じ場所に配置します。

2 [**サイドバー**]（N）の❶[**アイテム**]タブをクリックし、❷[**回転**]の[**Y**]の値「-45°」の「-」（マイナス）を削除して「45°」にします。

3 ❸[**位置**]の[**X**]の値は、頭に「-」（マイナス）をつけます。

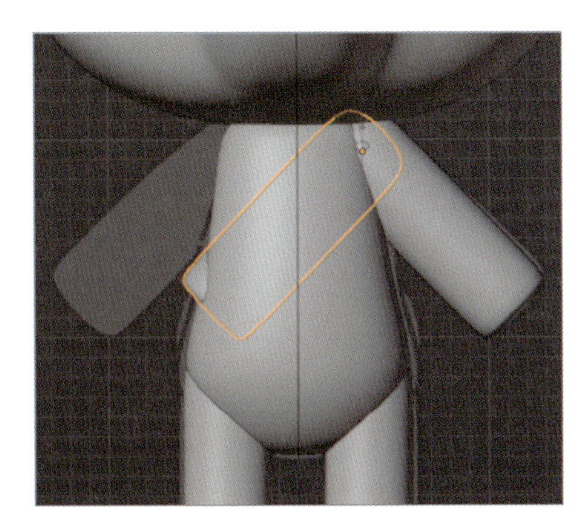

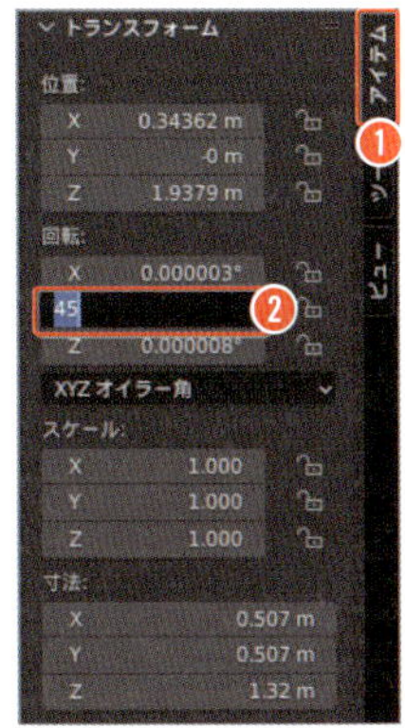

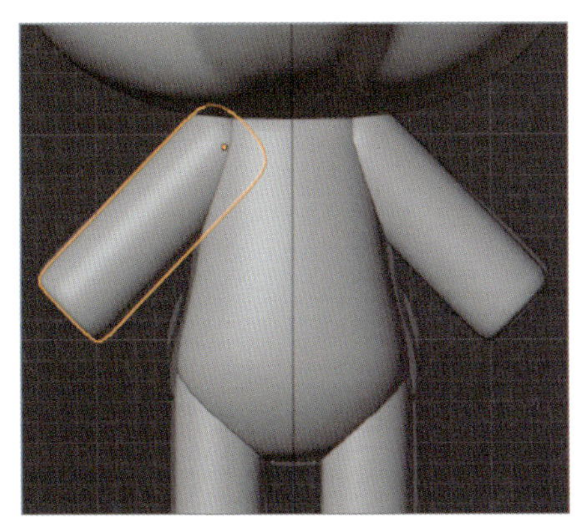

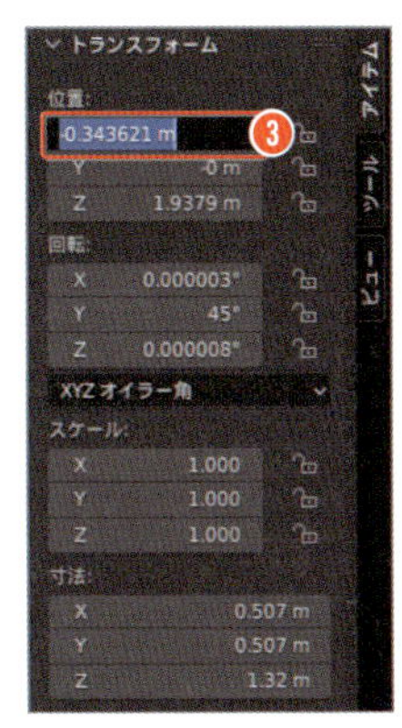

腕のモデリングが終了しました。名前をつけて保存します。次は尻尾を別オブジェクトとして作成します。

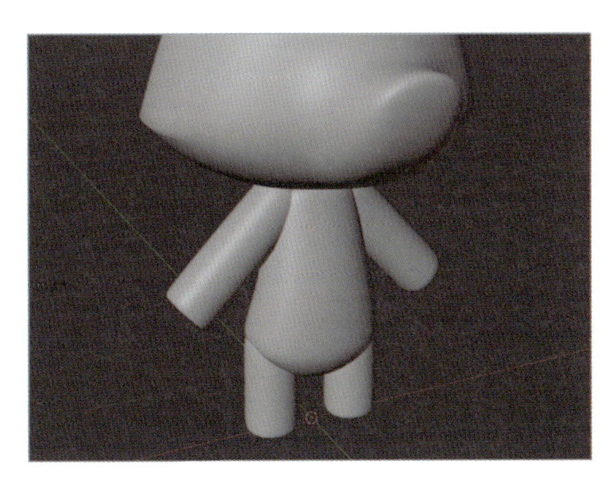

7-10 尻尾を作成

尻尾は立方体を元にします。ここまでに作成したパーツと同様、膨らんでいる箇所を[ループカット]し、[サブディビジョンサーフェス]で丸くします。

元にする立方体を作成する

1 [**オブジェクトモード**]で shift + A を押し、[**メッシュ**]➡[**立方体**]で立方体を追加します。

2 ❶下絵に合わせて、位置、サイズを調整します。

図では[**透過表示**]をON、シェーディングを[**ワイヤーフレーム**]にしています。見やすい表示に適宜切り替えてください。

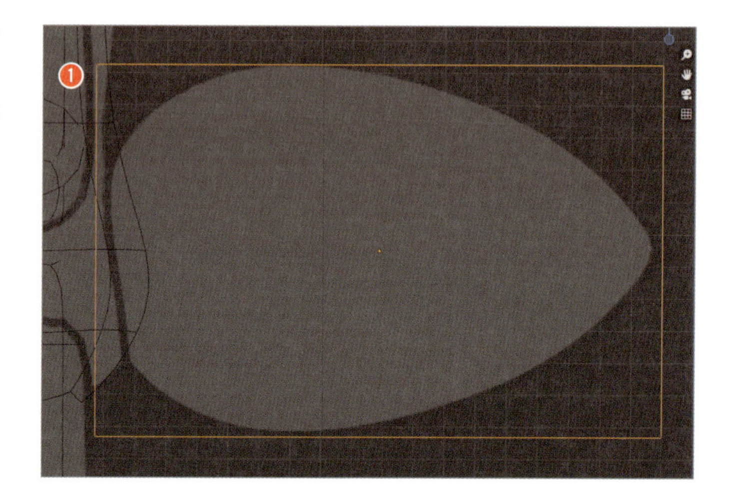

立方体の位置やサイズの調整は、[**オブジェクトモード**]、[**編集モード**]のどちらで実行してもかまいません。もし[**オブジェクトモード**]で[**スケール**]を実行した場合は、ctrl + A を押し、表示されたメニューの[**スケール**]を選んで、現在のスケールが基準になるよう設定してください。

立方体を編集

1 [**編集モード**]で、❶尻尾の一番膨らむところを[**ループカット**](ctrl + R)します。

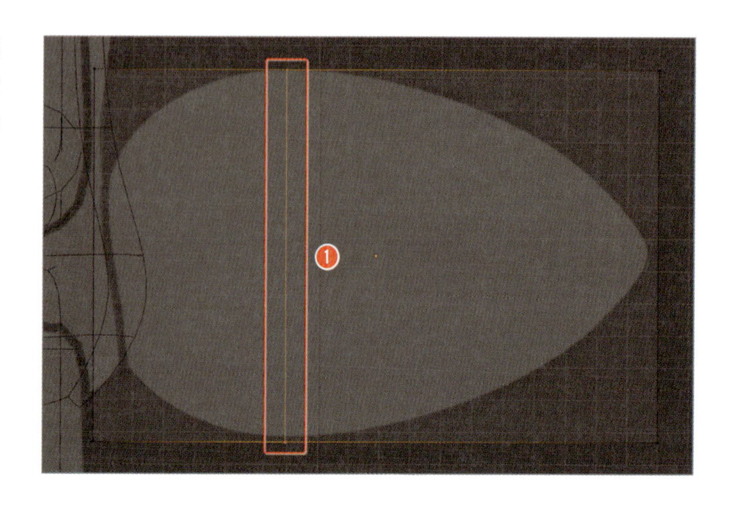

2 ❷つけ根面（または4つの頂点）だけを選択して［**スケール**］（S）で縮小します。

3 ❸先端面（または4つの頂点）だけを選択して［**スケール**］（S）で縮小します。

4 Aキーですべて選択します。

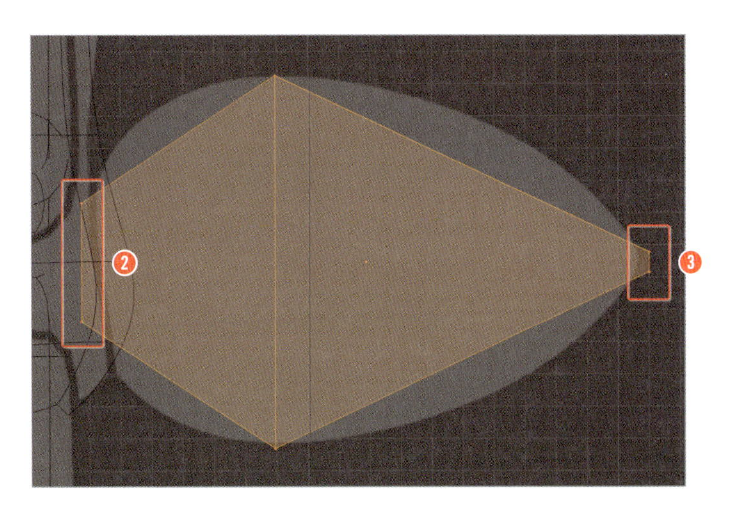

5 右クリックして❹［**細分化**］を選びます。

6 画面左下にある［**最後の操作を調整**］パネルで、❺［**スムーズ**］の値を「1」にします。

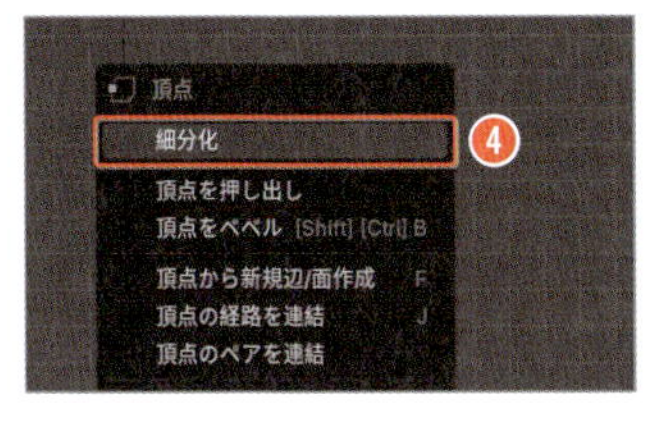

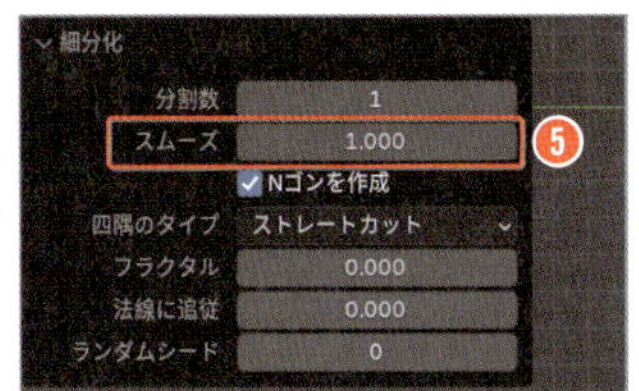

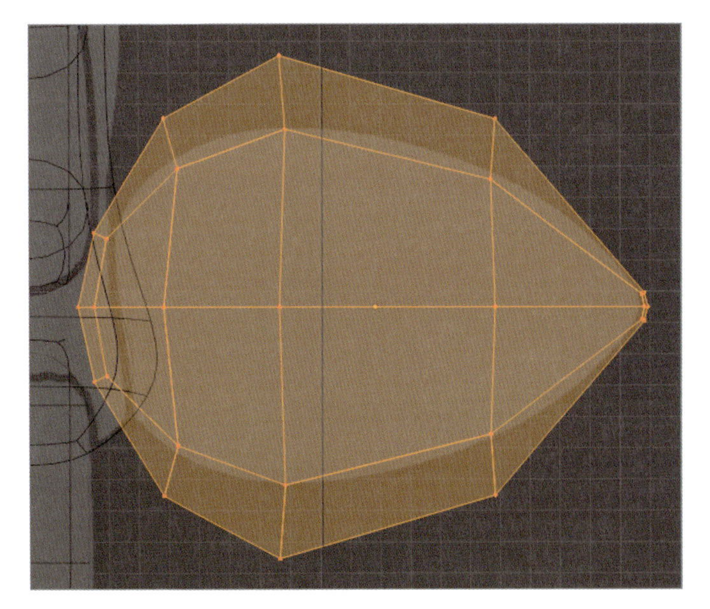

7 右クリックして❻［**頂点をスムーズに**］を選びます。

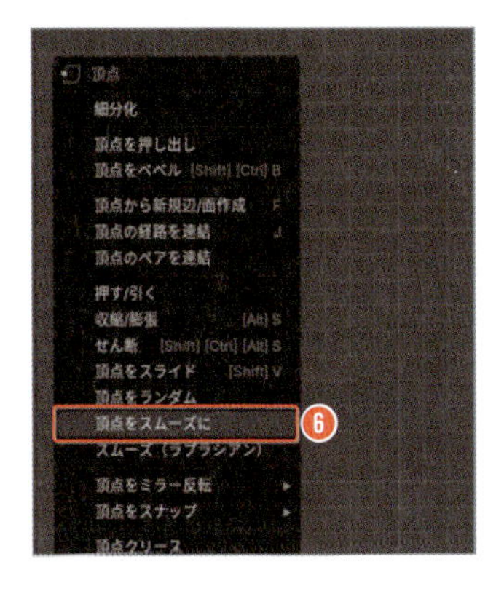

[サブディビジョンサーフェス]を追加する

1 [**オブジェクトモード**]に切り替え、[**サブディビジョンサーフェス**]モディファイアーを❶[**ビューポートのレベル数**]を「**2**」で追加(ctrl+2)します。

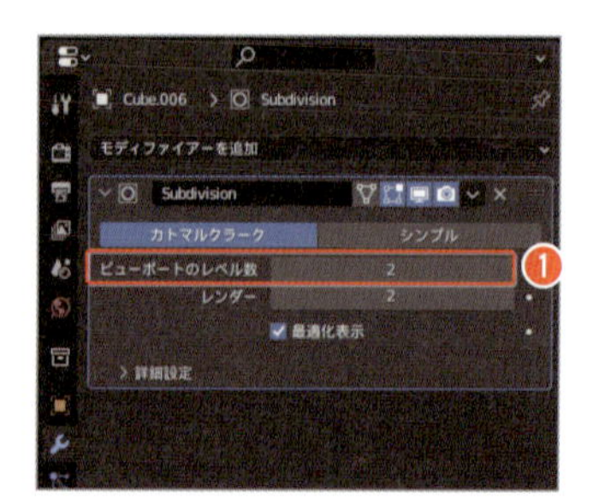

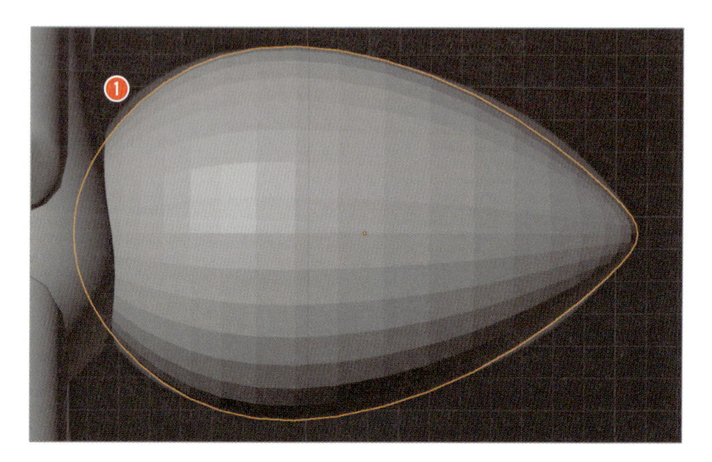

2 必要に応じて、[**編集モード**]で下絵に合わせて辺ループを移動したり、スケールを調整したりします。

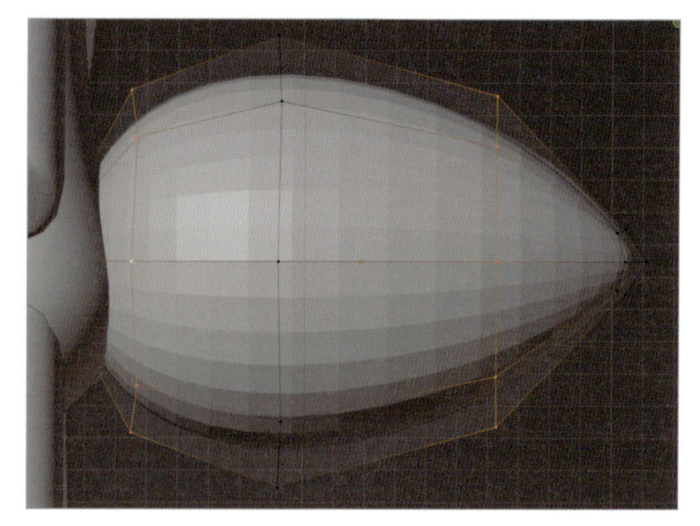

原点を移動する

1 [**オブジェクトモード**]で[**サイドバー**](N)の❶[**ツール**]タブをクリックし、[**オプション**]の[**トランスフォーム**]にある❷[**原点**]にチェックを入れます。

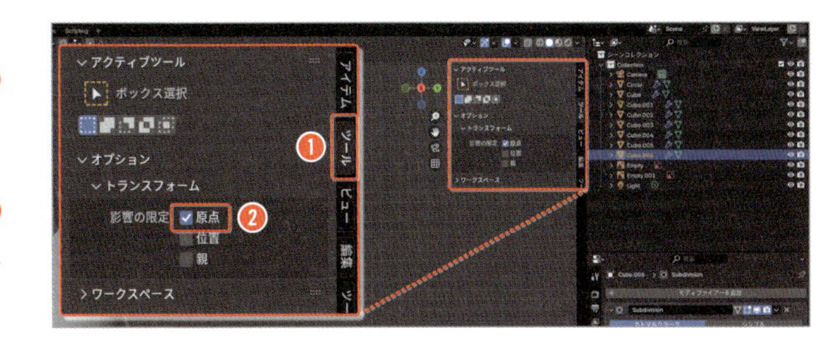

2 [**移動**](G➡Y)で、❸原点を尻尾のつけ根の位置へ移動します。作業が終わったら、必ず[**原点**]のチェックを外してください。

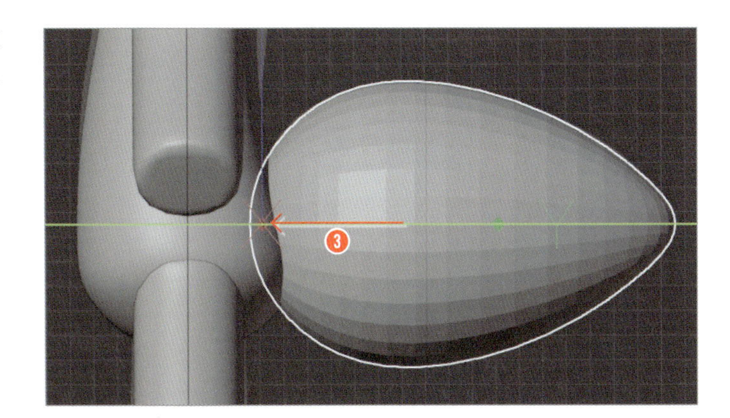

3 右クリックし、❹[**スムーズシェード**]を選びます。

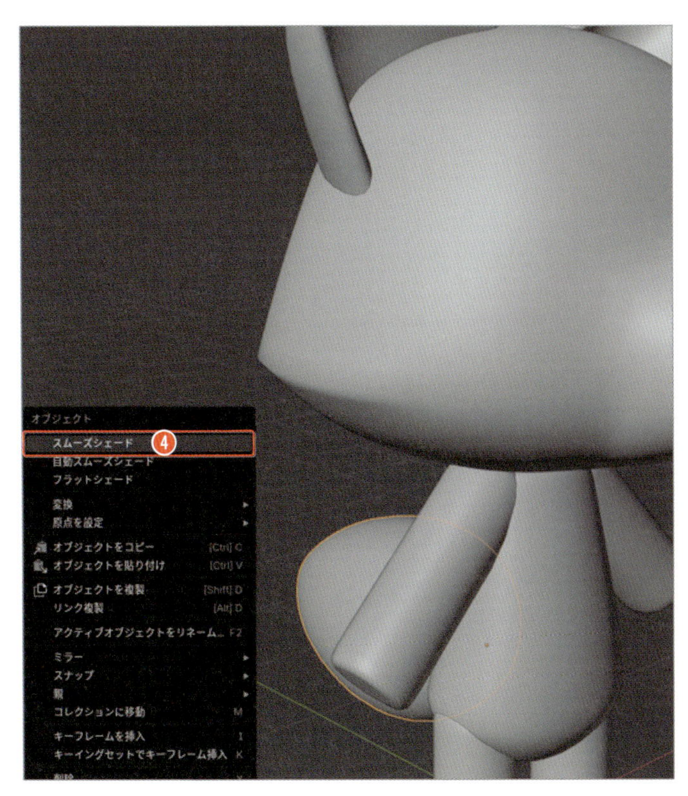

尻尾のモデリングが終了しました。名前をつけて保存します。キャラクターのすべてのパーツが揃いました。

下絵を削除して完成

1 正面、側面の2つの下絵を選択し、X または delete で削除してキャラクターモデルの完成です。名前をつけて保存します。

CHAPTER

キャラクターにマテリアルを設定

8-1 キャラクターにマテリアルを設定

ここから、3Dモデルに色(マテリアル)を設定し、顔を描いたテクスチャを貼り付けてキャラクター表面を仕上げていきます。

作成するキャラクターのマテリアルを確認する

CHAPTER-7で作成した3Dモデルを元に、マテリアル、UV(テクスチャ)を使って図のようなキャラクターに仕上げます。
顔や胴、尻尾の白い部分、耳や手足の黒い部分、目と鼻は、ブラシで3Dモデルに直接描きます。3Dモデルに描きますが、実際には描いた白や黒い部分、目や鼻は、2D画像として保存され、この画像をテクスチャとして貼りつけることになります。このため描く前に3DモデルをUV展開しておきます。

作成するキャラクター

顔にマテリアルを設定する

いずれかのパーツ(ここでは顔)を選択して、マテリアルに名前をつけて、ベースカラーを設定します。

1 シェーディングを❶[**マテリアルプレビュー**]にし、❷顔のパーツをクリックして選択します。

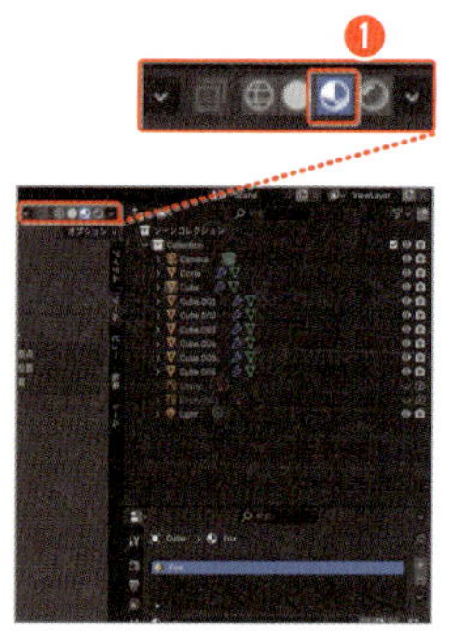

シェーディングを変更する方法は、[**3Dビューポート**]右上にある❶[**3Dビューのシェーディング**]で設定します。また、❷Zキーを押すと表示される円メニューで、切り替えたい表示方法をクリックして選択する方法もあります。

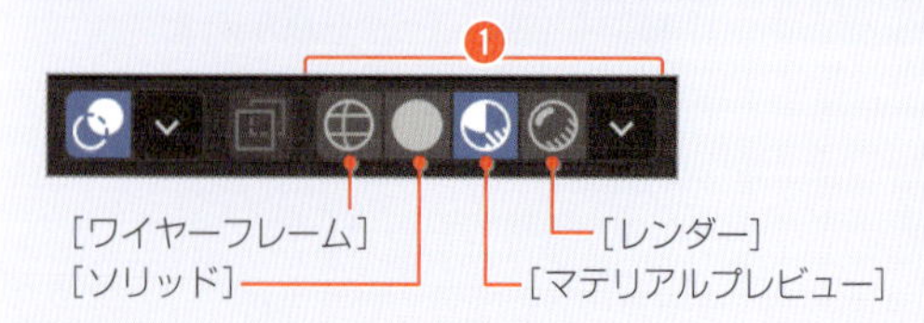

2 ［**プロパティ**］パネルの❸［**マテリアルプロパティ**］タブをクリックします。❹名前の入力欄に「**Fox**」と入力します。❺［**ベースカラー**］の色部分（現在は白に設定されている）をクリックしてカラーピッカーで色を設定します（ここでは黄色に設定）。

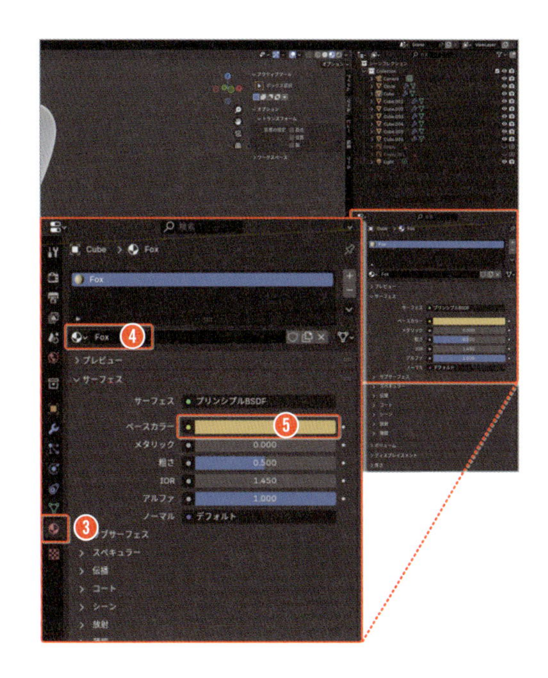

デフォルトで作成される立方体を、そのまま利用して3Dモデルを作成すると［**Material**］という名のマテリアルが作成されています。ここではマテリアル名を「**Fox**」に変更し、色を設定しました。もし［**Material**］がなかった場合は、［**新規**］をクリックしてから名前と色を設定してください。

他のパーツにマテリアルを設定する

1 すべてのパーツを選択しますが、このとき最後にマテリアル設定済みのパーツ（ここでは頭部）を選択するようにします。

2 ［**マテリアルプロパティ**］タブの❶［∨］をクリックし、表示されるメニューの❷［**マテリアルを選択物にコピー**］を選びます。❸これで、すべてのパーツに同じマテリアルが設定されます。

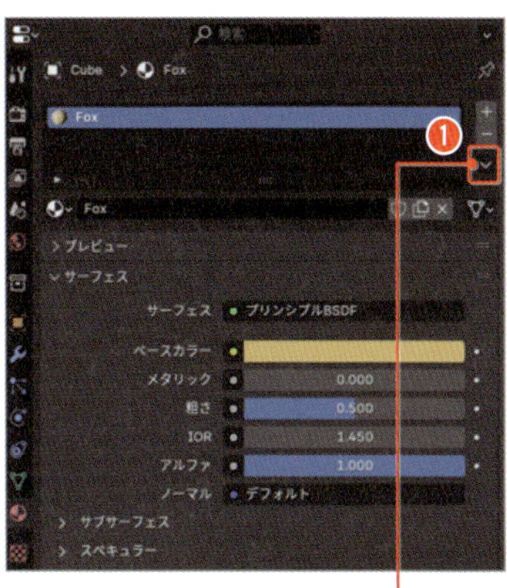

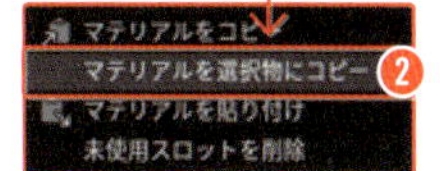

2 の操作は、ctrl + L を押して表示されるメニューから［**マテリアルをリンク**］を選んでもかまいません。

8-2 キャラクターをUV展開

UV展開は、2D画像を3Dモデルのどこに貼るのか指示するためのものです。
UV展開は[UVエディター]で実行します。

ワークスペースを変更する

1 すべてのパーツを選択して❶[UV Editing]タブをクリックします。

[UV Editing]タブでワークスペースは、左に❷[UVエディター]、右に❸[3Dビューポート]と2つのエディターを並べて表示します。[UVエディター]には、[3Dビューポート]で選択しているオブジェクトがUV展開されます。このときUVの頂点位置が一致するので、描きやすいように各部を配置できます。

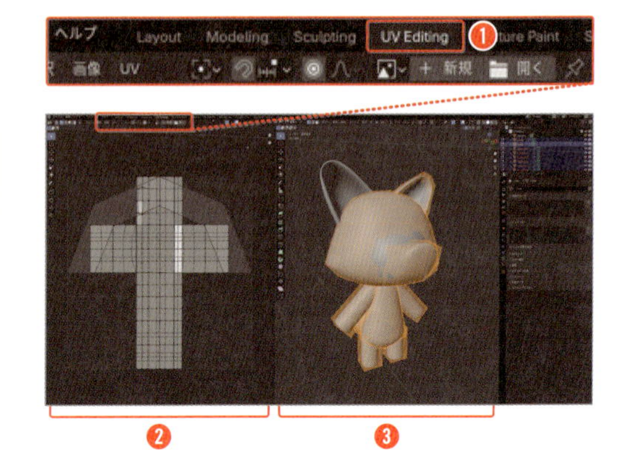

頭部をUV展開する

展開した面を、シームで頭部の前後に分割します。

1 [3Dビューポート]で選択を解除し、[辺選択](数字キー2)で❶頭の前後を分ける位置の辺を alt +クリックでループ選択します。❷右クリックから[シームをマーク]を選びます。

[UV Editing]タブに変更すると、[オブジェクトモード]だった[3Dビューポート]は、[編集モード]に切り替わっています。

[辺選択]の状態で右クリックすると[辺]メニューが表示されます。ここでは[シームをマーク]を[辺]メニューから選んでいますが、ctrl +Eでも実行できます。

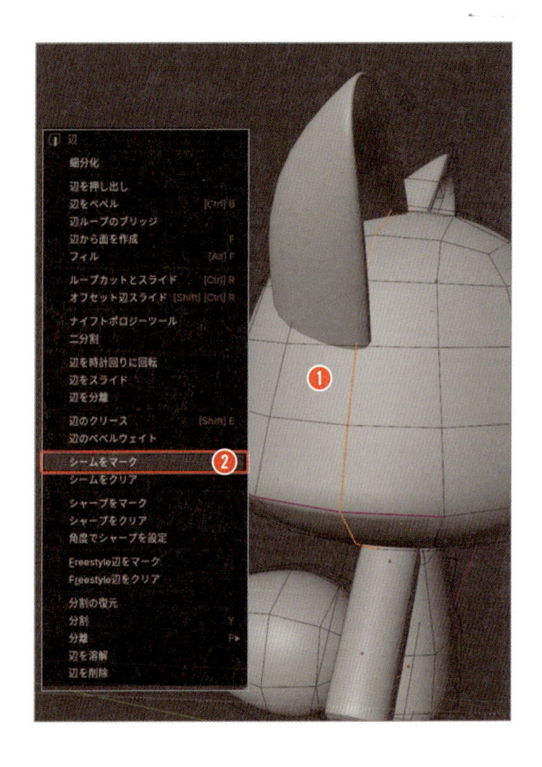

凹凸が大きい箇所はシームをマークして切り分けます。

2 ❸マズルのつけ根のエッジを一周選択し、❹[**シームをマーク**]を実行します。

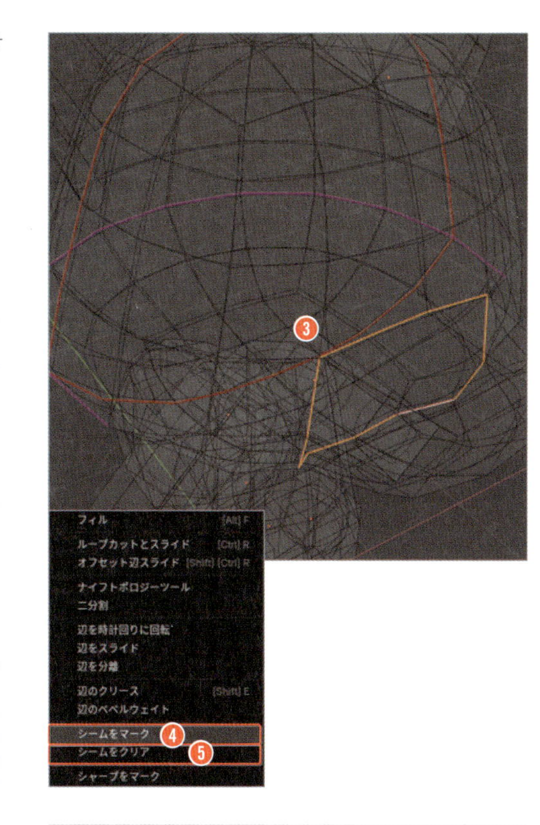

シェーディングの[**ソリッド**]表示では、つけ根のエッジで表示されない部分があります。このようなときは、[**透過表示**]をONにするか、[**ワイヤーフレーム**]表示に切り替えます。

alt +クリックによるループ選択では一周選択できません。見やすい視点に変えながら、shift を使って追加選択して一周繋がるように選択してください。

シームをマークしたくないエッジまでシームを設定してしまった場合は、そのエッジだけを選択し、❺[**シームをクリア**]を実行します。

マズルが袋状なので均等に展開しにくいため、切り分けます。

3 ❻マズルの上の面だけ切り離すようにエッジを選択し、❼[**シームをマーク**]を実行します。

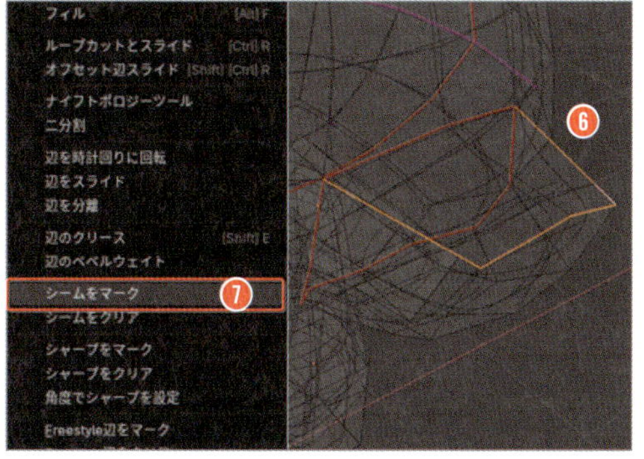

頭部のシーム設定ができたので、UV展開します。

4 ❽頭部のメッシュにマウスを重ねて L キーを押し、頭部すべてを選択します。

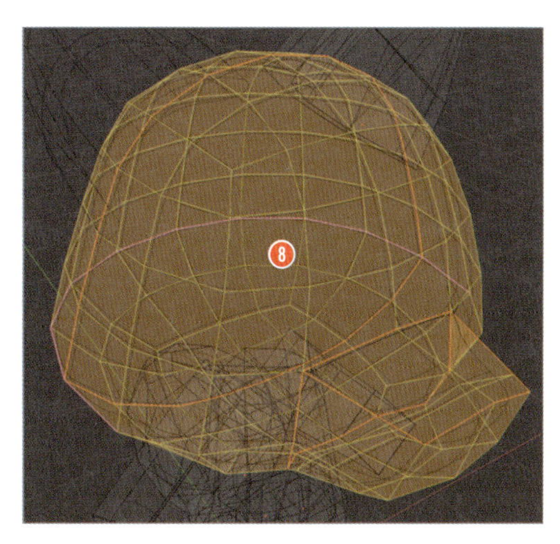

5 ［3Dビューポート］の［UV］メニュー➡❾［展開］➡［アングルベース］を選択すると、❿［UVエディター］にシームで切り分けられたUVが開かれます。

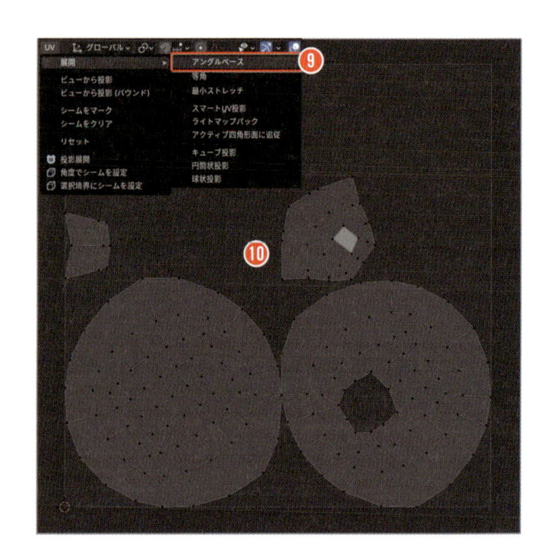

［UV］メニューのショートカットはⓊキーです。UV展開した面（アイランド）の角度や並び方は、右図とは異なる場合があります。

Blender4.2の場合は［UV］メニュー➡［展開］を選択してください。

UV展開を修正する

UV展開した面の角度をまっすぐに修正すると、後のテクスチャが描きやすくなります。

1 ［UVエディター］上でⒶキーを押して❶すべてのUVアイランドを選択し［UVエディター］の［UV］メニューから❷［回転を揃える］を選択します。［オペレーター］パネルから❸［方式］を「ジオメトリ」、［座標軸］を「Z」にすることでUVの回転をモデルの向きに揃えることができます。

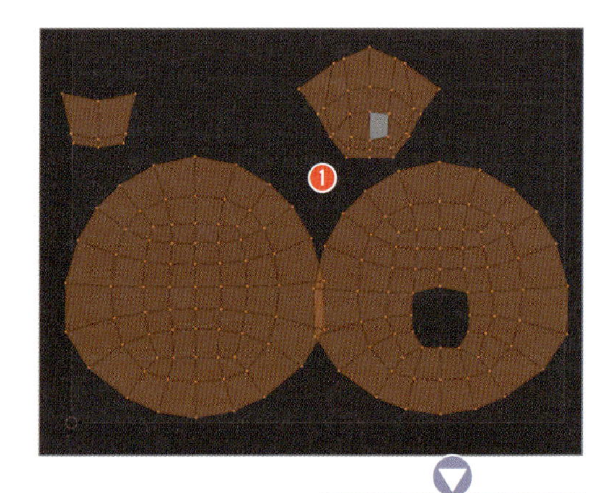

「アイランド」はシームによって完全に切り分けられたUV展開した面のひとかたまりを指します。

［UVエディター］では、UV展開した面を、［移動］［回転］［スケール］などのツールで修正することができます。基本の操作方法は、［3Dビューポート］での各ツールの操作と同様です。

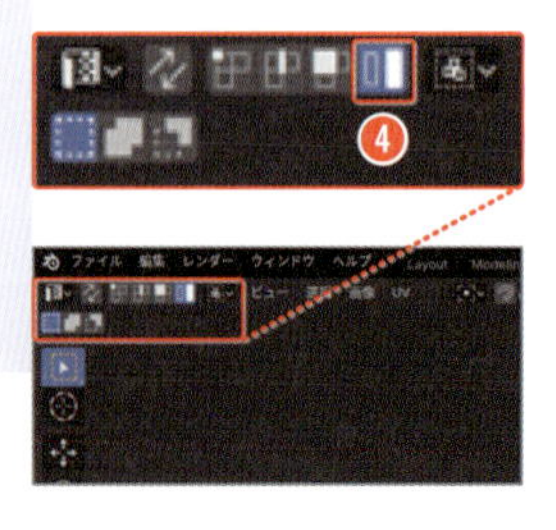

2 ［UVエディター］で❹［アイランド選択］にし、重ならないように❺［移動］（Ⓖ）で並べ直します。

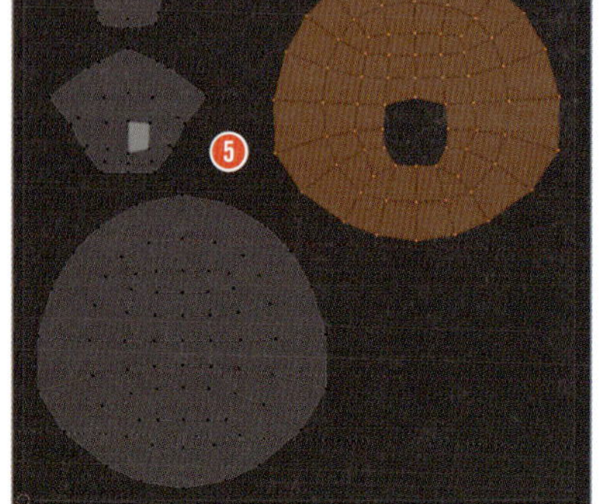

角度、並び方を修正しました。

耳をUV展開する

耳は前後に切り分けるようにシームを入れます。頭部と同様の手順で分割してください。

1 [3Dビューポート]ですべての選択を解除してから、耳を❶前後に切り分けられるエッジを選択し、❷[シームをマーク]します。

[ミラー]モディファイアーが使用されている場合、テクスチャもミラー対象となります。このため一方の耳にしか設定できません。
左右でテクスチャを変更したい場合は、[ミラー]モディファイアーを適用(P.388参照)します。

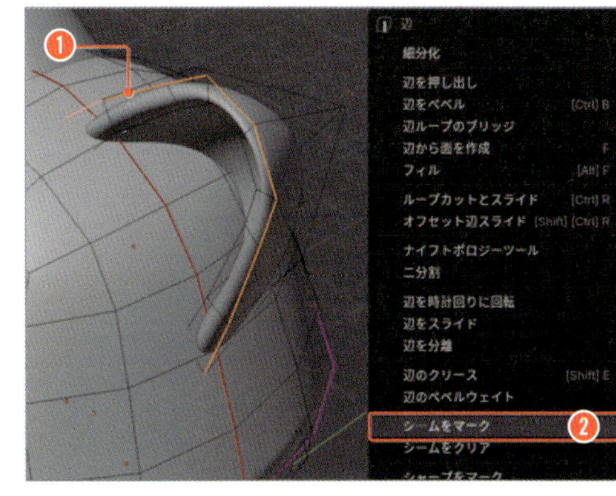

[3Dビューポート]で[シームをマーク]します。

2 耳のメッシュにマウスを重ねて L キーを押して選択後、[UV]メニュー➡[展開]➡[アングルベース]を実行します。[UVエディター]で、❸UV展開した面の回転を揃え、位置を修正しましょう。

Blender4.2の場合は[UV]メニュー➡[展開]を選択してください。

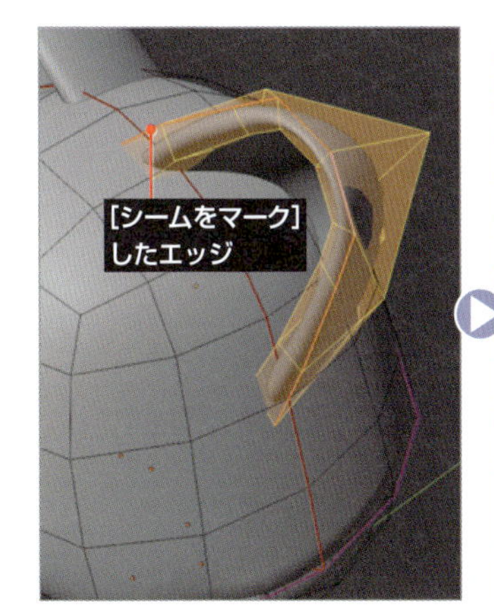

[展開]を実行し、角度、並び方を修正しました。

胴体のUVを展開する

胴体は前後に切り分けるようにシームを入れます。頭部と同様の手順で分割してください。

1 [3Dビューポート]で、すべての選択を解除してから、❶胴体を前後に切り分けられるエッジをループ選択し、❷[シームをマーク]します。
胴体のメッシュにマウスを重ねて L キーを押して選択後、[UV]メニュー➡[展開]➡[アングルベース]を実行します。

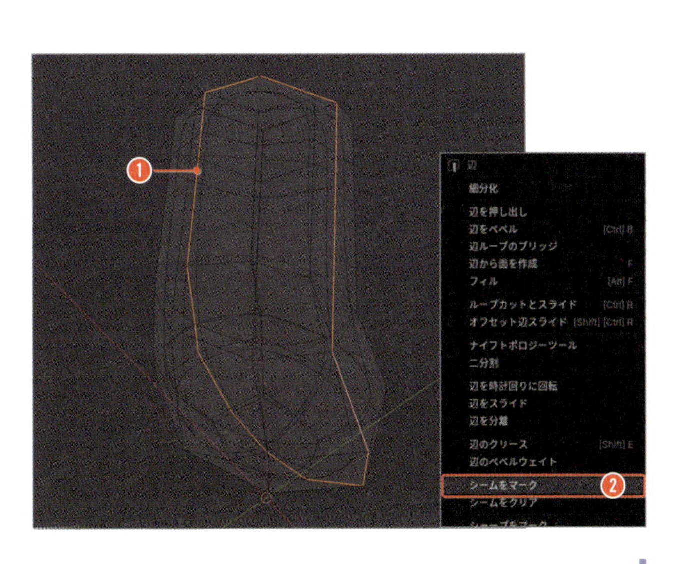

2 ［UVエディター］で、❷UV展開した面の回転を揃え、位置を修正します。回転後、移動で枠内に収めるのが難しい場合は、Aキーですべて選択して**［スケール］**（S）で縮小します。

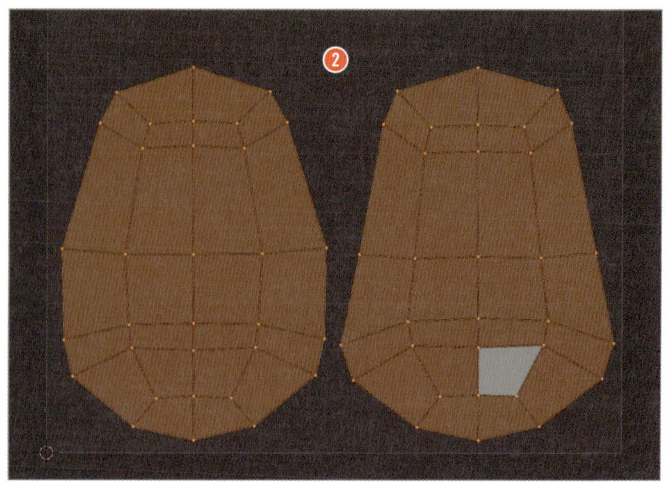

角度、並び方を修正しました。必要に応じて縮小します。

脚をUV展開する

脚は上下端の4辺を選択して四角面を切り分け、残った筒は一番目立たない箇所に縦1列のシームを入れて展開します。

1 ［**3Dビューポート**］で、すべての選択を解除してから、❶左脚上下端の4つのエッジを選択してそれぞれ**［シームをマーク］**します。❷さらに左脚後ろ内側の縦1列のエッジを選択し、**［シームをマーク］**します。
左脚のメッシュにマウスを重ねてLキーを押して選択後、**［UV］**メニュー➡**［展開］**➡**［アングルベース］**を実行します。

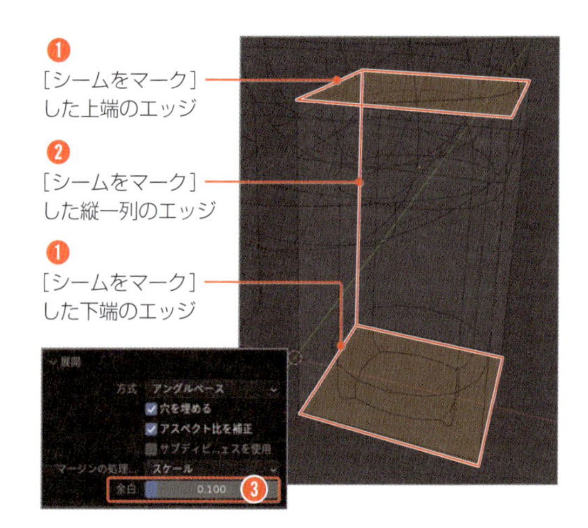

Blender4.2の場合は［**UV**］メニュー➡［**展開**］を選択してください。

［展開］を実行直後、画面左下のほうにある**［詳細］**タブ（または**［編集］**メニュー➡**［最後の操作を調整］**（F9））で、❸**［余白］**に「**0.1**」程度入力すると、UVの切り分けがわかりやすくなります。

［UVエディター］に作成されたUV展開。

反対側の脚も同様にシームを入れて展開します。

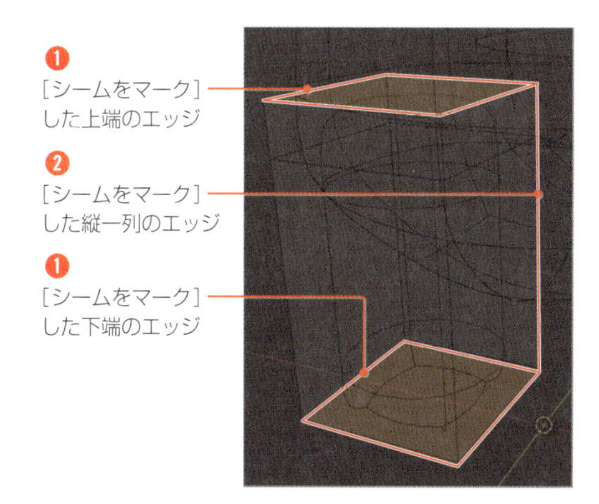

2 [3Dビューポート]で、❶右脚上下端の4つのエッジを選択してそれぞれ[**シームをマーク**]します。❷さらに右脚後ろ内側の縦1列のエッジを選択し、[**シームをマーク**]します。右脚のメッシュにマウスを重ねてLキーを押して選択後、[UV]メニュー➡[**展開**]➡[**アングルベース**]を実行します。

上下端の4つのエッジは[**面選択**]で選択してもかまいません。ただし[**辺選択**]と[**面選択**]では、右クリックで表示されるメニューが異なります。このため、[**面選択**]の場合は、[**シームをマーク**]を[**辺**]メニュー(ctrl+E)から選んで実行します。

[UVエディター]に作成されたUV展開。

腕をUV展開する

腕も脚と同様に、左右それぞれの腕に対して上下面、縦1列にシームを入れて展開します。

左腕をUV展開しました。

尻尾をUV展開する

尻尾は前後方向で水平に一周、垂直に一周それぞれシームをマークし、4つのアイランドに分けます。

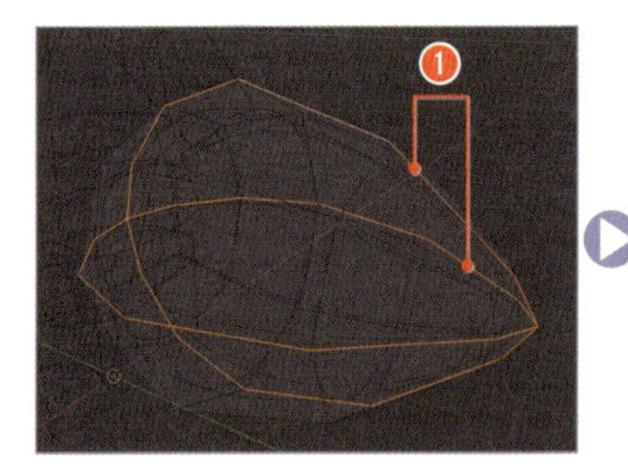

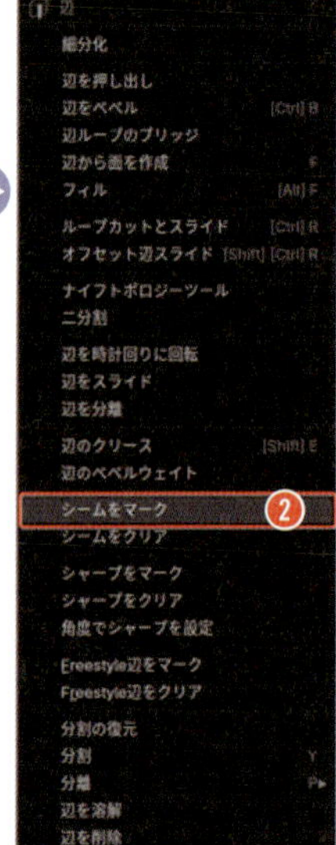

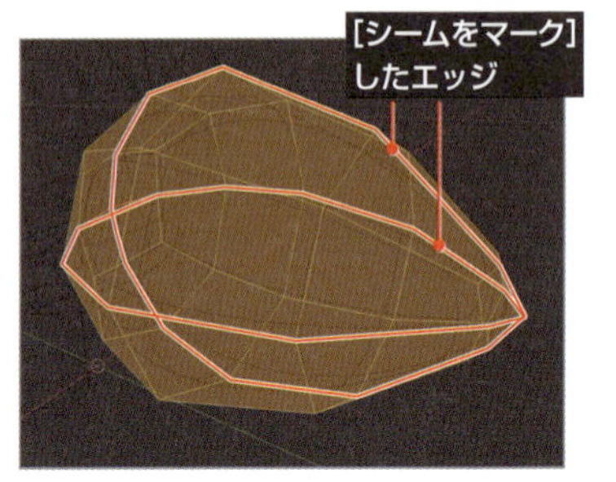

1 [3Dビューポート]で、❶尻尾を上下に分割するようにエッジを選択して❷[シームをマーク]します。さらに、❶尻尾を左右に分割するようにエッジを選択して❷[シームをマーク]します。
尻尾のメッシュにマウスを重ねて L キーを押して選択後、[UV]メニュー➡[展開]➡[アングルベース]を実行します。

2 [UVエディター]で、UV展開した面の回転を揃えます。❸[方式]を「ジオメトリ」、[座標軸]を「Y」にすると❹のように揃います。

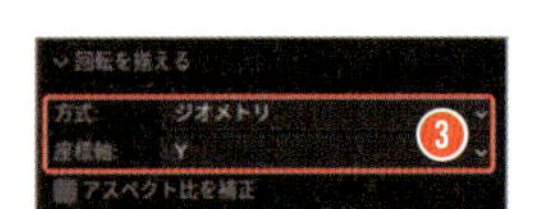

角度、並び方を修正しました。

太さが変化する形状は分割して歪みを少なく

太さが変化する形状は、シームが少ないと歪みが増えてしまいます。適度に分割して歪みを少なくしましょう。

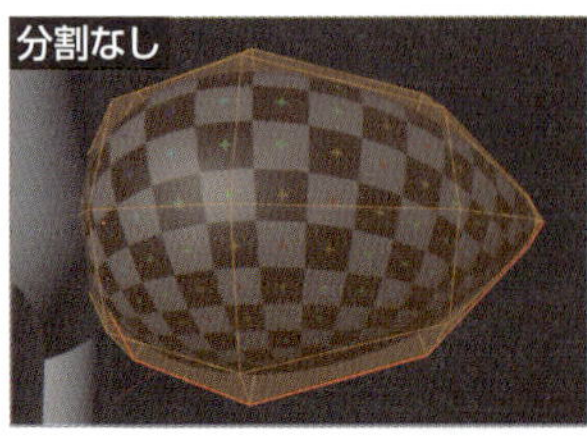

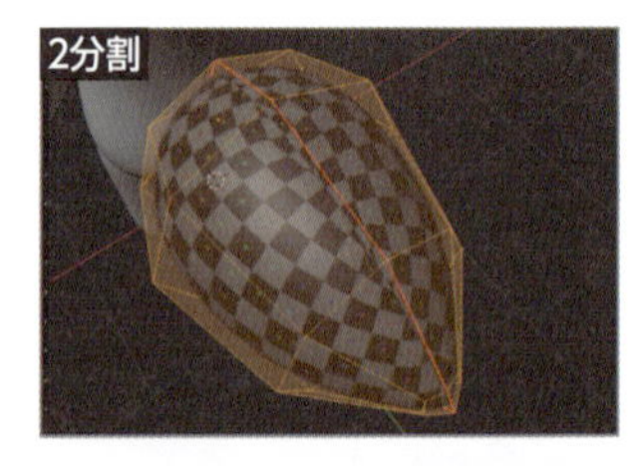

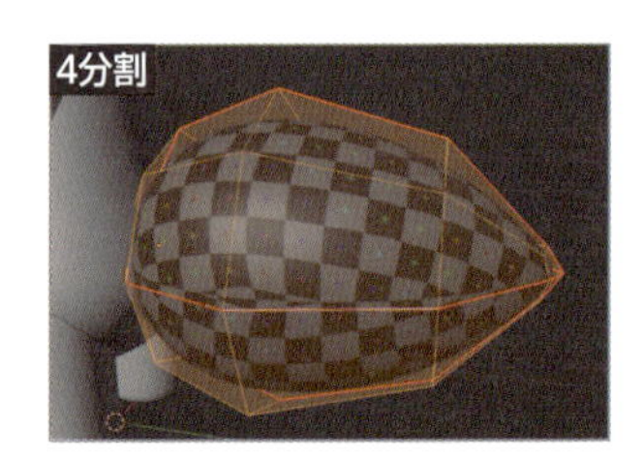

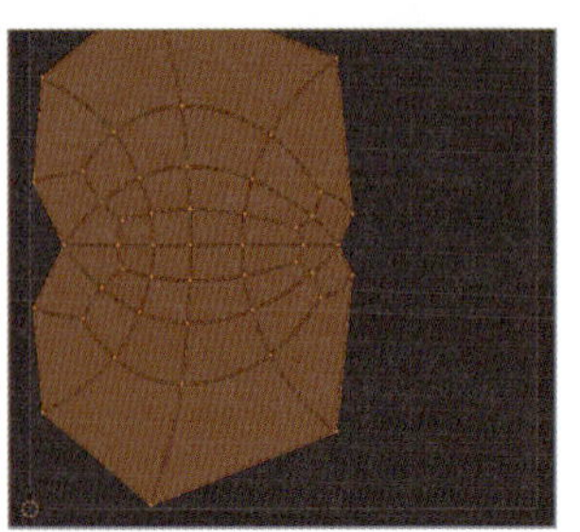

UV展開した面を整理する

すべてのパーツのUV展開ができました。UVの展開したパーツの状態を確認します。

1 **[3Dビューポート]**でいったん**[オブジェクトモード]**に切り替え、すべてのパーツを選択して、再び**[編集モード]**に切り替えます。

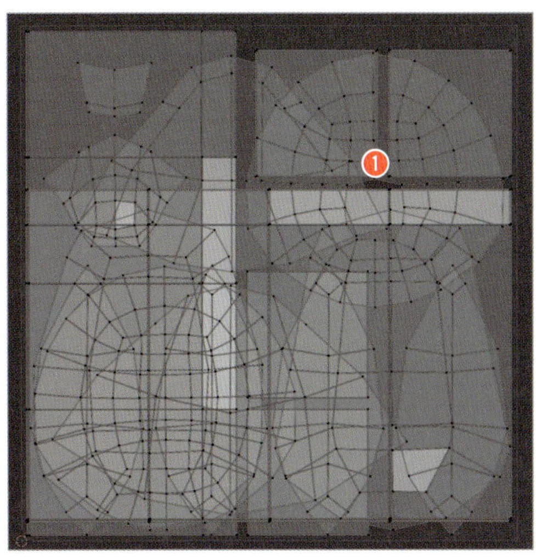

各パーツのUV展開された面が重なっています。

すべてのパーツを選択して、❶**[UVエディター]**を確認すると、UV展開した面が重なっています。このためパーツごとに異なるテクスチャを描くことができません。また、UVの面積も比率が均一になっていないません。そこでUV展開の仕上げとして、これらの問題を解決しましょう。

2 **[UVエディター]**でAキーを使ってUVすべてを選択し、❷**[UV]**メニュー➡**[アイランドの大きさを平均化]**を選びます。

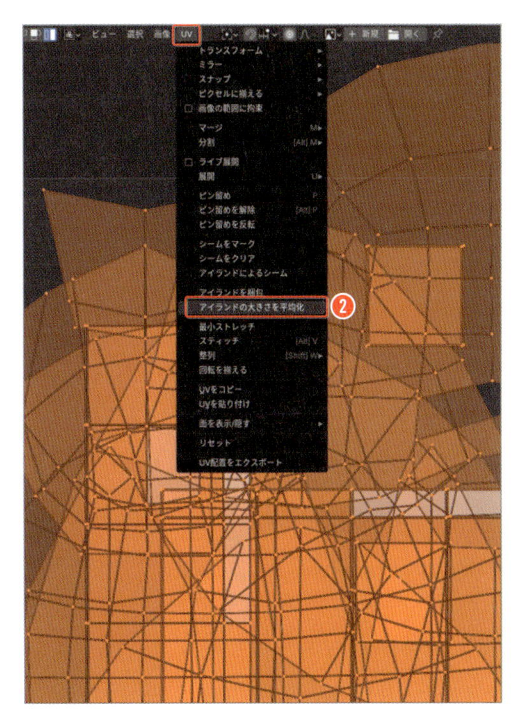

[UV]メニュー➡[アイランドの大きさを平均化]を実行すると、面積比が揃うように変更されます。

[アイランドの大きさを平均化]はオブジェクトの大きさに合わせてUVの面積比を整える機能です。ただし、オブジェクトの**[スケール]**に「**1.0**」以外の値が入っている場合は正しく整いません。この場合は**[オブジェクトモード]**でctrl+Aで**[スケール]**の適用を行ってから再度試します(P.056参照)。

3 続けて、❸［UV］➡［アイランドを梱包］を選びます。

［アイランドを梱包］は、UVアイランドが重ならないように整理する機能です。

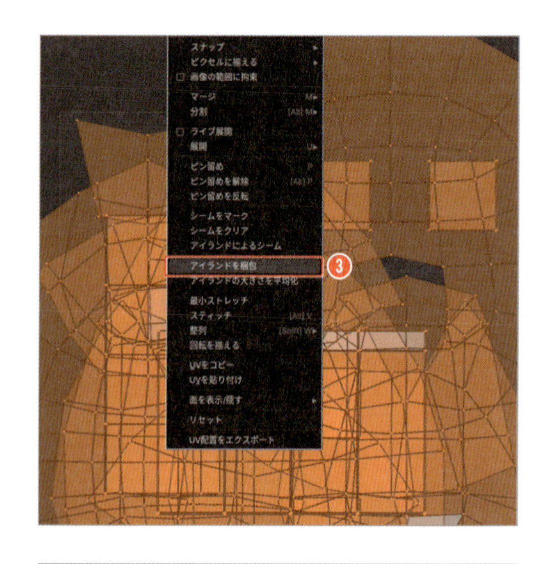

4 ❹［アイランドを梱包］ウィンドウが開きます。❺［回転］のチェックを外すことで、自分で展開した回転方向が保たれます。❻［余白］はできるだけ狭くしたいですが、アイランドの隙間が簡単に視認できる程度に設定します（図では「0.025」）。

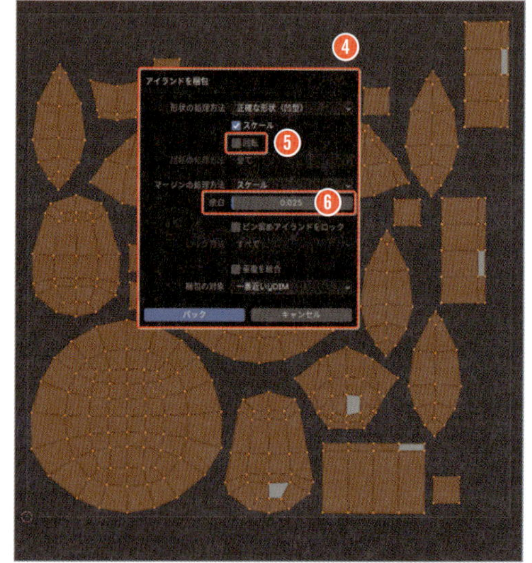

［UV］メニュー➡［アイランドを梱包］を実行すると、UV展開された面が重ならないように並べられます。

これでUV展開の完成です。
必要に応じて、同じパーツのUVアイランドを近くに並べるなど（近くにあるとペイントしやすい）、調整してもよいでしょう。

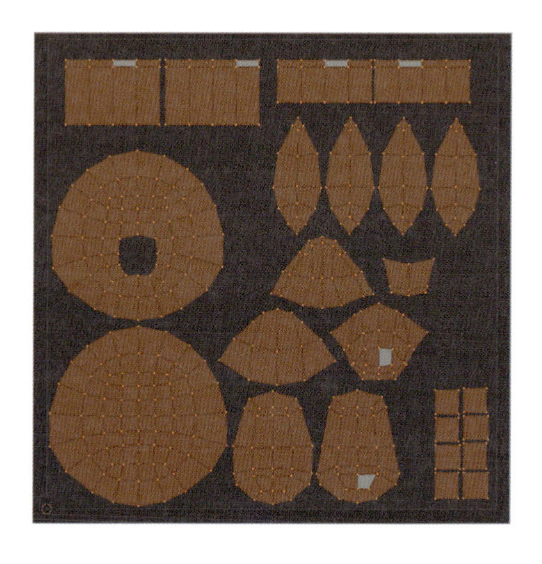

8-3 頭部のテクスチャをペイント

UV展開ができたので、[Texture Paint]タブで、表面に目や鼻、色の塗り分けを描きます。

描くテクスチャを再確認する

図のようなキャラクターに仕上げます。ここからはブラシで3DモデルまたはUV展開した面に描いていきます。黒で耳や手足の塗り分けと目や鼻、白で鼻口周り、お腹、尻尾を塗り分けます。

作成するキャラクター。

ワークスペースを変更する

1 いったん❶[Layout]タブをクリックして戻ります。ペイントするパーツとして頭部を選択します。

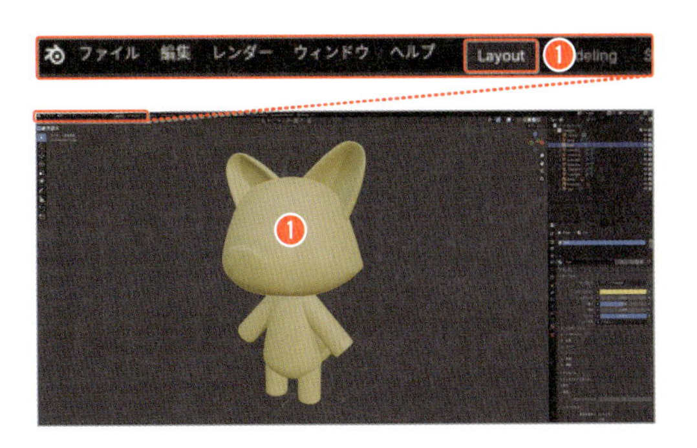

2 ❷[Texture Paint]タブをクリックします。

[Texture Paint]タブは、左に❸**[画像エディター]**の**[ペイント]**モード、右に❹**[3Dビューポート]**の**[テクスチャペイント]**モードと、2つのエディターを並べて表示します。**[画像エディター]**には、**[3Dビューポート]**で選択しているオブジェクトのUVが表示されます。ここでUVは編集できませんが、2D画像としてテクスチャを直接描くことができます。**[3Dビューポート]**の**[テクスチャペイント]**は、オブジェクトに直接テクスチャを描けるモードです。

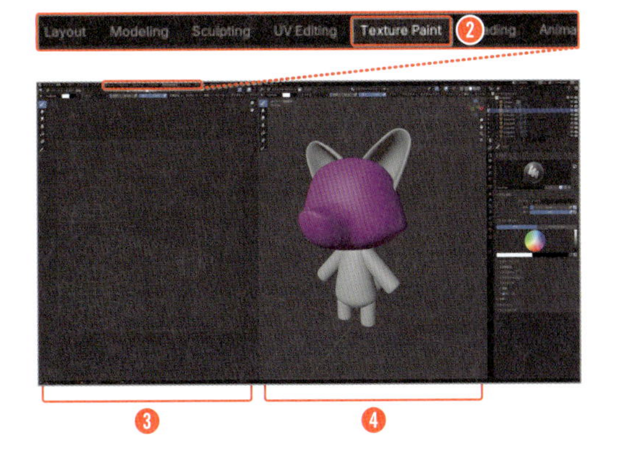

テクスチャを作成

[Texture Paint]タブでは、[**プロパティ**]パネルに[**アクティブツールとワークスペースの設定**]タブが選択されています。

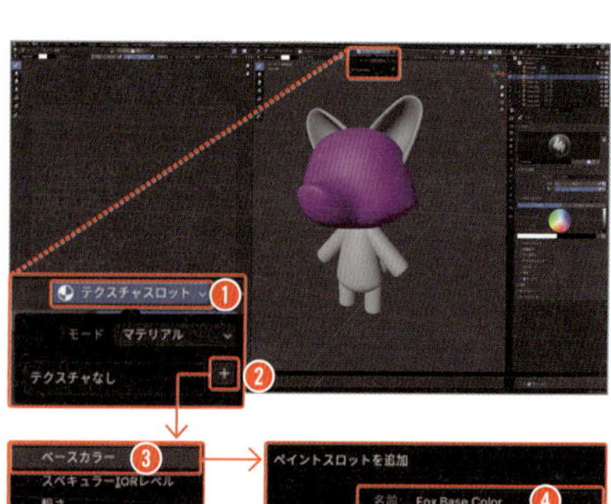

1. 3Dビューのヘッダーから❶[**テクスチャスロット**]をクリックし❷[+]をクリック、❸[**ベースカラー**]を選びます。

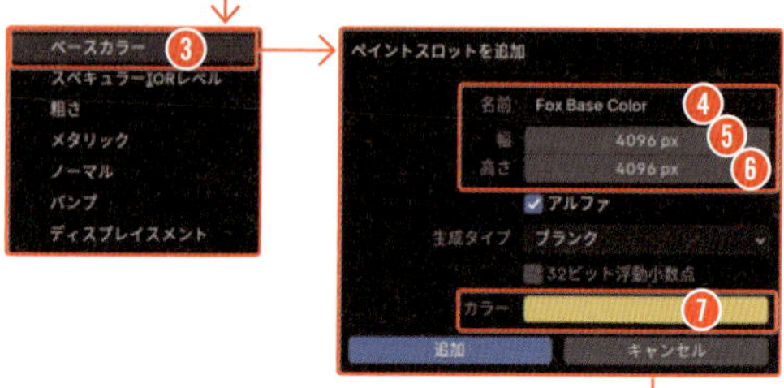

2. 次のように設定し、[OK]をクリックしてテクスチャを作成します。
   - ❹名前　Fox Base Color
   - ❺幅　4096 px
   - ❻高さ　4096 px
   - ❼カラー　黄色

[**幅**]と[**高さ**]はテクスチャ画像のピクセル数で、大きな値にするとより緻密なテクスチャを描くことができます。増やすときは[**幅**][**高さ**]さを同じ値(かつ1024、4096などの2のべき乗)にして正方形にしましょう。
[**カラー**]はクリックしてカラーピッカーで設定します。今回作っているのはキツネのキャラクターなので黄色にしました。

❸作成したテクスチャ

作成したテクスチャがマテリアルに設定され、表示カラーも変わりました。
頭部だけでなく全身が変わるのは、全身に同じマテリアルを使用しているためです。

照明を調整する

ソリッド表示の発色が少し暗いので、照明を調整しましょう。

1 シェーディング右端の❶［>］をクリックします。［**照明**］の［**スタジオ**］で❷プレビューをクリックし、一覧から❸一番明るい球［**スタジオライト**］をクリックします。

❹ソリッド表示が明るくなりました。

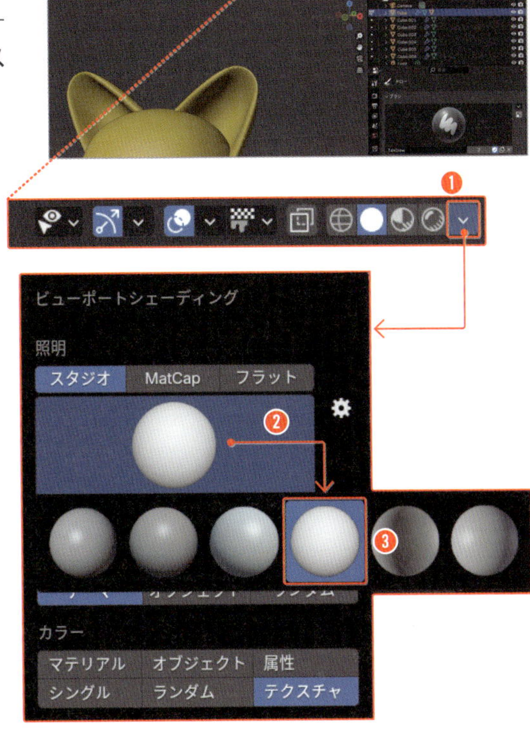

頭部のテクスチャを描く

1 画面左の［**画像エディター**］で❶［**リンクする画像**］をクリックし、❷リストから作成したテクスチャ［Fox Base Color］を選びます。UVの背景にテクスチャが表示されます。

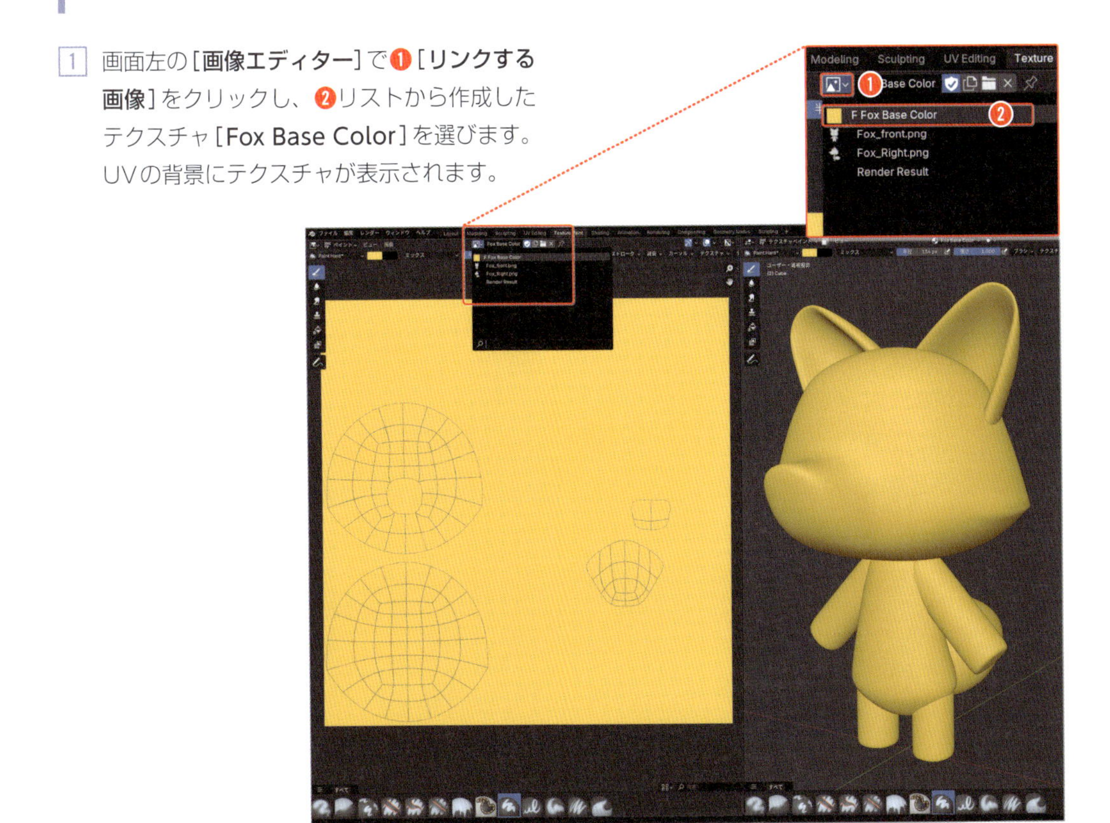

❸［アクティブツールとワークスペースの設定］タブで、描画するブラシの設定をします。

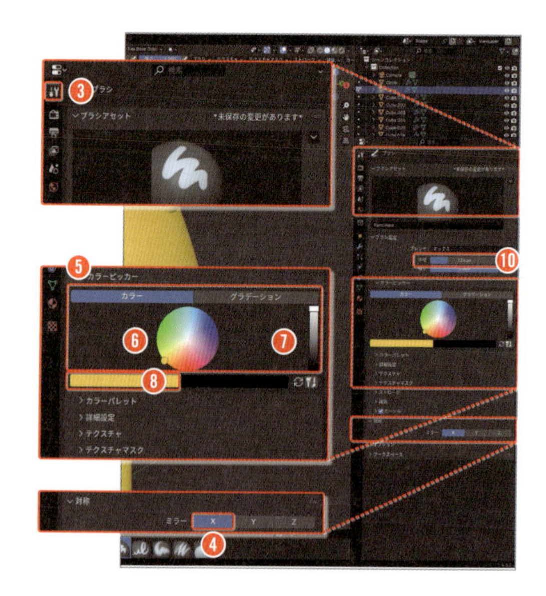

2 左右対称にペイントしたいので、［対称］の［ミラー］で❹［X］をクリックしてオンにします。［ブラシ設定］の❺［カラーピッカー］で色を設定します。

［ブラシ設定］の［カラーピッカー］にある❻カラーホイールと❼明度スライダーで描画する色を指定します。❽カラーホイール左下に表示されている色が現在の描画色です。

3 ❽描画する色が白になっていることを確認し、［3Dビューポート］の❾3Dモデル上でドラッグして直接ペイントします。

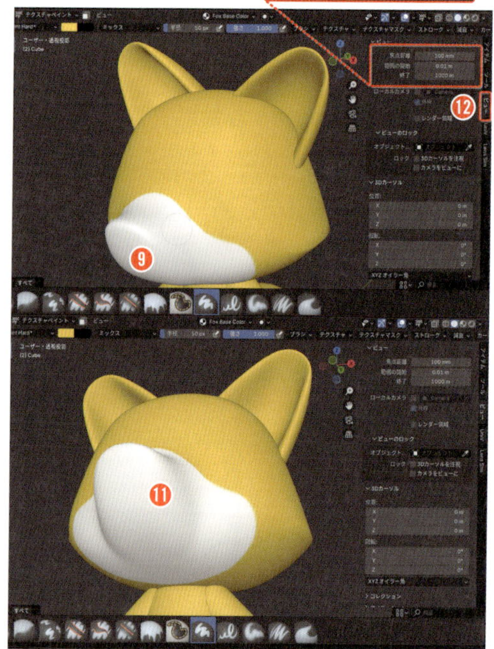

ブラシの太さを変えたいときは、［アクティブツールとワークスペースの設定］タブの［ブラシ設定］の❿［半径］の値を変更します。Fキーを押すとドラッグで大きさを変更できます（クリックで確定）。

3Dモデルの輪郭付近は失敗しやすいので、⓫ペイントする面が正面に向くように視点を調整することがポイントです。必要に応じて、サイドバー（N）の⓬［ビュー］タブの［ビュー］にある⓭［焦点距離］を変更すると見やすくなります。デフォルトは「50mm」で、値を大きくするとパースが弱くなります（図は「100mm」に設定）。

描画する色としてすでに使用している色と同色にしたい場合は、変更したい色にマウスポインタを重ねて shift ＋X キーを押すと、その部分の色を取得します。

上図のように塗っている箇所が分かりやすいよう、画面分割してもよいでしょう。上図は［ビュー］メニュー➡［エリア］➡［水平に分割］を選び、分割位置をクリックして分割しています。

4 少しペイントしたら、画像を保存しましょう。
Blenderで作成した2D画像は、[.blend]ファイルだけ保存しても残りません。
画面左の[**画像エディター**]で、⓬[**画像**]メニュー➡[**名前をつけて保存**]でテクスチャ画像を保存します。
ペイント作業を進めたら、[.blend]ファイルとともに、こまめにテクスチャ画像も保存します。以降記載しませんが、必要に応じた保存を実行してください。

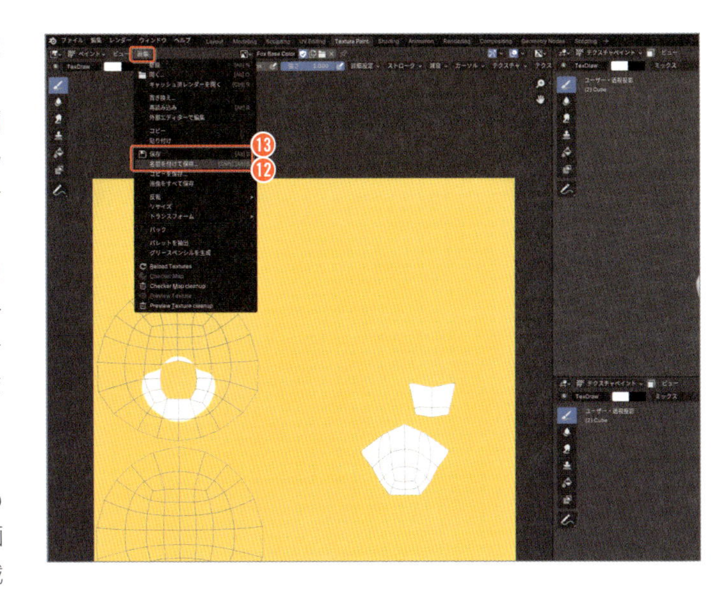

いったんテクスチャ画像を保存したら、以降のテクスチャ画像の保存は⓭[**画像**]メニュー➡[**保存**]で実行できます。ショートカットは alt + S です。

[**3Dビューポート**]で描くと、同時に[**画像エディター**]のUV展開された面にも描画されます。[**画像エディター**]に直接描くこともでき、描いた画像は3Dモデルに反映されます。

ブラシの輪郭ボケを調整

ブラシの輪郭ボケは、[**プロパティ**]パネルの[**アクティブツールとワークスペースの設定**]タブにある[**減衰**]でコントロールされています。❶カーブを直接編集してもよいですが、❷カーブの下のプリセットが便利です。❸はプリセットの並び順に、同じ太さのブラシで描いた例です。

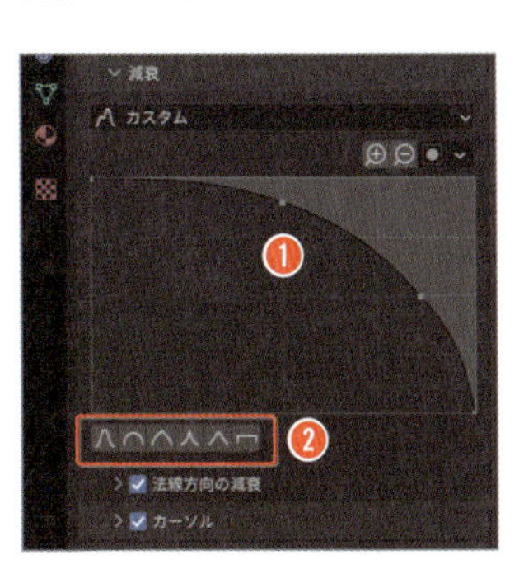

5 目、鼻を黒で描いて、好みの顔に可愛く描き上げましょう。視点を寄せて描くと、操作のブレが影響しにくくなります。

[アクティブツールとワークスペースの設定]タブの[**ブラシ設定**]にある[**カラーピッカー**]で、描画する色を黒にします。

視点を寄せて目を描きます。

必要に応じてブラシの太さ、輪郭ボケともに好みの設定に変更してください。気に入った目、鼻にならない場合は、ctrl + Z でやり直してください。

目、鼻を描きました。

顔のテクスチャが描き終わりました。次からは頭部以外のテクスチャを描きます。

目、鼻を描いたときの[画像エディター]の表示。

8-4 頭部以外のテクスチャをペイント

頭部のテクスチャが描けたので、耳、胴体、脚、腕、尻尾のテクスチャを描きます。操作方法は頭部と同じなので、ポイントを中心に解説します。

描く対象を変更する

1 いったん❶[Layout]タブをクリックして戻ります。❷ペイントするパーツとして耳を選択します。

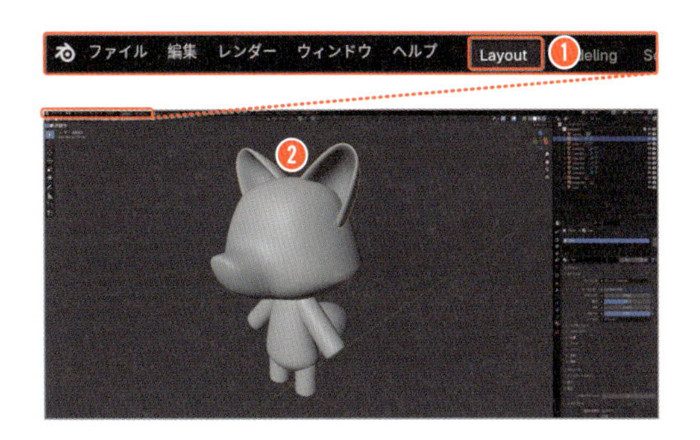

2 ❸[Texture Paint]タブをクリックします。P.412の2を参考に、[対称]の[ミラー]の[X]をオンにします。

描く対象を切り替えるのに[Layout]タブで行いましたが、[Texture Paint]タブのまま[3Dビューポート]を[オブジェクトモード]に切り替え(tab では切り替えられない)、対象を選択した後、[テクスチャペイント]モードに戻しても、1〜2と同様になります。

耳のテクスチャを描画

1 ❶耳の後ろを黒く塗ります。ペイントしているときに見えていない面にはペイントの影響が出ないので、耳の後ろから描けば、❷耳の前方は黄色のままです。

必要に応じてブラシの太さ、輪郭ボケとも自由に変更しましょう。

2 耳の前後の境目を、❸輪郭のボケたブラシで❹黄色く塗って馴染ませます。❺画面に大きく映して、丁寧に作業します。黄色がはみ出しすぎたときは黒で塗り直せば大丈夫です。視点を動かしながら描画・確認をし、ていねいに仕上げましょう。

3 ❻耳の内側を黒く塗ります。輪郭のボケたブラシを大きめにして、丁寧に仕上げます。視点を変えても綺麗に見えるか、よくチェックしましょう。

CHAPTER-8

胴体のテクスチャを描画

1 『描く対象を変更する』(P.415) 1～2を参考に、描く対象を胴体にし、[**ミラー**]の[**X**]をオンにします。

2 ❶お腹を白く塗ります。輪郭のボケた大きなブラシで描きます。

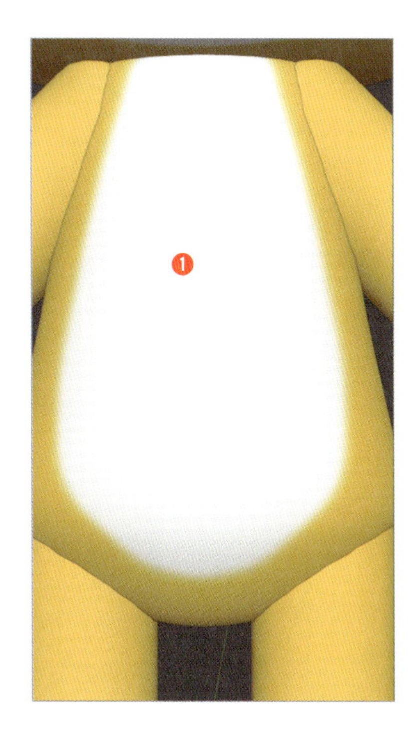

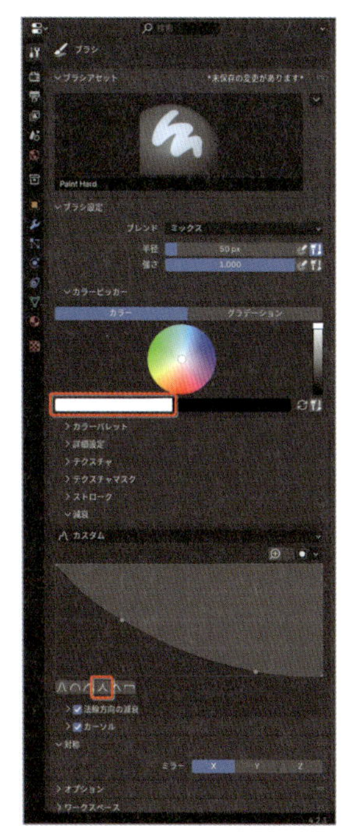

脚と腕のテクスチャを描く

1 『描く対象を変更する』(P.415) 1～2を参考に、描く対象を左脚にします。

❶のように足先を黒く塗りますが、UVの継ぎ目が目立ちやすいので、UV上で直線を描きます。

2 [**アクティブツールとワークスペースの設定**]タブの[**ストローク**]の❷[**ストローク方法**]で、❸[**ライン**]を選びます。

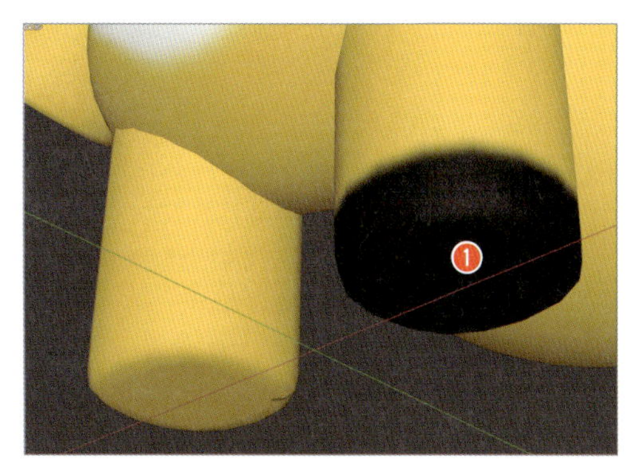

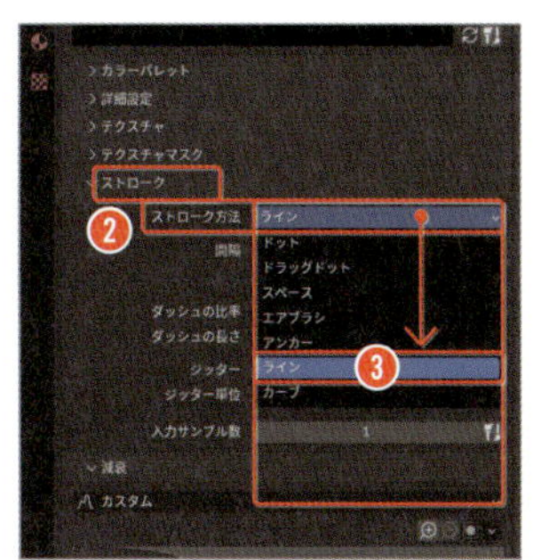

3 画面左［**画像エディター**］で脚のUVを探します。
始点から終点までドラッグして線を描きます。このときドラッグ中は alt キーを押したままにします。❹これで垂直（または水平）の直線が描けます。ブラシが円形なので、少しはみ出すように描くのがコツです。

方向がわかりにくいので、試し書きして確認してください。［**ライン**］は始点から終点へのドラッグ中、alt キーを押している間は45°の倍数で角度スナップが効きます。alt はドラッグ開始後に押しはじめ、ドラッグ終了後に放します。

4 前々ステップ2を参考に、［**ストローク方法**］を［**スペース**］に戻します。❺足の裏を塗りつぶします。

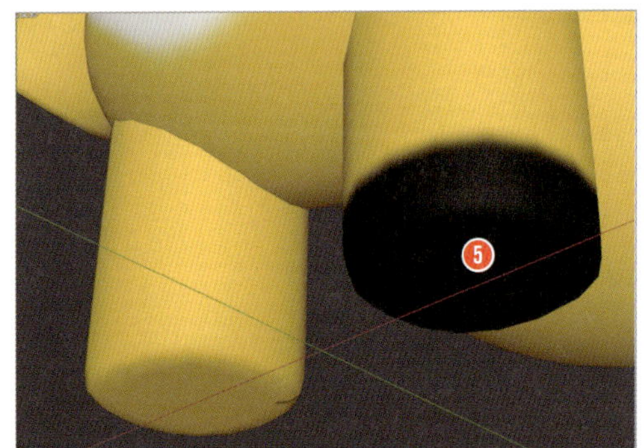

5 右脚、両腕も左脚と同様に塗って仕上げます。

CHAPTER-8

尻尾のテクスチャを描く

1 『描く対象を変更する』(P.415) 1～2を参考に、描く対象を尻尾にし、**[ミラー]**の**[X]**をオンにします。

2 最後に、尻尾の先端を白く塗ります。3Dビューの視点を❶**[バック]**ビュー、**[平行投影]**にします（ctrl ＋テンキー1）。
輪郭のボケた大きめのブラシを設定し、❷尻尾の先端で小さな丸を描くように塗ると、上手く塗れます。視点を変えて、バランスを見ながら可愛く仕上げてください。

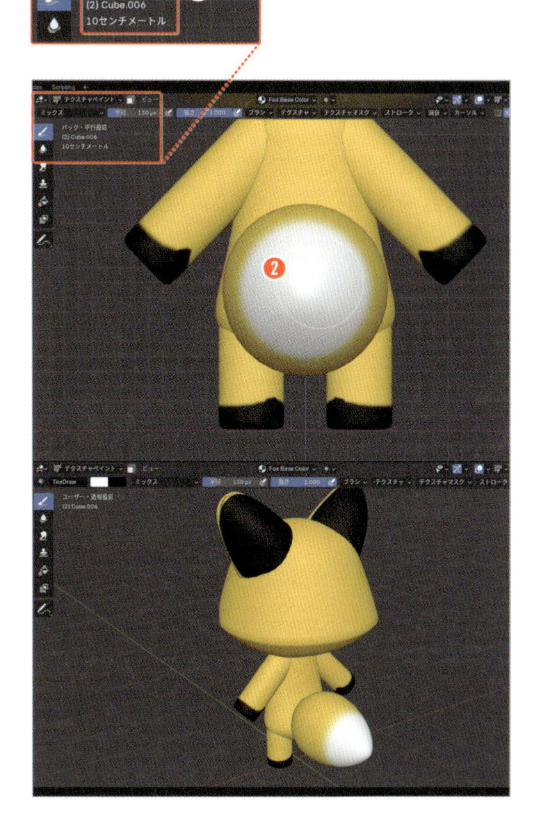

[3Dビューポート]の左上で❶現在の視点、投影法を確認できます。

仕上がりをチェックする

すべて描き上がりましたので、はみ出しのチェックをします。UV上でペイントしたときに、他の部位のUV領域にペイントしてしまう場合があります。図では耳の下、脇の下にそれぞれ不要な黒い塗りが見られます。もし自分のモデルにもこういう箇所が見つかったなら、ていねいに修正しましょう。
修正が終わったら画像の保存を忘れずに！

さらに❶[Layout]タブに戻り、シェーディングを[**マテリアルプレビュー**]に設定し、チェックします。
よく見ると、❷腕や脚のUVシームでテクスチャが歪んでいます。これは[**サブディビジョンサーフェス**]モディファイアーが原因です。

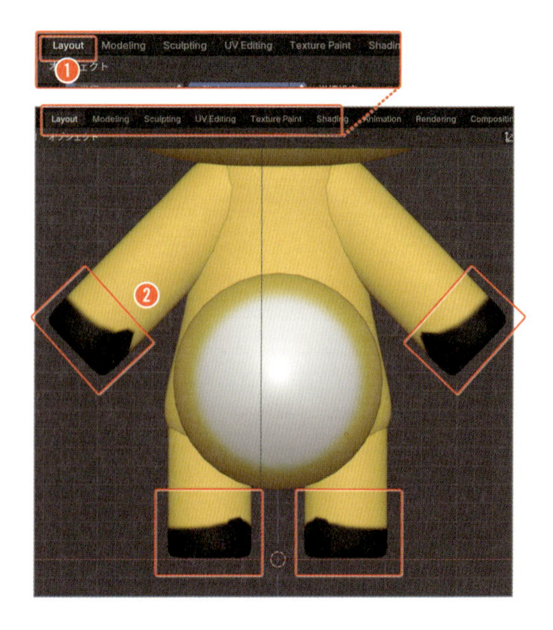

[1] 片脚を選択して、[**プロパティ**]パネルの❸[**モディファイアープロパティ**]タブの[**Subdivision**]で❹[**詳細設定**]を開き、❺[**UVスムーズ**]を❻[**すべて**]にします。これでUVのシームがわからなくなりました。❼両腕、両脚に同じ操作を行います。

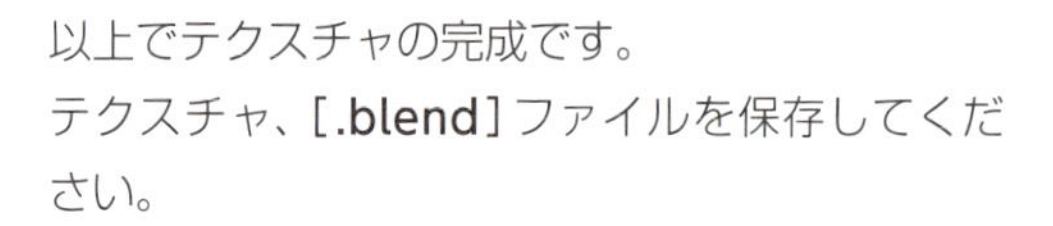
以上でテクスチャの完成です。
テクスチャ、[**.blend**]ファイルを保存してください。

CHAPTER 9

キャラクターを動かす

9-1 キャラクターを自在に動かすしくみ

CHPTER-9では、「ペアレント」で人形のようにパーツ回転でポーズを取らせる方法と、「アーマチュア」を使って骨を仕込んで関節で曲げる方法を学びます。

「ペアレント」とは

たとえば頭を横に回転すると、他のパーツである耳が頭との位置関係を維持したまま動くようにできます。このとき使用する機能が「**ペアレント**」(parent＝親)です。
ペアレントでは、「**頭部を親、耳を子**」とするように親子関係を設定します。これで親の頭部を回転すると耳も回転しますが、子の耳を動かしても頭部は動きません。
ペアレントで頭部と耳に加えて、胴体と脚、腕、尻尾にも親子関係を設定すると、簡単にポーズを作成できるようになります。

ペアレントを設定する前の頭部の回転(左)と、頭部を親、耳を子としてペアレントを設定した後の頭部の回転(右)。

「アーマチュア」と「ボーン」とは

「**アーマチュア**」(armature＝ここでは骨組み・骨格のような意味)は、ボーンをまとめたグループみたいなものです。
「**ボーン**」(bone＝骨)は文字通り骨です。アーマチュアを作成すると、その中にボーンが作成され、このボーンを増やして配置していくことで人体や動物のような骨格を作成します。

キャラクターに合わせて配置したアーマチュア。このアーマチュアにボーンは20あります。肘、膝、首、腰などの関節部分は、ボーンどうしの繋ぎ目となるようにボーンを配置しています。

CHAPTER-9では、CHAPTER-7〜8で作成したキャラクターの3Dモデルを1つのオブジェクトに統合し、そこに複数のボーンを設定します。このとき、肘、膝、首、腰などの関節となる部分は、ボーンどうしの繋ぎ目となるようにボーンを配置します。こうすることで同じ3Dモデルを元にしても、ペアレントで作成するポーズより自然なポーズを作成できるようになります。

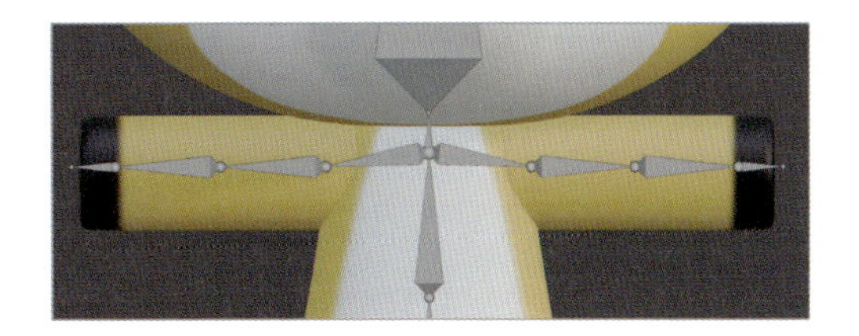

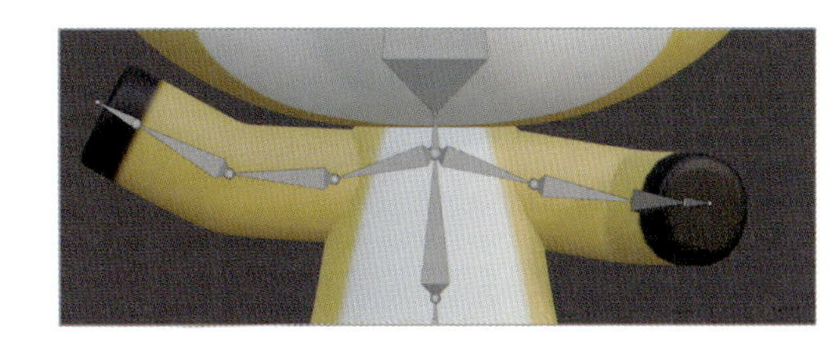

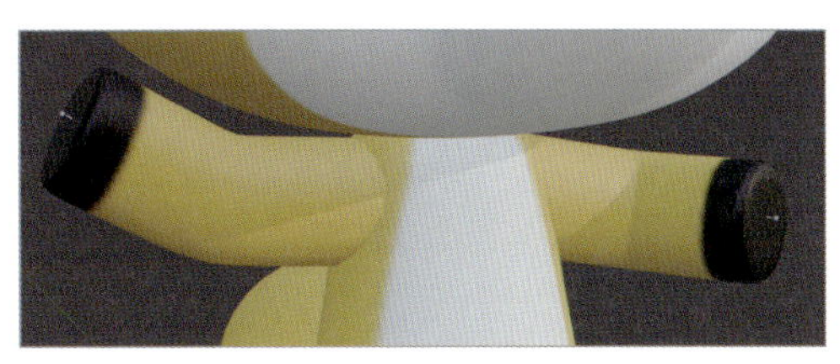

腕のパーツには、肘と手首が関節(骨と骨の繋ぎ目)となるようにボーンを配置しました(上)。ボーンを回転することで、1つのオブジェクトだった腕のパーツを曲げることができるようになります(中、下)。

「ウェイト」とは

3Dモデルのオブジェクト(メッシュ)の頂点とボーンを関連づける設定を「**ウェイト**」(Weight=ここでは影響度のような意味)と呼びます。
ボーンを回転することで、3Dモデルが変形しますが、"メッシュの頂点ごとにどのボーンの回転の影響を受けるか"を設定できます。これがウェイトです。
通常は、オブジェクトとアーマチュアを選択し、[**自動のウェイトで**]機能で関連づけでき、オブジェクトに含まれるメッシュの各頂点と、その頂点が影響を受けるボーンが自動で設定されます。必要に応じて部分的にウェイトを調整し、ボーンとオブジェクトの関係を最適化します。

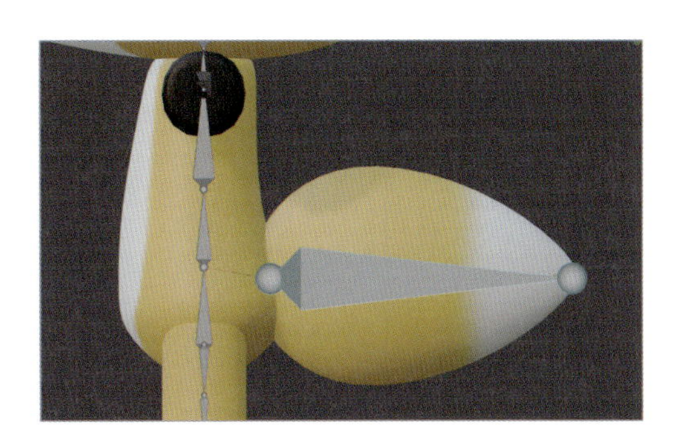

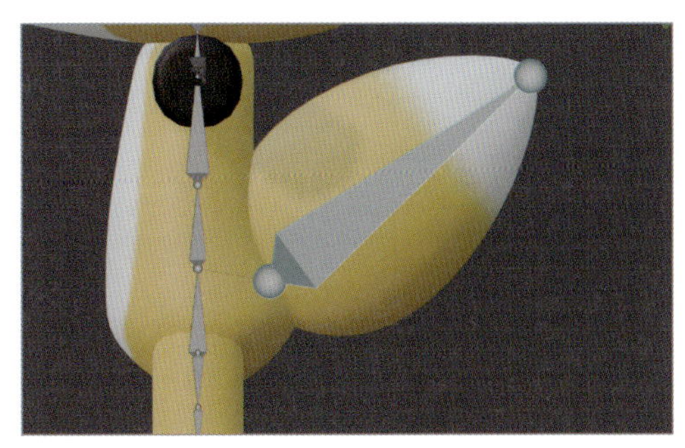

上図のキャラクターモデルでは、尻尾のボーンを回転させると、尻尾の角度に加えて、背中の反りやお尻の大きさにも影響が出るようウェイトを設定しています。

9-2 ペアレントでポーズを作成

「ペアレント」のパーツ回転で人形のようにポーズを取らせる方法を紹介します。簡単にポーズ変化を操作できる方法です。

「ペアレント」の特徴を確認する

ペアレントは、親と子の関係を作る機能です。親が動くと子も動きますが、子が動いても親は動きません。ペアレントを使ってキャラクターを動かす方法のメリットは、「**手早くて簡単**」であることです。CHPTER-7で3Dモデル作成時に各パーツごとに原点を移動したのはこのためです。

子➡親の順でオブジェクトを選択し、ctrl ＋ P で設定できます。これを必要な箇所に適用すれば完成です。パーツの回転や移動でポーズを設定できるようになります。alt ＋ R で元のポーズにも簡単に戻せます。

ペアレントで作成したポーズ

CHAPTER-9

頭部と耳を親子関係にする

最初に、頭部を親、耳をその子に設定します。

1 **[オブジェクトモード]**で❶耳➡❷頭部の順に選択します。

ペアレント対象を指定するために選択する順番は、子➡親の順です。ここでは、耳を子、頭部を親にするため、耳➡頭部の順に選択しました。オブジェクトの複数選択なので、2つ目の頭部は shift ＋クリックで追加選択します。

2 ctrl ＋ P で**[ペアレント]**を実行し、❸表示されるメニューからペアレント対象として**[オブジェクト]**を選びます。

[ペアレント]は、**[オブジェクト]**メニュー➡**[ペアレント]**のサブメニューでペアレント対象を選んでも実行できます。

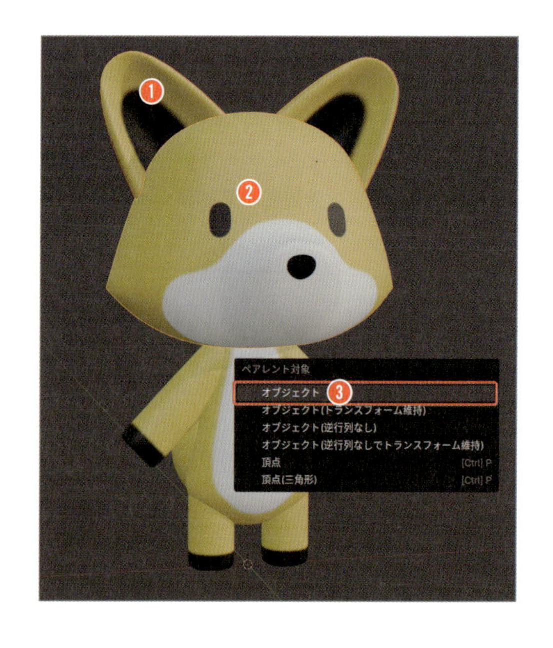

試しに頭部を回転してみます。

3 ❹頭部だけ選択し、**[回転]**（R）で頭部を回転してみます。耳も一緒に回転します。

回転はalt＋R（**[オブジェクト]**メニュー➡**[クリア]**➡**[回転]**）で、回転の値がクリアされ、元に戻ります。

胴体と頭部を親子関係にする

胴体を親、頭部を子に設定します。ペアレントは多重の階層を作ることもできます。

1 ❶頭部（子）➡❷胴体（親）の順に選択し、ctrl＋Pでペアレント対象を❸**[オブジェクト]**とします。

試しに胴体を移動してみます。

2 胴体だけ選択し、**[移動]**（G）で胴体を移動してみます。❹胴体に加えて頭部とその子である耳も一緒に移動します。

確認したら、ctrl＋Zで移動を取り消しておきます。

胴体と脚・腕・尻尾を親子関係に

胴体を親として、両脚、両腕、尻尾をまとめて子に設定します。最後に選択したオブジェクトが親になります。

1 ❶右脚、左脚、右腕、左腕、尻尾(ここまでは順不同)を選択し、最後に親となる❷胴体を選択します。ctrl + P でペアレント対象を[**オブジェクト**]とします。

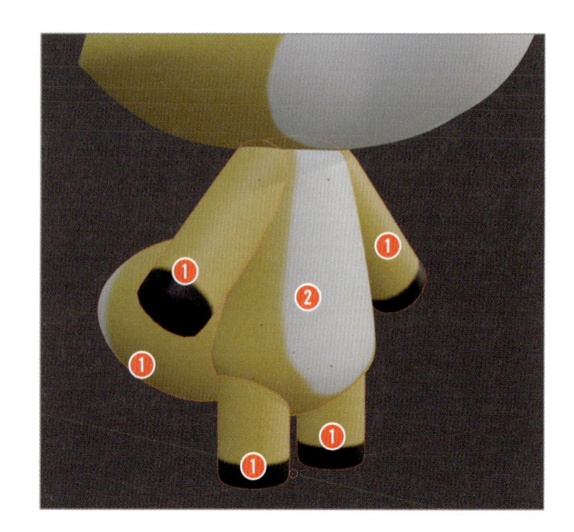

複数のオブジェクトを選択すると、最後に選択したオブジェクトだけ輪郭線色が少し異なります。ここでは胴体だけ輪郭線の色が異なることを確認してください。

キャラクターの親子関係は次のようになりました。親子関係は[**アウトライナー**]で確認することができます。ペアレントで仕上げる場合、できるだけ各オブジェクトに名前をつけておきましょう。選択するときにわかりやすくなります。

Body(胴体)親─子 Arm_L(左腕)
　　　　　　├子 Arm_R(右腕)
　　　　　　├子 Head(頭部)親─子 Ear(耳)
　　　　　　├子 Leg_L(左脚)
　　　　　　├子 Leg_R(右脚)
　　　　　　└子 Tail(尻尾)

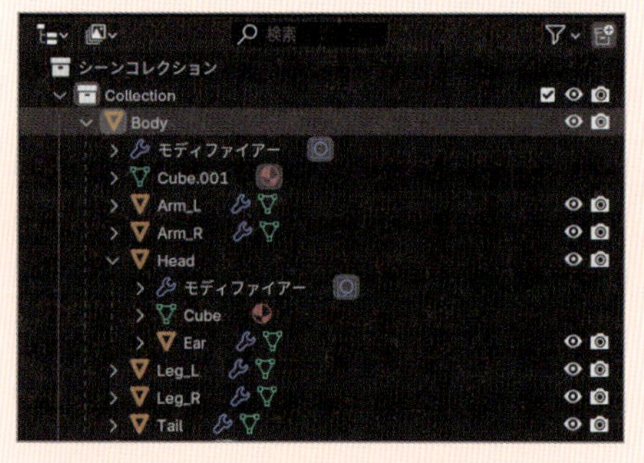

[アウトライナー]で親子関係を確認できます。

ポーズをつける

パーツを選択して[**回転**](R)でポーズをつけることができます。全体を移動するときは、一番親の胴体だけを選択して移動します。

alt + R([**オブジェクト**]メニュー➡[**クリア**]➡[**回転**])で、回転の値がクリアされます。頭部、胴体、両脚、両腕を選択して回転をクリアすると直立の姿勢状態になります。このとき耳の回転はクリアしないでください。
回転の値がクリアとは、[**サイドバー**](N)の❶[**アイテム**]タブにある[**回転**]の値がXYZともに「**0°**」になることです。

9-3 ボーンでポーズを作成〔準備〕

「ボーン」を使って関節を曲げることができるポーズを作成する方法を紹介します。ボーンを配置し、関節部分の形状が自然に変化するよう調整します。

「ボーン」を使う場合の作業工程

ボーンは大まかに次の手順で設定します。

1 ボーンを設定する前の準備

- 各パーツで共通しない［**モディファイアー**］を使っているパーツは適用しておく。
- 各パーツで関節付近となる部分にループエッジを作成しておく。
- パーツごとに作成しているモデルを１つのオブジェクトに統合する

2 ［アーマチュア］を追加し、ボーンを配置

ボーンは肘、膝、首、腰などの関節となる部分に繋ぎ目がくるように配置します。

3 ボーンとオブジェクトの関係を［自動のウェイトで］で設定

4 ボーンを回転させて関節部分の変化を確認

不自然な部分は、ウェイトなどを調整します。

ボーンを使って作成したポーズ。肘や膝を曲げたポーズを作成できます。ボーンを使ったポーズの作成は、ペアレントを使う場合と比べて工程が多くなりますが、自然なポーズを作成できます。

［ミラー］モディファイアーを適用する

耳の［**ミラー**］モディファイアーを適用します。

1 ［**オブジェクトモード**］で❶耳を選択し、［**プロパティ**］パネルの❷［**モディファイアープロパティ**］タブで、［**ミラー**］モディファイアーの❸［**適用**］を選びます。

［**ミラー**］モディファイアーを適用するのは、オブジェクトの［**統合**］を実行するためです。［**統合**］では、最後に選択されたオブジェクトのモディファイアー設定にしたがいます。このため、［**ミラー**］モディファイアーを適用していないと、［**ミラー**］モディファイアーが外れてしまう、またはすべてのオブジェクトに［**ミラー**］モディファイアーが設定されてしまうことになります。

腕の関節にエッジを作成する

両腕を水平にしてから1つのオブジェクトに統合し、肘（ひじ）と手首の位置でループカットします。

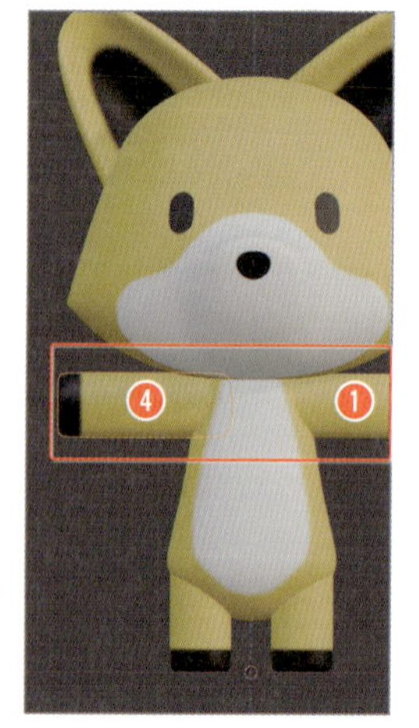

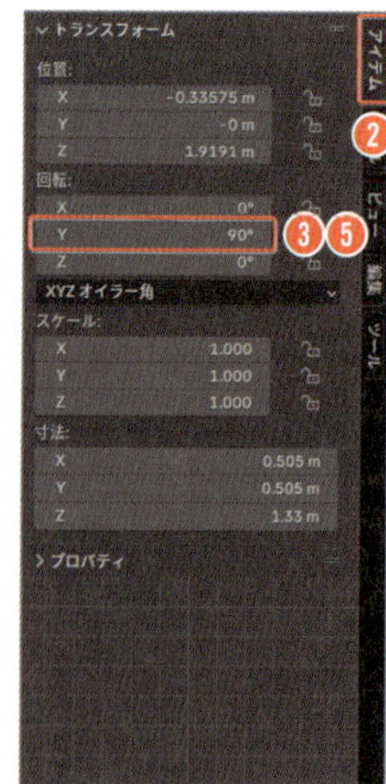

上は左腕を水平にして右腕も水平にした後の図です。

1 ［オブジェクトモード］で❶左腕を選択し、［サイドバー］（N）の❷［アイテム］タブにある［回転］の❸［Y］に「-90」と入力します。❹右腕を選択し、❺［Y］に「90」と入力します。

両腕が水平になりました。

［アイテム］タブの［回転］で［X］と［Z］の値は「0」です。

2 ❻両腕を選択し、❼［オブジェクト］メニュー➡［統合］（ctrl＋J）を実行します。

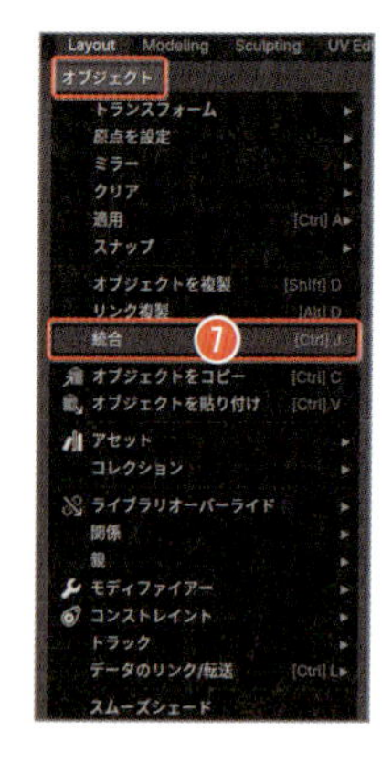

曲げるための関節を作るため、両腕の肘と手首の位置でループカットします。

3 ［編集モード］に切り替え、［ループカット］（ctrl＋R）で、❽左腕に垂直にエッジが入るようにクリックし、右クリックで中央に確定します。ここが肘です。❾これを右腕にも行います。

図の位置で両腕ともにループカットしました。

4 続けて、[ループカット](ctrl + R)で左前腕に垂直のエッジが入るようにクリックし、「0.5」と入力してからクリックします。ここが手首です。これを右前腕にも行います。

両腕ともに前腕の手首部分をループカットしました。

数値入力の「0.5」は「.5」と入力するだけでも0.5になります。2回目のクリックを右クリックで中央に確定したあと、[オペレーター]パネル(画面左下のタブ)で⑩[係数]に「0.5」と入力して enter で確定しても実行できます。

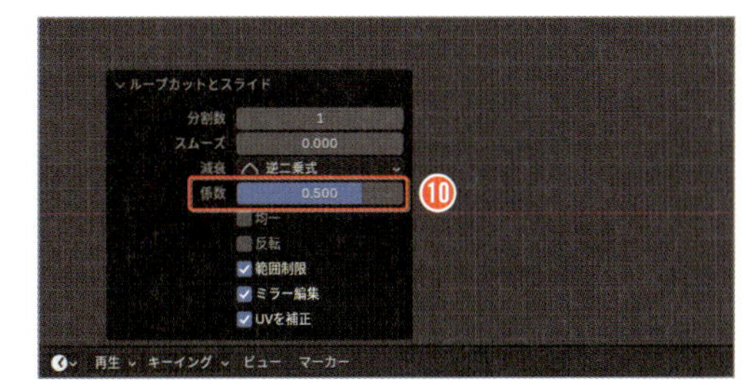

画面左下の「オペレーター」で[係数]に「0.5」と入力して確定しても実行できます。

脚の関節にエッジを作成する

腕に行った操作とほぼ同様の操作を、両脚にも実行します。1つのオブジェクトに統合し、膝(ひざ)と足首の位置でループカットします。

1 [オブジェクトモード]に切り替え、❶両脚が直立になっていることを確認して両脚を選択します。❷[オブジェクト]メニュー→[統合](ctrl + J)を実行します。

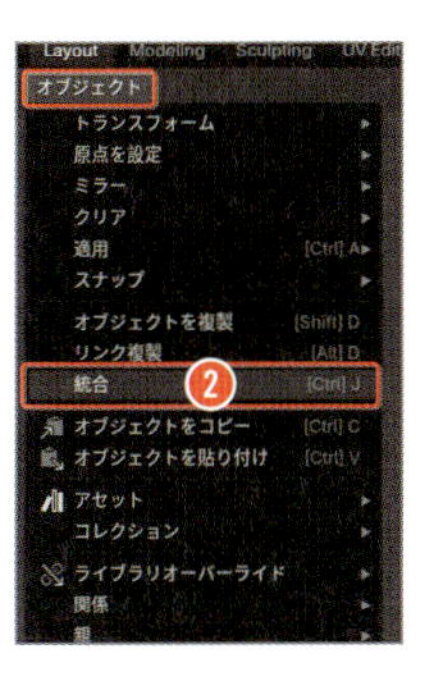

曲げるための関節を作るため、両脚の膝と足首の位置でループカットします。

2 [編集モード]に切り替え、[ループカット](ctrl + R)で、左脚の水平にエッジが入るようにクリックし、❸右クリックで中央に確定します。ここが膝です。❹これを右脚にも行います。

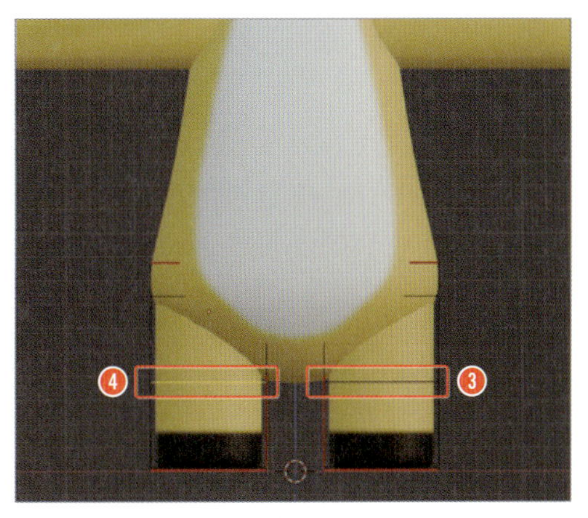
図の位置で両脚ともにループカットしました。

3 続けて、[ループカット]（ctrl + R）で左脚の脛（すね）付近で水平にエッジが入るようにクリックし、「**0.5**」と入力し確定します。ここが足首です。これを右脚にも行います。

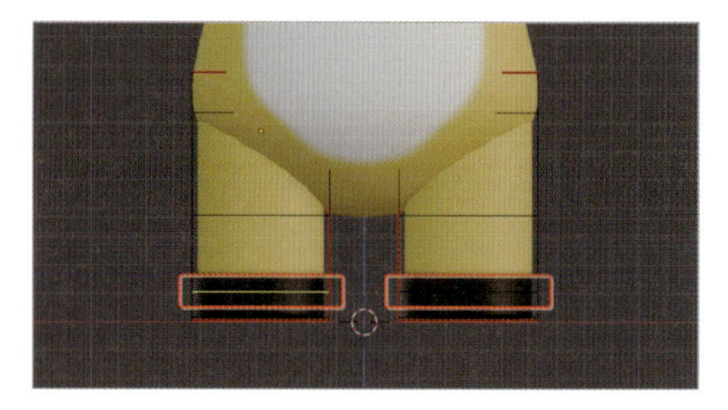
両腕ともに足首部分をループカットしました。

ボーンを設定するつもりのモデルであれば、関節位置のポリゴン割りは早い段階で行っておくと後が楽です。ミラーや複製を使って片側を作る場合、複製前に割っておくと手数が減ります。

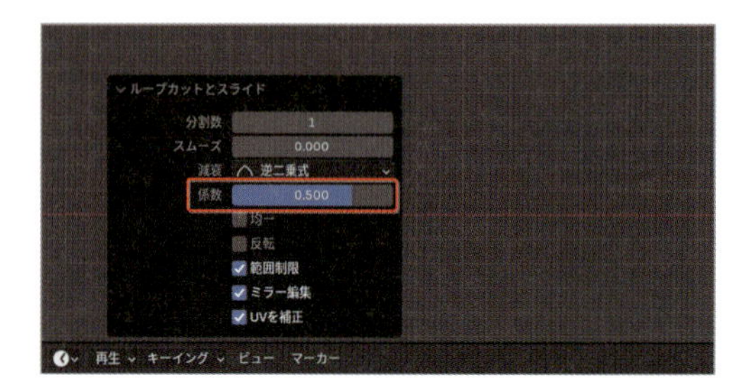

画面左下の[オペレーター]パネルで[係数]に「0.5」と入力して確定しても実行できます。

全身を統合する

全身を１つのオブジェクトに統合します。

1 [**オブジェクトモード**]で、頭部を選択した後、全身を囲ってボックス選択します。[**オブジェクト**]メニュー➡❶[**統合**]（ctrl + J）を実行します。

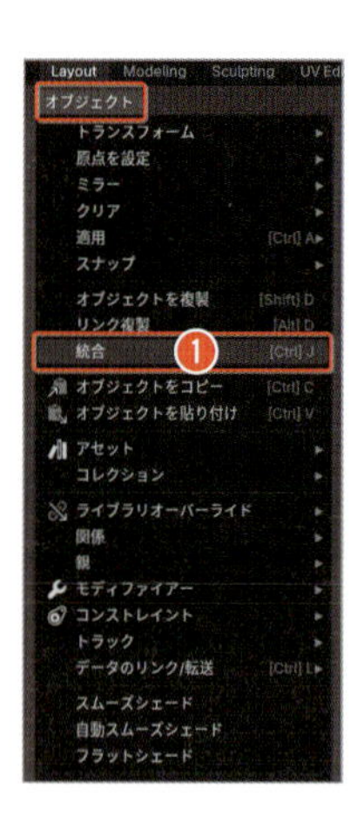

もしかしたら統合後、手先足先など一部のUVシームに色が漏れて見えるかもしれません。
近づいたり、Cyclesでレンダリングすれば色漏れはなくなると思いますが、修正する場合は、ワークスペースを❷[UV Editer]タブに切り替え、テクスチャを少し外側まで塗り足します。またはUVの該当箇所を、❸[**ピボット**]を❹[**それぞれの原点**]に変更してから、少しだけスケール（縮小）すると確実に解消します。
[**ピボット**]は、[**回転**][**スケール**]の中心を設定する機能です。

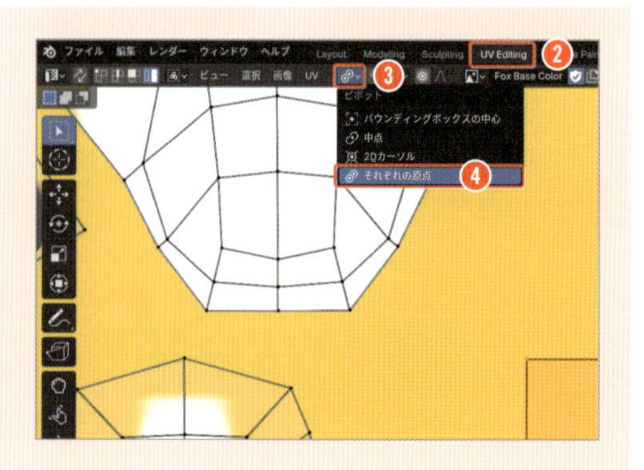

9-4 ボーンでポーズを作成〔ボーンの配置〕

ボーンを配置しますが、はじめにアーマチュアを作成します。ボーンは[押し出し]で追加して配置します。

作成するボーンの配置を確認する

ここでは右図のようにボーンを配置していきます。アーマチュアを作成すると、元になるボーンが1つ作成されます。このボーンを元にボーンを編集して配置します。ボーンには根元、先端、中央部分があります。これらを動かすことで長さや角度、位置を調整します。
追加配置には**[押し出し]**を使います。**[押し出し]**で追加すると、元のボーンが親、追加したボーンが子となります。

作成するボーンの配置。

アーマチュアを作成する

はじめにアーマチュアを作成します。アーマチュアは、ボーンの入れ物のようなものです。

1 **[オブジェクトモード]**で、フロントビュー(テンキー1)にします。❶**[追加]**メニュー➡**[アーマチュア]**でアーマチュアを作成します。❷ボーンが1つ配置されます。

shift + A を押して**[アーマチュア]**を選んでも追加できます。

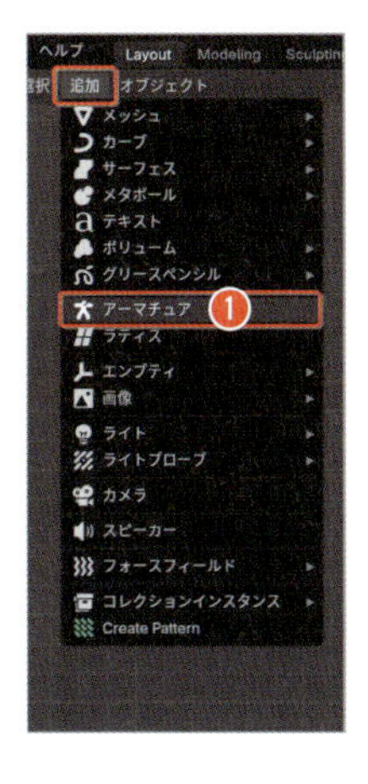

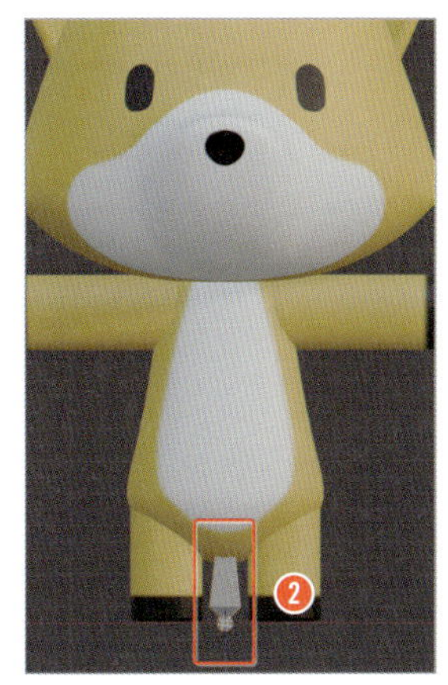

配置されているボーンが見づらいので、最前面に表示します。

2 ［**プロパティ**］パネルの❸［**オブジェクトデータプロパティ**］タブの❹［**ビューポート表示**］で❺［**最前面**］にチェックを入れます。❻これでキャラクターなどの他のオブジェクトより前面に表示されます。

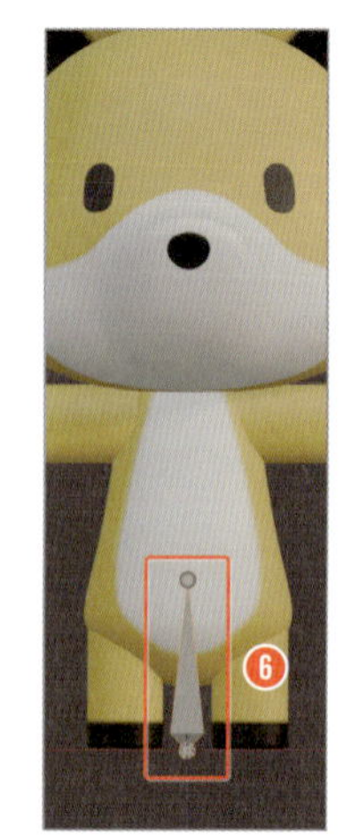

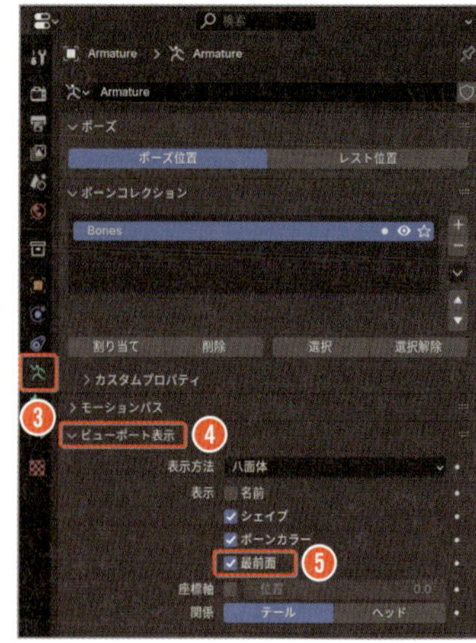

キャラクターより前面に表示され見やすくなりました。

ボーンを編集する

ボーンの編集は、［**編集モード**］を使います。

1 ボーンを選択した状態で［**編集モード**］に切り替えます。ボーンを移動しますが、先端はちょうど腰付近にあるのでそのままとします。❶ボーンの根元を選択し、［**移動**］（G→Z）でZ方向へ移動します。❷このときボーンの根元が骨盤の中心付近になるようにします。

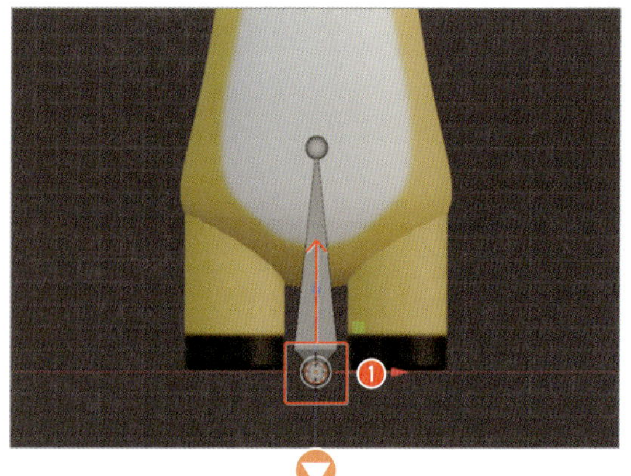

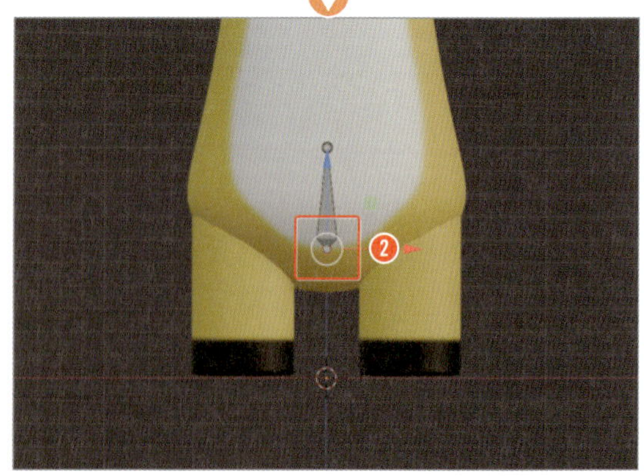

ボーンは根元または先端を選択して移動すると長さと角度を変更できます、中央部分を選択すると長さ角度そのままで移動します。根元が回転の中心、先端は次に追加するボーンの回転の中心になります。これを意識して移動してください。

接続するボーンを自動でペアレントされた状態になるよう追加するには、**[押し出し]**を使います。

2 ❸ボーンの先端を選択し、**[押し出し]**（E→Z）でZ軸方向に押し出します。❹先端が胸の下あたりになるようにします。

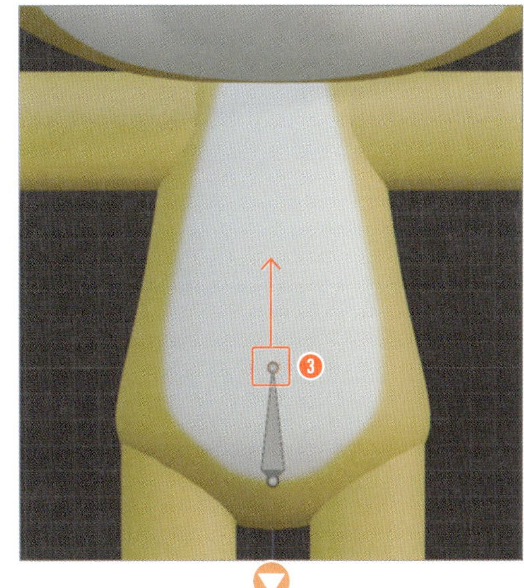

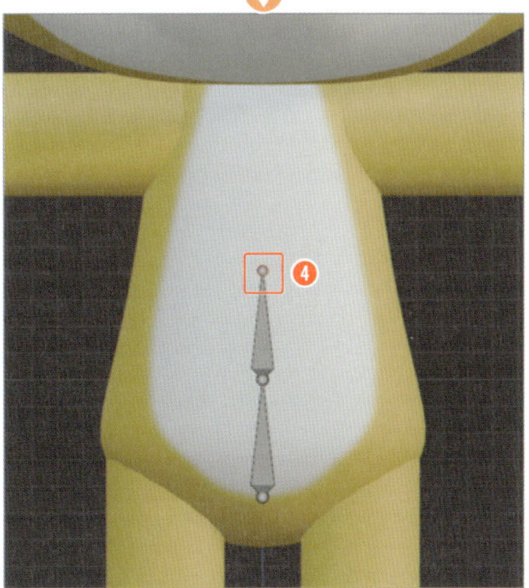

配置しているボーンがどこの骨かを意識しながら進めましょう。ここで配置しているのは背骨になる部分です。

3 ❹追加したボーンの先端が選択された状態で、**[押し出し]**（E→Z）で、❺首のつけ根あたりまで押し出します。

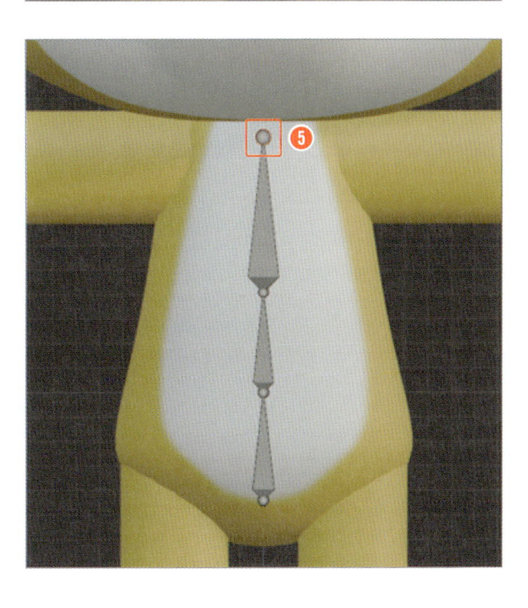

4 さらにボーンの先端が選択された状態で、[**押し出し**]（E→Z）で、❻首のボーンとして短く押し出します。

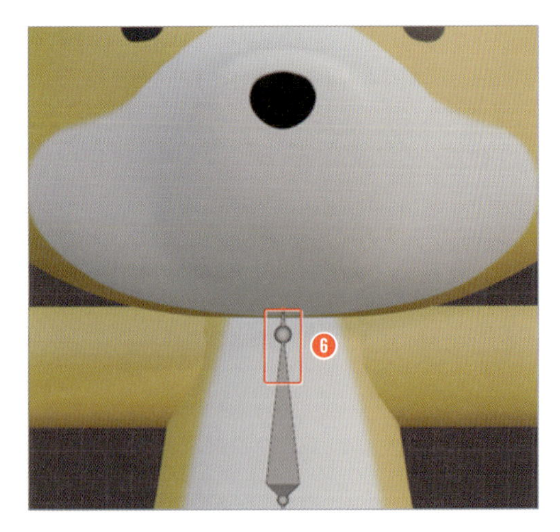

5 続けてボーンの先端が選択された状態で、[**押し出し**]（E→Z）で、❼頭のボーンとして頭頂部まで押し出します。

ボーンに名前をつける

ここまでのボーンに名前をつけます。

1 [**アウトライナー**]の❶[**Armature**]（または[**アーマチュア**]）の[►]を shift +クリックして展開します。

[Armature]を展開すると、含まれるボーンが一覧表示されます。

2 ［**プロパティ**］パネルの❷［**オブジェクトデータプロパティ**］タブの❸［**ビューポート表示**］で❹［**名前**］にチェックを入れます。

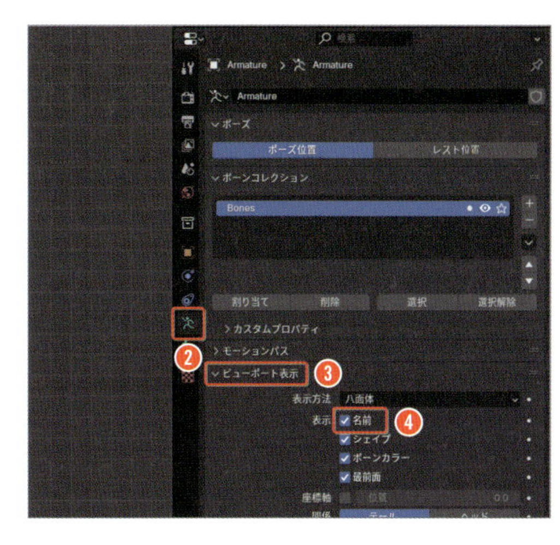

［**名前**］にチェックを入れると、［**3Dビューポート**］に表示されているボーンの横にボーン名が表示されます。

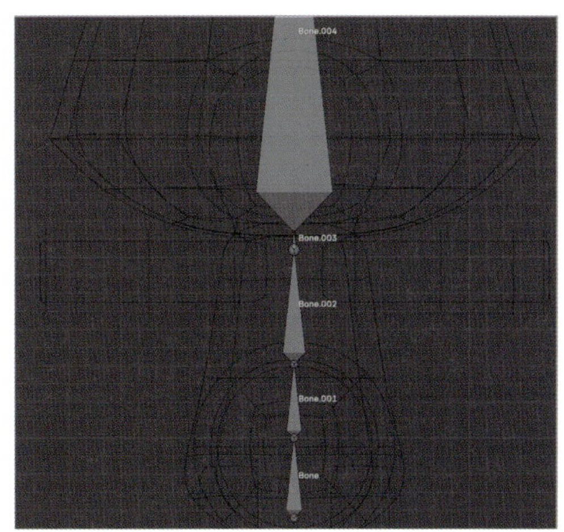

各ボーンの横にボーン名が表示されるようになりました。シェーディングを［ワイヤーフレーム］にしています。

3 ［**アウトライナー**］のボーン名（［Bone］、［Bone_001］など）をクリックすると対応するボーンが選択され、ダブルクリックすると名前が変更できます。
❺作例ではそれぞれ、「**Hips**」「**Spine**」「**Chest**」「**Neck**」「**Head**」と命名しました。［**3Dビューポート**］で選択されているボーンを確認しながら名前を変更しましょう。

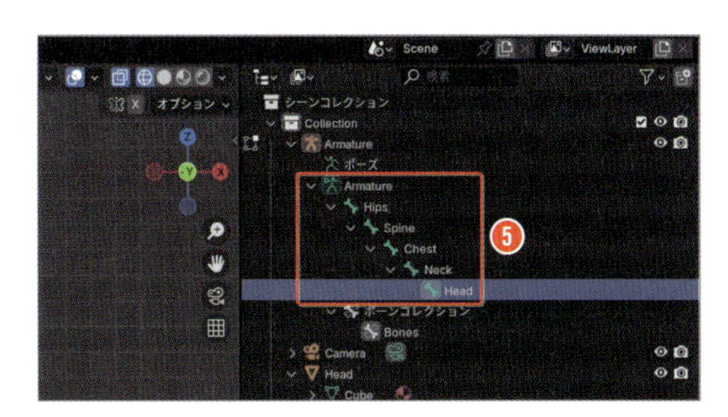

一般的には日本語を使いませんが、Blender以外で使う予定のないモデルであれば日本語名でもかまいません。

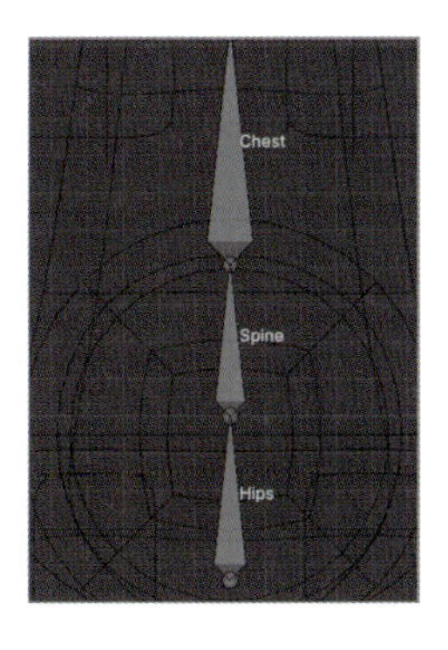

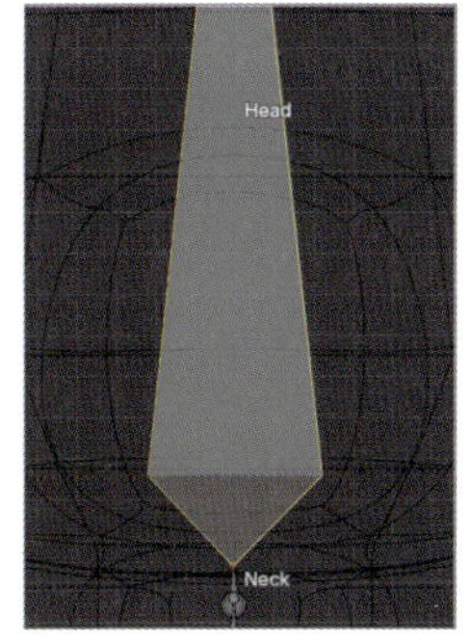

左腕にボーンを配置する

次に左腕にボーンを配置します。

1 ❶首のつけ根を選択して、**[押し出し]**（E）で、❷腕のつけ根までのボーンを配置します。❸作成したボーンの名前は「Shoulder_L」としました。

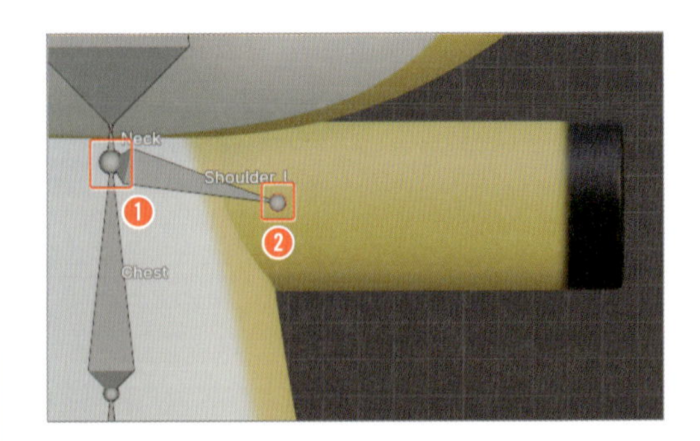

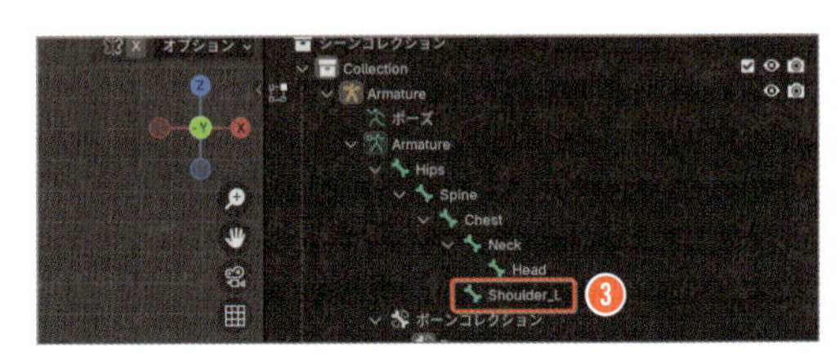

日本語名の場合でも、「肩_L」のように「_L」または「_R」を使って、左右の名前をつけてください。左右対称の場合、片側だけ作成し反対側を自動で作成する**[対称化]**機能があります。**[対称化]**では、符号として「_L」や「_R」などを使います。

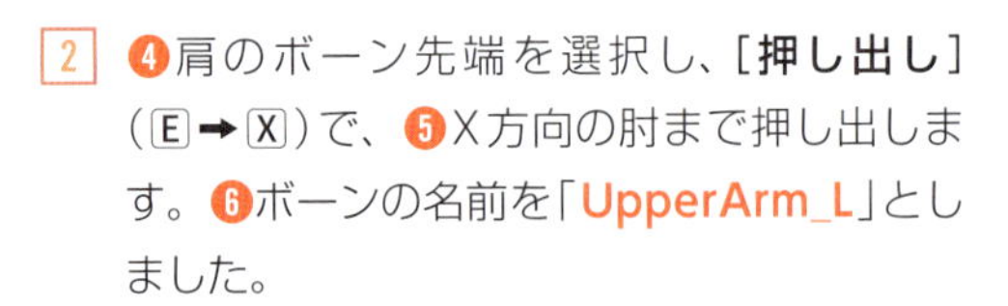

2 ❹肩のボーン先端を選択し、**[押し出し]**（E→X）で、❺X方向の肘まで押し出します。❻ボーンの名前を「UpperArm_L」としました。

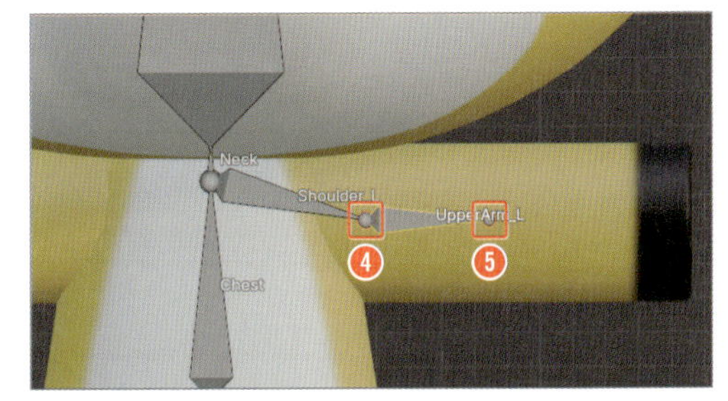

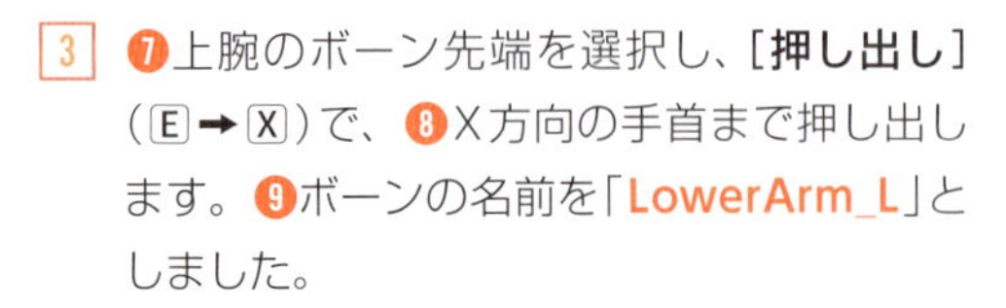

3 ❼上腕のボーン先端を選択し、**[押し出し]**（E→X）で、❽X方向の手首まで押し出します。❾ボーンの名前を「LowerArm_L」としました。

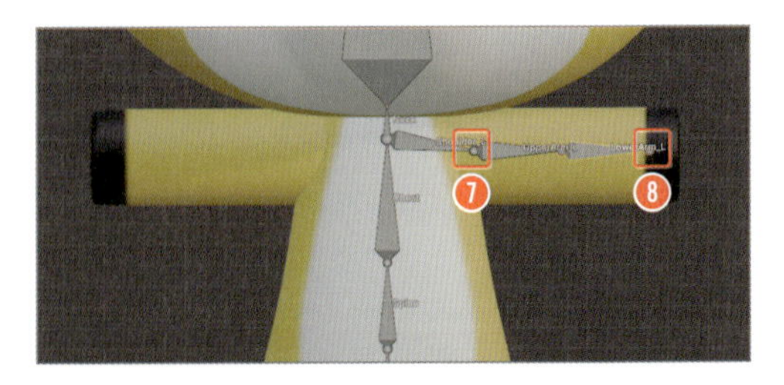

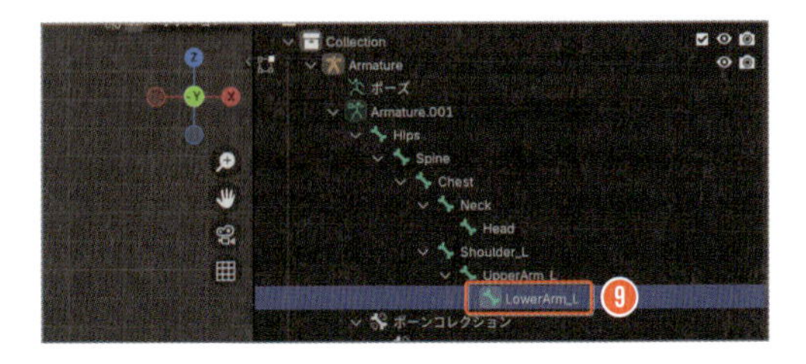

4 ❿下腕のボーン先端を選択し、[押し出し]（E➡X）で、⓫X方向の手の先まで押し出します。⓬ボーンの名前を「Hand_L」としました。

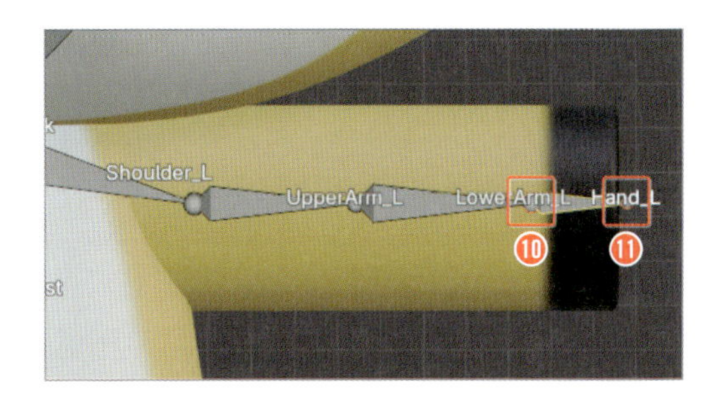

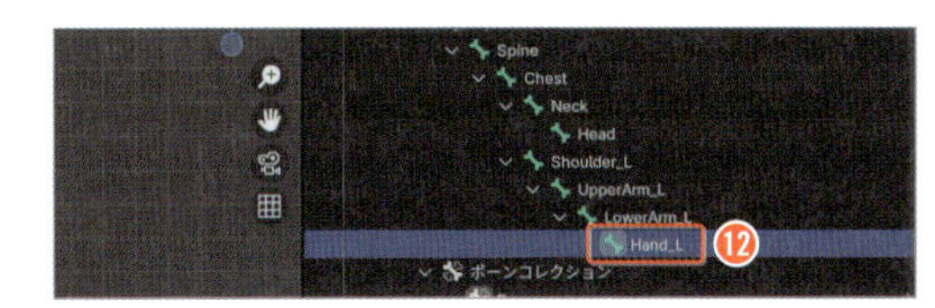

左脚にボーンを配置する

次に左脚にボーンを配置します。

1 ❶Hipsのボーン先端を選択して、[押し出し]（E）で、❷脚のつけ根までのボーンを配置します。このボーンは後に削除するため命名しません。

「Hips_001」と、元にしたボーンに番号が追加れた名前で作成されます。名前はこのままで構いませんが、ここでは仮に「X」と命名しました。

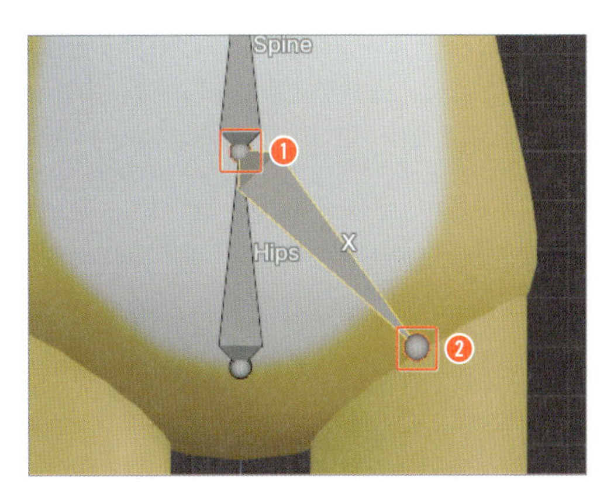

2 ❸脚のつけ根にあるボーン先端を選択し、[押し出し]（E➡Z）で、❹Z方向の膝まで押し出します。
❺ボーンの名前は「UpperLeg_L」とします。

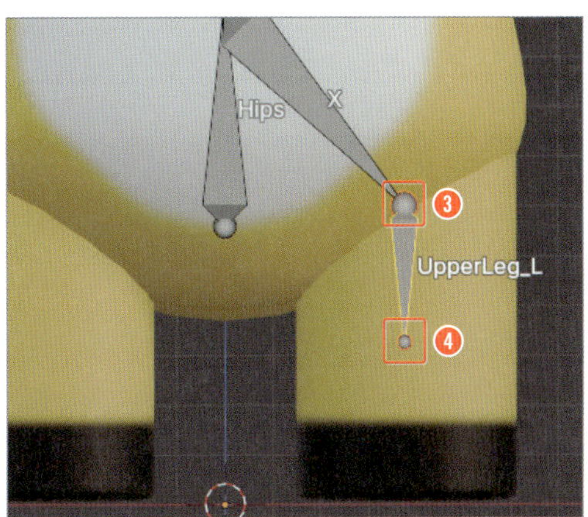

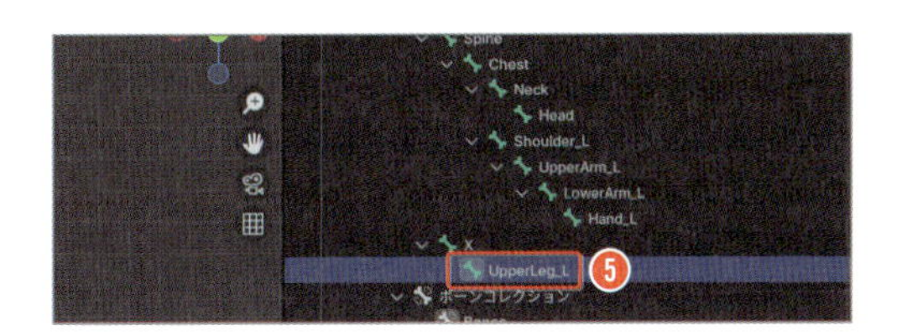

9

キャラクターを動かす

3 ❻膝にあるボーン先端を選択し、**[押し出し]**（E→Z）で、❼Z方向の足首まで押し出します。❽ボーンの名前は「**LowerLeg_L**」とします。

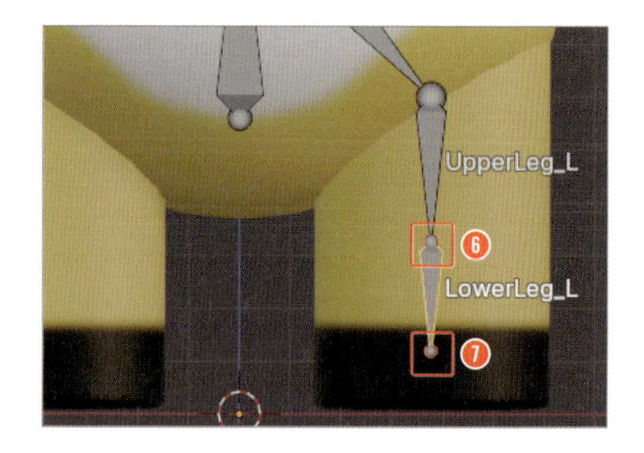

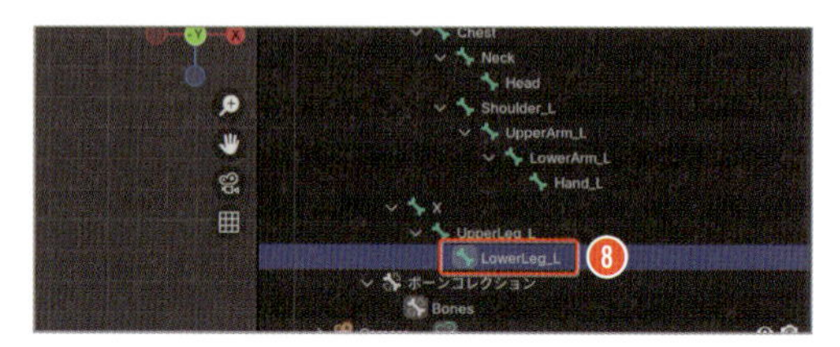

4 視点をサイドビュー（テンキー3）にし、❾足首にあるボーン先端を選択し、**[押し出し]**（E）で、❿つま先まで押し出します。⓫ボーンの名前は「**Foot_L**」とします。

このキャラクターはつま先は作られていませんが、学習のためボーンを配置しました。

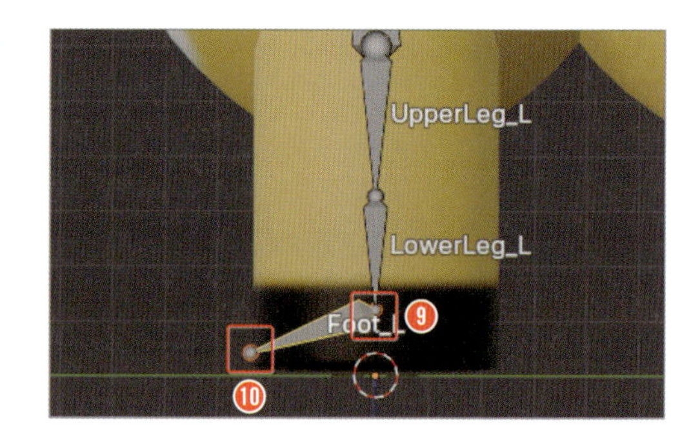

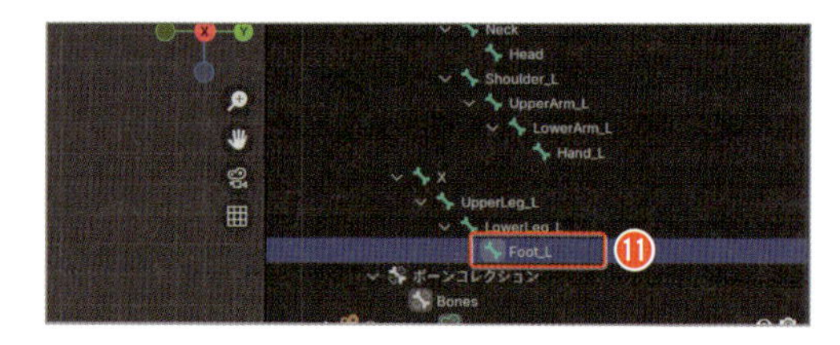

CHAPTER-9

尻尾にボーンを配置する

尻尾にボーンを配置します。

1 ❶Hipsのボーン先端を選択して、**[押し出し]**（E）で、❷尻尾のつけ根までのボーンを配置します。このボーンは後に削除するため命名しません。

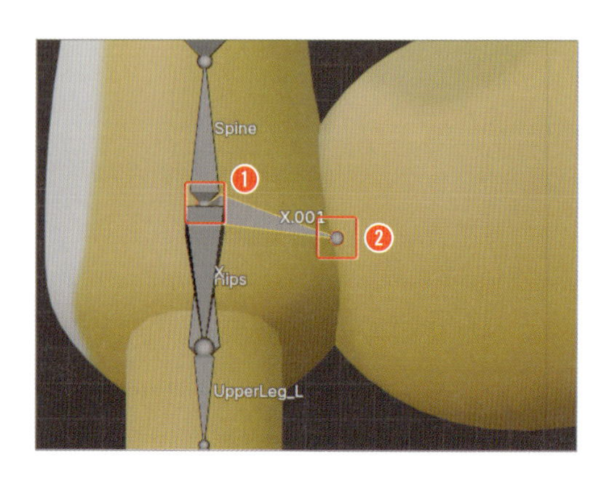

2 ❷尻尾のつけ根にあるボーン先端が選択された状態で、[**押し出し**]（E）で、❸尻尾の先端まで押し出します。ボーンの名前は❹「Tail」とします。

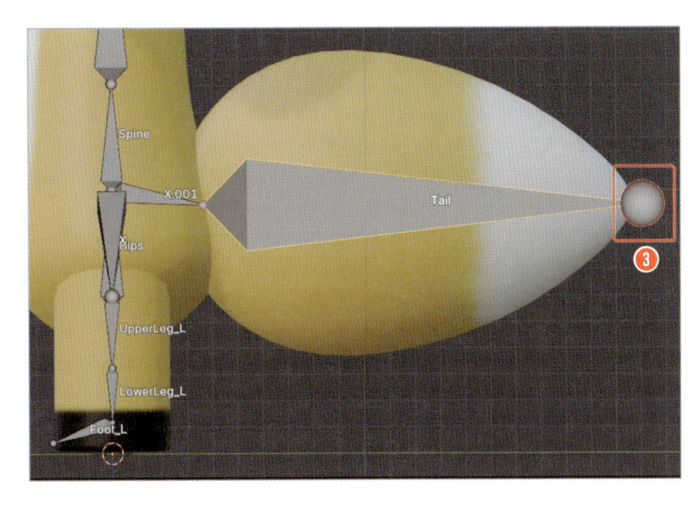

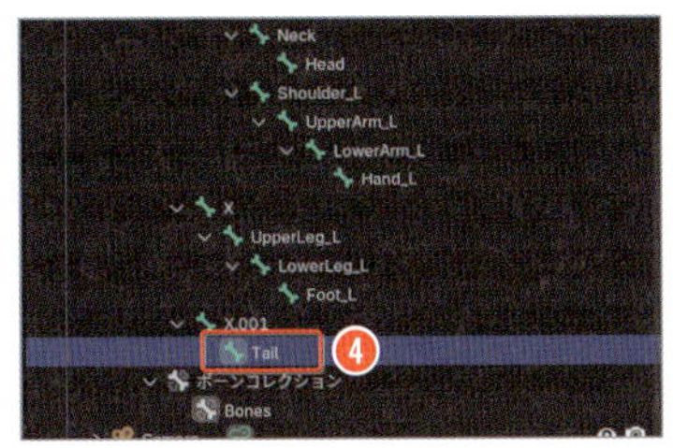

不用なボーンを削除する

1 ❶Hipsとtailの間のボーンを中央部分をクリックして選択し、❷Xキーで表示されるメニューから[**ボーン**]を選んで削除します。

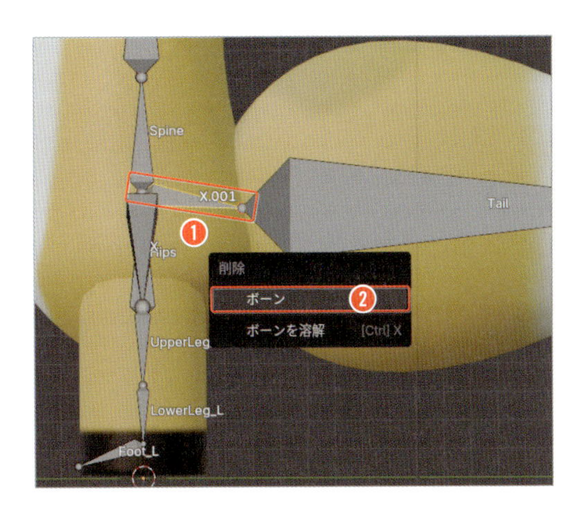

2 ❸ボーンがあった位置に破線が表示されます。これは、破線両端のボーンどうしがペアレントされていることを示しています。

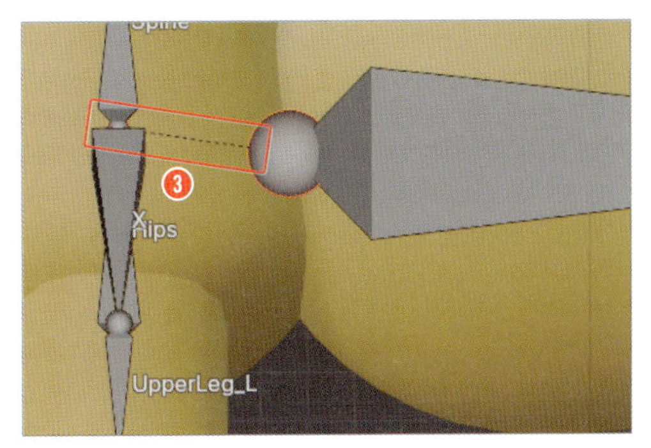

3 ❹Hips と UpperLeg_L の間のボーンの中央部分をクリックして選択し、X キーで［**ボーン**］を選んで削除します。

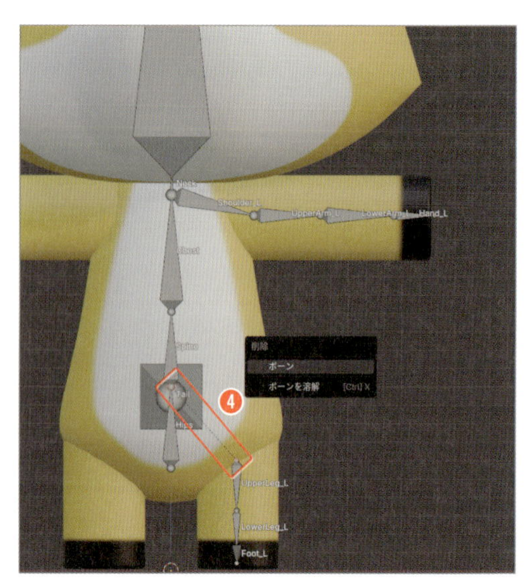

Hips と UpperLeg_L の間のボーンを削除します。削除すると、両端のボーンどうしが破線で繋がれます。

ボーンを左右対称に配置する

右腕は左腕を、右脚は左脚を元にして、ボーンを左右対称に配置します。

1 ❶A キーですべてのボーンを選択します。

2 ❷［アーマチュア］メニュー➡［対称化］を実行します。

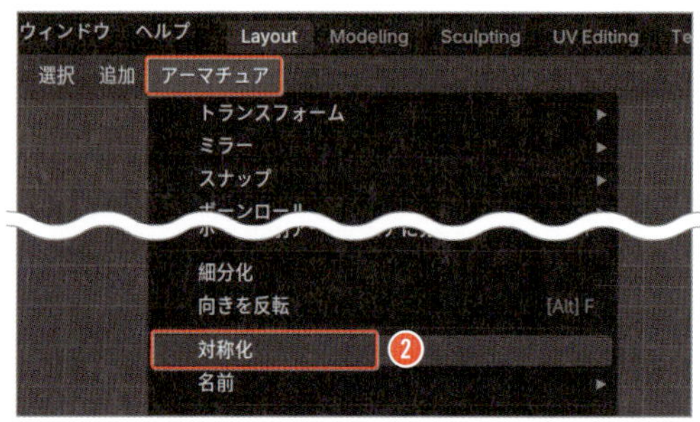

右腕と右脚のボーンが配置されます。これでアーマチュアの作成ができました。

[アーマチュア] メニュー➡**[対称化]** は、名前に「_L」などが含まれるボーンだけを対称コピーし、名前を「_R」などと書き換える機能です。もし対称化されないボーンがあった場合は、ボーン名を確認してください。

ボーンとオブジェクトを関連づける

キャラクターオブジェクトとアーマチュアは、作成しただけでは無関係の別オブジェクトです。この2つを関連づけます。

1 **[オブジェクトモード]** に切り替えます。キャラクターのオブジェクトを選択してから、アーマチュアを追加選択します。ctrl + P を押して表示されるメニューから、ペアレント対象として❶ **[自動のウェイトで]** を選びます。

[自動のウェイトで] を実行するとき、先にオブジェクト、次にアーマチュアの順で選択します。**[自動のウェイトで]** は、**[オブジェクト]** メニュー➡**[ペアレント]**➡**[自動のウェイトで]** でも実行できます。

キャラクターオブジェクトとアーマチュアを関連づけました。次項では、ボーンを動かしたとき、キャラクターモデルの変形で不自然になる部分がないか確認します。不自然な部分は、モデルやウェイトを調整して修正します。

9-5 ボーンでポーズを作成〔変形の歪みを修正〕

ボーンを回転させることでポーズを作ります。自動のウェイトが問題なく設定されているか確認し、おかしな変形をしないかチェックします。

[ポーズモード]とは

ボーンによるポーズやアニメーションには、[**ポーズモード**]を使用します。[**オブジェクトモード**]と[**ポーズモード**]の切り替えは頻繁に行うので、ctrl＋tabでの切り替えが便利です。

[**ポーズモード**]では、「**選択されたボーンの輪郭が青く表示**」されます。この色の違いで[**編集モード**](選択されたオブジェクトはオレンジで表示)と見分けましょう。

[**ポーズモード**]で、ボーンを回転させることでポーズを作ります。

以降の図では見やすくするために、ボーンの名前を非表示にしています。必要に応じてP.435の2を参考に[**プロパティ**]パネルの[**オブジェクトデータプロパティ**]タブの[**ビューポート表示**]で[**名前**]のチェックを外してください。

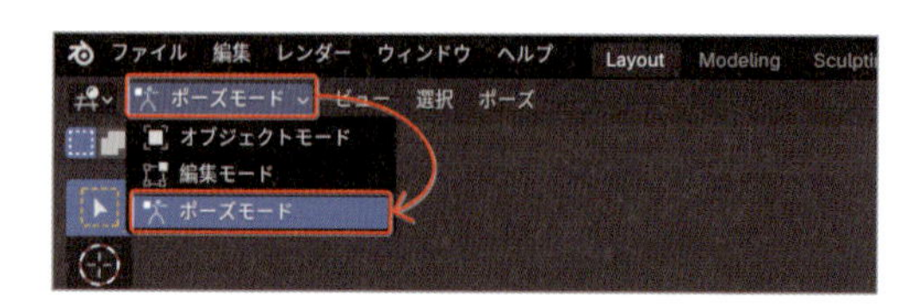

選択したボーンが青く表示されるのが[ポーズモード]です。

[ポーズモード]で変形を確認して修正する

最初に、自動のウェイトが問題なく設定されているか確認します。シェーディングが[**ソリッド**]のほうが問題を見つけやすいでしょう。

1 アーマチュアを選択して[**ポーズモード**](ctrl＋tab)に切り替えます。回転させるボーンを選択して[**回転**](R)で回転します。肩や肘、腿、脛、頭、尻尾、背骨と各部のボーンを回転して、おかしな変形がないかチェックします。

視点を切り替えながら、ボーンを回転させて確認してください。

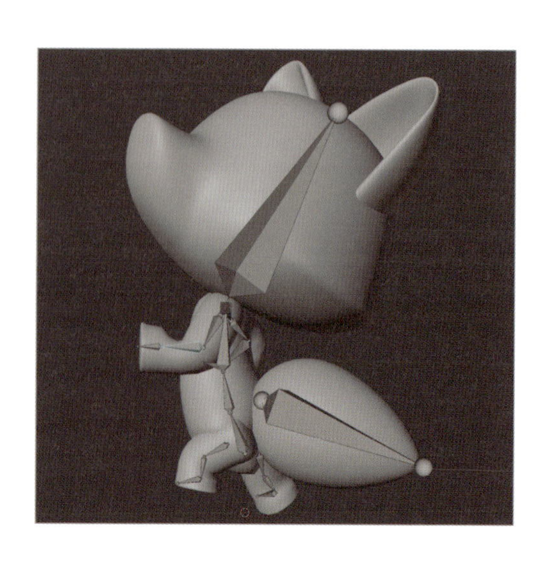

肘の内側が潰れています。また、肘は角があり滑らかな形状ではありません。[**モディファイアー**]の順序で滑らかになるよう修正します。

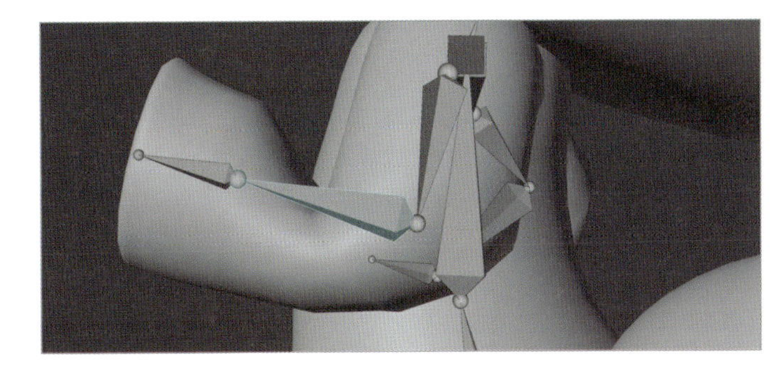

2 [**オブジェクトモード**]に切り替え、キャラクターモデルを選択します。[**プロパティ**]パネルの❶[**モディファイアープロパティ**]タブで[Subdivision]と[Armature]の順序を入れ替えます。入れ替えるには、❷右上の[⠿]をドラッグします。

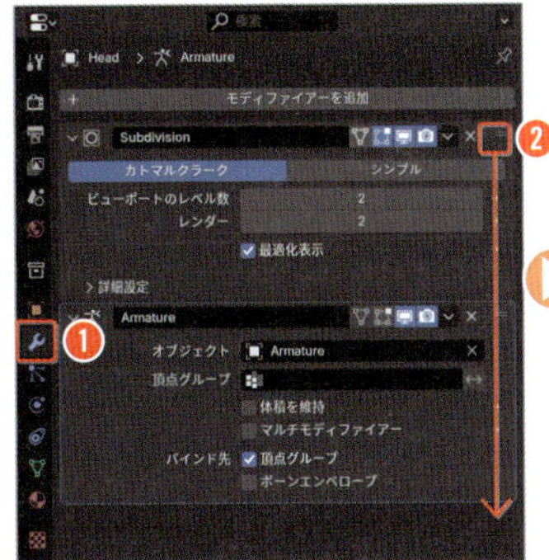

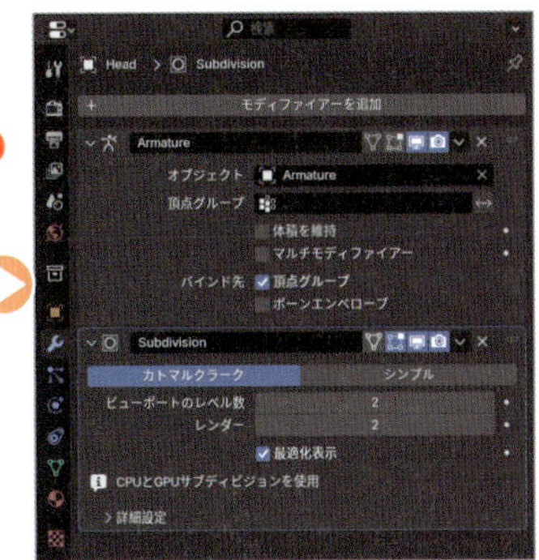

[Subdivision]と[Armature]の順序の入れ替えは、「**ポリゴンを細かくしてからボーン変形する**」だったものを、「**ボーン変形してからポリゴンを細かくする**」に変えたことになり、結果、形状がなめらかになります。

❸滑らかになりました。

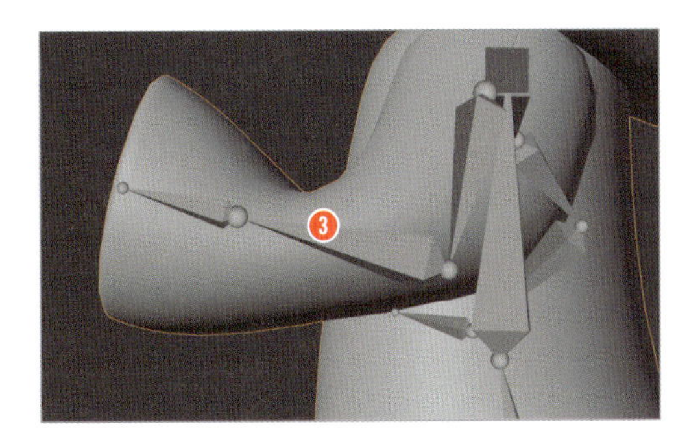

3 さらに[**モディファイアープロパティ**]タブの[Armature]の❹[**体積を維持**]にチェックを入れます。

[**体積を維持**]にチェックを入れると、ボーン変形によって、少し痩せてしまうのを軽減します。

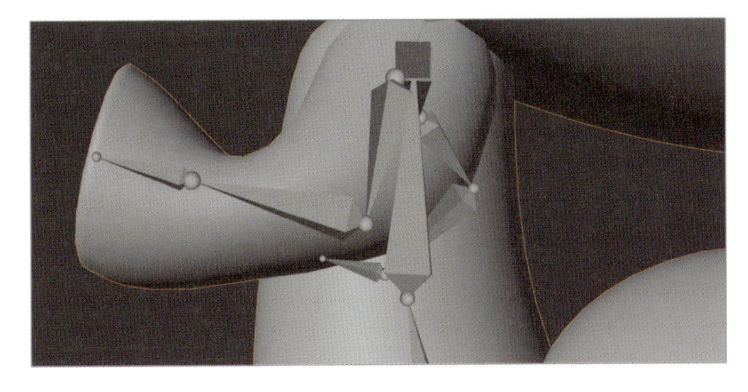

いったんポーズを元に戻します。

4 ［**オブジェクトモード**］でアーマチュアを選択し、［**ポーズモード**］に切り替えます。A キーですべてのボーンを選択して、alt + R で回転をクリアし、Tポーズに戻します。

再び肘のボーンを回転してみます。滑らかですが、肘を曲げたときに形状がひしゃげる問題がまだ残っています。まずは原因を確認します。

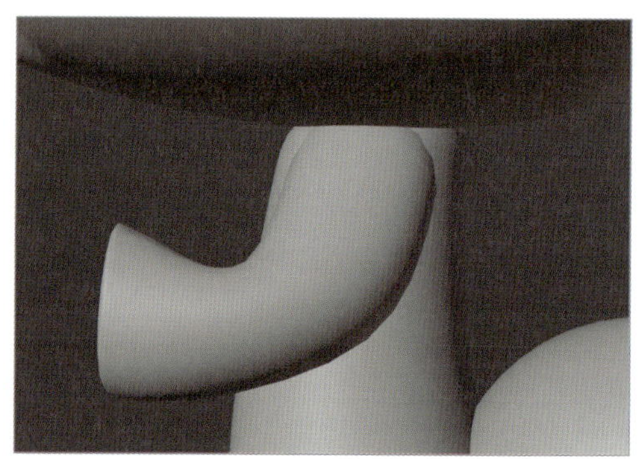

ボーンが表示されていることで見づらい場合は、ボーンを最前面に表示させないよう［**最前面**］のチェックを外したり（P.432参照）、キャラクターモデルだけローカルビューにしたり（P.373参照）して見やすくしてください。

5 ［**オブジェクトモード**］に切り替え、キャラクターオブジェクトを選択します。❺［**モディファイアープロパティ**］タブの❻［Subdivision］で［**リアルタイム**］をクリックしてモディファイアーを非表示にします。

6 さらに❼［**オブジェクトプロパティ**］タブで❽［**ビューポート表示**］の［**ワイヤーフレーム**］にチェックを入れます。

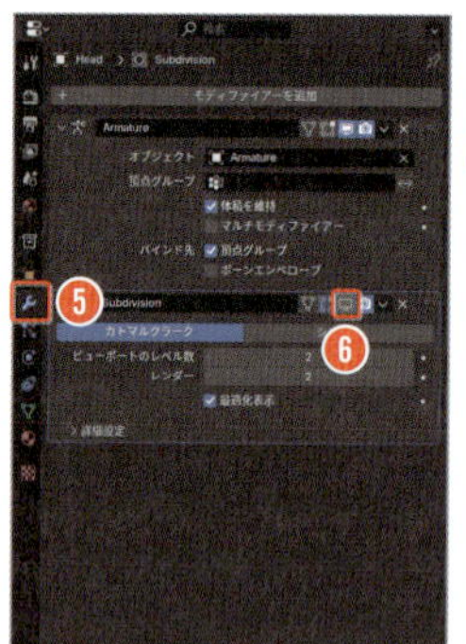

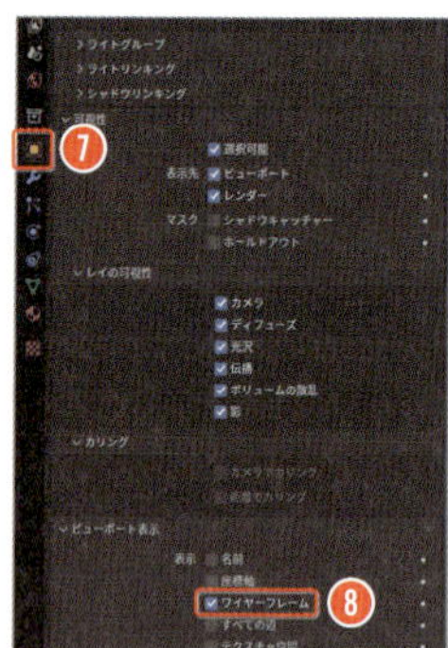

肘を曲げるにはポリゴン（構成する面）が少なすぎるのがわかります。そこでエッジ（辺）を追加して面を分割し、ポリゴンを増やすことにします。

7 キャラクターオブジェクトを選択し、[**編集モード**]に切り替えます。❾左腕肘部分のエッジを alt +クリックでループ選択します。❿さらに右腕肘部分のエッジを shift + alt +クリックで追加ループ選択します。

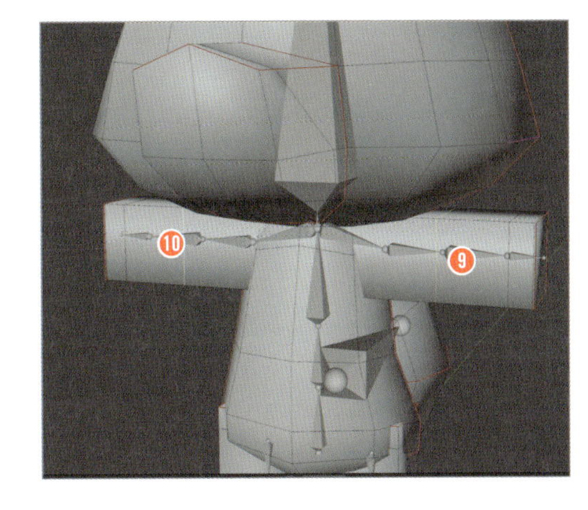

8 [**ベベル**](ctrl + B)でマウスを動かして幅を調整しながら、肘のエッジの両側に適度な幅の面を作成し(まだクリックで確定はしない)、マウスホイールを少し回転させて、幅の中央に1本のエッジを追加します。⓫図のようになったらクリックで確定します。

マウスホイールの回転でエッジの追加が難しい場合は、幅だけをマウスの動きで調整してクリックで確定し、「**オペレーター**」(画面左下のタブ)で⓬[**セグメント**]に「**2**」と入力し enter で確定しても実行できます。

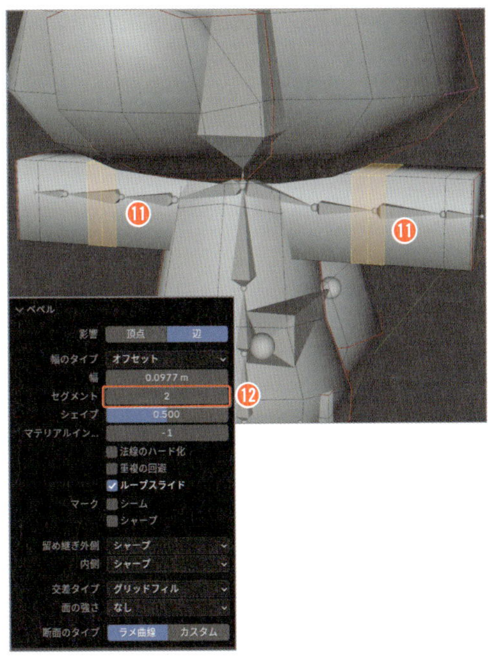

9 [**オブジェクトモード**]に切り替え、キャラクターオブジェクトを選択し、アーマチュアを追加選択します。⓭ ctrl + P で[**自動のウェイトで**]を選択します。

[**自動のウェイトで**]を再び実行したのは、ベベルによって増えた頂点に、適切なボーンの影響を再設定するためです。

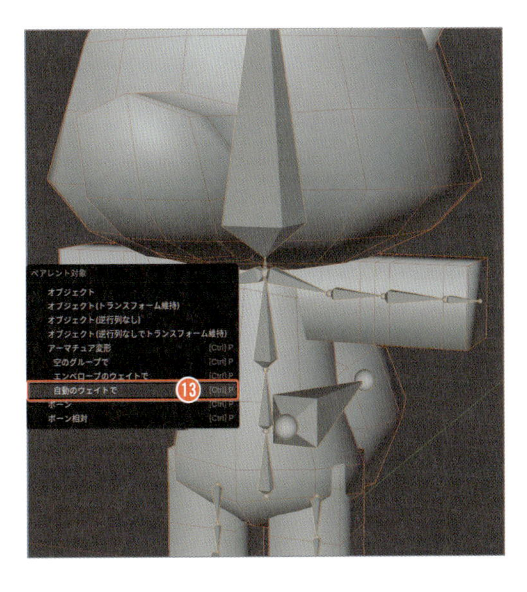

10 キャラクターオブジェクトを選択します。
⑭[**モディファイアープロパティ**]タブの[Subdivision]で⑮[**リアルタイム**]をクリックしてモディファイアーを表示します。

11 さらに⑯[**オブジェクトプロパティ**]タブで⑰[**ビューポート表示**]の[**ワイヤーフレーム**]のチェックを外します。

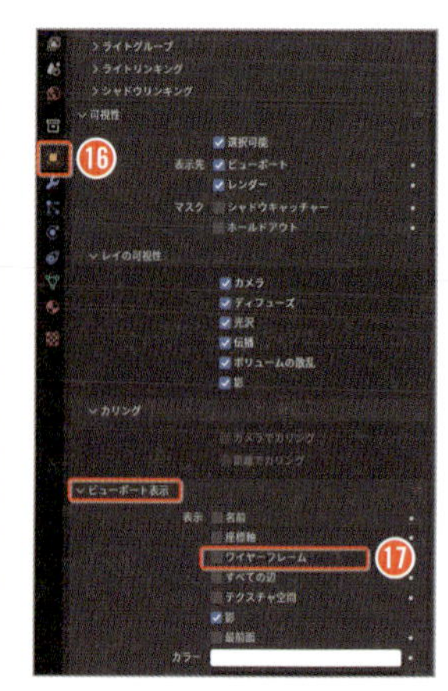

肘の関節が自然な曲がりに修正されたのが確認できます。

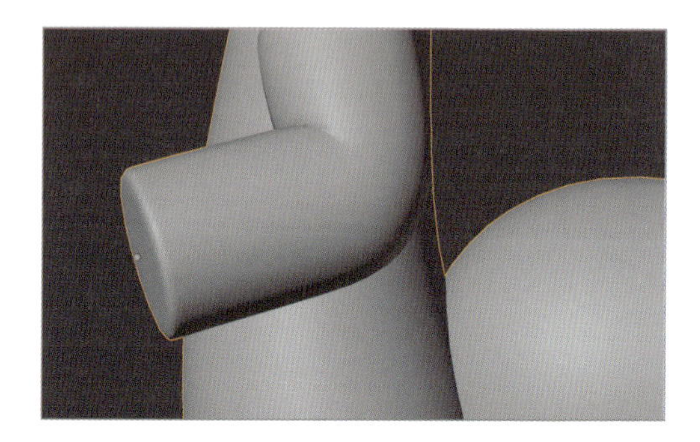

膝もひしゃげているので、腕と同様に脚を修正します。膝部分にベベルで辺を追加し、[**自動のウェイトで**]を再設定します。膝関節の曲がりがはっきりしました。

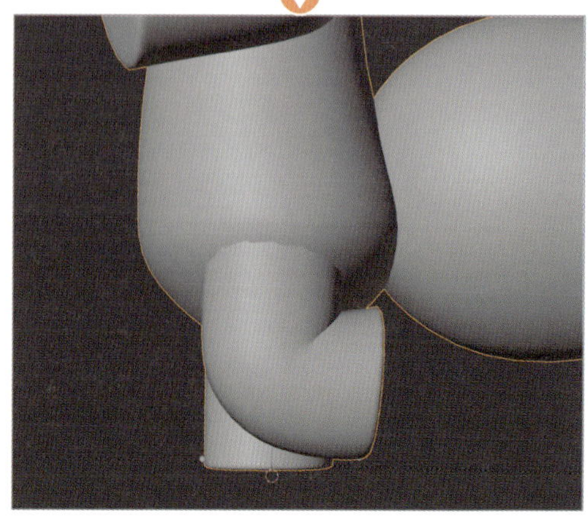

[ウェイト]で首の変形を修正する

ボーンによる変形影響の細かな調整をしていきます。概ねよい変形をしていますが、頭を傾けたときに首付近がやや崩れます。また、尻尾を回転したとき、お尻の形まで変形しています。この2つを[**ウェイト**]で修正します。
まずは頭部と首の繋ぎ目部分です。Headのボーンを回転すると、頭部の下部がわずかに変形します。これは頭の下部が、HeadとNeckの2つのボーンの影響を受けているためです。実際には首のないキャラクターなので、首の影響をなくすよう調整します。

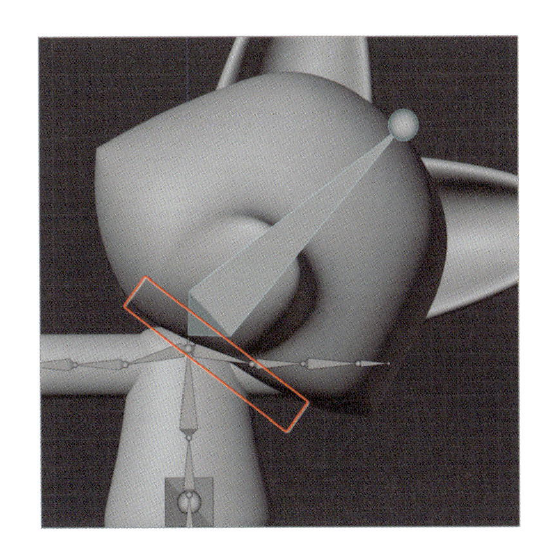

1 [**オブジェクトモード**]でモデルを選択し、[**編集モード**]に切り替えます。[**頂点選択**]モードで、❶頭下部の頂点1つを選択します。

2 [**サイドバー**](N)の❷[**アイテム**]タブに❸[**頂点ウェイト**]が表示されます。図で選択している頂点では、[**Neck**]が0.1、[**Head**]が0.8になっています。

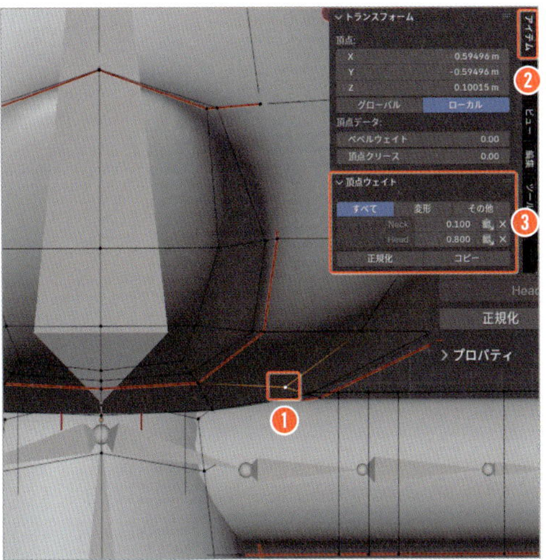

「[Neck]に0.1、[Head]に0.8の割合でボーンの影響を受ける」ということを示しています。

3 ctrl + L でリンク選択すると、❹頭部の頂点すべてが選択されます。

ctrl + L は、選択している要素とリンクする物をすべて選択するリンク選択のショートカットです。状況に応じてマウスポインタの位置の要素を元にする L キーのリンク選択と使い分けましょう。

頭部の頂点すべて選択したとき、[**アイテム**]タブの[**頂点ウェイト**]の表示は、最初に選択されていた1点(アクティブ)の頂点の設定です。

4 [サイドバー]の[頂点ウェイト]で、❺[Neck]に「0」、[Head]に「1」を入力します。

5 選択したすべての頂点を同じウェイト値にしたいので、[頂点ウェイト]の❻[コピー]をクリックします。

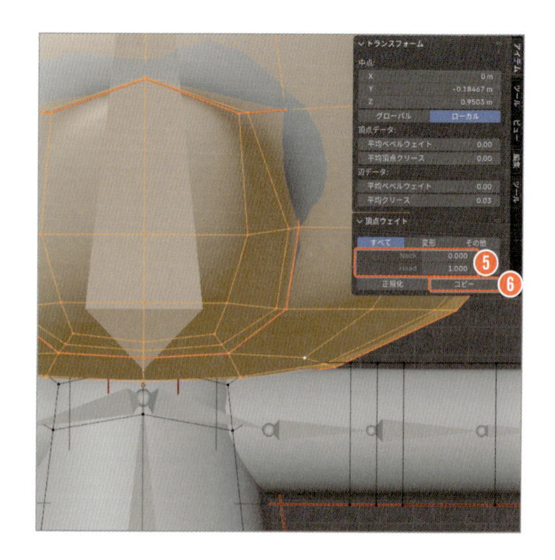

6 いくつかの頂点を選択し、[Neck]が「0.0」[Head]が「1.0」であることを確認します。

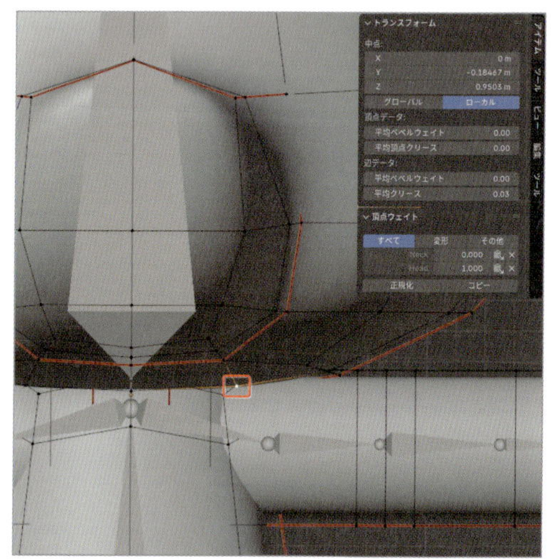

7 [オブジェクトモード]に切り替え、アーマチュアを選択し、[ポーズモード]に切り替えます。Headボーンを回転して動作確認します。

首付近の崩れが治りました。確認したら alt + R でHeadボーンの回転をクリアします。

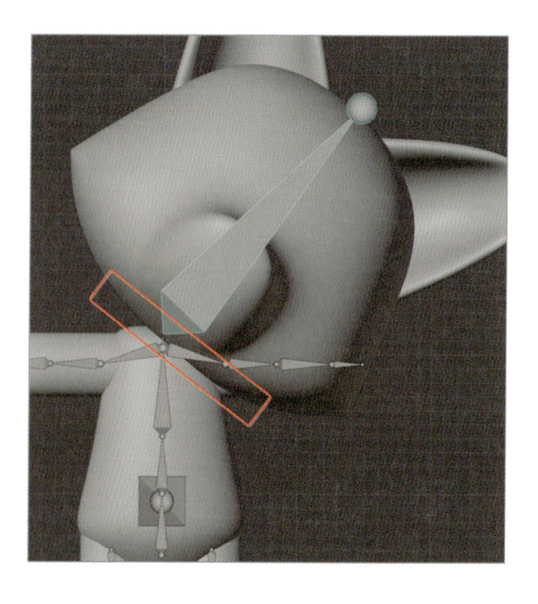

CHAPTER-9

[ウェイト]でお尻の変形を修正する

尻尾を回転したとき、お尻の形まで変形するのを**[ウェイト]**で修正します。ただし、胴体は複数のボーンのウェイト値が複雑なバランスになっているため、頭のようには直せません。そこで、胴体でTailボーンの影響だけをなくす方法を学びます。

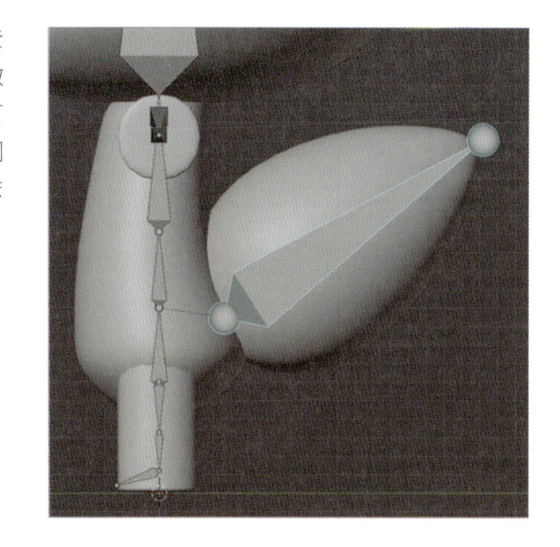

1. **[オブジェクトモード]**でモデルを選択し、**[編集モード]**に切り替えます。**[頂点選択]**モードで、❶お尻付近の頂点1つを選択します。

2. **[サイドバー]**（N）の**[アイテム]**タブで❷**[頂点ウェイト]**を確認します。図で選択している頂点では、次のようになっています。
   - [Hips]　0.3
   - [Spine]　0.0
   - [UpperLeg_L]　0.3
   - [Tail]　0.2

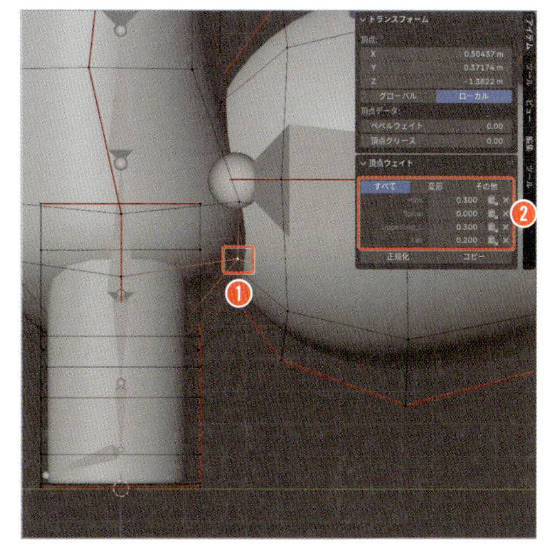

1つの頂点で複数のボーンが影響しているのがわかります。他の頂点を選択すると、まったく違うバランスで頂点ウェイトが設定されているため、[Copy]は使えません。

3. ctrl＋Lでリンク選択して、❸胴体の頂点すべてを選択します。

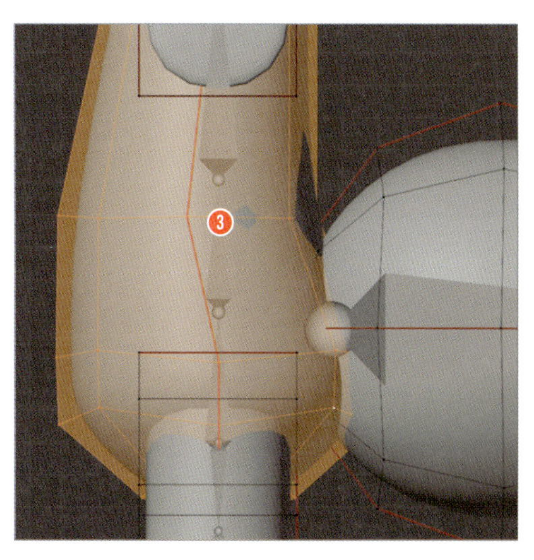

4 ❹[**オブジェクトデータプロパティ**]タブの頂点グループの一覧から❺[**Tail**]を探して選択し、❻[**ウェイト**]に「**0**」を入力して、❼[**割り当て**]をクリックします。

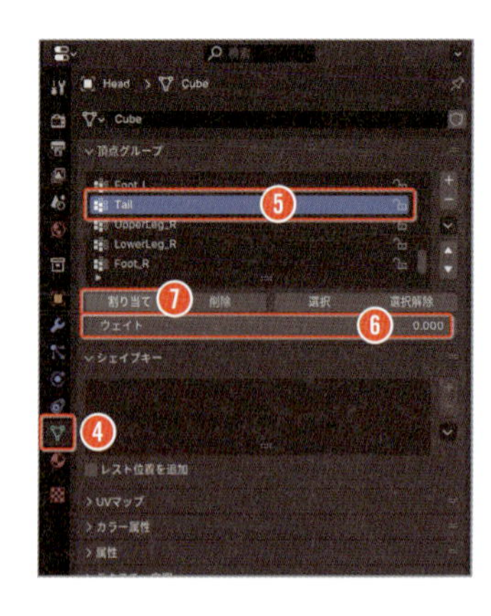

5 [**サイドバー**](N)の[**アイテム**]タブの[**頂点ウェイト**]で、❽[**Tail**]だけが「**0**」になりました。

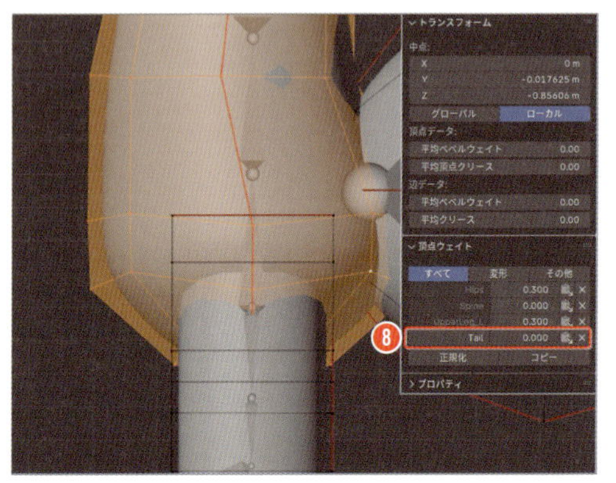

[**オブジェクトモード**]に切り替え、アーマチュアを選択し、[**ポーズモード**]に切り替えます。Tailボーンを回転して動きと変化を確認しましょう。

これでオブジェクトとアーマチュアの関連づけの終了です。必要に応じてファイルを保存してください。

CHAPTER 10

ライティングとレンダリング

10-1 ライティング学習の準備

ここまでに完成させたシーンにライトを設置します。ライティングは、モデルやマテリアルがどのように見えるかを大きく左右する大切な工程です。

シェーディングを[レンダー]に切り替える

現在のライトによる仕上がりを確認するために［レンダー］表示にします。

1 ［3Dビューのシェーディング］を❶［レンダー］に切り替えます。

Zキーを押して、円メニューで、❷［レンダー］をクリックしても切り替えられます。

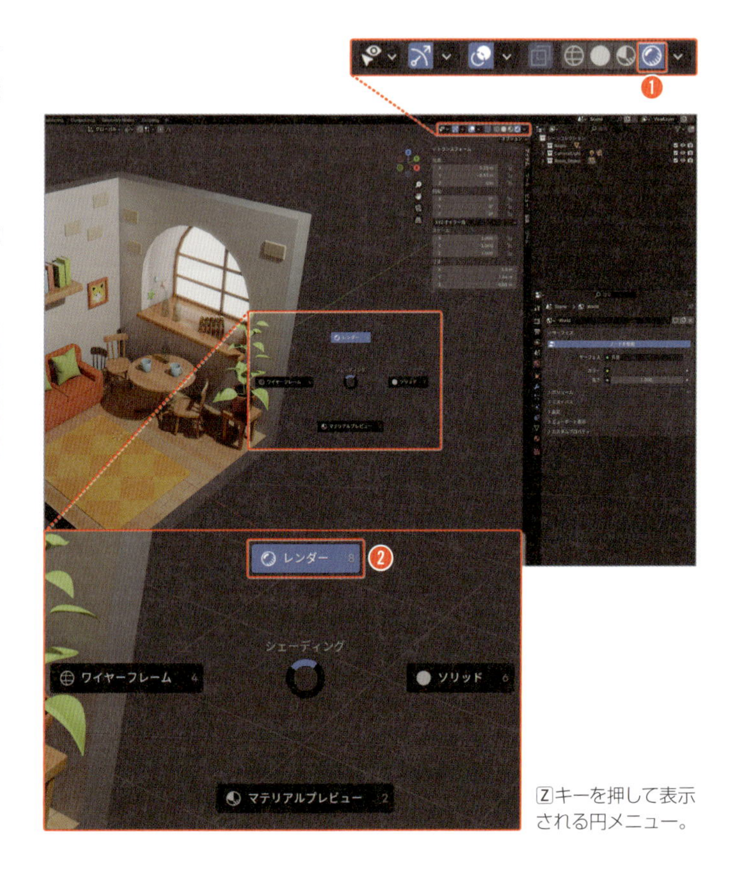

Zキーを押して表示される円メニュー。

CHAPTER-10

デフォルトのライトを削除します。

2 少し視点を遠ざけると❸ライトが見つかりますので、選択してXキーで削除します。

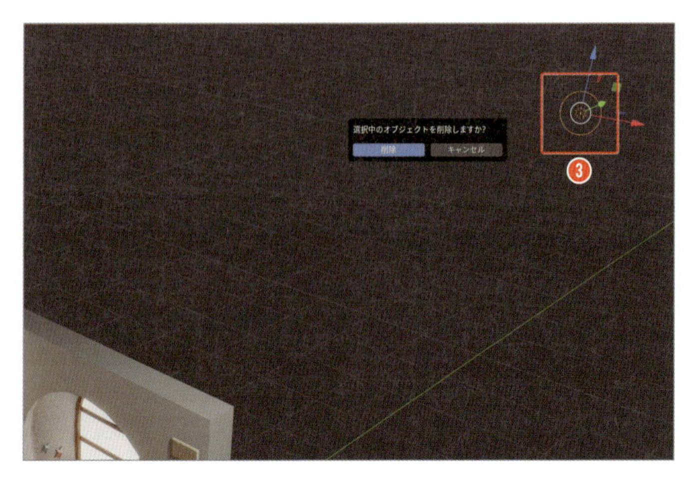

ライトがなくなりましたが、それでも全体的にやや明るさがあります。
これは環境照明の影響で、何もない空間から全体に一定の光が放たれているからです。
図は、ノイズを除去するために、ビューポートのサンプル数を500に設定しています。

環境照明を黒にする

1 **[プロパティ]**パネルの❶**[ワールドプロパティ]**タブで❷**[カラー]**を❸黒（色相・彩度・明度がすべて0）に変更します。

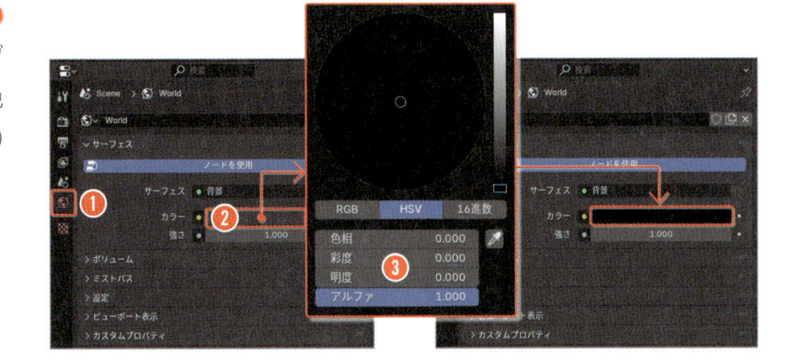

現実同様に、何らかの光源で照らされた箇所以外は真っ暗の状態です。
マテリアルの章で放射マテリアルを設定して発光させた箇所と、それらを反射している面は明るく見えています。
これでライティングを学習する準備が整いました。

10-2 ライトを追加

ライトを追加します。ライトは4種類から選んで追加できます。ライトの種類については次項で解説しますので、ここでは追加方法を学びます。

ライトを追加する

前項が終わった状態のRoomのシーンを使って進めます。**[追加]**メニュー➡**[ライト]**から各種ライトを追加できます。ここではポイントライトを追加してみましょう。

1. **[追加]**メニューの❶**[ライト]**➡**[ポイント]**を選びます。

[追加]メニューのショートカットは shift ＋Ⓐです。立方体などのプリミティブの追加と同じメニューです。

3Dカーソルの位置にポイントライトが追加されました。図は、見やすいようにポイントライトの位置が地面より上になるよう、少しだけ移動しています。

ライトは、他のオブジェクトと同様に、**[移動]**（Ⓖ）や**[回転]**（Ⓡ）の対象です。ただし、移動または回転の影響がないライトもあります。デフォルトのライト同様に、追加したライトもⓍキーで削除できます。

10-3 ライトの種類と特徴

ここからは[ポイント][サン][スポット][エリア]、4つのライトの特徴を学びます。特徴を理解した上で、ライトを移動や回転して効果を確認しましょう。

ポイントライトの特徴

前項が終わった状態のRoomのシーンを使って進めます。ポイントライトは、光源から全方向へ光を放ちます。
ポイントライトを追加したら、**[移動]**（G）で光源の位置を設定します。全方位へ光を放つため、**[回転]**による影響はありません。

ポイントライトは、光源から全方向に同じ量の光を放射しますが、光源からの距離により減衰します。

すべてのライトは**[プロパティ]**パネルの❶**[オブジェクトデータプロパティ]**タブで明るさや光源の色などを設定できます。

❷**[カラー]**：光源の色
❸**[パワー]**：光の強さ
❹**[半径]**　：光源の大きさ
小さいと影がボケにくい。大きいと影がボケる。

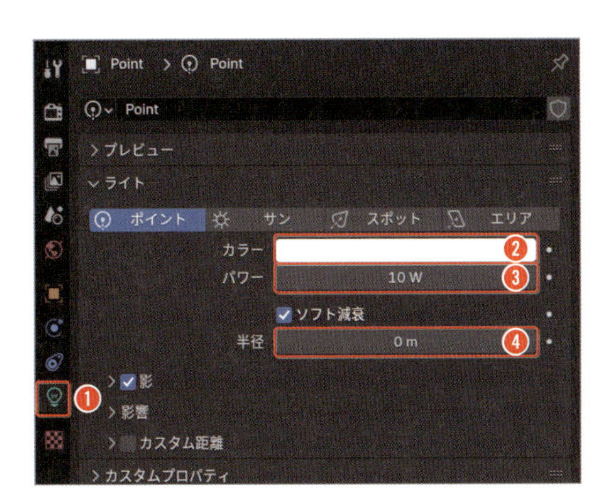

次ページでは、ポイントライトの設定による違いを見てみましょう。

▶ デフォルトの設定

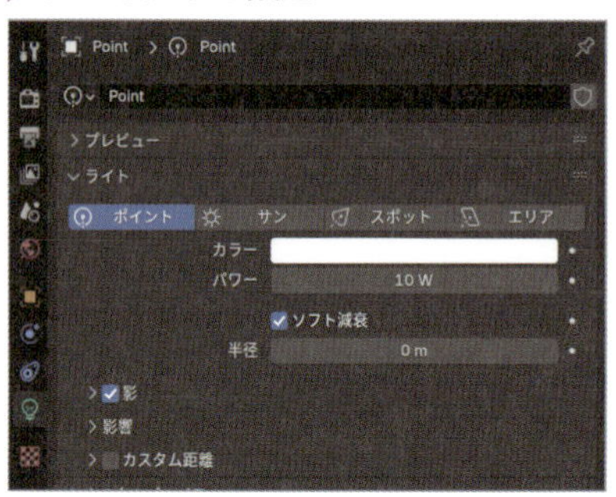

▶ [パワー] を大きくした例

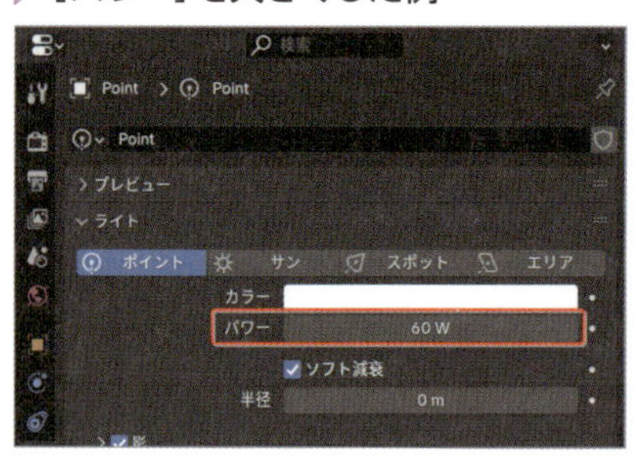

[パワー]を「**60**」Wに設定しました。

▶ [カラー] を暖色にした例

[パワー]を「**60**」Wで、**[カラー]**を暖色にしました。

CHAPTER-10

▶ [半径]を大きくした例

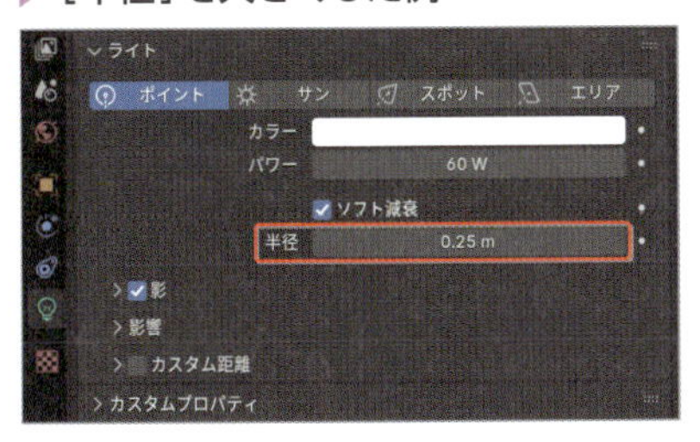

[**パワー**]を「**60**」Wで、[**半径**]を「**0.25**」mに設定しました。左ページ真中の例([**半径**]「**0**」mと比べて、影がぼけています。

▶ [半径]をより大きくした例

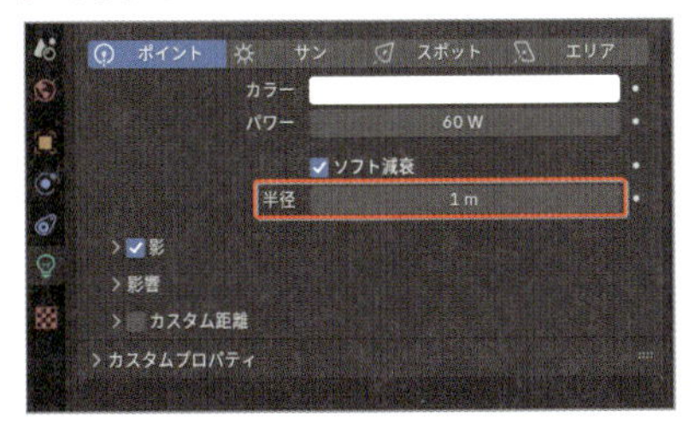

[**パワー**]を「**60**」Wで、[**半径**]を「**1**」mに設定しました。[**半径**]が「**0.25**」mの例と比べて、影がより強くぼけています。

サンライトの特徴

サンライトは、太陽のようにシーン全体を照らす平行な光です。
ポイントライトを削除しサンライトを追加してみましょう。
平行光源であるため位置の影響は受けません。**[回転]**(R)では光の方向を設定できます。

shift+Tを押すと光の向きを変更できます。サンライトをやや高い位置に配置しておくほうが操作しやすいでしょう。

サンライトは太陽光のような平行光源です。位置による違いはありませんし、光源からの距離による減衰はしません。

[プロパティ]パネルの❶**[オブジェクトデータプロパティ]**タブで明るさや光源の色などを設定できます。
❷**[カラー]**：光源の色
❸**[強さ]**　：光の強さ
[強さ]の初期値**[1]**では弱いため、**[10]**前後に設定するのがおすすめです。
❹**[角度]**　：影のボケ
[角度]では影のボケ具合を設定します。この**[角度]**は地球から見た太陽の角直径で、初期値**[0.526]**から変更する必要はありません。
絵作りの都合上ぼかしたい場合は、この角度に大きな値を入れます。

次ページでは、サンライトの設定による違いを見てみましょう。

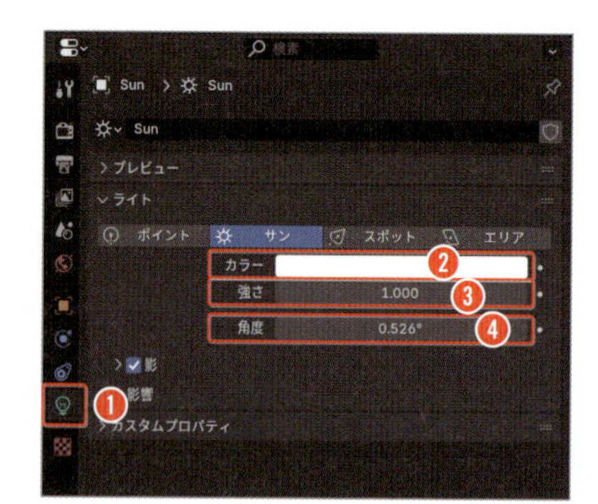

[回転]で光の向きを変えています。[オブジェクトデータプロパティ]タブの設定はデフォルトのままです。

▶[強さ]を「10」にした例

[強さ]を「**10**」に設定しました。[角度]はデフォルトの「**0.526**」°のままです。

▶[角度]を「30」°にした例

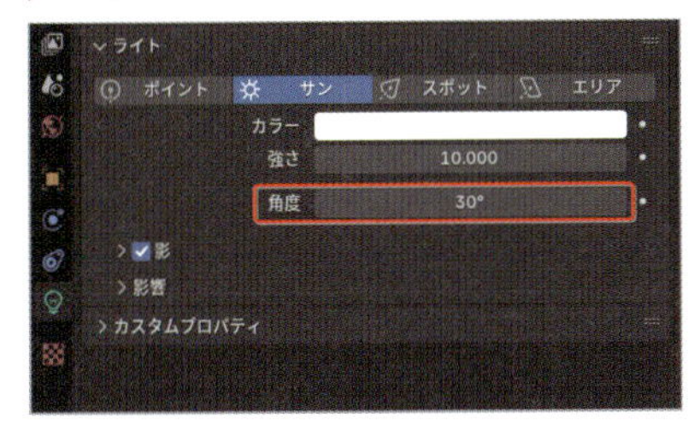

[強さ]を「**10**」、[角度]を「**30**」°に設定しました。
太陽光の影としては不自然にボケた印象となりました。

スポットライトの特徴

スポットライトは、その名の通り照射面が円になるスポットライトです。
サンライトを削除しスポットライトを追加してみましょう。
[移動](Ⓖ)と**[回転]**(Ⓡ)の両方を使って、どこからどの方向を照らすのか調整します。

> **[回転]**(Ⓡ)の代わりに shift ＋Ⓣでも光の向きを変更できます。

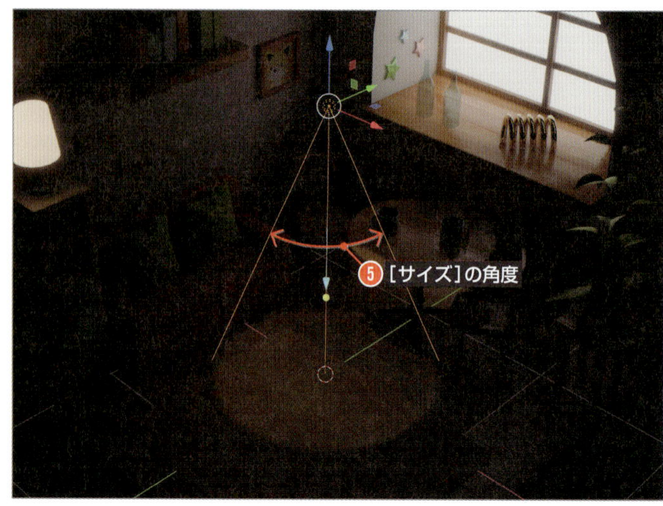

スポットライトは、設定した方向と角度の範囲内に光をあてます。

[プロパティ]パネルの❶**[オブジェクトデータプロパティ]**タブで明るさや光源の色などを設定できます。

❷**[カラー]**:光源の色
❸**[パワー]**:光の強さ
❹**[半径]**　:光源の大きさ
❺**[サイズ]**:光源から広がる角度
❻**[ブレンド]**:照射面となる円をぼかす量

[半径]で影のぼけ方を調整できるのはポイントライト同様です。**[サイズ]**で照らす範囲の広い狭いを調整し、**[ブレンド]**でその輪郭をぼかします。
スポットライトの場合は、**[半径]**よりも**[サイズ]**や**[ブレンド]**を調整するほうが目立った変化を得られます。
次ページでは、スポットライトの設定による違いを見てみましょう。

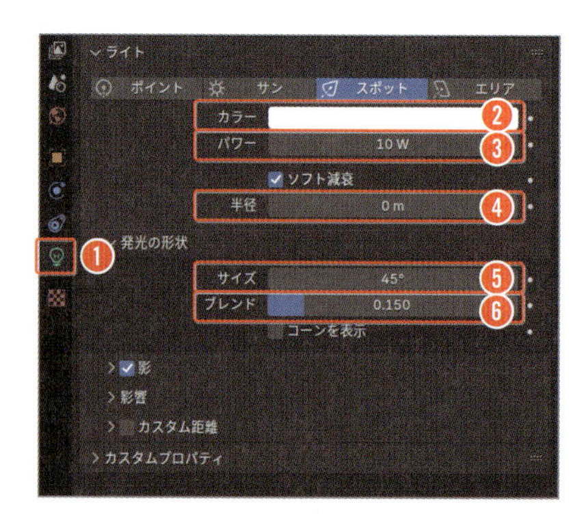

▶ [ブレンド]が「0」の例

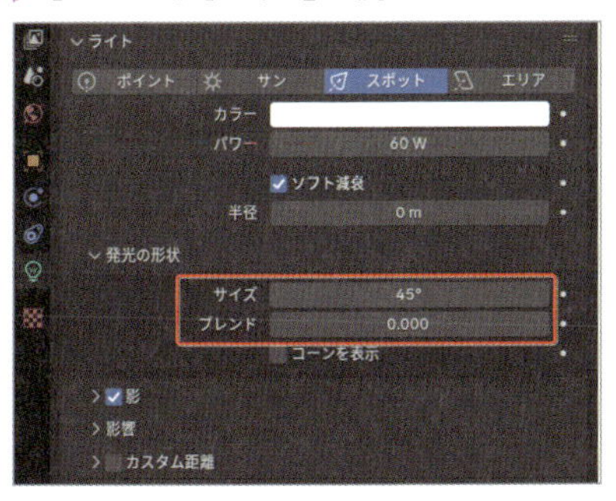

[**サイズ**]を「**45**」°で、[**ブレンド**]を「**0**」に設定しました。ライトの円の輪郭がくっきりしています。

▶ [ブレンド]が「1」の例

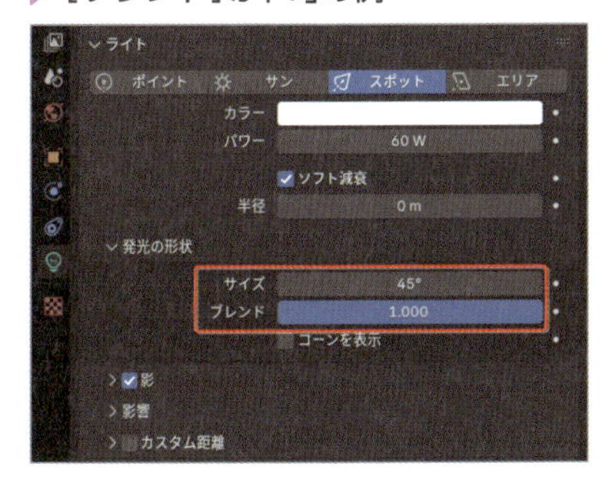

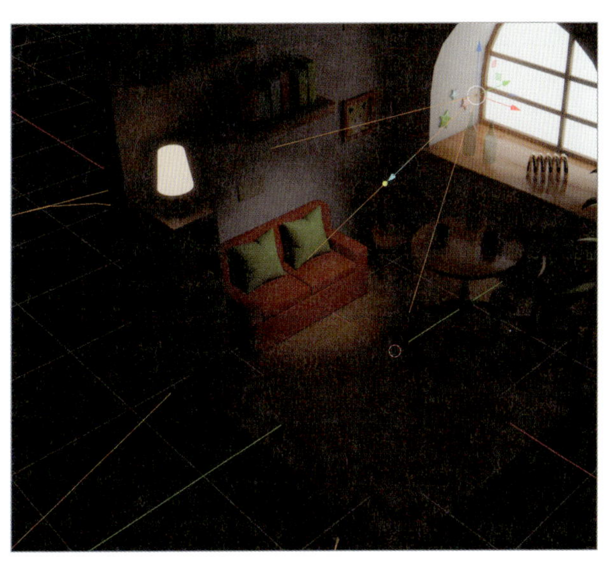

[**サイズ**]を「**45**」°で、[**ブレンド**]を「**1**」に設定しました。ライトの円の輪郭がぼけています。

▶ [コーンを表示]の例

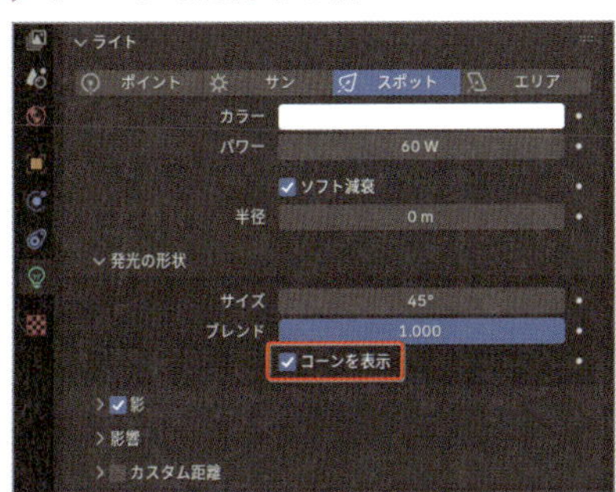

[**コーンを表示**]にチェックを入れると、照らされる範囲が視覚的にわかりやすくなります。補助的な表示であり、このような仕上がりになるわけではありません。

エリアライトの特徴

エリアライトは、平たい面積をもつ光源です。

スポットライトを削除しエリアライトを追加してみましょう。**[移動]**(G)、**[回転]**(R)、**[スケール]**(S)を用いて、光源の位置、向き、大きさを設定します。

エリアライトには表と裏があり、表側にのみ光を放ちます。

エリアライトには表と裏があるため、表面(図ではエリアライト下面)からは照射しますが、裏面(図ではエリアライト上面)からは照射されません。

[プロパティ]パネルの❶**[オブジェクトデータプロパティ]**タブで明るさや光源の色などを設定できます。

❷**[カラー]**:光源の色

❸**[パワー]**:光の強さ

❹**[シェイプ]**:光源の形状

❺**[サイズ]**:光源の大きさ

[シェイプ]では**[正方形]**、**[長方形]**、**[ディスク]**(正円)、**[楕円]**から選択できます。**[長方形]**と**[楕円]**では、**[サイズ]**でX、Yの幅と長さを設定できます。

次ページでは、エリアライトの設定による違いを見てみましょう。

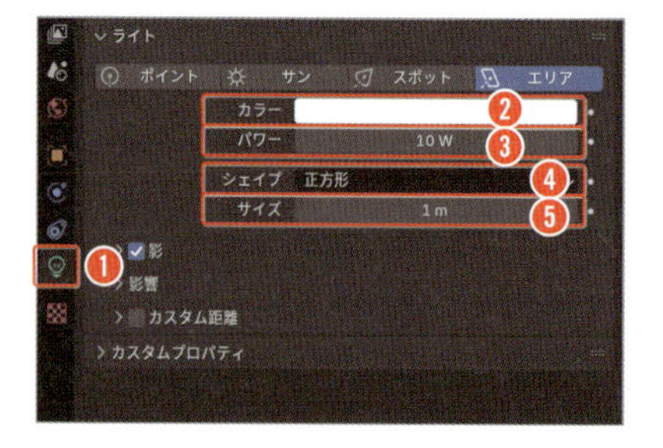

サイズを3mにして天井の大きさとほぼ一致させ、高さも天井高さに合わせたエリアライトです。天井全体が発光している状態を模しており、影が強くボケています。

▶ [シェイプ]が[長方形]の例

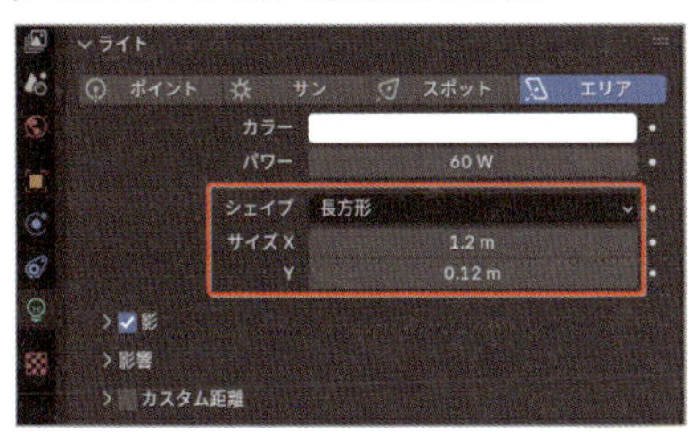

[シェイプ]を[長方形]、[サイズX]を「1.2」m、[サイズ Y]を「0.12」mに設定しました([パワー]は「60」Wにしています)。蛍光灯を模したエリアライトです。

▶ [シェイプ]が[ディスク]と[楕円]の例

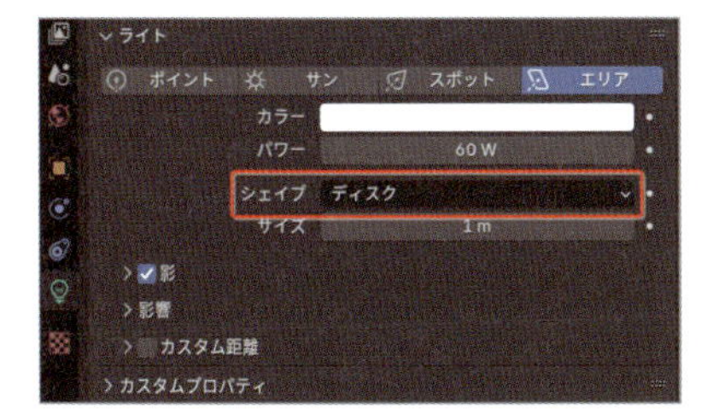

[シェイプ]を[ディスク](左)と[楕円](右)に設定しました。

▶ [スケール]で変更した例

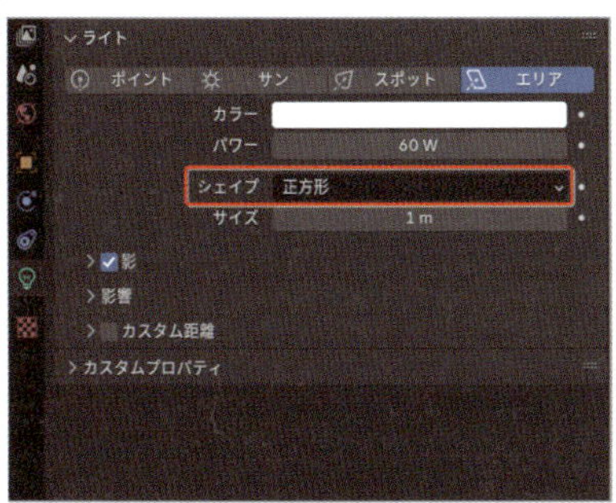

[シェイプ]が[正方形]のままでも、[スケール](S)で直感的に長方形が作れます。

10

ライティングとレンダリング

ライティングの考え方

ライトを配置するとシーンが明るくなります。照らされていない箇所は影になります。当然このことを意識してライトを配置しますが、ライトにはもうひとつ重要な役割があります。それが映り込みです。
映り込みを確認してみましょう。

前項が終わった状態のRoomのシーンを使い、すべてのライトを削除します。
まず準備として窓の発光を止めます。

1 ❶窓ガラスを選択します。**[プロパティ]**パネルの**[マテリアルプロパティ]**タブで、❷[Window_Glass]の❸**[強さ]**を「0」にします。

2 ❹出窓の右端に正方形のエリアライトを配置します。**[オブジェクトデータタブプロパティ]**タブで**[パワー]**を「60」Wに設定します。エリアライトの表裏に注意して配置しましょう。

ライトを配置してシーンが明るくなりました。照らされていない箇所（エリアライトの裏側など）は影になります。
金色のスプリングと透明な瓶それぞれに、エリアライトの四角い光が映り込んでいることに注目してください。
映り込みは質感を表現するための重要な要素で、これがなければ金属やガラスに限らず、あらゆる質感の「らしさ」が消えてしまいます。
ここではハッキリした映り込みを例にしましたが、たとえつや消しの質感であっても、反射は同様に起こります。
ライトを設置することで、どのように照らされ、質感がどう見えるか。これらに注目しながらライティングを楽しみましょう。

[3Dビューのシェーディング]が上図では[ソリッド]になっていますが、[レンダー]のままでかまいません。この場合、窓の発光を止めると真っ暗になります。

[マテリアルプロパティ]タブで[強さ]を「0」にします。

透明な瓶、金色のスプリングのハイライト部分がエリアライトからの反射になります。ここではエリアライトを[正方形]に設定していますが、たとえば[ディスク]に変更すると、ハイライトの形状も変化します。

10-4 レンダーエンジンの切り替え〔Cyclesを使う〕

高品質なレンダーエンジン[Cycles]を使用して、より美しい仕上げのための学習をしましょう。

レンダーエンジンを切り替える

ここまでのレンダリングには、[Eevee]という高速なレンダーエンジンを使用していました。
Blenderには、[Cycles]という高品質なレンダーエンジンも搭載されています。
レンダーエンジンを、[Eevee]から[Cycles]に切り替えます。

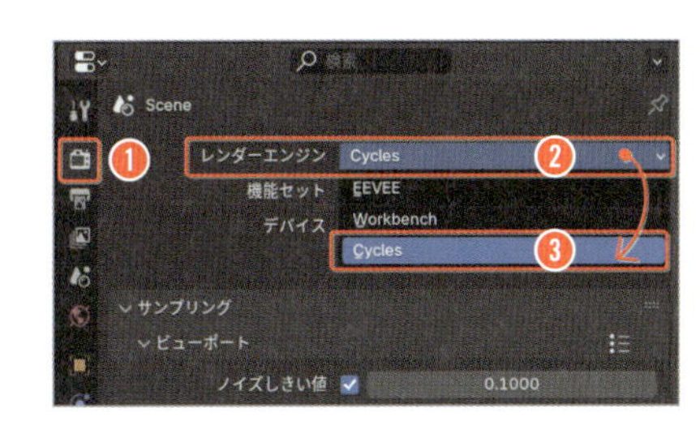

1 **[プロパティ]**パネルの❶**[レンダープロパティ]**タブで、❷**[レンダーエンジン]**を❸**[Cycles]**にします。

前項が終り、前ページの『ここもCHECK!』でエリアライトを配置した状態のRoomのシーンです。

レンダーエンジンを[Eevee]に設定しています。

レンダーエンジンを[Cycles]に切り替えることで、右下図のようになりました。
一見すると大きな違いはないように思いますが、暗部の情報量が増し、壁や植物が見やすくなりました。
これは壁などの各面に当たった光が反射して、周辺を照らす描写がより正確に再現されたためです。
EEVEEのレイトレーシングでは、画面外を光の計算から除外していますが、Cyclesでは見えない所まで計算を行います。
その他にも、ガラスの屈折や反射についても、より正確な描写が行われます。
現実を再現するようなライティングにより、写真のようにリアルな仕上がりが期待できます。

レンダーエンジンを[Cycles]に設定しています。

[Cycles]のレンダー表示はノイズが目立つと思います。これを目立たなくする機能がデノイズです。

2 [レンダープロパティ]タブで、❹[サンプリング]内の、❺[ビューポート]の❻[デノイズ]にチェックを入れます。

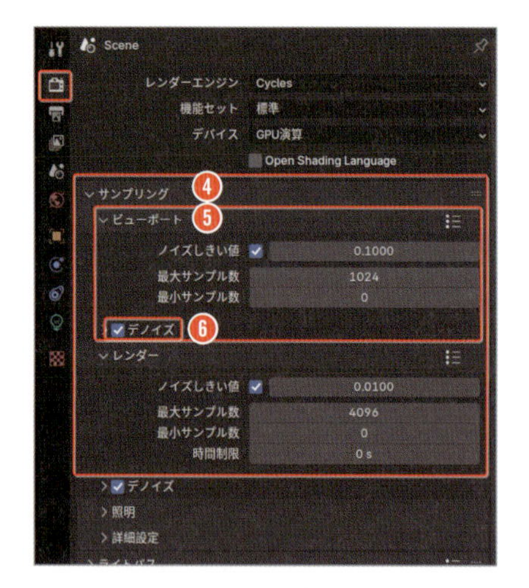

なめらかな仕上がりになります。

対応GPUを搭載したパソコンを使用している場合

GPUを搭載した高性能なパソコンをお使いの場合は、レンダリングにGPUを使用することでCPUよりも高速にレンダリングすることができるようになります。

1 [編集]メニュー➡[プリファレンス]を開き、左側で❶[システム]をクリックします。右側❷[Cyclesレンダーデバイス]を使用しているパソコンの環境に合わせて設定します。

※対応するGPUについてはBlenderの公式ページを確認してください。

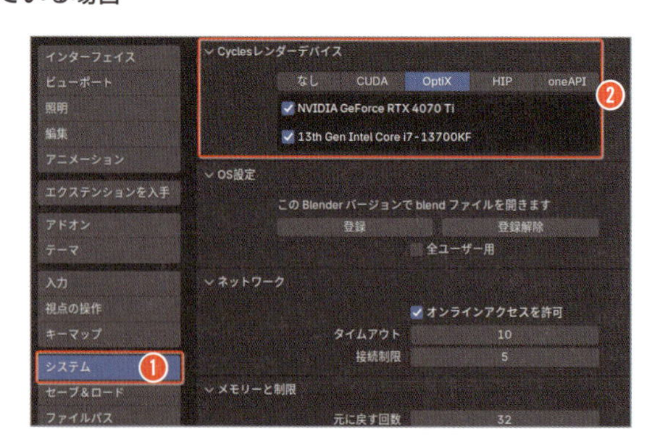

2 [Blenderプリファレンス]ウィンドウを閉じ、[レンダープロパティ]タブの❸[デバイス]を、[GPU演算]に切り替えます。

レンダー表示のノイズが消えるスピードが速くなります。

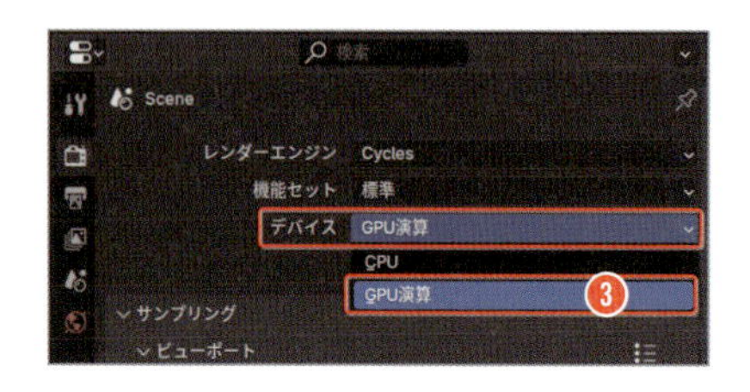

10-5 環境照明

ここではライティングでもうひとつ大切な、環境照明について学びます。環境照明は画面全体に影響する機能です。

環境照明の学習のための準備をする

前項が終わった状態のRoomのシーンで進めます。学習に適したシーンにするため、❶視点を右図のような全体が見えるアングルにします。アングルを変えたらライトをすべて削除します。

単色の環境照明を試す

単色の環境照明を設定してみましょう。❷[**ワールドプロパティ**]タブの❸[**カラー**]で設定します。現在は黒になっています。ここを明るい色に設定してください。画面全体が設定された色で照らされました。
これは全方位から同じ色明るさの光を照射された状態です。
❹グレートーンの色を設定すると、曇り空の場面のように、ぼんやりとした影になります。

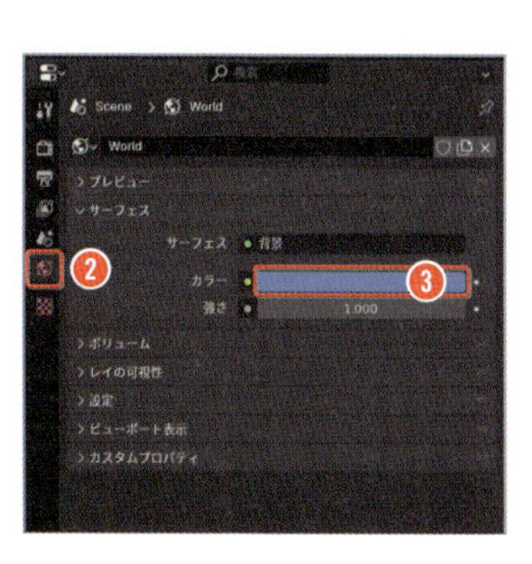

大気テクスチャを試す

環境照明の機能のひとつ、大気テクスチャを学びます。
[ワールドプロパティ]タブの❶**[カラー]**のボタンから❷**[大気テクスチャ]**を選びます。
[大気テクスチャ]では、空と太陽を描き、屋外のライティングを再現することができます。

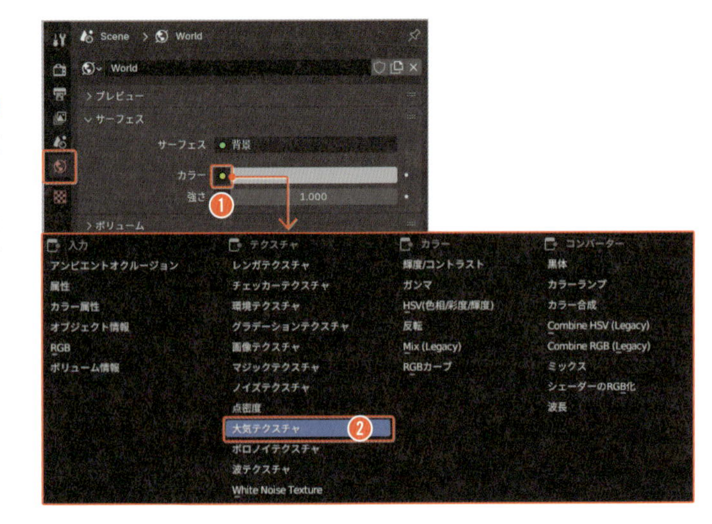

[大気テクスチャ]にはいくつかの設定項目がありますが、❸**[太陽の高度]**、❹**[太陽の回転]**、❺**[強さ]**の3つだけを覚えれば大丈夫です。
❸**[太陽の高度]**は、日の高さをコントロールして時間帯を設定します。90°で真上に昇り、180°で反対側へ沈みます。
❹**[太陽の回転]**は、日の昇る方向をコントロールします。方角が回転するようなイメージで、360°で一周します。
❺**[強さ]**は、大気テクスチャによる光の強さをコントロールして明るさを適度に調整します。明るすぎる場合に数値を下げます。

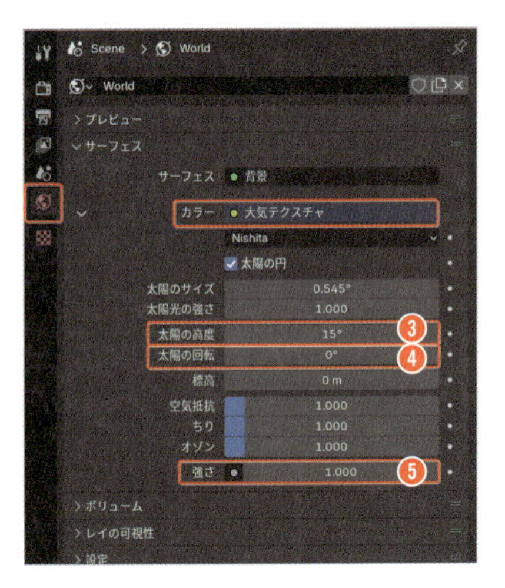

[強さ]は環境照明のタイプを変更しても引き継ぐので、いろいろ試したら、次の学習のため「**1.0**」に戻しておいてください。

▶［太陽の高度］：「15」°
［太陽の回転］：「0」°
［強さ］：「1」

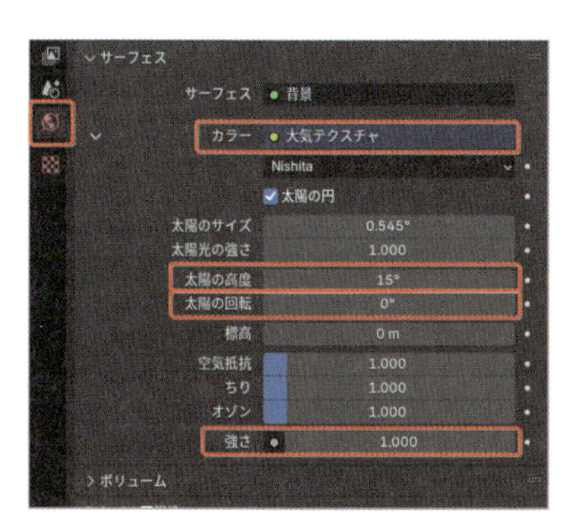

▶［太陽の高度］：「50」°
［太陽の回転］：「30」°
［強さ］：「0.2」

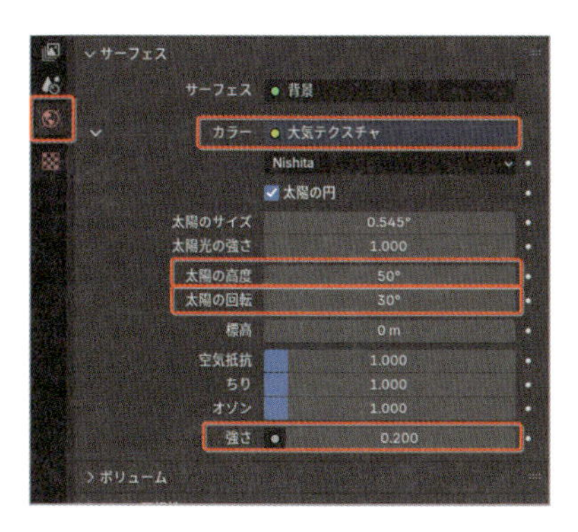

▶［太陽の高度］：「5」°
［太陽の回転］：「200」°
［強さ］：「0.1」

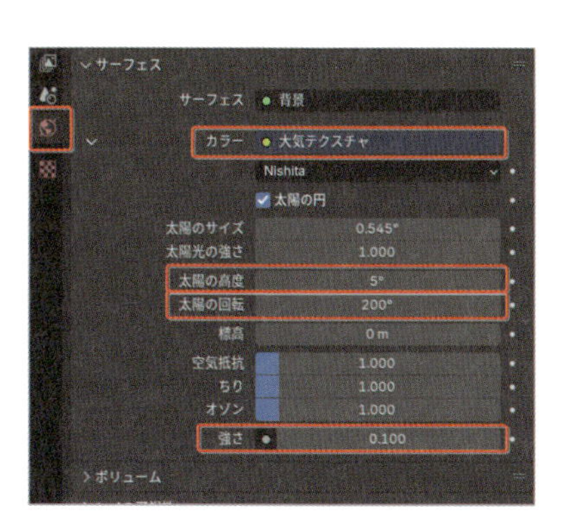

環境テクスチャを試す

次に環境テクスチャを学びます。
[**ワールドプロパティ**]タブの❶[**カラー**]のボタンから❷[**環境テクスチャ**]を選びます。

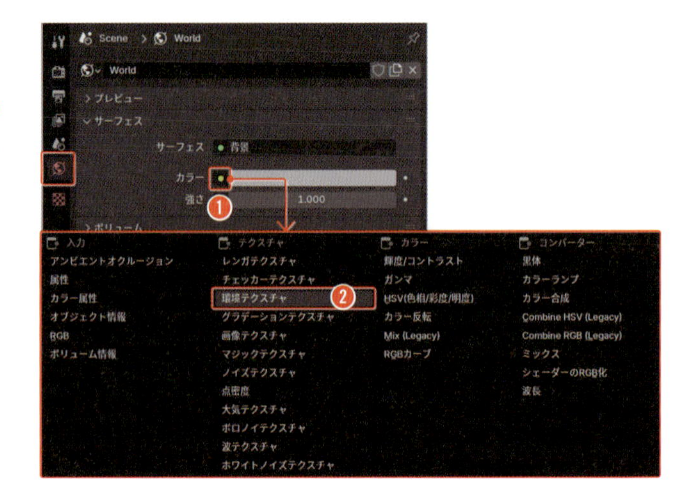

画面全体がピンクに染まりますが、これは環境テクスチャに使用する画像が設定されていないという警告色です。

[**環境テクスチャ**]ではHDRIという、CGのライティングに使われる特殊な画像を使用します。ここでは、素材配布サイト[**ambientCG**](P.325参照)からダウンロードして学びます。

Webブラウザなどで[**ambientCG**]にアクセスし、❶[**HDRIs**]を選択します。❷多くのプレビューが表示されますので、撮影環境として気に入ったものを選択します。

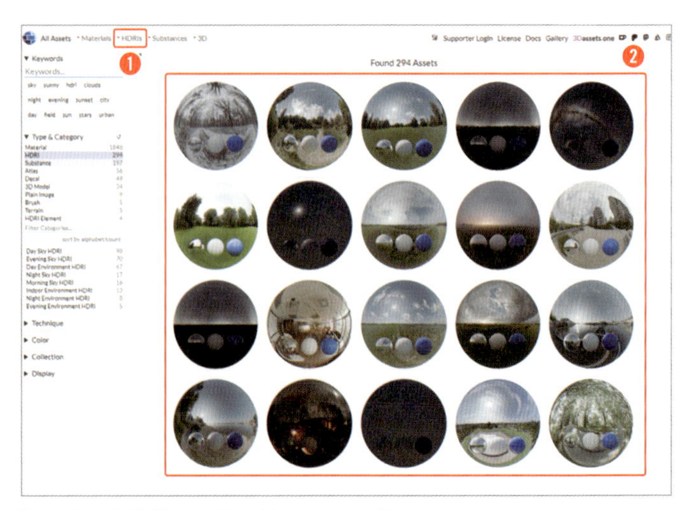

[AmbientCG](https://ambientcg.com/)

❸右側に画像の形式とサイズごとのダウンロードリンクが表示されているので、必要なものをダウンロードします。
概ね、[1K-HDR.exr]または[2K-HDR.exr]を選ぶとよいでしょう。
高い解像度のものは高精細になりますが、処理が重くなるため必要に応じて選択しましょう。

ここでは、[Day Environment HDRI 058]の[2K-HDR.exr]を選んでダウンロードしています。

ダウンロードした画像ファイルを.blendファイルを保存しているフォルダ内へ移動したら、Blenderに戻ります。
[ワールドプロパティ]タブの**[環境テクスチャ]**の❹**[開く]**をクリックします。ダウンロードした.exrファイルを選択して開きます。

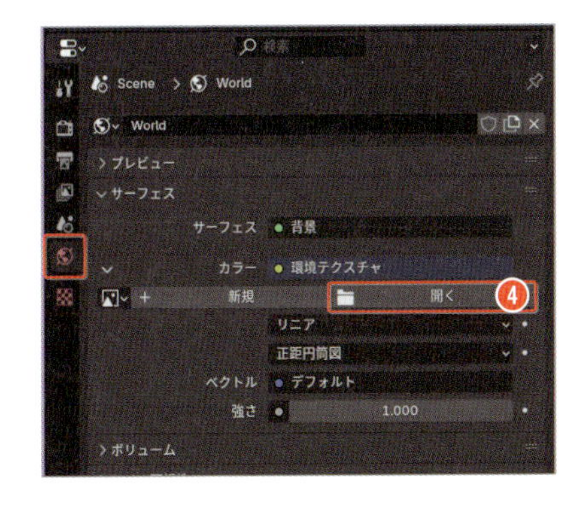

背景に環境テクスチャが貼られ、写真の環境に合わせた光で照らされました。
HDRIはマテリアルにも影響し、光の強さを反映したリアルな反射を表現します。

次ページでは**[環境テクスチャ]**を回転する手順を2通り説明します。覚えやすいほうを覚えてください。

▶［環境テクスチャ］を回転する

〔［ワールドプロパティ］で回転〕

1 ［**ワールドプロパティ**］の環境テクスチャから❶［**ベクトル**］をクリックし、❷［**マッピング**］を選びます。

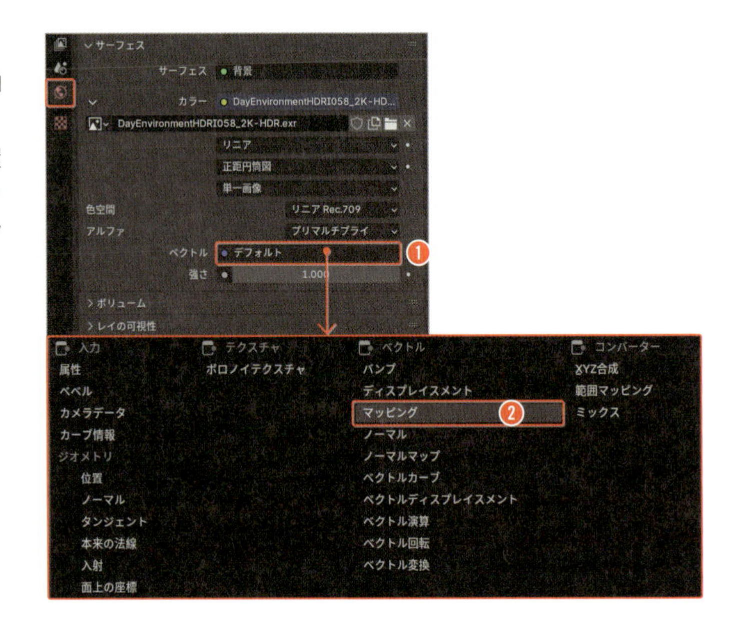

2 ［**マッピング**］を選ぶと、もうひとつ［**ベクトル**］が現れます。この❸［**ベクトル**］のボタンをクリックして❹［**生成**］を選びます。

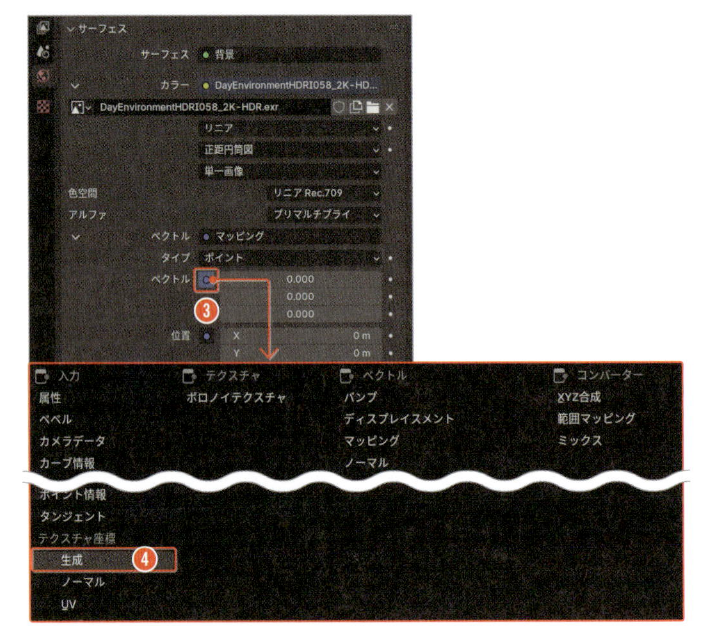

3 ❺［**回転 Z**］の値を変更します。

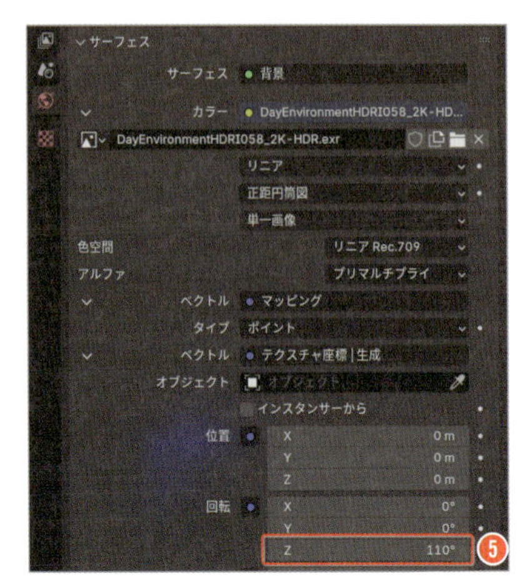

背景の[**環境テクスチャ**]が回転し、それにあわせて光源方向も変化します。

▶ **[環境テクスチャ]を回転する**
〔[シェーダーエディター]で回転〕

1 ワークスペースを[Shading]タブに切り替えます。[**シェーダーエディター**]の❶[**シェーダータイプ**]を[**オブジェクト**]から[**ワールド**]に変更します。

ここに表示されたノードは、ひとつ目の手順(前ページの2)で設定されたものです。

2 ❷左側の[**テクスチャ座標**]、[**マッピング**]の2つのノードを囲んで選択し、削除します。

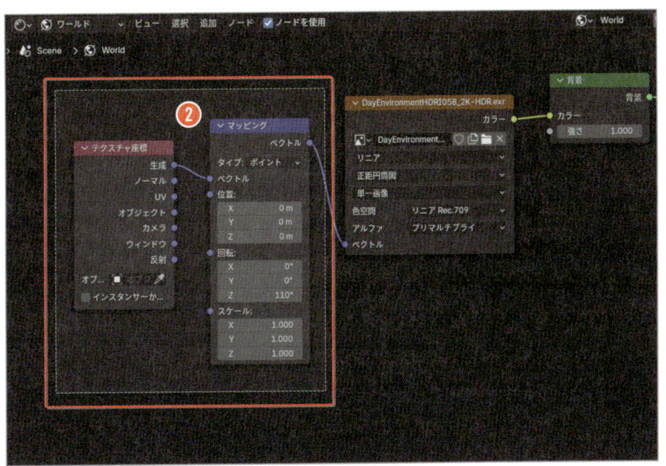

ひとつ目の手順（P.472 2）を行っていない場合は、この状態のノードが表示されます。

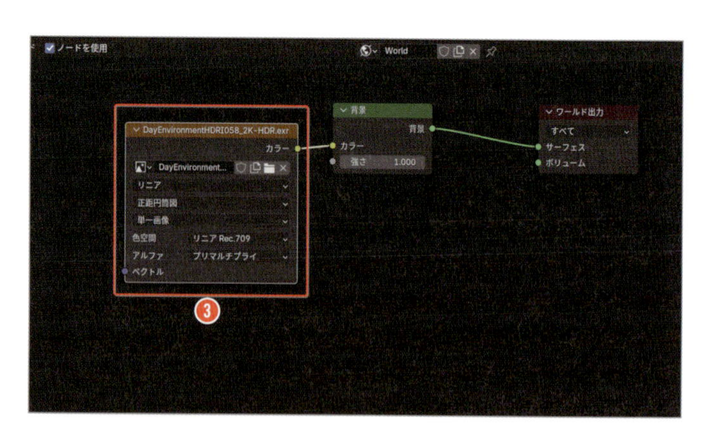

3 ❸［**画像テクスチャ**］ノード（.exrファイルのファイル名が書かれたノード）を選択します。

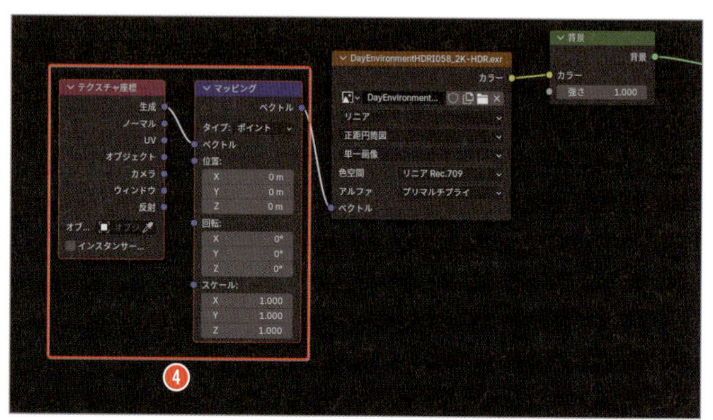

4 ［ctrl］＋［T］を押します。これはCHAPTER-6で解説した［Node Wrangler］アドオンの機能を使用しています。

❹先程と同様に、［**マッピング**］ノード、［**テクスチャ座標**］ノードが追加されました。

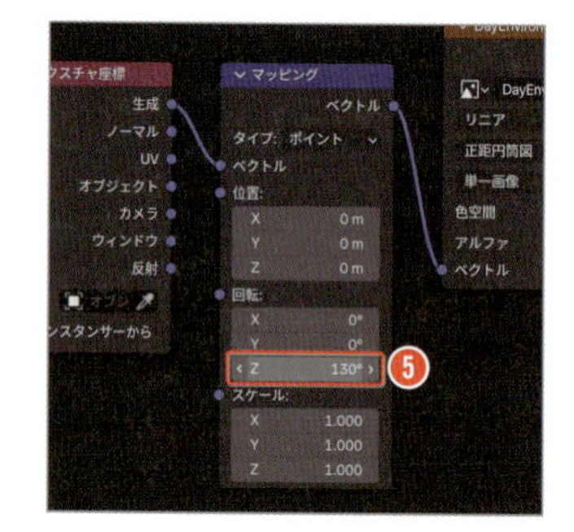

5 ［**マッピング**］ノードの❺［**回転 Z**］の値を変更すると環境テクスチャが回転します。

画面上部の［**3Dビューポート**］が［**マテリアルプレビュー**］の場合、［**レンダー**］に変更しないと反映されません。これは、［**マテリアルプレビュー**］が独自の環境照明を持つためです。

［**環境テクスチャ**］を回転する手順を2通り説明しました。
ひとつ目の手順は［Layout］タブのまま完結しますが［**マッピング**］と［**生成**］を覚えておく必要があります。
ふたつ目の手順はショートカット［ctrl］＋［T］だけで完結しますが［Shading］タブに切り替える必要があります。

10-6 カラーマネジメント

写真の現像のように、明るさとコントラストの調整を行います。

[レンダープロパティ]タブの[カラーマネジメント]

前項が終わった状態のRoomのシーンで進めます。ワークスペースが[Shading]タブになっている場合は、[Layout]タブに切り替えます。
明るさとコントラストは、❶[レンダープロパティ]タブの❷[カラーマネジメント]で調整できます。❸[ルック]でコントラスト、❹[露出]で明るさを調整します。

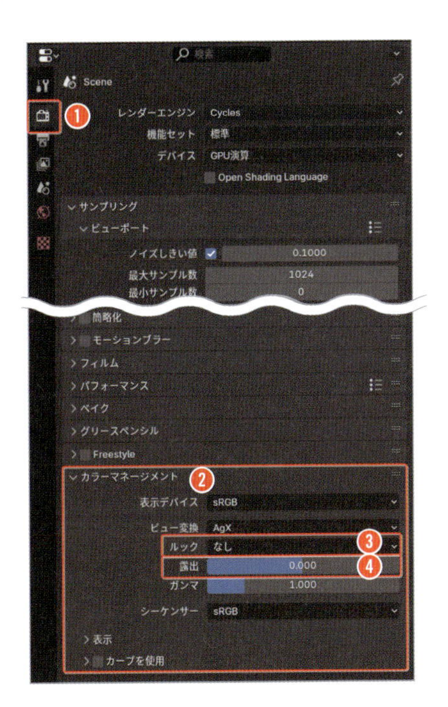

[ルック]を調整する

[Very Low Contrast]から[Very High Contrast]まで7段階のコントラストと、Grayscale(グレースケール)、Punchy(パンチの効いた)を設定できます。
初期設定の[なし]は[Base Contrast]と同じです。本書では以降の作例にPunchyを使用しています。

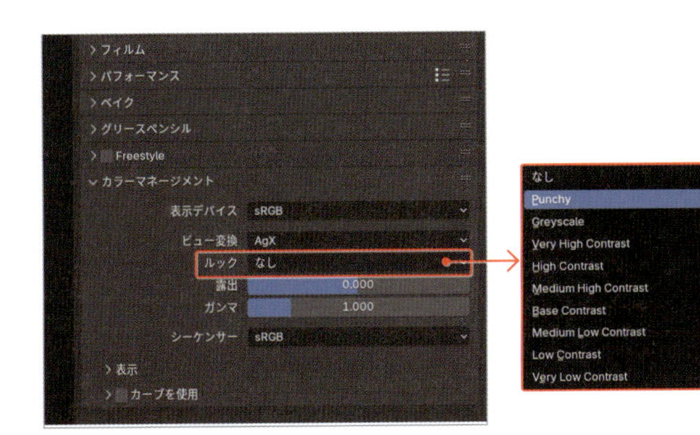

▶ [Very Low Contrast] の例

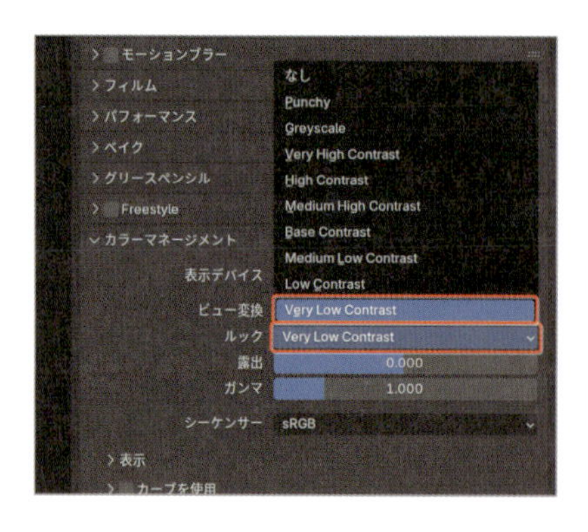

▶ [Medium Contrast] の例

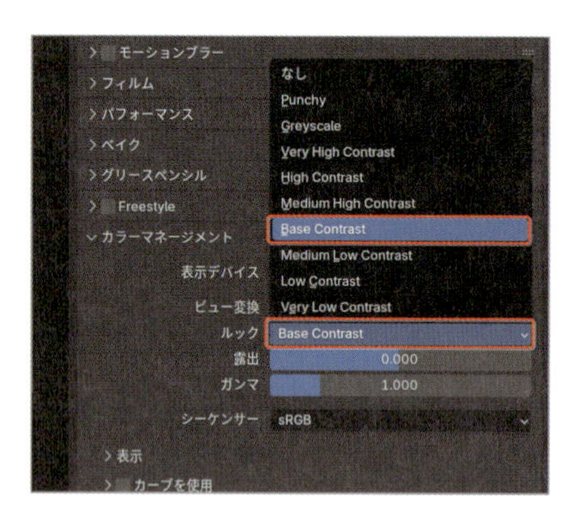

▶ [Very High Contrast] の例

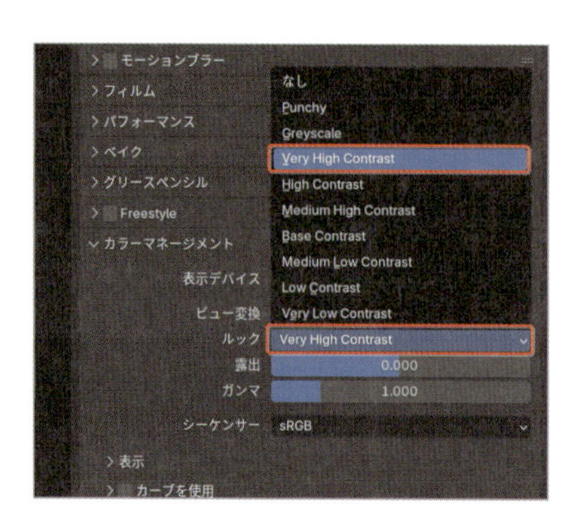

[露出]を調整する

[**露出**]は明るさの調整です。環境光や各ライトのバランスを保ったまま明るさを変更できます。

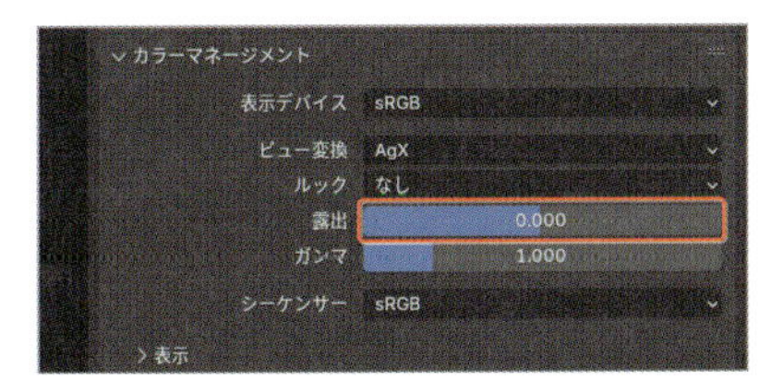

▶ [露出]:「−1」の例

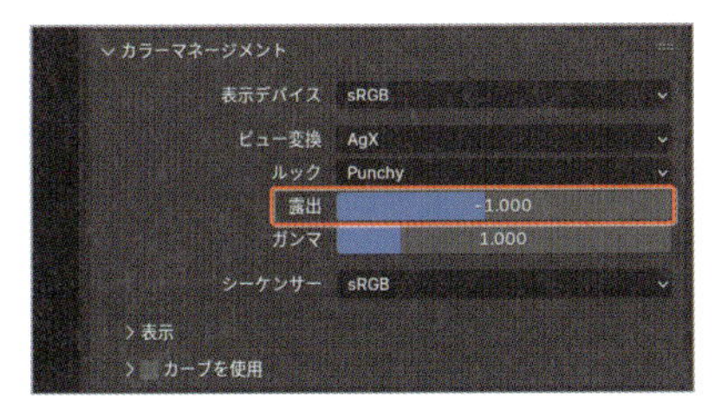

▶ [露出]:「+2」の例

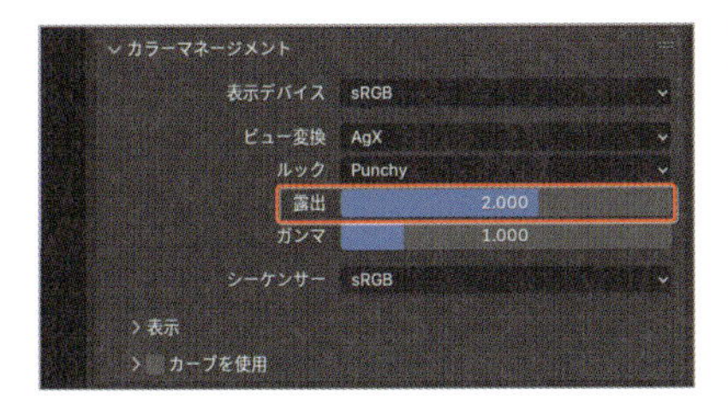

▶ [露出]:「+5」の例

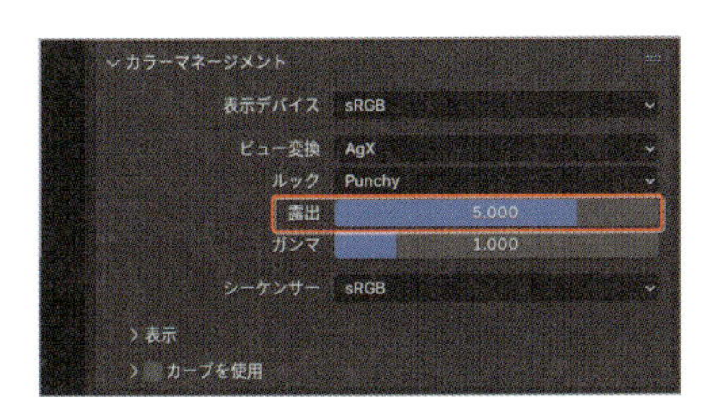

10-7 ライティング作例

ライティング次第で印象が大きく変わるということを実感して、自身のアイデアを膨らませてみましょう。

シンプルなライティング

はじめの作例は、作ったものの造形や発色がよく見える、シンプルなライティングです。
背景色を明るめのグレーにして、全体に光を巡らせています。
影を描くためにエリアライトをひとつ配置しました。
エリアライトを選択したのは影を柔らかく仕上げるためです。壁に近いと白飛びしてしまうため、壁から少しだけ遠ざけています。マテリアルStandLight_Emissionの強さで、スタンドライトの明るさも調整しています。

テーブルを主役にムードを演出する

テーブルを主役に、不思議な出来事が起こりそうなムードを描いてみました。
[**ワールドプロパティ**]の[**カラー**]は真っ黒にして、環境光を暗くしています。
このシーンは3つのライティングの設定から構成されています。
それぞれの設定を見ていきましょう。

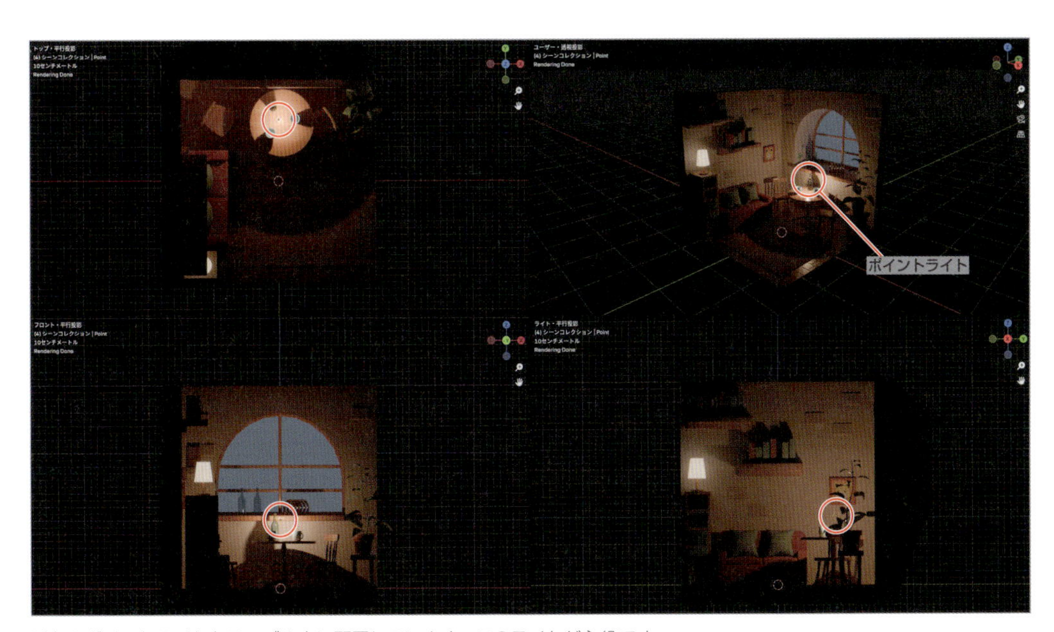

暖色のポイントライトをテーブル上に配置しています。このライトが主役です。

ライティングは、どんな印象に仕上げたいのかを最初にイメージすることが大切です。
また、むやみにライトを増やすとよい結果になりにくいので、ひとつひとつライトをおいた理由、役割を自分なりに説明できると上手に仕上がります。

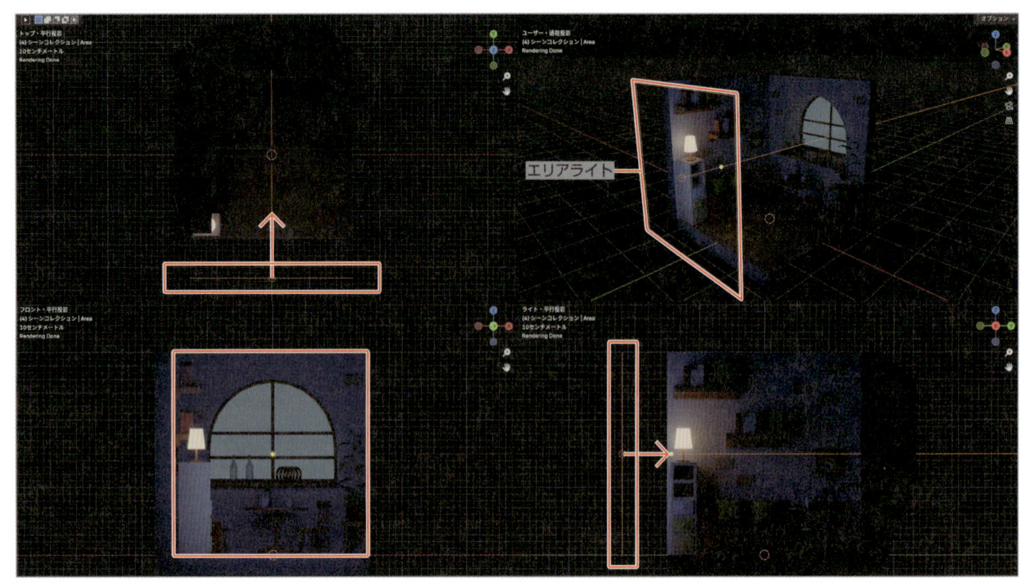

エリアライトを補色となる青系の色にし、テーブルと反対の壁側に配置しています。窓明かりも青系にしています。

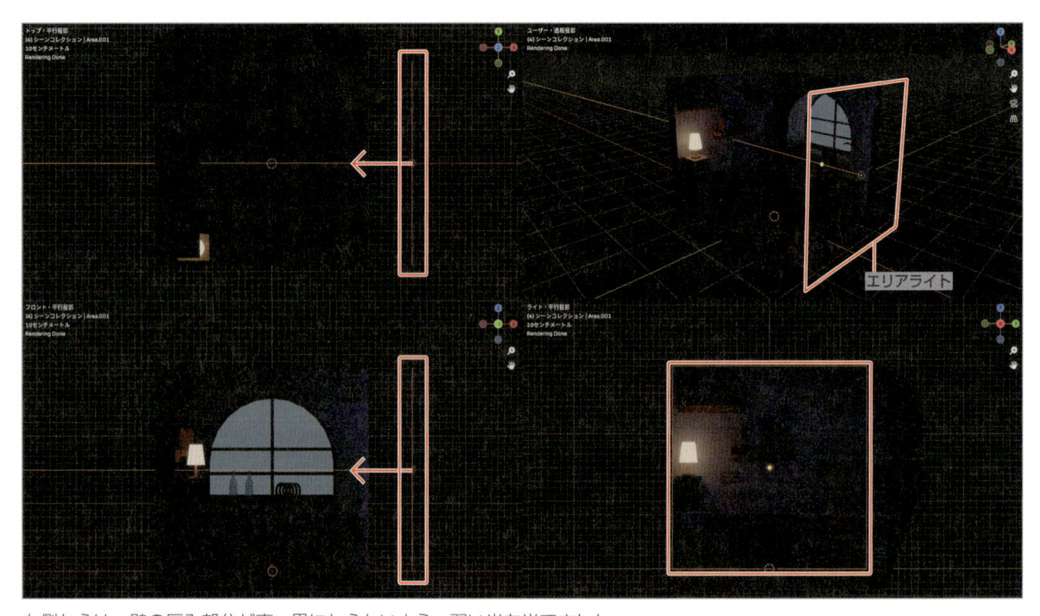

右側からは、壁の厚み部分が真っ黒にならないよう、弱い光を当てました。

たくさんのライトを使う

たくさんのライトを使って賑やかに仕上げました。ライトの数は多いですが、役割のグループがあります。
環境照明は黒ですが、窓明かりには僅かに暖色を入れて色味を揃えています。
このシーンは5つのライティングの設定から構成されています。
それぞれの設定を見ていきましょう。

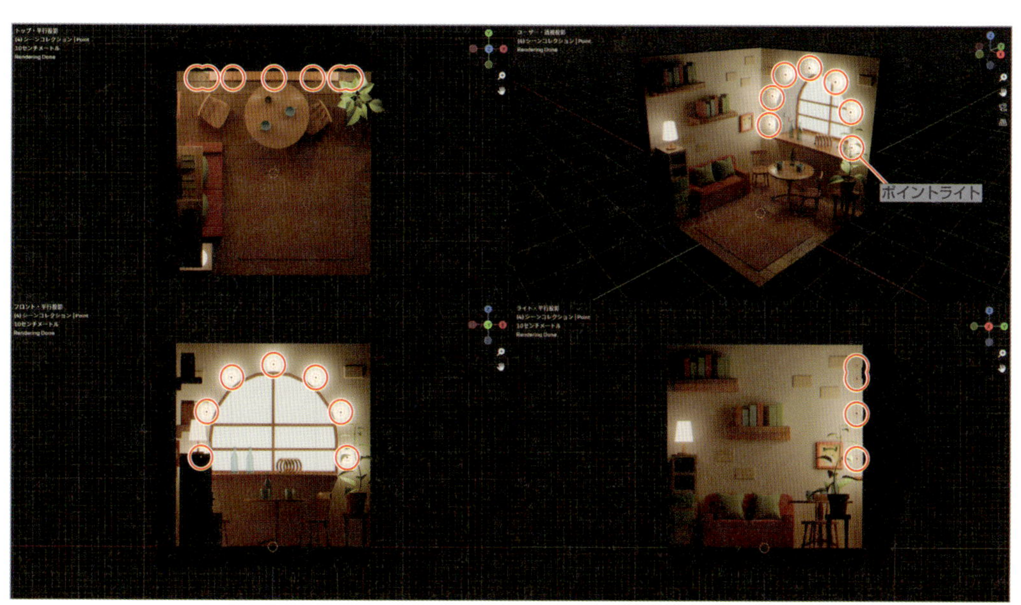

窓の周りを小さなポイントライトで囲みました。同じ色明るさにするためライトを複製して配置しています。規則性があれば複数でもまとまりが出ますね。

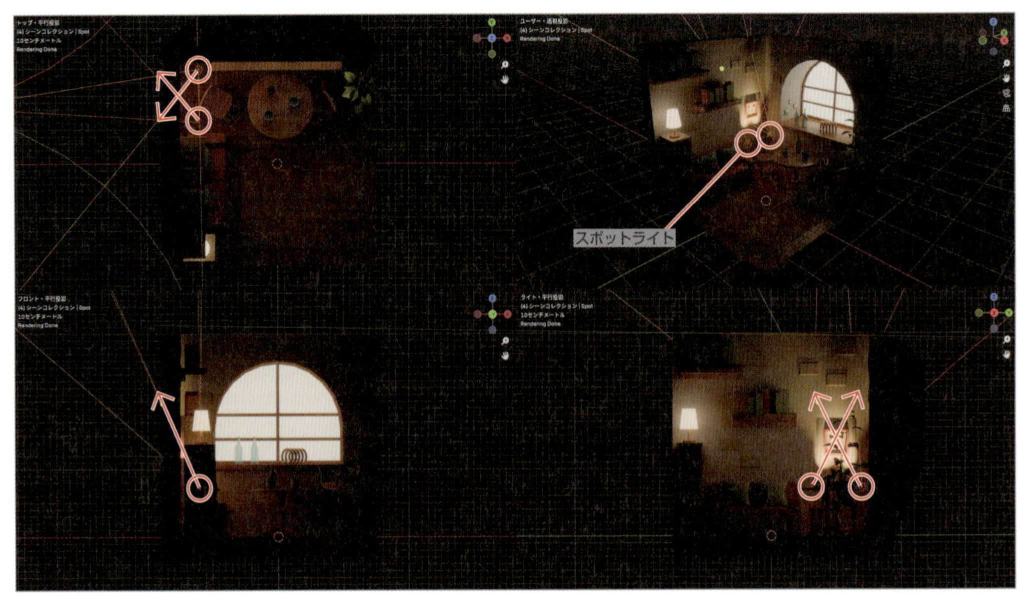

額装された絵にスポットライトをあてました。これも2つとも同じ色明るさです。

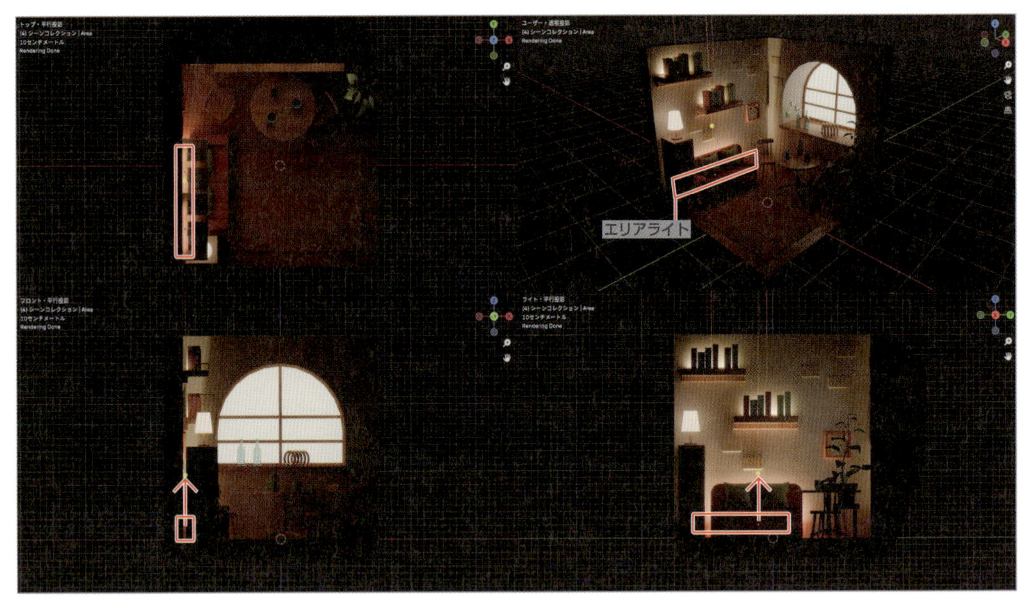

ソファや本の背後にエリアライトを隠して、間接照明を作りました。明るさの差が生まれてソファや本棚自体も目立ちます。

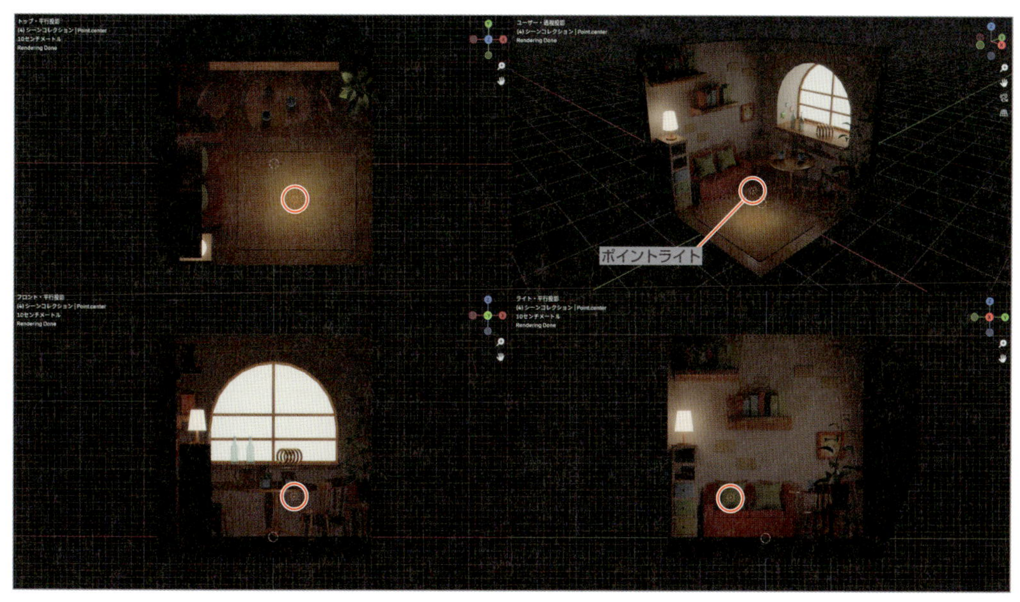

大きな面積を占める床が暗くなると印象が沈むので、ポイントライトで適度に明るくし、グラデーション状の変化をつけています。

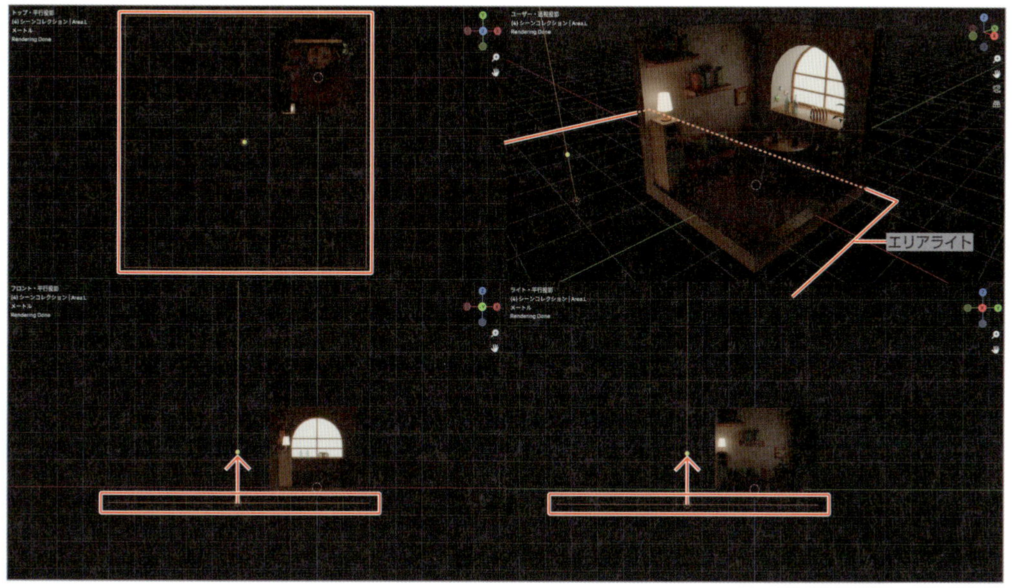

壁の厚みを照らしつつ室内に余計な光を入れないため、大きなエリアライトを使用して床下から照らし上げています。
位置をずらして左右の明るさを変化させました。

10-8 キャラクターを配置

ライティングを施したシーンにキャラクターを読み込み、一緒にレンダリングしてみましょう。

キャラクターを配置する

レンダリングは、3Dのシーンを画像に仕上げて保存する（写真を撮るような）工程です。
ここでは、ライティングを施したシーンにキャラクターを読み込み、レンダリングします。
自身で設定したライティングと異なることと思いますが、学習に影響はありませんので、楽しんで学習してください。

キャラクターの配置には［**アペンド**］を使用します。ライティングを施したシーンを開いてからはじめてください。

1 ［**ファイル**］メニュー➡［**アペンド**］を選びます。

2 ここまでに作成したキャラクターのファイル［**Kitune.blend**］をダブルクリックします。
ファイル内に、さらにフォルダが表示されるので、［**Collection**］をダブルクリックします。

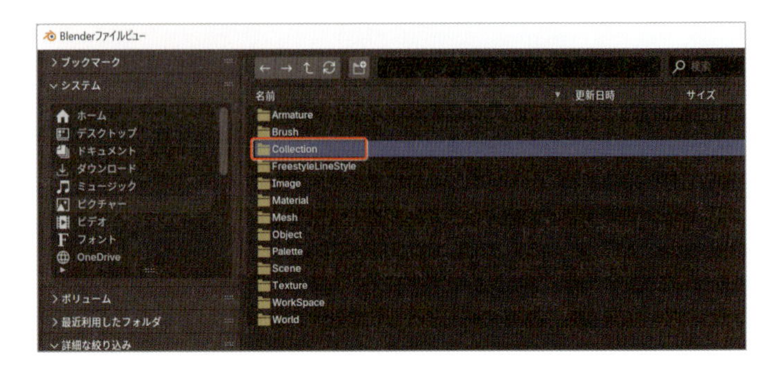

3 コレクション(作例ではKitune)を選択して、**[アペンド]**をクリックします。

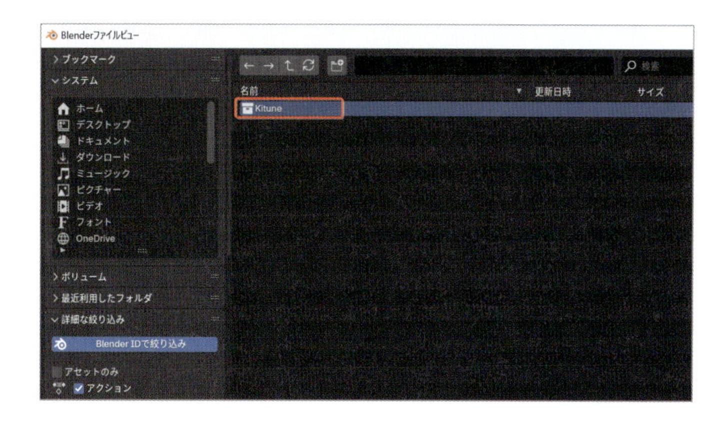

4 キャラクターモデルと[Armature]がアペンドされました。
元々のペアレント状態も維持しています。

次に、シーンに合わせて移動、ポーズ設定を行います。

キャラクターのポーズを設定する

キャラクターの全体位置を移動するときには、[Armature]を**[オブジェクトモード]**で移動、回転します。
ポーズ変更は、[Armature]を選択し、**[ポーズモード]**で各ボーンを回転します。
ここでは自由にポーズを付けてください。椅子に座っている、ソファで寛いでいる、植物を見ている、など生活のシチュエーションを想像すると、楽しいポーズが作れそうです。

10-9 カメラを配置

最終的にレンダリングされる画像は、カメラから見た視点となります。ここではカメラの視点、レンズの焦点距離とF値(被写界深度)を設定します。

カメラを追加する

シーンにCameraがあればそれを使います。もし削除していたらカメラを追加します。

1 [**追加**]メニュー➡[**カメラ**]を選びます。

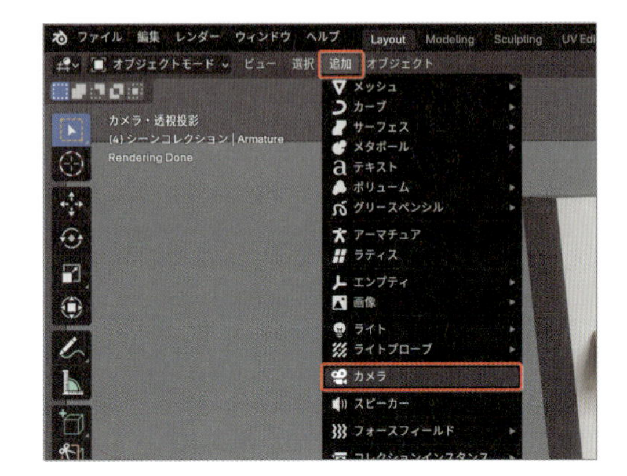

2 [**ナビゲーションコントロール**]の❶[**カメラビュー**]をクリックします。

テンキーの0を押しても、[**カメラビュー**]に変更できます。

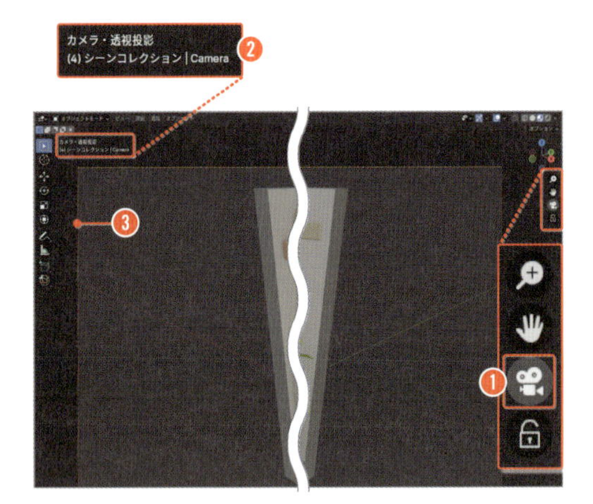

カメラ視点に変更されます。❷画面左上に、[**カメラ・透視投影**]と表示された状態になります。❸オレンジ色の枠線の範囲内がレンダリングされます。少し暗く表示された外側はレンダリングに含まれません。

3 ❹枠線が適度に画面いっぱいになるよう、ズームやパンで調整します。

画面を回転させると、ユーザービューに戻ってしまうので注意が必要です。

CHAPTER-10

カメラビューのままカメラアングルのビュー操作を行うため、設定を変更します。

4 ［**ナビゲーションコントロール**］の❶［**切り替え**］をクリックします。

3Dビューの枠線に赤い点線が追加されます。この状態で視点操作を行うと、カメラアングルを変更できます。

カメラのタイプ（投影方法）を設定する

Cameraを選択した状態で［**プロパティ**］パネルの❶［**オブジェクトデータプロパティ**］タブを開くと、［**レンズ**］にある❷［**タイプ**］で［**透視投影**］、［**平行投影**］を切り替えることができます。

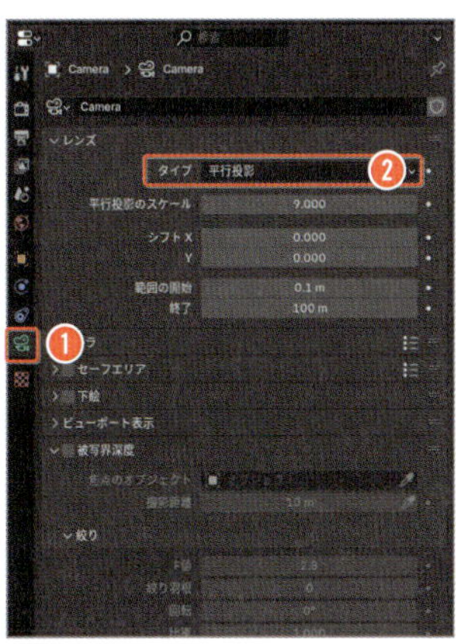

［タイプ］で［平行投影］に設定しています。

Cameraは、3Dビューポート内の枠線をクリックするか、［**アウトライナー**］で［**Camera**］をクリックして選択します。
❷［**平行投影**］は、カメラとの距離が変わることで大きく写ったり小さく写ったりすることがなく、図面のような仕上がりとなります。被写体との距離は、［**平行投影のスケール**］で調整します。
❸［**透視投影**］は、カメラで撮影するのと同様に遠近感が付きます。❹［**焦点距離**］の値を変更すると、広角～望遠のズーム操作ができ、元の値よりも、大きな値になるほど望遠レンズに、小さな値になるほど広角レンズになります。

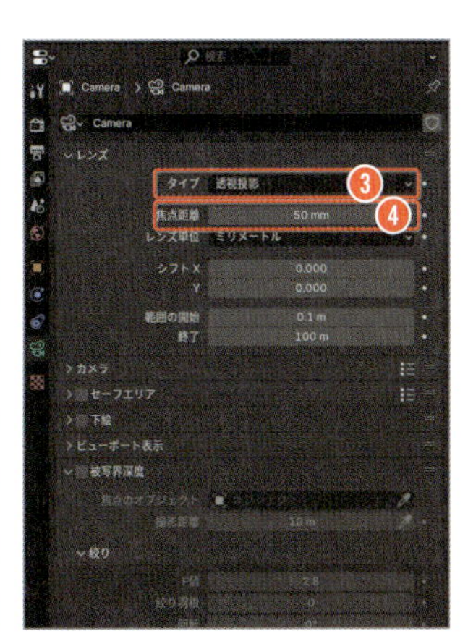

［タイプ］で［透視投影］に設定しています。

さまざまなカメラアングルを試し、好みのアングルに設定してみましょう。
キャラクターのポーズや家具の配置も自由に変更してかまいません。

被写界深度を設定する

被写界深度は、いわゆるボケの設定です。
Cameraを選択し、[**オブジェクトデータプロパティ**]タブから❶[**被写界深度**]にチェックを入れます。
このシーンは狭くてボケが発生しにくいので、学習のためにグッと近寄って、接写にして試してみます。

フォーカスは[**オブジェクトデータプロパティ**]タブの[**被写界深度**]にある❷[**撮影距離**]の値の右側、スポイトアイコンをクリックしてからフォーカスしたい箇所をクリックすることで設定できますが、オブジェクトの位置で指定するとカメラとの距離が変わってもオートフォーカスのように自動で合わせてくれるので便利です。

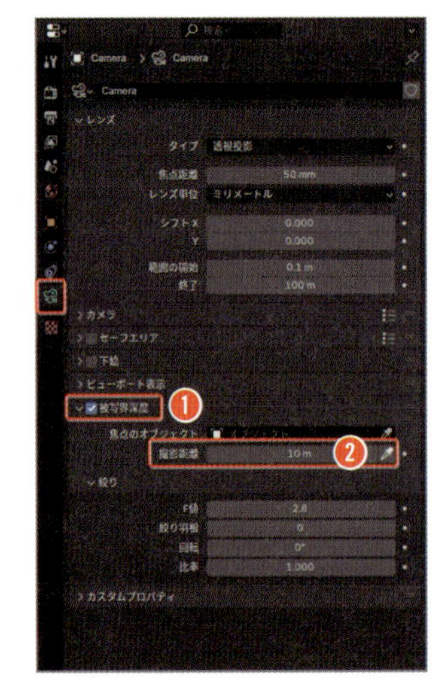

CHAPTER-10

1 ［ツールバー］の❸［カーソル］ツールに変更します。

［ツールバー］が表示されていない場合は、Tキーを押す。または❹にある［>］をクリックします。

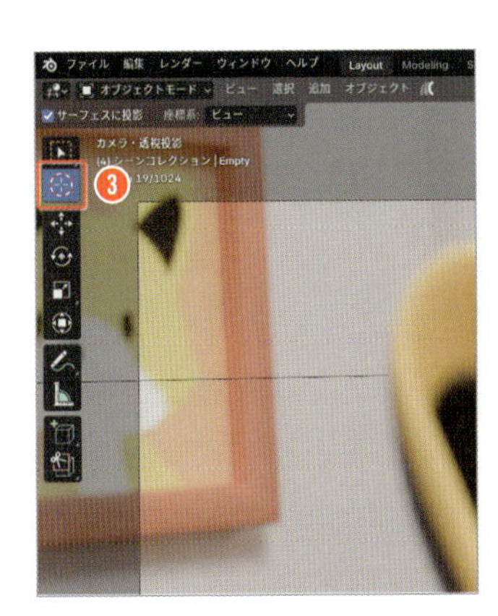

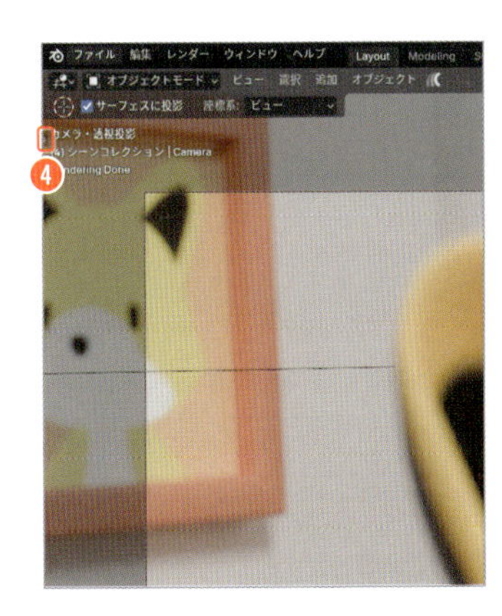

2 ❺フォーカスしたい箇所をクリックして3Dカーソルを移動します。

3 ❻［追加］メニュー➡［エンプティ］（blender4.4以降は［ブランク］）➡［十字］を選び、エンプティ（ブランク）を追加します。

4 ［ツールバー］で［ボックス選択］ツールに戻しておきます。

エンプティ（ブランク）の名前を変えておくとわかりやすいです。作例では、［アウトライナー］で「Empty_Camera」としています。

5 Cameraを選択し、［オブジェクトデータプロパティ］タブで❼［焦点オブジェクト］に先ほど作成したエンプティ（［Empty_Camera］）を指定します。

名前を付けていれば名前で検索、あるいはスポイトのアイコンで直接オブジェクトをクリックして指定することもできます。

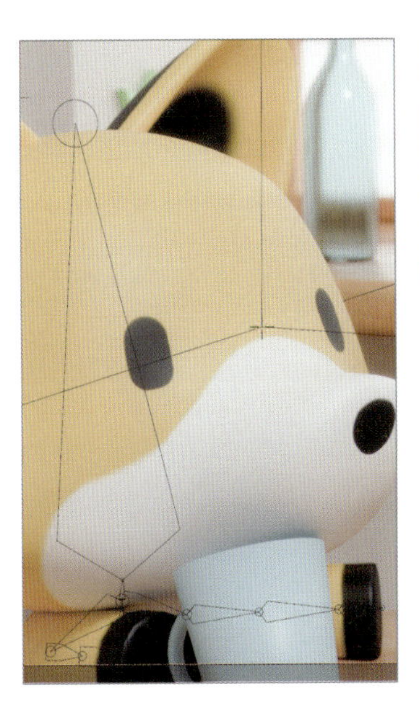

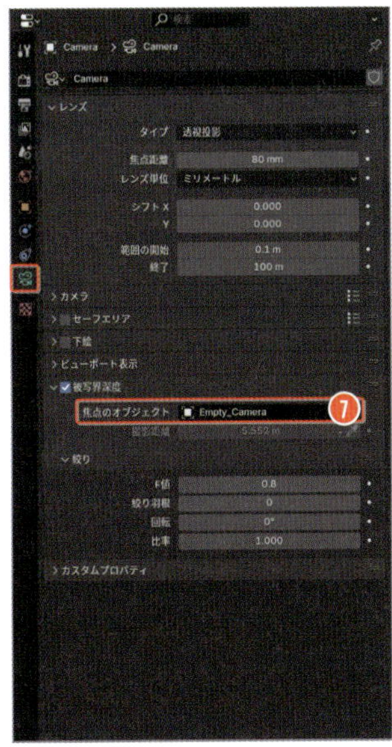

ボケの強さは❽［F値］で設定します。実在するレンズのF値を参考に設定し、現実的なボケを再現できます。さらに非常に低い値にすることでボケを強めることもでき、ミニチュアのような印象にできます。

shift ＋ alt ＋ Z キーで一時的にビューポートオーバーレイを外して、絵の印象を確認します。

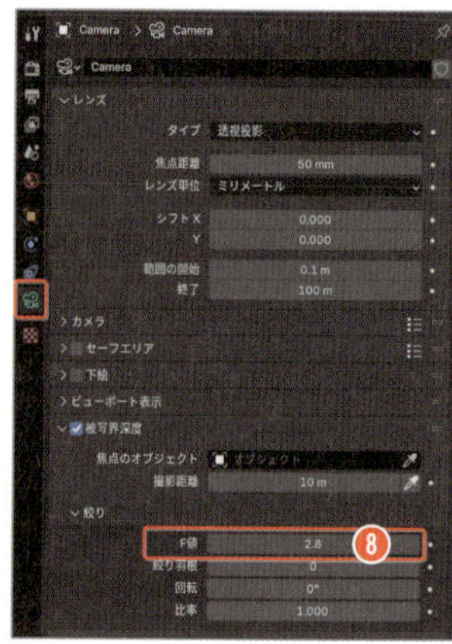

カメラアングルを決める

紹介した機能を活用して、仕上げのアングルを決定しましょう。

10-10 画像のレンダリングと保存

次はいよいよレンダリングして、画像を保存します。はじめにレンダリングの設定を確認します。

レンダリングの品質設定（［レンダープロパティ］タブ）

レンダリングの品質は、**［プロパティ］**パネルの**［レンダープロパティ］**タブと**［出力プロパティ］**タブで設定します。
まずは❶**［レンダープロパティ］**タブの**［サンプリング］**にある❷**［レンダー］**内の設定です。

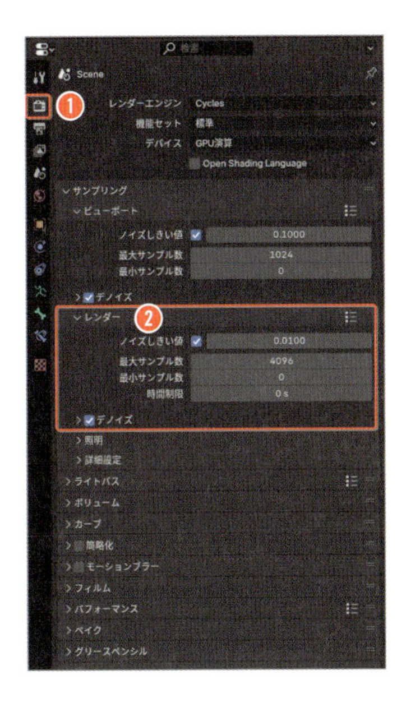

［ノイズしきい値］は、デノイズ前のノイズがどの程度きれいになるまでレンダリングを行うかの設定です。値が小さいほど時間をかけて高品質に仕上げます。初期設定では**［ビューポート］**にある同じ設定よりも一桁小さい値に設定されています。
［最大サンプル数］は、**［ノイズしきい値］**でレンダリングが終了されない場合の最大値です。品質は上がりますが、初期設定の4096は、多くの家庭用パソコンでとても時間がかかります。
［最大サンプル数］の値を上限に、**［ノイズしきい値］**に到達する品質までレンダリングを行い、デノイズがチェックされていればノイズを除去した絵に仕上げる、という仕組みです。

おすすめは、**［レンダー］**内の**［ノイズしきい値］**を「0.1」に設定することです。
拡大した比較画像を用意しました。❸およそ2分※かけたレンダリングと、❹10秒※のレンダリングで大きな差は見られません。
よく見ると、10秒のレンダリングではソファのテクスチャがノイズ扱いされてぼやけています。
こういったディテールを重視する場合は、数分から数十分かけるつもりで**［ノイズしきい値］**を「0.01」のままレンダリングするとよいでしょう。
（※ 筆者のPC環境での計測）

レンダリングのサイズを設定

［**プロパティ**］パネルの❶［**出力プロパティ**］タブの❷［**解像度**］を設定します。

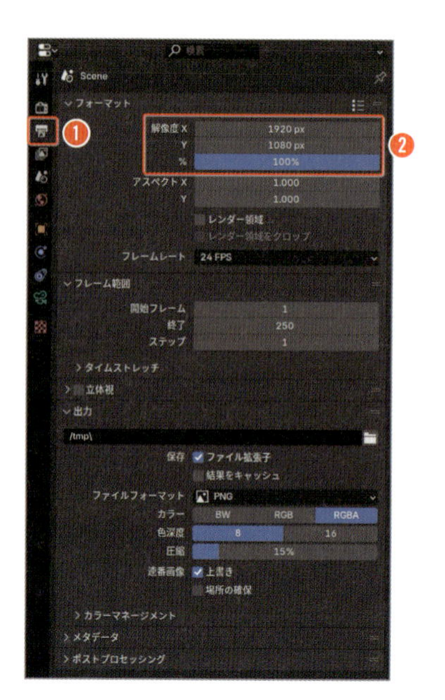

［**解像度**］では、レンダリングされる画像のサイズや縦横比を指定します。
初期設定ではフルHDサイズの「**1,920×1,080px**」に設定されており、テレビに映すのにちょうどよいサイズです。
スマホの待ち受けにしたいなら、使用機種の解像度を調べて同じ値に設定します。
印刷用にレンダリングするなら、A4 300dpiで「**3,508×2,480px**」程度となります。
［**%**］を「**50%**」にすると、縦横それぞれ50%に縮小されたレンダリングを行います。レンダリング時間がおよそ1/4となるため、主にアニメーションのチェックに使われます。
印刷用サイズに設定しているが、モニターでの確認なのでそこまで必要ないといった場合は、50%、25%での短時間レンダリングが役に立ちます。

背景を透過させる

特殊なケースですが、背景の何もない空間を透明になるよう透過させてレンダリングすることができます。
レンダリング画像をスタンプやコラージュのように何かに貼る使い方、あるいは背景色を後から合成する場合に便利です。

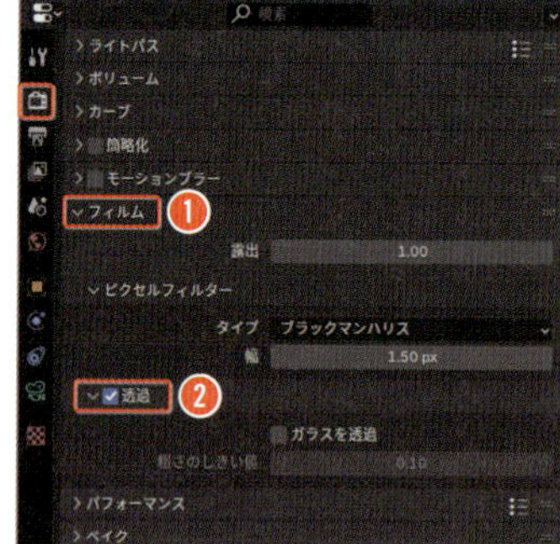

背景を透過させるには、［**プロパティ**］パネルの［**レンダープロパティ**］タブの❶［**フィルム**］にある❷［**透過**］にチェックを入れます。
レンダリングした画像をpngなどアルファチャンネルを保持できるファイル形式で保存することで、画像編集ソフトに読み込んだ際、背景が透過されます。

透過させたレンダリング画像をPhotoshopで開き、背景を塗りつぶした例です。

レンダリングを開始する

レンダリングを開始します。

1 ❶[レンダー]メニュー➡[画像をレンダリング]を選びます。

[Blenderレンダー]画面が表示され、レンダリングが開始されます。

[レンダー]メニュー➡[画像をレンダリング]のショートカットはF12キーです。

[Blenderレンダー]画面上部の[Sample]の表示が消えたらレンダリングの完成です。

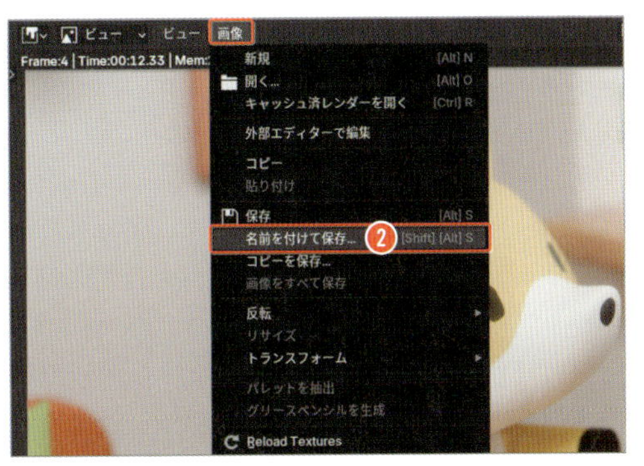

2 ❷[Blenderレンダー]画面で[画像]メニュー➡[名前をつけて保存]を選びレンダリング画像を保存します。

[Blenderレンダー]画面右上の❸[Slot]を変更すると、レンダリング画像を複数枚キープできます。設定変更前後を比較するときなどに使います。レンダリング画像は、Blenderを終了すると消えてしまうので、残したい画像はまず保存するようにしましょう。

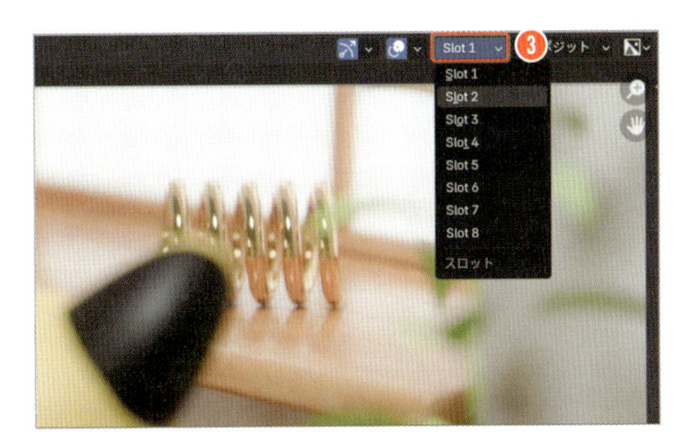

[Blenderレンダー]画面を閉じたあとで、もう一度開きたいときには、[レンダー]メニュー➡[レンダー画像を表示]を選びます。ショートカットF11キーです。

レンダリング時間の目安

レンダリング中は[Blenderレンダー]画面の上部に進行状況が表示されます。項目の内容がわかれば設定見直しの目安になります。

Last：前回レンダリングにかかった時間
Time：レンダリング開始してからの経過時間
Remaining：レンダリング残り時間の予測
Sample：最大サンプル数と現在のサンプル数

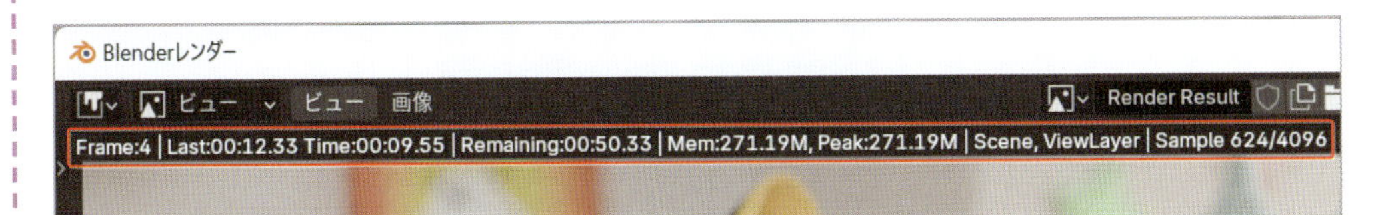

10-11 Eeveeの特徴と設定方法

レンダーエンジン[Eevee]を使って、[Cycles]に近い表現力をするための設定を紹介します。

[Eevee]と[Cycles]の違い

[**Eevee**]と[**Cycles**]のレンダーエンジンの切り替え方法と特徴をP.465で解説していますが、ここでもう一度[**Eevee**]と[**Cycles**]の違いを見てみましょう。
[**Eevee**]は高速ですが表現力が低く、ゲームグラフィックに近い表現力になります。何百枚、何千枚とレンダリングするアニメーションに適しています。
[**Cycles**]は映画に使える表現力で、現実を真似してライティングやマテリアル設定を行えば美しく仕上がります。
ただし[**Eevee**]でも、事前にいくつかの設定を施すことで[**Cycles**]に近い印象に仕上げることができます。[**Eevee**]の品質を高めるための設定を学習しましょう。

[Eevee]でデフォルト設定のままレンダリングした画像。

[Cycles]でレンダリングした画像。

CHAPTER-10

[Eevee]のレンダリングを[Cycles]に近づけるには

1 **[プロパティ]**パネルの❶**[レンダープロパティ]**タブで❷[**レンダーエンジン**]を[**Eevee**]にします。❸[**レイトレーシング**]にチェックを入れ、❹[**解像度**]を「**1:1**」に変更、❺[**デノイズ**]のチェックを外します。

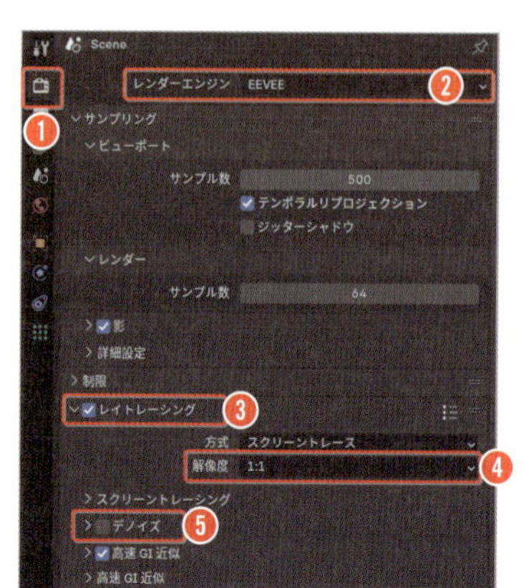

デフォルト設定に比べ、陰影や、光の照り返し、反射、屈折の表現が加えられます。

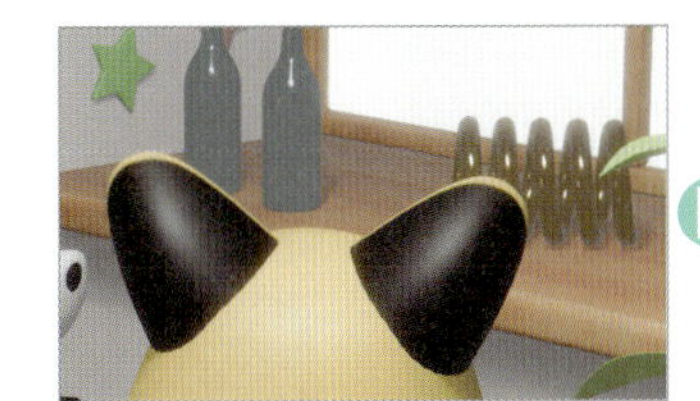

デフォルト設定。　設定変更後。

[サンライト]を配置する

[大気テクスチャ](P.468参照)を使った太陽光は、[Cycles]に比べ[Eevee]では太陽の強さが控えめになり、結果が異なります。このため太陽光を差し込ませたい場合には❶**[サンライト]**を配置する必要があります。大気テクスチャの空を使用したい場合は、設定項目から**[太陽光の強さ]**を0にするとよいでしょう。

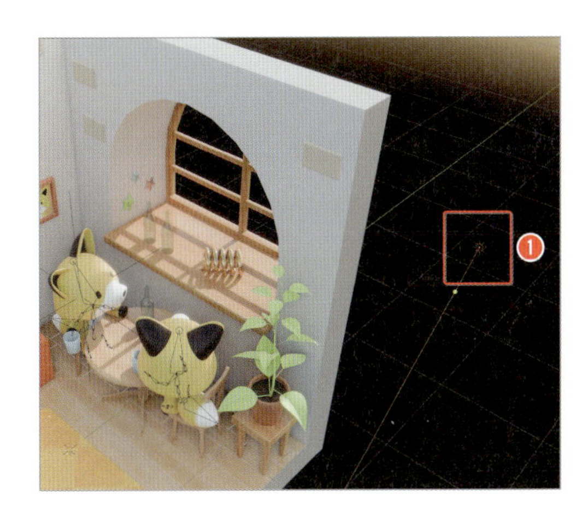

[サンライト]の配置方法はP.458を参照してください。ここでは窓から太陽光が差し込むような位置に配置しています。

窓ガラスのオブジェクト(Window_Glass)は**[サンライト]**の光を遮断してしまいます。このため**[アウトライナー]**で[Window_Glass]の❷目とカメラのアイコンをそれぞれクリックして非表示にします。

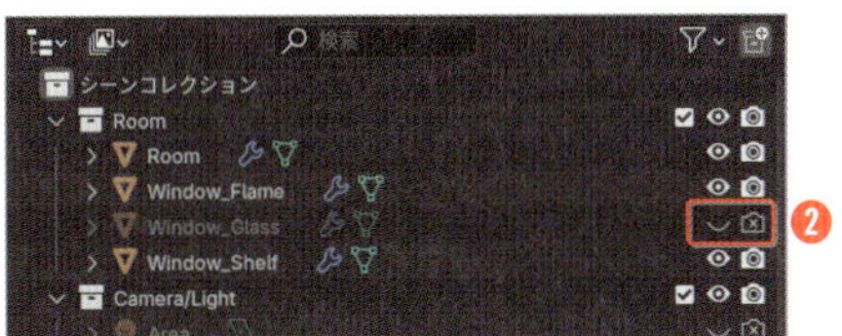

[ボリューム]を配置する

[ボリューム]は事前計算することで、[Cycles]のような美しい反射光を[Eevee]で再現する機能です。

1 **[オブジェクトモード]**で shift + A キーを押し、❶**[ライトプローブ]→[ボリューム]**を選びます。

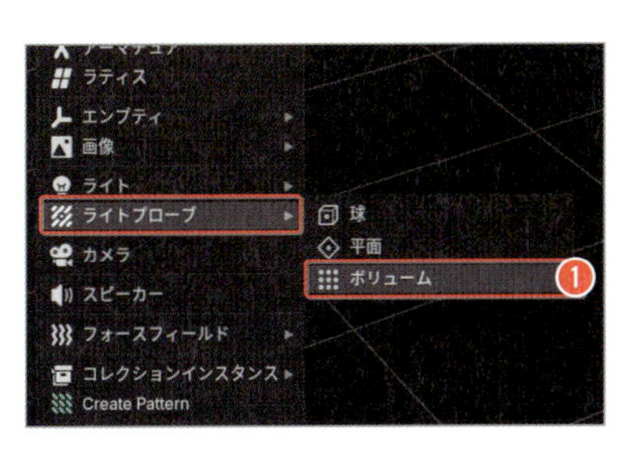

[**ボリューム**]を追加したら、[**移動**]や[**スケール**]で位置とサイズを調整します。点が部屋の中を埋めるように配置します。
出窓にはもう1つ別の[**ボリューム**]を追加しました。

点が壁や床にめり込んでいると、真っ暗という情報を記録して好ましくない仕上がりになりますので注意が必要です。

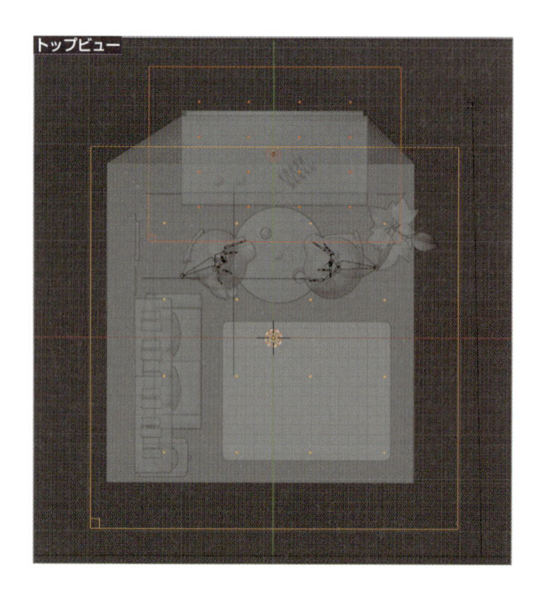

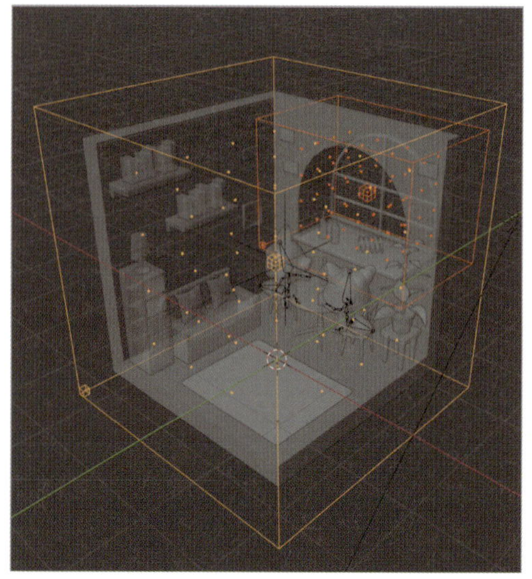

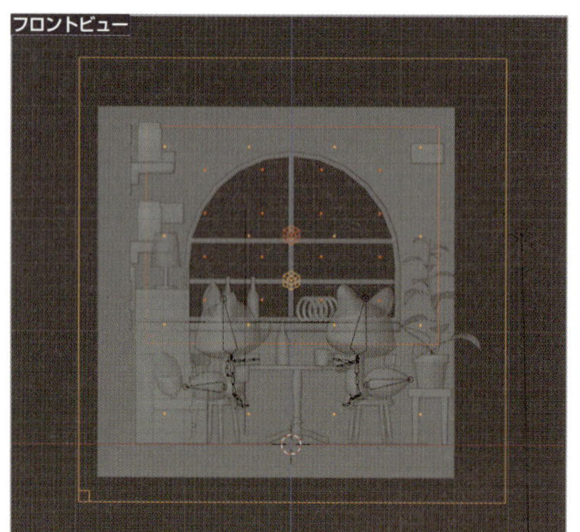

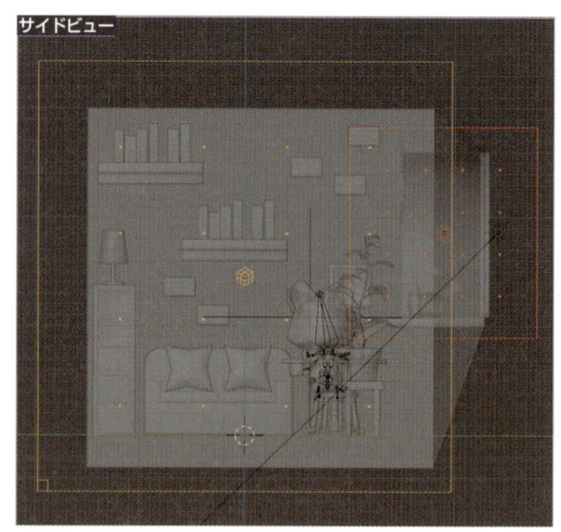

2 [**プロパティ**]パネルの❷[**オブジェクトデータプロパティ**]タブで❸[**ライトキャッシュをベイク**]をクリックします。

[**ボリューム**]の各点に反射光が記録され、それらを利用したライティングが施されます。

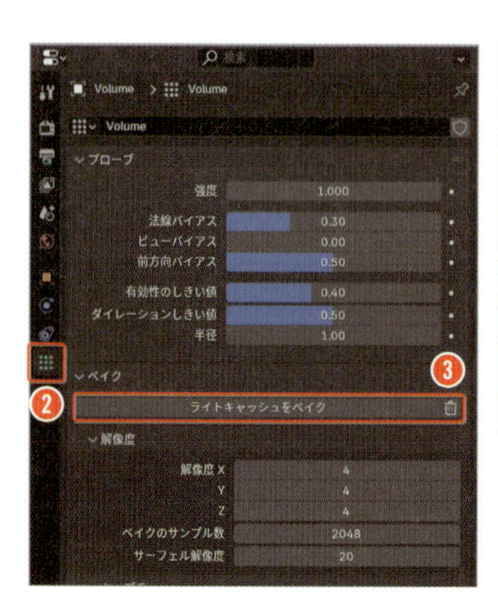

[ボリューム]を選択した状態で、❹[オブジェクトデータプロパティ]タブの❺[解像度XYZ]を増やすと品質があがりますが、ベイク時間が長くなります。
各点の光の当たり方を視覚的に確認したいときは、[ビューポート表示]を展開し、❻[サイズ]にチェックを入れます。

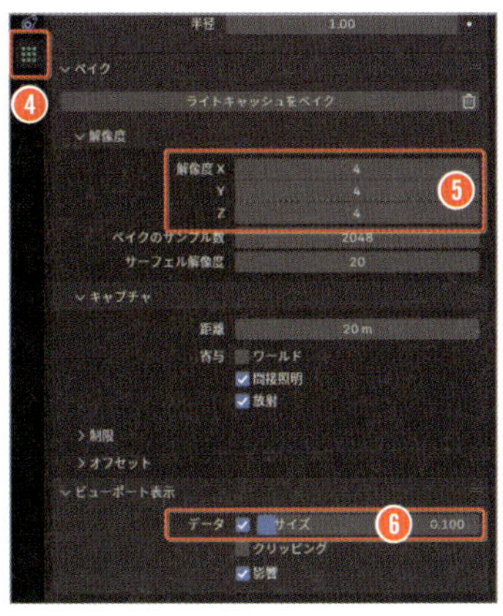

[サイズ]の左のチェックを入れて表示させています。

ガラスや金属の反射を調整する

[Cycles]と[Eevee]の反射や屈折の細かな品質比較です。
[Eevee]ではバネオブジェクトの金色の反射に窓が映り込んでいません。
[Eevee]では物体と床の近いところで、影の描かれない箇所があります。
これをより近づけるための設定を行います。
また、ガラスの質感についてはP.295ボトルのマテリアルの設定を再確認してください。

[Cycles]でレンダリングした画像。

[Cycles]でなければ描けない表現があります。[Eevee]ではガラスの屈折を1度しか計算せずあまり正確ではありませんが、[Cycles]ではガラスの複雑な屈折をリアルに表現できます。ただしリアルな表現にはリアルなモデリングが必要です。

[Eevee]でレンダリングした画像。

Eeveeで周囲のものをより正確に写り込ませるには、ライトプローブの球を使います。

1 **［オブジェクトモード］**で shift ＋ A キーを押し、❶**［ライトプローブ］➡［球］**を選びます。**［球］**を追加したら、反射の目立つオブジェクトの近くに配置します。

2 **［球］**を選択した状態で、❷**［オブジェクトデータプロパティ］**タブの❸**［クリッピング開始］**の値を下げます。
［クリッピング開始］は、球の近くにあるものを反射から除外する設定です。
反射するオブジェクトの中に埋め込む場合などで使用しますが、今回は空間に配置するため、近くの物も映り込むように小さな値にしました。

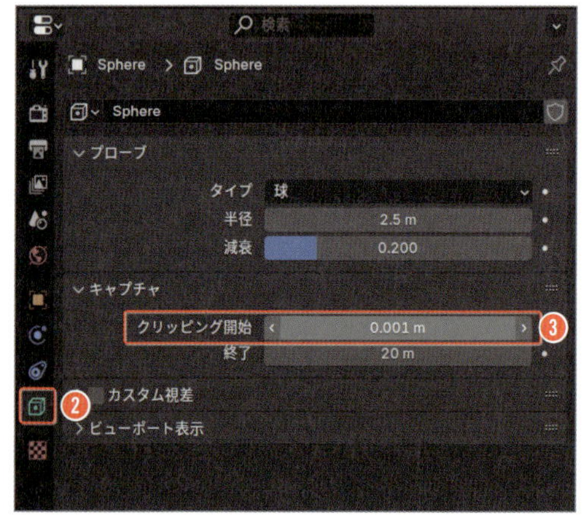

球の位置から見た周囲の様子を記録することで、反射するマテリアルに周辺の映り込みを実現します。

［球］の配置前（左）と配置後（右）の比較。

右図の床の反射をよく見ると、椅子の脚が途中で消えテーブルの裏側は映り込んでいません。壁が日陰なのに床には明るい反射も見られます。

床や鏡のような反射面は、正確な反射を描くために、[**ライトプローブ**]➡[**平面**]を追加して重ねる必要があります。[**レンダープロパティ**]タブで設定した[**レイトレーシング**]は、画面に写ったものを反射して見せますが、画面に映っていないものは反射させることができません。たとえば椅子の裏側、画面の外の天井などです。反射平面を適切な高さに重ねることで、事前に反対側の情報を記録して反射させることができます。

図は[Cycles](上)と、ここまで紹介した設定を行った[Eevee](下)の比較です。
一見どちらかわからないところまで近づけることができました。[Eevee]のレンダリング速度は驚くほど高速ですが、事前の準備が複雑になります。
静止画を何枚かレンダリングするのであれば、数分待っても[Cycles]で仕上げたほうが簡単で美しい結果が得られますし、もし今後アニメーション作品を作ることに興味があるなら、[Eevee]のセッティングに慣れておくと快適になります。

INDEX

数字・アルファベット

あ行

か行

さ行

た行

な行

は行

ま行

ら行

わ行

本書を読んで作品をつくれたら、
ぜひハッシュタグ
「＃Blender4超入門」で
X（旧twitter）にポストしてください。
楽しく拝見します！

Profile

富元 秀俊 TOMIMOTO Hidetoshi

京都市立芸術大学大学院修了。3DCGアーティストとしてBlenderを用いてVRゲームやVR-SNS向けの3DCG制作やコンセプト制作、プロジェクトマネジメントに携わってきました。最近はWebベースの3DCGやUI/UXにも取り組み、表現の幅を広げています。VRChatが好きです。

X @tomimoto5151

大澤 龍一 OSAWA Ryuichi

技術書執筆やYouTube動画制作、CG技術イベントでの講演を通じて、CG制作を楽しむ人々に役立つ情報を届けています。最近のBlenderの使い道は、VRChatや3Dプリンターが楽しいです。

著書「無料ではじめるBlender CG アニメーションテクニック」(技術評論社)、「作りながら覚える Substance Painterの教科書」(共著、ボーンデジタル)「WORLD KIT 2022 コクリコさん 居心地の良いホームワールドの作り方教えてください!」(電子書籍)ほか。

X @3dcganimation

Special Thanks

春日 望

Staff

カバー・本文デザイン　宮嶋 章文

編集制作　桜井 淳

はじめての3Dモデリング
Blender 4 超入門 改訂新版

2025年3月11日　初版第1刷発行
2025年5月14日　初版第3刷発行

著　者　　富元 秀俊／大澤 龍一

発行人　　片柳 秀夫
編集人　　平松 裕子

発　行　　ソシム株式会社
https://www.socym.co.jp/
〒101-0064
東京都千代田区神田猿楽町1-5-15猿楽町SSビル
TEL：03-5217-2400（代表）　FAX：03-5217-2420
印刷・製本 シナノ印刷株式会社

定価はカバーに表示してあります。
落丁・乱丁本は弊社編集部までお送りください。
送料弊社負担にてお取替えいたします。

ISBN978-4-8026-1500-6